I0756183

The Michigan Historical Reprint Series

Reprints from the collection of the University of Michigan University Library

This volume is produced from digital images created through the University of Michigan University Library's preservation reformatting program. The Library seeks to preserve the intellectual content of items in a manner that facilitates and promotes a variety of uses. The digital reformatting process results in an electronic version of the text that can both be accessed online and used to create new print copies. This book and thousands of others can be found in the digital collections of the University of Michigan Library. The University Library also understands and values the utility of print, and makes reprints available through its Scholarly Publishing Office.

For access to the University of Michigan Library's digital collections, please see http://www.lib.umich.edu.

The Scholarly Publishing Office seeks to disseminate high-quality, cost-effective scholarly content through both print and electronic publishing. Information about the Scholarly Publishing Office can be found at http://spo.umdl.umich.edu.

The Scholarly Publishing Office
the University of Michigan
University Library

Пафнутий Львовичъ Чебышевъ

Экспед. Заг. Гос. Бумагъ

OEUVRES

DE

P. L. TCHEBYCHEF,

PUBLIÉES PAR LES SOINS

de MM. A. MARKOFF et N. SONIN,

MEMBRES ORDINAIRES DE L'ACADÉMIE IMPÉRIALE DES SCIENCES.

TOME I.

(Avec portrait.)

ST.-PÉTERSBOURG. 1899.

Commissionaires de l'Académie IMPÉRIALE des Sciences:

J. Glasounof, M. Eggers & Cie. et **C. Ricker** à St.-Pétersbourg; **N. Karbasnikof** à St.-Pétersburg Moskou et Varsovie; **M. Klukine** à Moscou; **N. Oglobline** à St.-Pétersbourg et Kief; **N. Kymmel** à Riga; **Voss' Sortiment (G. Haessel)** à Leipzig.

Prix: 17 Mrk. 50 Pf.

Imprimé par ordre de l'Academie Impériale des sciences.

Avril, 1899. N. Doubrowine, Secrétaire perpétuel.

IMPRIMERIE DE L'ACADÉMIE IMPÉRIALE DES SCIENCES.
Vass. Ostr. 9-e ligne, № 12.

PRÉFACE.

Après la mort de P. L. Tchebychef nous avons exprimé à l'Académie Impériale des Sciences l'avis qu'il serait désirable de procéder à la publication du recueil complet des travaux de son célèbre membre. Peu après, le frère du défunt, le Général d'Artillerie W. L. Tchebychef, mit à la disposition de l'Académie une somme de 5000 roubles pour les frais de publication, à la condition que le recueil complet parût dans les deux langues, en russe et en français, dans lesquelles le savant faisait paraître ses travaux. C'est alors que l'Académie nous confia la mise en exécution de notre proposition, conformément au désir du donateur.

Grâce au concours bienveillant et désintéressé de beaucoup de savants russes, principalement d'anciens élèves de feu Tchebychef, nous avons eu à notre disposition les traductions des articles du défunt, qui, du vivant de l'auteur, ont été publiés dans une seule langue. En exprimant ici, au nom de l'Académie, notre profonde reconnaissance à tous nos collaborateurs, nous prenons, naturellement, sous notre responsabilité les imperfections et les lacunes qu'il peut y avoir dans la présente édition.

L'édition comprendra deux volumes. Elle renfermera tous les travaux imprimés du vivant de l'auteur, sauf deux thèses publiées à part: une thèse pour le grade de magistre: „*Essai d'analyse élémentaire de la théorie des probabilités*“, Moscou, 1845, 4°, II + 61 + III pages, et une thèse de doctorat: „*Théorie des congruences*“, St.-Pétersbourg, 1849, 8°, IX + III + 279 pp.

Pour la distribution des matières nous avons adopté l'ordre chronologique.

Quant à la biographie de Tchebychef, nous comptons la faire paraître dans le second volume.

A. Markoff. N. Sonin.

TABLE DES MATIÈRES DU TOME PREMIER.

1.

NOTE

SUR UNE CLASSE

D'INTÉGRALES DÉFINIES MULTIPLES.

(Liouville, Journal de mathématiques pures et appliquées. I série, VIII, 1843, p. 235—238.)

Note sur une classe d'intégrales définies multiples.

Théorème. «Quelle que soit la forme de la fonction f, on a

$$\int_0^\infty \int_0^\infty \dots \int_0^\infty \varphi_1(x)\, \varphi_2(y)\, \varphi_3(z) \dots f(x^m + y^n + z^p + \dots)\, dx\, dy\, dz \dots$$
$$= \int_0^\infty \Phi(u)\, f(u)\, du,$$

«équation où $\Phi(u)$ se détermine par les fonctions données $\varphi_1(x)$, $\varphi_2(y)$, «$\varphi_3(z)$, . . . au moyen des quadratures, en prenant

$$(1) \qquad \Phi(u^2) = \frac{\psi(u\sqrt{-1}) - \psi(-u\sqrt{-1})}{2\pi u^2 \sqrt{-1}},$$

«où

$$(2) \quad \psi(u) = \int_0^\infty e^{-\alpha} \left[\int_0^\infty \varphi_1(x)\, e^{-\frac{\alpha x^m}{u^2}} dx \int_0^\infty \varphi_2(y)\, e^{-\frac{\alpha y^n}{u^2}} dy \int_0^\infty \varphi_3(z)\, e^{-\frac{\alpha z^p}{u^2}} dz \dots \right] d\alpha».$$

Ce théorème suppose que les fonctions φ_1, φ_2, φ_3, . . . sont telles que,

1°. $\psi(u)$ et sa dérivée restent finies pour toutes les valeurs réelles et positives de u, ou pour toutes les valeurs imaginaires de u, dont la partie réelle est positive;

2°. la fonction $\psi(u)$ devient zéro pour

$$u = a \pm z\sqrt{-1}, \quad \text{ou} \quad u = z \pm a\sqrt{-1},$$

lorsque $a = \infty$, quelle que soit la valeur de z, pourvu qu'elle soit réelle et positive.

Soient, par exemple,

1°. $$m = n = p = \ldots = 1,$$

$$\varphi_1(x) = x^{a-1}, \quad \varphi_2(y) = y^{b-1}, \quad \varphi_3(z) = z^{c-1}, \ldots;$$

dans ce cas, pour trouver la valeur de l'intégrale

$$\int_0^\infty \int_0^\infty \ldots \int_0^\infty x^{a-1}\, y^{b-1}\, z^{c-1} \ldots f(x+y+z+\ldots)\, dx\, dy\, dz \ldots,$$

on a d'abord par l'équation (2),

$$\psi(u) = \int_0^\infty e^{-\alpha} \left[\int_0^\infty x^{a-1}\, e^{-\frac{\alpha x}{u^2}} dx \int_0^\infty y^{b-1}\, e^{-\frac{\alpha y}{u^2}} dy \int_0^\infty z^{c-1}\, e^{-\frac{\alpha z}{u^2}} dz \ldots \right] d\alpha$$

$$= \int_0^\infty e^{-\alpha} \left[\left(\frac{u^2}{\alpha}\right)^a \Gamma(a) \left(\frac{u^2}{\alpha}\right)^b \Gamma(b) \left(\frac{u^2}{\alpha}\right)^c \Gamma(c) \ldots \right] d\alpha =$$

$$= \Gamma(a)\, \Gamma(b)\, \Gamma(c) \ldots u^{2(a+b+c+\ldots)} \int_0^\infty e^{-\alpha}\, \alpha^{-(a+b+c+\ldots)}\, d\alpha =$$

$$= \Gamma(a)\, \Gamma(b)\, \Gamma(c) \ldots \Gamma(1-a-b-c-\ldots)\, u^{2(a+b+c+\ldots)},$$

et en substituant cette valeur de $\psi(u)$ dans l'équation (1), on trouve

$$\Phi(u^2) = \Gamma(a)\Gamma(b) \ldots \Gamma(1-a-b-\ldots) \frac{(\sqrt{-1})^{2(a+b+c+\ldots)} - (-\sqrt{-1})^{2(a+b+c+\ldots)}}{2\pi\sqrt{-1}} u^{2(a+b+c+\ldots-1)}$$

$$= \Gamma(a)\, \Gamma(b)\, \Gamma(c) \ldots \Gamma(1-a-b-c-\ldots) \frac{\sin \pi (a+b+c+\ldots)}{\pi} u^{2(a+b+c+\ldots-1)}.$$

Cette équation donne

$$\Phi(u) = \Gamma(a)\, \Gamma(b)\, \Gamma(c) \ldots \Gamma(1-a-b-c-\ldots) \frac{\sin \pi (a+b+c+\ldots)}{\pi} u^{a+b+c+\ldots-1}.$$

Mais, d'après une propriété connue de la fonction Γ, on a

$$\frac{\sin \pi (a+b+c+\ldots)}{\pi} \Gamma(1-a-b-c-\ldots) = \frac{1}{\Gamma(a+b+c+\ldots)};$$

donc l'intégrale

$$\int_0^\infty \int_0^\infty \ldots \int_0^\infty x^{a-1}\, y^{b-1}\, z^{c-1} \ldots f(x+y+z+\ldots)\, dx\, dy\, dz \ldots$$

$$= \frac{\Gamma(a)\, \Gamma(b)\, \Gamma(c) \ldots}{\Gamma(a+b+c+\ldots)} \int_0^\infty u^{a+b+c\ldots-1} f(u)\, du,$$

ce qui a déjà été démontré par M. Liouville.

2°. Soient

$$m = n = p = \ldots = 2,$$

$$\varphi_1(x) = \cos ax, \quad \varphi_2(y) = \cos by, \quad \varphi_3(z) = \cos cz, \ldots;$$

on aura, pour trouver l'intégrale

$$\int_0^\infty \int_0^\infty \ldots \int_0^\infty \cos ax \cos bx \cos cz \ldots f(x^2 + y^2 + z^2 + \ldots)\, dx\, dy\, dz \ldots$$

d'abord

$$\psi(u) = \int_0^\infty e^{-\alpha} \left[\int_0^\infty \cos ax\, e^{-\frac{\alpha x^2}{u^2}} dx \int_0^\infty \cos by\, e^{-\frac{\alpha y^2}{u^2}} dy \int_0^\infty \cos cz\, e^{-\frac{\alpha z^2}{u^2}} dz \ldots \right] d\alpha$$

$$= \int_0^\infty e^{-\alpha} \left[\frac{\sqrt{\pi}}{2\sqrt{\alpha}}\, u\, e^{-\frac{a^2 u^2}{4\alpha}} \times \frac{\sqrt{\pi}}{2\sqrt{\alpha}}\, u\, e^{-\frac{b^2 u^2}{4\alpha}} \times \frac{\sqrt{\pi}}{2\sqrt{\alpha}}\, u\, e^{-\frac{c^2 u^2}{4\alpha}} \times \ldots \right] d\alpha$$

$$= u^\mu \frac{\pi^{\frac{\mu}{2}}}{2^\mu} \int_0^\infty \frac{e^{-\alpha - \frac{\rho u^2}{4\alpha}}\, d\alpha}{\alpha^{\frac{\mu}{2}}},$$

où μ désigne le nombre des variables $x, y, z, \ldots$, et $\rho = a^2 + b^2 + c^2 + \ldots$

Mais on sait que, pour un nombre impair μ, on a

$$u^\mu \frac{\pi^{\frac{\mu}{2}}}{2^\mu} \int_0^\infty \frac{e^{-\alpha - \frac{\rho u^2}{4\alpha}}}{\alpha^{\frac{\mu}{2}}} d\alpha = u^\mu \frac{\pi^{\frac{\mu}{2}}}{2^\mu} \frac{\sqrt{\pi}}{(-1)^{\frac{\mu-1}{2}}} \frac{d^{\frac{\mu-1}{2}} . e^{-u\sqrt{\rho}}}{\left(d.\rho \frac{u^2}{4}\right)^{\frac{\mu-1}{2}}}$$

$$= u^\mu \frac{\pi^{\frac{\mu+1}{2}}}{2^\mu (-1)^{\frac{\mu-1}{2}}} \left(\frac{4}{u^2}\right)^{\frac{\mu-1}{2}} \frac{d^{\frac{\mu-1}{2}} . e^{-u\sqrt{\rho}}}{(d\rho)^{\frac{\mu-1}{2}}};$$

donc

$$\psi(u) = \frac{1}{(-1)^{\frac{\mu-1}{2}}} \frac{\pi^{\frac{\mu+1}{2}}}{2}\, u\, \frac{d^{\frac{\mu-1}{2}} . e^{-u\sqrt{\rho}}}{(d\rho)^{\frac{\mu-1}{2}}},$$

et

$$\Phi(u^2) = \frac{\psi(u\sqrt{-1}) - \psi(-u\sqrt{-1})}{2\pi u^2 \sqrt{-1}} = \frac{\pi^{\frac{\mu-1}{2}}}{2(-1)^{\frac{\mu-1}{2}}} \frac{d^{\frac{\mu-1}{2}} . \cos u\sqrt{\rho}}{(d\rho)^{\frac{\mu-1}{2}}} \cdot \frac{1}{u};$$

d'où

$$\Phi(u) = \frac{\pi^{\frac{\mu-1}{2}}}{2(-1)^{\frac{\mu-1}{2}}} \frac{d^{\frac{\mu-1}{2}} . \cos \sqrt{u\rho}}{(d\rho)^{\frac{\mu-1}{2}}} \frac{1}{\sqrt{u}};$$

donc, pour un nombre impair des variables x, y, z, . . . , l'intégrale

$$\int_0^\infty \int_0^\infty \ldots \int_0^\infty \cos ax \cos by \cos cz \ldots f(x^2 + y^2 + z^2 + \ldots)\, dx\, dy\, dz \ldots$$

$$= \frac{\pi^{\frac{\mu-1}{2}}}{2(-1)^{\frac{\mu-1}{2}}} \int_0^\infty \frac{d^{\frac{\mu-1}{2}} . \cos \sqrt{u\rho}}{(d\rho)^{\frac{\mu-1}{2}}} \frac{f(u)}{\sqrt{u}}\, du.$$

ce qui est le théorème de M. Cauchy (Journal de l'Ecole Polytechnique, XIXe cahier), d'où il déduit, comme cas particulier, la formule de Poisson.

2.

NOTE

SUR LA CONVERGENCE

DE LA SÉRIE DE TAYLOR.

(Crelle, Journal für die reine und angewandte Mathematik, B. 28, 1844, p. 279—283.)

Note sur la convergence de la série de Taylor.

D'après la règle de Mr. Cauchy la série

$$f(a)+\frac{z}{1}f'(a)+\frac{z^2}{1.2}f''(a)+\ldots+\frac{z^{n-1}}{1.2.3\ldots(n-1)}f^{(n-1)}(a)+\frac{z^n}{1.2.3\ldots n}f^{(n)}(a)+\ldots$$

sera convergente toutes les fois que

$$\lim.\left[\text{mod.}\,\frac{z^n}{1.2.3\ldots n}f^{(n)}(a)\right]^{\frac{1}{n}}_{n=\infty}<1,$$

ou, ce qui est le même,

$$(1)\qquad \lim.\left[(\text{mod.}\,z)^n.\,\text{mod.}\,\frac{f^{(n)}(a)}{1.2.3\ldots n}\right]^{\frac{1}{n}}_{n=\infty}<1,$$

et divergente, si

$$(2)\qquad \lim.\left[\text{mod.}\,\frac{z^n}{1.2.3\ldots n}f^{(n)}(a)\right]^{\frac{1}{n}}_{n=\infty}>1.$$

Mais on a

$$f(a)=\frac{1}{2\pi}\int_{-\pi}^{+\pi}f(a+Re^{p\sqrt{-1}})\,dp,$$

lorsque la fonction $f(a+re^{p\sqrt{-1}})$ est finie et continue, quel que soit p, pour $r=R$ et pour une valeur quelconque de r plus petite que R*), et de même

$$(3)\qquad f'(a)=\frac{1}{2\pi}\int_{-\pi}^{+\pi}f'(a+Re^{p\sqrt{-1}})\,dp,$$

$$(4)\qquad f''(a)=\frac{1}{2\pi}\int_{-\pi}^{+\pi}f''(a+Re^{p\sqrt{-1}})\,dp,$$

. . . .

*) Cauchy, Exercices d'Analyse et de Physique Mathématique. Tome I, page 356.

$$f^{(n-1)}(a) = \frac{1}{2\pi}\int_{-\pi}^{+\pi} f^{(n-1)}(a + Re^{p\sqrt{-1}})\, dp, \tag{5}$$

$$f^{(n)}(a) = \frac{1}{2\pi}\int_{-\pi}^{+\pi} f^{(n)}(a + Re^{p\sqrt{-1}})\, dp, \tag{6}$$

si $f'(a + re^{p\sqrt{-1}})$, $f''(a + re^{p\sqrt{-1}})$, $\ldots$ $f^{(n-1)}(a + re^{p\sqrt{-1}})$, $f^{(n)}(a + re^{p\sqrt{-1}})$ sont aussi finies et continues, quel que soit p, pour toutes les valeurs r qui ne surpassent pas R.

Or l'intégration par parties donne

$$\int_{-\pi}^{+\pi} f'(a + Re^{p\sqrt{-1}})\, dp = \frac{1}{R}\int_{-\pi}^{+\pi} e^{-p\sqrt{-1}} f(a + Re^{p\sqrt{-1}})\, dp,$$

$$\int_{-\pi}^{+\pi} f''(a + Re^{p\sqrt{-1}})\, dp = \frac{1.2}{R^2}\int_{-\pi}^{+\pi} e^{-2p\sqrt{-1}} f(a + Re^{p\sqrt{-1}})\, dp,$$

. . . .

$$\int_{-\pi}^{+\pi} f^{(n-1)}(a + Re^{p\sqrt{-1}})\, dp = \frac{1.2.3\ldots(n-1)}{R^{n-1}}\int_{-\pi}^{+\pi} e^{-(n-1)p\sqrt{-1}} f(a + Re^{p\sqrt{-1}})\, dp,$$

$$\int_{-\pi}^{+\pi} f^{(n)}(a + Re^{p\sqrt{-1}})\, dp = \frac{1.2.3\ldots(n-1)n}{R^{n}}\int_{-\pi}^{+\pi} e^{-np\sqrt{-1}} f(a + Re^{p\sqrt{-1}})\, dp,$$

ce qui change les équations (3), (4), (5) et (6) en celles-ci

$$f'(a) = \frac{1}{2\pi}\cdot\frac{1}{R}\int_{-\pi}^{+\pi} e^{-p\sqrt{-1}} f(a + Re^{p\sqrt{-1}})\, dp, \tag{7}$$

$$f''(a) = \frac{1}{2\pi}\cdot\frac{1.2}{R^2}\int_{-\pi}^{+\pi} e^{-2p\sqrt{-1}} f(a + Re^{p\sqrt{-1}})\, dp, \tag{8}$$

. . . .

$$f^{(n-1)}(a) = \frac{1}{2\pi}\cdot\frac{1.2.3\ldots n-1}{R^{n-1}}\int_{-\pi}^{+\pi} e^{-(n-1)p\sqrt{-1}} f(a + Re^{p\sqrt{-1}})\, dp, \tag{9}$$

$$f^{(n)}(a) = \frac{1}{2\pi}\cdot\frac{1.2.3\ldots n}{R^{n}}\int_{-\pi}^{+\pi} e^{-np\sqrt{-1}} f(a + Re^{p\sqrt{-1}})\, dp, \tag{10}$$

Désignant par λ la plus grande valeur du module de l'expression $f(a+Re^{p\sqrt{-1}})$ pour toutes les valeurs de p, nous trouverons que les modules

$$\text{mod.}\ [e^{-p\sqrt{-1}}f(a+Re^{p\sqrt{-1}})],\quad \text{mod.}\ [e^{-2p\sqrt{-1}}f(a+Re^{p\sqrt{-1}})],\ldots$$
$$\ldots\text{mod.}\ [e^{-(n-1)p\sqrt{-1}}f(a+Re^{p\sqrt{-1}})],\quad \text{mod.}\ [e^{-np\sqrt{-1}}f(a+Re^{p\sqrt{-1}})]$$

ne surpassent pas λ; car les modules des expressions

$$e^{-p\sqrt{-1}},\quad e^{-2p\sqrt{-1}},\ldots e^{-(n-1)p\sqrt{-1}},\quad e^{-np\sqrt{-1}}$$

sont égaux à l'unité.

Cela étant, on conclut des équations (7), (8), (9) et (10)

$$\text{mod.}\ \frac{f'(a)}{1}<\frac{1}{2\pi}\cdot\frac{1}{R}\cdot\lambda\int_{-\pi}^{+\pi}dp<\frac{\lambda}{R},$$

$$\text{mod.}\ \frac{f''(a)}{1.2}<\frac{1}{2\pi}\cdot\frac{1}{R^2}\cdot\lambda\int_{-\pi}^{+\pi}dp<\frac{\lambda}{R^2},$$

. . . .

$$\text{mod.}\ \frac{f^{(n-1)}(a)}{1.2.3\ldots(n-1)}<\frac{1}{2\pi}\cdot\frac{1}{R^{n-1}}\cdot\lambda\int_{-\pi}^{+\pi}dp<\frac{\lambda}{R^{n-1}},$$

$$\text{mod.}\ \frac{f^{(n)}(a)}{1.2.3\ldots n}<\frac{1}{2\pi}\cdot\frac{1}{R^n}\cdot\lambda\int_{-\pi}^{+\pi}dp<\frac{\lambda}{R^n}.$$

D'après cela la condition (1) de la convergence de la série

$$f(a)+\frac{z}{1}f'(a)+\frac{z^2}{1.2}f''(a)+\ldots+\frac{z^{n-1}}{1.2.3\ldots(n-1)}f^{(n-1)}(a)+\frac{z^n}{1.2.3\ldots n}f^{(n)}(a)+\ldots$$

se réduit à celle-ci:

$$\lim.\left[\frac{(\text{mod.}\ z)^n\lambda}{R^n}\right]^{\frac{1}{n}}<1,$$

ou simplement à

$$\text{mod.}\ z<R,$$

la limite de $\lambda^{\frac{1}{n}}$ pour $n=\infty$ étant l'unité. Donc la série de Taylor

$$(11)\quad f(a)+\frac{z}{1}f'(a)+\frac{z^2}{1.2}f''(a)+\ldots+\frac{z^{n-1}}{1.2.3\ldots(n-1)}f^{(n-1)}(a)+\frac{z^n}{1.2.3\ldots n}f^{(n)}(a)+\ldots$$

sera convergente si le module de z est plus petit que R, où, comme nous l'avons dit, les expressions

$$f(a+re^{p\sqrt{-1}}),\quad f'(a+re^{p\sqrt{-1}}),\ldots f^{(n-1)}(a+re^{p\sqrt{-1}}),\quad f^{(n)}(a+re^{p\sqrt{-1}}),\ldots$$

restent finies et continues, quel que soit p, pour $r=R$ et pour une valeur quelconque de $r<R$. En d'autres termes: la série de Taylor

$$f(a)+\frac{z}{1}f'(a)+\frac{z^2}{1.2}f''(a)+\ldots+\frac{z^{n-1}}{1.2.3\ldots(n-1)}f^{(n-1)}(a)+\frac{z^n}{1.2.3\ldots n}f^{(n)}(a)+\ldots$$

sera convergente si le module de z est au dessous du module de la valeur imaginaire de x qui rend infinie ou discontinue au moins une des fonctions

$$f(a+x),\quad f'(a+x),\quad f''(a+x),\ldots f^{(n-1)}(a+x),\quad f^{(n)}(a+x),\ldots$$

Mais ces conditions toutes, sont-elles nécessaires pour la convergence de la série de Taylor? C'est-à-dire: la série de Taylor (11) est-elle toujours divergente pour une valeur de z, dont le module est plus grand que celui de la valeur de x qui rend au moins une des fonctions

$$f(a+x),\quad f'(a+x),\quad f''(a+x),\ldots f^{(n-1)}(a+x),\quad f^{(n)}(a+x),\ldots$$

infinie ou discontinue? Voilà ce que nous allons examiner.

Si la fonction $f^{(m)}(a+x)$, par exemple, devient infinie ou discontinue pour $x=X$, au moins une des séries

$$f^{(m)}(a+X)=f^{(m)}(a)+\frac{X}{1}f^{(m+1)}(a)+\frac{X^2}{1.2}f^{(m+2)}(a)+\ldots$$
$$+\frac{X^{n-m-1}}{1.2.3\ldots(n-m-1)}f^{(n-1)}(a)+\frac{X^{n-m}}{1.2.3\ldots(n-m)}f^{(n)}(a)+\ldots$$
$$f^{(m+1)}(a+X)=f^{(m+1)}(a)+\frac{X}{1}f^{(m+2)}(a)+\frac{X^2}{1.2}f^{(m+3)}(a)+\ldots$$
$$+\frac{X^{n-m-2}}{1.2.3\ldots(n-m-2)}f^{(n-1)}(a)+\frac{X^{n-m-1}}{1.2.3\ldots(n-m-1)}f^{(n)}(a)+\ldots$$

sera divergente, ce qui ne peut avoir lieu qu'en supposant

$$\lim.\left[\text{mod.}\frac{X^{n-m}}{1.2.3\ldots n-m}f^{(n)}(a)\right]^{\frac{1}{n}}_{n=\infty}>1;\ \lim.\left[\text{mod.}\frac{X^{n-m-1}}{1.2.3\ldots(n-m-1)}f^{(n)}(a)\right]^{\frac{1}{n}}_{n=\infty}>1.$$

Mais ces conditions peuvent être exprimées par

$$\lim.\left[\text{mod.}\ \frac{z^n}{1.2.3\ldots n}f^{(n)}(a)\right]^{\frac{1}{n}}_{n=\infty} > \lim.\left[\frac{(\text{mod.}\ z)^n}{(\text{mod.}\ X)^{n-m}}\cdot\frac{1}{(n-m+1)\ldots n}\right]^{\frac{1}{n}}_{n=\infty},$$

$$\lim.\left[\text{mod.}\ \frac{z^n}{1.2.3\ldots n}f^{(n)}(a)\right]^{\frac{1}{n}}_{n=\infty} > \lim.\left[\frac{(\text{mod.}\ z)^n}{(\text{mod.}\ X)^{n-m-1}}\cdot\frac{1}{(n-m)\ldots n}\right]^{\frac{1}{n}}_{n=\infty};$$

or

$$\lim.\left[\frac{(\text{mod.}\ z)^n}{(\text{mod.}\ X)^{n-m}}\cdot\frac{1}{(n-m+1)\ldots n}\right]^{\frac{1}{n}}_{n=\infty} > \lim.\left[\left(\frac{\text{mod.}\ z}{\text{mod.}\ X}\right)^n\cdot\left(\frac{\text{mod.}\ X}{n}\right)^m\right]^{\frac{1}{n}}_{n=\infty},$$

$$\lim.\left[\frac{(\text{mod.}\ z)^n}{(\text{mod.}\ X)^{n-m-1}}\cdot\frac{1}{(n-m)\ldots n}\right]^{\frac{1}{n}}_{n=\infty} > \lim.\left[\left(\frac{\text{mod.}\ z}{\text{mod.}\ X}\right)^n\cdot\left(\frac{\text{mod.}\ X}{n}\right)^{m+1}\right]^{\frac{1}{n}}_{n=\infty}$$

et

$$\lim.\left[\left(\frac{\text{mod.}\ z}{\text{mod.}\ X}\right)^n\cdot\left(\frac{\text{mod.}\ X}{n}\right)^m\right]^{\frac{1}{n}}_{n=\infty} = \frac{\text{mod.}\ z}{\text{mod.}\ X}\cdot\lim.\left[\frac{\text{mod.}\ X}{n}\right]^{\frac{m}{n}}_{n=\infty} = \frac{\text{mod.}\ z}{\text{mod.}\ X},$$

$$\lim.\left[\left(\frac{\text{mod.}\ z}{\text{mod.}\ X}\right)^n\cdot\left(\frac{\text{mod.}\ X}{n}\right)^{m+1}\right]^{\frac{1}{n}}_{n=\infty} = \frac{\text{mod.}\ z}{\text{mod.}\ X}\cdot\lim.\left[\frac{\text{mod.}\ X}{n}\right]^{\frac{m+1}{n}}_{n=\infty} = \frac{\text{mod.}\ z}{\text{mod.}\ X};$$

donc les inégalités donneront

$$\lim.\left[\text{mod.}\ \frac{z^n}{1.2.3\ldots n}f^{(n)}(a)\right]^{\frac{1}{n}}_{n=\infty} > \frac{\text{mod.}\ z}{\text{mod.}\ X}.$$

En comparant cette inégalité avec la condition (2) de la divergence de la série

$$f(a)+\frac{z}{1}f'(a)+\frac{z^2}{1.2}f''(a)+\ldots+\frac{z^{n-1}}{1.2.3\ldots n-1}f^{(n-1)}(a)+\frac{z^n}{1.2.3\ldots n}f^{(n)}(a)+\ldots,$$

on voit que la série sera toujours divergente, si le module de z est plus grand que celui de la valeur de x qui rendrait infinie ou discontinue au moins une des fonctions

$$f(a+x),\quad f'(a+x),\quad f''(a+x),\ldots f^{(n-1)}(a+x),\quad f^{(n)}(a+x),\ldots$$

Nous voilà donc parvenus à ce théorème général:

«*La série de Taylor:*

$$f(a)+\frac{z}{1}f'(a)+\frac{z^2}{1.2}f''(a)+\ldots+\frac{z^{n-1}}{1.2.3\ldots(n-1)}f^{(n-1)}(a)+\frac{z^n}{1.2.3\ldots n}f^{(n)}(a)+\ldots$$

est divergente ou convergente suivant que le module de z est plus grand ou *plus petit que celui de la valeur imaginaire x qui rendrait infinie ou discontinue au moins une des fonctions*

$$f(a+x),\quad f'(a+x),\quad f''(a+x),\ldots f^{(n-1)}(a+x),\quad f^{(n)}(a+x),\ldots$$

C'est ainsi, par exemple, que la série

$$(1+z^2)^{\frac{3}{2}} = 1 + \frac{3}{2}z^2 + \frac{3}{8}z^4 - \frac{3}{8}\left(1-\frac{5}{6}\right)z^6 +$$
$$+ \frac{3}{8}\left(1-\frac{5}{6}\right)\left(1-\frac{5}{8}\right)z^8 - \frac{3}{8}\left(1-\frac{5}{6}\right)\left(1-\frac{5}{8}\right)\left(1-\frac{5}{10}\right)z^{10}\ldots$$

est convergente ou divergente suivant que le module de la valeur de z est plus petit ou plus grand que l'unité qui est le module de la valeur $x=\sqrt{-1}$ pour laquelle la seconde dérivée et les suivantes de $(1+x^2)^{\frac{3}{2}}$ deviennent infinies.

Ce théorème n'est qu'une très simple conclusion des découvertes remarquables de Mr. Cauchy; mais il est en partie contraire à la règle de la convergence des séries donnée par cet illustre Géomètre, dont l'énoncé est le suivant:

«x designant une variable réelle ou imaginaire, une fonction réelle ou imaginaire de x sera développable en série convergente ordonnée suivant les puissances ascendantes de x, tant que le module de x conserve une valeur inférieure à la plus petite de celles pour lesquelles la fonction ou sa dérivée cesse d'être finie et continue» *).

L'insuffisance de cette règle provient, ce me semble, de ce que Mr. Cauchy suppose la valeur de l'intégrale définie être developpable en série convergente, lorsque la différentielle entre les limites de l'intégration peut être développée en série convergente; ce qui n'a lieu que dans des cas particuliers.

---

*) Cauchy. Exercices d'Analyse et de Physique Mathématique. Tome I, page 29.

3.

DÉMONSTRATION ÉLÉMENTAIRE

D'UNE PROPOSITION GÉNÉRALE

DE LA THÉORIE DES PROBABILITÉS.

(Crelle, Journal für die reine und angewandte Mathematik, B. 33, 1846, p. 259—267.)

Démonstration élémentaire d'une proposition générale de la théorie des probabilités.

§ 1. La proposition, dont la démonstration sera l'objet de cette note, est la suivante:

«On peut toujours assigner un nombre d'épreuves tel, que la probabilité «de ce que le rapport du nombre des répétitions de l'événement E à celui «des épreuves ne s'ecartera pas de la moyenne des chances de E au delà «des limites données, quelques resserrées que soient ces limites, s'approchera «autant qu'on le voudra de la certitude».

Cette proposition fondamentale de la théorie des probabilités, contenant comme cas particulier la loi de Jacques Bernoulli, est déduite par Mr. Poisson d'une formule, qu'il obtient en calculant approximativement la valeur d'une intégrale définie assez compliquée (V. Recherches sur les probabilités des jugements, chap. IV).

Toute ingénieuse que soit la méthode employée par le celèbre Géometre, elle ne fournit pas la limite de l'erreur que comporte son analyse approximative, et par cette incertitude sur la valeur de l'erreur la démonstration de la proposition manque de rigueur.

Je vais montrer ici comment on peut démontrer rigoureusement cette proposition par des considérations tout à fait élémentaires.

§ 2. Supposons que $p_1, p_2, p_3, \ldots p_\mu$ soient les chances de l'événement E dans μ épreuves consécutives, P_m la probabilité que E arrivera au moins m fois dans ces μ épreuves.

On parviendra, comme on sait, à l'expression de P_m en développant le produit

$$(p_1 t + 1 - p_1)(p_2 t + 1 - p_2)(p_3 t + 1 - p_3) \ldots (p_\mu t + 1 - p_\mu)$$

suivant les puissances de t et prenant la somme des coefficients de $t^m, t^{m+1}, \ldots t^\mu$.

De là résultent évidemment ces deux propriétés de P_m:

1) Cette quantité ne contient $p_1, p_2, p_3, \ldots p_\mu$ qu'aux degrés non supérieurs à l'unité; 2) elle est une fonction symétrique par rapport à $p_1, p_2, p_3, \ldots p_\mu$.

En vertu de la première propriété P_m pourra être mise sous la forme

$$U + Vp_1 + V_1 p_2 + Wp_1 p_2,$$

où U, V, V_1, W sont independantes de p_1 et p_2; en vertu de la seconde, V et V_1 sont égales. Donc la forme de l'expression P_m est

$$U + V(p_1 + p_2) + Wp_1 p_2,$$

où U, V, W ne contiennent ni p_1 ni p_2. D'après cela il est facile de prouver sur l'expression P_m le théorème suivant:

Théorème. «Si p_1, p_2 ne sont pas égales, on peut, sans changer les va«leurs de $p_1 + p_2, p_3, \ldots p_\mu$, augmenter celle de P_m en prenant $p_1 = p_2$; ou «on peut parvenir à une des équations suivantes:

$$p_1 = 0, \quad p_1 = 1,$$

«sans diminuer la valeur de P_m».

Démonstration. Nous avons vu que l'expression de P_m peut être mise sous la forme $U + V(p_1 + p_2) + Wp_1 p_2$, où U, V, W sont independantes de p_1 et p_2.

Or la formule $U + V(p_1 + p_2) + Wp_1 p_2$ présente toujours un des trois cas: $W > 0$, $W = 0$, $W < 0$.

Dans le premier cas la somme $p_1 + p_2$ reste la même, et la valeur de P_m augmente de $\frac{1}{4} W(p_1 - p_2)^2$, quand on change p_1, p_2 en $\frac{1}{2}(p_1 + p_2)$, $\frac{1}{2}(p_1 + p_2)$; car la différence

$$U + V\left[\frac{1}{2}(p_1 + p_2) + \frac{1}{2}(p_1 + p_2)\right] + W \frac{1}{2}(p_1 + p_2) \frac{1}{2}(p_1 + p_2)$$
$$- \{U + V(p_1 + p_2) + Wp_1 p_2\}$$

se réduit à $\frac{1}{4} W(p_1 - p_2)^2$.

Dans les deux autres cas on ne changera pas la valeur de la somme $p_1 + p_2$ et on ne diminuera pas celle de $U + V(p_1 + p_2) + Wp_1 p_2$, en changeant p_1, p_2 en $0, p_1 + p_2$ ou en $1, p_1 + p_2 - 1$; car

$$U + V[0 + p_1 + p_2] + W.0.(p_1 + p_2) - \{U + V(p_1 + p_2) + Wp_1 p_2\}$$
$$= - Wp_1 p_2;$$
$$U + V[1 + p_1 + p_2 - 1] + W.1.(p_1 + p_2 - 1) - \{U + V(p_1 + p_2) + Wp_1 p_2\}$$
$$= - W(1 - p_1)(1 - p_2).$$

Mais les valeurs 0, p_1+p_2 pourront être admises pour p_1, p_2 toutes les fois que p_1+p_2 ne surpasse pas 1; car elles sont alors positives et ne surpassent point l'unité; dans le cas contraire où $p_1+p_2>1$, on pourra changer p_1 en 1, p_2 en p_1+p_2-1, ce qui prouve le théorème énoncé. Ce théorème nous conduit encore au suivant:

Théorème. «La plus grande valeur que P_m peut avoir dans le cas où «$p_1+p_2+p_3+\ldots+p_\mu=S$, correspond aux valeurs de $p_1, p_2, p_3, \ldots p_\mu$ «données par les équations

$$p_1=0,\quad p_2=0,\ldots p_\rho=0,\quad p_{\rho+1}=1,\quad p_{\rho+2}=1,\ldots p_{\rho+\sigma}=1,$$

$$p_{\rho+\sigma+1}=\frac{S-\sigma}{\mu-\rho-\sigma},\quad p_{\rho+\sigma+2}=\frac{S-\sigma}{\mu-\rho-\sigma},\ldots p_\mu=\frac{S-\sigma}{\mu-\rho-\sigma},$$

«où ρ, σ désignent certains nombres».

Démonstration. Supposons que $\pi_1, \pi_2, \pi_3, \ldots \pi_\mu$ soit le système des valeurs de $p_1, p_2, p_3, \ldots p_\mu$ qui, vérifiant l'équation

$$p_1+p_2+p_3+\ldots+p_\mu=S,$$

donnent la plus grande valeur à P_m et renferment en même temps le plus grand nombre possible de valeurs égales à 1 et 0 sous ces conditions.

Soient d'ailleurs $\pi_1, \pi_2, \ldots \pi_\rho$ celles parmi les quantités $\pi_1, \pi_2, \pi_3, \ldots \pi_\mu$ qui sont égales à 0; $\pi_{\rho+1}, \pi_{\rho+2}, \ldots \pi_{\rho+\sigma}$ celles qui sont égales à l'unité; toutes les autres $\pi_{\rho+\sigma+1}, \pi_{\rho+\sigma+2}, \ldots \pi_\mu$, étant selon la supposition différentes de 0 et 1, doivent être égales entre elles, comme nous allons le prouver toute à l'heure.

En effet, si $\pi_{\rho+\sigma+1}$ n'est pas égale à $\pi_{\rho+\sigma+2}$, il est possible, d'après le théorème précédent, ou de rendre P_m plus grand, sans changer la somme

$$\pi_1+\pi_2+\ldots+\pi_{\rho+\sigma+1}+\pi_{\rho+\sigma+2}+\ldots+\pi_\mu,$$

en prenant $\pi_{\rho+\sigma+1}=\pi_{\rho+\sigma+2}$, ou de faire $\pi_{\rho+\sigma+1}$ égal à 1 ou 0, sans diminuer la valeur de P_m.

Mais l'un est contraire à la supposition que le système $\pi_1, \pi_2, \pi_3, \ldots \pi_\mu$ donne la plus grande valeur à P_m sous la condition

$$\pi_1+\pi_2+\pi_3+\ldots+\pi_\mu=S;$$

l'autre est contraire à la supposition que de tous les systèmes qui ont cette propriété, $\pi_1, \pi_2, \pi_3, \ldots \pi_\mu$ est celui qui renferme le plus grand nombre de valeurs égales à 1 et 0. Donc il faut nécessairement qu'il soit

$$\pi_{\rho+\sigma+1}=\pi_{\rho+\sigma+2}=\ldots=\pi_\mu.$$

Mais outre ces équations nous avons

$$\pi_1 = 0, \quad \pi_2 = 0, \ldots \pi_\rho = 0; \quad \pi_{\rho+1} = 1, \quad \pi_{\rho+2} = 1, \ldots \pi_{\rho+\sigma} = 1;$$

$$\pi_1 + \pi_2 + \pi_3 + \ldots + \pi_\mu = S,$$

d'où résultent les équations du théorème proposé.

§ 3. Passons maintenant à la recherche des valeurs de l'expression de P_m qui correspondent à

$$p_1 = 0, \quad p_2 = 0, \ldots p_\rho = 0, \quad p_{\rho+1} = 1, \quad p_{\rho+2} = 1, \ldots p_{\rho+\sigma} = 1,$$

$$p_{\rho+\sigma+1} = \frac{S-\sigma}{\mu-\rho-\sigma}, \quad p_{\rho+\sigma+2} = \frac{S-\sigma}{\mu-\rho-\sigma}, \ldots p_\mu = \frac{S-\sigma}{\mu-\rho-\sigma}.$$

De la remarque que nous avons faite par rapport à l'expression P_m, il suit que la valeur de P_m qui correspond à

$$p_1 = 0, \quad p_2 = 0, \ldots p_\rho = 0, \quad p_{\rho+1} = 1, \quad p_{\rho+2} = 1, \ldots p_{\rho+\sigma} = 1,$$

$$p_{\rho+\sigma+1} = \frac{S-\sigma}{\mu-\rho-\sigma}, \quad p_{\rho+\sigma+2} = \frac{S-\sigma}{\mu-\rho-\sigma}, \ldots p_\mu = \frac{S-\sigma}{\mu-\rho-\sigma},$$

est la somme des coefficients de t^m, t^{m-1}, ... t^μ dans le développement du produit

$$t^\sigma \left(\frac{S-\sigma}{\mu-\rho-\sigma} t + \frac{\mu-S-\rho}{\mu-\rho-\sigma} \right)^{\mu-\rho-\sigma},$$

et que, par conséquent, elle est égale à

$$\frac{1.2\ldots(\mu-\rho-\sigma)}{1.2\ldots(m-\sigma).1.2\ldots(\mu-m-\rho)} \left(\frac{S-\sigma}{\mu-\rho-\sigma}\right)^{m-\sigma} \left(\frac{\mu-S-\rho}{\mu-\rho-\sigma}\right)^{\mu-m-\rho} \left\{ 1 + \frac{\mu-m-\rho}{m-\sigma+1}\,\frac{S-\sigma}{\mu-S-\rho} + \right.$$

$$+ \frac{\mu-m-\rho}{m-\sigma+1}\,\frac{S-\sigma}{\mu-S-\rho}\,\frac{\mu-m-\rho-1}{m-\sigma+2}\,\frac{S-\sigma}{\mu-S-\rho} + \ldots$$

$$\left. + \frac{\mu-m-\rho}{m-\sigma+1}\,\frac{S-\sigma}{\mu-S-\rho}\,\frac{\mu-m-\rho-1}{m-\sigma+2}\,\frac{S-\sigma}{\mu-S-\rho} \cdots \frac{1}{\mu-\rho-\sigma}\,\frac{S-\sigma}{\mu-S-\rho} \right\}.$$

Voilà l'expression qui, en conséquence du théorème précédent, pour certains nombres entiers positifs ρ et σ, sera la limite supérieure de toutes les valeurs de P_m, dans le cas, où $p_1 + p_2 + p_3 + \ldots + p_\mu = S$.

En remarquant que la valeur de l'expression

$$1 + \frac{\mu-m-\rho}{m-\sigma+1}\,\frac{S-\sigma}{\mu-S-\rho} + \frac{\mu-m-\rho}{m-\sigma+1}\,\frac{S-\sigma}{\mu-S-\rho}\,\frac{\mu-m-\rho-1}{m-\sigma+2}\,\frac{S-\sigma}{\mu-S-\rho} + \ldots$$

$$\ldots + \frac{\mu-m-\rho}{m-\sigma+1}\,\frac{S-\sigma}{\mu-S-\rho}\,\frac{\mu-m-\rho-1}{m-\sigma+2}\,\frac{S-\sigma}{\mu-S-\rho} \cdots \frac{1}{\mu-\rho-\sigma}\,\frac{S-\sigma}{\mu-S-\rho}$$

est plus petite que celle de

$$1+\frac{\mu-m-\rho}{m-\sigma}\,\frac{S-\sigma}{\mu-S-\rho}+\left(\frac{\mu-m-\rho}{m-\sigma}\,\frac{S-\sigma}{\mu-S-\rho}\right)^2+\ldots+\left(\frac{\mu-m-\rho}{m-\sigma}\,\frac{S-\sigma}{\mu-S-\rho}\right)^{\mu-m-\rho},$$

qui est le développement de

$$\frac{1-\left(\frac{\mu-m-\rho}{m-\sigma}\,\frac{S-\sigma}{\mu-S-\rho}\right)^{\mu-m-\rho+1}}{1-\frac{\mu-m-\rho}{m-\sigma}\,\frac{S-\sigma}{\mu-S-\rho}},$$

ou de

$$\frac{(m-\sigma)(\mu-S-\rho)}{(m-S)(\mu-\rho-\sigma)}\left[1-\left(\frac{\mu-m-\rho}{m-\sigma}\,\frac{S-\sigma}{\mu-S-\rho}\right)^{\mu-m-\rho+1}\right],$$

nous parvenons à ce théorème:

Théorème. «Pour certains nombres entiers et positifs ρ et σ la valeur «de l'expression

$$\frac{1.2\ldots(\mu-\rho-\sigma)}{1.2\ldots(m-\sigma)\,1.2\ldots(\mu-m-\rho)}\left(\frac{S-\sigma}{\mu-\rho-\sigma}\right)^{m-\sigma}\left(\frac{\mu-S-\rho}{\mu-\rho-\sigma}\right)^{\mu-m-\rho+1}\frac{m-\sigma}{m-S}\left[1-\left(\frac{\mu-m-\rho}{m-\sigma}\,\frac{S-\sigma}{\mu-S-\rho}\right)^{\mu-m-\rho+1}\right]$$

«surpasse la valeur P_m de la probabilité que dans μ épreuves l'évenement «E, ayant les chances $p_1, p_2, p_3, \ldots p_\mu$, arrivera au moins m fois, où S «est la somme $p_1+p_2+p_3+\ldots+p_\mu$».

§ 4. Arrêtons-nous au cas, où m surpasse $S+1$. Suivant le dernier théorème nous avons

$$P_m<\frac{1.2\,.\,(\mu-\rho-\sigma)}{1.2\ldots(m-\sigma)\,1.2\ldots(\mu-m-\rho)}\left(\frac{S-\sigma}{\mu-\rho-\sigma}\right)^{m-\sigma}\left(\frac{\mu-S-\rho}{\mu-\rho-\sigma}\right)^{\mu-m-\rho+1}\left(\frac{m-\sigma}{m-S}\right)\left[1-\left(\frac{\mu-m-\rho}{m-\sigma}\,\frac{S-\sigma}{\mu-S-\rho}\right)^{\mu-m-\rho+1}\right]$$

et à plus forte raison

$$(1)\quad P_m<\frac{1.2\ldots(\mu-\rho-\sigma)}{1.2\ldots(m-\sigma).1.2\ldots(\mu-m-\rho)}\left(\frac{S-\sigma}{\mu-\rho-\sigma}\right)^{m-\sigma}\left(\frac{\mu-S-\rho}{\mu-\rho-\sigma}\right)^{\mu-m-\rho+1}\frac{m-\sigma}{m-S}.$$

Mais m étant plus grand que $S+1$, la valeur de l'expression

$$\frac{1.2\ldots(\mu-\rho-\sigma)}{1.2\ldots(m-\sigma).1.2\ldots(\mu-m-\rho)}\left(\frac{S-\sigma}{\mu-\rho-\sigma}\right)^{m-\sigma}\left(\frac{\mu-S-\rho}{\mu-\rho-\sigma}\right)^{\mu-m-\rho+1}\frac{m-\sigma}{m-S}$$

augmentera par la diminution des nombres entiers positifs ρ et σ.

En effet, si nous divisons par cette expression la valeur qu'elle prend après le changement de σ en $\sigma-1$, nous trouvons pour leur rapport

$$\frac{\mu-\rho-\sigma+1}{m-\sigma}\,\frac{(S-\sigma+1)^{m-\sigma+1}}{(S-\sigma)^{m-\sigma}}\,\frac{(\mu-\rho-\sigma)^{\mu-\rho-\sigma+1}}{(\mu-\rho-\sigma+1)^{\mu-\rho-\sigma+2}},$$

ou bien

$$\frac{S-\sigma+1}{m-\sigma}\left(\frac{S-\sigma+1}{S-\sigma}\right)^{m-\sigma}\left(\frac{\mu-\rho-\sigma}{\mu-\rho-\sigma+1}\right)^{\mu-\rho-\sigma+1},$$

ce qui, étant mis sous la forme

$$\frac{1}{1+\frac{m-S-1}{S-\sigma+1}}\,e^{-(m-\sigma)\log\left(1-\frac{1}{S-\sigma+1}\right)+(\mu-\rho-\sigma+1)\log\left(1-\frac{1}{\mu-\rho-\sigma+1}\right)},$$

se réduit à

$$\frac{1}{1+\frac{m-S-1}{S-\sigma+1}}\,e^{\frac{m-S-1}{S-\sigma+1}+\frac{1}{2}\left\{\frac{m-\sigma}{(S-\sigma+1)^2}-\frac{1}{\mu-\rho-\sigma+1}\right\}+\frac{1}{3}\left\{\frac{m-\sigma}{(S-\sigma+1)^3}-\frac{1}{(\mu-\rho-\sigma+1)^2}\right\}+\cdots}$$

Or, cette valeur est évidement plus grande que 1; car

$$\frac{1}{1+\frac{m-S-1}{S-\sigma+1}}\,e^{\frac{m-S-1}{S-\sigma+1}}$$

est égale à

$$\frac{1+\frac{m-S-1}{S-\sigma+1}+\frac{1}{2}\left(\frac{m-S-1}{S-\sigma+1}\right)^2+\frac{1}{2.3}\left(\frac{m-S-1}{S-\sigma+1}\right)^3+\cdots}{1+\frac{m-S-1}{S-\sigma+1}},$$

et ceci surpasse l'unité, parceque, m étant, par supposition, plus grand que $S+1$, $m-S-1$ aura une valeur positive.

Quant aux valeurs de

$$\frac{m-\sigma}{(S-\sigma+1)^2}-\frac{1}{\mu-\rho-\sigma+1},\quad \frac{m-\sigma}{(S-\sigma+1)^3}-\frac{1}{(\mu-\rho-\sigma+1)^2},\ \ldots,$$

elles sont positives, vu que, par supposition, $m-\sigma$ surpasse $S-\sigma+1$, et $S-\sigma+1$ ne peut surpasser $\mu-\rho-\sigma+1$; car autrement $\frac{S-\sigma}{\mu-\rho-\sigma}$, qui est la valeur d'une certaine probabilité (voyez § 2), serait plus grande que l'unité.

Nous nous sommes donc convaincu qu'avec la diminution de σ la valeur de l'expression

$$\frac{1.2\ldots(\mu-\rho-\sigma)}{1.2\ldots(m-\sigma).1.2\ldots(\mu-m-\rho)}\left(\frac{S-\sigma}{\mu-\rho-\sigma}\right)^{m-\sigma}\left(\frac{\mu-S-\rho}{\mu-\rho-\sigma}\right)^{\mu-m-\rho+1}\frac{m-\sigma}{m-S}$$

augmente. Le même a lieu par rapport à ρ.

Nous concluons de là que pour $m>S+1$ la valeur de l'expression

$$\frac{1.2\ldots(\mu-\rho-\sigma)}{1.2\ldots(m-\sigma).1.2\ldots(\mu-m-\rho)}\left(\frac{S-\sigma}{\mu-\rho-\sigma}\right)^{m-\sigma}\left(\frac{\mu-S-\rho}{\mu-\rho-\sigma}\right)^{\mu-m-\rho+1}\frac{m-\sigma}{m-S}$$

dans l'inégalité (1) ne peut surpasser celle qui correspond à $\rho = 0$, $\sigma = 0$ et qui est égale à

$$\frac{1.2\ldots\mu}{1.2\ldots m.1.2\ldots(\mu-m)}\left(\frac{S}{\mu}\right)^m\left(\frac{\mu-S}{\mu}\right)^{\mu-m+1}\frac{m}{m-S}.$$

Nous pouvons donc déduire de l'inégalité (1) celle-ci:

$$(2)\qquad P_m < \frac{1.2\ldots\mu}{1.2\ldots m.1.2\ldots(\mu-m)}\left(\frac{S}{\mu}\right)^m\left(\frac{\mu-S}{\mu}\right)^{\mu-m+1}\frac{m}{m-S},$$

où m est supposé plus grand que $S+1$.

§ 5. Mais on sait, que la valeur du produit $1.2\ldots(x-1).x$ est plus petite que $2{,}53\, x^{x+\frac{1}{2}} e^{-x+\frac{1}{12x}}$ et plus grande que $2{,}50\, x^{x+\frac{1}{2}} e^{-x}$ *).

D'après celà la valeur de l'expression

$$\frac{1.2\ldots\mu}{1.2\ldots m.1.2\ldots(\mu-m)}\left(\frac{S}{\mu}\right)^m\left(\frac{\mu-S}{\mu}\right)^{\mu-m+1}\frac{m}{m-S}$$

est plus petite que

$$\frac{2{,}53\, e^{\frac{1}{12\mu}}}{(2{,}50)^2}\,\frac{\mu^{\mu+\frac{1}{2}}}{m^{m+\frac{1}{2}}(\mu-m)^{\mu-m+\frac{1}{2}}}\left(\frac{S}{\mu}\right)^m\left(\frac{\mu-S}{\mu}\right)^{\mu-m+1}\frac{m}{m-S},$$

---

*) Voici comment on parvient très simplement à ce résultat.

En divisant respectivement les valeurs des expressions $\frac{1.2\ldots(x-1).x}{x^{x+\frac{1}{2}}e^{-x+\frac{1}{12x}}}$, $\frac{1.2\ldots(x-1).x}{x^{x+\frac{1}{2}}e^{-x}}$ correspondantes à $x=n+1$, par leurs valeurs, qui correspondent à $x=n$, on trouve pour leurs rapports

$$\left(\frac{n}{n+1}\right)^{n+\frac{1}{2}}.\,e^{1+\frac{1}{12}\left(\frac{1}{n}-\frac{1}{n+1}\right)},\quad \left(\frac{n}{n+1}\right)^{n+\frac{1}{2}}.\,e,$$

ce qui se réduit à

$$e^{\left(n+\frac{1}{2}\right)\log\frac{n}{n+1}+1+\frac{1}{12}\left(\frac{1}{n}-\frac{1}{n+1}\right)},\quad e^{\left(n+\frac{1}{2}\right)\log\frac{n}{n+1}+1}$$

ou enfin à

$$e^{\left(\frac{1}{12}-\frac{3}{2.4.5}\right)\frac{1}{(n+1)^4}+\left(\frac{1}{12}-\frac{4}{2.5.6}\right)\frac{1}{(n+1)^5}+\ldots},\quad e^{-\frac{1}{12(n+1)^2}-\frac{1}{12(n+1)^3}-\ldots}.$$

La première quantité étant plus grande que l'unité, la seconde plus petite, il est clair que lorsque x augmente, la valeur de $\frac{1.2\ldots(x-1).x}{x^{x+\frac{1}{2}}e^{-x+\frac{1}{12x}}}$ augmente aussi et celle de $\frac{1.2\ldots(x-1).x}{x^{x+\frac{1}{2}}e^{-x}}$ diminue.

Donc pour toutes les valeurs de x, moindres que s, on aura

$$\frac{1.2\ldots(x-1).x}{x^{x+\frac{1}{2}}e^{-x+\frac{1}{12x}}} < \frac{1.2\ldots(s-1).s}{s^{s+\frac{1}{2}}e^{-s+\frac{1}{12s}}},\quad \frac{1.2\ldots(x-1).x}{x^{x+\frac{1}{2}}e^{-x}} > \frac{1.2\ldots(s-1).s}{s^{s+\frac{1}{2}}e^{-s}}$$

et à plus forte raison plus petite que

$$\frac{\frac{1}{2}\mu^{\mu+\frac{1}{2}}}{m^{m+\frac{1}{2}}(\mu-m)^{\mu-m+\frac{1}{2}}}\left(\frac{S}{\mu}\right)^m\left(\frac{\mu-S}{\mu}\right)^{\mu-m+1}\frac{m}{m-S};$$

car pour la plus grande valeur de $e^{\frac{1}{12\mu}}$, qui est $e^{\frac{1}{12}}$, le produit

$$\frac{2,53}{(2,50)^2}\,e^{\frac{1}{12\mu}}$$

est encore plus petit que $\frac{1}{2}$.

On a donc suivant (2):

$$P_m < \frac{\frac{1}{2}\mu^{\mu+\frac{1}{2}}}{m^{m+\frac{1}{2}}(\mu-m)^{\mu-m+\frac{1}{2}}}\left(\frac{S}{\mu}\right)^m\left(\frac{\mu-S}{\mu}\right)^{\mu-m+1}\frac{m}{m-S},$$

ou, ce qui est le même:

$$P_m < \frac{1}{2(m-S)}\sqrt{\frac{m(\mu-m)}{\mu}}\left(\frac{S}{m}\right)^m\left(\frac{\mu-S}{\mu-m}\right)^{\mu-m+1}.$$

Cette inégalité donne le théorème suivant:

Théorème. «Si les chances de l'événement E dans μ épreuves consé«cutives sont $p_1, p_2, p_3, \ldots p_\mu$, et que leur somme est S, la valeur de l'ex«pression

$$\frac{1}{2(m-S)}\sqrt{\frac{m(\mu-m)}{\mu}}\left(\frac{S}{m}\right)^m\left(\frac{\mu-S}{\mu-m}\right)^{\mu-m+1},$$

«pour m plus grand que $S+1$, surpasse toujours la probabilité que E arri«vera au moins m fois dans ces μ épreuves».

---

et, par conséquent,

(A) $\quad 1.2..(x-1).x < Te^{-\frac{1}{12s}}x^{x+\frac{1}{2}}e^{-x+\frac{1}{12x}}, \quad 1.2...(x-1).x > Tx^{x+\frac{1}{2}}e^{-x},$

où T désigne la valeur de l'expression $\frac{1.2..(s-1)s}{s^{s+\frac{1}{2}}e^{-s}}$.

Mettons $s=\infty$ et nommons T_0 la valeur de $\frac{1.2..(s-1).s}{s^{s+\frac{1}{2}}e^{-s}}$ pour $s=\infty$; il suit de (A) que pour toutes les valeurs finies de x on aura

$$1.2...(x-1).x < T_0x^{x+\frac{1}{2}}e^{-x+\frac{1}{12x}}, \quad 1.2\ (x-1).x > T_0x^{x+\frac{1}{2}}e^{-x},$$

où T_0 est une constante.

En faisant dans ces inégalités $x=10$, on trouvera que T_0 est plus grand que 2,50 et moindre que 2,53; par conséquent les inégalités précédentes donnent

$$1.2...(x-1)\,x < 2,53\,x^{x+\frac{1}{2}}e^{-x+\frac{1}{12x}}, \quad 1.2...(x-1).x > 2,50\,x^{x+\frac{1}{2}}e^{-x}.$$

En changeant m, p_1, p_2, p_3, ... p_μ, S en $\mu - n$, $1 - p_1$, $1 - p_2$, $1 - p_3$, ... $1 - p_\mu$, $\mu - S$, il suit de ce théorème que, si la somme $1 - p_1 + 1 - p_2 + 1 - p_3 + \ldots + 1 - p_\mu$ est égale à $\mu - S$, la valeur de l'expression

$$\frac{1}{2(S-n)} \sqrt{\frac{n(\mu-n)}{\mu}} \left(\frac{\mu-S}{\mu-n}\right)^{\mu-n} \left(\frac{S}{n}\right)^{n+1}$$

pour $\mu - n > \mu - S + 1$ surpasse celle de la probabilité que l'événement contraire à E arrivera au moins $\mu - n$ fois dans μ épreuves, où p_1, p_2, p_3, ... p_μ sont les chances de E.

En observant que les conditions

$$1 - p_1 + 1 - p_2 + 1 - p_3 + \ldots + 1 - p_\mu = \mu - S; \quad \mu - n > \mu - S + 1$$

se réduisent à

$$p_1 + p_2 + p_3 + \ldots + p_\mu = S, \quad n < S - 1,$$

et que l'événement contraire à E n'arrive pas moins de $\mu - n$ fois dans μ épreuves, si E ne se présente dans ces épreuves plus de n fois, nous arrivons au théorème suivant:

Théorème. «Si les chances de l'événement E dans μ épreuves consé«cutives sont p_1, p_2, p_3, ... p_μ, et que leur somme est S_1, la valeur de l'ex«pression

$$\frac{1}{2(S-n)} \sqrt{\frac{n(\mu-n)}{\mu}} \left(\frac{\mu-S}{\mu-n}\right)^{\mu-n} \left(\frac{S}{n}\right)^{n+1}$$

«pour n plus petit que $S - 1$, surpassera toujours celle de la probabilité que «E n'arrivera dans ces épreuves plus de n fois».

§ 6. Mais la répétition de l'événement E ne peut donner lieu qu'à l'un de ces trois cas: ou l'événement reviendra au moins m fois, ou il ne reviendra pas plus de n fois, ou enfin il reviendra plus que n et moins que m fois.

Donc la probabilité du dernier cas sera déterminée par la différence entre l'unité et la somme des probabilités de deux premiers cas.

Donc, comme conséquence des deux derniers théorèmes, résulte le suivant:

Théorème. «Si les chances de l'événement E dans μ épreuves consé«cutives sont p_1, p_2, p_3, ... p_μ, et que leur somme est S, la probabilité que «le nombre des répétitions de l'événement E dans ces μ épreuves sera moindre «que m et plus grand que n, surpassera, pour m plus grand que $S + 1$ et «pour n plus petit que $S - 1$, la valeur de l'expression

$$1 - \frac{1}{2(m-S)} \sqrt{\frac{m(\mu-m)}{\mu}} \left(\frac{S}{m}\right)^m \left(\frac{\mu-S}{\mu-m}\right)^{\mu-m+1} - \frac{1}{2(S-n)} \sqrt{\frac{n(\mu-n)}{\mu}} \left(\frac{\mu-S}{\mu-n}\right)^{\mu-n} \left(\frac{S}{n}\right)^{n+1}.$$

Pour déduire de ce théorème la proposition enoncée au commencement de la note, nous remarquons que le rapport du nombre des répétitions de l'événement E dans μ épreuves au nombre μ n'atteint pas les limites

$$\frac{S}{\mu}+z \text{ и } \frac{S}{\mu}-z,$$

si E dans ces épreuves arrive moins que $S+\mu z$ et plus que $S-\mu z$ fois.

Mais la probabilité que ceci a lieu, surpassera (d'après le dernier théorème) pour $z>\frac{1}{\mu}$, la valeur de l'expression

$$1-\frac{1}{2\mu z}\sqrt{\frac{(S+\mu z)(\mu-S-\mu z)}{\mu}}\left(\frac{S}{S+\mu z}\right)^{S+\mu z}\left(\frac{\mu-S}{\mu-S-\mu z}\right)^{\mu-S-\mu z+1}$$
$$-\frac{1}{2\mu z}\sqrt{\frac{(S-\mu z)(\mu-S+\mu z)}{\mu}}\left(\frac{\mu-S}{\mu-S+\mu z}\right)^{\mu-S+\mu z}\left(\frac{S}{S-\mu z}\right)^{S-\mu z+1}$$

qui peut être mise sous la forme

$$(3) \qquad 1-\frac{1-p}{2z\sqrt{\mu}}\sqrt{\frac{p+z}{1-p-z}}\,H^{\mu}-\frac{p}{2z\sqrt{\mu}}\sqrt{\frac{1-p+z}{p-z}}\,H_1^{\mu},$$

où l'on a fait pour abréger $\frac{S}{\mu}=p$ et

$$(4) \qquad \left(\frac{p}{p+z}\right)^{p+z}\left(\frac{1-p}{1-p-z}\right)^{1-p-z}=H; \quad \left(\frac{1-p}{1-p+z}\right)^{1-p+z}\left(\frac{p}{p-z}\right)^{p-z}=H_1.$$

Les équations (4) nous donneront pour les logarithmes naturels de H, H_1 les séries suivantes:

$$-\frac{z^2}{2p}\left(1-\frac{1}{3}\,\frac{z}{p}\right)-\frac{z^4}{12p^3}\left(1-\frac{3}{5}\,\frac{z}{p}\right)-\ldots-\frac{z^2}{2(1-p)}-\frac{z^3}{6(1-p)^2}-\ldots$$

et

$$-\frac{z^2}{2p}-\frac{z^3}{6p^2}-\ldots-\frac{z^2}{2(1-p)}\left(1-\frac{1}{3}\,\frac{z}{1-p}\right)-\frac{z^4}{12(1-p)^3}\left(1-\frac{3}{5}\,\frac{z}{1-p}\right)-\ldots$$

d'où il est clair que H, H_1 ont des valeurs moindres que 1.

Il suit de là que l'expression (3) s'approche indéfiniment vers 1 par l'accroissement de μ, de manière qu'on rendra sa différence de 1 bien plus petite que Q, en prenant pour μ un nombre quelconque plus grand que

$$\frac{\log\left[Q.\frac{z}{1-p}\sqrt{\frac{1-p-z}{p+z}}\right]}{\log H} \text{ et } \frac{\log\left[Q.\frac{z}{p}\sqrt{\frac{p-z}{1-p+z}}\right]}{\log H_1}.$$

Nous sommes donc parvenus à la demonstration rigoureuse de la proposition qui est l'objet de cette note.

4.

SUR LA FONCTION

QUI DÉTERMINE

LA TOTALITÉ DES NOMBRES PREMIERS

INFÉRIEURS À UNE LIMITE DONNÉE.

(Mémoires présentés à l'Académie Impériale des sciences de St.-Pétersbourg par divers savants, VI, 1851, p. 141—157. Journal de mathématiques pures et appliquées. I série, XVII, 1852, p. 341—365.)

Объ опредѣленіи числа простыхъ чиселъ не превосходящихъ данной величины.

(Теорія сравненій. С.-Петербургъ, 1849, стр. 209—229.)

Sur la fonction qui détermine la totalité des nombres premiers inférieurs à une limite donnée.

§ 1. Legendre, dans sa Théorie des nombres *), propose une formule pour déterminer combien il y a de nombres premiers depuis 1 jusqu'à une limite donnée. Il commence par comparer sa formule avec l'énumération immédiate des nombres premiers faite dans les tables les plus étendues, nommément depuis 10000 jusqu'à 1000000, et l'applique ensuite à la solution de plusieurs questions. Malgré la concordance prononcée de la formule de Legendre avec les tables des nombres premiers, nous nous permettons néanmoins d'élever quelques doutes sur son exactitude, et par conséquent aussi sur les résultats qu'on en a tirés. Nous fondons notre assertion sur un théorème, relatif aux propriétés de la fonction qui détermine combien il y a de nombres premiers inférieurs à une limite donnée, théorème dont on peut déduire plusieurs conséquences curieuses. Nous allons d'abord donner la démonstration du théorème en question, et nous en présenterons ensuite quelques applications.

I-er Théorème.

§ 2. *Si l'on représente par $\varphi(x)$ la totalité des nombres premiers inférieurs à x, par n un entier quelconque, enfin par ρ une quantité > 0, la somme*

$$\sum_{x=2}^{x=\infty}\left[\varphi(x+1)-\varphi(x)-\frac{1}{\log x}\right]\frac{\log^n x}{x^{1+\rho}}$$

jouira de la propriété de s'approcher d'une limite finie, à mesure que ρ converge vers zéro.

*) Tome 2, page 65 (Troisième édition).

Démonstration. Commençons par démontrer que la propriété en question a lieu pour les fonctions que l'on obtient par la différentiation successive des trois expressions

$$\sum \frac{1}{m^{1+\rho}} - \frac{1}{\rho}, \quad \log \rho - \Sigma \log \left(1 - \frac{1}{\mu^{1+\rho}}\right),$$

$$\Sigma \log \left(1 - \frac{1}{\mu^{1+\rho}}\right) + \sum \frac{1}{\mu^{1+\rho}}$$

par rapport à ρ; ici, comme par la suite, la sommation par rapport à m s'étend à tous les entiers depuis $m = 2$ jusqu'à $m = \infty$, et par rapport à μ seulement aux nombres premiers, également depuis $\mu = 2$ jusqu'à $\mu = \infty$.

Considérons la première expression. Il est facile de voir que l'on a

$$\int_0^\infty \frac{e^{-x}}{e^x - 1} x^\rho \, dx = \sum \frac{1}{m^{1+\rho}} \cdot \int_0^\infty e^{-x} x^\rho \, dx,$$

$$\int_0^\infty e^{-x} x^{-1+\rho} \, dx = \frac{1}{\rho} \int_0^\infty e^{-x} x^\rho \, dx,$$

et par conséquent

$$\sum \frac{1}{m^{1+\rho}} - \frac{1}{\rho} = \frac{\int_0^\infty \left(\frac{1}{e^x - 1} - \frac{1}{x}\right) e^{-x} x^\rho \, dx}{\int_0^\infty e^{-x} x^\rho \, dx}.$$

En vertu de cette équation la dérivée d'un ordre quelconque n de $\sum \frac{1}{m^{1+\rho}} - \frac{1}{\rho}$ par rapport à ρ sera égale à une fraction, dont le dénominateur est $\left[\int_0^\infty e^{-x} x^\rho \, dx\right]^{n+1}$ et le numerateur une fonction entière des expressions

$$\int_0^\infty \left(\frac{1}{e^x - 1} - \frac{1}{x}\right) e^{-x} x^\rho \, dx, \quad \int_0^\infty \left(\frac{1}{e^x - 1} - \frac{1}{x}\right) e^{-x} x^\rho \log x \, dx,$$

$$\int_0^\infty \left(\frac{1}{e^x - 1} - \frac{1}{x}\right) e^{-x} x^\rho \log^2 x \, dx, \ldots \int_0^\infty \left(\frac{1}{e^x - 1} - \frac{1}{x}\right) e^{-x} x^\rho \log^n x \, dx,$$

$$\int_0^\infty e^{-x} x^\rho \, dx, \int_0^\infty e^{-x} x^\rho \log x \, dx, \int_0^\infty e^{-x} x^\rho \log^2 x \, dx, \ldots \int_0^\infty e^{-x} x^\rho \log^n x \, dx.$$

Or, une telle fraction, pour $n = 0$ aussi bien que pour $n > 0$, s'approche d'une limite finie à mesure que ρ converge vers zéro; car la limite de l'intégrale $\int_0^\infty e^{-x}\, x^\rho\, dx$ pour $\rho = 0$ est 1, et les intégrales

$$\int_0^\infty \left(\frac{1}{e^x-1} - \frac{1}{x}\right) e^{-x}\, x^\rho\, dx,\quad \int_0^\infty \left(\frac{1}{e^x-1} - \frac{1}{x}\right) e^{-x}\, x^\rho \log x\, dx,$$

$$\int_0^\infty \left(\frac{1}{e^x-1} - \frac{1}{x}\right) e^{-x}\, x^\rho \log^2 x\, dx, \ldots \int_0^\infty \left(\frac{1}{e^x-1} - \frac{1}{x}\right) e^{-x}\, x^\rho \log^n x\, dx,$$

$$\int_0^\infty e^{-x}\, x^\rho \log x\, dx,\quad \int_0^\infty e^{-x}\, x^\rho \log^2 x\, dx, \ldots \int_0^\infty e^{-x}\, x^\rho \log^n x\, dx$$

pour $\rho = 0$ conservent évidemment des valeurs finies.

Ainsi, il est certain que la fonction $\sum \frac{1}{m^{1+\rho}} - \frac{1}{\rho}$, aussi bien que ses dérivées successives, resteront finies à mesure que ρ convergera vers la limite zéro.

Considérons actuellement la fonction

$$\log \rho - \Sigma \log\left(1 - \frac{1}{\mu^{1+\rho}}\right).$$

On sait que

$$\left[\left(1 - \frac{1}{2^{1+\rho}}\right)\left(1 - \frac{1}{3^{1+\rho}}\right)\left(1 - \frac{1}{5^{1+\rho}}\right)\cdots\cdots\right]^{-1}$$

$$= 1 + \frac{1}{2^{1+\rho}} + \frac{1}{3^{1+\rho}} + \frac{1}{4^{1+\rho}} + \cdots\cdots;$$

d'où l'on tire

$$-\log\left(1 - \frac{1}{2^{1+\rho}}\right) - \log\left(1 - \frac{1}{3^{1+\rho}}\right) - \log\left(1 - \frac{1}{5^{1+\rho}}\right)\cdots$$

$$= \log\left(1 + \frac{1}{2^{1+\rho}} + \frac{1}{3^{1+\rho}} + \frac{1}{4^{1+\rho}} + \cdots\right),$$

équation qui, d'après la notation admise plus haut, peut être écrite de cette manière

$$-\Sigma \log\left(1 - \frac{1}{\mu^{1+\rho}}\right) = \log\left(1 + \sum \frac{1}{m^{1+\rho}}\right);$$

donc

$$\log \rho - \Sigma \log\left(1 - \frac{1}{\mu^{1+\rho}}\right) = \log\left(1 + \sum \frac{1}{m^{1+\rho}}\right)\rho;$$

ou bien

$$\log \rho - \Sigma \log\left(1 - \frac{1}{\mu^{1+\rho}}\right) = \log\left[1 + \rho + \left(\sum \frac{1}{m^{1+\rho}} - \frac{1}{\rho}\right)\rho\right].$$

Cette équation fait voir que toutes les dérivées de

$$\log \rho - \Sigma \log \left(1 - \frac{1}{\mu^{1+\rho}}\right)$$

suivant ρ, s'exprimeront au moyen d'un nombre fini de fractions, dont les dénominateurs seront des puissances entières et positives de

$$1 + \rho + \left(\sum \frac{1}{m^{1+\rho}} - \frac{1}{\rho}\right)\rho,$$

et les numérateurs des fonctions entières de ρ, de l'expression $\sum \frac{1}{m^{1+\rho}} - \frac{1}{\rho}$ et de ses dérivées par rapport à ρ. Or, de telles fractions s'approcheront d'une limite finie à mesure que ρ convergera vers zéro; car l'expression $1 + \rho + \left(\sum \frac{1}{m^{1+\rho}} - \frac{1}{\rho}\right)\rho$, qui entre dans les dénominateurs de ces fractions, tendra vers la limite 1 à mesure que ρ s'approchera de zéro, et cela parce-que la différence $\sum \frac{1}{m^{1+\rho}} - \frac{1}{\rho}$, dans cette hypothèse, reste finie comme nous l'avons démontré plus haut. Quant à ce qui concerne les numérateurs, comme ils ne contiennent la différence $\sum \frac{1}{m^{1+\rho}} - \frac{1}{\rho}$ et ses dérivées que sous forme entière, et que ces fonctions tendent vers une limite finie quand ρ converge vers zéro, il en sera de même pour ses numérateurs.

Il nous reste encore à démontrer que la même propriété à lieu relativement aux dérivées de la fonction

$$\Sigma \log \left(1 - \frac{1}{\mu^{1+\rho}}\right) + \sum \frac{1}{\mu^{1+\rho}}.$$

Nous remarquerons d'abord que sa première dérivée sera

$$\sum \frac{1}{\mu^{2+2\rho}} \cdot \frac{\log \mu}{1 - \frac{1}{\mu^{1+\rho}}}.$$

Il est facile de voir par la forme de cette fonction que les dérivées des ordres supérieurs s'exprimeront également au moyen d'un nombre fini des termes tels que

$$\sum \frac{1}{\mu^{2+2\rho}} \cdot \frac{\log^p \mu}{1 - \frac{1}{\mu^{1+\rho}}} \cdot \frac{1}{\mu^s\left(1 - \frac{1}{\mu^{1+\rho}}\right)^r},$$

p, q, r n'étant par inférieurs à zéro. Mais chaque terme de cette nature, pour des valeurs de ρ non-inférieures à zéro, a une valeur finie; en effet, pour $\rho = 0$ et $\rho > 0$, la fonction sous le signe Σ sera une quantité d'un ordre supérieur au premier par rapport à $\frac{1}{\mu}$.

Après nous être convaincu que les dérivées des trois expressions

$$\sum \frac{1}{m^{1+\rho}} - \frac{1}{\rho}, \quad \log \rho - \Sigma \log \left(1 - \frac{1}{\mu^{1+\rho}}\right),$$
$$\Sigma \log \left(1 - \frac{1}{\mu^{1+\rho}}\right) + \sum \frac{1}{\mu^{1+\rho}},$$

pour des valeurs de ρ convergentes vers zéro, tendent vers des limites finies, nous concluons que la même propriété aura également lieu par rapport à l'expression

$$\frac{d^n\left[\Sigma \log\left(1-\frac{1}{\mu^{1+\rho}}\right)+\sum\frac{1}{\mu^{1+\rho}}\right]}{d\rho^n} - \frac{d^n\left[\log \rho - \Sigma \log\left(1-\frac{1}{\mu^{1+\rho}}\right)\right]}{d\rho^n} - \frac{d^{n-1}\left(\sum\frac{1}{m^{1+\rho}} - \frac{1}{\rho}\right)}{d\rho^{n-1}},$$

laquelle, après les différentiations effectuées, ce réduira à

$$\pm\left(\sum \frac{\log^n \mu}{\mu^{1+\rho}} - \sum \frac{\log^{n-1} m}{m^{1+\rho}}\right).$$

Ce qui vient d'être dit renferme le théorême énoncé plus haut, car il est facile de remarquer que, d'après notre notation, la différence

$$\sum \frac{\log^n \mu}{\mu^{1+\rho}} - \sum \frac{\log^{n-1} m}{m^{1+\rho}}$$

est identique avec l'expression

$$\sum_{x=2}^{x=\infty} \left[\varphi(x+1) - \varphi(x) - \frac{1}{\log x}\right] \frac{\log^n x}{x^{1+\rho}},$$

ou bien, ce qui revient au même, avec

$$\sum_{x=2}^{x=\infty} \left[\varphi(x+1) - \varphi(x)\right] \frac{\log^n x}{x^{1+\rho}} \quad \sum_{x=2}^{x=\infty} \frac{\log^{n-1} x}{x^{1+\rho}},$$

Pour le faire voir il n'y a qu'à observer que le premier terme de cette différence est simplement égal à $\sum \frac{\log^n \mu}{\mu^{1+\rho}}$, parceque le facteur $\varphi(x+1) - \varphi(x)$ de $\frac{\log^n x}{x^{1+\rho}}$ se réduit, par la définition même de la fonction φ, à 1 ou à 0 suivant que x est un nombre premier ou un nombre composé. Quant au second terme $\sum_{x=2}^{x=\infty} \frac{\log^{n-1} x}{x^{1+\rho}}$, il se transforme évidemment en $\sum \frac{\log^{n-1} m}{m^{1+\rho}}$ par le changement de x en m.

De cette manière la proposition que nous avions en vue de démontrer, se trouve complètement établie.

§ 3. Le théorème dont on vient de donner la démonstration conduit à plusieurs propriétés curieuses de la fonction qui détermine combien il y a de nombres premiers inférieurs à une limite donnée. Et d'abord observons que la différence

$$\frac{1}{\log x} - \int_x^{x+1} \frac{dx}{\log x},$$

pour x très grand, est une quantité infiniment petite du premier ordre par rapport à $\frac{1}{x}$; par conséquent l'expression

$$\left(\frac{1}{\log x} - \int_x^{x+1} \frac{dx}{\log x}\right) \frac{\log^n x}{x^{1+\rho}},$$

pour x très grand, sera de l'ordre $2 + \rho$ relativement à $\frac{1}{x}$; d'après cela, la somme

$$\sum_{x=2}^{x=\infty} \left(\frac{1}{\log x} - \int_x^{x+1} \frac{dx}{\log x}\right) \frac{\log^n x}{x^{1+\rho}}$$

pour des valeurs de ρ non-inférieures à zéro, restera finie. Ajoutant cette somme à l'expression

$$\sum_{x=2}^{x=\infty} \left[\varphi(x+1) - \varphi(x) - \frac{1}{\log x}\right] \frac{\log^n x}{x^{1+\rho}},$$

pour laquelle le théorème I-er a lieu, nous concluons que la valeur de

$$\sum_{x=2}^{x=\infty} \left[\varphi(x+1) - \varphi(x) - \int_x^{x+1} \frac{dx}{\log x}\right] \frac{\log^n x}{x^{1+\rho}}\, dx$$

restera finie à mesure que ρ convergera vers la limite zéro. De là on tire le théorème suivant:

II-éme Théorème.

La fonction $\varphi(x)$, qui désigne combien il y a de nombres premiers inférieurs à x, satisfera, entre les limites $x = 2$ et $x = \infty$, une infinité de fois aux deux inégalités

$$\varphi(x) > \int_2^x \frac{dx}{\log x} - \frac{\alpha x}{\log^n x} \quad \text{et} \quad \varphi(x) < \int_2^x \frac{dx}{\log x} + \frac{\alpha x}{\log^n x},$$

quelque petite que soit la valeur de α, supposée positive, et quelque grand que soit en même temps le nombre n.

Démonstration. Nous nous contenterons de démontrer l'une de ces deux inégalités, parceque l'autre s'établira tout-à-fait de la même manière. Choisissons, par exemple, la suivante:

$$(1)\qquad \varphi(x) < \int_2^x \frac{dx}{\log x} + \frac{\alpha x}{\log^n x}.$$

Pour prouver que cette inégalité est satisfaite une infinité de fois, admettons d'abord que le contraire ait lieu, et voyons quelles seront les conséquences de cette hypothèse. Soit a un entier supérieur à e^n et supérieur en même temps au plus grand nombre qui satisfait à l'inégalité (1). Dans cette supposition on aura pour $x > a$ l'inégalité

$$\varphi(x) \geqq \int_2^x \frac{dx}{\log x} + \frac{\alpha x}{\log^n x}, \quad \log x > n,$$

et par conséquent

$$(2)\qquad \varphi(x) - \int_2^x \frac{dx}{\log x} \geqq \frac{\alpha x}{\log^n x}, \quad \frac{n}{\log x} < 1.$$

Or, si l'on admettait les inégalités (2), il en résulterait, contrairement à ce qui a été démontré plus haut, que l'expression

$$\sum_{x=2}^{x=\infty} \left[\varphi(x+1) - \varphi(x) - \int_x^{x+1} \frac{dx}{\log x}\right] \frac{\log^n x}{x^{1+\rho}},$$

au lieu de converger vers une limite finie pour des valeurs très petites de ρ, s'approcherait de la limite $+\infty$. En effet, nous pouvons considérer cette expression comme la limite de

$$\sum_{x=2}^{x=s} \left[\varphi(x+1) - \varphi(x) - \int_x^{x+1} \frac{dx}{\log x}\right] \frac{\log^n x}{x^{1+\rho}}$$

pour $s = \infty$. Supposant donc $s > a$, cette quantité peut être mise sous la forme

$$(3)\qquad C + \sum_{x=a+1}^{x=s} \left[\varphi(x+1) - \varphi(x) - \int_x^{x+1} \frac{dx}{\log x}\right] \frac{\log^n x}{x^{1+\rho}},$$

en faisant pour abréger

$$C = \sum_{x=2}^{x=a} \left[\varphi(x+1) - \varphi(x) - \int_x^{x+1} \frac{dx}{\log x}\right] \frac{\log^n x}{x^{1+\rho}},$$

et observant que C désignera une quantité finie pour $\rho = 0$ et $\rho > 0$.

Or, l'expression (3), en vertu de la formule connue

$$\sum_{a+1}^{s} u_x (v_{x+1} - v_x) = u_s v_{s+1} - u_a v_{a+1} - \sum_{a+1}^{s} v_x (u_x - u_{x-1}),$$

et après avoir fait

$$v_x = \varphi(x) - \int_2^x \frac{dx}{\log x}, \quad u_x = \frac{\log^n x}{x^{1+\rho}},$$

se transformera dans la suivante:

$$C - \left[\varphi(a+1) - \int_2^{a+1} \frac{dx}{\log x}\right] \frac{\log^n a}{a^{1+\rho}} + \left[\varphi(s+1) - \int_2^{s+1} \frac{dx}{\log x}\right] \frac{\log^n s}{s^{1+\rho}}$$

$$- \sum_{x=a+1}^{x=s} \left[\varphi(x) - \int_2^x \frac{dx}{\log x}\right] \left[\frac{\log^n x}{x^{1+\rho}} - \frac{\log^n (x-1)}{(x-1)^{1+\rho}}\right],$$

qui, à son tour, en faisant $\theta > 0$ et < 1, pourra s'écrire comme il suit:

$$C - \left[\varphi(a+1) - \int_2^{a+1} \frac{dx}{\log x}\right] \frac{\log^n a}{a^{1+\rho}} + \left[\varphi(s+1) - \int_2^{s+1} \frac{dx}{\log x}\right] \frac{\log^n s}{s^{1+\rho}} +$$

$$+ \sum_{x=a+1}^{x=s} \left[\varphi(x) - \int_2^x \frac{dx}{\log x}\right] \left[1 + \rho - \frac{n}{\log(x-\theta)}\right] \frac{\log^n (x-\theta)}{(x-\theta)^{2+\rho}}.$$

Si l'on représente par F la somme des deux premiers termes de cette expression, et si l'on observe de plus que le troisième est positif en vertu de la condition (2), on sera en droit de conclure que l'expression précédente a une valeur supérieure à

$$F + \sum_{x=a+1}^{x=s} \left[\varphi(x) - \int_2^x \frac{dx}{\log x}\right] \left[1 + \rho - \frac{n}{\log(x-\theta)}\right] \frac{\log^n (x-\theta)}{(x-\theta)^{2+\rho}}.$$

Les mêmes conditions (2) font voir que dans cette expression la fonction sous le signe Σ conservera une valeur positive entre les limites. En outre, on aura entre les limites de la sommation 1°) $1 + \rho - \frac{n}{\log(x-\theta)} > 1 - \frac{n}{\log a}$; car $\rho > 0$, $x \geqq a + 1$, $\theta < 1$; 2°) $\varphi(x) - \int_2^x \frac{dx}{\log x} > \frac{\alpha (x-\theta)}{\log^n (x-\theta)}$; car $\varphi(x) - \int_2^x \frac{dx}{\log x} \geqq \frac{\alpha x}{\log^n x}$ en vertu de la première des inégalités (2), et en vertu de la seconde la dérivée de $\frac{\alpha x}{\log^n x}$, égale à $\frac{\alpha}{\log^n x}\left(1-\frac{n}{\log x}\right)$, est positive, ce qui donne $\frac{\alpha x}{\log^n x} > \frac{\alpha(x-\theta)}{\log^n(x-\theta)}$. Donc l'expression précédente surpasse la somme

$$F+\sum_{x=a+1}^{x=s}\frac{\alpha(x-\theta)}{\log^n(x-\theta)}\left(1-\frac{n}{\log a}\right)\frac{\log^n(x-\theta)}{(x-\theta)^{2+\rho}},$$

qui, après les réductions, devient

$$F+\alpha\left(1-\frac{n}{\log a}\right)\sum_{x=a+1}^{x=s}\frac{1}{(x-\theta)^{1+\rho}};$$

or, cette dernière expression est évidemment supérieure à celle-ci

$$F+\alpha\left(1-\frac{n}{\log a}\right)\sum_{x=a+1}^{x=s}\frac{1}{x^{1+\rho}},$$

laquelle, pour $s=\infty$, se réduit à

$$F+\alpha\left(1-\frac{n}{\log a}\right)\sum_{x=a+1}^{x=\infty}\frac{1}{x^{1+\rho}},$$

ou à

$$F+\alpha\left(1-\frac{n}{\log a}\right)\frac{\int_0^\infty\frac{e^{-ax}}{e^x-1}x^\rho\,dx}{\int_0^\infty e^{-x}x^\rho\,dx}.$$

Il est facile de faire voir que la quantité à laquelle nous sommes parvenus converge vers la limite $+\infty$ pour $\rho=0$. En effet, on a d'abord $\int_0^\infty\frac{e^{-ax}}{e^x-1}dx=+\infty$, $\int_0^\infty e^{-x}dx=1$, de plus α et $1-\frac{n}{\log a}$ sont toutes deux des quantités positives, la première par hypothèse, et la seconde en vertu de la dernière inégalité (2).

Nous étant assurés de cette manière que, dans l'hypothèse admise, non seulement la somme

$$\sum_{x=a}^{x=\infty}\left[\varphi(x+1)-\varphi(x)-\int_x^{x+1}\frac{dx}{\log x}\right]\frac{\log^n x}{x^{1+\rho}},$$

mais aussi une quantité plus petite qu'elle se réduit à $+\infty$, nous sommes en droit de conclure que l'hypothèse en question est inadmissible, d'où découle de suite la légitimité du théorême II.

§ 4. Il sera facile actuellement, en vertu de la proposition précédente, de démontrer le théorème qui suit:

III-éme Théorème.

L'expression $\frac{x}{\varphi(x)} - \log x$, *pour* $x = \infty$, *ne peut avoir une limite différente de* -1.

Démonstration. Soit L la limite de la différence $\frac{x}{\varphi(x)} - \log x$ pour $x = \infty$. Dans cette hypothése on pourra toujours trouver un nombre N tellement grand que pour $x > N$ la valeur de $\frac{x}{\varphi(x)} - \log x$ sera comprise entre les limites $L - \varepsilon$ et $L + \varepsilon$, ε étant aussi petite qu'on voudra. Ainsi, pour de semblables valeurs de x, et lorsque $\varepsilon > 0$, on aura

$$(4) \qquad \frac{x}{\varphi(x)} - \log x > L - \varepsilon, \quad \frac{x}{\varphi(x)} - \log x < L + \varepsilon.$$

Mais, en vertu du théorème précédent, les inégalités

$$\varphi(x) > \int_2^x \frac{dx}{\log x} - \frac{\alpha x}{\log^n x}, \quad \varphi(x) < \int_2^x \frac{dx}{\log x} + \frac{\alpha x}{\log^n x}$$

sont satisfaites par une infinité de valeurs de x, et par conséquent aussi par des valeurs de x supérieures à N, pour lesquelles les inégalités (4) ont lieu. Or, ces inégalités, combinées avec celles que nous venons d'écrire, conduisent à

$$\frac{x}{\int_2^x \frac{dx}{\log x} - \frac{\alpha x}{\log^n x}} - \log x > L - \varepsilon, \quad \frac{x}{\int_2^x \frac{dx}{\log x} + \frac{\alpha x}{\log^n x}} - \log x < L + \varepsilon;$$

d'où l'on tire

$$L + 1 < \frac{x - (\log x - 1)\left(\int_2^x \frac{dx}{\log x} - \frac{\alpha x}{\log^n x}\right)}{\int_2^x \frac{dx}{\log x} - \frac{\alpha x}{\log^n x}} + \varepsilon,$$

$$L + 1 > \frac{x - (\log x - 1)\left(\int_2^x \frac{dx}{\log x} + \frac{\alpha x}{\log^n x}\right)}{\int_2^x \frac{dx}{\log x} + \frac{\alpha x}{\log^n x}} - \varepsilon.$$

On voit par ces inégalités que la valeur numérique de $L+1$ ne surpasse pas celle de l'une des expressions qui en forment les seconds membres. De plus ε peut devenir aussi petite qu'on voudra dans l'hypothèse de N très grand, et on peut en dire autant de chacune des quantités

$$\frac{x-(\log x-1)\left(\int_2^x \frac{dx}{\log x} \mp \frac{\alpha x}{\log^n x}\right)}{\int_2^x \frac{dx}{\log x} \mp \frac{\alpha x}{\log^n x}};$$

car, pour $x=\infty$, on trouve par les principes du calcul différentiel que leur limite commune est zéro.

Nous étant ainsi convaincus que les limites

$$\frac{x-(\log x-1)\left(\int_2^x \frac{dx}{\log x} \mp \frac{\alpha x}{\log^n x}\right)}{\int_2^x \frac{dx}{\log x} \mp \frac{\alpha x}{\log^n x}} \pm \varepsilon,$$

de la valeur numérique de $L+1$ peuvent être diminuées à volonté, nous sommes en droit de conclure que $L+1=0$, et par conséquent $L=-1$, ce qu'il s'agissait de démontrer.

Ce que nous venons de prouver relativement à la limite de la valeur de $\frac{x}{\varphi(x)}-\log x$, pour $x=\infty$, ne s'accorde pas avec une formule donnée par Legendre pour déterminer approximativement combien il y a de nombres premiers inférieurs à une limite donnée. D'après lui la fonction $\varphi(x)$, pour x très grand, est exprimée avec une approximation suffisante par la formule

$$\varphi(x)=\frac{x}{\log x-1{,}08366},$$

qui donne pour la limite de $\frac{x}{\varphi(x)}-\log x$ le nombre $-1{,}08366$ au lieu de -1.

§ 5. En partant du théorême II on peut déterminer la limite supérieure du dégre de précision avec lequel la fonction, désignée par $\varphi(x)$, peut être remplacée par toute autre fonction donnée $f(x)$. Dans ce qui va suivre nous comparerons la difference $f(x)-\varphi(x)$ avec les expressions

$$\frac{x}{\log x}, \quad \frac{x}{\log^2 x}, \quad \frac{x}{\log^3 x}, \ldots$$

et, pour abréger le discours, nous dirons que A est *une quantité de l'ordre* $\frac{x}{\log^n x}$, quand le rapport de A à $\frac{x}{\log^m x}$ pour $x = \infty$, sera infini pour $m > n$ et zéro pour $m < n$. Cela posé, nous allons démontrer le théorême suivant:

IV-éme Théorème.

Quand l'expression

$$\frac{\log^n x}{x}\left(f(x) - \int_2^x \frac{dx}{\log x}\right),$$

pour $x = \infty$, *a pour limite une quantité finie ou infinie, la fonction* $f(x)$ *ne peut représenter* $\varphi(x)$ *exactement en quantités de l'ordre* $\frac{x}{\log^n x}$ *inclusivement.*

Démonstration. Soit L la limite vers laquelle converge l'expression

$$\frac{\log^n x}{x}\left(f(x) - \int_2^x \frac{dx}{\log x}\right)$$

à mesure que x s'approche de l'infini. Comme L, par hypothèse, est différente de zéro, elle ne pourra être égale qu'à une quantité positive ou négative. Supposons la positive; notre raisonnement s'appliquera sans difficulté au cas de $L < 0$.

Si la limite L de l'expression que nous considérons, pour $x = \infty$, est supérieure à zéro, nous pourrons trouver un nombre N assez grand et tel que, pour $x > N$, la valeur de l'expression

$$\frac{\log^n x}{x}\left(f(x) - \int_2^x \frac{dx}{\log x}\right)$$

reste constamment supérieure à une certaine quantité positive l.

Nous aurons donc pour $x > N$

$$\frac{\log^n x}{x}\left(f(x) - \int_2^x \frac{dx}{\log x}\right) > l. \tag{5}$$

Mais, en vertu du théorême II, quelque petit que soit $\alpha = \frac{l}{2}$, nous aurons pour un nombre infini de valeurs de x l'inégalité

$$\varphi(x) < \int_2^x \frac{dx}{\log x} + \frac{\alpha x}{\log^n x}, \tag{6}$$

qui donne

$$f(x) - \int_2^x \frac{dx}{\log x} < f(x) - \varphi(x) + \frac{\alpha x}{\log^n x};$$

en la multipliant par $\frac{\log^n x}{x}$, et observant que $\alpha = \frac{l}{2}$, on trouve

$$\frac{\log^n x}{x}\left[f(x) - \int_2^x \frac{dx}{\log x}\right] < \frac{\log^n x}{x}\left[f(x) - \varphi(x)\right] + \frac{l}{2}$$

ou bien, en vertu de l'négalité (5),

$$\frac{\log^n x}{x}\left[f(x) - \varphi(x)\right] > \frac{l}{2}.$$

Or, cette inégalité ayant lieu en même temps que celles marquées par les numéros (5) et (6) pour une infinité de valeurs de x prouve, à cause de $\frac{l}{2} > 0$, que la limite de

$$\frac{\log^n x}{x}\left[f(x) - \varphi(x)\right],$$

pour $x = \infty$, ne peut pas être égale à zéro. Si donc cette limite est différente de zéro, la différence $f(x) - \varphi(x)$, d'après la convention établie plus haut, est une quantité de l'ordre $\frac{x}{\log^n x}$ ou d'un ordre inférieur; par conséquent $f(x)$ diffère de $\varphi(x)$ d'une quantité de l'ordre $\frac{x}{\log^n x}$, ou bien d'un ordre inférieur, ce qu'il s'agissait de démontrer.

En nous basant sur ce théorême, nous pouvons faire voir que la formule de Legendre $\frac{x}{\log x - 1,08366}$, pour laquelle la limite de l'expression

$$\frac{\log^2 x}{x}\left(\frac{x}{\log x - 1,08366} - \int_2^x \frac{dx}{\log x}\right),$$

quand $x = \infty$, est égale à 0,08366, ne peut exprimer $\varphi(x)$ avec un degré de précision allant jusqu'aux quantités de l'ordre $\frac{x}{\log^2 x}$ inclusivement.

On trouve avec la même facilité les valeurs des constantes A et B telles que la fonction $\frac{x}{A \log x + B}$ puisse représenter $\varphi(x)$ avec une précision poussée aux quantités de l'ordre $\frac{x}{\log^2 x}$ inclusivement. En vertu du théorême précédent de telles valeurs de A et B doivent satisfaire à l'équation

$$\lim. \left[\frac{\log^2 x}{x}\left(\frac{x}{A \log x + B} - \int_2^x \frac{dx}{\log x}\right)\right]_{x=\infty} = 0.$$

Le dévelloppement de $\frac{x}{A \log x + B}$ donne

$$\frac{x}{A \log x + B} = \frac{1}{A} \cdot \frac{x}{\log x} - \frac{B}{A^2} \cdot \frac{x}{\log^2 x} + \frac{B^2}{A^3} \cdot \frac{x}{\log^3 x} - \ldots$$

De plus, intégrant $\int_2^x \frac{dx}{\log x}$ par parties, on trouve

$$\int_2^x \frac{dx}{\log x} = \frac{x}{\log x} + \frac{x}{\log^2 x} + 2\int_2^x \frac{dx}{\log^3 x} + C.$$

En vertu de ce qui vient d'être trouvé l'équation précédente se réduit à

$$\lim. \left\{\frac{\log^2 x}{x}\left(\begin{array}{l}\frac{1}{A} \cdot \frac{x}{\log x} - \frac{B}{A^2} \cdot \frac{x}{\log^2 x} + \frac{B^2}{A^3} \cdot \frac{x}{\log^3 x} - \ldots \\ \ldots - \frac{x}{\log x} - \frac{x}{\log^2 x} - 2\int_2^x \frac{dx}{\log^3 x} - C\end{array}\right)\right\}_{x=\infty} = 0,$$

ou bien

$$\lim. \left\{\begin{array}{l}\left(\frac{1}{A} - 1\right)\log x - \left(\frac{B}{A^2} + 1\right) + \frac{B^2}{A^3}\frac{1}{\log x} - \ldots \\ \ldots - 2\frac{\log^2 x}{x}\int_2^x \frac{dx}{\log^3 x} - C\frac{\log^2 x}{x}\end{array}\right\}_{x=\infty} = 0.$$

Or, si l'on observe que tous les termes à partir du troisième convergent vers zéro pour des valeurs croissantes de x, on verra immédiatement qu'on ne peut satisfaire à l'équation précédente qu'en faisant $\frac{1}{A} - 1 = 0$, $\frac{B}{A^2} + 1 = 0$. D'où $A = 1$, $B = -1$.

Ainsi, de toutes les fonctions de la forme $\frac{x}{A \log x + B}$ la seule $\frac{x}{\log x - 1}$ peut exprimer $\varphi(x)$ avec une précision poussée aux quantités de l'ordre $\frac{x}{\log^2 x}$ inclusivement.

§ 6. Démontrons actuellement un théorème concernant le choix de la fonction qui détermine, avec un degré de précision requis, la fonction que nous avons représentée par $\varphi(x)$.

V-éme Théorème.

Si la fonction $\varphi(x)$ qui désigne combien il y a de nombres premiers inférieurs à x, peut être représentée algébriquement avec une précision poussée aux quantités de l'ordre $\frac{x}{\log^n x}$ inclusivement au moyen des fonctions x, $\log x$, e^x, *alors elle s'exprimera par la formule*

$$\frac{x}{\log x} + \frac{1.x}{\log^2 x} + \frac{1.2.x}{\log^3 x} + \ldots + \frac{1.2.3\ldots(n-1)x}{\log^n x}.$$

Démonstration. Soit $f(x)$ la fonction qui, contenant sous forme algébrique x, $\log x$, e^x, exprime $\varphi(x)$ exactement jusqu'aux quantités de l'ordre $\frac{x}{\log^n x}$ inclusivement; l'expression

$$\frac{\log^n x}{x}\left[f(x) - \frac{x}{\log x} - \frac{1.x}{\log^2 x} - \frac{1.2.x}{\log^3 x} - \ldots - \frac{1.2.3\ldots(n-1)x}{\log^n x}\right]$$

pour des valeurs croissantes de x, devra converger soit vers zéro, soit vers une limite finie ou infiniment grande. En effet, s'il n'en était pas ainsi, la première dérivée de cette expression changerait de signe une infinité de fois pour des valeurs de x croissantes jusqu'à $+\infty$, ce qui ne peut arriver, comme il est facile de s'en assurer, avec une fonction algébrique de x, $\log x$, e^x *).

Ainsi, on aura nécessairement pour $f(x)$

$$(7)\quad \lim.\left\{\frac{\log^n x}{x}\left(f(x) - \frac{x}{\log x} - \frac{1.x}{\log^2 x} - \frac{1.2x}{\log^3 x} - \ldots - \frac{1.2.3\ldots(n-1)x}{\log^n x}\right)\right\}_{x=\infty} = L.$$

---

*) Il est très facile de s'assurer qu'une fonction algébrique de x, $\log x$, e^x cesse de changer de signe pour une valeur de x surpassant une certaine limite. Si la fonction dont il s'agit est entière, alors son signe dépendra d'un terme de la forme $Kx^{m'}.\log^{m''} x.e^{m'''x}$, pour des valeurs de x plus ou moins considérables, ce terme ne changeant pas de signe pour $x > 1$. Pour toute autre fonction algébrique de x, $\log x$, e^x, que nous représenterons par y, on démontrera la même proposition de la manière suivante: observons d'abord que la fonction y sera la racine de l'équation $u_0 y^m + u_1 y^{m-1} + u_2 y^{m-2} + \ldots + u_{m-1} y + u_m = 0$, $u_0, u_1, u_2, \ldots u_{m-1}, u_m$ étant des fonctions entières de x, $\log x$, e^x; si l'on représente par v la fonction qui résulte de l'élimination de y entre l'équation précédente et sa dérivée, alors les fonctions u_0, u_m et v, comme entières, finiront par ne plus se réduire à zéro ou à changer de signe pour des valeurs de x surpassant une certaine limite; il arrivera donc que y conservera également son signe, car, pour des valeurs de x qui ne réduisent pas v à zéro, l'équation $u_0 y^m + u_1 y^{m-1} + \ldots + u_{m-1} y + u_m = 0$ ne peut avoir de racines égales, et quand les racines sont inégales, le signe de l'une d'elles ne peut changer qu'en supposant que le signe de u_0 ou u_m change. — Cette propriété peut être étendue à beaucoup d'autres fonctions, pour lesquelles, par cette raison, le théorème V ainsi que les conséquences qui s'en déduisent, auront également lieu.

Mais, d'un autre côté, il est facile de s'assurer que

$$\lim. \left[\frac{\log^n x}{x}\left(\frac{x}{\log x}+\frac{1.x}{\log^2 x}+\frac{1.2.x}{\log^3 x}+\ldots+\frac{1.2\ldots(n-1)x}{\log^n x}-\int_2^x\frac{dx}{\log x}\right)\right]_{x=\infty}=0;$$

cette équation ajoutée à la précédente donne

$$\lim. \left[\frac{\log^n x}{x}\left(f(x)-\int_2^x\frac{dx}{\log x}\right)\right]_{x=\infty}=L.$$

Or, comme par hypothèse $f(x)$ représente $\varphi(x)$ exactement jusqu'aux quantités de l'ordre $\frac{x}{\log^n x}$ inclusivement, et que d'après le théorême IV cela ne peut avoir lieu, si la limite de

$$\frac{\log^n x}{x}\left[f(x)-\int_2^x\frac{dx}{\log x}\right],$$

pour $x=\infty$, n'est pas zéro, on aura $L=0$; cela posé, l'équation (7), pour $L=0$, se réduit à

$$\lim. \left\{\frac{\log^n x}{x}\left[f(x)-\frac{x}{\log x}-\frac{1.x}{\log^2 x}-\frac{1.2.x}{\log^3 x}-\ldots-\frac{1.2.3\ldots(n-1)x}{\log^n x}\right]\right\}_{x=\infty}=0,$$

ce qui prouve que la fonction

$$\frac{x}{\log x}+\frac{1.x}{\log^2 x}+\frac{1.2x}{\log^3 x}+\ldots+\frac{1.2.3\ldots(n-1)x}{\log^n x}$$

ne diffère pas de $f(x)$ de quantités de l'ordre $\frac{x}{\log^n x}$ et d'ordres inférieurs, et que par conséquent elle peut, aussi bien que $f(x)$, représenter $\varphi(x)$ avec une précision poussée jusqu'aux quantités de l'ordre $\frac{x}{\log^n x}$ inclusivement, ce qu'il s'agissait de démontrer.

D'après le théoréme que nous venons d'établir, nous concluons que si la fonction $\varphi(x)$, qui représente combien il y a de nombres premiers inférieurs à x, peut être exprimée algébriquement au moyen de x, $\log x$, e^x jusqu'aux quantités des ordres $\frac{x}{\log x}$, $\frac{x}{\log^2 x}$, $\frac{x}{\log^3 x}$, ... inclusivement, elle devra s'exprimer par

$$\frac{x}{\log x},\quad \frac{x}{\log x}+\frac{1.x}{\log^2 x},\quad \frac{x}{\log x}+\frac{1.x}{\log^2 x}+\frac{1.2.x}{\log^3 x},\ldots$$

De plus, comme ces sommes ne sont autre chose que les valeurs successives de l'integrale $\int_2^x\frac{dx}{\log x}$, poussées aux quantités des ordres $\frac{x}{\log x}$, $\frac{x}{\log^2 x}$, $\frac{x}{\log^3 x}$, ...

nous sommes en droit de conclure que dans toutes ces hypothèses l'intégrale $\int_2^x \frac{dx}{\log x}$ exprimera $\varphi(x)$ avec exactitude jusqu'aux quantités de l'ordre pour lequel elle peut encore s'exprimer algébriquement au moyen de x, $\log x$, e^x.

Il est facile de se convaincre par les tables des nombres premiers que l'intégrale $\int_2^x \frac{dx}{\log x}$, pour x très grand, exprime avec assez de précision combien il y a de nombres premiers inférieurs à x. Mais ces tables sont trop peu étendues pour pouvoir décider de la supériorité de la formule $\int_2^x \frac{dx}{\log x}$ sur la formule de Legendre $\frac{x}{\log x - 1,08366}$ ou sur toute autre analogue. Dans les limites de ces tables les deux fonctions $\int_2^x \frac{dx}{\log x}$ et $\frac{x}{\log x - 1,08366}$ diffèrent peu entr'elles; mais leur différence $\frac{x}{\log x - 1,08366} - \int_2^x \frac{dx}{\log x}$, ayant un *minimum* pour $x = e^{\frac{(1,08366)^2}{0,08366}} = 1247689$, croitra constamment jusqu'à l'infini après cette valeur, et déjà pour $x > 10000000$, aura une valeur considérable. C'est pour des nombres de cette grandeur que l'avantage de l'une des deux formules $\int_2^x \frac{dx}{\log x}$, $\frac{x}{\log x - 1,08366}$ devra se manifester. Mais pour effectuer cette vérification il faudrait avoir des tables de nombres premiers beaucoup plus étendues que celle que l'on possède.

§ 7. En adoptant l'intégrale $\int_2^x \frac{dx}{\log x}$ pour la valeur approchée de $\varphi(x)$ nous serons obligés de changer toutes les formules auxquelles Legendre est parvenu en partant de l'hypothsée $\varphi(x) = \frac{x}{\log x - 1,08366}$; nos formules ne seront pas plus compliquées que les siennes, et auront sur elles l'avantage d'être plus approchées d'après les théorèmes qui ont été demontrés plus haut.

Appliquons notre formule à la détermination de la somme des deux séries

$$\frac{1}{2} + \frac{1}{3} + \frac{1}{5} + \ldots + \frac{1}{X},$$

$$\left(1 - \frac{1}{2}\right)\left(1 - \frac{1}{3}\right)\left(1 - \frac{1}{5}\right)\ldots\ldots\left(1 - \frac{1}{X}\right)$$

pour X très grand.

Pour déterminer la somme de la première de ces deux séries, nous observerons que, d'après la notation admise plus haut, l'on a

$$\frac{1}{2}+\frac{1}{3}+\frac{1}{5}+\ldots+\frac{1}{X}=\sum_{x=2}^{x=X}\frac{\varphi(x+1)-\varphi(x)}{x},$$

car, $\varphi(x)$ représentant la totalité des nombres premiers inférieurs à x, la différence $\varphi(x+1)-\varphi(x)$ se réduira à zéro toutes les fois que x sera un nombre composé, et à 1, quand x sera premier.

Supposons X très grand, et désignons par λ un nombre inférieur à X, mais assez grand cependant pour que la fonction $\varphi(x)$, entre les limites $x=\lambda$ et $x=X$, puisse être représentée avec une exactitude suffisante par l'intégrale $\int_2^x \frac{dx}{\log x}$. Dans cette hypothèse l'équation précédente pourra s'écrire de cette manière:

$$\frac{1}{2}+\frac{1}{3}+\frac{1}{5}+\ldots+\frac{1}{X}=\sum_{x=2}^{x=\lambda-1}\frac{\varphi(x+1)-\varphi(x)}{x}+\sum_{x=\lambda}^{x=X}\frac{\varphi(x+1)-\varphi(x)}{x}.$$

Remplaçant dans la dernière somme $\varphi(x)$ par $\int_2^x \frac{dx}{\log x}$, on aura

$$\frac{1}{2}+\frac{1}{3}+\frac{1}{5}+\ldots+\frac{1}{X}=\sum_{x=2}^{x=\lambda-1}\frac{\varphi(x+1)-\varphi(x)}{x}+\sum_{x=\lambda}^{n=X}\frac{\int_x^{x+1}\frac{dx}{\log x}}{x}.$$

Or, l'intégrale $\int_x^{x+1}\frac{dx}{\log x}$ peut être représentée par $\frac{1}{\log x}$ avec exactitude jusqu'aux quantités de l'ordre $\frac{1}{x}$; de plus, la somme $\sum_{x=\lambda}^{x=X}\frac{1}{x\log x}$ peut être remplacée par l'intégrale $\int_\lambda^X \frac{dx}{x\log x}$ avec le même degré de précision.

Sous ces conditions l'équation précédente deviendra

$$\frac{1}{2}+\frac{1}{3}+\frac{1}{5}+\ldots+\frac{1}{X}=\sum_{x=2}^{x=\lambda-1}\frac{\varphi(x+1)-\varphi(x)}{x}+\int_\lambda^x\frac{dx}{x\log x},$$

ou bien, effectuant l'intégration,

$$\frac{1}{2}+\frac{1}{3}+\frac{1}{5}+\ldots+\frac{1}{X}=\sum_{x=2}^{x=\lambda-1}\frac{\varphi(x+1)-\varphi(x)}{x}-\log\log\lambda+\log\log X$$

Enfin, si l'on remplace par C la quantité

$$\sum_{x=2}^{x=\lambda-1} \frac{\varphi(x+1)-\varphi(x)}{x} - \log\log \lambda,$$

indépendante de x, on trouvera

$$\frac{1}{2}+\frac{1}{3}+\frac{1}{5}+\ldots+\frac{1}{X}=C+\log\log X. \tag{8}$$

Lorsque l'on aura déterminé la valeur de la constante C, cette équation pourra servir à trouver par approximation la somme de la série

$$\frac{1}{2}+\frac{1}{3}+\frac{1}{5}+\ldots+\frac{1}{X}$$

quand X sera très grand.

La formule que nous venons de trouver est plus simple que celle de Legendre, d'aprés laquelle on a

$$\frac{1}{2}+\frac{1}{3}+\frac{1}{5}+\ldots+\frac{1}{X}=\log(\log X-0{,}08366)+C.$$

Passons maintenant à la détermination du produit

$$\left(1-\frac{1}{2}\right)\left(1-\frac{1}{3}\right)\left(1-\frac{1}{5}\right)\ldots\left(1-\frac{1}{X}\right)=P.$$

Prenant le logarithme des deux membres de cette équation, on aura la formule

$$\log P=\log\left(1-\frac{1}{2}\right)+\log\left(1-\frac{1}{3}\right)+\log\left(1-\frac{1}{5}\right)+\ldots+\log\left(1-\frac{1}{X}\right)$$

qui peut encore s'écrire de la manière suivante:

$$\log P=-\left(\frac{1}{2}+\frac{1}{3}+\frac{1}{5}+\ldots+\frac{1}{X}\right)+\frac{1}{2}+\log\left(1-\frac{1}{2}\right)+$$
$$\frac{1}{3}+\log\left(1-\frac{1}{3}\right)+\frac{1}{5}+\log\left(1-\frac{1}{5}\right)+\ldots+\frac{1}{X}+\log\left(1-\frac{1}{X}\right).$$

Observons actuellement que la série finie

$$\frac{1}{2}+\log\left(1-\frac{1}{2}\right)+\frac{1}{3}+\log\left(1-\frac{1}{3}\right)+\frac{1}{5}+\log\left(1-\frac{1}{5}\right)+\ldots+\frac{1}{X}+\log\left(1-\frac{1}{X}\right),$$

aux quantités de l'ordre $\frac{1}{X}$ près, peut être remplacée par la série infinie

$$\frac{1}{2}+\log\left(1-\frac{1}{2}\right)+\frac{1}{3}+\log\left(1-\frac{1}{3}\right)+\frac{1}{5}+\log\left(1-\frac{1}{5}\right)+\ldots$$

Or, la différence entre ces deux séries est évidemment inférieure à la somme

$$-\frac{1}{X+1}-\log\left(1-\frac{1}{X+1}\right)-\frac{1}{X+2}-\log\left(1-\frac{1}{X+2}\right)-\ldots$$

qui, elle même, est inférieure à l'intégrale

$$\int_X^\infty \left[-\frac{1}{x} - \log\left(1 - \frac{1}{x}\right)\right] dx = 1 + (X-1)\log\left(1 - \frac{1}{X}\right);$$

de plus, comme la valeur de $1 + (X-1)\log\left(1 - \frac{1}{X}\right)$ pour X très grand, est une quantité infiniment petite du premier ordre par rapport à $\frac{1}{X}$, nous en concluons que la substitution qui vient d'être indiquée est permise.

D'après ce qui vient d'être dit, si l'on représente par C' la somme de la série infinie

$$\frac{1}{2} + \log\left(1 - \frac{1}{2}\right) + \frac{1}{3} + \log\left(1 - \frac{1}{3}\right) + \frac{1}{5} + \log\left(1 - \frac{1}{5}\right) + \ldots$$

la valeur de $\log P$ s'exprimera, aux quantités de l'ordre de $\frac{1}{X}$ près, par la formule

$$\log P = -\left(\frac{1}{2} + \frac{1}{3} + \frac{1}{5} + \ldots + \frac{1}{X}\right) + C'.$$

Substituant pour

$$\frac{1}{2} + \frac{1}{3} + \frac{1}{5} + \ldots + \frac{1}{X}$$

la valeur (8) trouvée plus haut, on obtiendra

$$\log P = -C - \log\log X + C',$$

d'où

$$P = \frac{e^{C'-C}}{\log X}.$$

Enfin, faisant pour abréger $e^{C'-C} = C_0$, et remplaçant P par le produit

$$\left(1 - \frac{1}{2}\right)\left(1 - \frac{1}{3}\right)\left(1 - \frac{1}{5}\right)\ldots\left(1 - \frac{1}{X}\right),$$

nous aurons

$$\left(1 - \frac{1}{2}\right)\left(1 - \frac{1}{3}\right)\left(1 - \frac{1}{5}\right)\ldots\left(1 - \frac{1}{X}\right) = \frac{C_0}{\log X}.$$

Legendre a trouvé, pour la valeur du même produit, la formule suivante:

$$\left(1 - \frac{1}{2}\right)\left(1 - \frac{1}{3}\right)\left(1 - \frac{1}{5}\right)\ldots\left(1 - \frac{1}{X}\right) = \frac{C_0}{\log X - 0{,}08366}.$$

5.

MÉMOIRE

SUR

LES NOMBRES PREMIERS.

(Mémoires présentés à l'Académie Impériale des sciences de St.-Pétersbourg par divers savants, VII, 1854, p. 17—33. Journal de mathématiques pures et appliquées. I série, XVII, 1852, p. 366—390.)

Mémoire sur les nombres premiers.

§ 1. Toutes les questions qui dépendent de la loi de répartition des nombres premiers dans la série

$$|1, 2, 3, 4, 5, 6, 7, 8, 9, 10, 11, 12, \text{etc.}$$

présentent en général de grandes difficultés. Ce qu'on parvient à conclure d'après les tables des nombres premiers avec une probabilité très grande, reste le plus souvent sans démonstration rigoureuse. — Par exemple, les tables des nombres premiers nous portent à croire qu'à partir de $a > 3$, il y a toujours un nombre premier plus grand que a et plus petit que $2a - 2$ (ce qui est le *postulatum* connu de M. Bertrand*)); mais jusqu'à présent la démonstration de cette proposition a manqué pour des valeurs de a, qui surpassent la limite de nos tables. La difficulté devient encore plus grande, quand on se donne des limites plus étroites, ou qu'on demande à assigner la limite de a au-dessus de laquelle la série

$$a + 1, \quad a + 2, \ldots \ldots 2a - 2$$

contient au moins deux, trois, quatre, etc. nombres premiers.

Il y a une autre espèce de questions très difficiles qui dépendent aussi de la loi de répartition des nombres premiers dans la série

$$1, 2, 3, 4, 5, 6, 7, 8, 9, 10, 11, \text{etc.}$$

et dont la résolution est très nécessaire. Ce sont les questions sur la valeur numérique des séries, dont les termes sont des fonctions des nombres premiers

$$2, 3, 5, 7, 11, 13, 17, \text{etc.}$$

*) Journal de l'école polytechnique, cahier XXX.

Euler a prouvé que la série

$$\frac{1}{2^a} + \frac{1}{3^a} + \frac{1}{5^a} + \frac{1}{7^a} + \frac{1}{11^a} + \frac{1}{13^a} + \text{etc.}$$

devient divergente pour les mêmes valeurs de a que celles qui rendent divergente la série

$$\frac{1}{2^a} + \frac{1}{3^a} + \frac{1}{4^a} + \frac{1}{5^a} + \frac{1}{6^a} + \frac{1}{7^a} + \text{etc.},$$

savoir, pour $a \leqq 1$. Mais pour certaines formes du terme u_n la convergence de la série

$$u_2 + u_3 + u_4 + u_5 + u_6 + u_7 + u_8 + \text{etc.}$$

n'est plus une condition nécessaire pour que la série

$$u_2 + u_3 + u_5 + u_7 + u_{11} + u_{13} + \text{etc.}$$

conserve une valeur finie. Tel est, par exemple, le cas de $u_n = \frac{1}{n \log n}$. En effet, la valeur de la série

$$\frac{1}{2 \log 2} + \frac{1}{3 \log 3} + \frac{1}{5 \log 5} + \frac{1}{7 \log 7} + \text{etc.},$$

comme il sera prouvé plus tard, ne surpasse pas 1,73, tandis que la série

$$\frac{1}{2 \log 2} + \frac{1}{3 \log 3} + \frac{1}{4 \log 4} + \frac{1}{5 \log 5} + \frac{1}{6 \log 6} + \text{etc.}$$

est divergente. Quel est donc le *criterium* de la convergence des séries qui ne sont composées que de termes aux indices premiers 2, 3, 5, 7, 11, etc.? Et, dans le cas de leur convergence, comment assigner le degré d'approximation de leurs valeurs, calculées d'après leurs premiers termes? La résolution de ces questions par rapport aux séries de la forme

$$u_2 + u_3 + u_5 + u_7 + u_{11} + u_{13} + \text{etc.}$$

est très intéressante, car on les rencontre dans certaines recherches sur les nombres.

Ce mémoire contient la résolution des questions citées. J'y parviens en traitant la fonction qui désigne la somme des logarithmes des nombres premiers au dessous d'une limite donnée. D'après une équation que cette fonction vérifie, on peut assigner deux limites entre lesquelles tombe la valeur de cette somme. Parmi les différentes conclusions que nous en tirons, nous parvenons à assigner des limites entre lesquelles on trouve toujours au moins un nombre premier, ce qui nous conduit très simplement à prouver le *postulatum* cité de M. Bertrand. — Quant à l'évaluation des séries de la forme

$$u_2 + u_3 + u_5 + u_7 + u_{11} + \text{etc.},$$

nous trouvons le *criterium* pour juger si elles sont convergentes ou divergentes, et dans le premier cas nous donnons la méthode pour calculer, avec un certain degré d'approximation, la différence de la valeur de ces séries avec la somme de leurs premiers termes. Nous donnons aussi une formule pour calculer, par approximation, combien il y a de nombres premiers qui ne surpassent pas une valeur donnée, et nous assignons la limite de l'erreur de cette formule, ce qu'on ne pouvait faire jusqu'à présent. Dans un mémoire que j'ai eu l'honneur de présenter à l'Académie de St.-Pétersbourg, l'an 1848, j'ai prouvé que, si on rejette, dans l'expression de la totalité des nombres premiers qui ne surpassent pas x, tous les termes qui sont zéro par rapport à

$$\frac{x}{\log x}, \quad \frac{x}{\log^2 x}, \quad \frac{x}{\log^3 x}, \quad \text{etc.},$$

quand on fait $x = \infty$, cette expression se réduit à $\int_2^x \frac{dx}{\log x}$; mais pour les valeurs finies de x on se trouve dans l'incertitude sur la valeur des termes qu'on rejette. Quant à la formule de Legendre, son degré d'approximation n'est connu que dans les limites des tables des nombres premiers dont on se sert pour la vérifier.

§ 2. Convenons de désigner en général par $\theta(z)$ la somme des logarithmes (hyperboliques) de tous les nombres premiers qui ne surpassent pas z. Cette fonction devient égale à zéro dans le cas où z est inférieur au plus petit des nombres premiers, savoir à 2. Il n'est pas difficile de s'assurer que cette fonction vérifie l'équation suivante *)

$$\left.\begin{array}{l}
\theta(x) + \theta(x)^{\frac{1}{2}} + \theta(x)^{\frac{1}{3}} + \theta(x)^{\frac{1}{4}} + \text{etc.} \\
+ \theta\left(\frac{x}{2}\right) + \theta\left(\frac{x}{2}\right)^{\frac{1}{2}} + \theta\left(\frac{x}{2}\right)^{\frac{1}{3}} + \theta\left(\frac{x}{2}\right)^{\frac{1}{4}} + \text{etc.} \\
+ \theta\left(\frac{x}{3}\right) + \theta\left(\frac{x}{3}\right)^{\frac{1}{2}} + \theta\left(\frac{x}{3}\right)^{\frac{1}{3}} + \theta\left(\frac{x}{3}\right)^{\frac{1}{4}} + \text{etc.} \\
+ \theta\left(\frac{x}{4}\right) + \theta\left(\frac{x}{4}\right)^{\frac{1}{2}} + \theta\left(\frac{x}{4}\right)^{\frac{1}{3}} + \theta\left(\frac{x}{4}\right)^{\frac{1}{4}} + \text{etc.} \\
\dots\dots\dots\dots\dots\dots\dots\dots \\
\dots\dots\dots\dots\dots\dots\dots\dots
\end{array}\right\} = \log 1.2.3\dots[x],$$

*) Nous ecrirons pour abréger $\theta\left(\frac{x}{n}\right)^m$ au lieu de $\theta\left[\left(\frac{x}{n}\right)^m\right]$.

où nous employons $[x]$ pour désigner le plus grand nombre entier contenu dans la valeur de x. Les séries que cette équation contient sont prolongées jusqu'aux termes qui deviennent zéro.

Pour vérifier cette équation, nous remarquons que ses deux membres sont composés des termes de la forme $K \log a$, où a est un nombre premier et K un entier déterminé. Dans le premier membre, K sera égal au nombre des termes dans les séries

$$(1) \qquad \left\{\begin{array}{lllll} x, & \frac{x}{2}, & \frac{x}{3}, & \frac{x}{4}, & \text{etc.} \\ (x)^{\frac{1}{2}}, & \left(\frac{x}{2}\right)^{\frac{1}{2}}, & \left(\frac{x}{3}\right)^{\frac{1}{2}}, & \left(\frac{x}{4}\right)^{\frac{1}{2}}, & \text{etc.} \\ (x)^{\frac{1}{3}}, & \left(\frac{x}{2}\right)^{\frac{1}{3}}, & \left(\frac{x}{3}\right)^{\frac{1}{3}}, & \left(\frac{x}{4}\right)^{\frac{1}{3}}, & \text{etc.} \\ (x)^{\frac{1}{4}}, & \left(\frac{x}{2}\right)^{\frac{1}{4}}, & \left(\frac{x}{3}\right)^{\frac{1}{4}}, & \left(\frac{x}{4}\right)^{\frac{1}{4}}, & \text{etc.} \\ \dots & \dots & \dots & \dots & \dots \\ \dots & \dots & \dots & \dots & \dots \end{array}\right.$$

qui ne sont pas plus petits que a; car en général la valeur de $\theta(z)$ ne contient le terme $\log a$ que dans le cas où $z \geqq a$. Quant au coefficient de $\log a$ dans le second membre, il est égal à la plus haute puissance de a, qui divise $1.2.3\ldots[x]$. Or, il se trouve que cette puissance est aussi égale au nombre des termes des séries (1) qui ne sont pas plus petits que a; car le nombre des termes de la série

$$x, \quad \frac{x}{2}, \quad \frac{x}{3}, \quad \frac{x}{4}, \quad \text{etc.}$$

qui ne sont pas plus petits que a, est égal à celui des termes de la série

$$1, \ 2, \ 3, \ldots\ldots [x]$$

qui sont divisibles par a.

Le même rapport existe entre le nombre des termes de cette série divisibles par a^2, a^3, a^4, etc. et le nombre des termes des séries

$$\begin{array}{lllll} (x)^{\frac{1}{2}}, & \left(\frac{x}{2}\right)^{\frac{1}{2}}, & \left(\frac{x}{3}\right)^{\frac{1}{2}}, & \left(\frac{x}{4}\right)^{\frac{1}{2}}, & \text{etc.} \\ (x)^{\frac{1}{3}}, & \left(\frac{x}{2}\right)^{\frac{1}{3}}, & \left(\frac{x}{3}\right)^{\frac{1}{3}}, & \left(\frac{x}{4}\right)^{\frac{1}{3}}, & \text{etc.} \\ (x)^{\frac{1}{4}}, & \left(\frac{x}{2}\right)^{\frac{1}{4}}, & \left(\frac{x}{3}\right)^{\frac{1}{4}}, & \left(\frac{x}{4}\right)^{\frac{1}{4}}, & \text{etc.} \\ \dots & \dots & \dots & \dots & \dots \end{array}$$

qui ne sont pas plus petits que a.

Donc, les deux membres de notre équation sont composés des mêmes termes, ce qui prouve son identité.

L'équation que nous venons de démontrer peut être présentée sous cette forme

$$(2) \qquad \psi(x) + \psi\left(\frac{x}{2}\right) + \psi\left(\frac{x}{3}\right) + \psi\left(\frac{x}{4}\right) + \ldots = T(x),$$

en faisant pour abréger

$$(3) \qquad \begin{cases} \theta(z) + \theta(z)^{\frac{1}{2}} + \theta(z)^{\frac{1}{3}} + \theta(z)^{\frac{1}{4}} + \ldots = \psi(z) \\ \log 1.2.3 \ldots\ldots [x] = T(x) \ldots\ldots\ldots\ldots \end{cases}$$

En passant à l'application de ces formules, nous remarquerons que, d'après ce que nous avons dit par rapport à la valeur de $\theta(z)$ quand z est inférieur à 2, la fonction $\psi(z)$ devient zéro quand on fait $z < 2$, et par conséquent l'équation (2) ne présentera aucune exception dans les limites $x=0$, $x=2$, si on prend zéro pour la valeur de $T(x)$ quand x est inférieur à 2.

§ 3. D'après cette équation, il n'est pas difficile de trouver plusieurs inégalités que la fonction $\psi(x)$ vérifie. Celles dont nous nous servirons dans ce mémoire sont les suivantes:

$$\psi(x) > T(x) + T\left(\frac{x}{30}\right) - T\left(\frac{x}{2}\right) - T\left(\frac{x}{3}\right) - T\left(\frac{x}{5}\right),$$

$$\psi(x) - \psi\left(\frac{x}{6}\right) < T(x) + T\left(\frac{x}{30}\right) - T\left(\frac{x}{2}\right) - T\left(\frac{x}{3}\right) - T\left(\frac{x}{5}\right).$$

Pour prouver ces inégalités, nous cherchons d'après (2) la valeur de

$$T(x) + T\left(\frac{x}{30}\right) - T\left(\frac{x}{2}\right) - T\left(\frac{x}{3}\right) - T\left(\frac{x}{5}\right),$$

ce qui nous conduit à cette équation

$$(4) \quad \left\{\begin{array}{l} \psi(x) + \psi\left(\frac{x}{2}\right) + \psi\left(\frac{x}{3}\right) + \psi\left(\frac{x}{4}\right) + \text{etc.} \\ + \psi\left(\frac{x}{30}\right) + \psi\left(\frac{x}{2.30}\right) + \psi\left(\frac{x}{3.30}\right) + \psi\left(\frac{x}{4.30}\right) + \text{etc.} \\ - \psi\left(\frac{x}{2}\right) - \psi\left(\frac{x}{2.2}\right) - \psi\left(\frac{x}{3.2}\right) - \psi\left(\frac{x}{4.2}\right) - \text{etc.} \\ - \psi\left(\frac{x}{3}\right) - \psi\left(\frac{x}{2.3}\right) - \psi\left(\frac{x}{3.3}\right) - \psi\left(\frac{x}{4.3}\right) - \text{etc.} \\ - \psi\left(\frac{x}{5}\right) - \psi\left(\frac{x}{2.5}\right) - \psi\left(\frac{x}{3.5}\right) - \psi\left(\frac{x}{4.5}\right) - \text{etc.} \end{array}\right\} = T(x) + T\left(\frac{x}{30}\right) - T\left(\frac{x}{2}\right) - T\left(\frac{x}{3}\right) - T\left(\frac{x}{5}\right),$$

dont le premier membre se réduit à

$$A_1\psi(x)+A_2\psi\left(\frac{x}{2}\right)+A_3\psi\left(\frac{x}{3}\right)+A_4\psi\left(\frac{x}{4}\right)+\ldots+A_n\psi\left(\frac{x}{n}\right)+\text{ etc.},$$

$A_1, A_2, A_3, A_4, \ldots A_n$, etc. étant des coefficients numériques. Or, en examinant la valeur de ces coefficients, il n'est pas difficile de s'assurer qu'en général

$A_n = 1$, si $n = 30m + 1, 7, 11, 13, 17, 19, 23, 29,$

$A_n = 0$, si $n = 30m + 2, 3, 4, 5, 8, 9, 14, 16, 21, 22, 25, 26, 27, 28,$

$A_n = -1$, si $n = 30m + 6, 10, 12, 15, 18, 20, 24,$

$A_n = -1$, si $n = 30m + 30.$

En effet, dans le premier cas, n n'étant divisible par aucun des nombres 2, 3, 5, on ne trouve le terme $\psi\left(\frac{x}{n}\right)$ que dans la première ligne de l'équation (4). Dans le second cas, n est divisible par un des nombres 2, 3, 5; donc, outre le terme $\psi\left(\frac{x}{n}\right)$ de la première ligne, l'une des trois dernières contiendra $-\psi\left(\frac{x}{n}\right)$, et, après la réduction, on trouvera 0 pour coefficient de $\psi\left(\frac{x}{n}\right)$. Dans le troisième cas, n est divisible par deux des nombres 2, 3, 5. Donc, les trois dernières lignes de l'équation (4) contiendront deux termes égaux à $-\psi\left(\frac{x}{n}\right)$, et comme la première ligne contient $\psi\left(\frac{x}{n}\right)$, pris positivement, il ne reste dans le résultat que $-\psi\left(\frac{x}{n}\right)$. On arrive à la même conclusion dans le dernier cas, où n est divisible par 30; car alors le terme $\pm\psi\left(\frac{x}{n}\right)$ se rencontre dans toutes les cinq lignes: deux fois avec le signe $+$ et trois fois avec le signe $-$.

Donc, pour

$$n = 30m + 1, 2, 3, 4, 5, 6, 7, 8, 9, 10, 11, 12, 13, 14, 15, 16, 17, 18, 19, 20, 21, 22, 23, 24, 25, 26, 27, 28, 29, 30$$

nous trouvons

$$A_n = 1, 0, 0, 0, 0, -1, 1, 0, 0, -1, 1, -1, 1, 0, -1, 0, 1, -1, 1, -1, 0, 0, 1, -1, 0, 0, 0, 0, 1, -1,$$

ce qui prouve que l'équation (4) se réduit à

$$\begin{aligned}\psi(x) - \psi\left(\frac{x}{6}\right) + \psi\left(\frac{x}{7}\right) - \psi\left(\frac{x}{10}\right) + \psi\left(\frac{x}{11}\right) - \psi\left(\frac{x}{12}\right) + \text{etc.}\\ = T(x) + T\left(\frac{x}{30}\right) - T\left(\frac{x}{2}\right) - T\left(\frac{x}{3}\right) - T\left(\frac{x}{5}\right),\end{aligned}$$

où tous les termes du premier membre ont pour coefficient 1, alternativement avec le signe $+$ et $-$. De plus, comme d'après la nature de la fonction $\psi(x)$, la série

$$\psi(x) - \psi\left(\frac{x}{6}\right) + \psi\left(\frac{x}{7}\right) - \psi\left(\frac{x}{10}\right) + \psi\left(\frac{x}{11}\right) - \psi\left(\frac{x}{12}\right) + \text{etc.}$$

est décroissante, sa valeur sera comprise entre les limites $\psi(x)$ et $\psi(x) - \psi\left(\frac{x}{6}\right)$. Donc, d'après l'équation précédente, on aura nécessairement

$$\psi(x) \geqq T(x) + T\left(\frac{x}{30}\right) - T\left(\frac{x}{2}\right) - T\left(\frac{x}{3}\right) - T\left(\frac{x}{5}\right).$$

$$\psi(x) - \psi\left(\frac{x}{6}\right) \leqq T(x) + T\left(\frac{x}{30}\right) - T\left(\frac{x}{2}\right) - T\left(\frac{x}{3}\right) - T\left(\frac{x}{5}\right).$$

§ 4. Examinons maintenant la fonction $T(x)$ qui entre dans ces formules. D'après (3), et en dénotant par a le plus grand nombre entier contenu dans la valeur de x, que nous ne supposons pas inférieure à 1, nous avons

$$T(x) = \log 1.2.3.\ldots.a,$$

ou, ce qui revient au même,

$$T(x) = \log 1.2\ 3\ldots a\,(a+1) - \log(a+1).$$

Or, on sait que

$$\log 1.2.3\ldots a < \log \sqrt{2\pi} + a \log a - a + \frac{1}{2}\log a + \frac{1}{12a},$$

$$\log 1.2.3\ldots a(a+1) > \log \sqrt{2\pi} + (a+1)\log(a+1) - (a+1) + \frac{1}{2}\log(a+1);$$

donc

$$T(x) < \log \sqrt{2\pi} + a \log a - a + \frac{1}{2}\log a + \frac{1}{12a}.$$

$$T(x) > \log \sqrt{2\pi} + (a+1)\log(a+1) - (a+1) - \frac{1}{2}\log(a+1),$$

et par conséquent

$$T(x) < \log \sqrt{2\pi} + x \log x - x + \frac{1}{2} \log x + \frac{1}{12},$$

$$T(x) > \log \sqrt{2\pi} + x \log x - x - \frac{1}{2} \log x;$$

car a étant le plus grand nombre entier contenu dans la valeur de x, que nous ne supposons pas inférieure à 1, nous trouvons

$$a \leqq x < a+1, \quad a \geqq 1,$$

ce qui entraîne évidemment les conditions

$$x \log x - x + \frac{1}{2} \log x + \frac{1}{12} \overline{\overline{>}} a \log a - a + \frac{1}{2} \log a + \frac{1}{12a},$$

$$x \log x - x - \frac{1}{2} \log x \overline{\overline{<}} (a+1) \log (a+1) - (a+1) - \frac{1}{2} \log (a+1).$$

Les inégalités, que nous venons de prouver par rapport à $T(x)$, nous donnent

$$T(x) + T\left(\frac{x}{30}\right) < 2 \log \sqrt{2\pi} + \frac{2}{12} + \frac{31}{30} x \log x - x \log 30^{\frac{1}{30}} - \frac{31}{30} x$$
$$+ \log x - \frac{1}{2} \log 30,$$

$$T(x) + T\left(\frac{x}{30}\right) > 2 \log \sqrt{2\pi} + \frac{31}{30} x \log x - x \log 30^{\frac{1}{30}} - \frac{31}{30} x - \log x + \frac{1}{2} \log 30,$$

$$T\left(\frac{x}{2}\right) + T\left(\frac{x}{3}\right) + T\left(\frac{x}{5}\right) < 3 \log \sqrt{2\pi} + \frac{3}{12} + \frac{31}{30} x \log x - x \log 2^{\frac{1}{2}} 3^{\frac{1}{3}} 5^{\frac{1}{5}} - \frac{31}{30} x$$
$$+ \frac{3}{2} \log x - \frac{1}{2} \log 30,$$

$$T\left(\frac{x}{2}\right) + T\left(\frac{x}{3}\right) + T\left(\frac{x}{5}\right) > 3 \log \sqrt{2\pi} + \frac{31}{30} x \log x - x \log 2^{\frac{1}{2}} 3^{\frac{1}{3}} 5^{\frac{1}{5}} - \frac{31}{30} x - \frac{3}{2} \log x + \frac{1}{2} \log 30.$$

Combinant ces inégalités par voie de soustraction; savoir: la première avec la dernière, la seconde avec la troisième, nous trouverons

$$T(x) + T\left(\frac{x}{30}\right) - T\left(\frac{x}{2}\right) - T\left(\frac{x}{3}\right) - T\left(\frac{x}{5}\right) < x \log \frac{2^{\frac{1}{2}} 3^{\frac{1}{3}} 5^{\frac{1}{5}}}{30^{\frac{1}{30}}} + \frac{5}{2} \log x - \frac{1}{2} \log 1800\pi + \frac{2}{12},$$

$$T(x) + T\left(\frac{x}{30}\right) - T\left(\frac{x}{2}\right) - T\left(\frac{x}{3}\right) - T\left(\frac{x}{5}\right) > x \log \frac{2^{\frac{1}{2}} 3^{\frac{1}{3}} 5^{\frac{1}{5}}}{30^{\frac{1}{30}}} - \frac{5}{2} \log x + \frac{1}{2} \log \frac{450}{\pi} - \frac{3}{12},$$

ce que nous écririons sous la forme

$$T(x)+T\left(\frac{x}{30}\right)-T\left(\frac{x}{2}\right)-T\left(\frac{x}{3}\right)-T\left(\frac{x}{5}\right)<Ax+\frac{5}{2}\log x-\frac{1}{2}\log 1800\pi+\frac{2}{12},$$

$$T(x)+T\left(\frac{x}{30}\right)-T\left(\frac{x}{2}\right)-T\left(\frac{x}{3}\right)-T\left(\frac{x}{5}\right)>Ax-\frac{5}{2}\log x+\frac{1}{2}\log\frac{450}{\pi}-\frac{3}{12},$$

en faisant pour abréger

(5) $$A=\log\frac{2^{\frac{1}{2}}3^{\frac{1}{3}}5^{\frac{1}{5}}}{30^{\frac{1}{30}}}=0{,}92129202\ldots\ldots\ldots$$

L'analyse que nous avons employée pour démontrer ces inégalités suppose $x\geqq 30$; car, en traitant $T(x)$, nous avons pris $x\geqq 1$, puis nous avons remplacé x par

$$\frac{x}{2},\quad \frac{x}{3},\quad \frac{x}{5}\quad \text{et}\quad \frac{x}{30}.$$

Mais il n'est pas difficile de s'assurer qu'on aura des formules applicables à toutes les valeurs de x plus grandes que 1, si l'on remplace les inégalités précédentes par celles-ci, plus simples:

$$T(x)+T\left(\frac{x}{30}\right)-T\left(\frac{x}{2}\right)-T\left(\frac{x}{3}\right)-T\left(\frac{x}{5}\right)<Ax+\frac{5}{2}\log x,$$

$$T(x)+T\left(\frac{x}{30}\right)-T\left(\frac{x}{2}\right)-T\left(\frac{x}{3}\right)-T\left(\frac{x}{5}\right)>Ax-\frac{5}{2}\log x-1;$$

car, en examinant ces inégalités pour les valeurs de x prises dans les limites 1 et 30, on reconnaîtra très aisément qu'elles ne présentent aucune exception.

§ 5. En combinant ces inégalités avec celles que nous avons déduites plus haut par rapport à $\psi(x)$ (§ 3), nous parvenons à ces deux formules

$$\psi(x)>Ax-\frac{5}{2}\log x-1,\quad \psi(x)-\psi\left(\frac{x}{6}\right)<Ax+\frac{5}{2}\log x,$$

dont la première nous donne une valeur qui reste inférieure à $\psi(x)$.

Quant à la seconde, elle nous servira pour assigner l'autre limite de $\psi(x)$. Pour y parvenir, nous remarquons que

$$fx=\frac{6}{5}Ax+\frac{5}{4\log 6}\log^2 x+\frac{5}{4}\log x$$

est une fonction qui vérifie l'équation

$$f(x)-f\left(\frac{x}{6}\right)=Ax+\frac{5}{2}\log x.$$

Or, cette équation, retranchée dé l'inégalité

$$\psi(x)-\psi\left(\frac{x}{6}\right)<Ax+\frac{5}{2}\log x,$$

donne

$$\psi(x)-\psi\left(\frac{x}{6}\right)-f(x)+f\left(\frac{x}{6}\right)<0,$$

ou bien, ce qui revient au même,

$$\psi(x)-f(x)<\psi\left(\frac{x}{6}\right)-f\left(\frac{x}{6}\right).$$

En changeant successivement dans cette formule x en $\frac{x}{6}, \frac{x}{6^2}, \ldots \frac{x}{6^m}$, nous trouverons

$$\psi(x)-f(x)<\psi\left(\frac{x}{6}\right)-f\left(\frac{x}{6}\right)<\psi\left(\frac{x}{6^2}\right)-f\left(\frac{x}{6^2}\right)\ldots.<\psi\left(\frac{x}{6^{m+1}}\right)-f\left(\frac{x}{6^{m+1}}\right).$$

Si nous supposons actuellement que m soit le plus grand nombre entier qui vérifie la condition $\frac{x}{6^m} \geqq 1$, la quantité $\frac{x}{6^{m+1}}$ tombera entre 1 et $\frac{1}{6}$, et en examinant la valeur que prend $\psi(z)-f(z)$ dans les limites $z=1$, $z=\frac{1}{6}$, on reconnaîtra que $\psi(z)=0$, et que $-f(z)$ reste au-dessous de 1. Donc $\psi\left(\frac{x}{6^{m+1}}\right)-f\left(\frac{x}{6^{m+1}}\right)<1$, et d'après les inégalités précédentes

$$\psi(x)-f(x)<1.$$

Enfin, en substituant pour $f(x)$ sa valeur, nous aurons

$$\psi(x)<\frac{6}{5}Ax+\frac{5}{4\log 6}\log^2 x+\frac{5}{4}\log x+1.$$

D'après les formules que nous venons de trouver, il ne sera pas difficile d'assigner deux limites entre lesquelles tombe la valeur de $\theta(x)$, c'est à dire la somme des logarithmes de tous les nombres premiers qui ne surpassent pas x.

En effet, d'après (3) nous trouvons

$$\psi(x)-\psi(x)^{\frac{1}{2}}=\theta(x)+\theta(x)^{\frac{1}{3}}+\theta(x)^{\frac{1}{5}}+\text{etc.},$$

$$\psi(x)-2\psi(x)^{\frac{1}{2}}=\theta(x)-[\theta(x)^{\frac{1}{2}}-\theta(x)^{\frac{1}{3}}]-[\theta(x)^{\frac{1}{4}}-\theta(x)^{\frac{1}{5}}]-\text{etc.},$$

ce qui prouve que

(6) $$\theta(x)\leqq\psi(x)-\psi(x)^{\frac{1}{2}},\quad \theta(x)\geqq\psi(x)-2\psi(x)^{\frac{1}{2}},$$

car les termes

$$\theta(x)^{\frac{1}{3}},\ \theta(x)^{\frac{1}{5}},\ldots,\ \theta(x)^{\frac{1}{2}}-\theta(x)^{\frac{1}{3}},\ \theta(x)^{\frac{1}{4}}-\theta(x)^{\frac{1}{5}},\ldots$$

sont évidemment positifs ou zéro.

Mais nous venons de trouver

$$\psi(x) < \frac{6}{5}Ax + \frac{5}{4\log 6}\log^2 x + \frac{5}{4}\log x + 1,$$
$$\psi(x) > Ax - \frac{5}{2}\log x - 1.$$

ce qui donne

$$\psi(x)^{\frac{1}{2}} < \frac{6}{5}Ax^{\frac{1}{2}} + \frac{5}{16\log 6}\log^2 x + \frac{5}{8}\log x + 1,$$
$$\psi(x)^{\frac{1}{2}} > Ax^{\frac{1}{2}} - \frac{5}{4}\log x - 1,$$

et par conséquent

$$\psi(x) - \psi(x)^{\frac{1}{2}} < \frac{6}{5}Ax - Ax^{\frac{1}{2}} + \frac{5}{4\log 6}\log^2 x + \frac{5}{2}\log x + 2,$$
$$\psi(x) - 2\psi(x)^{\frac{1}{2}} > Ax - \frac{12}{5}Ax^{\frac{1}{2}} - \frac{5}{8\log 6}\log^2 x - \frac{15}{4}\log x - 3.$$

Donc d'après (6)

$$(7)\qquad \begin{cases} \theta(x) < \frac{6}{5}Ax - Ax^{\frac{1}{2}} + \frac{5}{4\log 6}\log^2 x + \frac{5}{2}\log x + 2 \\ \theta(x) > Ax - \frac{12}{5}Ax^{\frac{1}{2}} - \frac{5}{8\log 6}\log^2 x - \frac{15}{4}\log x - 3 \end{cases}$$

Ainsi nous arrivons à la conséquence que la somme des logarithmes de tous les nombres premiers, qui ne surpassent pas x, est comprise dans les limites

$$\frac{6}{5}Ax - Ax^{\frac{1}{2}} + \frac{5}{4\log 6}\log^2 x + \frac{5}{2}\log x + 2,$$
$$Ax - \frac{12}{5}Ax^{\frac{1}{2}} - \frac{5}{8\log 6}\log^2 x - \frac{15}{4}\log x - 3.$$

§ 6. Voyons maintenant ce qu'on peut tirer de ces formules sur la totalité des nombres premiers compris dans des limites données. Soit L et l les deux limites en question, et supposons qu'il y ait m nombres premiers plus grands que l et ne surpassant pas L: la somme des logarithmes de ces nombres sera comprise dans les limites $m \log l$, $m \log L$. Donc, d'après la notation que nous employons, on aura

$$\theta(L) - \theta(l) > m \log l,$$

$$\theta(L) - \theta(l) < m \log L,$$

et par conséquent

$$m < \frac{\theta(L) - \theta(l)}{\log l}, \quad m > \frac{\theta(L) - \theta(l)}{\log L}.$$

Mais, d'après (7), nous trouvons que la valeur $\theta(L) - \theta(l)$ est inférieure à

$$A\left(\frac{6}{5}L - l\right) - A\left(L^{\frac{1}{2}} - \frac{12}{5}l^{\frac{1}{2}}\right) + \frac{5}{8\log 6}(2\log^2 L + \log^2 l) + \frac{5}{4}(2\log L + 3\log l) + 5,$$

et surpasse

$$A\left(L - \frac{6}{5}l\right) - A\left(\frac{12}{5}L^{\frac{1}{2}} - l^{\frac{1}{2}}\right) - \frac{5}{8\log 6}(\log^2 L + 2\log^2 l) - \frac{5}{4}(3\log L + 2\log l) - 5.$$

Donc

$$m < \frac{A\left(\frac{6}{5}L - l\right) - A\left(L^{\frac{1}{2}} - \frac{12}{5}l^{\frac{1}{2}}\right) + \frac{5}{8\log 6}(2\log^2 L + \log^2 l) + \frac{5}{4}(2\log L + 3\log l) + 5}{\log l},$$

$$m > \frac{A\left(L - \frac{6}{5}l\right) - A\left(\frac{12}{5}L^{\frac{1}{2}} - l^{\frac{1}{2}}\right) - \frac{5}{8\log 6}(\log^2 L + 2\log^2 l) - \frac{5}{4}(3\log L + 2\log l) - 5}{\log L}.$$

Ainsi, nous trouvons deux limites entre lesquelles tombe la quantité m, qui désigne combien il y a de nombres premiers plus grands que l, mais qui ne surpassent pas L. — La dernière de ces formules nous prouve que, dans les limites l et L, on trouve plus de k nombres premiers, si k, L et l vérifient cette condition

$$k < \frac{A\left(L - \frac{6}{5}l\right) - A\left(\frac{12}{5}L^{\frac{1}{2}} - l^{\frac{1}{2}}\right) - \frac{5}{8\log 6}(\log^2 L + 2\log^2 l) - \frac{5}{4}(3\log L + 2\log l) - 5}{\log L},$$

et comme $l < L$, on vérifie cette condition en faisant

$$k = \frac{A\left(L - \frac{6}{5}l\right) - \frac{12}{5}AL^{\frac{1}{2}} - \frac{5}{8\log 6}(\log^2 L + 2\log^2 L) - \frac{5}{4}(3\log L + 2\log L) - 5}{\log L},$$

et par conséquent en prenant

$$l = \frac{5}{6}L - 2L^{\frac{1}{2}} - \frac{25}{16}\frac{\log^2 L}{A\log 6} - \frac{5}{6A}\left(\frac{25}{4} + k\right)\log L - \frac{25}{6A}.$$

Donc, si l'on prend cette valeur de l, on est sûr de trouver plus de k nombres premiers dans les limites l et L. Il faut y joindre encore la condition que l et L ne sont pas plus petits que 1, ce que nous avons supposé par rapport à x, en traitant la fonction $\theta(x)$.

Dans le cas particulier de $k=0$, nous concluons qu'il y a nécessairement un nombre premier compris dans les limites l et L, si l'on prend

$$l=\frac{5}{6}L-2L^{\frac{1}{2}}-\frac{25\log^2 L}{16\,A\,\log 6}-\frac{125\log L}{24\,A}-\frac{25}{6A}.$$

Ceci nous conduit très simplement à prouver rigoureusement le *postulatum* cité de M. Bertrand. — Il n'est pas difficile de s'assurer que les limites a et $2a-2$, dans le cas de $a>160$, comprennent ces deux limites

$$l=\frac{5}{6}L-2L^{\frac{1}{2}}-\frac{25\log^2 L}{16\,A\,\log 6}-\frac{125\log L}{24\,A}-\frac{25}{6A},\quad L,$$

L étant une valeur convenablement choisie. En effet, pour que ces limites tombent entre

$$a,\quad 2a-2,$$

on n'a qu'à vérifier ces conditions

$$2a-2>L,$$
$$a<\frac{5}{6}L-2L^{\frac{1}{2}}-\frac{25\log^2 L}{16\,A\,\log 6}-\frac{125\log L}{24\,A}-\frac{25}{6A}.$$

Or, on vérifie évidemment la première en prenant $L=2a-3$. Quant à la seconde, elle devient pour $L=2a-3$

$$a<\frac{5}{6}(2a-3)-2\sqrt{(2a-3)}-\frac{25\log^2(2a-3)}{16\,A\,\log 6}-\frac{125\log(2a-3)}{24\,A}-\frac{25}{6A},$$

ce qui est juste pour toutes les valeurs de a, qui surpassent la plus grande racine de l'équation

$$x=\frac{5}{6}(2x-3)-2\sqrt{(2x-3)}-\frac{25\log^2(2x-3)}{16\,A\,\log 6}-\frac{125\log(2x-3)}{24\,A}-\frac{25}{6A},$$

et cette racine, nous la trouvons comprise entre les limites 159 et 160.

Donc, toutes les fois que a surpasse 160, on peut assigner entre a et $2a-2$ deux nouvelles limites

$$l=\frac{5}{6}L-2L^{\frac{1}{2}}-\frac{25\log^2 L}{16\,A\,\log 6}-\frac{125\log L}{24\,A}-\frac{25}{6A},\quad L,$$

et comme celles-ci comprennent nécessairement un nombre premier, on sera certain de trouver un nombre premier qui surpasse a et reste inférieur à $2a-2$, ce qui prouve le *postulatum* de M. Bertrand pour toutes les valeurs de a qui surpassent 160. Quant aux valeurs de a qui ne sont pas plus grandes que 160, ce *postulatum* se vérifie directement à l'aide des tables des nombres premiers.

§ 7. Au moyen de la fonction $\theta(x)$ que nous employons pour désigner la somme des logarithmes de tous les nombres premiers qui ne surpassent pas x, on peut facilement exprimer la somme

$$F(\alpha)+F(\beta)+F(\gamma)+\ldots+F(\rho)=U,$$

où $\alpha, \beta, \gamma, \ldots \rho$ sont les nombres premiers compris dans les limites données. En effet, si $\alpha, \beta, \gamma, \ldots \rho$ sont compris dans les limites l et L, cette somme peut être exprimée ainsi

$$\frac{\theta(l)-\theta(l-1)}{\log l}F(l)+\frac{\theta(l+1)-\theta(l)}{\log(l+1)}F(l+1)+\frac{\theta(l+2)-\theta(l+1)}{\log(l+2)}F(l+2)+\ldots$$
$$\ldots+\frac{\theta(L)-\theta(L-1)}{\log L}F(L);$$

car, en général, la fonction $\frac{\theta(x)-\theta(x-1)}{\log x}$, pour x entier, se réduit à 0, si x est un nombre composé, et à 1, si x est un nombre premier. Donc

$$U=\frac{\theta(l)-\theta(l-1)}{\log l}F(l)+\frac{\theta(l+1)-\theta(l)}{\log(l+1)}F(l+1)+\frac{\theta(l+2)-\theta(l+1)}{\log(l+2)}F(l+2)+\ldots$$
$$\ldots+\frac{\theta(L)-\theta(L-1)}{\log L}F(L),$$

ou, ce qui revient au même,

$$U=-\theta(l-1)\frac{F(l)}{\log l}+\left[\frac{F(l)}{\log l}-\frac{F(l+1)}{\log(l+1)}\right]\theta(l)+\left[\frac{F(l+1)}{\log(l+1)}-\frac{F(l+2)}{\log(l+2)}\right]\theta(l+1)\ldots$$
$$+\left[\frac{F(L)}{\log L}-\frac{F(L+1)}{\log(L+1)}\right]\theta(L)+\frac{F(L+1)}{\log(L+1)}\theta(L).$$

Or, si nous supposons que la fonction $\frac{F(x)}{\log x}$, dans les limites $x=l-1$ et $x=L+1$, reste constamment positive et décroissante, le signe de $\theta(l-1)$ dans l'expression de U sera $-$, et le signe de chacune des fonctions

$$\theta(l), \quad \theta(l+1), \ldots \theta(L)$$

sera +. Par conséquent, d'après (7), et en faisant pour abréger

$$(8)\quad \begin{cases} \theta_{\mathrm{I}}(x) = \frac{6}{5}Ax - Ax^{\frac{1}{2}} + \frac{5}{4\log 6}\log^2 x + \frac{5}{2}\log x + 2, \\ \theta_{\mathrm{II}}(x) = Ax - \frac{12}{5}Ax^{\frac{1}{2}} - \frac{5}{8\log 6}\log^2 x - \frac{15}{4}\log x - 3, \end{cases}$$

nous aurons une valeur inférieure à U, si, dans son expression, nous remplaçons

$\theta(l-1)$ par $\theta_{\mathrm{I}}(l-1)$, et $\theta(l)$, $\theta(l+1)$,... $\theta(L)$ par $\theta_{\mathrm{II}}(l)$, $\theta_{\mathrm{II}}(l+1)$,... $\theta_{\mathrm{II}}(L)$.

Au contraire, en remplaçant $\theta(l-1)$ par $\theta_{\mathrm{II}}(l-1)$, et $\theta(l)$, $\theta(l+1)$,... $\theta(L)$ par $\theta_{\mathrm{I}}(l)$, $\theta_{\mathrm{I}}(l+1)$,... $\theta_{\mathrm{I}}(L)$, nous trouverons une valeur plus grande que U. Donc

$$U > -\theta_{\mathrm{I}}(l-1)\frac{F(l)}{\log l} + \left[\frac{F(l)}{\log l} - \frac{F(l+1)}{\log(l+1)}\right]\theta_{\mathrm{II}}(l) + \left[\frac{F(l+1)}{\log(l+1)} - \frac{F(l+2)}{\log(l+2)}\right]\theta_{\mathrm{II}}(l+1) + \dots$$
$$+ \left[\frac{F(L)}{\log L} - \frac{F(L+1)}{\log(L+1)}\right]\theta_{\mathrm{II}}(L) + \frac{F(L+1)}{\log(L+1)}\theta_{\mathrm{II}}(L),$$

$$U < -\theta_{\mathrm{II}}(l-1)\frac{F(l)}{\log l} + \left[\frac{F(l)}{\log l} - \frac{F(l+1)}{\log(l+1)}\right]\theta_{\mathrm{I}}(l) + \left[\frac{F(l+1)}{\log(l+1)} - \frac{F(l+2)}{\log(l+2)}\right]\theta_{\mathrm{I}}(l+1) + \dots$$
$$+ \left[\frac{F(L)}{\log L} - \frac{F(L+1)}{\log(L+1)}\right]\theta_{\mathrm{I}}(L) + \frac{F(L+1)}{\log(L+1)}\theta_{\mathrm{I}}(L),$$

et comme les seconds membres sont identiques avec les sommes

$$\theta_{\mathrm{II}}(l-1)\frac{F(l)}{\log l} - \theta_{\mathrm{I}}(l-1)\frac{F(l)}{\log l} + \sum_{x=l}^{x=L} F(x)\frac{\theta_{\mathrm{II}}(x) - \theta_{\mathrm{II}}(x-1)}{\log x},$$

$$\theta_{\mathrm{I}}(l-1)\frac{F(l)}{\log l} - \theta_{\mathrm{II}}(l-1)\frac{F(l)}{\log l} + \sum_{x=l}^{x=L} F(x)\frac{\theta_{\mathrm{I}}(x) - \theta_{\mathrm{I}}(x-1)}{\log x},$$

nous en conclurons

$$(9)\quad \begin{cases} U > \theta_{\mathrm{II}}(l-1)\frac{F(l)}{\log l} - \theta_{\mathrm{I}}(l-1)\frac{F(l)}{\log l} + \sum\limits_{x=l}^{x=L} F(x)\frac{\theta_{\mathrm{II}}(x) - \theta_{\mathrm{II}}(x-1)}{\log x}, \\ U < \theta_{\mathrm{I}}(l-1)\frac{F(l)}{\log l} - \theta_{\mathrm{II}}(l-1)\frac{F(l)}{\log l} + \sum\limits_{x=l}^{x=L} F(x)\frac{\theta_{\mathrm{I}}(x) - \theta_{\mathrm{I}}(x-1)}{\log x}. \end{cases}$$

D'après les formules que nous venons de trouver il n'est pas difficile de démontrer ce théorème:

Théorème.

Si la fonction $F(x)$, passée une certaine limite de x, reste positive, la convergence de la série

$$\frac{F(2)}{\log 2} + \frac{F(3)}{\log 3} + \frac{F(4)}{\log 4} + \frac{F(5)}{\log 5} + \frac{F(6)}{\log 6} + \dots$$

est une condition nécessaire et suffisante pour que la série

$$F(2) + F(3) + F(5) + F(7) + F(11) + F(13) + \dots$$

soit également convergente.

Démonstration.

Supposons que l soit la limite de x au-dessus de laquelle $F(x)$ conserve le signe $+$, $\frac{Fx}{\log x}$ représentant une fonction décroissante, et que α, β, $\gamma, \dots \rho$ soient des nombres premiers compris dans les limites l et L. En faisant

$$S = F(2) + F(3) + F(5) + \dots + F(\alpha) + F(\beta) + F(\gamma) + \dots + F(\rho) =$$
$$S_0 + F(\alpha) + F(\beta) + F(\gamma) + \dots + F(\rho),$$

nous conclurons d'après (9)

$$S > S_0 + \theta_{\text{II}}(l-1)\frac{F(l)}{\log l} - \theta_{\text{I}}(l-1)\frac{F(l)}{\log l} + \sum_{x=l}^{x=L} F(x)\frac{\theta_{\text{II}}(x) - \theta_{\text{II}}(x-1)}{\log x},$$

$$S < S_0 + \theta_{\text{I}}(l-1)\frac{F(l)}{\log l} - \theta_{\text{II}}(l-1)\frac{F(l)}{\log l} + \sum_{x=l}^{x=L} F(x)\frac{\theta_{\text{I}}(x) - \theta_{\text{I}}(x-1)}{\log x}.$$

Ces inégalités font voir que, dans le cas où les expressions

$$\sum_{x=l}^{x=L} F(x)\frac{\theta_{\text{II}}(x) - \theta_{\text{II}}(x-1)}{\log x}, \quad \sum_{x=l}^{x=L} F(x)\frac{\theta_{\text{I}}(x) - \theta_{\text{I}}(x-1)}{\log x},$$

pour $L = \infty$, restent finies, la série

$$F(2) + F(3) + F(5) + F(7) + \text{etc.}$$

sera convergente; au contraire, si la supposition de $L = \infty$ rend la valeur de ces expressions infinie, la série

$$F(2) + F(3) + F(5) + F(7) + \text{etc.}$$

sera divergente.

La substitution des valeurs de $\theta_{\mathrm{I}}(x)$, $\theta_{\mathrm{II}}(x)$ d'après (8) dans les expressions précédentes les réduit à

$$\sum_{x=l}^{x=L}\Big[A-\tfrac{12}{5}A(\sqrt{x}-\sqrt{(x-1)})-\tfrac{5}{8\log 6}(\log^2 x-\log^2(x-1))-\tfrac{15}{4}(\log x-\log(x-1))\Big]\frac{F(x)}{\log x},$$

$$\sum_{x=l}^{x=L}\Big[\tfrac{6}{5}A-A(\sqrt{x}-\sqrt{(x-1)})+\tfrac{5}{4\log 6}(\log^2 x-\log^2(x-1))+\tfrac{5}{2}(\log x-\log(x-1))\Big]\frac{F(x)}{\log x},$$

et comme les fonctions

$$\sqrt{x}-\sqrt{(x-1)},\quad \log^2 x-\log^2(x-1),\quad \log x-\log(x-1),$$

pour des valeurs très grandes de x deviennent infiniment petites, nous concluons que dans le cas, où

$$\sum_{x=l}^{x=\infty}\frac{F(x)}{\log x}$$

a une valeur finie, les expressions

$$\sum_{x=l}^{x=L}F(x)\frac{\theta_{\mathrm{I}}(x)-\theta_{\mathrm{I}}(x-1)}{\log x},\quad \sum_{x=l}^{x=L}F(x)\frac{\theta_{\mathrm{II}}(x)-\theta_{\mathrm{II}}(x-1)}{\log x},$$

pour $L=\infty$, seront également finies; au contraire, pour $L=\infty$, elles seront infiniment grandes, si la somme

$$\sum_{x=l}^{x=L}\frac{F(x)}{\log x},$$

avec l'augmentation de L, converge vers l'infini. Mais le premier cas a toujours lieu, si la série

$$\frac{F(2)}{\log 2}+\frac{F(3)}{\log 3}+\frac{F(4)}{\log 4}+\frac{F(5)}{\log 5}+\frac{F(6)}{\log 6}+\text{etc.}$$

est convergente, et le second suppose la divergence de cette série, ce qui prouve le théorème énoncé. Ainsi, nous concluons de là que les séries

$$\frac{1}{2\log 2}+\frac{1}{3\log 3}+\frac{1}{5\log 5}+\frac{1}{7\log 7}+\frac{1}{11\log 11}+\text{etc.}$$

$$\frac{1}{2\log^2(\log 2)}+\frac{1}{3\log^2(\log 3)}+\frac{1}{5\log^2(\log 5)}+\frac{1}{7\log^2(\log 7)}+\frac{1}{11\log^2(\log 11)}+\text{etc.}$$

sont convergentes, tandis que les deux suivantes

$$\frac{1}{2} + \frac{1}{3} + \frac{1}{5} + \frac{1}{7} + \frac{1}{11} + \text{etc.}$$

$$\frac{1}{2\log(\log 2)} + \frac{1}{3\log(\log 3)} + \frac{1}{5\log(\log 5)} + \frac{1}{7\log(\log 7)} + \frac{1}{11\log(\log 11)} + \text{etc.}$$

sont divergentes.

§ 8. Quand la série

$$F(2) + F(3) + F(5) + F(7) + \text{etc.}$$

est convergente nous trouverons sa valeur, avec une approximation aussi grande qu'on le voudra, en calculant la somme de ses premiers termes. En dénotant par S_0 la somme de tous les termes qui précèdent $F(\alpha)$, α étant le plus petit des nombres premiers contenus dans la série

$$l, \quad l+1, \quad l+2, \quad \text{etc.}$$

et l un nombre entier au-dessus duquel toutes les valeurs de x rendent $\frac{F(x)}{\log x}$ positif et décroissant, nous mettrons la série

$$F(2) + F(3) + F(5) + F(7) + F(11) + \text{etc.} = S$$

sous cette forme

$$S = S_0 + F(\alpha) + F(\beta) + F(\gamma) + \text{etc.} = S_0 + U.$$

Cela posé, nous chercherons les limites entre lesquelles tombe U, en faisant $L = \infty$ dans les formules (9). De cette manière nous trouverons

$$(10)\quad \begin{cases} U > \theta_{\mathrm{II}}(l-1)\frac{F(l)}{\log l} - \theta_{\mathrm{I}}(l-1)\frac{F(l)}{\log l} + \sum\limits_{x=l}^{x=\infty} \frac{\theta_{\mathrm{II}}(x) - \theta_{\mathrm{II}}(x-1)}{\log x} F(x), \\ U < \theta_{\mathrm{I}}(l-1)\frac{F(l)}{\log l} - \theta_{\mathrm{II}}(l-1)\frac{F(l)}{\log l} + \sum\limits_{x=l}^{x=\infty} \frac{\theta_{\mathrm{I}}(x) - \theta_{\mathrm{I}}(x-1)}{\log x} F(x). \end{cases}$$

La demi-somme de ces expressions donnera une valeur approchée de U, et leur demi-différence sera la limite de l'erreur de cette valeur. Cette limite sera d'autant plus petite, que le nombre l et, par conséquent, le nombre de termes de la somme S_0 sera plus considérable.

Pour donner un exemple de ces calculs, nous allons chercher la valeur approchée de la série

$$S = \frac{1}{2\log 2} + \frac{1}{3\log 3} + \frac{1}{5\log 5} + \frac{1}{7\log 7} + \frac{1}{11\log 11} + \text{etc.}$$

En prenant

$$l = 100,$$

$$S_0 = \frac{1}{2\log 2} + \frac{1}{3\log 3} + \frac{1}{5\log 5} + \frac{1}{7\log 7} + \frac{1}{11\log 11} + \ldots + \frac{1}{97\log 97},$$

$$S = S_0 + U,$$

U étant déterminé par la série

$$U = \frac{1}{101\log 101} + \frac{1}{103\log 103} + \frac{1}{107\log 107} + \text{etc.},$$

nous trouverons, par les tables des nombres premiers,

$$S_0 = 1{,}42,$$

et les inégalités (10) pour $F(x) = \frac{1}{x\log x}$, $l = 100$, nous donneront

$$U > \frac{\theta_{II}(99)}{100\log^2 100} - \frac{\theta_I(99)}{100\log^2 100} + \sum_{x=100}^{x=\infty} \frac{\theta_{II}(x) - \theta_{II}(x-1)}{x\log^2 x} > 0{,}14,$$

$$U < \frac{\theta_I(99)}{100\log^2 100} - \frac{\theta_{II}(99)}{100\log^2 100} + \sum_{x=100}^{x=\infty} \frac{\theta_I(x) - \theta_I(x-1)}{x\log^2 x} < 0{,}28.$$

D'après ces inégalités nous concluons que la valeur de U ne diffère de $\frac{0{,}28 + 0{,}14}{2} = 0{,}21$ que d'une quantité plus petite que $\frac{0{,}28 - 0{,}14}{2} = 0{,}07$. Donc

$$1{,}42 + 0{,}21 = 1{,}63$$

sera la valeur de la série

$$\frac{1}{2\log 2} + \frac{1}{3\log 3} + \frac{1}{5\log 5} + \frac{1}{7\log 7} + \frac{1}{11\log 11} + \text{etc.}$$

exacte à 0,1 près.

§ 9. La totalité des nombres premiers, compris dans les limites données, se déduit comme cas particulier de la valeur de la série

$$F(\alpha) + F(\beta) + F(\gamma) + \ldots + F(\rho)$$

que nous avons examinée dans les paragraphes précédents. En effet, si l'on prend

$$F(x) = 1,$$

la somme

$$F(\alpha) + F(\beta) + F(\gamma) + \ldots + F(\rho)$$

se réduira à autant d'unités qu'il se trouve de termes dans la série des nombres premiers

$$\alpha,\ \beta,\ \gamma, \ldots \rho.$$

Donc, les formules (9), dans le cas de $F(x) = 1$, détermineront les limites entre lesquelles tombe la totalité des nombres premiers, compris entre l et L. Ces limites sont plus étroites que celles que nous avons trouvées dans le paragraphe 6, en vertu des inégalités que la fonction $\theta(x)$ vérifie. Dans le cas particulier de $l = 2$, nous trouvons que

$$(11) \quad \left\{ \begin{array}{l} \dfrac{\theta_{\mathrm{II}}(1)}{\log 2} - \dfrac{\theta_{\mathrm{I}}(1)}{\log 2} + \sum\limits_{x=2}^{x=L} \dfrac{\theta_{\mathrm{I}}(x) - \theta_{\mathrm{I}}(x-1)}{\log x}, \\[2ex] \dfrac{\theta_{\mathrm{I}}(1)}{\log 2} - \dfrac{\theta_{\mathrm{II}}(1)}{\log 2} + \sum\limits_{x=2}^{x=L} \dfrac{\theta_{\mathrm{II}}(x) - \theta_{\mathrm{I}}(x-1)}{\log x} \end{array} \right.$$

sont des limites entre lesquelles tombe la totalité des nombres premiers de 2 à L, ou bien, ce qui revient au même, la totalité des nombres premiers qui ne surpassent pas L. En calculant la demi-somme de ces limites (11) nous aurons une valeur approchée de la totalité des nombres premiers qui ne surpassent pas L. Quant à l'erreur de cette valeur, elle ne pourra surpasser la demi-différence des expressions (11). Par des calculs très simples on parvient à reconnaître que le rapport de la demi-différence des expressions (11) à leur demi-somme devient égal à $\frac{1}{11}$, quand on fait $L = \infty$. Donc, pour de très grandes valeurs de L, ce rapport sera inférieur à $\frac{1}{10}$, et par conséquent si l'on calcule, d'après nos formules, la totalité des nombres premiers qui ne surpassent pas une limite donnée, très grande, l'erreur sera inférieure à $\frac{1}{10}$ de la quantité cherchée.

6.

SUR LES FORMES QUADRATIQUES.

(Journal de mathématiques pures et appliquées, I série, T. XVI, 1851, p. 257—282.)

Sur les formes quadratiques.

1.

Euler nous a déjà donné plusieurs exemples du parti que l'on peut tirer de la représentation des nombres par des formes quadratiques à déterminants négatifs pour reconnaître s'ils sont premiers ou non. Je vais, à présent, montrer que, dans ces recherches, on peut aussi bien se servir de certaines formes à déterminants positifs, ce qui est nécessaire pour rendre cette méthode tout à fait générale et même avantageuse pour des nombres d'une grandeur considérable. En effet, quand on se borne seulement aux formes quadratiques à déterminants négatifs, les différents nombres exigent l'emploi de plusieurs différentes formes, et chacune d'elles demande des procédés particuliers pour trouver facilement la représentation du nombre donné. De plus, le nombre de ces formes propres à distinguer le cas d'un nombre premier de celui d'un nombre composé étant limité, on peut rencontrer des nombres qui ne peuvent prendre aucune de ces formes. On écarterait toutes ces difficultés si l'on pouvait considérer les nombres d'après leur représentation par des formes quadratiques à déterminants positifs; car alors, pour embrasser tous les cas possibles, il suffira d'un petit nombre de formes convenablement choisies, telles que, par exemple,

$$x^2 + y^2, \quad x^2 + 2y^2, \quad x^2 - 2y^2,$$

ou

$$x^2 + y^2, \quad x^2 + 3y^2, \quad 3y^2 - x^2; \quad \text{etc.}$$

D'ailleurs il ne sera pas difficile, en traitant chacune d'elles, de construire des tables qui faciliteront considérablement ces recherches.

La totalité des représentations du nombre N par la forme $Ax^2 + By^2$

étant limitée, on distingue le cas de N premier de celui où il est composé, en cherchant le nombre de résolutions de l'équation

$$Ax^2 + By^2 = N.$$

Nous verrons que la même chose a lieu par rapport à l'équation

$$x^2 - Dy^2 = \pm N,$$

si parmi ses solutions, qui sont en nombre infini, on ne compte que celles où x et y ne surpassent pas certaines limites, ce qui revient à ne compter que le nombre de certains groupes que présentent toutes les solutions possibles de l'équation

$$x^2 - Dy^2 = \pm N.$$

II.

Soient α, β les plus petites valeurs de x, y qui, étant au-dessus de zéro, vérifient l'équation

$$x^2 - Dy^2 = 1,$$

et a, b des nombres positifs qui vérifient celle-ci,

$$x^2 - Dy^2 = \pm N.$$

Par la multiplication des équations

$$\alpha^2 - D\beta^2 = 1, \quad a^2 - Db^2 = \pm N,$$

nous trouvons

$$(a\alpha - b\beta D)^2 - D(a\beta - b\alpha)^2 = \pm N,$$

ce qui prouve que les nombres

$$x = \pm(a\alpha - b\beta D), \quad y = \pm(a\beta - b\alpha),$$

vérifient aussi l'équation

$$x^2 - Dy^2 = \pm N.$$

De cette manière on pourra toujours passer d'une solution de l'équation

$$x^2 - Dy^2 = \pm N$$

à une autre, et, par conséquent, trouver plusieurs valeurs de x et de y qui la vérifient. Examinons maintenant dans quel cas les nombres positifs x, y, donnés par les formules

$$(1) \qquad x = \pm (a\alpha - b\beta D), \quad y = \pm (a\beta - b\alpha),$$

seront plus petits que les nombres a et b dont on est parti. Dans ces recherches, il faut faire attention aux signes $\pm$ qu'on doit prendre dans les formules (1) pour rendre x, y positifs, et pour cela nous traiterons séparément deux cas,

$$x^2 - Dy^2 = N, \quad x^2 - Dy^2 = -N.$$

Dans le premier cas, nous aurons

$$a^2 - Db^2 = N,$$

ce qui donne

$$a = \sqrt{Db^2 + N};$$

de plus, d'après l'équation

$$\alpha^2 - D\beta^2 = 1,$$

on trouve

$$\alpha = \sqrt{D\beta^2 + 1}.$$

En mettant ces valeurs de a et α dans l'équation

$$x = \pm (a\alpha - b\beta D),$$

on obtient

$$x = \pm (\sqrt{Db^2 + N} . \sqrt{D\beta^2 + 1} - b\beta D),$$

d'où il est clair que x sera positif quand on prendra la formule $\pm (a\alpha - b\beta D)$ avec le signe $+$. Mais, pour que cette valeur de $x = a\alpha - b\beta D$ soit plus petite que a, et, par conséquent, y plus petit que b, nous trouvons cette condition

$$a\alpha - b\beta D < a.$$

Cette inégalité donne

$$\frac{b\beta D}{a} > \alpha - 1, \quad \frac{b^2\beta^2 D^2}{a^2} > (\alpha - 1)^2,$$

et, en y mettant les valeurs de b et β tirées des équations

$$a^2 - Db^2 = N, \quad \alpha^2 - D\beta^2 = 1,$$

nous trouverons

$$\frac{(\alpha^2 - 1)(a^2 - N)}{a^2} > (\alpha - 1)^2,$$

et, par conséquent,

$$a > \sqrt{\frac{(\alpha+1)N}{2}}.$$

Donc les nouvelles valeurs de x et y seront toujours plus petites que celles dont on part, si la valeur de a surpasse $\sqrt{\frac{(\alpha+1)N}{2}}$; par conséquent, en tirant à l'aide des formules (1) successivement d'une solution de l'équation

$$x^2 - Dy^2 = N$$

une autre, on parviendra nécessairement à de telles valeurs de x et y que la première ne surpasse pas $\sqrt{\frac{(\alpha+1)N}{2}}$. Quant à la limite de la valeur de y, nous la trouvons égale à $\sqrt{\frac{(\alpha-1)N}{2D}}$; car, pour

$$x = \sqrt{\frac{(\alpha+1)N}{2}},$$

l'équation

$$x^2 - Dy^2 = N$$

donne

$$y = \sqrt{\frac{(\alpha-1)N}{2D}}.$$

De cette manière se trouve établi le théorème suivant:

Théorème. *Si l'équation*

$$x^2 - Dy^2 = N$$

est possible, on trouvera dans les limites

$$x = 0, \quad x = \sqrt{\frac{(\alpha+1)N}{2}}, \quad y = 0, \quad y = \sqrt{\frac{(\alpha-1)N}{2D}}$$

des valeurs entières de x et y qui la vérifient, $x = \alpha$ étant la plus petite solution, supérieure à l'unité, de l'équation

$$x^2 - Dy^2 = 1.$$

En passant au cas de

$$x^2 - Dy^2 = -N,$$

nous remarquons que, d'après les équations

$$a^2 - Db^2 = -N, \quad \alpha^2 - D\beta^2 = 1,$$

on aura

$$a = \sqrt{Db^2 - N}, \quad \alpha = \sqrt{D\beta^2 + 1},$$

et, par conséquent, la valeur de

$$y = \pm (a\beta - b\alpha)$$

pourra être mise sous cette forme,

$$y = \pm \left(\beta \sqrt{Db^2 - N} - b\sqrt{D\beta^2 + 1}\right),$$

ou, ce qui revient au même,

$$y = \pm \frac{\beta^2 (Db^2 - N) - b^2 (D\beta^2 + 1)}{\beta \sqrt{Db^2 - N} + b\sqrt{D\beta^2 + 1}} = \pm \frac{-\beta^2 N - b^2}{\beta \sqrt{Db^2 - N} + b\sqrt{D\beta^2 + 1}}.$$

De là nous concluons que y est positif quand on prend la formule $\pm (a\beta - b\alpha)$ avec le signe —, et que, par conséquent, pour rendre y inférieur à b, nous devons vérifier cette condition

$$-(a\beta - b\alpha) < b.$$

Cette inégalité donne

$$\alpha - 1 < \frac{a\beta}{b}, \quad (\alpha - 1)^2 < \frac{a^2\beta^2}{b^2},$$

et, en y mettant les valeurs de a^2 et β^2 d'après les équations

$$a^2 - Db^2 = -N, \quad \alpha^2 - D\beta^2 = 1,$$

nous trouvons

$$(\alpha - 1)^2 < \frac{(Db^2 - N)(\alpha^2 - 1)}{Db^2},$$

ce qui donne définitivement

$$b > \sqrt{\frac{(\alpha + 1) N}{2D}}.$$

Donc, toutes les fois que, dans la solution connue de l'équation

$$x^2 - Dy^2 = -N,$$

la valeur de y surpasse $\sqrt{\frac{(\alpha + 1) N}{2D}}$, on pourra en tirer, à l'aide des formules (1), une solution plus simple, et, par conséquent, on parviendra nécessairement à une solution telle que y ne surpassera pas $\sqrt{\frac{(\alpha + 1) N}{2D}}$; cela suppose, d'après l'équation

$$x^2 - Dy^2 = -N,$$

qua x ne dépassera pas la limite $\sqrt{\frac{(\alpha-1)N}{2}}$. De cette manière nous parvenons à ce théorème:

Théorème. *Si l'équation*

$$x^2 - Dy^2 = -N$$

est possible, on trouvera dans les limites

$$x = 0, \quad x = \sqrt{\frac{(\alpha-1)N}{2}}, \quad y = 0, \quad y = \sqrt{\frac{(\alpha+1)N}{2D}},$$

des valeurs entières de x et y qui la vérifient, $x = \alpha$ étant la plus petite solution, supérieure à l'unité, de l'équation

$$x^2 - Dy^2 = 1.$$

III.

Les limites entre lesquelles, d'après les théorèmes qui viennent d'être démontrés, on est sûr de trouver des nombres x et y qui vérifient l'équation

$$x^2 - Dy^2 = \pm N$$

quand elle est possible, jouissent de cette propriété remarquable:

Si $x = a$, $y = b$, $x = a_1$, $y = b_1$, sont deux systèmes de valeurs de x et y qui ne surpassent pas les limites trouvées plus haut et vérifient l'une des équations

$$x^2 - Dy^2 = N, \quad x^2 - Dy^2 = -N,$$

les nombres $ab_1 + a_1 b$, $ab_1 - a_1 b$ ne seront pas divisibles par N, tandis que leur produit $(ab_1 + a_1 b)(ab_1 - a_1 b)$ sera un multiple de N.

Pour établir cette propriété, observons d'abord que le produit des deux équations

$$a^2 - Db^2 = \pm N, \quad a_1^2 - Db_1^2 = \pm N,$$

peut être mis sous la forme

$$(aa_1 \pm Dbb_1)^2 - D(ab_1 \pm a_1 b)^2 = N^2.$$

Cela posé, si nous admettons que $ab_1 \pm a_1 b$ pris avec l'un des signes $+$ ou $-$ soit divisible par N, le nombre $aa_1 \pm Dbb_1$ pris avec le même signe devra nécessairement, d'après l'équation précédente, être également divisible par N; on aurait donc, dans cette hypothèse,

$$\left(\frac{aa_1 \pm Dbb_1}{N}\right)^2 - D\left(\frac{ab_1 \pm a_1 b}{N}\right)^2 = 1,$$

$\frac{aa_1 \pm D\,bb_1}{N}$, $\frac{ab_1 \pm a_1 b}{N}$ étant des nombres entiers. Mais, comme nous supposons que α est la plus petite valeur de x, autre que l'unité, satisfaisant à l'équation

$$x^2 - Dy^2 = 1,$$

la formule précédente sera impossible si l'on établit l'inégalité

$$\left(\frac{aa_1 \pm Dbb_1}{N}\right)^2 < \alpha^2.$$

Or nous allons démontrer que ceci a toujours lieu quand on prend pour a et a_1 des nombres qui ne surpassent pas $\sqrt{\frac{(\alpha \pm 1)N}{2}}$, et pour b, b_1 des valeurs non au-dessus de $\sqrt{\frac{(\alpha \mp 1)N}{2D}}$. (Les signes supérieurs se rapportent au cas de $x^2 - Dy^2 = N$, et les signes inférieurs à celui de $x^2 - Dy^2 = -N$). Pour prouver notre assertion, nous remarquerons que, a et a_1 étant compris entre les limites 0 et $\sqrt{\frac{(\alpha \pm 1)N}{2}}$, b et b_1 entre 0 et $\sqrt{\frac{(\alpha \mp 1)N}{2D}}$, la valeur de $\left(\frac{aa_1 \pm D\,bb_1}{N}\right)^2$ ne pourra surpasser celle qu'on trouverait en admettant le signe $+$ dans la formule, et en y supposant de plus

$$a = a_1 = \sqrt{\frac{(\alpha \pm 1)N}{2}}, \quad b = b_1 = \sqrt{\frac{(\alpha \mp 1)N}{2D}}.$$

Or, comme dans cette hypothèse la valeur de $\left(\frac{aa_1 \pm D\,bb_1}{N}\right)^2$ se réduit à α^2, nous en concluons que, dans les limites données plus haut, le *maximum* de $\left(\frac{aa_1 \pm D\,bb_1}{N}\right)^2$ est α^2, et que ce *maximum* n'a lieu que pour $a = a_1$, $b = b_1$. Donc, dans le cas que nous examinons, où a et b sont différents de a_1, b_1, on aura nécessairement

$$\left(\frac{aa_1 \pm Dbb_1}{N}\right)^2 < \alpha^2,$$

ce qu'il s'agissait de démontrer.

Nous venons donc d'établir qu'aucun des deux nombres $ab_1 + a_1 b$, $ab_1 - a_1 b$ n'est divisible par N. Quant à leur produit

$$(ab_1 + a_1 b)(ab_1 - a_1 b) = a^2 b_1^2 - a_1^2 b^2,$$

il est évidemment divisible par N; en effet, en substituant dans la formule $a^2 b^2_1 - a^2_1 b^2$ les valeurs de a^2, a^2_1, tirées des équations

$$a^2 - Db^2 = \pm N, \quad a_1^2 - Db_1^2 = \pm N,$$

nous trouvons de suite

$$a^2 b_1^2 - a_1^2 b^2 = \pm (b_1^2 - b^2) N.$$

Donc, si a, a_1 b, b_1 sont des valeurs entières de x et de y comprises dans les limites

$$x = 0, \quad x = \sqrt{\frac{(\alpha \pm 1) N}{2}}, \quad y = 0, \quad y = \sqrt{\frac{(\alpha \mp 1) N}{2D}},$$

et qui vérifient l'équation

$$x^2 - Dy^2 = \pm N,$$

on trouvera nécessairement deux diviseurs de N en cherchant les facteurs communs à N et aux nombres $ab_1 + a_1 b$, $ab_1 - a_1 b$. De là nous tirons ce théorème:

Théorème. *Si l'équation*

$$x^2 - Dy^2 = \pm N,$$

dans les limites

$$x = 0, \quad x = \sqrt{\frac{(\alpha \pm 1) N}{2}}, \quad y = 0, \quad y = \sqrt{\frac{(\alpha \pm 1) N}{2D}},$$

peut être vérifiée par deux systèmes différents de valeurs de x et y, le nombre N est composé.

Quant à α, ce nombre a ici la même signification que dans les théorèmes précédents.

IV.

D'après les théorèmes que nous venons de prouver, la représentation du nombre N par la formule $\pm (x^2 - Dy^2)$ nous conduit à reconnaître que N est un nombre composé dans les deux cas suivants:

1°. Si, N étant de la forme des diviseurs linéaires de $x^2 - Dy^2$ susceptibles d'être représentés par la forme $\pm (x^2 - Dy^2)$, on ne trouve pas dans les limites

$$x = 0, \quad x = \sqrt{\frac{(\alpha \pm 1) N}{2}}, \quad y = 0, \quad y = \sqrt{\frac{(\alpha \mp 1) N}{2D}},$$

des valeurs entières de x, y qui rendent l'expression $\pm (x^2 - Dy^2)$ égale à N; car alors, d'après l'un des deux premiers théorèmes, l'équation

$$\pm (x^2 - Dy^2) = N$$

sera impossible, et ceci n'aura lieu que pour N composé;

2°. Si, dans ces limites, on trouve deux représentations différentes du nombre N; d'aprés le dernier théorème, ceci suppose que N est composé.

Donc, le nombre N ne peut être premier que dans le cas où l'équation

$$x^2 - Dy^2 = \pm N,$$

dans les limites

$$x = 0, \quad x = \sqrt{\frac{(\alpha \pm 1)N}{2}}, \quad y = 0, \quad y = \sqrt{\frac{(\alpha \mp 1)N}{2D}},$$

n'a qu'une seule solution dans laquelle évidemment x doit être premier à y et à D. Mais toutes les fois que ceci a lieu, peut-on en conclure que le nombre N soit nécessairement premier?

En examinant sous ce rapport les formes

$$\pm (x^2 - Dy^2),$$

nous remarquons qu'elles se divisent en deux espèces. Les unes, dans les limites énoncées x étant premier à y et à D, ne donnent une seule représentation de N que dans le cas où ce nombre est premier; telles sont, par exemple, les formes

$$\pm (x^2 - 2y^2), \quad \pm (x^2 - 3y^2), \quad \pm (x^2 - 5y^2), \quad \text{etc.}$$

Les autres, au contraire, donnent une seule représentation non-seulement pour des nombres premiers, mais aussi pour plusieurs nombres composés quand on prend les nombres x, y dans les limites

$$x = 0, \quad x = \sqrt{\frac{(\alpha \pm 1)N}{2}}, \quad y = 0, \quad y = \sqrt{\frac{(\alpha \mp 1)N}{2D}},$$

x étant premier à y et à D. Par exemple, en cherchant la représentation du nombre composé 371 par la forme $x^2 - 37y^2$, nous trouvons que les limites de x et de y sont

$$x = 0, \quad x = \sqrt{\frac{(73 + 1).371}{2}}, \quad y = 0, \quad y = \sqrt{\frac{(73 - 1).371}{2.37}};$$

car la solution la plus simple de l'équation

$$x^2 - 37y^2 = 1$$

est la suivante:

$$x = 73, \quad y = 12.$$

Or, dans ces limites, nous observons que l'équation

$$x^2 - 37y^2 = 371$$

ne peut être vérifiée qu'en prenant

$$x = 36, \quad y = 5.$$

Nous ne donnerons pas ici une méthode générale pour distinguer à laquelle des deux espèces appartient une forme donnée $\pm (x^2 - Dy^2)$, comme Euler l'a fait par rapport aux formes $Ax^2 + By^2$; nous nous bornerons quant à présent à assigner plusieurs formes de la première espèce, qu'on reconnaît très-aisément.

V.

Nous avons vu, dans le § II, que si l'équation

$$x^2 - Dy^2 = \pm N$$

est possible, on en trouvera au moins une solution dans les limites

$$x = 0, \quad x = \sqrt{\frac{(\alpha \pm 1) N}{2}}, \quad y = 0, \quad y = \sqrt{\frac{(\alpha \mp 1) N}{2D}}.$$

Nous allons démontrer maintenant que, dans ces limites, l'équation

$$x^2 - Dy^2 = \pm N,$$

étant susceptible d'être vérifiée par

$$x = l, \quad y = m, \quad x = l', \quad y = m',$$

aura au moins deux solutions, si les nombres $lm' + l'm$, $lm' - l'm$ ne sont pas divisibles par N.

Pour parvenir à cette conclusion, nous remarquons d'abord qu'en général, si x, y, X, Y vérifient l'équation

$$x^2 - Dy^2 = \pm N,$$

et que les nombres $xY + yX$, $xY - yX$ ne soient pas divisibles par N, la même chose aura lieu quand on aura remplacé x, y par les nombres x_1, y_1 tirés des équations

$$(2) \qquad x_1 = \pm(\alpha x - \beta y D), \quad y_1 = \pm(\beta x - \alpha y),$$

dont nous nous sommes servi dans le § II. En effet, nous avons prouvé dans ce paragraphe que les valeurs de x_1, y_1, déterminées par les formules (2), vérifieront l'equation

$$x_1^2 - Dy_1^2 = \pm N,$$

et comme

$$X^2 - DY^2 = \pm N,$$

nous trouverons

$$(x_1^2 - Dy_1^2)(X^2 - DY^2) = N^2,$$

ou bien, ce qui revient au même,

$$(x_1 X \pm Dy_1 Y)^2 - D(x_1 Y \pm y_1 X)^2 = N^2;$$

il est clair de là que si $x_1 \ Y \pm y_1 \ X$, pris avec l'un des deux signes $\pm$, était divisible par N, le nombre $x_1 \ X \pm Dy_1 \ Y$, pris avec le même signe, serait également divisible par N. Mais cela ne peut avoir lieu; pour le faire voir, observons que $xY + yX$, $xY - yX$, d'après les formules (2), peuvent être mis sous la forme

$$\pm(x_1 Y \mp y_1 X)\,\alpha \pm \beta\,(x_1 X \mp Dy_1 Y).$$

Or, si les nombres $x_1 \ Y \pm y_1 \ X$, $x_1 \ X \pm Dy_1 \ Y$, pris avec l'un des deux signes $\pm$, étaient divisibles par N, il s'ensuivrait aussi qu'un des nombres $xY + yX$, $xY - yX$ serait également divisible par N, ce qui n'est pas. Donc aussi les nombres $x_1 \ Y + y_1 \ X$, $x_1 \ Y - y_1 \ X$ ne pourront pas être divisibles par N.

D'après cela, nous concluons que si les nombres $lm' + l'm$, $lm' - l'm$ ne sont pas divisibles par N, et que $x = a$, $y = b$ soit une solution de l'équation

$$x^2 - Dy^2 = \pm N$$

dans les limites

$$x = 0, \quad x = \sqrt{\frac{(\alpha \pm 1)N}{2}}, \quad y = 0, \quad y = \sqrt{\frac{(\alpha \mp 1)N}{2D}},$$

qu'on trouve, d'après le § II, en partant de $x = l$, $y = m$, et en passant successivement d'une solution à une autre à l'aide des équations (2), les nombres $am' + bl'$, $am' - bl'$ ne seront non plus divisibles par N. De la même manière nous conclurons que si a_1, b_1 est une solution de l'équation

$$x^2 - Dy^2 = \pm N,$$

dans les limites

$$x = 0, \quad x = \sqrt{\frac{(\alpha \pm 1) N}{2}}, \quad y = 0, \quad y = \sqrt{\frac{(\alpha \mp 1) N}{2D}},$$

qu'on trouvera en partant de $x = l'$, $y = m'$, on ne rendra pas les nombres $am' + bl'$, $am' - bl'$ divisibles par N, en remplaçant l', m' par a_1, b_1. Mais ceci suppose évidemment que les nombres a_1, b_1 ne sont pas respectivement égaux aux nombres a, b; car, autrement, $am' - bl'$, se réduisant à

$$ab - ba = 0,$$

deviendrait divisible par N. Donc, dans les limites

$$x = 0, \quad x = \sqrt{\frac{(\alpha \pm 1) N}{2}}, \quad y = 0, \quad y = \sqrt{\frac{(\alpha \mp 1) N}{2D}},$$

on trouvera nécessairement deux solutions de l'equation

$$x^2 - Dy^2 = \pm N,$$

si elle est susceptible d'être vérifiée par deux systèmes de valeurs

$$x = l, \quad y = m, \quad x = l', \quad y = m',$$

et que les nombres $lm' + l'm$, $lm' - l'm$ ne soient pas divisibles par N.

VI.

D'après ce que nous venons de prouver, nous allons montrer que toutes les formes $\pm (x^2 - Dy^2)$, dont tous les diviseurs quadratiques ont la forme $\lambda x^2 - \mu y^2$, peuvent servir pour examiner si un nombre donné est premier ou non.

Théorème. *Soient $x^2 - Dy^2$ une forme dont tous les diviseurs quadratiques ont la forme $\lambda x^2 - \mu y^2$, N un nombre premier par rapport à D et ayant la forme des diviseurs linéaires contenus dans une seule forme quadratique $\pm (x^2 - Dy^2)$. Le nombre N sera premier si l'on trouve, dans les limites*

$$x = 0, \quad x = \sqrt{\frac{(\alpha \pm 1) N}{2}}, \quad y = 0, \quad y = \sqrt{\frac{(\alpha \mp 1) N}{2D}},$$

une seule représentation du nombre N par la forme $\pm(x^2 - Dy^2)$, *et que, dans cette représentation,* x *et* y *n'aient point de facteur commun,* α *étant la plus petite valeur de* x *supérieure à l'unité parmi les solutions de l'équation*

$$x^2 - Dy^2 = 1.$$

Dans tous les autres cas le nombre N sera composé.

Démonstration. Pour établir le théorème énoncé, nous allons faire voir que lorsque N est un nombre composé, l'un des trois cas suivants aura nécessairement lieu:

1°. On ne trouvera pas de représentation du nombre N par la forme $\pm(x^2 - Dy^2)$ dans les limites

$$x = 0, \quad x = \sqrt{\frac{(\alpha \pm 1)N}{2}}, \quad y = 0, \quad y = \sqrt{\frac{(\alpha \mp 1)N}{2D}}.$$

2°. On trouvera dans ces limites une représentation de N pour laquelle x, y ne seront pas premiers entre eux;

3°. On trouvera dans ces limites plusieurs représentations du nombre N.

Si parmi les facteurs du nombre N on trouve des nombres qui ne soient pas diviseurs de $x^2 - Dy^2$, l'équation

$$x^2 - Dy^2 = \pm N$$

ne sera pas possible, à moins que ces facteurs ne divisent x^2 et y^2. Donc, dans ce cas, ou bien la représentation du nombre N par la forme $\pm(x^2 - Dy^2)$ sera impossible, ou bien dans la représentation du nombre N les nombres x et y ne seront pas premiers entre eux.

En passant au cas où tous les facteurs de N sont diviseurs de $x^2 - Dy^2$, supposons que

$$N = N_1 . N_2.$$

Tous les diviseurs quadratiques de $x^2 - Dy^2$ ayant, par supposition, la forme $\lambda x^2 - \mu y^2$, nous concluons que les nombres N_1, N_2 pourront être représentés ainsi:

$$N_1 = \lambda_1 x_1^2 - \mu_1 y_1^2, \quad N_2 = \lambda_2 x_2^2 - \mu_2 y_2^2, \tag{3}$$

et comme leur produit N a la forme $\pm(x^2 - Dy^2)$, on trouvera

$$\lambda_2 = \lambda_1, \quad \mu_2 = \mu_1$$

dans le cas de

$$N = x^2 - Dy^2,$$

et

$$\lambda_2 = -\lambda_1, \quad \mu_2 = -\mu_1$$

dans le cas de

$$N = -(x^2 - Dy^2).$$

Donc

$$N_1 N_2 = \pm (\lambda_1 x_1^2 - \mu_1 y_1^2)(\lambda_1 x_2^2 - \mu_1 y_2^2),$$

on bien, ce qui revient au même,

$$N_1 N_2 = \pm \left[(\lambda_1 x_1 x_2 \pm \mu_1 y_1 y_2)^2 - \lambda_1 \mu_1 (x_1 y_2 \pm y_1 x_2)^2\right].$$

D'après cette équation et en remarquant que

$$N_1 N_2 = N, \quad \lambda_1 \mu_1 = D,$$

nous concluons que l'équation

$$x^2 - Dy^2 = \pm N$$

sera vérifiée par deux systèmes de valeurs de x, y,

$$(4) \qquad \begin{cases} X = \lambda_1 x_1 x_2 + \mu_1 y_1 y_2, & X_1 = \lambda_1 x_1 x_2 - \mu_1 y_1 y_2, \\ Y = x_1 y_2 + y_1 x_2, & Y_1 = x_1 y_2 - y_1 x_2. \end{cases}$$

En cherchant, d'après ces formules, les valeurs de $XY_1 + YX_1$, $XY_1 - YX_1$, nous trouvons

$$\begin{aligned} XY_1 + YX_1 &= (\lambda_1 x_1 x_2 + \mu_1 y_1 y_2)(x_1 y_2 - y_1 x_2) \\ &\quad + (\lambda_1 x_1 x_2 - \mu_1 y_1 y_2)(x_1 y_2 + y_1 x_2) \\ &= 2 x_2 y_2 (\lambda_1 x_1^2 - \mu_1 y_1^2) = 2 x_2 y_2 N_1, \\ XY_1 - YX_1 &= (\lambda_1 x_1 x_2 + \mu_1 y_1 y_2)(x_1 y_2 - y_1 x_2) \\ &\quad - (\lambda_1 x_1 x_2 - \mu_1 y_1 y_2)(x_1 y_2 + y_1 x_2) \\ &= -2 x_1 y_1 (\lambda_1 x_2^2 - \mu_1 y_2^2) = -2 x_1 y_1 N_2. \end{aligned}$$

D'où il est clair que si $x_1\, y_1$ est premier par rapport à N_1, et $x_2\, y_2$ est premier par rapport à N_2, les nombres $XY_1 + YX_1$, $XY_1 - YX_1$ ne seront pas divisibles par

$$N = N_1 N_2,$$

ce qui, d'après le § V, suppose deux solutions de l'équation

$$x^2 - Dy^2 = \pm N,$$

dans les limites

$$x = 0, \quad x = \sqrt{\frac{(\alpha \pm 1) N}{2}}, \quad y = 0, \quad y = \sqrt{\frac{(\alpha \mp 1) N}{2D}}.$$

Quant au cas où $x_1\, y_1$ aurait un commun diviseur avec N_1, ou bien $x_2\, y_2$ avec N_2, il n'est pas difficile de s'assurer que les solutions (4) de l'équation

$$x^2 - Dy^2 = \pm N$$

ainsi que toutes les autres qu'on en pourrait tirer à l'aide des formules (2), contiendront des valeurs de x, y divisibles par un même nombre.

C'est ainsi que nous nous convainquons que, dans les suppositions énoncées plus haut, on ne trouvera jamais un nombre composé N qui puisse avoir, dans les limites

$$x = 0, \quad x = \sqrt{\frac{(\alpha \pm 1) N}{2}}, \quad y = 0, \quad y = \sqrt{\frac{(\alpha \mp 1) N}{2D}},$$

une seule représentation par la forme $\pm (x^2 - Dy^2)$, pour des nombres x, y premiers entre eux. Donc ceci ne peut avoir lieu que pour N premier; dans le cas contraire, d'après ce que nous avons vu dans le § V, on conclura que N est composé.

VII.

C'est de cette manière qu'on pourra reconnaître la nature d'un nombre donné d'après sa représentation par la forme quadratique $x^2 - Dy^2$ ou $-(x^2 - Dy^2)$ si tous les diviseurs quadratiques de $x^2 - Dy^2$ ont la forme $\lambda x^2 - \mu y^2$. Nous allons maintenant présenter une Table de ces formes les plus simples, avec les limites de x, y, déterminées par les formules

$$x = \sqrt{\frac{(\alpha \pm 1) N}{2}}, \quad y = \sqrt{\frac{(\alpha \mp 1) N}{2D}},$$

ainsi que des formes linéaires des nombres qui peuvent être examinés au moyen de ces formes.

Formes quadratiques de N.	Limites de x, y.		Formes linéaires de N.
$x^2 - 2y^2$	$x = \sqrt{2N}$,	$y = \sqrt{\frac{N}{2}}$	$N = 8n + 1, 7$
$-(x^2 - 2y^2)$	$x = \sqrt{N}$,	$y = \sqrt{N}$	
$x^2 - 3y^2$	$x = \sqrt{\frac{3}{2}N}$,	$y = \sqrt{\frac{N}{6}}$	$N = 12n + 1$
$-(x^2 - 3y^2)$	$x = \sqrt{\frac{1}{2}N}$,	$y = \sqrt{\frac{1}{2}N}$	$N = 12n + 11$
$x^2 - 5y^2$	$x = \sqrt{5N}$,	$y = \sqrt{\frac{4}{5}N}$	$N = 20n + 1, 9, 11, 19$
$-(x^2 - 5y^2)$	$x = \sqrt{4N}$,	$y = \sqrt{N}$	
$x^2 - 6y^2$	$x = \sqrt{3N}$,	$y = \sqrt{\frac{N}{3}}$	$N = 24n + 1, 19$
$-(x^2 - 6y^2)$	$x = \sqrt{2N}$,	$y = \sqrt{\frac{1}{2}N}$	$N = 24n + 5, 23$
$x^2 - 7y^2$	$x = \sqrt{\frac{9}{2}N}$,	$y = \sqrt{\frac{1}{2}N}$	$N = 28n + 1, 9, 25$
$-(x^2 - 7y^2)$	$x = \sqrt{\frac{7}{2}N}$,	$y = \sqrt{\frac{9}{14}N}$	$N = 28n + 3, 19, 27$
$x^2 - 10y^2$	$x = \sqrt{10N}$,	$y = \sqrt{\frac{9}{10}N}$	$N = 40n + 1, 9, 31, 39$
$-(x^2 - 10y^2)$	$x = \sqrt{9N}$,	$y = \sqrt{N}$	
$x^2 - 11y^2$	$x = \sqrt{\frac{11}{2}N}$,	$y = \sqrt{\frac{9}{22}N}$	$N = 44n + 1, 5, 9, 25, 37$
$-(x^2 - 11y^2)$	$x = \sqrt{\frac{9}{2}N}$,	$y = \sqrt{\frac{1}{2}N}$	$N = 44n + 7, 19, 35, 39, 43$
$x^2 - 13y^2$	$x = \sqrt{325N}$,	$y = \sqrt{\frac{324}{13}N}$	$N = 52n + \begin{cases} 1, 3, 9, 17, 23, 25, 27, 29, \\ 35, 43, 49, 51 \end{cases}$
$-(x^2 - 13y^2)$	$x = \sqrt{324N}$,	$y = \sqrt{25N}$	
$x^2 - 14y^2$	$x = \sqrt{8N}$,	$y = \sqrt{\frac{1}{2}N}$	$N = 56n + 1, 9, 11, 25, 43, 51$
$-(x^2 - 14y^2)$	$x = \sqrt{7N}$,	$y = \sqrt{\frac{4}{7}N}$	$N = 56n + 5, 13, 31, 45, 47, 55$
$x^2 - 15y^2$	$x = \sqrt{\frac{5}{2}N}$,	$y = \sqrt{\frac{1}{10}N}$	$N = 60n + 1, 49$
$-(x^2 - 15y^2)$	$x = \sqrt{\frac{3}{2}N}$,	$y = \sqrt{\frac{1}{6}N}$	$N = 60n + 11, 59$

Formes quadratiques de N.	Limites de x, y.	Formes linéaires de N.
$x^2 - 17y^2$	$x = \sqrt{17N}$, $y = \sqrt{\frac{16}{17}N}$	$N = 68n + \begin{cases} 1, 9, 13, 15, 19, 21, 25, \\ 33, 35, 43, 47, 49, 53, 55, \\ 59, 67 \end{cases}$ (both forms)
$-(x^2 - 17y^2)$	$x = \sqrt{16N}$, $y = \sqrt{N}$	
$x^2 - 19y^2$	$x = \sqrt{\frac{171}{2}N}$, $y = \sqrt{\frac{169}{38}N}$	$N = 76n + \begin{cases} 1, 5, 9, 17, 25, 45, 49, 61, \\ 73 \end{cases}$
$-(x^2 - 19y^2)$	$x = \sqrt{\frac{169}{2}N}$, $y = \sqrt{\frac{171}{38}N}$	$N = 76n + \begin{cases} 3, 15, 27, 31, 51, 59, 67, \\ 71, 75 \end{cases}$
$x^2 - 21y^2$	$x = \sqrt{28N}$, $y = \sqrt{\frac{9}{7}N}$	$N = 84n +$ 1, 25, 37, 43, 67, 79
$-(x^2 - 21y^2)$	$x = \sqrt{27N}$, $y = \sqrt{\frac{4}{3}N}$	$N = 84n +$ 5, 17, 41, 47, 59, 83
$x^2 - 22y^2$	$x = \sqrt{99N}$, $y = \sqrt{\frac{49}{11}N}$	$N = 88n + \begin{cases} 1, 3, 9, 25, 27, 49, 59, 67, \\ 75, 81 \end{cases}$
$-(x^2 - 22y^2)$	$x = \sqrt{98N}$, $y = \sqrt{\frac{9}{2}N}$	$N = 88n + \begin{cases} 7, 13, 21, 29, 39, 61, 63, \\ 79, 85, 87 \end{cases}$
$x^2 - 23y^2$	$x = \sqrt{\frac{25}{2}N}$, $y = \sqrt{\frac{1}{2}N}$	$N = 92n + \begin{cases} 1, 9, 13, 25, 29, 41, 49, 73, \\ 77, 81, 85 \end{cases}$
$-(x^2 - 23y^2)$	$x = \sqrt{\frac{23}{2}N}$, $y = \sqrt{\frac{25}{46}N}$	$N = 92n + \begin{cases} 7, 11, 15, 19, 43, 51, 63, \\ 67, 79, 83, 91 \end{cases}$
$x^2 - 26y^2$	$x = \sqrt{26N}$, $y = \sqrt{\frac{25}{26}N}$	$N = 104n + \begin{cases} 1, 9, 17, 23, 25, 49, 55, \\ 79, 81, 87, 95, 103 \end{cases}$
$-(x^2 - 26y^2)$	$x = \sqrt{25N}$, $y = \sqrt{N}$	$N = 104n + \begin{cases} 5, 11, 19, 21, 37, 45, 59, \\ 67, 83, 85, 93, 99 \end{cases}$
$x^2 - 29y^2$	$x = \sqrt{4901N}$, $y = \sqrt{\frac{4900}{29}N}$	$N = 116n + \begin{cases} 1, 5, 7, 9, 13, 23, 25, 33, \\ 35, 45, 49, 51, 53, 57, 59, \\ 63, 65, 67, 71, 81, 83, 91, \\ 93, 103, 107, 109, 111, \\ 115 \end{cases}$ (both forms)
$-(x^2 - 29y^2)$	$x = \sqrt{4900N}$, $y = \sqrt{\frac{1}{169}N}$	
$x^2 - 30y^2$	$x = \sqrt{6N}$, $y = \sqrt{\frac{1}{6}N}$	$N = 120n +$ 1, 19, 49, 91
$-(x^2 - 30y^2)$	$x = \sqrt{5N}$, $y = \sqrt{\frac{1}{5}N}$	$N = 120n +$ 29, 71, 101, 119
$x^2 - 31y^2$	$x = \sqrt{\frac{1521}{2}N}$, $y = \sqrt{\frac{1519}{62}N}$	$N = 124n + \begin{cases} 1, 5, 9, 25, 33, 41, 45, 49, \\ 69, 81, 97, 101, 109, 113, \\ 121 \end{cases}$
$-(x^2 - 31y^2)$	$x = \sqrt{\frac{1519}{2}N}$, $y = \sqrt{\frac{49}{2}N}$	$N = 124n + \begin{cases} 3, 11, 15, 23, 27, 43, 55, \\ 75, 79, 83, 91, 99, 115, \\ 119, 123 \end{cases}$
$x^2 - 33y^2$	$x = \sqrt{12N}$, $y = \sqrt{\frac{1}{3}N}$	$N = 132n + \begin{cases} 1, 25, 31, 37, 49, 67, 91, \\ 97, 103, 115 \end{cases}$
$-(x^2 - 33y^2)$	$x = \sqrt{11N}$, $y = \sqrt{\frac{4}{11}N}$	$N = 132n + \begin{cases} 17, 29, 35, 41, 65, 83, 95, \\ 101, 107, 131 \end{cases}$

VIII.

D'après ce que nous venons de trouver, on voit qu'il y a plusieurs formes à déterminants positifs dont on peut se servir pour examiner si un nombre donné est premier ou non. Quant aux limites de x, y, dans lesquelles on doit chercher la représentation du nombre examiné par la forme $\pm(x^2 - Dy^2)$, elles ne sont pas toujours plus étendues que celles qu'on trouve par rapport à la forme $x^2 + Dy^2$. Ainsi, on voit d'après la Table précédente, qu'en cherchant la représentation du nombre N par la forme $3y^2 - x^2$, on ne doit pas aller au delà de $y = \sqrt{\frac{N}{2}}$, et, comme y ne peut pas être évidemment plus petit que $\sqrt{\frac{N}{3}}$, on cherchera la valeur de y entre les limites $\sqrt{\frac{N}{3}}$, $\sqrt{\frac{N}{2}}$. De la même manière nous apercevons que, pour trouver la représentation du nombre N par la forme $x^2 - 3y^2$, on cherchera x entre les limites $\sqrt{N}$, $\sqrt{\frac{3}{2}N}$; pour la forme $x^2 - 2y^2$, ces limites sont $\sqrt{N}$, $\sqrt{2N}$, etc.

Nous allons maintenant montrer par un exemple qu'à l'aide de la forme $\pm(x^2 - Dy^2)$, convenablement choisie, il n'est pas difficile d'examiner si un nombre donné est premier ou non, même quand ce nombre est considérable. Nous choisissons le nombre 8520191; Legendre (*voyez* sa *Théorie des Nombres*, tome II, page 150), en cherchant deux nombres A et B, tels que chacun d'eux soit égal à la somme des diviseurs de l'autre, celui-ci non compris, a trouvé que

$$A = 2^8.8520191, \quad B = 2^8.257.33023$$

vérifieront cette condition si le nombre 8520191 est premier. Mais jusqu'à présent on ne sait si ce nombre est premier ou non.

En remarquant que le nombre 8520191 est de la forme $12n + 11$, et que tous les nombres premiers de cette forme peuvent être représentés par $3y^2 - x^2$, nous allons chercher la représentation de 8520191 par la forme $3y^2 - x^2$. D'après le procédé exposé plus haut, nous allons chercher la valeur de y entre les limites

$$\sqrt{\frac{8520191}{3}}, \quad \sqrt{\frac{8520191}{2}},$$

c'est-à-dire entre les limites

$$1685, \quad 2065.$$

Pour que la forme $3y^2 - x^2$ représente un nombre impair, on prendra x impair et y pair, ou bien x pair et y impair. En faisant, dans le premier cas,

$$x = 2n + 1, \quad y = 2n_1,$$

nous trouvons que $3y^2 - x^2$ se réduit à

$$12 n_1^2 - 8 \frac{n(n+1)}{2} - 1,$$

ce qui ne peut être égal à 8520191, qui est de la forme $8m - 1$, si n_1 est impair. Donc

$$n_1 = 2l,$$

et, par conséquent, on aura, dans le premier cas,

$$y = 4l.$$

En passant au cas de x pair et y impair faisons

$$x = 2n, \quad y = 2n_1 + 1.$$

Pour ces valeurs de x, y la forme $3y^2 - x^2$ devient

$$3 + 24 \frac{n_1(n_1+1)}{2} - 4n^2,$$

et, en égalant cette quantité à 8520191, nous trouvons l'équation

$$3 + 24 \frac{n_1(n_1+1)}{2} - 4n^2 = 8520191.$$

Or, comme cette équation se réduit à

$$6 \frac{n_1(n_1+1)}{2} - n^2 = 2130047,$$

nous en concluons que n est impair.

Faisant donc

$$n = 2m + 1,$$

l'équation précédente devient

$$6 \frac{n_1(n_1+1)}{2} - 8 \frac{m(m+1)}{2} - 1 = 2130047,$$

et, par conséquent,

$$3 \frac{n_1(n_1+1)}{2} - 4 \frac{m(m+1)}{2} = 1065024,$$

ce qui suppose la divisibilité du nombre $\frac{n_1(n_1+1)}{2}$ par 4. Mais, pour que $\frac{n_1(n_1+1)}{2}$ soit divisible par 4, un des deux nombres n_1, n_1+1 doit être multiple de 8. Donc on aura

$$\text{ou} \quad n_1 = 8l' \quad \text{ou} \quad n_1 = 8l'' - 1.$$

En prenant la première valeur de n_1, nous trouvons

$$y = 16l' + 1,$$

et la seconde donne

$$y = 16l'' - 1.$$

Ainsi y ne peut être que de l'une de ces formes:

$$y = 4l, \quad y = 16l' + 1, \quad y = 16l'' - 1.$$

De même, il n'est pas difficile de trouver les nombres auxquels y peut être congru suivant différents modules, et ensuite, au moyen de ces nombres, de trouver toutes les formes possibles de l, l', l''. Ainsi nous trouvons que pour

$$N = 5m + 1 = 7m' + 1 = 11m'' + 9 = 13m''' + 4 = 17m^{\text{IV}} + 12,$$

ce qui est justement le cas de

$$N = 8520191,$$

l'équation

$$3y^2 - x^2 = N$$

suppose

$$y \equiv 0, \ \pm 2 \pmod{5},$$
$$y \equiv \pm 1, \ \pm 2 \pmod{7},$$
$$y \equiv \pm 1, \ \pm 2, \ \pm 5 \pmod{11},$$
$$y \equiv 0, \ \pm 1, \ \pm 3, \ \pm 6 \pmod{13},$$
$$y \equiv \pm 1, \ \pm 2, \ \pm 3, \ \pm 4, \ \pm 7 \pmod{17}.$$

De là il est facile de conclure que les nombres l, l', l'', liés à y par les équations

$$y = 4l, \quad y = 16l' + 1, \quad y = 16l'' - 1$$

doivent avoir les formes:

$l = 5n + 0, 2, 3$	$l' = 5n + 1, 2, 4$	$l'' = 5n + 1, 3, 4$
$l = 7n + 2, 3, 4, 5$	$l' = 7n + 0, 2, 4, 6$	$l'' = 7n + 0, 1, 3, 5$
$l = 11n + 3, 4, 5, 6, 7, 8$	$l' = 11n + 0, 1, 3, 4, 6, 9$	$l'' = 11n + 0, 2, 5, 7, 8, 10$
$l = 13n + \begin{cases} 0, 3, 4, 5, 8, 9, \\ 10 \end{cases}$	$l' = 13n + \begin{cases} 0, 2, 3, 4, 5, 6, \\ 8 \end{cases}$	$l'' = 13n + \begin{cases} 0, 5, 7, 8, 9. 10, \\ 11 \end{cases}$
$l = 17n + \begin{cases} 1, 4, 5, 6, 8, 9, 11, \\ 12, 13, 16 \end{cases}$	$l' = 17n + \begin{cases} 0, 2, 3, 4, 5, 8, \\ 11, 14, 15, 16 \end{cases}$	$l'' = 17n + \begin{cases} 0, 1, 2, 3, 6, 9, \\ 12, 13, 14, 15 \end{cases}$

D'après ces formes de l, l', l'', il est très-facile de trouver toutes les solutions de l'équation

$$3y^2 - x^2 = 8520191$$

dans les limites

$$y > 1685, \quad y < 2065.$$

Dans les cas de

$$y = 4l,$$

nous trouvons que l doit être compris dans les limites 421 et 516. Si l'on prend, dans ces limites, tous les nombres de la forme

$$13n + 0,\ 3,\ 4,\ 5,\ 8,\ 9,\ 10,$$

et qu'on rejette, d'après l'équation

$$l = 5n + 0,\ 2,\ 3,$$

tous les nombres dont le dernier chiffre est 1, 4, 6, 9, on ne trouvera que ces trente nombres:

425,	442,	455,	468,	485,	503,
432,	445,	458,	472,	490,	507,
433,	447,	460,	473,	497,	510,
437,	450,	463,	477,	498,	512,
438,	452,	465,	478,	502,	515,

D'après l'équation

$$l = 7n + 2,\ 3,\ 4,\ 5$$

on supprimera de cette Table tous les nombres qui, divisés par 7, donnent des restes égaux à 0, 1, 6, et l'on n'aura alors qu'à examiner dix-sept nombres parmi lesquels on reconnaîtra très-aisément ceux qui, divisés par 11, ne donnent pas les restes 3, 4, 5, 6, 7, 8; tous ces nombres, d'aprés l'équation

$$l = 11n + 3,\ 4,\ 5,\ 6,\ 7,\ 8,$$

doivent aussi être rejetés; alors il ne restera que les huit nombres suivants:

425.	437,	458,	478,
432,	445,	465,	502.

De plus, divisant ces nombres par 17, nous n'en trouverons que quatre:

$$437, \quad 458, \quad 465, \quad 502,$$

qui s'accordent avec les formes

$$l = 17n + 1, \; 4, \; 5, \; 6, \; 8, \; 9, \; 11, \; 12, \; 13, \; 16;$$

d'ailleurs, comme ces nombres conduisent à des valeurs de y qui ne vérifient pas l'équation

$$3y^2 - x^2 = 8520191,$$

nous en concluons que, dans les limites énoncées plus haut, cette équation n'a point de solution pour laquelle y serait de la forme $4l$.

En passant au cas de

$$y = 16l' + 1,$$

nous trouvons que les limites de l' sont 105 et 129 , et que, dans ces limites, les nombres de la forme

$$13n + 0, \; 2, \; 3, \; 4, \; 5, \; 6, \; 8,$$

qui, s'accordant avec les suivantes:

$$l' = 5n + 1, \; 2, \; 4,$$

se terminent par 1, 2, 4, 6, 7, 9, sont

$$\begin{matrix} 106, & 109, & 117, & 121, \\ 107, & 112, & 119, & 122. \end{matrix}$$

En rejetant de là, d'après l'équation

$$l' = 7n + 0, \; 2, \; 4, \; 6,$$

tous les nombres qui, divisés par 7, donnent des restes différents de 0, 2, 4, 6, et, de plus, tous les nombres qui n'ont pas l'une des formes

$$11n + 0, \; 1, \; 3, \; 4, \; 6, \; 9,$$

il ne reste que les deux suivants:

$$119, \quad 121.$$

En cherchant, d'après ces valeurs de l', celles de

$$y = 16\,l' + 1,$$

en substituant ces valeurs dans l'équation

$$3\,y^2 - x^2 = 8520191,$$

nous trouvons que la seconde donne

$$y = 1937,$$

qui vérifie l'équation

$$3\,y^2 - x^2 = 8520191,$$

en prenant

$$x = 1654.$$

Quant au dernier cas, c'est-à-dire celui de

$$y = 16\,l'' - 1,$$

nous trouvons 105 et 129 pour limites de l''; dans ces limites, d'après les équations

$$l'' = 13\,n + 0,\ 5,\ 7,\ 8,\ 9,\ 10,\ 11,$$
$$l'' = 5\,n + 1,\ 3,\ 4,$$

nous aurons les nombres suivants:

$$109,\quad 113,\quad 124,\quad 128,$$
$$111,\quad 114,\quad 126,$$

dont il ne restera qu'un seul,

$$126,$$

quand on aura rejeté tous les nombres qui ne s'accordent pas avec les formes

$$l'' = 7\,n + 0,\ 1,\ 3,\ 5,\quad l'' = 11\,n + 0,\ 2,\ 5,\ 7,\ 8,\ 10,$$

et comme le nombre 126 est de la forme

$$17\,n + 7,$$

et, par conséquent, ne s'accorde pas avec les formes

$$l'' = 17\,n + 0,\ 1,\ 2,\ 3,\ 6,\ 9,\ 12,\ 13,\ 14,\ 15,$$

nous concluons que ce nombre doit aussi être supprimé.

Ainsi nous ne trouvons qu'une seule représentation du nombre 8520191 par la forme $3\,y^2 - x^2$, en prenant y non supérieur à $\sqrt{\frac{8520191}{2}}$, et comme, dans cette représentation, les valeurs de x et y, nommément 1654 et 1937, n'ont point de commun diviseur, nous en concluons avec certitude que 8520191 est un nombre premier.

La méthode qui nous a servi à l'examen du nombre 8520191 à l'aide de la forme $3\,y^2 - x^2$ peut être étendue à tous les nombres, en faisant usage de certaines formes quadratiques. Ces recherches, comme on a pu le remarquer d'après l'exemple précédent, pourraient devenir très expéditives, même pour des nombres considérables, si l'on avait des Tables des solutions de la congruence

$$Ax^2 \pm By^2 \equiv C \pmod{p},$$

pour les valeurs les plus simples de p, telles que

$$p = 3,\ 5,\ 7,\ 11,\ 13,\ 17,\ 19,\ 23,\ 29.$$

Ces Tables seraient peu nombreuses si l'on se servait des formes à déterminants négatifs et en même temps de celles à déterminants positifs, car alors on n'aurait pas besoin de recourir à plusieurs formes différentes. Ainsi, par exemple, on pourra examiner tous les nombres au moyen de ces trois formes

$$x^2 + y^2, \quad x^2 + 2\,y^2, \quad x^2 - 2\,y^2.$$

La première servira pour examiner tous les nombres de la forme

$$8\,n + 1,\ 5;$$

la seconde pourra être employée dans le cas du nombre

$$8\,n + 3;$$

et enfin la dernière pour ceux qui ont la forme

$$8\,n + 7.$$

On verrait de la même manière que tous les cas possibles pourraient également être traités au moyen de ces trois formes

$$x^2 + y^2, \quad x^2 + 3\,y^2, \quad 3\,y^2 - x^2.$$

7.

NOTE

SUR

DIFFÉRENTES SÉRIES.

(Journal de mathématiques pures et appliquées. I série, T. XVI, 1851, p. 337—346.)

Note sur différentes séries.

On parvient à des formules très-intéressantes, comme, par exemple au développement de e^{-x} en produit d'une infinité de facteurs, à l'expression de sin x et cos x par des séries dont le calcul ne demande que la multiplication de x par différentes constantes, et encore à plusieurs autres relations curieuses, en cherchant la valeur de $f(1)$, $f(x)$ étant une fonction liée à une autre $F(x)$ par une équation de l'une de ces trois formes:

$$F(x) = f(x) + f(2x) + f(3x) + f(4x) + f(5x) + f(6x) + \dots$$

$$F(x) = f(x) + f(3x) + f(5x) + f(7x) + f(9x) + f(11x) + \dots$$

$$F(x) = f(x) - f(3x) + f(5x) - f(7x) + f(9x) - f(11x) + \dots$$

Pour y parvenir, nous allons chercher quelle est la loi des séries qui déterminent la valeur de $f(1)$ dans ces trois cas.

Commençons par le premier où $f(x)$ et $F(x)$ sont liées par l'équation

$$(1) \quad F(x) = f(x) + f(2x) + f(3x) + f(4x) + f(5x) + f(6x) + \dots$$

Il est évident qu'en vertu de cette équation, la valeur cherchée de $f(1)$ sera exprimée par une série de la forme suivante:

$$(2) \quad f(1) = A_1 F(1) + A_2 F(2) + A_3 F(3) + \dots + A_m F(m) + \dots$$

où A_1, A_2, $A_3 \dots$, A_m sont des coefficients numériques indépendants des fonctions $f(x)$ et $F(x)$. Pour trouver ces coefficients, supposons

$$f(x) = \frac{1}{x^r},$$

r étant une quantité quelconque supérieure à 1. Pour cette forme particulière de $f(x)$, la fonction $F(x)$, d'après l'équation (1), sera déterminée par l'équation

$$F(x)=\frac{1}{x^r}+\frac{1}{(2x)^r}+\frac{1}{(3x)^r}+\frac{1}{(4x)^r}+\frac{1}{(5x)^r}+\frac{1}{(6x)^r}+\ldots,$$

ou bien, ce qui revient au même,

$$F(x)=\frac{1}{x^r}\cdot\frac{1}{1-\frac{1}{2^r}}\cdot\frac{1}{1-\frac{1}{3^r}}\cdot\frac{1}{1-\frac{1}{5^r}}\cdot\frac{1}{1-\frac{1}{7^r}}\cdots$$

Or, comme cette expression de $F(x)$, conjointement avec

$$f(x)=\frac{1}{x^r},$$

doit vérifier l'équation (2), nous concluons que

$$1=\frac{1}{1-\frac{1}{2^r}}\cdot\frac{1}{1-\frac{1}{3^r}}\cdot\frac{1}{1-\frac{1}{5^r}}\cdot\frac{1}{1-\frac{1}{7^r}}\cdots\left(A_1+\frac{A_2}{2^r}+\frac{A_3}{3^r}+\ldots+\frac{A_m}{m^r}+\ldots\right),$$

et, par conséquent,

$$A_1+\frac{A_2}{2^r}+\frac{A_3}{3^r}+\ldots+\frac{A_m}{m^r}+\ldots=\left(1-\frac{1}{2^r}\right)\left(1-\frac{1}{3^r}\right)\left(1-\frac{1}{5^r}\right)\left(1-\frac{1}{7^r}\right)\ldots$$

D'après cette équation, et en remarquant que les coefficients A_1, A_2, $A_3, \ldots, A_m, \ldots$ sont indépendants de r, on conclut qu'en général A_m est égal au coefficient de $\frac{1}{m^r}$ dans le développement du produit

$$\left(1-\frac{1}{2^r}\right)\left(1-\frac{1}{3^r}\right)\left(1-\frac{1}{5^r}\right)\left(1-\frac{1}{7^r}\right)\ldots$$

Or, en examinant ce produit on s'aperçoit de suite qu'il n'y entre point de termes de la forme $\frac{1}{m^r}$ toutes les fois que m est divisible par un carré; donc, pour de telles valeurs de m, le coefficients A_m sera égal à zéro. Quant aux autres valeurs de m, le coefficient A_m se réduit à 1 lorsque m a un nombre pair de diviseurs premiers, et il est égal à -1 quand le nombre des diviseurs premiers de m est impair. Ainsi nous trouvons la loi de la série (2) qui donne la valeur de $f(1)$ déterminée par l'équation

$$F(x)=f(x)+f(2x)+f(3x)+f(4x)+f(5x)+f(6x)+\ldots$$

De la même manière nous trouverons que, la fonction $f(x)$ étant déterminée par l'équation

$$F(x) = f(x) + f(3x) + f(5x) + f(7x) + f(9x) + f(11x) + \ldots,$$

la valeur de $f(1)$ sera égale à

$$B_1 F(1) + B_2 F(2) + B_3 F(3) + B_4 F(4) + \ldots + B_m F(m) + \ldots,$$

où $B_1, B_2, B_3, B_4, \ldots, B_m$ sont les coefficients de $1, \frac{1}{2^r}, \frac{1}{3^r}, \frac{1}{4^r}, \ldots, \frac{1}{m^r}$, dans le développement du produit

$$\left(1 - \frac{1}{3^r}\right)\left(1 - \frac{1}{5^r}\right)\left(1 - \frac{1}{7^r}\right)\left(1 - \frac{1}{11^r}\right)\ldots$$

Nous concluons de là que

$$B_m = 0$$

quand m est divisible par 2 ou par un carré, et que

$$B_m = +1 \quad \text{ou} \quad -1,$$

suivant que le nombre des diviseurs premiers de m sera pair ou impair.

En passant au cas de

$$F(x) = f(x) - f(3x) + f(5x) - f(7x) + f(9x) - f(11x) + \ldots,$$

nous trouvons

$$f(1) = C_1 F(1) + C_2 F(2) + C_3 F(3) + C_4 F(4) + \ldots + C_m F(m) + \ldots,$$

où $C_1, C_2, C_3, C_4, \ldots, C_m$ sont égaux aux coefficients de $1, \frac{1}{2^r}, \frac{1}{3^r}, \frac{1}{4^r}, \ldots, \frac{1}{m^r}$ dans le développement du produit

$$\left(1 + \frac{1}{3^r}\right)\left(1 - \frac{1}{5^r}\right)\left(1 + \frac{1}{7^r}\right)\left(1 + \frac{1}{11^r}\right)\ldots$$

Donc,

$$C_m = 0$$

dans le cas où m est pair ou divisible par un carré;

$$C_m = 1$$

si m a un nombre pair de diviseurs premiers de la forme $4n + 1$, et enfin

$$C_m = -1$$

si le nombre de ces diviseurs est impair.

D'après ce qui vient d'être établi, il est visible que pour chaque formule connue de l'une de ces trois formes:

$$F(x) = f(x) + f(2x) + f(3x) + f(4x) + f(5x) + f(6x) + \ldots,$$
$$F(x) = f(x) + f(3x) + f(5x) + f(7x) + f(9x) + f(11x) + \ldots,$$
$$F(x) = f(x) - f(3x) + f(5x) - f(7x) + f(9x) - f(11x) + \ldots,$$

on aura une formule nouvelle.

Ainsi, de la formule connue

$$\frac{1}{a^x - 1} = a^{-x} + a^{-2x} + a^{-3x} + a^{-4x} + a^{-5x} + a^{-6x} + \ldots$$

nous tirons

$$a^{-1} = \frac{1}{a-1} - \frac{1}{a^2-1} - \frac{1}{a^3-1} - \frac{1}{a^5-1} + \frac{1}{a^6-1} - \ldots$$

Le développement de $\log(1 - a^x)$ nous donne une formule qui peut être mise sous cette forme:

$$\frac{\log(1-a^x)}{x} = -\frac{a^x}{x} - \frac{a^{2x}}{2x} - \frac{a^{3x}}{3x} - \frac{a^{4x}}{4x} - \frac{a^{5x}}{5x} - \frac{a^{6x}}{6x} - \ldots;$$

d'où nous tirons, en cherchant la valeur de $-\frac{a^x}{x}$ pour $x = 1$,

$$-a = \frac{\log(1-a)}{1} - \frac{\log(1-a^2)}{2} - \frac{\log(1-a^3)}{3} - \frac{\log(1-a^5)}{5}$$
$$+ \frac{\log(1-a^6)}{6} - \frac{\log(1-a^7)}{7} + \frac{\log(1-a^{10})}{10} - \ldots$$

et, par conséquent,

$$e^{-a} = \frac{(1-a)(1-a^6)^{\frac{1}{6}}(1-a^{10})^{\frac{1}{10}}\ldots}{(1-a^2)^{\frac{1}{2}}(1-a^3)^{\frac{1}{3}}(1-a^5)^{\frac{1}{5}}\ldots}.$$

En partant de la formule connue

$$\text{arc tang}\, a^x = a^x - \frac{a^{3x}}{3} + \frac{a^{5x}}{5} - \frac{a^{7x}}{7} + \ldots,$$

qui donne

$$\frac{\text{arc tang}\, a^x}{x} = \frac{a^x}{x} - \frac{a^{3x}}{3x} + \frac{a^{5x}}{5x} - \frac{a^{7x}}{7x} + \ldots,$$

nous trouvons

$$a = \text{arc tang } a + \frac{1}{3}\text{arc tang } a^3 - \frac{1}{5}\text{arc tang } a^5 + \frac{1}{7}\text{arc tang } a^7 + \dots.$$

Le développement de $\cos\frac{a}{x}$ en produit de facteurs donne

$$\cos\frac{a}{x} = \left(1 - \frac{4a^2}{\pi^2 x^2}\right)\left(1 - \frac{4a^2}{3^2\pi^2 x^2}\right)\left(1 - \frac{4a^2}{5^2\pi^2 x^2}\right)\dots,$$

d'où l'on conclut

$$\log\left(\cos\frac{a}{x}\right) = \log\left(1 - \frac{4a^2}{\pi^2 x^2}\right) + \log\left(1 - \frac{4a^2}{3^2\pi^2 x^2}\right)$$
$$+ \log\left(1 - \frac{4a^2}{5^2\pi^2 x^2}\right) + \log\left(1 - \frac{4a^2}{7^2\pi^2 x^2}\right)\dots,$$

et, d'après cette équation, nous trouvons

$$\log\left(1 - \frac{4a^2}{\pi^2}\right) = \log(\cos a) - \log\left(\cos\frac{a}{3}\right) - \log\left(\cos\frac{a}{5}\right)$$
$$- \log\left(\cos\frac{a}{7}\right) - \log\left(\cos\frac{a}{11}\right) - \log\left(\cos\frac{a}{13}\right)$$
$$+ \log\left(\cos\frac{a}{15}\right) - \log\left(\cos\frac{a}{17}\right) - \log\left(\cos\frac{a}{19}\right)$$
$$+ \log\left(\cos\frac{a}{21}\right) - \dots,$$

ou, ce qui revient au même,

$$\frac{\pi^2 - 4a^2}{\pi^2} = \frac{\cos a . \cos\frac{a}{15} . \cos\frac{a}{21}\dots}{\cos\frac{a}{3} . \cos\frac{a}{5} . \cos\frac{a}{7}\dots}.$$

Voyons maintenant ce qu'on peut tirer de la valeur connue de la série

$$\frac{\cos 2\pi\lambda x}{1^2} + \frac{\cos 2.3\pi\lambda x}{3^2} + \frac{\cos 2.5\pi\lambda x}{5^2} + \frac{\cos 2.7\pi\lambda x}{7^2} + \dots$$

Pour

$$\lambda x = m \pm \omega,$$

où m est un entier, ω une quantité positive qui ne surpasse pas $\frac{1}{2}$, nous trouvons cette série égale à

$$\frac{\pi^2}{8}(1 - 4\omega),$$

expression que nous pouvons mettre sous la forme

$$\frac{\pi^2}{8}(1-4\{\lambda x\}),$$

en dénotant par le signe $\{\lambda x\}$ la plus petite quantité qu'il faut ajouter à λx ou retrancher de λx pour avoir un nombre entier. On aura donc

$$\frac{\cos 2\pi\lambda x}{1^2}+\frac{\cos 2.3\pi\lambda x}{3^2}+\frac{\cos 2.5\pi\lambda x}{5^2}+\frac{\cos 2.7\pi\lambda x}{7^2}+\ldots=\frac{\pi^2}{8}(1-4\{\lambda x\}).$$

En faisant dans cette formule $x=0$, nous trouvons

$$1+\frac{1}{3^2}+\frac{1}{5^2}+\frac{1}{7^2}+\ldots=\frac{\pi^2}{8}.$$

Cette équation, combinée avec la précédente, donne

$$\left.\begin{array}{l}\frac{2}{\pi^2}\frac{1-\cos 2\pi\lambda x}{x^2}+\frac{2}{\pi^2}\frac{1-\cos 2.3\pi\lambda x}{(3x)^2}+\\ \frac{2}{\pi^2}\frac{1-\cos 2.5\pi\lambda x}{(5x)^2}+\frac{2}{\pi^1}\frac{1-\cos 2.7\pi\lambda x}{(7x)^2}+\ldots\end{array}\right\}=\frac{1}{x^2}\{\lambda x\}.$$

En cherchant, d'après cette formule, la valeur de $\frac{2}{\pi^2}\frac{1-\cos 2\pi\lambda x}{x^2}$ pour $x=1$, nous trouvons

$$\frac{2}{\pi^2}(1-\cos 2\pi\lambda)=\frac{\{\lambda\}}{1^2}-\frac{\{3\lambda\}}{3^2}-\frac{\{5\lambda\}}{5^2}-\frac{\{7\lambda\}}{7^2}-\frac{\{11\lambda\}}{11^2}$$
$$-\frac{\{13\lambda\}}{13^2}+\frac{\{15\lambda\}}{15^2}-\ldots,$$

et, par consequent,

$$\cos 2\pi\lambda=1-\frac{\pi^2}{2}\left\{\begin{array}{l}\frac{\{\lambda\}}{1^2}-\frac{\{3\lambda\}}{3^2}-\frac{\{5\lambda\}}{5^2}-\frac{\{7\lambda\}}{7^2}-\frac{\{11\lambda\}}{11^2}\\ \quad-\frac{\{13\lambda\}}{13^2}+\frac{\{15\lambda\}}{15^2}-\ldots\end{array}\right\}$$

Voilà une expression de $\cos 2\pi\lambda$ dont le calcul ne demande que la multiplication de λ par 1, 3, 5, 7, 11, 13, 15,... Nous trouverons une expression pareille pour $\sin 2\pi\lambda$, en remplaçant dans la formule précédente λ par $\lambda-\frac{1}{4}$, ce qui donnera la série

$$\sin 2\pi\lambda=1-\frac{\pi^2}{2}\left\{\begin{array}{l}\frac{\left\{\lambda-\frac{1}{4}\right\}}{1^2}-\frac{\left\{3\lambda-\frac{3}{4}\right\}}{3^2}-\frac{\left\{5\lambda-\frac{5}{4}\right\}}{5^2}-\frac{\left\{7\lambda-\frac{7}{4}\right\}}{7^2}\\ \quad-\frac{\left\{11\lambda-\frac{11}{4}\right\}}{11^2}-\frac{\left\{13\lambda-\frac{13}{4}\right\}}{13^2}+\frac{\left\{15\lambda-\frac{15}{4}\right\}}{15^2}-\ldots\end{array}\right\},$$

qui, par la propriété de la notation $\{\quad\}$, se réduira à

$$\sin 2\pi\lambda = 1 - \frac{\pi^2}{2}\left\{\begin{array}{l} \frac{\left\{\lambda - \frac{1}{4}\right\}}{1^2} - \frac{\left\{3\lambda + \frac{1}{4}\right\}}{3^2} - \frac{\left\{5\lambda - \frac{1}{4}\right\}}{5^2} - \frac{\left\{7\lambda + \frac{1}{4}\right\}}{7^2} \\ - \frac{\left\{11\lambda + \frac{1}{4}\right\}}{11^2} - \frac{\left\{13\lambda - \frac{1}{4}\right\}}{13^2} + \ldots \end{array}\right\}.$$

La même méthode nous conduira aussi aux valeurs des séries:

$$\frac{1}{3} - \frac{1}{5} + \frac{1}{7} + \frac{1}{11} - \frac{1}{13} - \frac{1}{17} + \frac{1}{19} + \frac{1}{23} - \frac{1}{29} + \ldots,$$

$$\frac{1}{3^2} + \frac{1}{5^2} + \frac{1}{7^2} + \frac{1}{11^2} + \frac{1}{13^2} + \frac{1}{17^2} + \frac{1}{19^2} + \frac{1}{23^2} + \frac{1}{29^2} + \ldots$$

$$\frac{1}{3^3} - \frac{1}{5^3} + \frac{1}{7^3} + \frac{1}{11^3} - \frac{1}{13^3} - \frac{1}{17^3} + \frac{1}{19^3} + \frac{1}{23^3} - \frac{1}{29^3} + \ldots.$$

. . . .

. . . .

d'après celles des séries suivantes:

$$1 - \frac{1}{3} + \frac{1}{5} - \frac{1}{7} + \frac{1}{9} - \frac{1}{11} + \frac{1}{13} - \frac{1}{15} + \ldots,$$

$$1 + \frac{1}{3^2} + \frac{1}{5^2} + \frac{1}{7^2} + \frac{1}{9^2} + \frac{1}{11^2} + \frac{1}{13^2} + \frac{1}{15^2} + \ldots,$$

$$1 - \frac{1}{3^3} + \frac{1}{5^3} - \frac{1}{7^3} + \frac{1}{9^3} - \frac{1}{11^3} + \frac{1}{13^3} - \frac{1}{15^3} + \ldots,$$

. . . .

. . . .

Pour y parvenir, nous remarquons que le produit

$$\frac{1}{1 - \frac{(-1)^m}{3^m}} \cdot \frac{1}{1 - \frac{1}{5^m}} \cdot \frac{1}{1 - \frac{(-1)^m}{7^m}} \cdot \frac{1}{1 - \frac{(-1)^m}{11^m}} \cdot \frac{1}{1 - \frac{1}{13^m}} \cdots$$

se réduit à cette série-ci:

$$1 + \frac{(-1)^m}{3^m} + \frac{1}{5^m} + \frac{(-1)^m}{7^m} + \frac{1}{9^m} + \frac{(-1)^m}{11^m} + \frac{1}{13^m} + \frac{(-1)^m}{15^m} + \ldots,$$

et, par conséquent,

$$\log\left[1+\frac{(-1)^m}{3^m}+\frac{1}{5^m}+\frac{(-1)^m}{7^m}+\frac{1}{9^m}+\frac{(-1)^m}{11^m}+\frac{1}{13^m}+\frac{(-1)^m}{15^m}+\ldots\right]$$

$$=-\log\left(1-\frac{(-1)^m}{3^m}\right)-\log\left(1-\frac{1}{5^m}\right)-\log\left(1-\frac{(-1)^m}{7^m}\right)$$

$$-\log\left(1-\frac{(-1)^m}{11^m}\right)-\log\left(1-\frac{1}{13^m}\right)-\ldots$$

$$=\frac{(-1)^m}{3^m}+\frac{1}{2}\frac{(-1)^{2m}}{3^{2m}}+\frac{1}{3}\frac{(-1)^{3m}}{3^{3m}}+\frac{1}{4}\frac{(-1)^{4m}}{3^{4m}}+\frac{1}{5}\frac{(-1)^{5m}}{3^{5m}}+\ldots$$

$$+\frac{1}{5^m}+\frac{1}{2}\frac{1}{5^{2m}}+\frac{1}{3}\frac{1}{5^{3m}}+\frac{1}{4}\frac{1}{5^{4m}}+\frac{1}{5}\frac{1}{5^{5m}}+\ldots$$

$$+\frac{(-1)^m}{7^m}+\frac{1}{2}\frac{(-1)^{2m}}{7^{2m}}+\frac{1}{3}\frac{(-1)^{3m}}{7^{3m}}+\frac{1}{4}\frac{(-1)^{4m}}{7^{4m}}+\frac{1}{5}\frac{(-1)^{5m}}{7^{5m}}+\ldots$$

$$+\frac{(-1)^m}{11^m}+\frac{1}{2}\frac{(-1)^{2m}}{11^{2m}}+\frac{1}{3}\frac{(-1)^{3m}}{11^{3m}}+\frac{1}{4}\frac{(-1)^{4m}}{11^{4m}}+\frac{1}{5}\frac{(-1)^{5m}}{11^{5m}}+\ldots$$

$$+\frac{1}{13^m}+\frac{1}{2}\frac{1}{13^{2m}}+\frac{1}{3}\frac{1}{13^{3m}}+\frac{1}{4}\frac{1}{13^{4m}}+\frac{1}{5}\frac{1}{13^{5m}}+\ldots$$

. . . .

. . . .

De là nous tirons la formule

$$\log S_m=\Sigma_m+\frac{1}{2}\Sigma_{2m}+\frac{1}{3}\Sigma_{3m}+\frac{1}{4}\Sigma_{4m}+\frac{1}{5}\Sigma_{5m}+\ldots,$$

en dénotant la somme

(3) $$1+\frac{(-1)^m}{3^m}+\frac{1}{5^m}+\frac{(-1)^m}{7^m}+\frac{1}{9^m}+\frac{(-1)^m}{11^m}+\frac{1}{13^m}+\frac{(-1)^m}{15^m}+\ldots$$

par S_m, et les sommes de la forme

(4) $$\frac{(-1)^n}{3^n}+\frac{1}{5^n}+\frac{(-1)^n}{7^n}+\frac{(-1)^n}{11^n}+\frac{1}{13^n}+\ldots,$$

en général, par Σ_n. En changeant dans l'équation précédente m en mx et divisant ensuite tous ses termes par x, nous aurons

$$\frac{1}{x}\log S_{mx}=\frac{1}{x}\Sigma_{mx}+\frac{1}{2x}\Sigma_{2mx}+\frac{1}{3x}\Sigma_{3mx}+\frac{1}{4x}\Sigma_{4mx}+\frac{1}{5x}\Sigma_{5mx}+\ldots,$$

d'où nous tirons, pour la valeur de Σ_m,

$$\Sigma_m=\log S_m-\frac{1}{2}\log S_{2m}-\frac{1}{3}\log S_{3m}-\frac{1}{5}\log S_{5m}$$
$$+\frac{1}{6}\log S_{6m}-\frac{1}{7}\log S_{7m}-\ldots$$

Ainsi nous parvenons à déterminer la valeur de la série Σ_m de la forme (4), composée seulement de nombres premiers, au moyen des valeurs des séries S_m, S_{2m}, S_{3m}, S_{5m}, S_{6m}, S_{7m}, ... de la forme (3), composées de tous les nombres impairs. Dans le cas particulier de

$$m = 1, \ 2, \ 3,$$

la formule que nous venons de trouver donnera

$$\Sigma_1 = \log S_1 - \frac{1}{2}\log S_2 - \frac{1}{3}\log S_3 - \frac{1}{5}\log S_5 + \frac{1}{6}\log S_6 - \frac{1}{7}\log S_7 + \ldots,$$

$$\Sigma_2 = \log S_2 - \frac{1}{2}\log S_4 - \frac{1}{3}\log S_6 - \frac{1}{5}\log S_{10} + \frac{1}{6}\log S_{12} - \frac{1}{7}\log S_{14} + \ldots,$$

$$\Sigma_3 = \log S_3 - \frac{1}{2}\log S_6 - \frac{1}{3}\log S_9 - \frac{1}{5}\log S_{15} + \frac{1}{6}\log S_{18} - \frac{1}{7}\log S_{21} + \ldots.$$

Mais on sait que

$$S_1 = 1 - \frac{1}{3} + \frac{1}{5} - \frac{1}{7} + \frac{1}{9} - \frac{1}{11} + \frac{1}{13} - \frac{1}{15} + \ldots = \frac{\pi}{4},$$

$$S_2 = 1 + \frac{1}{3^2} + \frac{1}{5^2} + \frac{1}{7^2} + \frac{1}{9^2} + \frac{1}{11^2} + \frac{1}{13^2} + \frac{1}{15^2} + \ldots = \frac{\pi^2}{8}.$$

$$S_3 = 1 - \frac{1}{3^3} + \frac{1}{5^3} - \frac{1}{7^3} + \frac{1}{9^3} - \frac{1}{11^3} + \frac{1}{13^3} - \frac{1}{15^3} + \ldots = \frac{\pi^3}{32},$$

$$S_4 = 1 + \frac{1}{3^4} + \frac{1}{5^4} + \frac{1}{7^4} + \frac{1}{9^4} + \frac{1}{11^4} + \frac{1}{13^4} + \frac{1}{15^4} + \ldots = \frac{\pi^4}{96},$$

$$S_5 = 1 - \frac{1}{3^5} + \frac{1}{5^5} - \frac{1}{7^5} + \frac{1}{9^5} - \frac{1}{11^5} + \frac{1}{13^5} - \frac{1}{15^5} + \ldots = \frac{5\pi^5}{1536},$$

$$S_6 = 1 + \frac{1}{3^6} + \frac{1}{5^6} + \frac{1}{7^6} + \frac{1}{9^6} + \frac{1}{11^6} + \frac{1}{13^6} + \frac{1}{15^6} + \ldots = \frac{\pi^6}{960},$$

$$S_7 = 1 - \frac{1}{3^7} + \frac{1}{5^7} - \frac{1}{7^7} + \frac{1}{9^7} - \frac{1}{11^7} + \frac{1}{13^7} - \frac{1}{15^7} + \ldots = \frac{61\pi^7}{184320},$$

$$S_9 = 1 - \frac{1}{3^9} + \frac{1}{5^9} - \frac{1}{7^9} + \frac{1}{9^9} - \frac{1}{11^9} + \frac{1}{13^9} - \frac{1}{15^9} + \ldots = \frac{277\pi^9}{8257536},$$

$$S_{10} = 1 + \frac{1}{3^{10}} + \frac{1}{5^{10}} + \frac{1}{7^{10}} + \frac{1}{9^{10}} + \frac{1}{11^{10}} + \frac{1}{13^{10}} + \frac{1}{15^{10}} + \ldots = \frac{31\pi^{10}}{2903040}.$$

Donc, d'après les formules précédentes, nous aurons

$$\Sigma_1 = \log\frac{\pi}{4} - \frac{1}{2}\log\frac{\pi^2}{8} - \frac{1}{3}\log\frac{\pi^3}{32} - \frac{1}{5}\log\frac{5\pi^5}{1536} + \frac{1}{6}\log\frac{\pi^6}{960} - \frac{1}{7}\log\frac{61\pi^7}{184320}$$
$$+ \frac{1}{10}\log\frac{31\pi^{10}}{2903040} - \ldots,$$

$$\Sigma_2 = \log\frac{\pi^2}{8} - \frac{1}{2}\log\frac{\pi^4}{96} - \frac{1}{3}\log\frac{\pi^6}{960} - \frac{1}{5}\log\frac{31\pi^{10}}{2903040} - \ldots,$$

$$\Sigma_3 = \log\frac{\pi^3}{32} - \frac{1}{2}\log\frac{\pi^6}{960} - \frac{1}{3}\log\frac{277\pi^9}{8257536} - \ldots,$$

ce qui donne

$$\Sigma_1 = -\frac{1}{3} + \frac{1}{5} - \frac{1}{7} - \frac{1}{11} + \frac{1}{13} + \frac{1}{17} - \frac{1}{19} + \ldots = -0,33498\ldots,$$

$$\Sigma_2 = \frac{1}{3^2} + \frac{1}{5^2} + \frac{1}{7^2} + \frac{1}{11^2} + \frac{1}{13^2} + \frac{1}{17^2} + \frac{1}{19^2} + \ldots = 0,20224\ldots,$$

$$\Sigma_4 = -\frac{1}{3^3} + \frac{1}{5^3} - \frac{1}{7^3} - \frac{1}{11^3} + \frac{1}{13^3} + \frac{1}{17^3} + \frac{1}{19^3} + \ldots = -0,03225\ldots.$$

8.

THÉORIE DES MÉCANISMES

CONNUS

SOUS LE NOM DE PARALLÉLOGRAMMES.

(Mémoires présentés à l'Académie Impériale des sciences de St.-Pétersbourg par divers savants, VII, 1854, p. 539—568.)

(Lu le 28 janvier 1853.)

Théorie des mécanismes connus sous le nom de parallélogrammes.

§ 1. Quand il s'agit d'assurer la direction du mouvement rectiligne d'une pièce soumise à un effort oblique, il ne suffit pas de rendre les inégalités des guides peu sensibles à la mesure; les déviations, qui ne sont pas appréciables à l'oeil nu, se manifestent clairement par les résistances passives qui en résultent. En guidant la tige du piston de la machine à vapeur à l'aide de coulisses ou glissoires, on prend un soin particulier de les exécuter avec une perfection aussi grande que possible. En remplaçant ces guides par le parallélogramme, on est de même obligé à augmenter le plus possible la précision de son jeu, et cela d'autant plus, que même dans les circonstances les plus favorables il présente des déviations bien plus grandes que celles qu'on ne saurait jamais admettre dans le mouvement de la tige guidée par les coulisses ou glissoires. Les efforts latéraux qui résultent du défaut du jeu du parallélogramme se manifestent souvent même par la formation d'une certaine ellipticité dans la boîte à étoupes.

Or, dans l'état actuel de la Mécanique pratique, on n'a pas de règles sûres pour trouver les éléments les plus avantageux du parallélogramme. Faute d'une méthode directe, on détermine ses éléments d'après les conditions qu'on croit être nécessaires pour la précision du jeu de ce mécanisme. Ainsi l'on trouve la longueur de la tige-guide et le lieu de son axe d'oscillation, en cherchant à rendre la direction de la tige du piston tout-à-fait verticale au commencement, au milieu et à la fin de la course. D'après cela, et en supposant données les brides du parallélogramme, tout se réduit à déterminer convenablement la position normale de la tige par rapport au balancier. On trouve cette position, en cherchant à placer la tige de telle manière, que son prolongement passe par le milieu du sinus-verse de l'arc décrit par l'extrémité du balancier. Ici, ainsi que partout dans la suite, nous prenons pour l'extrémité du balancier son point d'attachement à la bielle latérale.

Si l'on trouve qu'il y ait un avantage particulier de donner à la tige du piston la direction tout-à-fait exacte au commencement, au milieu et à la fin de la course, la tige-guide qu'on trouve d'après la méthode dont nous venons de parler, est évidemment la seule qui remplisse cette condition. Mais ce cas, comme nous le verrons, n'est pas le plus favorable pour la précision du jeu du parallélogramme dans les autres points de la course du piston. Quant à la position la plus avantageuse de la tige du piston par rapport au balancier, le principe précédent ne nous la donne pas. D'après la théorie que nous proposons dans ce mémoire, on verra que la tige du piston doit être plus ou moins rapprochée du centre du balancier, selon les dimensions du parallélogramme, et, dans les cas les plus ordinaires, sa direction ne passera pas par le milieu du sinus-verse de l'arc décrit par l'extrémité du balancier. Ainsi, dans le cas où le parallélogramme de Watt est construit sur la demi-longueur du bras du balancier (comme Watt l'a fait lui même, et comme on doit le faire, si l'on est maître de disposer des dimensions du parallélogramme) on diminue notablement la limite de déviation de la tige de sa direction normale, en l'approchant du centre du balancier plus qu'on ne devrait le faire d'après le principe dont nous venons de parler, savoir: 1) si, dans le cas où l'on cherche à rendre la position de la tige tout-à-fait verticale au commencement, au milieu et à la fin de la course, on prenait pour sa direction la ligne qui divise le sinus-verse de l'arc décrit par l'extrémité du balancier dans le rapport de 2 à 1, et 2) dans le cas, où l'on ne cherche pas l'exactitude absolue dans les deux positions extrêmes de la tige, on prenait pour sa direction la ligne qui divise ce sinus-verse dans le rapport de 5 à 3.

Dans le dernier cas, la tige-guide ne sera plus déterminée par les positions limites du balancier; on doit pour cela prendre les positions qui les précèdent à peu près d'un quarantième de l'amplitude de l'oscillation. Quelque petites que soient les modifications dans la construction du parallélogramme de Watt que nous venons de mentionner, et qui ne sont que des résultats approximatifs tirés de nos formules, elles augmentent notablement la précision de son jeu. A l'aide de l'analyse on peut s'assurer facilement qu'avec ces modifications la limite de déviation de la tige par rapport à la ligne verticale diminue plus que de moitié.

Cela nous prouve clairement que le principe qui est la base de la théorie actuelle du parallélogramme est loin de réduire au *minimum* la limite de ses déviations, si nuisibles par les efforts latéraux qui en résultent sur la tige du piston, et par conséquent, que non seulement pour la théorie, mais aussi pour la pratique elle même, il est très important que, dans les recherches sur le parallélogramme, ce principe, qu'on ne cherche à vérifier qu'à l'aide des considérations inexactes, soit remplacé par une méthode directe; ce but atteint, on pourra, d'après la nature de ce mécanisme et sous les conditions qui se présentent dans la pratique, donner les éléments les plus convenables pour la précision de son jeu. C'est cette méthode que nous nous proposons de donner dans ce mémoire; elle embrasse le parallélogramme de Watt et toutes ses variétés qui sont en usage dans la pratique.

§ 2. Lorsqu'on développe une fonction fx suivant les puissances de $x - a$, la somme des premiers termes nous donne un polynome qui, parmi tous les autres du même degré, s'approche le plus près de fx dans le voisinage de $x = a$. On prend ce polynome pour la valeur approchée de fx, quand on la cherche sous la forme d'une fonction entière. Mais pour l'évaluation de fx sous cette forme, on doit préférer un autre polynome à celui-ci, si, au lieu de s'approcher le plus près possible de fx dans le voisinage de $x = a$, on cherche à augmenter la limite de précision de sa valeur approchée dans l'intervalle donné de x: ce second polynome sera déterminé par la condition que la limite de ses écarts de fx, dans l'intervalle donné, soit moindre que celle de tous les autres polynomes du même degré. A mesure que cet intervalle diminue, la seconde valeur approximative de fx s'approche de celle qu'on trouve par le développement de fx suivant les puissances de $x - a$, a étant convenablement choisi. Mais tant que cet intervalle reste fini, les coefficients de ces deux valeurs approximatives de fx diffèrent entre elles, et ces différences, même dans le cas où elles sont petites, ne peuvent être négligées dans la théorie des mécanismes dont nous nous occuperons. Nous avons déjà remarqué combien il était important de déterminer avec une approximation suffisante la position de la tige du piston par rapport au balancier, ou, ce qui revient au même, les angles du parallélogramme dans sa position moyenne. Or, ces angles ne s'écartent que bien peu de $90°$, et ces écarts ne sont que le résultat de la différence entre les coefficients des deux valeurs approximatives de la fonction, dont nous venons de parler; savoir, de la valeur qui donne le *minimum* de l'erreur dans le voisinage d'une valeur de x, et de celle, dont la limite des erreurs, dans l'intervalle donné de x, est un *minimum*. Si on ne tient pas compte de ces différences, on trouve $90°$ pour la valeur des angles du parallélogramme dans sa position moyenne, et l'erreur qu'on commet ainsi, quoique d'un petit nombre de degrés, suffit cependant le plus souvent pour diminuer de plus de dix fois l'exactitude du jeu de ce mécanisme.

D'après ce que nous venons de dire, on voit que la théorie des parallélogrammes que nous nous proposons de donner, est impossible à l'aide des formules approximatives qui ne sont déterminées que d'après la condition de donner le *maximum* d'exactitude dans le voisinage d'une seule valeur de la variable; cette théorie démande des méthodes d'approximation, qui puissent fournir le *maximum* d'exactitude par rapport à toutes les valeurs de la variable entre deux limites données. C'est en cela que consiste la difficulté de cette théorie.

Relativement à la méthode d'approximation, dont nous venons de parler, nous n'avons que des recherches de M. Poncelet, qui a donné des formules linéaires pour l'évaluation de ces trois expressions

$$\sqrt{(x^2+y^2)}, \quad \sqrt{(x^2-y^2)}, \quad \sqrt{(x^2+y^2+z^2)},$$

formules d'un grand usage dans la Mécanique pratique. Dans les problèmes de M. Poncelet, les équations qui déterminent les coefficients cherchés se résolvent facilement. Mais cela n'a lieu que dans des cas très particuliers. A plus forte raison, leur solution exacte est impossible, si l'on cherche la valeur générale de ces coefficients pour l'évaluation d'une fonction quelconque; car alors ces équations, d'une forme très compliquée, contiennent une fonction arbitraire. Donc on ne peut donner des formules générales pour cette méthode d'approximation qu'à l'aide des séries. C'est ainsi que nous avons cherché à résoudre la question suivante:

«Déterminer les modifications qu'on doit apporter dans la valeur appro«chée de fx, donnée par son développement suivant les puissances de $x-a$, «quand on cherche à rendre *minimum* la limite de ses erreurs entre $x=a-h$ «et $x=a+h$, h étant une quantité peu considérable».

La théorie des parallélogrammes que nous proposons ici, est fondée sur la solution de cette question dans le cas, où le développement de fx s'arrête au terme suivi d'un autre plus élevé d'un degré; c'est le cas qu'on rencontre le plus souvent dans l'évaluation des fonctions.

§ 3. Soit fx une fonction donnée, U un polynome du degré n avec des coefficients arbitraires. Si l'on choisit ces coefficients de manière à ce que la différence $fx-U$, depuis $x=a-h$, jusqu'à $x=a+h$, reste dans les limites les plus rapprochées de 0, la différence $fx-U$ jouira, comme on le sait, de cette propriété:

«Parmi les valeurs les plus grandes et les plus petites de la différence «$fx-U$ entre les limites $x=a-h$, $x=a+h$, on trouve au moins $n+2$ «fois la même valeur numérique».

Les valeurs que $fx-U$ prend pour $x=a-h$, $x=a+h$ sont considérées comme *maximum* ou *minimum*.

D'après cela on trouve facilement les équations que les coefficients de

U doivent vérifier. Si nous convenons de dénoter par L la valeur numérique commune des $n+2$ *maxima* ou *minima* de $fx - U$ qui doivent avoir lieu entre les limites $x = a - h$, $x = a + h$, l'équation

$$(1) \qquad (fx - U)^2 - L^2 = 0$$

doit avoir $n+2$ racines comprises entre $a-h$ et $a+h$, et toutes ces racines doivent vérifier l'équation

$$\frac{d\,(fx - U)}{dx} = 0,$$

qui est la condition du *maximum* et du *minimum*, ou bien se réduire aux valeurs $a-h$, $a+h$; en un mot, les $n+2$ racines de l'équation (1), comprises entre $a-h$, $a+h$, doivent vérifier celle-ci

$$(2) \qquad (x - a + h)\,(x - a - h)\,\frac{d\,(fx - U)}{dx} = 0.$$

Cela nous donne un nombre suffisant d'équations pour trouver les $n+1$ coefficients du polynome U et la valeur inconnue L; car chacune des $n+2$ racines communes aux équations (1) et (2) suppose une équation entre les coefficients de U et la quantité L, ce qui fait en total $n+2$ équations. La résolution de ces équations n'est évidemment possible que dans le cas, où l'on donne à la fonction fx une forme déterminée. Mais si la quantité h est assez petite, on peut laisser fx arbitraire et chercher les coefficients de U en séries ordonnées suivant les puissances croissantes de cette quantité. Nous ne chercherons ici ces coefficients que pour les cas qui se présentent dans la théorie des parallélogrammes, mais notre méthode peut être étendue à tous les cas, où $f(a+z)$, dans les limites $z = -h$, $z = +h$, peut être développée d'après la série de Taylor, ce qui sera l'objet d'un autre mémoire.

Pour simplifier nos formules nous dénoterons par

$$k_0,\ k_1,\ k_2, \ldots\ldots$$

les valeurs

$$f(a),\ \frac{f'(a)}{1},\ \frac{f''(a)}{1.2}, \ldots\ldots,$$

et par conséquent le développement de fx par la série de Taylor donnera

$$fx = k_0 + k_1\,(x-a) + k_2\,(x-a)^2 + \ldots\ldots$$

De plus, nous ferons $x - a = hz$, ce qui réduira le développement de fx à la forme

$$k_0 + k_1 hz + k_2 h^2 z^2 + \ldots\ldots,$$

et les limites

$$x = a - h, \quad x = a + h$$

se changeront en celles-ci:

$$z = -1, \quad z = +1.$$

Cela posé, le polynome cherché U sera déterminé par la condition que dans les limites $z = -1$, $z = +1$ la différence

$$(3) \qquad k_0 + k_1 hz + k_2 h^2 z^2 + \ldots - U = Y$$

s'écarte le moins possible de zéro.

Or, si l'on ne tient compte que des quantités de l'ordre moins élévé que h^{n+1}, la valeur de Y devient

$$k_0 + k_1 hz + k_2 h^2 z^2 + \ldots + k_n h^n z^n - U,$$

et son *minimum* est évidemment zéro; car le polynome cherché U étant du degré n, on peut réduire Y à zéro, en prenaut

$$(4) \qquad U = k_0 + k_1 hz + k_2 h^2 z^2 + \ldots + k_n h^n z^n.$$

Donc la valeur de U, exacte jusqu'aux quantités de l'ordre h^{n+1}, sera égale à

$$k_0 + k_1 hz + k_2 h^2 z^2 + \ldots + k_n h^n z^n.$$

Il n'est pas difficile de s'assurer que l'ordre de précision de cette valeur de U sera encore plus élevé, si dans la série

$$k_0 + k_1 hz + k_2 h^2 z^2 + \ldots + k_n h^n z^n + k_{n+1} h^{n+1} z^{n+1} + \ldots,$$

le terme $k_n h^n z^n$ est suivi d'un certain nombre de termes égaux à 0.

En effet, s'il arrive que

$$(5) \qquad k_{n+1} = 0, \; k_{n+2} = 0, \ldots k_{n+m} = 0,$$

la valeur de cette série peut être remplacée par

$$k_0 + k_1 hz + k_2 h^2 z^2 + \ldots + k_n h^n z^n$$

même dans le cas où l'on cherche le polynome U avec une précision poussée jusqu'à l'ordre h^{n+m+1}. Donc en général, la valeur exacte de U sera de cette forme

(6) $$U = U_0 + V h^{m+n+1},$$

où

$$U_0 = k_0 + k_1\, h z + k_2\, h^2 z^2 + \ldots + k_n h^n z^n,$$

V étant un polynome du degré n, dont les coefficients ne deviennent pas infinis pour $h = 0$, et m le nombre des équations (5). Ce nombre ne différera de 0 que dans le cas où $k_{n+1} = 0$, ce qui n'a lieu que pour a égal à une des racines de l'équation $f^{n+1} x = 0$; car nous dénotons par k_{n+1} la valeur de $\frac{f^{n+1}(a)}{1.2...(n+1)}$. Pour que ce nombre soit 2, 3,...etc., il faut que cette racine de l'équation $f^{n+1} x = 0$ soit double, triple, ... etc.

D'après (6) on voit que la valeur exacte de U sera composée de deux parties: U_0 et $V h^{m+n+1}$. La première partie n'est évidemment que la somme des $n + 1$ premiers termes du développement de $f(a + h z)$ suivant les puissances de z; quant à la seconde, elle détermine les changements qu'on doit faire dans les coefficients de cette valeur approchée, lorsque l'on cherche à rendre *minimum* la limite de ses erreurs dans l'intervalle donné de la variable. En passant à la détermination de cette partie de U, nous mettons la somme $U_0 + V h^{m+n+1}$ à la place de U dans la valeur de Y(3); d'après les équations (4) et (5), la valeur de Y devient.

$$(k_{n+m+1}\, z^{n+m+1} + k_{n+m+2}\, h z^{n+m+2} + \ldots - V)\, h^{n+m+1};$$

c'est cette valeur que nous devons chercher à rendre la plus proche possible de zéro entre les limites $z = -1$, $z = +1$.

Si l'on supprime ici le facteur constant h^{n+m+1} et qu'on ne tienne compte que des quantités de l'ordre moins élevé que h, la valeur de V, exacte jusqu'à ce degré, sera déterminée par la condition que V soit celui des polynomes du degré n, pour lequel la différence

$$k_{n+m+1}\, z^{n+m+1} - V$$

s'écarte le moins possible de zéro depuis $z = -1$ jusqu'à $z = +1$.

Or, d'après le § 3, cela se réduit à un système de $2n + 4$ équations de cette forme

$$(k_{n+m+1}\, z^{n+m+1} - V)^2 - L^2 = 0, \quad \frac{d(k_{n+m+1}\, z^{n+m+1} - V)}{dz}\,(z^2 - 1) = 0.$$

La résolution de ces équations à l'aide des méthodes ordinaires de l'Algèbre demande des calculs tout-à-fait impraticables par leur prolixité, tant que n, degré du polynome cherché, n'est pas un petit nombre. Nous allons montrer qu'à l'aide du calcul intégral, on peut remplacer ces équations par d'autres dont le nombre, pour toutes les valeurs de n, ne surpassera pas $2m$, et même trouver leur solution générale dans le cas de $m = 0$ et $m = 1$, chose très importante pour la méthode d'approximation dont nous nous occupons; car, d'après ce que nous avons dit plus haut par rapport au nombre m, il n'aura une valeur considérable que dans des cas exceptionnels, très rares; sa valeur ordinaire est zéro. Ce dernier cas est celui qui se présente dans la théorie des parallélogrammes.

§ 4. En faisant pour abréger

$$y = k_{n+m+1}\, z^{n+m+1} - V, \tag{7}$$

les équations qui déterminent V se présenteront sous cette forme

$$y^2 - L^2 = 0, \quad (z^2 - 1)\frac{dy}{dz} = 0. \tag{8}$$

Ces équations, d'après les conditions du *minimum* que nous cherchons, doivent avoir $n+2$ racines communes, comprises entre $z = -1$ et $z = +1$. Or, y étant un polynome du degré $n+m+1$, cela suppose, comme nous allons le montrer, que la fraction

$$\frac{y^2 - L^2}{\left(\frac{dy}{dz}\right)^2}$$

se réduit à celle-ci:

$$\frac{P(z^2-1)}{Q^2},$$

où P et Q sont des fonctions entières, la première du degré $2m$, la seconde du degré m.

En effet, soient

$$z_1,\ z_2, \ldots\ldots z_n,\ z_{n+1},\ z_{n+2}$$

les $n+2$ racines communes à ces deux équations; parmi ces racines il y en aura au moins n qui, étant différentes de -1 et $+1$, ne pourront vérifier l'équation

$$(z^2 - 1)\frac{dy}{dz} = 0,$$

qu'en réduisant $\frac{dy}{dz}$ à 0. Or, si $z=z_1$ est une de ces racines, la différence $z-z_1$ divisera évidemment $\frac{dy}{dz}$ et y^2-L^2. De plus, il est facile de s'assurer que y^2-L^2 sera divisible par le carré $(z-z_1)^2$; car l'équation $\frac{dy}{dz}=0$, qui a lieu pour $z=z_1$, suppose la multiplicité de cette racine dans l'équation $y^2-L^2=0$. Donc, si

$$z_1,\ z_2,\ \ldots\ldots\ z_n$$

sont les valeurs de z qui vérifient les équations

$$y^2-L^2=0,\ (z^2-1)\frac{dy}{dz}=0,$$

sans réduire z^2-1 a zéro, les fonctions $\left(\frac{dy}{dz}\right)^2$, y^2-L^2 sont divisibles par

$$(z-z_1)^2\,(z-z_2)^2\ \ldots\ldots\ (z-z_n)^2,$$

et par conséquent, la fraction

$$\frac{y^2-L^2}{\left(\frac{dy}{dz}\right)^2}$$

se réduit à $\frac{P_0}{Q^2}$, où P_0 est un polynome du degré $2(n+m+1)-2n=2m+2$, et Q du degré $n+m-n=m$. Il nous reste à montrer, que le polynome P_0 est réductible à la forme $P(z^2-1)$. Pour cela nous remarquons que les équations

$$y^2-L^2=0,\ (z^2-1)\frac{dy}{dz}=0$$

se vérifient encore pas deux valeurs de z, savoir:

$$z=z_{n+1},\ z=z_{n+2}.$$

Si ces valeurs ne réduisent pas $\frac{dy}{dz}$ à zéro, elles sont égales à $+1$ et -1, et par conséquent, y^2-L^2 est divisible par $(z+1)(z-1)=z^2-1$. Mais $\frac{dy}{dz}$ étant différente de zéro pour $z=\pm 1$, cela suppose que dans la fraction $\frac{P_0}{Q^2}$, égale à $\frac{y^2-L^2}{\left(\frac{dy}{dz}\right)^2}$, le numérateur P_0 contient le facteur z^2-1, et par conséquent,

$$P_0=P(z^2-1).$$

On peut réduire à la même forme le numérateur P_0, si une des valeurs z_{n+1}, z_{n+2}, ou toutes les deux, vérifient l'équation $\frac{dy}{dz}=0$. En effet, si $z = z_{n+1}$ rend $\frac{dy}{dz} = 0$, d'après ce que nous avons dit plus haut, le carré $(z - z_{n+1})^2$ sera le diviseur commun des fonctions $y^2 - L^2$, $\left(\frac{dy}{dz}\right)^2$, et par conséquent de celles-ci: P_0, Q^2. Or si l'on supprime ce facteur dans la fraction $\frac{P_0}{Q^2}$, et qu'on y introduise à sa place $z+1$ ou $z-1$, on aura une fraction, dont les deux termes seront du même degré que ceux de $\frac{P_0}{Q^2}$, et le numérateur aura pour facteur $z+1$ ou $z-1$. Cela nous montre qu'on aura, dans tous les cas possibles, cette équation différentielle

$$\frac{y^2 - L^2}{\left(\frac{dy}{dz}\right)^2} = \frac{P(z^2-1)}{Q^2},$$

qui se réduit à la forme

$$\frac{dy}{\sqrt{(y^2 - L^2)}} = \frac{Q\,dz}{\sqrt{(z^2-1)P}},$$

où P et Q sont respectivement des degrés $2m$ et m.

Comme le premier membre de cette équation a pour intégrale

$$\frac{1}{2} \log \frac{y + \sqrt{(y^2 - L^2)}}{y - \sqrt{(y^2 - L^2)}},$$

nous concluons que la différentielle

$$\frac{2\,Q\,dz}{\sqrt{(z^2-1)P}}$$

sera du nombre de celles dont l'intégrale est réductible à un seul terme logarithmique de la forme $\log \frac{p + q\sqrt{R}}{p - p\sqrt{R}}$, où p, à un facteur constant près, sera la valeur de y, et par conséquent, d'après (7), la fonction p doit être du degré $n + m + 1$ et ne pourra contenir de termes avec les puissances z^{n+m}, z^{n+m-1}, ... z^{n+1}. D'après cela la méthode ingénieuse d'Abel pour l'intégration des différentielles de la forme $\frac{\rho\,dx}{\sqrt{R}}$ à l'aide d'un seul terme logarithmique nous donne $2m$ équations entre les coefficients du polynome P, ce qui est suffisant pour le déterminer; car il n'est que du degré $2m$, et un de ses coefficients peut être choisi arbitrairement. Les équations qui déterminent P sont les suivantes: 1) m conditions d'intégrabilité de $\frac{2\,Q}{\sqrt{(z^2-1)P}}\,dz$ par la formule $\log \frac{p + q\sqrt{R}}{p - q\sqrt{R}}$, p étant du degré $n + m + 1$; 2) m équations qu'on trouve en égalant à zéro les coefficients de z^{n+m}, z^{n+m-1}, ... z^{n+1} dans la valeur de p. D'après la méthode d'Abel les conditions d'intégrabilité de $\frac{2Q\,dz}{\sqrt{(z^2-1)P}}$ par la formule $\log \frac{p + q\sqrt{R}}{p - q\sqrt{R}}$, p étant d'un degré déterminé, ainsi que le polynome p sont donnés en fonctions des seuls coefficients de P; donc, pour trouver ces coefficients et la valeur de p, on n'aura qu'à résoudre un système de $2m$ équations avec $2m$ inconnues. La valeur de p qu'on trouve ainsi nous donne le polynome y, à un facteur constant près, qui sera déterminé d'après (7) par la condition que le coefficient de z^{n+m+1} soit égal à k_{n+m+1}.

De cette manière la détermination du polynome y, et par conséquent de V (7), se réduit à la solution de $2m$ équations, tandis que, d'après (8), les coefficients de ces polynomes sont donnés par un système de $2n+4$ équations. D'après les méthodes de l'illustre Jacobi, toutes ces recherches se simplifient notablement, dans certains cas, à l'aide des fonctions elliptiques. L'importance de l'équation différentielle que nous venons de trouver pour déterminer y se manifeste sur le cas de $m=0$, où cette équation s'intègre facilement et nous donne la valeur générale de y pour n quelconque. D'après cette intégrale on trouve aussi la valeur générale de y pour $m=1$.

§ 5. Les fonctions Q et P, dans l'équation différentielle

$$\frac{Q\,dz}{\sqrt{(z^2-1)P}} = \frac{dy}{\sqrt{(y^2-L^2)}},$$

sont, comme nous l'avons vu, respectivement du degré m et $2m$. Donc, si $m=0$, ces fonctions se réduisent à des constantes, et notre équation devient

$$\lambda\,\frac{dz}{\sqrt{(z^2-1)}} = \frac{dy}{\sqrt{(y^2-L^2)}},$$

après quoi l'intégration donne

$$\lambda \log \frac{z+\sqrt{(z^2-1)}}{z-\sqrt{(z^2-1)}} + C = \log \frac{y+\sqrt{(y^2-L^2)}}{y-\sqrt{(y^2-L^2)}},$$

où la constante C est zéro, car pour $z=\pm 1$ on aura $y=\pm L$. Donc

$$\lambda \log \frac{z+\sqrt{(z^2-1)}}{z-\sqrt{(z^2-1)}} = \log \frac{y+\sqrt{(y^2-L^2)}}{y-\sqrt{(y^2-L^2)}},$$

et par conséquent,

$$\frac{y+\sqrt{(y^2-L^2)}}{y-\sqrt{(y^2-L^2)}} = \left(\frac{z+\sqrt{(z^2-1)}}{z-\sqrt{(z^2-1)}}\right)^{\lambda},$$

ce qui donne

$$y = \pm \frac{L}{2}\left[\left(z+\sqrt{(z^2-1)}\right)^{\lambda} + \left(z-\sqrt{(z^2-1)}\right)^{\lambda}\right].$$

Pour déterminer les quantités L et λ, nous remarquons que, d'après (7), m étant zéro, le polynome y doit être du degré $n+1$ et avoir pour premier terme $k_{n+1}\, z^{n+1}$. Mais dans le développement de la valeur trouvée de y le terme affecté de la plus haute puissance de z a cette valeur

$$\pm 2^{\lambda-1} L z^{\lambda},$$

qui ne peut être identique avec $k_{n+1}\, z^{n+1}$ à moins qu'on n'ait

$$(9) \qquad \lambda = n+1, \quad L = \pm \frac{k_{n+1}}{2^{\lambda-1}} = \pm \frac{k_{n+1}}{2^{n}}.$$

D'après cela nous trouvons pour l'expression de y, vérifiant les équations (8), dans le cas de $m = 0$, cette valeur

$$(10) \qquad y = \frac{k_{n+1}}{2^{n+1}} \left[(z + \sqrt{(z^2-1)})^{n+1} + (z - \sqrt{(z^2-1)})^{n+1} \right]$$

et par conséquent, d'après (7),

$$(11) \qquad V = k_{n+1} \left[z^{n+1} - \left(\frac{z + \sqrt{(z^2-1)}}{2} \right)^{n+1} - \left(\frac{z - \sqrt{(z^2-1)}}{2} \right)^{n+1} \right].$$

C'est ainsi que pour $m = 0$, et à l'ordre h près, nous trouvons la forme générale de V qui (§ 3) détermine les différences entre les coefficients de la valeur approchée de fx, trouvée par son développement suivant les puissances de $x - a$, et celle dont la limite des erreurs dans l'intervalle $x = a - h$, $x = a + h$ est *minimum*. Le cas de $m = 0$ est celui où $x = a$ ne vérifie pas l'équation $f^{n+1}(x) = 0$, n étant l'exposant de la plus haute puissance de x dans la valeur approchée de fx qu'on cherche. Dans le cas où $x = a$ est une racine simple de l'équation $f^{n+1} x = 0$, et par conséquent, $m = 1$, on trouve avec la même facilité la fonction V, exacte jusqu'aux termes de l'ordre h. En effet, pour $m = 1$ l'équation (7) nous donne

$$y = k_{n+2}\, z^{n+2} - V,$$

et comme V est du degré n, nous concluons que y, outre le terme $k_{n+2}\, z^{n+2}$, ne contiendra que des puissances de z moins élevées que z^{n+1}; parmi les polynomes de cette forme, y est celui qui s'écarte le moins de zéro dans les limites $z = -1$, $z = +1$. Or, d'après (10), on voit que parmi tous les polynomes, dont le terme affecté de la plus haute puissance de z est $k_{n+2}\, z^{n+2}$, le *minimum* des écarts a lieu pour celui-ci:

$$k_{n+2} \left[\left(\frac{z + \sqrt{(z^2-1)}}{2} \right)^{n+2} + \left(\frac{z - \sqrt{(z^2-1)}}{2} \right)^{n+2} \right],$$

et comme dans ce polynome le coefficient de z^{n+1} est égal à 0, nous concluons que c'est la valeur cherchée de $y = k_{n+2} z^{n+1} - V$. Donc, pour $m = 1$, le polynome V sera déterminé par cette équation

$$V = k_{n+2}\left[z^{n+2} - \left(\frac{z + \sqrt{(z^2-1)}}{2}\right)^{n+2} - \left(\frac{z - \sqrt{(z^2-1)}}{2}\right)^{n+2}\right].$$

Dans le cas où m surpasse 1, la valeur de $y = k_{n+m+1} z^{n+m+1} - V$, et par conséquent V, peut être déterminée, comme nous l'avons vu, par un système de $2m$ équations.

C'est ainsi qu'on trouvera, dans tous les cas possibles, la fonction V exacte jusqu'aux termes de l'ordre h. Pour ce qui regarde une plus grande approximation de la valeur de V, elle ne demande que des opérations élémentaires d'Algèbre, comme nous le ferons voir dans les §§ suivants sur le cas de $m = 0$.

Avant de passer à ces recherches nous nous arrêterons un moment sur la formule (10) pour montrer le parti qu'on peut en tirer par rapport aux propriétés des fonctions entières. Nous avons trouvé cette valeur de y, en cherchant celui des polynomes du degré $n+1$ qui, ayant la forme $k_{n+1} z^{n+1} - V$, s'écartait le moins de zéro dans les limites $z = -1$, $z = +1$. Or, lorsque V est un polynome arbitraire du degré n, la différence $k_{n+1} z^{n+1} - V$ est la forme générale de tous les polynomes du degré $n+1$, où le coefficient de z^{n+1} est égal à k_{n+1}. Donc, parmi tous ces polynomes, celui qui est donné par la formule (10) s'écarte le moins possible de zéro dans les limites $z = -1$, $z = +1$, et comme L, désignant le *maximum* de ses écarts, est égal à $\pm \frac{k_{n+1}}{2^n}$ (9), nous concluons que tous les autres polynomes de cette forme, depuis $z = -1$ jusqu'à $z = +1$, présentent des écarts plus considérables, et par conséquent, leurs valeurs, comme celle de (10), ne peuvent être comprises dans des limites plus étroites que celles-ci:

$$M - \frac{k_{n+1}}{2^n}, \quad M + \frac{k_{n+1}}{2^n};$$

d'où, en remplaçant z par $\dfrac{x - \frac{b+a}{2}}{\frac{b-a}{2}}$, k_{n+1} par $A\left(\frac{b-a}{2}\right)^{n+1}$, $n+1$ par l, nous déduisons le théorème:

Théorème.

Le coefficient de la plus haute puissance de x d'une fonction entière *du degré l étant A, cette fonction, depuis $x=a$ jusqu'à $x=b$, ne pourra être comprise dans les limites plus étroites que celles-ci:*

$$M-2A\left(\frac{b-a}{4}\right)^l,\quad M+2A\left(\frac{b-a}{4}\right)^l \text{ *)}.$$

§ 6. Nous avons vu dans le § 3, que si l'on cherche le polynome du degré n, dont la limite des écarts de $f(x)$ depuis $x=a-h$ jusqu'à $x=a+h$ est *minimum*, et que $f^{(n+1)}(a)$ n'est pas zéro, on trouve ce polynome égal à

$$U+Vh^{n+1},$$

où U est la somme des $n+1$ premiers termes du développement de $f(x)$ suivant les puissances de $x-a$, et V un polynome du degré n, déterminé par cette condition: pour $x-a=hz$, V devient un polynome qui, dans les limites $z=-1$, $z=+1$, s'écarte de $k_{n+1}z^{n+1}+k_{n+2}hz^{n+2}+\ldots\ldots$ moins que tous les autres du même degré. Quant aux quantités

$$k_{n+1},\quad k_{n+2},\ldots\ldots$$

elles sont égales respectivement à

$$\frac{f^{(n+1)}(a)}{1.2\ldots(n+1)},\quad \frac{f^{(n+2)}(a)}{1.2\ldots(n+2)},\ldots\ldots$$

Dans les §§ 4 et 5 nous avons cherché la valeur de V exacte jusqu'aux quantités de l'ordre h, et nous l'avons trouvée égale à

$$k_{n+1}\left[z^{n+1}-\left(\frac{z+\sqrt{(z^2-1)}}{2}\right)^{n+1}-\left(\frac{z-\sqrt{(z^2-1)}}{2}\right)^{n+1}\right].$$

Nous allons donner à présent une méthode pour trouver le polynome V avec une précision aussi grande qu'on le voudra.

---

*) Ce théorème nous conduit à plusieurs autres par rapport à la solution des équations, par exemple:

1) Si $f(x)=x^l+Bx^{l-1}+Cx^{l-2}+\ldots\ldots$, on trouvera entre les limites h et $h\pm4\sqrt[l]{\pm\frac{1}{2}f(h)}$ au moins une racine de ces deux équations: $f(x)=0$, $f'(x)=0$. On prendra le radical avec le signe — ou +, selon que $f(h)$ et $f'(h)$ sont de même signe ou de signes contraires.

2) L'équation $(x^l+Bx^{l-1}+Cx^{l-2}+\ldots\ldots+Hx)^2-K^2=0$ a au moins une racine entre les limites $-2\sqrt[l]{\frac{1}{2}K}$, $+2\sqrt[l]{\frac{1}{2}K}$.

3) L'équation $x^{2l+1}+Bx^{2l-1}+Cx^{2l-3}+\ldots+Hx\pm K=0$ a au moins une racine entre les limites $-2\sqrt[2l+1]{\frac{1}{2}K}$, $+2\sqrt[2l+1]{\frac{1}{2}K}$; c'est ainsi qu'entre les limites $-\frac{a}{3}-\frac{2}{3}\sqrt[3]{a^3-\frac{9}{2}ab+\frac{27}{2}c}$, $-\frac{a}{3}+\frac{2}{3}\sqrt[3]{a^3-\frac{9}{2}ab+\frac{27}{2}c}$ se trouvera nécessairement au moins une racine de l'équation cubique $x^3+ax^2+bx+c=0$.

Si l'on fait pour abréger

$$k_{n+1}\left[\left(\frac{z+\sqrt{(z^2-1)}}{2}\right)^{n+1}+\left(\frac{z-\sqrt{(z^2-1)}}{2}\right)^{n+1}\right]=y,$$

la valeur de V, que nous venons de trouver aux quantités de l'ordre h près, peut être mise sous cette forme

$$k_{n+1}\, z^{n+1} - y,$$

et par conséquent, sa valeur exacte sera

$$\bar{V} = k_{n+1}\, z^{n+1} - y + V_0 h, \tag{12}$$

où V_0 est un polynome du degré n dont les coefficients restent finis pour $h = 0$. D'après la propriété du polynome V, on trouvera ces coefficients, en cherchant à rendre *minimum* la limite des valeurs de

$$\begin{aligned} & k_{n+1}\, z^{n+1} + k_{n+2}\, h z^{n+2} + k_{n+3}\, h^2 z^{n+3} + \ldots - V \\ & = k_{n+2}\, h z^{n+2} + k_{n+3}\, h^2 z^{n+3} + \ldots + y - V_0 h \end{aligned}$$

dans l'intervalle $z = -1$, $z = +1$, ce qui suppose, comme nous l'avons vu dans le § 3, que les équations

$$[k_{n+2}\, h z^{n+2} + k_{n+3}\, h^2 z^{n+3} + \ldots + y - V_0 h]^2 - L_1^2 = 0,$$

$$(z^2-1)\,\frac{d\,[k_{n+2}\, h z^{n+2} + k_{n+3}\, h^2 z^{n+3} + \ldots + y - V_0 h]}{dz} = 0$$

ont $n + 2$ racines communes entre les limites $z = -1$, $z = +1$.

Si l'on ne tient compte que des quantités de l'ordre moins élevé que h^2, ces équations deviennent

$$[k_{n+2}\, h z^{n+2} + y - V_0 h]^2 - L_1^2 = 0, \tag{13}$$

$$(z^2-1)\,\frac{d\,[k_{n+2}\, h z^{n+2} + y - V_0 h]}{dz} = 0. \tag{14}$$

De plus, chose très importante pour nous, on peut remplacer la dernière équation, avec le même degré de précision, par celle-ci:

$$(z^2-1)\,\frac{dy}{dz} = 0.$$

En effet, comme cette équation n'a pas de racines multiples (ce qu'on voit d'après la forme de y) on n'influera sur leurs valeurs numériques que de quantités de l'ordre h, si, au premier membre de cette équation, on ajoute le terme

$$h\,(z^2-1)\,\frac{d\,[k_{n+2}\,z^{n+2}-V_0]}{dz},$$

après quoi elle deviendra identique avec l'équation (14). Donc, les racines de cette équation qui ne deviennent pas infinies pour $h=0$, et par conséquent, toutes celles qui restent comprises entre les limites -1 et $+1$ pour h fort petit, sont données par l'égalité

$$(z^2-1)\,\frac{dy}{dz}=0$$

avec une précision allant jusqu'au premier degré de h. Mais si dans les racines de l'équation (14), autres que $z=\pm 1$, on fait une faute de l'ordre h, l'erreur de la valeur de

$$[k_{n+2}\,h\,z^{n+2}+y-V_0\,h]^2-L_1^2,$$

pour ces racines, est de l'ordre h^2 ou plus élevé; car, d'après (14), sa première dérivée, pour ces valeurs de z, est zéro au moins aux quantités de l'ordre h près. Quant aux racines

$$z=-1,\quad z=+1,$$

pour lesquelles cette dérivée peut différer de zéro, elles sont exactes dans l'équation

$$(z^2-1)\,\frac{dy}{dz}=0.$$

Donc, aux quantités de l'ordre h^2 près, la valeur de $V_0\,h$ sera déterminée par la condition que $n+2$ racines de l'équation

$$(z^2-1)\,\frac{dy}{dz}=0$$

vérifient celle-ci:

$$[k_{n+2}\,h\,z^{n+2}+y-V_0\,h]^2-L_1^2=0,$$

qui se réduit à

$$y^2+2\,y\,(k_{n+2}\,z^{n+2}-V_0)\,h-L_1^2=0,$$

si l'on supprime ses termes contenant h^2, et enfin à

$$(y^2-L_1^2)\,y+2\,y^2\,(k_{n+2}\,z^{n+2}-V_0)\,h=0,$$

quand on la multiplie par y. Mais, d'après ce que nous avons trouvé dans le § 5, le polynome y, déterminé par la formule

$$y = k_{n+1}\left[\left(\frac{z + \sqrt{(z^2-1)}}{2}\right)^{n+1} + \left(\frac{z - \sqrt{(z^2-1)}}{2}\right)^{n+1}\right],$$

vérifie l'équation $y^2 - L^2 = 0$ pour toutes les racines de l'équation

$$(z^2 - 1)\frac{dy}{dz} = 0,$$

L étant égal à $\pm \frac{k_{n+1}}{2^n}$; donc, pour ces valeurs de z, on peut dans l'équation précédente remplacer y^2 par L^2, ce qui donne

$$(L^2 - L_1^2)\, y + 2\, L^2\, (k_{n+2}\, z^{n+2} - V_0)\, h = 0.$$

Or, cette équation ne peut être vérifiée par les $n + 2$ racines de l'équation

$$(z^2 - 1)\frac{dy}{dz} = 0$$

que dans le cas où ces deux équations sont identiques entre elles; car elles sont du même degré $n + 2$ (ce qu'on voit en remarquant que y est du degré $n + 1$, V_0 du degré n). Donc, leurs premiers membres sont égaux, à un facteur constant près, et par conséquent,

$$(L^2 - L_1^2)\, y + 2\, L^2\, (k_{n+2}\, z^{n+2} - V_0)\, h - C\,(z^2 - 1)\frac{dy}{dz} = 0,$$

où C est une constante.

Mais comme y est du degré $n + 1$, manquant du terme avec la puissance z^n, et que le degré de V_0 n'est pas supérieur à n, on voit que dans cette formule le coefficient de z^{n+1} ne se réduit à 0 que dans le cas où

$$L^2 - L_1^2 = 0,$$

et par conséquent, L étant égal à $\pm \frac{k_{n+1}}{2^n}$,

(15) $$L_1 = \pm \frac{k_{n+1}}{2^n}.$$

D'après cela, l'équation précédente nous donne

$$V_0 = k_{n+2}\, z^{n+2} - \frac{C}{2h\, L^2}\,(z^2 - 1)\frac{dy}{dz}.$$

Nous trouvons la constante $\frac{C}{2h\,L^2}$, en observant que V_0 ne doit pas contenir de terme avec z^{n+2}. Comme dans la valeur de $(z^2-1)\frac{dy}{dz}$, où

$$y = k_{n+1}\left[\left(\frac{z+\sqrt{(z^2-1)}}{2}\right)^{n+1} + \left(\frac{z-\sqrt{(z^2-1)}}{2}\right)^{n+1}\right],$$

nous trouvons le terme $(n+1)\,k_{n+1}\,z^{n+2}$, cela suppose

$$k_{n+2} - \frac{(n+1)\,Ck_{n+1}}{2h\,L^2} = 0,$$

et par conséquent

$$\frac{C}{2h\,L^2} = \frac{k_{n+2}}{(n+1)\,k_{n+1}}.$$

En mettant cette valeur de $\frac{C}{2h\,L^2}$ dans l'expression trouvée de V_0, nous obtenons

$$V_0 = k_{n+2}\left(z^{n+2} - \frac{z^2-1}{(n+1)\,k_{n+1}}\,\frac{dy}{dz}\right).$$

C'est ainsi que nous trouvons la valeur de V_0, exacte jusqu'au premier degré de h, ce qui, d'après (12), nous donne cette valeur de V, exacte jusqu'à h^2,

$$V = k_{n+1}\,z^{n+1} - y + k_{n+2}\left(z^{n+2} - \frac{z^2-1}{(n+1)\,k_{n+1}}\,\frac{dy}{dz}\right)h \tag{16}$$

où, comme nous l'avons vu, y a cette valeur

$$y = k_{n+1}\left[\left(\frac{z+\sqrt{(z^2-1)}}{2}\right)^{n+1} + \left(\frac{z-\sqrt{(z^2-1)}}{2}\right)^{n+1}\right].$$

§ 7. Sans nous arrêter sur cette approximation de V, nous allons montrer en général comment on trouvera sa valeur exacte jusqu'au degré h^{2l}, quand on a sa valeur aux quantités de l'ordre h^l près.

Si nous dénotons par V_1 cette dernière valeur de V, sa valeur exacte peut être mise sous cette forme

$$V = V_1 + V_2\,h^l,$$

V_2 étant un polynome du degré n, dont les coefficients restent finis pour $h=0$. D'après la propriété de V (§ 5), le polynome inconnu V_2 sera déterminé par la condition que les équations

$$[k_{n+1}\,z^{n+1} + k_{n+2}\,h\,z^{n+2} + k_{n+3}\,h^2\,z^{n+3}\ldots - V_1 - V_2\,h^l]^2 - L_2^{\,2} = 0,$$

$$(z^2-1)\,\frac{d\,[k_{n+1}\,z^{n+1} + k_{n+2}\,h\,z^{n+2} + k_{n+3}\,h^2\,z^{n+3} + \ldots - V_1 - V_2\,h^l]}{dz} = 0$$

aient $n+2$ racines communes comprises entre les limites $z=-1$ et $z=+1$. Mais, si l'on ne tient compte que des quantités de l'ordre moins élevé que h^{2l}, on peut supprimer dans ces équations les termes qui contiennent h^{2l}, h^{2l+1}, h^{2l+2}..... et présenter le reste sous cette forme

$$(17) \quad \begin{cases} [y_1+Sh^l-V_2h^l]^2-L_2^2=0, \\ (z^2-1)\dfrac{d[y_1+Sh^l-V_2h^l]}{dz}=0, \end{cases}$$

en faisant pour abréger

$$(18) \begin{cases} y_1=k_{n+1}z^{n+1}+k_{n+2}hz^{n+2}+k_{n+3}h^2z^{n+3}+\ldots+k_{n+l}h^{l-1}z^{n+l}-V_1, \\ S=k_{n+l+1}z^{n+l+1}+k_{n+l+2}hz^{n+l+2}+\ldots+k_{n+2l}h^{l-1}z^{n+2l}. \end{cases}$$

Quant aux équations qui déterminent V_1, valeur de V exacte seulement jusqu'à h^l, nous pouvons les tirer des formules (17), en rejetant les termes qui contiennent h^l, h^{l+1}, h^{l+2},..... Ainsi, à la valeur de h^l près, nous aurons pour

$$y_1=k_{n+1}z^{n+1}+k_{n+2}hz^{n+2}+k_{n+3}h^2z^{n+3}+\ldots+k_{n+l}h^{l-1}z^{n+l}-V_1$$

les équations suivantes:

$$y_1^2-L_1^2=0, \quad (z^2-1)\frac{dy_1}{dz}=0,$$

dans lesquelles L_1 est la valeur de L_2 exacte jusqu'à h^l; ce qui suppose l'équation

$$(19) \qquad L_2=L_1+\lambda h^l.$$

En passant à la détermination de V_2, nous remarquons, comme dans le § précédent, que dans les conditions qui déterminent V_2h^l, aux quantités de l'ordre h^{2l} près, la dernière des équations (17) peut être remplacée par celle-ci:

$$(z^2-1)\frac{dy_1}{dz}=0,$$

et comme dans ces conditions il ne s'agit que des racines qui restent finies pour $h=0$, cette équation, à son tour, peut être remplacée par une autre de la forme

$$(z^2-1)W=0,$$

W étant une fonction entière choisie de manière à ce que l'équation $W=0$, à h^l près, contienne toutes les racines de l'équation $\frac{dy_1}{dz} = 0$ qui ne deviennent pas infinies quand on fait $h = 0$ *). Comme ces racines ne sont qu'au nombre n, car, pour $h = 0$, le polynome y_1, que nous considérons maintenant, devient égal à celui trouvé dans le § 5 (10) et qui n'est que du degré $n + 1$, nous concluons que le degré de l'équation $W = 0$ peut être abaissé jusqu'à n. Dans ce cas l'équation

$$(z^2 - 1)\, W = 0$$

sera du degré $n + 2$, et d'après les conditions qui déterminent V_2 et y_1, toutes ses $n + 2$ racines doivent vérifier ces deux équations

$$[y_1 + S h^l - V_2 h^l]^2 - L_2^2 = 0,$$
$$y_1^2 - L_1^2 = 0,$$

la première avec une précision allant aux termes de l'ordre h^{2l}, et la seconde jusqu'à h^l.

En mettant dans la première de ces équations la valeur L_2 d'après (19) et en supprimant les termes qui contiennent h^{2l}, nous obtenons l'égalité

$$y_1^2 + 2\, y_1 (S - V_2)\, h^l - L_1^2 - 2 \lambda L_1 h^l = 0$$

qui, étant multipliée par y_1, nous donne

$$(y_1^2 - L_1^2)\, y_1 + 2\, y_1^2 (S - V_2)\, h^l - 2 \lambda L_1 h^l y_1 = 0,$$

équation qui, à h^{2l} près, sera vérifiée par toutes les $n + 2$ racines de l'équation

$$(z^2 - 1)\, W = 0.$$

Mais pour ces racines, à h^l près, nous avons aussi l'équation

$$y_1^2 - L_1^2 = 0$$

---

*) Voici comment on peut séparer les racines de l'équation $u + hv = 0$, qui, pour $h = 0$, ne deviennent pas infinies:

Si l'équation $u = 0$ n'a pas de racines égales, les racines de l'équation $u + hv = 0$, qui ne deviennent pas infinies pour $h = 0$, sont données par celle-ci: $u = 0$, avec une précision jusqu'au premier degré de h. Pour avoir ces racines exactes jusqu'à h^2, on prendra $u + hR = 0$, où R est le reste de la division de v par u; pour l'approximation jusqu'à h^3, on prendra $u + hR_1 = 0$, où R_1 est le reste de la division de v par $u + hR$, et ainsi de suite. Dans le cas où l'équation $u = 0$ a des racines égales, la même méthode est applicable, seulement l'approximation ne va pas si vite.

qui, étant multipliée par 2 $(S - V_2)\, h^l$ et retranchée de l'équation que nous venons de trouver, nous donne, avec une précision jusqu'à h^{2l}, l'équation suivante:

$$(y_1^2 - L_1^2)\, y_1 + 2 L_1^2 (S - V_2)\, h^l - 2 \lambda L_1 h^l y_1 = 0,$$

ou, ce qui revient au même,

$$V_2 h^l + \frac{\lambda h^l}{L_1} y_1 - S h^l - \frac{(y_1^2 - L_1^2) y_1}{2 L_1^2} = 0.$$

Comme cette équation, aux termes de l'ordre h^{2l} près, a lieu pour toutes les racines de l'équation

$$(z^2 - 1)\, W = 0,$$

avec le même degré de précision, son premier membre doit être divisible par $(z^2 - 1)\, W$, et par conséquent, si on dénote par R_0 et R_1 les restes qu'on trouve en divisant $y_1 h^l$ et $S h^l + \frac{(y_1^2 - L_1^2) y_1}{2 L_1^2}$ par $(z^2 - 1)\, W$, l'expression

$$V_2 h^l + \frac{\lambda}{L_1} R_0 - R_1,$$

dont les termes sont d'un degré moins élevé que $(z^2 - 1)\, W$, doit être identique avec zéro, aux quantités h^{2l} près. Donc, avec ce degré d'approximation, on aura

$$V_2 h^l + \frac{\lambda}{L_1} R_0 - R_1 = 0,$$

et par conséquent

$$V_2 h^l = R_1 - \frac{\lambda}{L_1} R_0,$$

ce qu'on peut mettre sous la forme

$$V_2 h^l = r + \left(q - \frac{\lambda}{L_1}\right) R_0,$$

en dénotant par q et r le quotient et le reste qu'on trouve en divisant R_1 par R_0.

Or, il n'est pas difficile de s'assurer que cette équation ne peut être vérifiée qu'en prenant

$$\frac{\lambda}{L_1} = q,$$

et par conséquent,

$$V_2 h^l = r.$$

En effet, le polynome cherché V_2 est tout au plus du degré n; la même chose a lieu par rapport à r: cette fonction est le reste de la division de R_1 par R_0, et R_0, lui même, est le reste de la division de $y_1 h^l$ par $(z^2 - 1) W$; donc le degré de r est inférieur au moins de deux unités à celui de $(z^2 - 1) W$, qui est du degré $n + 2$. Au contraire, le reste R_0 est nécessairement d'un degré plus élevé que n; car, si l'on fait $h = 0$, comme nous l'avons remarqué plus haut, le polynome y_1 se réduit à y, donné par la formule (10), et alors $(z^2 - 1)$ W devient $(z^2 - 1) \frac{dy}{dz}$; mais, d'après la valeur de y, on voit que le reste de la division de y par $(z^2 - 1) \frac{dy}{dz}$ contient un terme avec la puissance z^{n+1}.

Donc, pour trouver la fonction $V_2 h^l$ exacte jusqu'à h^{2l}, on procédera de la manière suivante: on divisera les fonctions

$$y_1 h^l, \quad S h^l + \frac{(y_1^2 - L_1^2) y_1}{2 L_1^2}$$

par $(z^2 - 1) W$; on divisera le second reste par le premier; le reste de la dernière division est la valeur de $V_2 h^l$. On trouve facilement le polynome V d'après la fonction $V_2 h^l$, en remarquant que $V = V_1 + V_2 h^l$.

Le quotient de la dernière division nous donne aussi une valeur très importante; ce quotient, que nous avons dénoté par q, est égal, comme nous l'avons vu, à la fraction $\frac{\lambda}{L_1}$; par conséquent $\lambda = q L_1$, et d'après (19),

$$L_2 = L_1 (1 + q h^l).$$

Nous trouvons ainsi la constante L_2 de l'équation (17), qui nous donne la limite des écarts du polynome V relativement à la fonction

$$k_{n+1} z^{n+1} + k_{n+2} h z^{n+2} + k_{n+3} h^2 z^{n+3} + \ldots \ldots,$$

entre $z = -1$ et $z = +1$.

D'après la méthode que nous venons d'exposer, on peut toujours passer d'une valeur approchée de V à une autre plus précise.

§ 8. Nous allons maintenant appliquer cette méthode à la solution de cette question, très importante pour la théorie des parallélogrammes:

«Trouver les modifications qu'on doit apporter aux coefficients de la valeur approchée de fx

$$f(a) + \frac{x-a}{1} f'(a) + \frac{(x-a)^2}{1.2} f''(a) + \frac{(x-a)^3}{1.2.3} f'''(a) + \frac{(x-a)^4}{1.2.3.4} f^{\text{IV}}(a),$$

«pour que cette valeur, depuis $x = a - h$, jusqu'à $x = a + h$, s'écarte le «moins possible de fx».

Nous supposons la quantité h assez petite pour qu'on puisse développer les corrections cherchées des coefficients suivant les puissances ascendantes de h; de plus, nous excluons le cas, où $f^{v}(x)$ devient zéro pour $x=a$.

D'après ce que nous avons dit dans le § 3, ces corrections seront données par la formule

$$Vh^5,$$

où V, comme fonction de $z=\frac{x-a}{h}$, sera déterminée par la condition de représenter un polynome du quatrième degré, pour lequel la différence

$$k_5 z^5 + k_6 h z^6 + k_7 h^2 z^7 + \ldots - V$$

s'écarte le moins possible de zéro depuis $z=-1$, jusqu'à $z=+1$.

Les coefficients k_5, k_6, k_7, ... sont respectivement égaux à

$$\frac{f^{v}(a)}{1.2.3.4.5}, \quad \frac{f^{vi}(a)}{1.2.3...6}, \quad \frac{f^{vii}(a)}{1.2.3...7}, \ldots\ldots$$

L'équation (16) du § 6 nous donne la valeur de V exacte jusqu'à h^2 sous cette forme

$$V=k_5 z^5 - y + k_6\left(z^6 - \frac{z^2-1}{5k_5}\frac{dy}{dz}\right)h,$$

où

$$y=k_5\left[\left(\frac{z+\sqrt{z^2-1}}{2}\right)^5+\left(\frac{z-\sqrt{z^2-1}}{2}\right)^5\right].$$

D'après ces formules nous trouvons

$$y=k_5\left(z^5-\frac{5}{4}z^3+\frac{5}{16}z\right),$$

$$V=k_5\left(\frac{5}{4}z^3-\frac{5}{16}z\right)+k_6\left(\frac{7}{4}z^4-\frac{13}{16}z^2+\frac{1}{16}\right)h.$$

Quant à la valeur de L_1 qui détermine la limite des écarts de V et de la fonction $k_5 z^5 + k_6 h z^6 + k_7 h^2 z^7 + \ldots\ldots$, d'après (15), nous obtenons

$$L_1=\pm\frac{k_5}{16}.$$

En passant à la détermination de V, exacte jusqu'à h^4, nous remarquons que les fonctions désignées dans le § précédent par V_1, y_1, S ont maintenant les valeurs suivantes:

$$V_1 = k_5\left(\frac{5}{4}z^3 - \frac{5}{16}z\right) + k_6\left(\frac{7}{4}z^4 - \frac{13}{16}z^2 + \frac{1}{16}\right)h,$$

$$\begin{aligned} y_1 &= k_5 z^5 + k_6 h z^6 - k_5\left(\frac{5}{4}z^3 - \frac{5}{16}z\right) - k_6\left(\frac{7}{4}z^4 - \frac{13}{16}z^2 + \frac{1}{16}\right)h \\ &= k_5\left(z^5 - \frac{5}{4}z^3 + \frac{5}{16}z\right) + k_6\left(z^6 - \frac{7}{4}z^4 + \frac{13}{16}z^2 - \frac{1}{16}\right)h; \end{aligned}$$

$$S = k_7 z^7 + k_8 h z^8.$$

D'après les valeurs de V_1, y_1, S, la méthode du § précédent donne

$$V = V_1 + V_2 h^2,$$

où V_2 est un polynome qu'on trouvera à l'aide des procédés suivants:

1) On cherchera l'équation du 4-ème degré qui, exacte jusqu'à h^2, contient toutes les racines de l'équation

$$\frac{dy_1}{dz} = k_5\left(5z^4 - \frac{15}{4}z^2 + \frac{5}{16}\right) + k_6\left(6z^5 - 7z^3 + \frac{13}{8}z\right)h = 0,$$

qui restent finies, quand on fait $h = 0$. Comme le reste de la division de $k_6\left(6z^5 - 7z^3 + \frac{13}{8}z\right)$ par $k_5\left(5z^4 - \frac{15}{4}z^2 + \frac{5}{16}\right)$ est égal à $k_6\left(-\frac{5}{2}z^3 + \frac{5}{4}z\right)$, d'après la note du § 7, nous concluons que l'équation qui remplit ces conditions est la suivante:

$$k_5\left(5z^4 - \frac{15}{4}z^2 + \frac{5}{16}\right) + k_6\left(-\frac{5}{2}z^3 + \frac{5}{4}z\right)h = 0;$$

et par conséquent, la fonction que nous avons représentée dans le § précédent par W, a cette valeur

$$W = k_5\left(5z^4 - \frac{15}{4}z^2 + \frac{5}{16}\right) + k_6\left(-\frac{5}{2}z^3 + \frac{5}{4}z\right)h.$$

2) On cherchera le reste de la division de $y_1 h^2$ par $(z^2 - 1)\,W$. Pour les valeurs de y_1 et W que nous avons, et en supprimant les termes qui contiennent h^4, h^5, ..., on trouve ce reste égal à

$$k_5\left(z^5 - \frac{5}{4}z^3 + \frac{5}{16}z\right)h^2.$$

3) On divisera la fonction

$$S h^2 + \frac{(y_1^2 - L_1^2) y_1}{2 L_1^2}$$

par $(z^2 - 1)\, W$; dans le cas que nous traitons, le reste de cette division, exacte jusqu'à h^4, a cette valeur

$$\left[\frac{7 k_5 k_7 + k_6^2}{4 k_5} z^5 - \frac{13 k_5 k_7 + 6 k_6^2}{16 k_5} z^3 + \frac{k_5 k_7 + 2 k_6^2}{16 k_5} z\right] h^2$$
$$+ \left[\frac{36 k_5^2 k_8 + 2 k_5 k_6 k_7 - k_6^3}{16 k_5^2} z^4 - \frac{87 k_5^2 k_8 + 10 k_5 k_6 k_7 - 5 k_6^3}{64 k_5^2} z^2 + \frac{7 k_5^2 k_8 + 2 k_5 k_6 k_7 - k_6^3}{64 k_5^2}\right] h^3.$$

4) On divisera ce dernier reste par le premier

$$k_5 \left(z^5 - \frac{5}{4} z^3 + \frac{5}{16} z\right) h^2.$$

Cette division fournira le quotient

$$\frac{7 k_5 k_7 + k_6^2}{4 k_5^2}$$

et le reste

$$\frac{36 k_5^2 k_8 + 2 k_5 k_6 k_7 - k_6^3}{16 k_5^2} h^3 z^4 + \frac{22 k_5 k_7 - k_6^2}{16 k_5} h^2 z^3 - \frac{87 k_5^2 k_8 + 10 k_5 k_6 k_7 - 5 k_6^3}{64 k_5^2} h^3 z^2$$
$$- \frac{31 k_5 k_7 - 3 k_6^2}{64 k_5} h^2 z + \frac{7 k_5^2 k_8 + 2 k_5 k_6 k_7 - k_6^3}{64 k_5^2} h^3;$$

d'où l'on conclura :

1) La quantité $V_2 h^2$, exacte jusqu'à h^4, aura pour valeur

$$\frac{36 k_5^2 k_8 + 2 k_5 k_6 k_7 - k_6^3}{16 k_5^2} h^3 z^4 + \frac{22 k_5 k_7 - k_6^2}{16 k_5} h^2 z^3 - \frac{87 k_5^2 k_8 + 10 k_5 k_6 k_7 - 5 k_6^3}{64 k_5^3} h^3 z^2$$
$$- \frac{31 k_5 k_7 - 3 k_6^2}{64 k_5} h^2 z + \frac{7 k_5^2 k_8 + 2 k_5 k_6 k_7 - k_6^3}{64 k_5^2} h^3,$$

et par conséquent, on obtiendra, avec le même degré de précision,

$$V = V_1 + V_2 h^2 = k_5 \left(\frac{5}{4} z^3 - \frac{5}{16} z\right) + k_6 \left(\frac{7}{4} z^4 - \frac{13}{16} z^2 + \frac{1}{16}\right) h + V_2 h^2$$
$$= \left(\frac{7}{4} k_6 h + \frac{36 k_5^2 k_8 + 2 k_5 k_6 k_7 - k_6^3}{16 k_5^2} h^3\right) z^4 + \left(\frac{5}{4} k_5 + \frac{22 k_5 k_7 - k_6^2}{16 k_5} h^2\right) z^3$$
$$- \left(\frac{13}{16} k_6 h + \frac{87 k_5^2 k_8 + 10 k_5 k_6 k_7 - 5 k_6^3}{64 k_5^2} h^3\right) z^2 - \left(\frac{5}{16} k_5 + \frac{31 k_5 k_7 - 3 k_6^2}{64 k_5} h^2\right) z$$
$$+ \frac{1}{16} k_6 h + \frac{7 k_5^2 k_8 + 2 k_5 k_6 h_7 - k_6^3}{64 k_5^2} h^3.$$

2) La valeur de la constante L_2 qui détermine la limite de la déviation du polynome V de la fonction

$$k_5 z^5 + k_6 h z^6 + k_7 k^2 z^7 + \ldots\ldots,$$

entre $z = -1$, $z = +1$, est égale à

$$L_1 \left(1 + \frac{7k_5k_7 + k_6^2}{4k_5^2} h^2\right) = \pm \frac{k_5}{16}\left(1 + \frac{7k_5k_7 + k_6^2}{4k_5^2} h^2\right).$$

En multipliant la valeur trouvée de V par h^5 et remplaçant z par $\frac{x-a}{h}$, nous obtenons la formule

$$\begin{aligned}
&\left(\frac{7}{4} k_6 h^2 + \frac{36k^2{}_5k_8 + 2k_5k_5k_7 - k_6^3}{16k_5^2} h^4 + \ldots\ldots\right)(x-a)^4 \\
&+ \left(\frac{5}{4} k_5 h^2 + \frac{22k_5k_7 - k_6^2}{16k_5} h^4 + \ldots\ldots\ldots\ldots\right)(x-a)^3 \\
&- \left(\frac{13}{16} k_6 h^4 + \frac{87k^2{}_5k_8 + 10k_5k_6k_7 - 5k_6^3}{64k^2{}_5} h^6 + \ldots\right)(x-a)^2 \\
&- \left(\frac{5}{16} k_5 h^4 + \frac{31k_5k_7 - 3k_6^2}{64k_5} h^6 + \ldots\ldots\ldots\ldots\right)(x-a) \\
&+ \frac{1}{16} k_6 h^6 + \frac{7k^2{}_5k_8 + 2k_5h_6k_7 - k_6^3}{64k_5^2} h^8 + \ldots\ldots,
\end{aligned}$$

dont les coefficients de $(x-a)^4$, $(x-a)^3$, ... déterminent les corrections qu'on doit faire dans ceux de la valeur approchée de $f(x)$

$$f(a) + \frac{f'(a)}{1}(x-a) + \frac{f''(a)}{1.2}(x-a)^2 + \frac{f'''(a)}{1.2.3}(x-a)^3 + \frac{f^{\text{IV}}(a)}{1.2.3.4}(x-a)^4,$$

quand on cherche à diminuer le plus possible la limite de ses erreurs entre $x = a - h$, $x = a + h$. Quant à la valeur de cette limite, d'après ce que nous avons trouvé relativement à V, elle est égale à $L_2 h^5 = \pm \frac{k_5}{16}\left(1 + \frac{7k_5k_7 + k_6^2}{4k_5^2} h^2\right) h^5$.

§ 9. Jusqu'à présent nous n'avons cherché la valeur approchée des fonctions que sous la condition du minimum de la limite des erreurs dans l'intervalle donné. Mais souvent il est très important que l'erreur, pour les limites de l'intervalle, se réduise à zéro. Or, il n'est pas difficile de s'assurer que ce cas, tant que l'intervalle est assez petit, se résout aussi par les méthodes que nous venons de donner.

Soit fx une fonction dont on cherche la valeur approchée sous la forme d'un polynome u du degré n, assujéti entre les limites $x = \alpha - \gamma$, $x = \alpha + \gamma$, aux conditions mentionnées plus haut. Comme la différence $f(x) - u$ doit se réduire à zéro pour $x = \alpha - \gamma$, $x = \alpha + \gamma$, il ne restera dans le polynome u que $n-1$ coefficients arbitraires qui, d'après la propriété du *minimum* que nous cherchons, seront déterminés par cette condition:

«Parmi les valeurs les plus grandes et les plus petites de la différence «$fx-u$, entre les limites $x=\alpha-\gamma$, $x=\alpha+\gamma$, on trouve au moins n «fois la même valeur numérique», ce qui suppose (§ 3) que pour certaine valeur de l les équations

$$(fx-u)^2-l^2=0, \quad \frac{d(fx-u)}{dx}=0$$

ont n racines communes, comprises entre les limites $x=\alpha-\gamma$, $x=\alpha+\gamma$; par conséquent, si l'on remplace ces limites par d'autres plus étendues, $x=a-h$, $x=a+h$, et choisies de manière à ce que pour ces limites la différence $fx-u$ devienne égale à $+l$ ou $-l$, les équations

$$(20) \qquad (fx-u)^2-l^2=0, \quad (x-a+h)(x-a-h)\frac{d(fx-u)}{dx}=0$$

auront $n+2$ racines communes entre les limites $x=a-h$, $x=a+h$. Donc, pour ces limites, le polynome $U=u$ donne la solution des équations (2), dont nous nous sommes occupé dans les §§ précédents, et par conséquent, *vice versa*, la solution de ces équations nous donnera le polynome u pour certaines valeurs de $\alpha-\gamma$, $\alpha+\gamma$, qu'on trouvera facilement en remarquant que, d'après la propriété du minimum cherché, les valeurs $x=\alpha-\gamma$, $x=\alpha+\gamma$, comprises entre $a-h$, $a+h$, vérifient l'équation

$$fx-u=0,$$

et, entre ces deux valeurs de x, il y a n racines communes des équations

$$(fx-u)^2-l^2=0, \quad \frac{d(fx-u)}{dx}=0.$$

Pour montrer une application de ce que nous venons de voir, nous allons chercher le polynome u qui, étant du degré n, donne la valeur exacte de $fx=k_{n+1}x^{n+1}$ pour $x=\alpha-\gamma$, $x=\alpha+\gamma$, et ne s'écarte, entre ces limites, que le moins possible de la fonction $fx=k_{n+1}x^{n+1}$. Pour cette valeur de fx, et $y=\frac{k_{n+1}x^{n+1}-u}{h^{n+1}}$, $x=a+hz$, $L=\frac{l}{h^{n+1}}$, les équations (20) deviennent

$$y^2-L^2=0, \quad (z^2-1)\frac{dy}{dz}=0,$$

dont les $n+2$ racines communes seront comprises entre $z=-1$, $z=+1$.

Or, $y=\frac{k_{n+1}(a+hz)^{n+1}-u}{h^{n+1}}$ étant un polynome du degré $n+1$, dont le coefficient de z^{n+1} est égal à k_{n+1}, on voit, d'après (10), que cela ne peut avoir lieu à moins qu'on n'ait

$$y = k_{n+1}\left[\left(\frac{z+\sqrt{z^2-1}}{2}\right)^{n+1} + \left(\frac{z-\sqrt{z^2-1}}{2}\right)^{n+1}\right], \quad L = \pm \frac{k_{n+1}}{2^n};$$

d'où, en remplaçant y par $\frac{k(a+hz)^{n+1}-u}{h^{n+1}}$, z par $\frac{x-a}{h}$, L par $\frac{l}{h^{n+1}}$, nous obtenons

$$u = k_{n+1}x^{n+1} - k_{n+1}\left[\left(\frac{x-a+\sqrt{(x-a)^2-h^2}}{2}\right)^{n+1} + \left(\frac{x-a-\sqrt{(x-a)^2-h^2}}{2}\right)^{n+1}\right],$$

$$l = \pm \frac{k_{n+1}\,h^{n+1}}{2^n}.$$

En passant à la détermination des valeurs de $\alpha - \gamma$, $\alpha + \gamma$, pour lesquelles ce polynome donne le *minimum* cherché, nous remarquons que l'équation

$$k_{n+1}x^{n+1} - u = k_{n+1}\left[\left(\frac{x-a+\sqrt{(x-a)^2-h^2}}{2}\right)^{n+1} + \left(\frac{x-a-\sqrt{(x-a)^2-h^2}}{2}\right)^{n+1}\right] = 0,$$

qui se réduit à celle-ci:

$$\cos(n+1)\,\varphi = 0,$$

quand on fait $x - a = h\cos\varphi$, aura les racines suivantes:

$$a - h\cos\frac{\pi}{2n+2},\quad a - h\cos\frac{3\pi}{2n+2},\ \ldots\ldots a + h\cos\frac{3\pi}{2n+2},\quad a + h\cos\frac{\pi}{2n+2}.$$

Or, comme dans cette série on ne trouve que les deux valeurs

$$a - h\cos\frac{\pi}{2n+2},\quad a + h\cos\frac{\pi}{2n+2},$$

entre lesquelles sont comprises les n racines de l'équation

$$\frac{d[k_{n+1}x^{n+1}-u]}{dx} = \frac{d\,k_{n+1}\left[\left(\frac{x-a+\sqrt{(x-a)^2-h^2}}{2}\right)^{n+1} + \left(\frac{x-a-\sqrt{(x-a)^2-h^2}}{2}\right)^{n+1}\right]}{dx} = 0,$$

qui se réduit à $\frac{\sin(n+1)\,\varphi}{\sin\varphi} = 0$ pour $\frac{x-a}{h} = \cos\varphi$, nous concluons que $\alpha - \gamma$, $\alpha + \gamma$ ne peuvent avoir d'autres valeurs que celles-ci:

$$\alpha - \gamma = a - h\cos\frac{\pi}{2n+2},\quad \alpha + \gamma = a + h\cos\frac{\pi}{2n+2},$$

et par conséquent, $a = \alpha$, $h = \frac{\gamma}{\cos\frac{\pi}{2n+2}}$.

En mettant ces valeurs de a et h dans la valeur trouvée de u, l'on a

$$u=k_{n+1}x^{n+1}-k_{n+1}\left[\left(\frac{x-\alpha}{2}+\sqrt{\frac{(x-\alpha)^2}{4}-\frac{\gamma^2}{4\cos^2\frac{\pi}{2\pi+2}}}\right)^{n+1}+\left(\frac{x-\alpha}{2}-\sqrt{\frac{(x-\alpha)^2}{4}-\frac{\gamma^2}{4\cos^2\frac{\pi}{2n+2}}}\right)^{n+1}\right].$$

Telle est la forme générale du polynome du degré n qui devient égal à $k_{n+1}\, x^{n+1}$ pour $x=\alpha-\gamma$, $x=\alpha+\gamma$ et s'écarte le moins possible de cette fonction entre ces limites. Quant à la limite de ces écarts, nous avons trouvé

$$l=\pm\frac{k_{n+1}}{2^n}h^{n+1},\quad h=\frac{\gamma}{\cos\frac{\pi}{2n+2}};$$

donc, la constante l, qui détermine cette limite, a la valeur suivante:

$$l=\pm\frac{k_{n+1}\,\gamma^{n+1}}{2^n\cos^{n+1}\frac{\pi}{2n+2}}.$$

Comme la différence $k_{n+1}\, x^{n+1}-u$, où u est un polynome arbitraire du degré n, est la forme générale d'une fonction entière, dont le terme affecté de la plus haute puissance de x est égal à $k_{n+1}\, x^{n+1}$, les formules que nous venons de trouver nous conduisent à ce théorème:

Théorème.

Entre deux racines de l'équation

$$fx=Ax^{n+1}+Bx^n+Cx^{n-1}+\ldots\ldots=0$$

$x=a$, $x=b$, *la valeur numérique de* fx *ne peut rester inférieure à* $2A\left(\frac{a-b}{4\cos\frac{\pi}{2n+2}}\right)^{n+1}$

En traitant de la même manière le cas de $fx=px^5+qx^7$, γ étant très petit, nous trouvons, d'après les formules du § 8, que, à la quantité γ^8 près, le polynome u du quatrième degré qui devient égal à px^5+qx^7 pour $x=-\gamma$, $x=+\gamma$, et s'écarte le moins possible de cette fonction, entre $x=-\gamma$, $x=+\gamma$, a la valeur suivante:

$$u=\left(\frac{5p}{4\cos^2 18^0}\gamma^2+\frac{11-\sin 18^0\cos 54^0}{8\cos^4 18^0}q\gamma^4\right)x^3$$
$$-\left(\frac{5p}{16\cos^4 18^0}\gamma^4+\frac{31-4\sin 18^0\cos 54^0}{64\cos^6 18^0}q\gamma^6\right)x.$$

Quant à la limite de déviation de ce polynome de la fonction px^5+qx^7, entre $x=-\gamma$, $x=+\gamma$, on la trouve égale à

$$\frac{p\gamma^5}{16\cos^5 18^0}+\frac{7-\sin 18^0 \cos 54^0}{64\cos^7 18^0}q\gamma^7.$$

§ 10. D'après les formules que nous venons de trouver, il est facile de déterminer les éléments les plus avantageux du parallélogramme dans tous les cas possibles. Mais ce n'est pas le seul résultat qu'on puisse tirer de nos formules. Nous avons vu qu'elles donnent certains théorèmes d'Algèbre dont la démonstration serait, peut être, impossible à l'aide des méthodes ordinaires. Il y a aussi des questions de Géometrie dont la solution demande des méthodes d'approximation telles que celle dont nous nous sommes occupé.

En voici un exemple. Soient deux courbes données, l'une contenant n paramètres arbitraires qui permettent, par leur choix convenable, de disposer à volonté des abscisses de n points d'intersection de ces deux courbes dans l'intervalle $x=a-h$, $x=a+h$. Il est évident que, dans cet intervalle, les courbes seront plus ou moins rapprochées l'une de l'autre selon la position de leurs points d'intersection. Quel est donc la disposition des points communs des deux courbes, entre $x=a-h$, $x=a+h$, qui rende *minimum* la limite de leur déviation dans cet intervalle?

Cette question tient évidemment à la méthode d'approximation dont nous nous sommes occupé dans les §§ précédents. L'application qu'on peut faire ici de nos formules donne des résultats très intéressants.

Soit

$$y=f(x)$$

l'équation de la courbe avec tous ses paramètres donnés, et

$$Y=F(x,h)$$

celle dont les n paramètres arbitraires sont choisis d'après la condition du *minimum* que nous cherchons, entre les limites $x=a-h$, $x=a+h$.

Si l'on prend $h=0$, la dernière courbe devient osculatrice à la première, au point $x=a$, et excepté certains points singuliers le contact ne sera que de l'ordre $n-1$, de sorte qu'on aura

(21) $$\frac{d^n F(x,h)}{dx^n}-\frac{d^n f(x)}{dx^n}= \text{à une valeur finie},$$

en même temps que les équations

$$F(x,h)=f(x),\quad \frac{dF(x,h)}{dx}=\frac{df(x)}{dx},\ldots\ldots\frac{d^{n-1}F(x,h)}{dx^{n-1}}=\frac{d^{n-1}f(x)}{dx^{n-1}},$$

pour $x=a$, $h=0$.

D'après cela, en supposant que les fonctions

$$f(x),\ \frac{df(x)}{dx},\ \frac{d^2 f(x)}{dx^2}, \ldots \ldots \frac{d^n f(x)}{dx^n},$$

$$F(x, h),\ \frac{d F(x,h)}{dx},\ \frac{d^2 F(x,h)}{dx^2}, \ldots \ldots \frac{d^n F(x,h)}{dx^n}$$

restent continues dans le voisinage de $h = 0$, $x = a$, nous concluons que, pour h assez petit, et pour une valeur de x entre les limites $x = a - h$, $x = a + h$, les fonctions

$$Y - y,\ \frac{d(Y-y)}{dx},\ \frac{d^2(Y-y)}{dx^2}, \ldots \ldots \frac{d^n(Y-y)}{dx^n}$$

ne deviennent pas infinies. De plus, on peut mettre la fonction

$$\frac{d^n(Y-y)}{dx^n} = \frac{d^n F(x,h)}{dx^n} - \frac{d^n f(x)}{dx^n}$$

sous la forme

$$N + \psi(x),$$

en faisant pour abréger

$$N = \frac{d^n F(a, o)}{da^n} - \frac{d^n f(a)}{da^n},$$

$$\psi(x) = \frac{d^n F(x, h)}{dx^n} - \frac{d^n F(a, o)}{da^n} - \frac{d^n f(x)}{dx^n} + \frac{d^n f(a)}{da^n}.$$

D'après cela, pour x pris entre $x = a - h$ et $x = a + h$, h étant assez petit, la série de Taylor nous donne

$$Y - y = A + B(x-a) + C(x-a)^2 + \ldots + H(x-a)^{n-1} + \frac{N + \psi(a + \theta(x-a))}{1.2\ldots n}(x-a)^n,$$

où les quantités $A, B, C, \ldots H, N$ sont indépendantes de x et dont, de plus, la dernière

$$N = \frac{d^n F(a, o)}{da^n} - \frac{d^n f(a)}{da^n},$$

d'après (21), diffère de zéro. Quant à la fonction $\psi(a + \theta(x - a))$, pour les valeurs de x que nous considérons, elle devient infiniment petite en même temps que h.

Cette formule nous montre que pour x entre les limites $x = a - h$ et $x = a + h$, à l'ordre de grandeur h^n inclusivement près, la valeur de $Y - y$ sera égale à celle du polynome

$$A + B(x-a) + C(x-a)^2 + \ldots + H(x-a)^{n-1} + \frac{N}{1.2\ldots n}(x-a)^n,$$

et par conséquent, d'après le § 5, le *minimum* cherché n'aura lieu que dans le cas, où le polynome précédent, avec ce même degré de précision, se réduit à

$$\frac{N}{1.3\ldots n}\left[\left(\frac{x-a+\sqrt{(x-a)^2-h^2}}{2}\right)^n+\left(\frac{x-a-\sqrt{(x-a)^2-h^2}}{2}\right)^n\right],$$

ce qui suppose qu'entre les limites $x=a-h$, $x=a+h$ la valeur de $Y-y$ a cette forme

$$Y-y=\frac{N}{1.2\ldots n}\left[\left(\frac{x-a+\sqrt{(x-a)^2-h^2}}{2}\right)^n+\left(\frac{x-a-\sqrt{(x-a)^2-h^2}}{2}\right)^n\right]+Zh^n,$$

où Z est une quantité qui devient infiniment petite en même temps que h.

D'après cette valeur de $Y-y$, les abscisses des points d'intersection des deux courbes que nous considérons sont données par l'équation suivante:

$$\frac{N}{1.2\ldots n}\left[\left(\frac{x-a+\sqrt{(x-a)^2-h^2}}{2}\right)^n+\left(\frac{x-a-\sqrt{(x-a)^2-h^2}}{2}\right)^n\right]+Zh^n=0.$$

Or, si l'on fait

$$\frac{x-a}{h}=\cos\varphi,$$

cette équation devient

$$\cos(n\varphi)+\frac{1.2\ldots n.2^{n-1}Z}{N}=0,$$

d'où, en supprimant le terme $\frac{1.2\ldots n.2^{n-1}Z}{N}$, nous tirons

$$\cos(n\varphi)=0,$$

ce qui donne

$$\varphi=\frac{2m+1}{2n}\pi,$$

m étant un nombre entier quelconque.

La valeur de φ que nous trouvons ainsi, en supprimant le terme $\frac{1.2\ldots n.2^{n-1}Z}{N}$ dans notre équation, est évidemment exacte jusqu'aux quantités de l'ordre Z, car l'équation $\cos(n\varphi)=0$ n'a pas de racines égales. D'après cela nous concluons que, aux quantités de l'ordre Zh près, les valeurs cherchées de x seront déterminées par cette formule:

$$\frac{x-a}{h}=\cos\frac{2m+1}{2n}\pi,$$

et par conséquent,

$$x=a+h\cos\frac{2m+1}{2n}\pi.$$

Telle est l'expression générale qui donne, avec une exactitude allant jusqu'à h inclusivement, les abscisses des n points d'intersection des deux courbes dans le cas de *minimum* que nous traitons; l'expression trouvée conduit à cette construction très simple:

«Du milieu de l'intervalle $x = a - h$, $x = a + h$, pris sur l'axe des «abscisses, avec un rayon égal à la moitié de cet intervalle, on tracera un «cercle; on inscrira dans ce cercle un polygone régulier de $2n$ côtés, en le «disposant de manière à ce que deux de ses côtés soient perpendiculaires à «à l'axe de x; les sommets de ce polygone, aux quantités de l'ordre h inclu-«sivement près, détermineront les abscisses des points, où les deux courbes «doivent se couper pour que la limite de leur déviation, dans l'intervalle «$x = a - h$, $x = a + h$ soit *minimum*.»

Si l'on veut que les deux courbes passent par les mêmes points aux limites de l'intervalle, où l'on cherche à les rapprocher autant que possible, la même construction (§ 9) aura lieu, avec la seule différence, qu'au lieu du rayon h, il faudra prendre le rayon $\frac{h}{\cos \frac{\pi}{2n}}$.

Tels sont les deux résultats, qu'on tire de nos formules relativement à la disposition des points communs de deux courbes, dans le cas où l'on cherche à rendre *minimum* la limite de leur déviation dans un intervalle donné; ces points sont d'une grande importance dans plusieurs questions de la pratique.

Dans les §§ suivants nous montrerons l'usage des formules que nous venons d'exposer pour trouver les éléments des parallélogrammes qui vérifient les conditions les plus avantageuses pour la précision du jeu de ces mécanismes.

9.

SUR

L'INTÉGRATION DES DIFFÉRENTIELLES IRRATIONNELLES.

(Journal de mathématiques pures et appliquées. I série, T. XVIII, 1853, p. 87—111.)

Sur l'intégration des différentielles irrationnelles.

§ I.

Si la différentielle $\frac{f_0 x}{F_0 x}\frac{dx}{\sqrt[m]{\theta x}}$, composée d'une fraction rationnelle $\frac{f_0 x}{F_0 x}$ et d'une racine d'une fonction entière θx, s'intègre à l'aide des signes algébriques et logarithmiques, nous savons, d'après les recherches ingénieuses d'Abel et de M. Liouville, que l'intégrale $\int \frac{f_0 x}{F_0 x}\frac{dx}{\sqrt[m]{\theta x}}$ se présentera sous la forme suivante:

$$U + A^0 \log V^0 + A' \log V' + A'' \log V'' + \ldots,$$

où U, V^0, V', V'', ..., sont des fonctions rationnelles de x et $\sqrt[m]{\theta x}$; A^0, A', A'', ..., sont des quantités constantes.

Le terme algébrique U peut se déterminer facilement. On sait qu'il est de la forme $\frac{P}{Q}(\theta x)^{\frac{m-1}{m}}$, où P et Q sont des fonctions entières que l'on trouvera à l'aide des procédés suivants *):

1°. On cherchera le plus grand commun diviseur entre les fonctions $F_0 x\, \theta x$ et $\frac{d(F_0 x\, \theta x)}{dx}$; ce diviseur est le dénominateur Q du terme algébrique.

2°. Si les degrés des fonctions

$$\frac{Q f_0 x}{F_0 x\, \theta x}, \qquad \frac{Q}{x\,[\theta x]^{\frac{m-1}{m}}},$$

*) Nous supposons que la différentielle $\frac{f_0 x}{F_0 x}\frac{dx}{\sqrt[m]{\theta x}}$ est réduite de manière que θx ne contient pas des facteurs d'un degré plus élevé que $m-1$.

sont inférieurs à — 1, le terme algébrique est 0. Dans le cas contraire, en désignant par n le plus petit nombre supérieur au degré de ces fonctions, on trouvera le numérateur P d'après la formule

$$P = B_0 + B_1 x + B_2 x^2 + \ldots + B_n x^n,$$

où B_0, B_1, $B_2, \ldots, B_n$ sont des coefficients constants, dont la valeur se déterminera en cherchant à rendre le polynôme

$$f_0 x - \frac{F_0 x\, \theta x}{Q}\left[B_1 + 2B_2 x + \ldots + nB_n x^{n-1}\right]$$
$$-\left[\frac{m-1}{m}\frac{F_0 x\, \theta' x}{Q} - \frac{F_0 x\, \theta x \frac{dQ}{dx}}{Q^2}\right]\left[B_0 + B_1 x + B_2 x^2 + \ldots + B_n x^n\right]$$

divisible par $\frac{Q}{D}$, et avec cette condition que le quotient ne soit pas d'un degré plus élevé que $\frac{F_0 x \sqrt[m]{\theta x}.D}{xQ}$, D étant le plus grand commun diviseur entre les fonctions θx et $\theta' x$.

Si ces conditions ne peuvent être remplies, on en conclura que l'intégration de $\frac{f_0 x}{F_0 x}\frac{dx}{\sqrt[m]{\theta x}}$ à l'aide des signes algébriques et logarithmiques est impossible. Dans le cas contraire, on trouvera le terme algébrique, et si l'on ôte sa différentielle de $\frac{f_0 x}{F_0 x}\frac{dx}{\sqrt[m]{\theta x}}$, le reste doit devenir intégrable à l'aide des seuls termes logarithmiques. C'est de cette intégration que nous allons maintenant nous occuper.

Voici les questions dont nous donnerons les solutions dans ce Mémoire:

1°. Déterminer le nombre de termes logarithmiques dans la valeur de l'intégrale donnée.

La solution de cette question, dans un cas particulier, donne la démonstration du théorème énoncé par M. Abel en ces termes:

«... le théorème suivant très-remarquable a lieu:

«*Lorsqu'une intégrale de la forme* $\int\frac{\rho\, dx}{\sqrt{R}}$, *où* ρ *et* R *sont des fonctions entières de* x, *est exprimable par des logarithmes, on peut toujours l'exprimer de la manière suivante:*

$$\int\frac{\rho\, dx}{\sqrt{R}} = A \lg\frac{p + q\sqrt{R}}{p - q\sqrt{R}},$$

où A *est constant et* p *et* q *des fonctions entières de* x.» (Œuvres compl. tome I, page 65, ed. 1839).

2°. Trouver les conditions analytiques qui déterminent chaque terme séparément.

On verra, en outre, d'après la solution de ces questions, que les cas connus d'intégrabilité des différentielles binômes de la forme

$$x^{s}(a+bx^{s'})^{s''}\,dx,$$

sont les seuls où l'intégration de ces différentielles est possible par les signes algébriques et logarithmiques, s, s', s'' étant rationnels.

§ II.

Nous avons vu que les termes logarithmiques dans la valeur de l'intégrale $\int\frac{fx}{Fx}\frac{dx}{\sqrt[m]{\theta x}}$ sont de la forme

$$A\log V,$$

où V est une fonction rationnelle de x et $\sqrt[m]{\theta x}$. Donc en faisant, pour abréger,

$$\sqrt[m]{\theta x}=\Delta,$$

et en désignant par

$$\varphi_0(\Delta),\quad \varphi_1(\Delta),\quad \varphi_2(\Delta),\quad \varphi_3(\Delta),\ \ldots,$$

des fonctions rationnelles de x et Δ, nous aurons l'équation suivante:

$$\int\frac{fx}{Fx}\frac{dx}{\Delta}=A^0\log\varphi_0(\Delta)+A'\log\varphi_1(\Delta)+A''\log\varphi_2(\Delta)+\ \ldots,$$

lorsque la valeur de l'intégrale $\int\frac{fx}{Fx}\frac{dx}{\Delta}$ ne contient plus de termes algébriques.

Si nous remplaçons dans cette équation Δ par $\alpha\Delta$, $\alpha^2\Delta,\ldots,\alpha^{m-1}\Delta$, et si nous multiplions les résultats respectivement par 1, α, $\alpha^2,\ldots,\alpha^{m-1}$, α étant racine primitive de l'équation

$$x^m-1=0,$$

nous trouvons une série d'équations, dont la somme sera

$$\begin{aligned}m\int\frac{fx}{Fx}\frac{dx}{\Delta}&=A^0\log\left[\varphi_0(\Delta)\,.\,\varphi_0^{\alpha}(\alpha\Delta)\,.\,\varphi_0^{\alpha^2}(\alpha^2\Delta)\ldots\varphi_0^{\alpha^{m-1}}(\alpha^{m-1}\Delta)\right]\\&+A'\log\left[\varphi_1(\Delta)\,.\,\varphi_1^{\alpha}(\alpha\Delta)\,.\,\varphi_1^{\alpha^2}(\alpha^2\Delta)\ldots\varphi_1^{\alpha^{m-1}}(\alpha^{m-1}\Delta)\right]\\&+\ \ldots\ldots\ldots\ldots\ldots\ldots\ldots\ldots\end{aligned}$$

et, par conséquent,

$$(1)\qquad \int \frac{fx}{Fx}\frac{dx}{\Delta} = A_0 \lg W_0 + A_1 \lg W_1 + A_2 \lg W_2 + \ldots,$$

où $W_0, W_1, W_2, \ldots$, sont des fonctions de la forme

$$\varphi(\Delta)\,\varphi^{\alpha}(\alpha\Delta)\,\varphi^{\alpha^2}(\alpha^2\Delta)\ldots\varphi^{\alpha^{m-1}}(\alpha^{m-1}\Delta),$$

$A_0, A_1, A_2, \ldots$, des constantes.

C'est sous cette forme que nous allons examiner la valeur de l'intégrale $\int \frac{fx}{Fx}\frac{dx}{\Delta}$.

Nous commencerons par prouver que la valeur de l'intégrale $\int \frac{fx}{Fx}\frac{dx}{\Delta}$ étant réduite au minimum de termes, les coefficients $A_0, A_1, A_2, \ldots$, ne peuvent vérifier l'équation

$$N_0 A_0 + N_1 A_1 + N_2 A_2 + \ldots = 0,$$

dans laquelle $N_0, N_1, N_2, \ldots$ sont des nombres complexes de α.

En effet, si cette équation a lieu, nous trouvons

$$A_0 = -\frac{N_1}{N_0}A_1 - \frac{N_2}{N_0}A_2 - \ldots;$$

et, en substituant cette valeur de A_0 dans l'expression de l'intégrale $\int \frac{fx}{Fx}\frac{dx}{\Delta}$, nous la transformons dans celle-ci:

$$A_1 \log W_1 W_0^{-\frac{N_1}{N_0}} + A_2 \log W_2 W_0^{-\frac{N_2}{N_0}} + \ldots,$$

qui contient moins de termes que l'équation (1); et chacun de ces termes, comme nous allons le démontrer, peut se réduire aussi à la forme

$$A \log\left[\psi(\Delta)\,.\,\psi^{\alpha}(\alpha\Delta)\,.\,\psi^{\alpha^2}(\alpha^2\Delta)\ldots\psi^{\alpha^{m-1}}(\alpha^{m-1}\Delta)\right],$$

où $\psi(\Delta)$ est une fonction rationnelle de x et Δ.

Pour réduire ainsi le terme

$$A_1 \log W_1 W_0^{-\frac{N_1}{N_0}},$$

nous mettons $\frac{N_1}{N_0}$ sous la forme

$$\frac{n^0 + n'\alpha + n''\alpha^2 + \ldots}{n},$$

où n, n^0, n', n'', . . ., sont des nombres entiers réels (ce qui est toujours possible). D'après cela, le terme

$$A_1 \log W_1 W_0^{-\frac{N_1}{N_0}},$$

peut s'écrire ainsi:

$$\frac{A_1}{n} \lg \left[W_1^n \,.\, W_0^{-n^0} \,.\, W_0^{-n'\alpha} \,.\, W_0^{-n''\alpha^2} \,.\,.\,. \right],$$

où la quantité mise sous le signe log se décompose en facteurs et diviseurs de la forme

$$W^{\alpha^l} = \varphi^{\alpha^l}(\Delta) \,.\, \varphi^{\alpha^{l+1}}(\alpha\Delta) \,.\, \varphi^{\alpha^{l+2}}(\alpha^2\Delta) \,.\,.\,.\,,$$

et que l'on réduit à celle-ci:

$$\varphi(\Delta)\,\varphi^{\alpha}(\alpha\Delta)\,\varphi^{\alpha^2}(\alpha^2\Delta) \,.\,.\,.\,,$$

en remplaçant $\varphi(\Delta)$ par $\varphi(\alpha^l\Delta)$.

La même forme subsiste également après la multiplication et la division de ces quantités.

Donc, à l'aide de l'équation

$$N_0 A_0 + N_1 A_1 + N_2 A_2 + \,.\,.\,. = 0,$$

on peut diminuer le nombre de termes dans la valeur de l'intégrale $\int \frac{fx}{Fx} \frac{dx}{\Delta}$ sans altérer leur forme principale, et, par conséquent, cette équation ne peut avoir lieu dès que la valeur de l'intégrale $\int \frac{fx}{Fx} \frac{dx}{\Delta}$ est réduite au minimum de termes, ce que nous supposerons toujours dans nos recherches.

§ III.

Soit x' une valeur de x qui rende W_0 égale à 0 ou ∞. Il n'est pas difficile de s'assurer qu'on trouvera une puissance de $x - x'$, dont le rapport à W_0 sera fini pour $x = x'$, et que l'exposant de cette puissance sera en général un nombre complexe de α. En effet, la fonction W_0, comme nous l'avons vu, est égale au produit

$$\varphi_0(\Delta) \,.\, \varphi_0^{\alpha}(\alpha\Delta) \,.\, \varphi_0^{\alpha^2}(\alpha^2\Delta) \,.\,.\,.\,,$$

où φ_0 est une fonction algébrique. Or, si l'on développe les facteurs

$$\varphi_0(\Delta), \quad \varphi_0(\alpha\Delta), \quad \varphi_0(\alpha^2\Delta), \,.\,.\,.$$

selon les puissances de $x-x'$, et qu'on désigne par n^0, n', n'',..., les exposants de $x-x'$ dans les premiers termes, les nombres n^0, n', n'',..., sont rationnels, et la somme

$$n^0 + n'\alpha + n''\alpha^2 + \ldots$$

est l'exposant de $x-x'$ dans le premier terme du développement de W_0. D'où il suit que N'_0, étant égal au nombre complexe

$$n^0 + n'\alpha + n''\alpha^2 + \ldots,$$

le rapport $\frac{W_0}{(x-x')^{N'_0}}$ reste fini pour $x=x'$.

Soient N'_1, N'_2,..., les nombres complexes qui jouent le même rôle par rapport à W_1, W_2,.... En prenant

$$\int \frac{A_0 N'_0 + A_1 N'_1 + A_2 N'_2 + \ldots}{x-x'} dx$$

$$= A_0 \lg (x-x')^{N'_0} + A_1 \lg (x-x')^{N'_1} + A_2 \lg (x-x')^{N'_2} + \ldots,$$

et retranchant terme à terme de celle-ci,

$$\int \frac{fx}{Fx} \frac{dx}{\Delta} = A_0 \lg W_0 + A_1 \lg W_1 + A_2 \lg W_2 + \ldots,$$

nous trouvons

$$\int \left[\frac{fx}{Fx.\Delta} - \frac{A_0 N'_0 + A_1 N'_1 + A_2 N'_2 + \ldots}{x-x'}\right] dx$$

$$= A_0 \lg \frac{W_0}{(x-x')^{N'_0}} + A_1 \lg \frac{W_1}{(x-x')^{N'_1}} + A_2 \lg \frac{W_2}{(x-x')^{N'_2}} + \ldots$$

Le second membre de cette équation étant finie pour $x=x'$, nous concluons que cette valeur de x ne rend pas infinie l'intégrale

$$\int \left[\frac{fx}{Fx.\Delta} - \frac{A_0 N'_0 + A_1 N'_1 + A_2 N'_2 + \ldots}{x-x'}\right] dx,$$

ce qui suppose que la limite de

$$(x-x')\left[\frac{fx}{Fx.\Delta} - \frac{A_0 N'_0 + A_1 N'_1 + A_2 N'_2 + \ldots}{x-x'}\right],$$

pour $x=x'$, est égale à zéro, et, par conséquent,

$$N'_0 A_0 + N'_1 A_1 + N'_2 A_2 + \ldots = \lim \left[\frac{(x-x') fx}{Fx.\Delta}\right]_{x=x'}.$$

Cette équation nous prouve que les termes de la valeur de l'intégrale $\int \frac{fx}{Fx}\frac{dx}{\Delta}$ ne peuvent devenir infinis que pour une valeur de x égale à l'une des racines de l'équation

$$Fx = 0;$$

car, d'après le § II, la somme

$$N'_0 A_0 + N'_1 A_1 + N'_2 A_2 + \ldots$$

sera différente de zéro, tandis que $\lim \left[\frac{(x-x')fx}{Fx.\Delta}\right]_{x=x'}$ ne différe de zéro que dans le cas où Fx contient le facteur $x - x'$, le facteur Δ ne pouvant contenir $x - x'$ qu'à un degré inférieur à 1 (§ I, note).

Cette équation nous prouve aussi que la limite de $\frac{(x-x')fx}{Fx.\Delta}$, pour $x = x'$, ne peut être infinie.

Supposons maintenant qu'on désigne par $x', x'', x''', \ldots, x^{(l)}$ toutes les racines de l'équation

$$Fx = 0,$$

et par $K', K'', K''', \ldots, K^{(l)}$ la valeur de

$$\lim \left[\frac{(x-z)fx}{Fx.\Delta}\right]_{x=z}$$

pour $z = x', x'', x''', \ldots, x^{(l)}$.

L'équation que nous venons de trouver et celles qu'on obtient de la même manière en examinant les cas où $x = x'', x''', \ldots, x^{(l)}$, pourront s'écrire ainsi:

$$(2) \qquad \sum_{i=0}^{i=t} N'_i A_i = K', \quad \sum_{i=0}^{i=t} N''_i A_i = K'', \quad \ldots, \quad \sum_{i=0}^{i=t} N_i^{(l)} A_i = K^{(l)},$$

où $t+1$ est le nombre de termes de la valeur de l'intégrale $\int \frac{fx}{Fx}\frac{dx}{\Delta}$; $N_0', N_0'', \ldots, N_0^{(l)}$, $N_1', N_1'', \ldots, N_1^{(l)}$, etc., sont les nombres complexes choisis de manière que les rapports

$$\frac{W_0}{(x-x')^{N'_0}(x-x'')^{N''_0}\ldots(x-x^{(l)})^{N_0^{(l)}}},$$

$$\frac{W_1}{(x-x')^{N'_1}(x-x'')^{N''_1}\ldots(x-x^{(l)})^{N_1^{(l)}}},$$

$$\ldots\ldots\ldots\ldots\ldots\ldots\ldots\ldots$$

restent finis pour $x = x', x'', x''', \ldots, x^{(l)}$, et, par conséquent, pour toutes les valeurs finies de x; car, comme nous l'avons remarqué, les racines de l'équation

$$Fx = 0$$

sont les seules valeurs finies de x qui peuvent rendre les fonctions

$$W_0,\ W_1,\ W_2,\ldots,$$

infinies ou 0.

En changeant, dans l'équation

$$\int \frac{fx}{Fx}\frac{dx}{\Delta} = A_0 \log W_0 + A_1 \log W_1 + A_2 \log W_2 + \ldots,$$

x en $\frac{1}{z}$, et en traitant le cas de $z=0$, nous trouvons de la même manière l'équation

(3) $$\sum_{i=0}^{i=l} \mu_i A_i = K^0,$$

où K^0 est la limite de $\frac{xfx}{Fx.\Delta}$ pour $x=\infty$, et μ_0, μ_1, $\mu_2,\ldots$, les degrés des fonctions W_0, W_1, $W_2,\ldots$

Cette équation nous prouve, en outre, que la fonction $\frac{fx}{Fx.\Delta}$ ne peut être d'un degré plus élevé que -1; car, autrement,

$$K^{(0)} = \lim \left[\frac{xfx}{Fx.\Delta}\right]_{x=\infty}$$

serait infinie, ce qui ne peut avoir lieu d'après l'équation trouvée.

§ IV.

Supposons maintenant qu'en désignant par M^0, M', M'',..., les nombres complexes de α, on cherche à vérifier les équations de la forme

$$M^0 K^0 + M' K' + M'' K'' + \ldots = 0,$$

et que l'on ne trouve que λ équations de cette forme qui ne soient pas identiques entre elles par rapport à K^0, K', K'',..., $K^{(l)}$.

D'après ces équations, on pourra évidemment exprimer λ quantités de la série

$$K^0,\ K',\ K'',\ldots K^{(l)}$$

en fonctions linéaires des autres, et ces fonctions auront pour coefficients des nombres complexes de α. Supposons donc qu'on parvienne a trouver

(4) $$\begin{cases} K^0 = \sum\limits_{i=0}^{i=l-\lambda} M_i^0 K^{(\lambda+i)}, \quad K' = \sum\limits_{i=0}^{i=l-\lambda} M_i' K^{(\lambda+i)}, \ldots, \\ K^{(\lambda-1)} = \sum\limits_{i=0}^{i=l-\lambda} M_i^{(\lambda-1)} K^{(\lambda+i)}. \end{cases}$$

Comme les quantités K^0, K', K'', . . ., $K^{(l)}$ ne peuvent vérifier plus de λ équations différentes de la forme

$$(5) \qquad M^0 K^0 + M' K' + M'' K'' + \ldots = 0,$$

les quantités

$$K^{(\lambda)}, \ K^{(\lambda+1)}, \ldots, \ K^{(l)},$$

prises séparément de

$$K^0, \ K', \ K'', \ \ldots, \ K^{(\lambda-1)},$$

ne pourront vérifier une équation de cette forme; car, autrement, cette équation et les λ équations (4), évidemment non identiques entre elles, donneraient $\lambda + 1$ équations de la forme (5), ce qui est contraire à la supposition.

D'après cela, il est facile de s'assurer que le nombre de termes, dans la valeur de l'intégrale $\int \frac{fx}{Fx} \frac{dx}{\Delta}$, ne peut être au-dessous de $l - \lambda + 1$; car, dans ce cas, le nombre des coefficients

$$A_0, \ A_1, \ A_2, \ \ldots,$$

serait aussi moindre que $l - \lambda + 1$; et alors les $l - \lambda + 1$ équations dernières de la série (2), après l'élimination de ces coefficients, donneraient au moins une équation entre $K^{(\lambda)}$, $K^{(\lambda+1)}$, . . ., $K^{(l)}$ qui serait de la forme (5), ce qui est impossible.

Le même résultat aurait lieu si l'une de $l - \lambda + 1$ dernières équations (2) était identique aux autres par rapport à toutes les quantités A_0, A_1, A_2, . . . Donc, au moyen de ces équations, il est possible de trouver $l - \lambda + 1$ quantités de la série

$$A_0, \ A_1, \ A_2, \ \ldots$$

en fonctions des autres et des quantités $K^{(\lambda)}$, $K^{(\lambda+1)}$, . . ., $K^{(l)}$; ces fonctions seront linéaires et auront pour coefficients des nombres complexes de α.

Supposons qu'on parvienne ainsi à trouver les quantités

$$A_0, \ A_1, \ \ldots, \ A_{l-\lambda+1},$$

et qu'on porte leurs valeurs dans l'équation

$$\int \frac{fx}{Fx} \frac{dx}{\Delta} = A_0 \log W_0 + A_1 \log W_1 + A_2 \log W_2 + \ldots$$

Après cette substitution la valeur de l'intégrale $\int \frac{fx}{Fx}\frac{dx}{\Delta}$ contiendra plusieurs termes avec les coefficients

$$K^{(\lambda)},\ K^{(\lambda+1)},\ \ldots,\ K^{(l)},$$

$$A_{l-\lambda+1},\ A_{l-\lambda+2},\ \ldots,\ A_l.$$

Mais si l'on rassemble dans un seul terme tout ce qui contient le même coefficient, on n'aura que l termes, dont la forme générale sera

$$K^{(i)} \log Z \quad \text{ou} \quad A_i \log Z,$$

et dans lesquels

$$Z = W_0^{\frac{P_0}{Q_0}} . W_1^{\frac{P_1}{Q_1}} . W_2^{\frac{P_2}{Q_2}}, \ldots,$$

$P_0, P_1, P_2, \ldots, Q_0, Q_1, Q_2, \ldots$, étant des nombres complexes de α. Or, d'après ce que nous avons montré au § II, il est certain que, quelque compliquée que soit la forme de ces termes, ils pourront être réduits à une forme telle que celle-ci:

$$\frac{K^{(i)}}{n} \log W \quad \text{ou} \quad \frac{A_i}{n} \log W,$$

où n est un nombre entier réel, et W une fonction de la forme

$$\psi(\Delta) . \psi^{\alpha}(\alpha\Delta) . \psi^{\alpha^2}(\alpha^2\Delta) \ldots \psi^{\alpha^{m-1}}(\alpha^{m-1}\Delta).$$

Donc, après la substitution dont nous venons de parler, la forme principale des termes n'est pas altérée; mais les $l - \lambda + 1$ coefficients

$$A_0,\ A_1,\ \ldots,\ A_{l-\lambda}$$

sont remplacés par

$$\frac{K^{(\lambda)}}{n_0},\quad \frac{K^{(\lambda+1)}}{n_1},\quad \frac{K^{(\lambda+2)}}{n_2}, \ldots \frac{K^{(l)}}{n_{l-\lambda}},$$

où $n_0, n_1, n_2, \ldots, n_{l-\lambda}$ sont des nombres entiers réels.

Dans la suite, nous supposerons toujours que cette transformation à été faite; et par conséquent, dans l'équation

$$\int \frac{fx}{Fx}\frac{dx}{\Delta} = A_0 \log W_0 + A_1 \log W_1 + A_2 \log W_2 + \ldots,$$

nous prendrons

$$(6) \qquad A_0 = \frac{K^{(\lambda)}}{n_0},\quad A_1 = \frac{K^{(\lambda+1)}}{n_1},\quad A_2 = \frac{K^{(\lambda+2)}}{n_2}, \ldots, A_{l-\lambda} = \frac{K^{(l)}}{n_{l-\lambda}},$$

où $n_0, n_1, n_2; \ldots, n_{l-\lambda}$ sont des nombres entiers réels.

Jusqu'à présent nous n'avons rien dit sur la forme des fonctions $\varphi_0(\Delta)$, $\varphi_1(\Delta), \ldots,$ qui entrent dans la composition de W_0, $W_1, \ldots,$ et qui sont rationnelles par rapport à x et Δ; dans ce qui suit, nous les supposerons réduites à la forme la plus simple, c'est-à-dire

$$\frac{X_0 + X_1\,\Delta + X_2\,\Delta^2 + \ldots + X_{m-1}\,\Delta^{m-1}}{Y},$$

où X_0, X_1, $X_2, \ldots,$ X_{m-1}, Y sont des fonctions entières de x. De plus, le dénominateur Y se détruit dans la valeur de

$$W = \varphi(\Delta)\,.\,\varphi^{\alpha}(\alpha\Delta)\,.\,\varphi^{\alpha^2}(\alpha^2\Delta)\;.\;.\;.\;\varphi^{\alpha^{m-1}}(\alpha^{m-1}\Delta),$$

à cause de l'égalité

$$1 + \alpha + \alpha^2 + \;.\;.\;.\; + \alpha^{m-1} = 0;$$

nous pouvons prendre $Y = 1$.

§ V.

Les équations (2), (3), (4) et (6), par l'élimination de

$$K^0,\; K',\; K'',\; \ldots,\; K^{(l)},$$

nous donnent

$$\sum_{i=0}^{i=l-\lambda} M_i^0\, n_i\, A_i = \sum_{i=0}^{i=t} \mu_i\, A_i,$$

$$\sum_{i=0}^{i=l-\lambda} M_i'\, n_i\, A_i = \sum_{i=0}^{i=t} N_i'\, A_i,$$

. . . .

$$\sum_{i=0}^{i=l-\lambda} M_i^{(\lambda-1)}\, n_i\, A_i = \sum_{i=0}^{i=t} N_i^{(\lambda-1)}\, A_i,$$

$$n_0\, A_0 = \sum_{i=0}^{i=t} N_i^{(\lambda)}\, A_i,$$

$$n_1\, A_1 = \sum_{i=0}^{i=t} N_i^{(\lambda+1)}\, A_i,$$

. . . .

$$n_{l-\lambda}\, A_{l-\lambda} = \sum_{i=0}^{i=t} N_i^{(l)}\, A_i,$$

où les nombres complexes désignés par $M_i^{i'}$ sont déterminés par les équations (4), qui donnent $K^0, K', K'', \ldots, K^{(\lambda-1)}$ en fonction de $K^{(\lambda)}, K^{(\lambda+1)}, \ldots, K^{(l)}$; les nombres complexes désignés par $N_i^{i'}$ sont inconnus et jouissent, comme nous l'avons vu, de cette propriété que le rapport

$$\frac{W_i}{(x-x')^{N'_i}(x-x'')^{N''_i}\ldots}$$

reste fini pour toutes les valeurs finies de x; le nombre désigné par μ_i détermine le degré de la fonction W_i. Quant aux quantités $n_0, n_1, \ldots, n_{l-\lambda}$, ce sont des nombres entiers réels, également inconnus.

Or, comme les coefficients

$$A_0, A_1, A_2, \ldots,$$

ne peuvent vérifier aucune équation de la forme

$$N_0 A_0 + N_1 A_1 + N_2 A_2 + \ldots = 0;$$

$N_0, N_1, N_2, \ldots$, étant des nombres complexes de α, les équations que nous venons de trouver doivent être identiques par rapport à $A_0, A_1, A_2, \ldots$, ce qui suppose les égalités suivantes:

$$\mu_i = M_i^0 n_i, \quad N_i' = M_i' n_i, \quad N_i'' = M_i'' n_i, \ldots, \quad N_i^{(\lambda-1)} = M_i^{(\lambda-1)} n_i,$$
$$N_i^{(\lambda)} = 0, \quad N_i^{(\lambda+1)} = 0, \ldots, \quad N_i^{(\lambda+i-1)} = 0, \quad N_i^{(\lambda+i)} = n_i,$$
$$N_i^{(\lambda+i+1)} = 0, \ldots, \quad N_i^{l} = 0$$

pour $i = 0, 1, 2, \ldots, l-\lambda$, et

$$\mu_i = 0, \quad N_i' = 0, \quad N_i'' = 0, \quad N_i''' = 0, \ldots$$

pour $i > l - \lambda$.

D'après cela, en ayant égard au rapport qui existe entre la fonction W_i et les nombres $\mu_i, N_i', N_i'', \ldots$, nous concluons:

1°. Toutes les fonctions $W_{l-\lambda+1}, W_{l-\lambda+2}, W_{l-\lambda+3}, \ldots$ sont du degré 0, et aucune valeur de x ne peut les reduire à zéro ou à infini.

2°. Pour $i = 0, 1, 2, \ldots, l-\lambda$, le degré de W_i est $M_i^0 n_i$; et la fonction dont le rapport à W_i reste fini, tant que x n'est pas infini, se présente sous cette forme:

$$\left[(x-x')^{M_i'}.(x-x'')^{M_i''}.(x-x''')^{M_i'''}\ldots(x-x^{(\lambda-1)})^{M_i^{(\lambda-1)}}.(x-x^{(\lambda+i)})\right]^{n_i},$$

expression où il ne reste d'inconnu que le nombre entier et réel n_i.

Telles sont les propriétés des fonctions

$$W_0,\ W_1,\ W_2,\ W_3,\ldots,$$

qui entrent dans l'équation

$$\int \frac{fx}{Fx}\,\frac{dx}{\Delta} = A_0 \log W_0 + A_1 \log W_1 + A_2 \log W_2 + \ldots,$$

quand cette équation se trouve transformée par la méthode que nous avons donnée au § IV. De plus, les équations (6) nous donnent l'égalité

$$A_i = \frac{K^{(\lambda+i)}}{n_i},$$

i étant égal à 0, 1, 2,..., $l-\lambda$.

§ VI.

D'après ce que nous venons de trouver par rapport aux fonctions

$$W_{l-\lambda+1},\quad W_{l-\lambda+2},\quad W_{l-\lambda+3},\ldots,$$

il n'est pas difficile de s'assurer qu'elles se réduisent à des quantités constantes.

En effet, si la fonction W ne devient ni 0 ni ∞ pour $x=a$, l'exposant de $x-a$ dans le premier terme du développement de W, selon les puissances de $x-a$, doit être zéro. Or, pour

$$W = \varphi(\Delta).\varphi^{\alpha}(\alpha\Delta).\varphi^{\alpha^2}(\alpha^2\Delta)\ldots\varphi^{\alpha^{m-1}}(\alpha^{m-1}\Delta),$$

cet exposant (§ II) est égal à la somme

$$n^0 + n'\alpha + n''\alpha^2 + \ldots + n^{(m-1)}.\alpha^{m-1},$$

où n^0, n', n'',.. , $n^{(m-1)}$ sont des nombres réels rationnels, désignant le degré de $x-a$ dans les premiers termes du développement de

$$\varphi(\Delta),\quad \varphi(\alpha\Delta),\quad \varphi(\alpha^2\Delta),\ldots\quad \varphi(\alpha^{m-1}\Delta),$$

et α une racine primitive de l'équation

$$x^m - 1 = 0.$$

Or cette somme ne peut se réduire à zéro, à moins qu'on n'ait

$$n^0 = n' = n'' = \ldots = n^{(m-1)};$$

c'est-à-dire à moins que le développement de

$$\varphi(\Delta), \quad \varphi(\alpha\Delta), \quad \varphi(\alpha^2\Delta), \ldots, \quad \varphi(\alpha^{m-1}\Delta)$$

ne contienne dans ses premiers termes la même puissance de $x-a$; et alors nous trouvons que pour $x=a$, q et p étant des nombres entiers, le rapport $\frac{\varphi(\alpha^p\Delta)}{\varphi(\alpha^q\Delta)}$ reste fini.

Donc, si la fonction W reste finie pour toutes les valeurs finies de x, la même chose doit avoir lieu pour la fraction $\frac{\varphi(\alpha^p\Delta)}{\varphi(\alpha^q\Delta)}$.

De la même manière on parvient à conclure que le degré de la fonction $\frac{\varphi(\alpha^p\Delta)}{\varphi(\alpha^q\Delta)}$ est 0 et, par conséquent, qu'elle reste finie pour $x=\infty$.

D'après cela, nous trouvons que le produit

$$\frac{\varphi(\alpha^p\Delta)}{\varphi(\Delta)} \cdot \frac{\varphi(\alpha^p\Delta)}{\varphi(\alpha\Delta)} \cdot \frac{\varphi(\alpha^p\Delta)}{\varphi(\alpha^2\Delta)} \cdots \frac{\varphi(\alpha^p\Delta)}{\varphi(\alpha^{m-1}\Delta)}$$

reste fini pour toutes les valeurs de x.

Mais ce produit se réduit à $\frac{\varphi^m(\alpha^p\Delta)}{S}$, où S est une fonction entière de x qui ne depend pas de α; car

$$S=\varphi(\Delta).\varphi(\alpha\Delta).\varphi(\alpha^2\Delta)\ldots\varphi(\alpha^{m-1}\Delta)$$

est une fonction symétrique des racines de l'équation

$$\Delta^m = \text{à une fonction entière},$$

et $\varphi(\Delta)$, comme nous avons vu, est une fonction entière de x et Δ. Quant à $\varphi^m(\alpha^p\Delta)$, cette fonction sera évidemment de même forme que $\varphi(\Delta)$. (*Voir* § IV).

Donc, en faisant

$$\frac{\varphi^m(\alpha^p\Delta)}{S} = \psi(\alpha^p\Delta), \tag{7}$$

nous trouvons que $\psi(\alpha^p\Delta)$ est une fonction déterminée par l'équation

$$\psi(\alpha^p\Delta) = \frac{X_0}{S} + \frac{X_1}{S}\Delta + \frac{X_1}{S}\Delta^2 + \ldots + \frac{X_{m-1}}{S}\Delta^{m-1},$$

où S, X_0, X_1, $X_2 \ldots$, X_{m-1} sont des fonctions entières de x, — qui reste finie pour toutes les valeurs de x. Or nous allons prouver que cela ne peut avoir lieu, à moins que tous les termes de la valeur de $\psi(\alpha^p\Delta)$ ne soient constants.

En effet, d'après la valeur de $\psi(\alpha^p \Delta)$, pour $i < m$, nous trouvons

$$\psi(\alpha^p \Delta) + \alpha^{-i}\psi(\alpha^{p+1}\Delta) + \alpha^{-2i}\psi(\alpha^{p+2}\Delta) + \ldots + \alpha^{-(m-1)i}\varphi(\alpha^{p+m-1}\Delta)$$
$$= m\frac{X_i}{S}\Delta^i,$$

et, par conséquent,

$$\left[\begin{array}{r}\psi(\alpha^p \Delta) + \alpha^{-i}\psi(\alpha^{p+1}\Delta) + \alpha^{-2i}\psi(\alpha^{p+2}\Delta) + \ldots \\ + \alpha^{-(m-1)i}\psi(\alpha^{p+m-I}\Delta)\end{array}\right]^m = m^m\left(\frac{X_i}{S}\right)^m \Delta^{mi}.$$

Le premier membre de cette équation étant composé de la fonction ψ reste fini pour toutes les valeurs de x; mais le second $m^m\left(\frac{X_i}{S}\right)^m \Delta^{mi}$, tant qu'on ne le suppose pas constant, sera infini ou pour certaines valeurs de x ou bien pour $x = \infty$, selon que la fonction rationnelle $m^m\left(\frac{X_i}{S}\right)^m \Delta^{mi}$ se réduira à une fraction simple ou à une fonction entière.

Donc on ne pourra supposer aucun terme de la fonction $\psi(\alpha^p \Delta)$ variable, et par conséquent, d'après (7), on aura

$$\varphi(\alpha^p \Delta) = C_p \sqrt[m]{S},$$

où C_p est une constante et S une fonction qui ne dépend pas de α^p. Or, si l'on forme, d'après cette équation, les valeurs des fonctions

$$\varphi(\Delta), \quad \varphi(\alpha\Delta), \quad \varphi(\alpha^2\Delta), \ldots, \quad \varphi(\alpha^{m-1}\Delta),$$

et qu'on les porte dans la formule

$$W = \varphi(\Delta).\varphi^{\alpha}(\alpha\Delta).\varphi^{\alpha^2}(\alpha^2\Delta)\ldots\varphi^{\alpha^{m-1}}(\alpha^{m-1}\Delta),$$

on trouve

$$W = C_0.C_1^{\alpha}.C_2^{\alpha^2}\ldots C_{m-1}^{\alpha^{m-1}}.S^{\frac{1+\alpha+\alpha^2+\ldots+\alpha^{m-1}}{m}}$$

Mais la somme

$$1 + \alpha + \alpha^2 + \ldots + \alpha^{m-1}$$

se réduit à 0; donc W a une valeur constante.

§ VII.

Ayant démontré que dans la valeur de l'intégrale $\int \frac{fx dx}{Fx.\Delta}$ toutes les fonctions

$$W_{l-\lambda+1}, \quad W_{l-\lambda+2}, \ldots,$$

ne peuvent être que des constantes, nous en déduisons que les seuls termes variables sont

$$A_0 \log W_0, \quad A_1 \log W_1, \ldots, \quad A_{l-\lambda} \log W_{l-\lambda},$$

et comme, d'après (6), les coefficients de ces termes sont de la forme

$$\frac{K^{(\lambda+i)}}{n_i},$$

où n_i est un nombre entier, nous concluons que leur nombre ne peut surpasser celui des termes de la série

$$K^0, \quad K', \quad K'', \ldots, \quad K^{(l)},$$

différents de zéro.

En remarquant que l est le nombre des racines de l'équation

$$Fx = 0,$$

et que

$$K^0 = \lim \left(\frac{xfx}{Fx.\Delta}\right)_{x=\infty}$$

se réduit à 0, si le degré de $\frac{fx}{Fx.\Delta}$ est inférieur à -1, nous parvenons à établir les théorèmes suivants:

Théorème I. — *Soient $\frac{fx}{Fx}$ une fraction rationnelle, θx un polynôme dont les facteurs sont d'un degré moins élevé que* m. *Si la valeur de l'intégrale $\int \frac{fx}{Fx} \frac{dx}{\sqrt[m]{\theta x}}$ ne contient que les termes logarithmiques, l'intégrale $\int \frac{fx}{Fx} \frac{dx}{\sqrt[m]{\theta x}}$ est égale à une somme de termes de la forme suivante:*

$$A \log \left[\varphi\left(\sqrt[m]{\theta x}\right).\varphi^{\alpha}\left(\alpha \sqrt[m]{\theta x}\right).\varphi^{\alpha^2}\left(\alpha^2 \sqrt[m]{\theta x}\right)\ldots\varphi^{\alpha^{m-1}}\left(\alpha^{m-1} \sqrt[m]{\theta x}\right)\right],$$

où $\varphi(\sqrt[m]{\theta x})$ est une fonction entière de x et $\sqrt[m]{\theta x}$, α est une racine primitive de l'équation

$$x^m - 1 = 0;$$

et le nombre de ces termes, suffisants pour donner la valeur de l'intégrale $\int \frac{fx}{Fx} \frac{dx}{\sqrt[m]{\theta x}}$, ne surpassera pas le degré de Fx, la fonction $\frac{fx}{Fx \sqrt[m]{\theta x}}$ étant d'un degré moindre que -1; dans le cas contraire, le nombre de ces termes ne surpassera le degré de Fx que d'une unité.

Dans le cas où $Fx = 1$, le théorème précédent se réduit à celui-ci:

Théorème II. — *Les fonctions fx, θx étant entières, si θx ne contient* *que des facteurs de degrés inférieurs à m, l'intégrale* $\int \frac{fx}{\sqrt[m]{\theta x}}\, dx$ *s'exprimant d'ailleurs par les seuls termes logarithmiques, sera réductible à la formule*

$$A \log \left[\varphi(\sqrt[m]{\theta x}) . \varphi^{\alpha}(\alpha \sqrt[m]{\theta x}) . \varphi^{\alpha^2}(\alpha^2 \sqrt[m]{\theta x}) \ldots \varphi^{\alpha^{m-1}}(\alpha^{m-1} \sqrt[m]{\theta x})\right].$$

où $\varphi(\sqrt[m]{\theta x})$ *est une fonction entière de* x *et* $\sqrt[m]{\theta x}$, *et* α *est une racine primitive de l'équation*

$$x^m - 1 = 0.$$

Dans le cas de $m = 2$, nous obtenons le théorème d'Abel, cité dans le § I.

Théorème III. *L'intégrale* $\int \frac{fx}{\sqrt[m]{\theta x}}\, dx$ *n'est pas réductible aux fonctions algébrique et logarithmique, si* θx *n'a pas de facteur multiple d'un degré plus élevé que* $m - 1$, *et si la fonction* fx *est d'un degré moins élevé que* $\frac{\sqrt[m]{\theta x}}{x}$.

En effet, si l'on suppose que $\int \frac{fx}{\sqrt[m]{\theta x}}\, dx$ soit réductible aux fonctions algébrique et logarithmique, d'après le § 1, on parvient à conclure que sa valeur n'a point de terme algébrique. La même chose a lieu par rapport aux termes logarithmiques; car la différentielle $\frac{fx}{\sqrt[m]{\theta x}}\, dx$ n'a pour dénominateur que $\sqrt[m]{\theta x}$, et le degré de $\frac{fx}{\sqrt[m]{\theta x}}$ est moins élevé que -1; mais dans ce cas, d'après le théorème I, le nombre de termes logarithmiques suffisant pour donner la valeur de $\int \frac{fx}{\sqrt[m]{\theta x}}\, dx$ est 0. Donc, si l'on suppose que l'intégrale $\int \frac{fx}{\sqrt[m]{\theta x}}\, dx$ est réductible aux fonctions algébrique et logarithmique, on sera forcé de conclure que sa valeur est une constante.

Dans le cas de $m = 2$, cela se réduit au théorème donné par M. Liouville.

§ VIII.

A l'aide des théorèmes que nous venons de donner, on peut résoudre entièrement la question de l'intégration en termes algébriques et logarithmiques des différentielles binômes

$$x^s (a + bx^{s'})^{s''}\, dx,$$

où s, s', s'' sont des nombres rationnels.

L'intégrale de ces différentielles se réduit facilement à la forme

$$\int x^{p-1}(1+x^q)^{\frac{m'}{m}}\,dx,$$

où p, q, m, m' sont des nombres entiers et $q > 0$, et l'on trouve, par les méthodes connues, la valeur de cette intégrale, si l'une des deux quantités $\frac{p}{q}$, $\frac{p}{q}+\frac{m'}{m}$ est un nombre entier. Dans le cas contraire, cette intégrale se réduit à la forme

$$U_0+\int \frac{x^{p'-1}}{(1+x^q)^{\frac{m''}{m}}}\,dx,$$

où U_0 est une fonction algébrique, p' est le plus petit nombre positif congru à p selon le module q, et m'' le plus petit nombre congru à $-m'$ selon le module m, ce qui suppose

$$p' < q, \quad m'' < m.$$

Pour trouver le terme algébrique dans la valeur de l'intégrale $\int \frac{x^{p'-1}}{(1+x^q)^{\frac{m''}{m}}}\,dx$, d'après le § I, on cherche le plus grand commun diviseur entre les fonctions $(1+x^q)^{m''}$ et $\frac{d(1+x^q)^{m''}}{dx}$. Ce diviseur étant $(1+x^q)^{m''-1}$, on conclut que le terme algébrique doit avoir pour dénominateur la fonction $(1+x^q)^{m''-1}$.

Mais, en examinant les fonctions

$$\frac{x^{p'-1}(1+x^q)^{m''-1}}{(1+x^q)^{m''}}, \quad \frac{(1+x^q)^{m''-1}}{x(1+x^q)^{m''\cdot\frac{m-1}{m}}},$$

où, comme nous avons vu, $p' < q$, $m'' < m$, $p' > 0$, on trouve que leur degré est au-dessous de -1; ce qui, d'après le § I, prouve qu'il n'y a pas de terme algébrique dans la valeur de l'intégrale $\int \frac{x^{p'-1}}{(1+x^q)^{\frac{m''}{m}}}\,dx$.

Donc il ne reste plus qu'à chercher l'expression de sa valeur à l'aide des seuls termes logarithmiques. Mais une telle expression, d'après le § III, n'est possible que dans le cas où le degré de $\frac{x^{p'-1}}{(1+x^q)^{\frac{m''}{m}}}$ ne se trouve pas au-dessus de -1, et, en vertu du dernier théorème que nous venons de démontrer, ce degré ne doit pas être au dessous de -1. Par conséquent, l'intégration de $\frac{x^{p'-1}}{(1+x^q)^{\frac{m''}{m}}}\,dx$, à l'aide des termes algébriques et logarithmiques n'est pas possible, à moins que la fonction $\frac{x^{p'-1}}{(1+x^q)^{\frac{m''}{m}}}$ ne soit précisément du degré — 1; ce qui entraîne cette équation entre les exposants p', q, $\frac{m''}{m}$:

$$\frac{p'}{q} - \frac{m''}{m} = 0.$$

Mais en passant aux nombres p et m', dont le premier est congru à p' selon le module q et le second à $-m''$ selon le module m, nous trouvons que l'équation précédente suppose que $\frac{p}{q} + \frac{m'}{m}$ est un nombre entier. Donc, outre ce cas et celui où p est divisible par q, l'intégrale

$$\int x^{p-1} (1+x^q)^{\frac{m'}{m}} dx$$

représente une transcendante particulière; c'est ce qu'il s'agissait de démontrer pour être sûr que les méthodes ordinaires de l'intégration des différentielles binômes avec les exposants rationnels, comprennent tous les cas où cette intégration est possible en termes algébriques et logarithmiques.

§ IX.

D'aprés ce que nous avons trouvé dans les §§ IV, V et VI, on conclut qu'en général le nombre de termes logarithmiques qui suffit pour donner la valeur de l'intégrale $\int \frac{fx}{Fx} \frac{dx}{\Delta}$ est $l - \lambda + 1$, où l indique le degré de Fx, et λ le nombre des équations (4). De plus, nous avons vu que l'intégrale $\int \frac{fx}{Fx} \frac{dx}{\Delta}$ peut être réduite de manière que, dans l'équation

$$\int \frac{fx}{Fx} \frac{dx}{\Delta} = A_0 \log W_0 + A_1 \log W_1 + A_2 \log W_2 + \ldots,$$

tous les termes soient de la forme

$$\frac{K^{(\lambda+i)}}{n_i} \log W_i,$$

où n_i est un nombre entier non complexe;

$$W_i = \varphi_i(\Delta) . \varphi_i^{\alpha} (\alpha\Delta) . \varphi_i^{\alpha^2} (\alpha^2 \Delta) \ldots \varphi^{\alpha^{m-1}} (\alpha^{m-1} \Delta)$$

est du degré $M_i^0 . n_i$, et, pour toutes les valeurs finies de x, reste en rapport fini avec la fonction

$$\left[(x-x')^{M_i'}.(x-x'')^{M_i''}(x-x''')^{M_i'''}\ldots(x-x^{(\lambda-1)})^{M_i^{(\lambda-1)}}.(x-x^{(\lambda+i)})\right]^{n_i}.$$

Quant aux nombres $M_i^0, M_i', M_i'', M_i''', \ldots, M_i^{(\lambda-1)}$, ils sont connus d'après les équations (4).

Il n'est pas difficile de s'assurer que, d'après cela, chaque terme de la valeur de l'intégrale $\int \frac{fx}{Fx}\frac{dx}{\Delta}$ est complétement déterminé, c'est-à-dire que si l'on trouve les nombres

$$n_0, \quad n_1, \quad n_2, \ldots, \quad n_{l-\lambda}$$

et les fonctions

$$W_0, \quad W_1, \quad W_2 \ldots, \quad W_{l-\lambda}$$

qui puissent remplir les conditions mentionnées, la somme

$$\frac{K^{(\lambda)}}{n_0}\log W_0 + \frac{K^{(\lambda+1)}}{n_1}\log W_1 + \frac{K^{(\lambda+2)}}{n_2}\log W_2 + \ldots + \frac{K^{(l)}}{n_{l-\lambda}}\log W_{l-\lambda}$$

sera la valeur de l'intégrale $\int \frac{fx}{Fx}\frac{dx}{\Delta}$, lorsque celle-ci peut être exprimée à l'aide des termes logarithmiques.

En effet, si cette somme n'est pas la valeur de l'intégrale $\int \frac{fx}{Fx}\frac{dx}{\Delta}$, supposons que

$$B_0 \log W^0, \quad B_1 \log W', \quad B_2 \log W'', \ldots, \quad B_s \log W^{(s)}$$

soient les termes qu'il faut ajouter à celle-là pour la rendre égale à $\int \frac{fx}{Fx}\frac{dx}{\Delta}$.

On aura

$$\int \frac{fx}{Fx}\frac{dx}{\Delta} =$$

$$\frac{K^{(\lambda)}}{n_0}\log W_0 + \frac{K^{(\lambda+1)}}{n_1}\log W_1 + \frac{K^{(\lambda+2)}}{n_2}\log W_2 + \ldots + \frac{K^{(l)}}{n_{l-\lambda}}\log W_{l-\lambda}$$
$$+ B_0 \log W^0 + B_1 \log W' + B_2 \log W'' + \ldots + B_s \log W^{(s)}.$$

Pour cette valeur de l'intégrale $\int \frac{fx}{Fx}\frac{dx}{\Delta}$ les équations (2) et (3) donnent

$$K^0 = \sum_{i=0}^{i=l-\lambda} \mu_i \frac{K^{(\lambda+i)}}{n_i} + \sum_{i=0}^{i=s} \nu_i B_i,$$

$$K' = \sum_{i=0}^{i=l-\lambda} N_i' \frac{K^{(\lambda+i)}}{n_i} + \sum_{i=0}^{i=s} P_i' B_i,$$

$$K'' = \sum_{i=0}^{i=l-\lambda} N_i'' \frac{K^{(\lambda+i)}}{n_i} + \sum_{i=0}^{i=s} P_i'' B_i,$$

. . . .

$$K^{(l)} = \sum_{i=0}^{i=l-\lambda} N_i^{(l)} \frac{K^{(\lambda+i)}}{n_i} + \sum_{i=0}^{i=s} P_i^{(l)} B_i,$$

où ν_i, P_i', P_i'', P_i'''..., $P_i^{(l)}$ sont les nombres complexes de α qui jouent le même rôle par rapport à la fonction $W^{(i)}$ que les nombres μ_i, N_i', N_i'', N_i''', ..., $N_i^{(l)}$ par rapport à la fonction W_i.

Mais pour les valeurs trouvées de μ_i, N_i', N_i'', N_i''', ..., $N_i^{(l)}$ (§ V), on a, comme il n'est pas difficile de s'en assurer, les égalités suivantes :

$$K^0 = \sum_{i=0}^{i=l-\lambda} \mu_i \frac{K^{(\lambda+i)}}{n_i},$$

$$K' = \sum_{i=0}^{i=l-\lambda} N_i' \frac{K^{(\lambda+i)}}{n_i},$$

$$K'' = \sum_{i=0}^{i=l-\lambda} N_i'' \frac{K^{(\lambda+i)}}{n_i},$$

. . . .

$$K^{(l)} = \sum_{i=0}^{i=l-\lambda} N_i^{(l)} \frac{K^{(\lambda+i)}}{n_i}.$$

Par conséquent, les équations précédentes donnent

$$\sum_{i=0}^{i=s} \nu_i B_i = 0,$$

$$\sum_{i=0}^{i=s} P_i' B_i = 0, \quad \sum_{i=0}^{i=s} P_i'' B_i = 0, \ldots, \quad \sum_{i=0}^{i=s} P_i^{(l)} B_i = 0,$$

qui doivent être identiques par rapport à B_0, B_1, B_2, ..., B_s, lorsque la somme

$$B_0 \log W^0 + B_1 \log W' + B_2 \log W'' + \ldots + B_s \log W^{(s)}$$

est réduite au plus petit nombre de termes (§ II). Donc on aura

$$\nu_i = 0, \quad P_i' = 0, \quad P_i'' = 0, \ldots, \quad P_i^{(l)} = 0,$$

ce qui, d'après le § VI, nous fait conclure que chacun des termes

$$B_0 \log W_0, \quad B_1 \log W_1, \quad B_2 \log W_2, \ldots, \quad B_s \log W_s$$

ne peut être que constant.

10.

SUR

L'INTÉGRATION DES DIFFÉRENTIELLES

QUI CONTIENNENT

UNE RACINE CARRÉE D'UN POLYNÔME DU TROISIÈME OU DU QUATRIÈME DEGRÉ.

(Mémoires de l'Académie Impériale des sciences de St.-Pétersbourg. Sixième série. Sciences mathématiques et physiques. Tome VI, 1857, p. 203—232.)

(Lu le 20 janvier 1854.)

Sur l'intégration des différentielles qui contiennent une racine carrée d'un polynôme du troisième ou du quatrième degré.

§ 1.

Dans le Mémoire *Sur l'intégration des différentielles irrationnelles*, publié en 1853 dans le *Journal de Mathématiques pures et appliquées* de M. Liouville, nous avons donné une méthode pour trouver la partie algébrique de l'intégrale $\int \frac{f_0 x}{F_0 x} \frac{dx}{\sqrt[m]{\theta x}}$, en la supposant exprimable sous forme finie, et déterminer séparément tous les termes logarithmiques à l'aide de certaines conditions qu'ils doivent vérifier. A présent, nous allons montrer comment on peut trouver, d'après ces conditions, les termes logarithmiques dans le cas le plus simple et le plus intéressant, savoir, celui où la différentielle contient une racine carrée d'un polynôme du troisième ou du quatrième degré. Faute de méthode générale, on ne connaît que des cas très particuliers, où une pareille différentielle s'intègre sous forme finie; dans plusieurs autres cas, pour lesquels cette intégration a aussi lieu, on n'y parvient qu'en essayant différentes transformations, et le plus souvent on renonce à l'idée de chercher l'integrale après avoir fait beaucoup de tentatives sans succès. Or, d'après nos recherches citées plus haut, les méthodes particulières et les essais de différentes transformations qu'on emploie dans cette intégration, seront remplacés par une méthode générale et directe dès qu'on sera parvenu à définir les termes logarithmiques dans la valeur de $\int \frac{f_0 x}{F_0 x} \frac{dx}{\sqrt{x^4 + \beta x^3 + \gamma x^2 + \delta x + \lambda}}$ d'après les conditions que nous avons trouvées pour leur détermination. C'est ce que nous allons faire ici, en donnant la méthode, d'après laquelle la recherche de ces termes se réduit toujours à cette question résolue par Abel:

«Trouver toutes les différentielles de la forme $\frac{\rho\, dx}{\sqrt{R}}$, où ρ et R sont des «fonctions entières de x, dont les intégrales puissent s'exprimer par une for-«mule de la forme $\log \frac{p+q\sqrt{R}}{p-p\sqrt{R}}$. (*Oeuvres compl. T. I, pag. 33, éd. 1839*).

Cette intégration sera donc due à Abel aussi bien par le principe fondamental, d'où nous sommes partis dans nos recherches sur l'intégration des différentielles irrationnelles, que par la méthode de résoudre la question citée, à laquelle se réduit finalement la détermination des termes logarithmiques dans la valeur de $\int \frac{f_0 x}{F_0 x} \frac{dx}{\sqrt{x^4+\beta x^3+\gamma x^2+\delta x+\lambda}}$. Ainsi, nos recherches, comme nous nous plaisons à le croire, rempliront, sous un certain rapport, une lacune qui restait entre les Mémoires de ce grand Géomètre, où il donne la forme générale des intégrales des différentielles algébriques, en tant qu'elles sont possibles sous forme finie, et ceux où il cherche leur valeur, en faisant une hypothèse particulière.

La réduction de nos équations, dont nous venons de parler, est indispensable aussi pour simplifier l'intégration des différentielles plus compliquées. Quant aux différentielles qui ne contiennent sous le signe du radical carré qu'une fonction du premier ou du second degré, cette réduction conduit immédiatement à trouver la partie logarithmique de leurs intégrales. Outre cela, cette réduction est remarquable par différents résultats relatifs à la nature des intégrales qu'on peut en tirer, et cela nous fournit un rapprochement très intéressant de la construction des valeurs irrationnelles avec la règle et le compas et l'intégration des différentielles sous forme finie. Ainsi on verra que, la somme des nombres $n^0, n', n'',\ldots$ étant impaire, l'intégrale

$$\left(n^0 x + \frac{n'\Delta(a')}{x-a'} + \frac{n''\Delta(a'')}{x-a''} + \ldots + C\right)\frac{dx}{\Delta(x)},$$

où nous avons fait pour abréger $\Delta(x)=\sqrt{x^4+\beta x^3+\gamma x^2+\delta x+\lambda}$, ne peut être exprimée sous forme finie, si d'après les quantités

$$a',\ a'',\ldots\ldots \beta,\ \gamma,\ \delta,\ \lambda,$$

et à l'aide de la règle et du compas, on ne peut construire aucune des racines de l'équation

$$x^4+\beta x^3+\gamma x^2+\delta x+\lambda=0.$$

Par exemple, on reconnaît que les intégrales

$$\int \frac{x+C}{\sqrt{x^4+2x^2-8x+9}}\,dx,\quad \int \frac{n^0 x+\frac{3(2n'-n^0-1)}{x}+C}{\sqrt{x^4+2x^2-8x+9}}\,dx,$$

$$\int \frac{n^0 x+\frac{2n'}{x-1}+\frac{3(2n''-n^0-n'-1)}{x}+C}{\sqrt{x^4+2x^2-8x+9}}\,dx,$$

etc., etc., etc......

sont impossibles sous forme finie, parce qu'à l'aide de la règle et du compas on ne peut pas inscrire dans le cercle un polygone régulier de 7 côtés, ce qui est nécessaire pour la construction des racines de l'équation $x^4 + 2x^2 - 8x + 9 = 0$.

Il y a d'autres questions de l'Analyse transcendante, où la même méthode de réduction peut être avantageusement employée, savoir, quand on cherche à exprimer la somme des intégrales

$$\int^{x_{\prime}} \frac{f_0 x}{\alpha_{\prime} x + \beta_{\prime}} \frac{dx}{\sqrt{\theta x}} + \int^{x_{\prime\prime}} \frac{f_0 x}{\alpha_{\prime} x + \beta_{\prime}} \frac{dx}{\sqrt{\theta x}} + \ldots\ldots$$

par une somme d'un nombre déterminé d'intégrales semblables, en y ajoutant une certaine fonction algébrique et logarithmique.

Enfin, cette même méthode, appliquée aux nombres, nous donne un procédé à l'aide duquel on trouvera la représentation d'un nombre donné par la forme $x^2 - ny^2$, toutes les fois que ce nombre peut être mis sous cette forme et qu'on connaît la valeur de x, pour laquelle la forme $x^2 - n$ est divisible par ce nombre. Dans le cas de $n = -1$, cela se réduit à la méthode ingénieuse que M. Hermite a employée pour démontrer que tous les nombres premiers de la forme $4k + 1$ sont toujours décomposables en une somme de deux carrés, et pour effectuer en même temps cette décomposition.

§ 2.

Si dans les formules de notre Mémoire, cité plus haut, on fait

$$m = 2, \quad \Delta = \sqrt[m]{\theta x} = \sqrt{\theta x},$$

on trouve que l'équation

$$x^m - 1 = 0,$$

dont l'une des racines primitives nous a servi pour composer des nombres complexes, se réduit à $x^2 - 1 = 0$, et comme la racine primitive de cette équation est égale à -1, les nombres complexes que nous avons désignés par

$$M_i^0, \quad M_i', \quad M_i'', \ldots\ldots$$

deviennent réels et rationnels. De plus, la forme générale des termes logarithmiques

$$A \log \left[\varphi(\Delta) \cdot \varphi^{\alpha}(\alpha\Delta) \cdot \varphi^{\alpha^2}(\alpha^2\Delta) \ldots \varphi^{\alpha^{m-1}}(\alpha^{m-1}\Delta)\right],$$

à cause de $m = 2$, $\Delta = \sqrt{\theta x}$, devient

$$A \log [\varphi(\sqrt{\theta x}) . \varphi^{-1}(-\sqrt{\theta x})] = A \log \frac{\varphi(\sqrt{\theta x})}{\varphi(-\sqrt{\theta x})},$$

et comme φ est une fonction entière, on aura

$$\varphi(\sqrt{\theta x}) = X_0 + X\sqrt{\theta x}, \quad \varphi(-\sqrt{\theta x}) = X_0 - X\sqrt{\theta x},$$

où X_0, X sont des fonctions entières.

Donc, les termes logarithmiques, dans la valeur de l'intégrale $\int \frac{Fx}{fx} \frac{dx}{\sqrt{\theta x}}$, s'écriront ainsi:

$$A \log \frac{X_0 + X\sqrt{\theta x}}{X_0 - X\sqrt{\theta x}}.$$

En cherchant à déterminer ces termes, nous avons trouvé que le coefficient A sera égal à une valeur connue, divisée par un nombre entier inconnu, et si l'on désigne ce nombre par n_i, le degré de la fonction $\frac{X_0 + X\sqrt{\theta x}}{X_0 - X\sqrt{\theta x}}$ sera exprimé par le produit $n_i . M_i^0$, où M_i^0 est une valeur connue. De plus, cette fonction, pour toutes les valeurs finies de x, sera en rapport fini avec la puissance n_i^{me} de la fonction

$$(x-x')^{M_i'} . (x-x'')^{M_i''} . (x-x''')^{M_i'''} \ldots (x-x^{(\lambda-1)})^{M_i^{(\lambda-1)}} (x-x^{(\lambda+i)});$$

où les nombres

$$M_i', \ M_i'', \ M_i''', \ldots M_i^{(\lambda-1)},$$

dans le cas que nous examinons, sont réels et rationnels. En passant à la détermination des inconnus n_i, X_0, X, nous remarquons que n_i doit être susceptible de réduire les produits

$$n_i M_i^0, \ n_i M_i', \ n_i M_i'', \ n_i M_i''', \ n_i M_i^{(\lambda-1)}$$

à des nombres entiers: car le produit $n_i M_i^0$ désigne le degré de $\frac{X_0 + X\sqrt{\theta x}}{X_0 - X\sqrt{\theta x}}$, qui ne peut être fractionnaire, X_0, X étant des fonctions entières; la même chose a lieu relativement aux produits

$$n_i M_i', \ n_i M_i'', \ n_i M_i''' \ldots n_i M_i^{(\lambda-1)},$$

qui sont égaux aux exposants de $x - x'$, $x - x''$, $x - x'''$, $\ldots x - x^{(\lambda-1)}$ dans les premiers termes du développement de $\frac{X_0 + X\sqrt{\theta x}}{X_0 - X\sqrt{\theta x}}$ suivant les puissances croissantes de $x - x'$, $x - x''$, $x - x''' \ldots x - x^{(\lambda-1)}$. Donc, n_i doit être divisible par le plus petit dénominateur, auquel les quantités

$$M_i^0, \ M_i', \ M_i'' \ldots M_i^{(\lambda-1)}$$

peuvent être réduites, et par conséquent, si l'on désigne ce dénominateur par σ, et le quotient $n_i:\sigma$ par $+\rho$ ou $-\rho$, on aura

$$n_i = \pm \rho\sigma,$$

où nous prendrons celui des deux signes qui appartient à la valeur de M_i^0. D'après cela, $n_i M_i^0$, le degré de $\frac{X_0 + X\sqrt{\theta x}}{X_0 - X\sqrt{\theta x}}$, sera exprimé par $\pm\sigma M_i^0 \rho$, où $\pm\sigma M_i^0$ se réduira à un nombre entier et positif. En dénotant ce nombre par π, et désignant, d'après la notation d'Abel, le degré de $\frac{X_0 + X\sqrt{\theta x}}{X_0 - X\sqrt{\theta x}}$ par $\delta\, \frac{X_0 + X\sqrt{\theta x}}{X_0 - X\sqrt{\theta x}}$, nous aurons, relativement à ρ, cette équation

$$\delta\, \frac{X_0 + X\sqrt{\theta x}}{X_0 - X\sqrt{\theta x}} = \pi\rho.$$

Quant à la fonction qui, pour toutes les valeurs finies de x, reste dans un rapport fini avec la fonction $\frac{X_0 + X\sqrt{\theta x}}{X_0 - X\sqrt{\theta x}}$, en vertu de $n_i = \pm\rho\sigma$, elle se réduit à

$$\left[(x-x')^{M_i'}.(x-x'')^{M_i''}.(x-x''')^{M_i'''}\ldots(x-x^{(\lambda-1)})^{M_i^{(\lambda-1)}}.(x-x^{(\lambda+i)})\right]^{\pm\rho\sigma},$$

et comme les produits $\sigma M_i'$, $\sigma M_i''\ldots\ldots\sigma M_i^{(\lambda-1)}$, d'après la propriété du nombre σ, se réduisent à des nombres entiers, la fonction

$$\left[(x-x')^{M_i'}.(x-x'')^{M_i''}.(x-x''')^{M_i'''}\ldots(x-x^{(\lambda-1)})^{M_i^{(\lambda-1)}}.(x-x^{(\lambda+i)})\right]^{\pm\sigma}$$

sera rationnelle. Donc, si nous faisons, pour abréger,

$$\left[(x-x')^{M_i'}.(x-x'')^{M_i''}.(x-x''')^{M_i'''}\ldots(x-x^{(\lambda-1)})^{M_i^{(\lambda-1)}}.(x-x^{(\lambda+i)})\right]^{\pm\sigma} = \frac{u}{v};$$

où u, v sont des fonctions entières, et que nous convenons de désigner par la lettre T toutes les fonctions qui restent finies, tant que x n'est pas infini, la propriété de la fonction $\frac{X_0 + X\sqrt{\theta x}}{X_0 - X\sqrt{\theta x}}$ en question sera exprimée par cette équation

$$\frac{X_0 + X\sqrt{\theta x}}{X_0 - X\sqrt{\theta x}} = T\left(\frac{u}{v}\right)^{\rho}.$$

C'est d'après cette équation, combinée avec la suivante:

$$\delta\, \frac{X_0 + X\sqrt{\theta x}}{X_0 - X\sqrt{\theta x}} = \pi\rho,$$

que nous devons chercher le nombre ρ et les fonctions X_0 et X.

Ces équations seront le plus souvent très compliquées à cause du degré élevé des fonctions u et v, et de la valeur considérable de π. Or, nous allons montrer qu'on peut les réduire à la forme, où le degré de uv, plus le nombre π, sera au-dessous du degré de $\sqrt{\theta x}$.

§ 3.

Il n'est pas difficile de s'assurer, que θ_1, θ_2 étant deux fonctions entières dont le produit est égal à θx, et p et q des fonctions entières quelconques, on peut mettre la fonction cherchée $\frac{X_0 + X\sqrt{\theta x}}{X_0 - X\sqrt{\theta x}}$ sous la forme

$$\left(\frac{p\sqrt{\theta_1} + q\sqrt{\theta_2}}{p\sqrt{\theta_1} - q\sqrt{\theta_2}}\right)^\rho \frac{P_0 + Q_0\sqrt{\theta x}}{P_0 - Q_0\sqrt{\theta x}},$$

en choisissant convenablement les fonctions entières P_0 et Q_0. En effet, le quotient

$$\frac{X_0 + X\sqrt{\theta x}}{X_0 - X\sqrt{\theta x}} : \left(\frac{p\sqrt{\theta_1} + q\sqrt{\theta_2}}{p\sqrt{\theta_1} - q\sqrt{\theta_2}}\right)^\rho$$

se réduit à

$$\frac{(X_0 + X\sqrt{\theta x})\,(p\sqrt{\theta_1} - q\sqrt{\theta_2})^\rho}{(X_0 - X\sqrt{\theta x})\,(p\sqrt{\theta_1} + q\sqrt{\theta_2})^\rho} = \frac{(X_0 + X\sqrt{\theta x})\,(p\theta_1 - q\sqrt{\theta x})^\rho}{(X_0 - X\sqrt{\theta x})\,(p\theta_1 + q\sqrt{\theta x})^\rho},$$

expression qu'on peut mettre sous la forme $\frac{P_0 + Q_0\sqrt{\theta x}}{P_0 - Q_0\sqrt{\theta x}}$, en dénotant par P_0 la partie rationnelle du produit $(X_0 + X\sqrt{\theta x})\,(p\theta_1 - q\sqrt{\theta x})^\rho$, et par $Q_0\sqrt{\theta x}$ celle qui a pour facteur $\sqrt{\theta x}$.

Mais, si l'on substitue dans les équations

$$(1) \qquad \frac{X_0 + X\sqrt{\theta x}}{X_0 - X\sqrt{\theta x}} = T\left(\frac{u}{v}\right)^\rho, \quad \delta\,\frac{X_0 + X\sqrt{\theta x}}{X_0 - X\sqrt{\theta x}} = \pi\rho$$

le produit $\left(\frac{p\sqrt{\theta_1} + q\sqrt{\theta_2}}{p\sqrt{\theta_1} - q\sqrt{\theta_2}}\right)^\rho \frac{P_0 + Q_0\sqrt{\theta x}}{P_0 - Q_0\sqrt{\theta x}}$ à la place de $\frac{X_0 + X\sqrt{\theta x}}{X_0 - X\sqrt{\theta x}}$, elles se réduisent à celles-ci

$$\frac{P_0 + Q_0\sqrt{\theta x}}{P_0 - Q_0\sqrt{\theta x}} = T\left(\frac{u}{v}\cdot\frac{p\sqrt{\theta_1} - q\sqrt{\theta_2}}{p\sqrt{\theta_1} + q\sqrt{\theta_2}}\right)^\rho,$$

$$\delta\,\frac{P_0 + Q_0\sqrt{\theta x}}{P_0 - Q_0\sqrt{\theta x}} = \left(\pi - \delta\,\frac{p\sqrt{\theta_1} + q\sqrt{\theta_2}}{p\sqrt{\theta_1} - q\sqrt{\theta_2}}\right)\rho,$$

et si les fonctions p et q sont choisies de manière à ce qu'elles vérifient les équations

$$\frac{p\sqrt{\theta_1} + q\sqrt{\theta_2}}{p\sqrt{\theta_1} - q\sqrt{\theta_2}} = \frac{u}{v}\cdot\frac{v'}{u'}; \quad \delta\,\frac{p\sqrt{\theta_1} + q\sqrt{\theta_2}}{p\sqrt{\theta_1} - q\sqrt{\theta_2}} = \pi_1,$$

les équations qui déterminent les nouvelles inconnues P_0 et Q_0 deviennent

$$(2) \qquad \frac{P_0 + Q_0\sqrt{\theta x}}{P_0 - Q_0\sqrt{\theta x}} = T\left(\frac{u'}{v'}\right)^\rho, \quad \delta\,\frac{P_0 + O_0\sqrt{\theta x}}{P_0 - Q_0\sqrt{\theta x}} = (\pi - \pi_1)\,\rho.$$

Ces équations seront plus ou moins simples selon les valeurs de p et de q, qu'on emploiera dans la réduction dont nous venons de parler. Or, nous allons montrer que dans les équations réduites (2) la somme du degré de $u'v'$ et de la valeur numérique de $\pi - \pi_1$ sera au-dessous du degré de $\sqrt{\theta x}$, si l'on prend pour p et q des fonctions qu'on trouve de la manière suivante:

1) On cherche une fonction entière S, pour laquelle les fractions $\frac{S\sqrt{\theta_1}+\sqrt{\theta_2}}{u}$, $\frac{S\sqrt{\theta_1}-\sqrt{\theta_2}}{v}$ ne deviennent pas infinies, tant que x reste fini.

2) On développe $\frac{S-\frac{\sqrt{\theta_2}}{\sqrt{\theta_1}}}{uv}$ en fraction continue, et parmi les fractions réduites on trouve une fraction dont le dénominateur est d'un degré moins élevé que $\sqrt{\frac{uv\theta_1 . x^{\pi}}{\sqrt{\theta x}}}$; mais qui est suivie d'une fraction dont le dénominateur est d'un degré plus élevé que $\sqrt{\frac{uv\theta_1 . x^{\pi}}{\sqrt{\theta x}}}$.

3) En dénotant cette fraction par $\frac{M}{N}$, on prend

$$q = N, \quad p = SN - Muv. \tag{3}$$

En effet, d'après les équations (3) et la propriété de la fonction S, on voit que les expressions

$$\frac{p\sqrt{\theta_1}+q\sqrt{\theta_2}}{u}, \quad \frac{p\sqrt{\theta_1}-q\sqrt{\theta_2}}{v}$$

restent finies pour toutes les valeurs finies de x. Donc, si l'on dénote par

$$\alpha,\ \alpha_1,\ \alpha_2, \ldots\ldots,\ \beta,\ \beta_1,\ \beta_2, \ldots\ldots,$$

les valeurs de x qui rendent ces expressions égales à zéro, et par

$$f,\ f_1,\ f_2, \ldots\ldots,\ g,\ g_1,\ g_2, \ldots\ldots,$$

les exposants de

$$x-\alpha,\ x-\alpha_1,\ x-\alpha_2, \ldots\ldots,$$

$$x-\beta,\ x-\beta_1,\ x-\beta_2, \ldots\ldots$$

dans leurs développements suivant les puissances croissantes de ces différences, on aura

$$\frac{p\sqrt{\theta_1}+q\sqrt{\theta_2}}{u} = T_1 (x-\alpha)^f (x-\alpha_1)^{f_1} (x-\alpha_2)^{f_2} \ldots\ldots;$$

$$\frac{p\sqrt{\theta_1}-q\sqrt{\theta_2}}{v} = T_2 (x-\beta)^g (x-\beta_1)^{g_1} (x-\beta_2)^{g_2} \ldots\ldots;$$

où T_1, T_2 désignent des fonctions qui restent finies pour toutes les valeurs finies de x.

Mais comme les exposants de $x-\alpha, x-\alpha_1, x-\alpha_2, \ldots, x-\beta, x-\beta_1, x-\beta_2, \ldots$ dans les développements de $\frac{p\sqrt{\theta_1}+q\sqrt{\theta_2}}{u}$, $\frac{p\sqrt{\theta_1}-q\sqrt{\theta_2}}{v}$ ne peuvent contenir d'autres fractions que $\frac{1}{2}$, ces équations se réduiront à cette forme

$$(4) \qquad \frac{p\sqrt{\theta_1}+q\sqrt{\theta_2}}{u} = T_1 v' \sqrt{w}, \quad \frac{p\sqrt{\theta_1}-q\sqrt{\theta_2}}{v} = T_2 u' \sqrt{w'},$$

où u', v', w, w', sont des fonctions entières, dont les deux dernières ne contiennent que des facteurs simples. Par la multiplication de ces équations nous trouvons

$$\frac{p^2\theta_1 - q^2\theta_2}{uv} = T_1 T_2 u'v' \sqrt{ww'},$$

et par conséquent

$$\frac{p^2\theta_1 - q^2\theta_2}{uv\,u'\,v'\sqrt{ww'}} = T_1 T_2.$$

Cette équation prouve évidemment, que $T_1 T_2$ est une constante; car, d'après la propriété des fonctions T_1, T_2, leur produit ne devient ni zéro ni infini pour x fini, tandis que cette équation montre que le carré de $T_1 T_2$ est une fraction rationnelle $\frac{(p^2\theta_1 - q^2\theta_2)^2}{(uv\,u'\,v')^2\,w\,w'}$ qui ne peut rester finie pour toutes les valeurs finies de x, à moins qu'elle ne se réduise à une constante. Donc

$$T_1 T_2 = C,$$

et par conséquent l'équation précédente devient

$$(5) \qquad \frac{p^2\theta_1 - q^2\theta_2}{uv\,u'\,v'\sqrt{ww'}} = C.$$

Or cette égalité suppose que ww' est un carré parfait, et comme les fonctions w, w' n'ont que des facteurs simples, cela ne peut avoir lieu à moins qu'on n'ait

$$(6) \qquad w = w'.$$

D'après cela, en divisant les équations (4) l'une par l'autre, on trouve

$$\frac{p\sqrt{\theta_1}+q\sqrt{\theta_2}}{p\sqrt{\theta_1}-q\sqrt{\theta_2}} = T\frac{u}{v}\cdot\frac{v'}{u'},$$

en mettant, pour abréger, T à la place de $\frac{T_1}{T_2}$.

Il nous reste maintenant à prouver que si l'on fait

$$\pi_1 = \delta\,\frac{p\sqrt{\theta_1}+q\sqrt{\theta_2}}{p\sqrt{\theta_1}-q\sqrt{\theta_2}},$$

la somme de $\delta\,(u'v')$ et de la valeur numérique de $\pi - \pi_1$ sera au-dessous de $\delta\sqrt{\theta x}$. Or, selon que $\pi - \pi_1$ est positif ou négatif, cette somme sera égale à $\delta\,(u'v') + \pi - \pi_1$ ou à $\delta\,(u'v') - \pi + \pi_1$. Nous allons montrer que ces deux quantités sont effectivement plus petites que $\delta\sqrt{\theta x}$, tant que p et q sont déterminés comme nous l'avons dit.

Pour s'en assurer, nous remarquons qu'après la substitution de δx^{π} et $\delta\frac{p\sqrt{\theta_1}+q\sqrt{\theta_2}}{p\sqrt{\theta_1}-q\sqrt{\theta_2}}$ à la place de π et π_1, ces quantités deviennent

$$\delta\,(u'v') + \delta\frac{p\sqrt{\theta_1}-q\sqrt{\theta_2}}{p\sqrt{\theta_1}+q\sqrt{\theta_2}}\,x^{\pi}, \quad \delta\,(u'v') + \delta\frac{p\sqrt{\theta_1}+q\sqrt{\theta_2}}{p\sqrt{\theta_1}-q\sqrt{\theta_2}}\,x^{-\pi}.$$

Mais, d'après l'équation (5), nous trouvons

$$\delta\,(u'v') \overline{\overline{<}}\, \delta\frac{p^2\theta_1 - q^2\theta_2}{uv}.$$

Donc, les quantités précédentes sont égales ou inférieures à celles-ci

$$\delta\frac{p^2\theta_1 - q^2\theta_2}{uv} + \delta\frac{p\sqrt{\theta_1}-q\sqrt{\theta_2}}{p\sqrt{\theta_1}+q\sqrt{\theta_2}}\,x^{\pi} = 2\,\delta\,\frac{p\sqrt{\theta_1}-q\sqrt{\theta_2}}{\sqrt{uv}}\,x^{\frac{\pi}{2}},$$

$$\delta\frac{p^2\theta_1 - q^2\theta_2}{uv} + \delta\frac{p\sqrt{\theta_1}+q\sqrt{\theta_2}}{p\sqrt{\theta_1}-q\sqrt{\theta_2}}\,x^{-\pi} = 2\,\delta\,\frac{p\sqrt{\theta_1}+q\sqrt{\theta_2}}{\sqrt{uv}}\,x^{-\frac{\pi}{2}}.$$

Mais la première de ces quantités, par la substitution des valeurs de p et q d'après (3), devient

$$2\,\delta\,\frac{(SN - Muv)\sqrt{\theta_1} - N\sqrt{\theta_2}}{\sqrt{uv}}\,x^{\frac{\pi}{2}} = \delta\sqrt{\theta x} + 2\,\delta\left(\frac{S-\sqrt{\frac{\theta_2}{\theta_1}}}{uv} - \frac{M}{N}\right) N\sqrt{\frac{uv\theta_1 \,.\, x^{\pi}}{\sqrt{\theta x}}},$$

quantité qui est au-dessous de $\delta\sqrt{\theta x}$, tant que $\frac{M}{N}$, dans la série des fractions réduites de $\frac{S-\sqrt{\frac{\theta_2}{\theta_1}}}{uv}$, est suivie par une fraction dont le dénominateur est d'un degré plus élevé que $\sqrt{\frac{uv\theta_1 \,.\, x^{\pi}}{\sqrt{\theta x}}}$. Quant à la seconde quantité, nous remarquons qu'elle peut être mise sous cette forme

$$2\,\delta\left[\frac{p\sqrt{\theta_1}-q\sqrt{\theta_2}}{\sqrt{uv}}\,x^{-\frac{\pi}{2}} + \frac{2q\sqrt{\theta_2}}{\sqrt{uv}}\,x^{-\frac{\pi}{2}}\right],$$

et par conséquent, qu'elle ne surpasse pas au moins l'une de ces deux valeurs

$$2\,\delta\left[\frac{p\sqrt{\theta_1}-q\sqrt{\theta_2}}{\sqrt{uv}}\,x^{-\frac{\pi}{2}}\right] = 2\,\delta\left[\frac{p\sqrt{\theta_1}-q\sqrt{\theta_2}}{\sqrt{uv}}\,x^{\frac{\pi}{2}}\right] - 2\,\pi,$$

$$2\,\delta\,\frac{q\sqrt{\theta_2}}{\sqrt{uv}}\,x^{-\frac{\pi}{2}} = \delta\sqrt{\theta x} - 2\,\delta\,.\,\frac{1}{q}\sqrt{\frac{uv\,\theta_1 \,.\, x^{\pi}}{\sqrt{\theta x}}}.$$

Mais comme nous venons de trouver que $2\,\delta\,\frac{p\sqrt{\theta_1}-q\sqrt{\theta_2}}{\sqrt{\theta x}}\,x^{\frac{\pi}{2}}$ est plus petit que $\delta\sqrt{\theta x}$, et que nous avons pris $q=N$, d'un degré moins élevé que $\sqrt{\frac{uv\,\theta_1 . x^\pi}{\sqrt{\theta x}}}$, il s'en suit que ces deux quantités sont au-dessous de $\delta\sqrt{\theta x}$. Ainsi l'on parvient à s'assurer que les valeurs de p et q, déterminées d'après la méthode énoncée, sont effectivement susceptibles de réduire par la substitution

$$\frac{X_0+X\sqrt{\theta x}}{X_0-X\sqrt{\theta x}}=\left(\frac{p\sqrt{\theta_1}+q\sqrt{\theta_2}}{p\sqrt{\theta_1}-q\sqrt{\theta_2}}\right)^\rho\frac{P_0+Q_0\sqrt{\theta x}}{P_0-Q_0\sqrt{\theta x}}$$

les équations

$$\frac{X_0+X\sqrt{\theta x}}{X_0-X\sqrt{\theta x}}=T\left(\frac{u}{v}\right)^\rho,\qquad \delta\,\frac{X_0+X\sqrt{\theta x}}{X_0-X\sqrt{\theta x}}=\pi\rho,$$

à ces autres

$$\frac{P_0+Q_0\sqrt{\theta x}}{P_0-Q_0\sqrt{\theta x}}=T\left(\frac{u'}{v'}\right)^\rho;\qquad \delta\,\frac{P_0+Q_0\sqrt{\theta x}}{P_0-Q_0\sqrt{\theta x}}=(\pi-\pi_1)\,\rho;$$

où la somme du degré de $u'v'$, plus la valeur numérique de $\pi-\pi_1$, est au-dessous du degré de $\sqrt{\theta x}$.

Nous montrerons maintenant que cette réduction sera toujours possible, tant que les équations primitives elles mêmes ne remplissent par la condition

$$\delta\,(uv)+\pi<\delta\sqrt{\theta x}.$$

Il est facile de remarquer que la détermination de p et q, dont nous venons de parler, ne suppose que l'existence de deux fractions réduites de $\frac{S-\sqrt{\frac{\theta_2}{\theta_1}}}{uv}$ telles que l'une ait pour dénominateur une fonction d'un degré moins élevé que $\sqrt{\frac{uv\,\theta_1 . x^\pi}{\sqrt{\theta x}}}$, tandis que la suivante a le dénominateur d'un degré plus élevé que $\sqrt{\frac{uv\,\theta_1 . x^\pi}{\sqrt{\theta x}}}$.

Or nous verrons, que cela aura toujours lieu, tant que la condition $\delta\,(uv)+\pi<\delta\sqrt{\theta x}$ n'est pas remplie et que l'on décompose convenablement la fonction θx en deux facteurs $\theta_1 . \theta_2$; savoir: de manière que $\sqrt{\frac{uv\,\theta_1 . x^\pi}{\sqrt{\theta x}}}$ soit d'un degré fractionnaire. En effet, dans ces suppositions, le degré de $\sqrt{\frac{uv\,\theta_1 . x^\pi}{\sqrt{\theta x}}}$ est au-dessus de zéro et, par conséquent, si l'on commence la série des fractions réduites de $\frac{S-\sqrt{\frac{\theta_2}{\theta_1}}}{uv}$ par $\frac{0}{1}$, où le dénominateur est du degré zéro, on est sûr de trouver parmi elles au moins une fraction dont le dénominateur soit d'un degré moins élevé que $\sqrt{\frac{uv\,\theta_1 . x^\pi}{\sqrt{\theta x}}}$.

Mais alors dans la série infinie des fractions réduites de $\frac{s-\sqrt{\frac{\theta_2}{\theta_1}}}{\sqrt{uv}}$ on trouvera nécessairement deux fractions consécutives telles que l'une a pour dénominateur une fonction d'un degré moins élevé que $\sqrt{\frac{uv\,\theta_1 . x^\pi}{\sqrt{\theta x}}}$, tandis que le dénominateur de l'autre est d'un degré plus élevé que $\sqrt{\frac{uv\,\theta_2 . x^\pi}{\sqrt{\theta x}}}$, si toutefois aucune des fractions réduites de $\frac{s-\sqrt{\frac{\theta_2}{\theta_1}}}{uv}$ n'a son dénominateur du même degré que $\sqrt{\frac{uv\,\theta_1 . x^\pi}{\sqrt{\theta x}}}$. Or cela n'aura pas lieu, tant que cette fonction est d'un degré fractionnaire; car, pour θx de degré pair, toutes les fractions réduites de $\frac{s-\sqrt{\frac{\theta_2}{\theta_1}}}{uv} = \frac{s-\frac{\theta_2}{\sqrt{\theta x}}}{uv}$ ne contiennent que les puissances entières de x, et pour θx de degré impair, le degré de $\sqrt{\frac{uv\,\theta_1 . x^\pi}{\sqrt{\theta x}}}$ a la forme $k \pm \frac{1}{4}$, tandis que les degrés fractionnaires de x dans la fonction $\frac{s-\sqrt{\frac{\theta_2}{\theta_1}}}{uv}$ sont de la forme $k + \frac{1}{2}$.

Nous remarquerons encore que dans la série des fractions réduites de $\frac{s-\sqrt{\frac{\theta_2}{\theta_1}}}{uv} = \frac{s-\frac{\theta_2}{\sqrt{\theta x}}}{uv}$ on ne rencontrera des puissances fractionnaires de x qu'après la fraction $\frac{M}{N}$, qui sert pour trouver les fonctions p et q. En effet, les puissances fractionnaires de x ne peuvent y entrer que dans le cas où θx est de degré impair. Mais alors toutes les fonctions de la forme $\frac{X_0+X\sqrt{\theta x}}{X_0-X\sqrt{\theta x}}$ sont évidemment du degré 0 et, par conséquent, $\pi = 0$. Or, π étant égal à zéro, d'après ce que nous venons de dire sur la détermination de p et de q, le dénominateur N sera d'un degré moins élevé que $\sqrt{\frac{uv\theta_1}{\sqrt{\theta x}}}$, et avec un tel dénominateur la fraction réduite ne donne, en général, la fonction, d'où elle résulte par le développement en fraction continue, qu'avec une exactitude jusqu'aux quantités de l'ordre plus élevé que $\frac{1}{\left(\sqrt{\frac{uv\theta_1}{\sqrt{\theta x}}}\right)^2} = \frac{\sqrt{\theta x}}{\theta_1}\frac{1}{uv} = \frac{1}{uv}\sqrt{\frac{\theta_2}{\theta_1}}$.

Mais la partie irrationnelle de $\frac{s-\sqrt{\frac{\theta_2}{\theta_1}}}{uv}$ est justement de cet ordre.

Donc, dans ce cas, cette partie n'a aucune influence sur la fraction $\frac{M}{N}$, de manière qu'on peut la supprimer dans la formule $\frac{s-\sqrt{\frac{\theta_2}{\theta_1}}}{uv}$, et chercher $\frac{M}{N}$ par le développement seulement de $\frac{s}{uv}$ en fraction continue.

§ 4.

Nous allons montrer maintenant le parti que l'on peut tirer de la réduction, qui vient d'être exposée, pour la résolution des équations

$$\frac{X_0 + X\sqrt{\theta x}}{X_0 - X\sqrt{\theta x}} = T\left(\frac{u}{v}\right)^\rho, \quad \delta\,\frac{X_0 + X\sqrt{\theta x}}{X_0 - X\sqrt{\theta x}} = \pi\rho,$$

dans le cas, où θx est du 3me ou du 4me degré. Après avoir trouvé les fonctions p et q, comme nous l'avons dit, et si l'on fait

$$\frac{X_0 + X\sqrt{\theta x}}{X_0 - X\sqrt{\theta x}} = \left(\frac{p\sqrt{\theta_1} + q\sqrt{\theta_2}}{p\sqrt{\theta_1} - q\sqrt{\theta_2}}\right)^\rho \frac{P_0 + Q_0\sqrt{\theta x}}{P_0 - Q_0\sqrt{\theta x}},$$

on parvient à ces équations

$$\frac{P_0 + Q_0\sqrt{\theta x}}{P_0 - Q_0\sqrt{\theta x}} = T\left(\frac{u'}{v'}\right)^\rho, \quad \delta\,\frac{P_0 + Q_0\sqrt{\theta x}}{P_0 - Q_0\sqrt{\theta x}} = (\pi - \pi_1)\rho.$$

Pour trouver la fonction $\frac{u'}{v'}$, on divisera $p^2\theta_1 - q^2\theta_2$ par uv. D'après la méthode qui nous a servi pour trouver les fonctions p et q, il est clair que le quotient de cette division sera d'un degré moins élevé que $\sqrt{\theta x}$, et par conséquent, dans le cas de θx du 3me ou du 4me degré, ce quotient sera, en général, représenté par $ax + b$. Mais, d'après les équations (5), (6), ce quotient, à un facteur constant près, est égal à $u'v'w$. Donc, l'une des trois fonctions

$$u', \ v', \ w$$

sera égale à $ax + b$, et les autres se réduiront à des constantes, et par conséquent, l'on sera conduit à l'un de ces trois cas

$$\frac{u'}{v'} = \frac{1}{ax + b}, \quad \frac{u'}{v'} = ax + b, \quad \frac{u'}{v'} = \text{à une constante.}$$

Mais en faisant $x = -\frac{b}{a}$ dans les équations (4), où d'après (6) $w' = w$, on voit que le premier cas aura lieu, si cette valeur de x rend

$$\frac{p\sqrt{\theta_1} + q\sqrt{\theta_2}}{u} = 0,$$

le second, si l'on a

$$\frac{p\sqrt{\theta_1} - q\sqrt{\theta_2}}{v} = 0,$$

enfin le troisième, si, pour $x = -\frac{b}{a}$, on trouve en même temps

$$\frac{p\sqrt{\theta_1} + q\sqrt{\theta_2}}{u} = 0, \quad \frac{p\sqrt{\theta_1} - q\sqrt{\theta_2}}{v} = 0.$$

Donc, si nous convenons de désigner par ε une valeur qui se réduit à

$$+1, \quad -1, \quad 0,$$

selon que, pour $x = -\frac{b}{a}$, on trouve

$$\frac{p\sqrt{\theta_1} + q\sqrt{\theta_2}}{u} = 0,$$

$$\frac{p\sqrt{\theta_1} - q\sqrt{\theta_2}}{v} = 0,$$

ou, en même temps,

$$\frac{p\sqrt{\theta_1} + q\sqrt{\theta_2}}{u} = 0, \quad \frac{p\sqrt{\theta_1} - q\sqrt{\theta_2}}{v} = 0,$$

la valeur de $\frac{u'}{v'}$ sera donnée par cette équation

$$\frac{u'}{v'} = \frac{1}{(ax+b)^{\varepsilon}}.$$

D'après cela, les équations qui déterminent P_0, Q_0 et ρ deviennent

$$(7) \qquad \frac{P_0 + Q_0\sqrt{\theta x}}{P_0 - Q_0\sqrt{\theta x}} = \frac{T}{(ax+b)^{\varepsilon\rho}}, \quad \delta\,\frac{P_0 + Q_0\sqrt{\theta x}}{P_0 - Q_0\sqrt{\theta x}} = (\pi - \pi_1)\rho.$$

Dans le cas, où a ne se réduit pas à zéro, on peut mettre ces équations sous une forme plus simple, en introduisant à la place de x une nouvelle variable z d'après l'équation

$$ax + b = \frac{a}{z}.$$

En effet, si l'on traite la valeur de $\frac{P_0 + Q_0\sqrt{\theta x}}{P_0 - Q_0\sqrt{\theta x}}$ comme fonction de cette nouvelle variable, on parvient facilement à reconnaître, que, d'après les équations précédentes, la fonction $\frac{P_0 + Q_0\sqrt{\theta x}}{P_0 - Q_0\sqrt{\theta x}}$ en z, sera déterminée par ces propriétés:

1) Elle reste finie, tant que z est fini et différe de 0; car ces valeurs de z correspondent à celles de x différentes de $-\frac{b}{a}$ et finies.

2) Pour $z = 0$, la limite du rapport $\frac{P_0 + Q_0\sqrt{\theta x}}{P_0 - Q_0\sqrt{\theta x}} : z^{(\pi_1 - \pi)\rho}$ reste finie; car ce rapport n'est lui même que la limite de la valeur de $\frac{P_0 + Q_0\sqrt{\theta x}}{P_0 - Q_0\sqrt{\theta x}} : x^{(\pi - \pi_1)\rho}$ pour $x = \infty$.

3) Pour $z = \infty$, le rapport $\frac{P_0 + Q_0\sqrt{\theta x}}{P_0 - Q_0\sqrt{\theta x}} : z^{\varepsilon\rho}$ reste fini, car ce rapport est égal à $\frac{T}{a^{\varepsilon\rho}}$, quand on fait $x = -\frac{b}{a}$.

Donc, en faisant $ax + b = \frac{a}{z}$, on peut remplacer les équations (7) par celles-ci

$$\frac{P_0 + Q_0\sqrt{\theta\left(\frac{a-bz}{az}\right)}}{P_0 - Q_0\sqrt{\theta\left(\frac{a-bz}{az}\right)}} = Tz^{(\pi_1-\pi)\rho}, \quad \delta\frac{P_0 + Q_0\sqrt{\theta\left(\frac{a-bz}{az}\right)}}{P_0 - Q_0\sqrt{\theta\left(\frac{a-bz}{az}\right)}} = \varepsilon\rho.$$

Mais il n'est pas difficile de s'assurer que, a étant différent de zéro, on aura

$$\pi = \pi_1.$$

En effet, comme $\pi_1 = \delta\frac{p\sqrt{\theta_1} + q\sqrt{\theta_2}}{p\sqrt{\theta_1} - q\sqrt{\theta_2}}$, on peut mettre les différences $\pi - \pi_1$, $\pi_1 - \pi$ sous ces formes

$$\delta\frac{p\sqrt{\theta_1} - q\sqrt{\theta_2}}{p\sqrt{\theta_1} + q\sqrt{\theta_2}}x^{\pi} = 2\,\delta\frac{p\sqrt{\theta_1} - q\sqrt{\theta_2}}{\sqrt{uv}}x^{\frac{\pi}{2}} - \delta\frac{p^2\theta_1 - q^2\theta_2}{uv},$$

$$\delta\frac{p\sqrt{\theta_1} + q\sqrt{\theta_2}}{p\sqrt{\theta_1} - q\sqrt{\theta_2}}x^{-\pi} = 2\,\delta\frac{p\sqrt{\theta_1} + q\sqrt{\theta_2}}{\sqrt{uv}}x^{-\frac{\pi}{2}} - \delta\frac{p^2\theta_1 - q^2\theta_2}{uv}.$$

Donc, si le coefficient a dans la valeur de $\frac{p^2\theta_1 - q^2\theta_2}{uv} = ax + b$ n'est pas égal à zéro, les différences

$$\pi - \pi_1, \quad \pi_1 - \pi$$

sont respectivement égales à

$$2\,\delta\frac{p\sqrt{\theta_1} - q\sqrt{\theta_2}}{\sqrt{uv}}x^{\frac{\pi}{2}} - 1, \quad 2\,\delta\frac{p\sqrt{\theta_1} + q\sqrt{\theta_2}}{\sqrt{uv}}x^{-\frac{\pi}{2}} - 1.$$

Mais, d'après le § 3, on a

$$2\,\delta\frac{p\sqrt{\theta_1} - q\sqrt{\theta_2}}{\sqrt{uv}}x^{\frac{\pi}{2}} < \delta\sqrt{\theta x}, \quad 2\,\delta\frac{p\sqrt{\theta_1} + q\sqrt{\theta_2}}{\sqrt{uv}}x^{-\frac{\pi}{2}} < \delta\sqrt{\theta x},$$

et comme θx n'est que du 4me ou du 3me degré, cela prouve que les différences $\pi - \pi_1$, $\pi_1 - \pi$ sont au-dessous de 1, ce qui ne peut être à moins qu'on n'ait $\pi = \pi_1$. D'après cela, les équations qui déterminent P_0 et Q_0, en fonctions de z, deviennent

$$\frac{P_0 + Q_0\sqrt{\theta\left(\frac{a-bz}{az}\right)}}{P_0 - Q_0\sqrt{\theta\left(\frac{a-bz}{az}\right)}} = T, \quad \delta\frac{P_0 + Q_0\sqrt{\theta\left(\frac{a-bz}{az}\right)}}{P_0 - Q_0\sqrt{\theta\left(\frac{a-bz}{az}\right)}} = \varepsilon\rho,$$

formules que nous mettrons sous la forme

$$(8)\qquad \frac{P_0 z^2 + Q_0 \sqrt{z^4 \theta\left(\frac{a-bz}{az}\right)}}{P_0 z^2 - Q_0 \sqrt{z^4 \theta\left(\frac{a-bz}{az}\right)}} = T, \qquad \delta\, \frac{P_0 z^2 + Q_0 \sqrt{z^4 \theta\left(\frac{a-bz}{az}\right)}}{P_0 z^2 - Q_0 \sqrt{z^4 \theta\left(\frac{a-bz}{az}\right)}} = \varepsilon\rho,$$

pour délivrer la fonction radicale des puissances négatives de z.

Or, la première de ces équations ne diffère que par la forme de celle, qu'Abel a traitée dans son Mémoire «*Sur l'intégration de la formule différentielle* $\frac{\rho dx}{\sqrt{R}}$, *R et* ρ *étant des fonctions entières*», et d'après les recherches ingénieuses de ce grand Géomètre nous savons que cette équation est impossible, sauf le cas de $P_0 = 0$, ou $Q_0 = 0$, si la fraction continue résultante de $\sqrt{z^4 \theta\left(\frac{a-bz}{az}\right)}$ n'est pas périodique, et dans le cas contraire, si l'on a

$$\sqrt{z^4 \theta\left(\frac{a-bz}{az}\right)} = r + \frac{1}{r_1 + \frac{1}{r_2 + \dots + \frac{1}{r_2 + \frac{1}{r_1 + \frac{1}{2r + \frac{1}{r_1 + \frac{1}{r_2 + \dots}}}}}}}$$

on vérifiera cette équation en prenant

$$\frac{P_0 z^2}{Q_0} = r + \frac{1}{r_1 + \frac{1}{r_2 + \dots + \frac{1}{r_2 + \frac{1}{r_1}}}}$$

Quant à l'équation

$$\delta\, \frac{P_0 z^2 + Q_0 \sqrt{z^4 \theta\left(\frac{a-bz}{az}\right)}}{P_0 z^2 - Q_0 \sqrt{z^4 \theta\left(\frac{a-bz}{az}\right)}} = \varepsilon\rho,$$

on la vérifiera, en choisissant convenablement ρ, savoir en prenant

$$\rho = \frac{1}{\varepsilon}\, \delta\, \frac{P_0 z^2 + Q_0 \sqrt{z^4 \theta\left(\frac{a-bz}{az}\right)}}{P_0 z^2 - Q_0 \sqrt{z^4 \theta\left(\frac{a-bz}{az}\right)}} = \frac{1}{\varepsilon}\, \delta\, \frac{\frac{P_0 z^2}{Q_0} + \sqrt{z^4 \theta\left(\frac{a-bz}{az}\right)}}{\frac{P_0 z^2}{Q_0} - \sqrt{z^4 \theta\left(\frac{a-bz}{az}\right)}}.$$

Donc, si l'on fait, pour abréger,

$$\varphi(z) = r + \cfrac{1}{r_1 + \cfrac{1}{r_2 + \cdots + \cfrac{1}{r_2 + \cfrac{1}{r_1}}}}$$

la valeur cherchée de $\frac{P_0 + Q_0 \sqrt{\theta x}}{P_0 - Q_0 \sqrt{\theta x}}$, en fonction de z, sera

$$\frac{\varphi(z) + \sqrt{z^4 \theta\left(\frac{a - bz}{az}\right)}}{\varphi(z) - \sqrt{z^4 \theta\left(\frac{a - bz}{az}\right)}},$$

et d'après l'équation $ax + b = \frac{a}{z}$, nous aurons, en fonction de x,

$$(9) \qquad \frac{P_0 + Q_0 \sqrt{\theta x}}{P_0 - Q_0 \sqrt{\theta x}} = \frac{\left(x + \frac{b}{a}\right)^2 \varphi\left(\frac{a}{ax + b}\right) + \sqrt{\theta x}}{\left(x + \frac{b}{a}\right)^2 \varphi\left(\frac{a}{ax + b}\right) - \sqrt{\theta x}}.$$

Quant au nombre ρ, on le trouvera d'après l'équation

$$\rho = \frac{1}{\varepsilon} \delta \frac{\varphi(z) + \sqrt{z^4 \theta\left(\frac{a - bz}{az}\right)}}{\varphi(z) - \sqrt{z^4 \theta\left(\frac{a - bz}{az}\right)}}.$$

Cette valeur de ρ nous montre que la solution des équations (8), que nous venons de trouver, ne peut être employée que dans le cas, où ε ne se réduit pas à zéro; car, pour $\varepsilon = 0$, cette valeur de ρ devient infinie, tandis que ρ désigne chez nous un nombre fini. Mais dans ce cas on vérifiera, évidemment, nos équations par une valeur finie de ρ, en prenant une des solutions de l'équation

$$\frac{P_0 z^2 + Q_0 \sqrt{z^4 \theta\left(\frac{a - bz}{az}\right)}}{P_0 z^2 - Q_0 \sqrt{z^4 \theta\left(\frac{a - bz}{az}\right)}} = T,$$

que nous avons exclues, savoir: $Q_0 = 0$ ou $P_0 = 0$, ce qui donne

$$\frac{P_0 z^2 + Q_0 \sqrt{z^4 \theta\left(\frac{a - bz}{az}\right)}}{P_0 z^2 - Q_0 \sqrt{z^4 \theta\left(\frac{a - bz}{az}\right)}} = \pm 1, \qquad \delta \frac{P_0 z^2 + Q_0 \sqrt{z^4 \theta\left(\frac{a - bz}{az}\right)}}{P_0 z^2 - Q_0 \sqrt{z^4 \theta\left(\frac{a - bz}{az}\right)}} = \varepsilon\rho = 0.$$

Dans ces solutions, pour $\varepsilon = 0$, le nombre ρ reste arbitraire, et l'on pourra prendre $\rho = 1$. Remarquons que ces solutions qu'on pouvait aussi tirer de la formule (9), en prenant $\varphi(z)$ égale à 0 ou ∞, ne pourront être employées, à leur tour, que dans le cas de $\varepsilon = 0$, car, autrement, ρ serait égal à 0, tandis que ce nombre doit être différent de zéro.

Ainsi l'on trouve la fonction $\frac{P_0 + Q_0 \sqrt{\theta x}}{P_0 - Q_0 \sqrt{\theta x}}$ et le nombre ρ, si le quotient de la division de $p^2\theta_1 - q^2\theta_2$ par uv se réduit à $ax + b$, et que a ne soit pas égal à zéro. Mais s'il arrive que $a = 0$, les fonctions u', v', d'après ce que nous venons de dire relativement à leur détermination, se réduisent à des constantes, et par conséquent, les équations qui déterminent P_0, Q_0 et ρ deviennent

$$\frac{P_0 + Q_0 \sqrt{\theta x}}{P_0 - Q_0 \sqrt{\theta x}} = T, \qquad \delta \frac{P_0 + Q_0 \sqrt{\theta x}}{P_0 - Q_0 \sqrt{\theta x}} = (\pi - \pi_1)\rho.$$

Or, comme ces équations sont de même nature que les équations (8), et que seulement ici P_0, Q_0, $\sqrt{\theta x}$, $\pi - \pi_1$ remplacent $P_0 z^2$, Q_0, $\sqrt{z^4 \theta\left(\frac{a - bz}{az}\right)}$, ε, nous concluons, d'après les formules précédentes, que la solution de ces équations sera donnée par ces formules

$$\frac{P_0 + Q_0 \sqrt{\theta x}}{P_0 - Q_0 \sqrt{\theta x}} = \frac{\varphi_0(x) + \sqrt{\theta x}}{\varphi_0(x) - \sqrt{\theta x}}, \qquad \rho = \frac{1}{\pi - \pi_1}\, \delta \frac{\varphi_0(x) + \sqrt{\theta x}}{\varphi_0(x) - \sqrt{\theta x}},$$

où l'on prendra pour $\varphi_0(x)$ zéro ou l'infini, si

$$\pi - \pi_1 = 0,$$

et dans le cas contraire, on développera $\sqrt{\theta x}$ en fraction continue

$$r + \cfrac{1}{r_1 + \cfrac{1}{r_2 + \cdots + \cfrac{1}{r_2 + \cfrac{1}{r_1 + \cfrac{1}{2r + \cfrac{1}{r_1 + \cdots}}}}}}$$

et l'on prendra

$$\varphi_0(x) = r + \cfrac{1}{r_1 + \cfrac{1}{r_2 + \cdots + \cfrac{1}{r_2 + \cfrac{1}{r_1}}}}.$$

Nous remarquerons encore que si les équations primitives

$$\frac{X_0 + X\sqrt{\theta x}}{X_0 - X\sqrt{\theta x}} = T\left(\frac{u}{v}\right)^\rho, \qquad \delta\,\frac{X_0 + X\sqrt{\theta x}}{X_0 - X\sqrt{\theta x}} = \pi\rho$$

remplissent elles mêmes la condition

$$\delta(uv) + \pi < \sqrt{\theta x},$$

on trouvera leur solution au moyen des formules que nous venons de donner pour résoudre les équations réduites

$$\frac{P_0 + Q_0\sqrt{\theta x}}{P_0 - Q_0\sqrt{\theta x}} = T\left(\frac{u'}{v'}\right)^\rho, \qquad \delta\,\frac{P_0 + Q_0\sqrt{\theta x}}{P_0 - Q_0\sqrt{\theta x}} = (\pi - \pi_1)\,\rho.$$

Dans ce cas, on prendra π au lieu de $\pi - \pi_1$, et l'on trouvera a, b, ε, en égalant

$$\frac{u}{v} = \frac{1}{(ax+b)^\varepsilon}.$$

§ 5.

D'après ce que nous venons d'exposer sur la solution des équations

$$(10) \qquad \frac{X_0 + X\sqrt{\theta x}}{X_0 - X\sqrt{\theta x}} = T\left(\frac{u}{v}\right)^\rho, \qquad \delta\,\frac{X_0 + X\sqrt{\theta x}}{X_0 - X\sqrt{\theta x}} = \pi\rho,$$

on peut prouver qu'elles sont impossibles, si, θx étant du quatrième degré et $\frac{uv\,x^\pi}{\sqrt{\theta x}}$ de degré impair, l'équation $\theta x = 0$ n'est pas vérifiée, en prenant pour x une valeur composée des racines de l'équation $uv = 0$ et des coefficients de θx à l'aide des seuls radicaux carrés, et que, par conséquent, on ne peut pas exprimer en termes finis toutes les intégrales, dont la détermination se réduit aux équations (10) de cette catégorie.

Pour le démontrer, nous remarquerons d'abord que dans le cas où $\frac{uv\,x^\pi}{\sqrt{\theta x}}$ est de degré impair on peut exécuter la réduction des équations (10), d'après le § 3, en prenant cette décomposition de θx en deux facteurs θ_1, θ_2:

$$\theta_1 = 1, \quad \theta_2 = \theta x,$$

et si avec ces valeurs de θ_1, θ_2 et en supposant connues les racines de l'équation $uv = 0$ on fait la réduction des équations (10), et qu'on cherche leur solution, on ne rencontre que l'extraction des racines carrées et les différentes opérations rationnelles. Donc, dans toute cette analyse, on n'aura que des quantités qui ne peuvent vérifier l'équation $\theta x = 0$ dans le cas que nous examinons. Or nous allons prouver que tant que cela a lieu, on ne peut donner une solution des équations (10).

D'après le § précédent, dans la solution des équations (10) on ne peut se passer du développement de $\sqrt{z^4\theta\left(\frac{a-bz}{az}\right)}$ ou $\sqrt{\theta x}$ en fraction continue que dans le cas, où l'on a $\varepsilon = 0$, ou $\pi - \pi_1 = 0$, $a = 0$.

Mais nous savons (voyez § 4) que la quantité ε ne se réduit à zéro que dans le cas, où la valeur $x = -\frac{b}{a}$ vérifie ces deux équations

$$\frac{p\sqrt{\theta_1} + q\sqrt{\theta_2}}{u} = 0, \quad \frac{p\sqrt{\theta_1} - q\sqrt{\theta_2}}{v} = 0,$$

et comme le produit $\frac{p\sqrt{\theta_1} + q\sqrt{\theta_2}}{u} \cdot \frac{p\sqrt{\theta_1} - p\sqrt{\theta_2}}{v}$ est égal à $\frac{p^2\theta_1 - p^2\theta_1}{uv} = ax + b$, cela suppose que le développement de

$$\frac{p\sqrt{\theta_1} + q\sqrt{\theta_2}}{u}, \quad \frac{p\sqrt{\theta_1} - q\sqrt{\theta_2}}{v},$$

suivant les puissances de $x + \frac{b}{a}$ contient des exposants fractionnaires, ce qui ne peut avoir lieu, à moins que θ_1 ou θ_2 ne contienne le facteur $x + \frac{b}{a}$, et par conséquent, cela suppose que la valeur $x = -\frac{b}{a}$ vérifie l'équation $\theta_1\theta_2 = \theta x = 0$, ce qui ne peut être admis, comme nous l'avons remarqué.

Le cas de $a = 0$, $\pi - \pi_1 = 0$ ne peut avoir lieu, car nous avons trouvé, dans le § précédent,

$$\pi_1 - \pi = 2\,\delta\,\frac{p\sqrt{\theta_1} + q\sqrt{\theta_2}}{\sqrt{uv}}\,x^{-\frac{\pi}{2}} - \delta\,\frac{p^2\theta_1 - q^2\theta_2}{uv},$$

et comme

$$\frac{p^2\theta_1 - q^2\theta_2}{uv} = ax + b,$$

$$\theta_1 = 1, \quad \theta_2 = \theta x,$$

cela nous donne

$$\pi_1 - \pi = 2\delta\,\frac{p + q\sqrt{\theta x}}{\sqrt{uv}}\,x^{-\frac{\pi}{2}} - \delta(ax + b) = 2\delta\,\frac{p + q\sqrt{\theta x}}{\sqrt[4]{\theta x}} - \delta\,\frac{uv \cdot x^{\pi}}{\sqrt{\theta x}} - \delta(ax + b).$$

Mais dans le cas que nous examinons la fonction $\frac{uv\,x^{\pi}}{\sqrt{\theta x}}$ est de degré impair et la fonction $\frac{p + q\sqrt{\theta x}}{\sqrt[4]{\theta x}}$ d'un degré entier; donc, si $a = 0$, la différence $\pi_1 - \pi$ est de la forme $2k + 1$; et, par conséquent, ne peut se réduire à zéro.

Il nous reste maintenant à prouver qu'on ne parviendra pas non plus à la solution de nos équations par le développement de $\sqrt{z^4\theta\left(\frac{a-bz}{az}\right)}$ ou $\sqrt{\theta x}$ en fraction continue. Pour cela, nous allons montrer qu'en général, si aucune des racines de l'équation bicarrée $R=0$ ne peut être exprimée à l'aide des seuls radicaux carrés, la fraction continue, résultante de $\sqrt{R}$, ne peut être périodique, de la forme

$$r+\cfrac{1}{r_1+\cfrac{1}{r_2+\cdots+\cfrac{1}{r_2+\cfrac{1}{r_1+\cfrac{1}{2r+\cfrac{1}{r_1\cdots}}}}}}$$

En effet, si cela avait lieu, nous savons, par les recherches d'Abel, qu'on parviendrait, par ce développement de $\sqrt{R}$, à la solution de l'équation

$$Y_0^2-Y^2R=C,$$

où Y_0, Y sont des fonctions entières et C une constante; le tout, étant déterminé par le développement de $\sqrt{R}$, ne peut contenir que des quantités exprimables par les coefficients de R au moyen des seuls radicaux carrés. Or, une telle solution de l'équation

$$Y_0^2-Y^2R=C$$

étant admise, supposons que

$$y_0^2-y^2R=c,$$

soit celle parmi elles dans laquelle y diffère de zéro et soit en même temps du degré le moins élevé.

D'après l'équation précédente nous trouvons

$$y_0^2-c=y^2R,$$

et, par conséquent,

$$(y_0+\sqrt{c})(y_0-\sqrt{c})=y^2R.$$

Comme $y_0-\sqrt{c}$, $y_0+\sqrt{c}$ ne peuvent avoir de commun diviseur, cette équation ne peut être vérifiée à moins qu'on n'ait

(11) $\quad y_0+\sqrt{c}=y_1^2R_1,\ y_0-\sqrt{c}=y_2^2R_2,\ y_1y_2=y,\ R_1R_2=R,$

et, par conséquent,

$$2\sqrt{c} = y_1^2 R_1 - y_2^2 R_2.$$

Or, on ne peut pas supposer que l'une des fonctions R_1, R_2 se réduise à une constante; car, en admettant, par exemple, que $R_1 = c_1$, on trouve, d'après (11), $R_2 = \frac{R}{c_1}$, et, par conséquent, l'équation précédente devient

$$2\sqrt{c} = y_1^2 c_1 - y_2^2 \frac{R}{c_1},$$

ou

$$2 c_1 \sqrt{c} = (c_1 y_1)^2 - y_2^2 R,$$

ce qui donne, contre l'hypothèse, une solution de l'équation

$$Y_0^2 - Y^2 R = C,$$

où $Y = y_2$ est d'un degré moins élevé que y.

Mais les fonctions R_1, R_2 ne peuvent être non plus de degrés supérieurs à zéro; car, autrement, on parviendrait à décomposer la fonction bicarrée R en deux facteurs $R_1 . R_2$ et, par conséquent, à trouver au moins une racine de l'équation $R = 0$ au moyen des seuls radicaux carrés; car, d'après (11), pour trouver R_1 et R_2 on n'a qu'à chercher le commun diviseur des fonctions $y_0 + \sqrt{c}$ et R, $y_0 - \sqrt{c}$ et R.

§ 6.

En terminant notre Mémoire, nous allons faire le résumé des procédés qui, d'après ce que nous venons d'exposer, constituent, avec nos recherches citées plus haut, une méthode générale d'intégration des différentielles qui contiennent une racine carrée d'un polynome du 3me ou du 4me degré, en tant que cette intégration est possible sous forme finie.

Nous supposons que préalablement la partie rationnelle de ces différentielles a été séparée et que le reste a été mis sous la forme $\frac{f_0 x}{F_0 x} \frac{dx}{\sqrt{\theta x}}$, où $f_0 x$, $F_0 x$ n'ont point de commun diviseur; nous supposons ainsi que θx, qui n'est que du 3me ou du 4me degré, n'a pas de facteurs multiples; car, autrement, l'intégration de $\frac{f_0 x}{F_0 x} \frac{dx}{\sqrt{\theta x}}$ deviendrait très simple.

Pour trouver l'intégrale $\int \frac{f_0 x}{F_0 x} \frac{dx}{\sqrt{\theta x}}$ sous forme finie, en tant que cela est possible, on procédera de la manière suivante:

1) On cherchera le plus grand commun diviseur entre les fonctions $F_0x\ \theta x$ et $\frac{d(F_0x.\theta x)}{dx}$. Nous dénoterons ce diviseur par Q.

2) On déterminera les degrés des fonctions $\frac{Q.f_0x}{F_0x.\theta x}$, $\frac{Q}{x\sqrt{\theta x}}$. Si ces fonctions sont de degrés inférieurs à -1, le terme algébrique dans l'expression de l'intégrale cherchée manque. Dans le cas contraire, on prendra n égal au plus petit nombre entier supérieur aux degrés de ces fonctions, et on cherchera les coefficients du polynome

$$P = B_n x^n + B_{n-1} x^{n-1} + \ldots . + B_2 x^2 + B_1 x + B_0$$

d'après cette condition:

la fonction $f_0x - \frac{F_0x\,\theta x}{Q}\frac{dP}{dx} - \left(\frac{F_0x\frac{d\,\theta x}{dx}}{2Q} - \frac{F_0x.\theta x.\frac{dQ}{dx}}{Q^2}\right) P$ doit être divisible par Q et avoir pour quotient une fonction d'un degré qui n'est pas plus élevé que celui de $\frac{F_0x\sqrt{\theta x}}{xQ}$.

Si cette condition ne peut être remplie, on conclura tout de suite que l'intégrale cherchée est impossible sous forme finie. Dans le cas contraire, on trouvera les coefficients du polynome P, et l'on conclura que la partie algébrique dans l'intégrale cherchée a pour valeur $\frac{P}{Q}\sqrt{\theta x}$.

3) On mettra la fonction $\frac{f_0x}{F_0x} - \sqrt{\theta x}\,\frac{d\frac{P}{Q}\sqrt{\theta x}}{dx}$ sous la forme $\frac{fx}{Fx}$, où fx, Fx sont des fonctions entières qui n'ont point de commun diviseur; on cherchera les racines de l'équation $Fx = 0$ et l'on calculera les quantités $K^0, K', K'', K''', \ldots . K^{(l)}$ d'après les équations

$$K^0 = \left[\frac{x\,fx}{Fx\sqrt{\theta x}}\right]_{x=\infty},\ K' = \frac{f(x')}{F'(x')\sqrt{\theta(x')}},\ K'' = \frac{f(x'')}{F'(x'')\sqrt{\theta(x'')}}, \ldots . K^{(l)} = \frac{f(x^l)}{F'(x^l)\sqrt{\theta(x^l)}}$$

où $x', x'', \ldots . x^{(l)}$ désignent les racines de l'équation $Fx = 0$ et $F'x = \frac{d\,Fx}{dx}$.

4) On cherchera les nombres entiers $M^0, M', M'', \ldots . M^{(l)}$ qui rendent

$$M^0 K^0 + M' K' + M'' K'' + \ldots . + M^{(l)} K^{(l)} = 0.$$

Soient λ le nombre de toutes les équations de cette forme qui ne sont pas identiques entre elles par rapport à

$$K^0,\ K',\ K'', \ldots . K^{(l)},$$

et

$$K^0 = \sum_{i=0}^{i=l-\lambda} M^0_i K^{(\lambda+i)},\ K' = \sum_{i=0}^{i=l-\lambda} M_i' K^{(\lambda+i)},\ K'' = \sum_{i=0}^{i=l-\lambda} M_i'' K^{(\lambda+i)}, \ldots . K^{(\lambda-1)} = \sum_{i=0}^{i=l-\lambda} M_i^{(\lambda-1)} K^{(\lambda+i)}$$

les valeurs de λ termes de la série

$$K^0,\ K',\ K'',\ldots . K^{(l)},$$

en fonctions des autres, qu'on tire de ces équations.

D'après cela on conclura que la partie logarithmique de l'intégrale cherchée est composée de ces $l-\lambda+1$ termes

$$\frac{K^{(\lambda)}}{n_0}\log W_0+\frac{K^{(\lambda+1)}}{n_1}\log W_1+\ldots .+\frac{K^{(l)}}{n_{l-\lambda}}\log W_{l-\lambda},$$

où $n_0, n_1,\ldots . n_{l-\lambda}$ désignent des nombres entiers et $W_0, W_1,\ldots . W_{l-\lambda}$ des fonctions de la forme $\frac{X_0+X\sqrt{\theta x}}{X_0-X\sqrt{\theta x}}$.

5) Pour trouver un terme quelconque $\frac{K^{(\lambda+i)}}{n_i}\log W_i$ on cherchera le plus petit dénominateur auquel les quantités $M_i^0, M_i', M_i'',\ldots . M_i^{(\lambda-1)}$ peuvent être réduites. En dénotant ce dénominateur par σ, on fera

$$\pi=\pm M_i^0\sigma,$$

en prenant celui des deux signes $\pm$ qui appartient à M_i^0, et l'on mettra l'expression

$$\left[(x-x')^{M_i'}(x-x'')^{M_i''}\ldots .(x-x^{(\lambda-1)})^{M_i^{(\lambda-1)}}(x-x^{(\lambda+i)})\right]^{\pm\sigma}$$

sous la forme d'une fraction simple $\frac{u}{v}$.

6) On décomposera θx en deux facteurs $\theta_1.\theta_2$, de manière que $\sqrt{\frac{uv\,\theta_1.x^\pi}{\sqrt{\theta x}}}$ ne soit pas d'un degré entier, on trouvera une fonction entière S, pour laquelle les fractions

$$\frac{S\sqrt{\theta_1}+\sqrt{\theta_2}}{u},\quad \frac{S\sqrt{\theta_1}-\sqrt{\theta_2}}{v}$$

ne deviennent pas infinies, tant que x reste fini, et en développant l'expression $\frac{S-\sqrt{\frac{\theta_2}{\theta_1}}}{uv}$ en fraction continue, on cherchera parmi les fractions réduites de $\frac{S-\sqrt{\frac{\theta_2}{\theta_1}}}{uv}$ celle dont le dénominateur est du degré le plus proche de celui de $\sqrt{\frac{uv\,\theta_1.x^\pi}{\sqrt{\theta x}}}$, mais moins élevé que celui de cette fonction.

En dénotant cette fraction par $\frac{M}{N}$, on cherchera le quotient de la division de

$$(NS - Muv)^2 \theta_1 - N^2 \theta_2$$

par uv. Ce quotient sera toujours d'un degré au-dessous du second.

7) Si ce quotient est une fonction du premier degré $ax + b$, on prendra

$$\frac{K^{(\lambda+i)}}{n_i} \log W_i = \frac{K^{(\lambda+i)}}{\pm \sigma} \log \frac{(NS - Muv)\sqrt{\theta_1} + N\sqrt{\theta_2}}{(NS - Muv)\sqrt{\theta_1} - N\sqrt{\theta_2}},$$

dans le cas où les deux fonctions

$$\frac{(NS - Muv)\sqrt{\theta_1} + N\sqrt{\theta_2}}{u}, \quad \frac{(NS - Muv)\sqrt{\theta_1} - N\sqrt{\theta_2}}{v}$$

se réduisent à zéro pour $x = -\frac{b}{a}$.

Dans le cas contraire, on aura

$$\frac{K^{(\lambda+i)}}{n_i} \log W_i = \frac{\varepsilon K^{(\lambda+i)}}{\pm \rho\sigma} \log \left[\left(\frac{(NS - Muv)\sqrt{\theta_1} + N\sqrt{\theta_2}}{(NS - Muv)\sqrt{\theta_1} - N\sqrt{\theta_2}} \right)^{\frac{\rho}{\varepsilon}} \cdot \frac{\left(\frac{ax+b}{a}\right)^2 \varphi\left(\frac{a}{ax+b}\right) + \sqrt{\theta x}}{\left(\frac{ax+b}{a}\right)^2 \varphi\left(\frac{a}{ax+b}\right) - \sqrt{\theta x}} \right],$$

où $\varphi(z)$ est une fonction égale à

$$r + \cfrac{1}{r_1 + \cfrac{1}{r_2 + \cdots + \cfrac{1}{r_2 + \cfrac{1}{r_1}}}},$$

la fraction continue résultante de $\sqrt{z^4 \theta\left(\frac{a - bz}{az}\right)}$ étant périodique et de la forme

$$r + \cfrac{1}{r_1 + \cfrac{1}{r_2 + \cdots + \cfrac{1}{r_2 + \cfrac{1}{r_1 + \cfrac{1}{2r + \cfrac{1}{r_1 + \cfrac{1}{r_2 + \cdots}}}}}}},$$

ρ le degré de $\frac{\varphi(z) + \sqrt{z^4 \theta\left(\frac{a - bz}{az}\right)}}{\varphi(z) - \sqrt{z^4 \theta\left(\frac{a - bz}{az}\right)}}$, $\varepsilon = +1$ ou -1, selon que $x = -\frac{b}{a}$ vérifie l'équation

$$\frac{(NS - Muv)\sqrt{\theta_1} + N\sqrt{\theta_2}}{u} = 0, \quad \text{ou} \quad \frac{(NS - Muv)\sqrt{\theta_1} - N\sqrt{\theta_2}}{v} = 0.$$

8) Si ce quotient se réduit à une constante, on prendra

$$\frac{K^{(\lambda+i)}}{n_i}\log W_i = \frac{K^{(\lambda+i)}}{\pm\sigma}\log\frac{(NS-Muv)\sqrt{\theta_1}+N\sqrt{\theta_2}}{(NS-Muv)\sqrt{\theta_1}-N\sqrt{\theta_2}},$$

dans le cas où $\frac{(NS-Muv)\sqrt{\theta_1}-N\sqrt{\theta_2}}{(NS-Muv)\sqrt{\theta_1}+N\sqrt{\theta_2}}x^{\pi}$ est du degré zéro. Dans le cas contraire, en désignant par ε le degré de $\frac{(NS-Muv)\sqrt{\theta_1}-N\sqrt{\theta_2}}{(NS-Muv)\sqrt{\theta_1}+N\sqrt{\theta_2}}x^{\pi}$, on aura

$$\frac{K^{(\lambda+i)}}{n_i}\log W_i = \frac{\varepsilon K^{(\lambda+i)}}{\pm\rho\sigma}\log\left[\left(\frac{(NS-Muv)\sqrt{\theta_1}+N\sqrt{\theta_2}}{(NS-Muv)\sqrt{\theta_1}-N\sqrt{\theta_2}}\right)^{\frac{\rho}{\varepsilon}}\cdot\frac{\varphi_0(x)+\sqrt{\theta x}}{\varphi_0(x)-\sqrt{\theta x}}\right],$$

où

$$\varphi_0(x) = r + \cfrac{1}{r_1 + \cfrac{1}{r_2 + \cdots + \cfrac{1}{r_2 + \cfrac{1}{r_1}}}},$$

la fraction continue résultante de $\sqrt{\theta x}$ étant périodique et de la forme

$$r + \cfrac{1}{r_1 + \cfrac{1}{r_2 + \cdots + \cfrac{1}{r_2 + \cfrac{1}{r_1 + \cfrac{1}{2r + \cfrac{1}{r_1 + \cfrac{1}{r_2 + \cdots}}}}}}},$$

ρ le degré de $\frac{\varphi_0 x + \sqrt{\theta x}}{\varphi_0 x - \sqrt{\theta x}}$.

9) Ce que nous venons de dire sur la détermination du terme $\frac{K^{(\lambda+i)}}{n_i}\log W_i$ ne sera applicable que dans le cas, où le degré de la fonction uvx^{π} surpasse 1. S'il arrive que le degré de uvx^{π} n'est pas au-dessus de 1, le terme $\frac{K^{(\lambda+i)}}{n_i}\log W_i$ sera aussi déterminé par les formules que nous venons d'exposer, seulement on fera $\frac{(NS-Muv)\sqrt{\theta_1}+N\sqrt{\theta_2}}{(NS-Muv)\sqrt{\theta_1}-N\sqrt{\theta_2}} = 1$, on trouvera a, b, ε, en égalant $\frac{u}{v} = \frac{1}{(ax+b)^{\varepsilon}}$, et on prendra $\varepsilon = \pi$, dans le cas de $a = 0$.

10) Après avoir trouvé tous les termes logarithmiques, on différentiera leur somme. Si cette différentielle ne se réduit pas à $\frac{fx}{Fx}\frac{dx}{\sqrt{\theta x}}$, l'intégrale cherchée est impossible sous forme finie; dans le cas contraire sa valeur sera précisément donnée par la somme

$$\frac{P}{Q}\sqrt{\theta x} + \frac{K^{(\lambda)}}{n_0}\log W_0 + \frac{K^{(\lambda+1)}}{n_1}\log W_1 + \ldots + \frac{K^{(l)}}{n_{l-\lambda}}\log W_{l-\lambda}.$$

S'il s'agit, par exemple, de trouver l'intégrale

$$\int \frac{2x^6+4x^5+7x^4-3x^3-x^2-8x-8}{(2x^2-1)^2\sqrt{x^4+4x^3+2x^2+1}}\,dx,$$

on cherchera le plus grand commun diviseur entre les fonctions

$$(2x^2-1)^2(x^4+4x^3+2x^2+1), \quad \frac{d\,[(2x^2-1)^2(x^4+4x^3+2x^2+1)]}{dx}.$$

Comme ce diviseur est $2x^2-1$ et que les fonctions

$$\frac{(2x^2-1)(2x^6+4x^5+7x^4-3x^3-x^2-8x-8)}{(2x^2-1)^2(x^4+4x^3+2x^2+1)}, \quad \frac{2x^2-1}{x\sqrt{x^4+4x^3+2x^2+1}}$$

sont de degrés au-dessous de 1, on cherchera les coefficients de la fonction du premier degré $P=B_1x+B_0$. Pour cela on divisera

$$2x^6+4x^5+7x^4-3x^3-x^2-8x-8-\frac{(2x^2-1)^2}{2x^2-1}(x^4+4x^3+2x^2+1)B_1$$
$$-\left[\frac{1}{2}\frac{(2x^2-1)^2(4x^3+12x^2+4x)}{2x^2-1}-\frac{(2x^2-1)^2(x^4+4x^3+2x^2+1).4x}{(2x^2-1)^2}\right](B_1x+B_0)$$

par $2x^2-1$. Comme cette division donne le reste

$$\left(4B_1+9B_0-\frac{17}{2}\right)x+\frac{9}{2}B_1+4B_0-\frac{13}{2},$$

et qu'on trouve, en outre, dans le quotient le terme

$$(1-B_1)x^4$$

qui est d'un degré plus élevé que $\frac{(2x^2-1)^2\sqrt{x^4+4x^3+2x^2+1}}{x(2x^2-1)}$, on égalera tout cela à zéro, ce qui donne les équations

$$4B_1+9B_0-\frac{17}{2}=0, \quad \frac{9}{2}B_1+4B_0-\frac{13}{2}=0, \quad 1-B_1=0,$$

et de là

$$B_1=1, \quad B_0=\frac{1}{2}, \quad P=x+\frac{1}{2}.$$

Donc, le terme algébrique, dans l'expression de l'intégrale cherchée, a cette valeur

$$\frac{x+\frac{1}{2}}{2x^2-1}\sqrt{x^4+4x^3+2x^2+1}.$$

En réduisant l'expression

$$\frac{2x^6+4x^5+7x^4-3x^3-x^2-8x-8}{(2x^2-1)^2}-\sqrt{x^4+4x^3+2x^2+1}\,\frac{d\,\dfrac{x+\frac{1}{2}}{2x^2-1}\sqrt{x^4+4x^3+2x^2+1}}{dx}$$

à la forme la plus simple, on parvient à

$$\frac{6x^2+5x+7}{2x^2-1};$$

et comme les racines de l'équation $2x^2-1=0$ sont $x=-\frac{1}{\sqrt{2}}$, $x=\frac{1}{\sqrt{2}}$, on calculera les quantités K^0, K', K'' d'après les formules

$$K^0=\lim\left[\frac{x(6x^2+5x+7)}{(2x^2-1)\sqrt{x^4+4x^3+2x^2+1}}\right]_{x=\infty},\quad K'=\frac{6x'^2+5x'+7}{4x'\sqrt{x'^4+4x'^3+2x'^2+1}},$$

$$K''=\frac{6x''^2+5x''+7}{4x''\sqrt{x''^4+4x''^3+2x''^2+1}},$$

en prenant $x'=-\frac{1}{\sqrt{2}}$, $x''=\frac{1}{\sqrt{2}}$, ce qui donne

$$K^0=0,\quad K'=-\frac{5}{2},\quad K''=\frac{5}{2},$$

et, par conséquent, on aura

$$(12)\qquad M^0K^0+M'K'+M''K''=0,$$

si l'on prend

$$M^0=1,\quad M'=0,\quad M''=0,$$

ou

$$M^0=0,\quad M'=1,\quad M''=1.$$

Quant aux autres valeurs de M^0, M', M'' qui satisfont à l'équation (12), elles ne conduisent par rapport à K^0, K', K'', qu'à des équations identiques à celles qu'on trouve en prenant les valeurs mentionnées de M^0, M', M'' D'après cela on conclut que la partie logarithmique de l'intégrale cherchée ne contient qu'un seul terme

$$\frac{\frac{5}{2}}{n_1}\log W_1.$$

Les coefficients des expressions de K^0 et K' en fonctions de K'' n'étant pas fractionnaires, et le coefficient de K'' dans la valeur de K^0 étant zéro, on prendra

$$\sigma=1,\quad \pi=0;$$

on mettra le produit

$$\left(x+\frac{1}{\sqrt{2}}\right)^{-1}\left(x-\frac{1}{\sqrt{2}}\right)$$

sous la forme d'une fraction

$$\frac{x-\frac{1}{\sqrt{2}}}{x+\frac{1}{\sqrt{2}}},$$

et après avoir décomposé $x^4+4x^3+2x^2+1$ en deux facteurs $(x+1)$ (x^3+3x^2-x+1), on cherchera une fonction entière S pour laquelle les fractions

$$\frac{S\sqrt{x+1}+\sqrt{x^3+3x^2-x+1}}{x-\frac{1}{\sqrt{2}}},\qquad \frac{S\sqrt{x+1}-\sqrt{x^3+3x^2-x+1}}{x+\frac{1}{\sqrt{2}}}$$

ne deviennent pas infinies, tant que x reste fini; ou, ce qui revient au même, une fonction S qui, pour $x=\frac{1}{\sqrt{2}}$, $x=-\frac{1}{\sqrt{2}}$, se réduise respectivement à

$$\frac{-\sqrt{\left(\frac{1}{\sqrt{2}}\right)^3+3\left(\frac{1}{\sqrt{2}}\right)^2-\frac{1}{\sqrt{2}}+1}}{\sqrt{\frac{1}{\sqrt{2}}+1}}=-\frac{3-\sqrt{2}}{\sqrt{2}},$$

et à

$$\frac{\sqrt{\left(-\frac{1}{\sqrt{2}}\right)^3+3\left(-\frac{1}{\sqrt{2}}\right)^2+\frac{1}{\sqrt{2}}+1}}{\sqrt{-\frac{1}{\sqrt{2}}+1}}=\frac{3+\sqrt{2}}{\sqrt{2}}.$$

D'après cela on trouve

$$S=1-3x.$$

En cherchant la fraction réduite de $\dfrac{1-3x-\sqrt{\dfrac{x^3+3x^2-x+1}{x+1}}}{\left(x-\frac{1}{\sqrt{2}}\right)\left(x+\frac{1}{\sqrt{2}}\right)}$, dont le dénominateur est du degré le plus proche possible mais inferieur au degré de $\sqrt{\dfrac{\left(x-\frac{1}{\sqrt{2}}\right)\left(x+\frac{1}{\sqrt{2}}\right)\left(x+1\right)x^0}{\sqrt{(x^4+4x^3+2x^2+1)}}}$ on prendra pour cette fraction $\frac{0}{1}$, et comme

$$\left[1.(1-3x)-0.\left(x-\frac{1}{\sqrt{2}}\right)\left(x+\frac{1}{\sqrt{2}}\right)\right]^2(x+1)-1^2.(x^3+3x^2-x+1)=8x^3-4x,$$

divisé par $\left(x-\frac{1}{\sqrt{2}}\right)\left(x+\frac{1}{\sqrt{2}}\right)=x^2-\frac{1}{2}$, donne pour quotient $8x$, et que $x=0$ rend nulle la dernière de deux expressions

$$\frac{(1-3x)\sqrt{x+1}+\sqrt{x^3+3x^2-x+1}}{x-\frac{1}{\sqrt{2}}},\qquad \frac{(1-3x)\sqrt{x+1}-\sqrt{x^3+3x^2-x+1}}{x+\frac{1}{\sqrt{2}}},$$

le terme logarithmique, d'après le n^0 7, sera donné par la formule

$$\frac{-1.\frac{5}{2}}{1.\rho}\log\left[\left(\frac{(1-3x)\sqrt{x+1}+\sqrt{x^3+3x^2-x+1}}{(1-3x)\sqrt{x+1}-\sqrt{x^3+3x^2-x+1}}\right)^{\frac{\rho}{-1}}\cdot\frac{x^2\varphi\left(\frac{1}{x}\right)+\sqrt{x^4+4x^3+2x^2+1}}{x^2\varphi\left(\frac{1}{x}\right)-\sqrt{x^4+4x^3+2x^2+1}}\right];$$

où ρ désigne le degré de $\dfrac{\varphi(z)+\sqrt{z^4\left[\left(\frac{1}{z}\right)^4+4\left(\frac{1}{z}\right)^3+2\left(\frac{1}{z}\right)^2+1\right]}}{\varphi(z)-\sqrt{z^4\left[\left(\frac{1}{z}\right)^4+4\left(\frac{1}{z}\right)^3+2\left(\frac{1}{z}\right)^2+1\right]}}$.

Pour trouver la fonction $\varphi(z)$, on développera le radical

$$\sqrt{z^4\left[\left(\frac{1}{z}\right)^4+4\left(\frac{1}{z}\right)^3+2\left(\frac{1}{z}\right)^2+1\right]}=\sqrt{z^4+2z^2+4z+1}$$

en fraction continue. Comme on trouve

$$\sqrt{z^4+2z^2+4z+1}=z^2+1+\cfrac{1}{\frac{1}{2}z+\cfrac{1}{2z-2+\cfrac{1}{\frac{1}{2}z+\cfrac{1}{2(z^2+1)+\cfrac{1}{\frac{1}{2}z+\cfrac{1}{2z-2+\ldots}}}}}}$$

on prendra

$$\varphi(z)=z^2+1+\cfrac{1}{\frac{1}{2}z+\cfrac{1}{2z-2+\cfrac{1}{\frac{1}{2}z}}}$$

ce qui donne

$$\varphi(z)=\frac{z^5-z^4+3z^3+z^2+2}{z^3-z^2+2z},$$

et par conséquent ρ, degré de $\dfrac{\varphi(z)+\sqrt{z^4\left[\left(\frac{1}{z}\right)^4+4\left(\frac{1}{z}\right)^3+2\left(\frac{1}{z}\right)^2+1\right]}}{\varphi(z)-\sqrt{z^4\left[\left(\frac{1}{z}\right)^4+4\left(\frac{1}{z}\right)^3+2\left(\frac{1}{z}\right)^2+1\right]}}$, est égal à 10.

Ainsi, en faisant pour abréger,

$$\Delta=\sqrt{x^4+4x^3+2x^2+1},$$

le terme logarithmique cherché aura cette valeur

$$-\frac{5}{2.10}\log\left[\left(\frac{(1-3x)\sqrt{x+1}+\sqrt{x^3+3x^2-x+1}}{(1-3x)\sqrt{x+1}-\sqrt{x^3+3x^2-x+1}}\right)^{-10}\cdot\frac{x^2\left[\left(\frac{1}{x}\right)^5-\left(\frac{1}{x}\right)^4+3\left(\frac{1}{x}\right)^3+\left(\frac{1}{x}\right)^2+2\right]+\left[\left(\frac{1}{x}\right)^3-\left(\frac{1}{x}\right)^2+2\left(\frac{1}{x}\right)\right]\Delta}{x^2\left[\left(\frac{1}{x}\right)^5-\left(\frac{1}{x}\right)^4+3\left(\frac{1}{x}\right)^3+\left(\frac{1}{x}\right)^2+2\right]-\left[\left(\frac{1}{x}\right)^3-\left(\frac{1}{x}\right)^2+2\left(\frac{1}{x}\right)\right]\Delta}\right],$$

ou, ce qui revient au même,

$$\frac{1}{4}\log\left[\left(\frac{(1-3x)\sqrt{x+1}+\sqrt{x^3+3x^2-x+1}}{(1-3x)\sqrt{x+1}-\sqrt{x^3+3x^2-x+1}}\right)^{10}\cdot\frac{2x^5+x^3+3x^2-x+1-(2x^2-x+1)\,\Delta}{2x^5+x^3+3x^2-x+1+(2x^2-x+1)\,\Delta}\right].$$

Donc, si l'intégrale cherchée peut être exprimée sous forme finie, elle doit être égale à

$$\frac{x+\frac{1}{2}}{2x^2-1}\Delta+\frac{1}{4}\log\left[\left(\frac{(1-3x)\sqrt{x+1}+\sqrt{x^3+3x^2-x+1}}{(1-3x)\sqrt{x+1}-\sqrt{x^3+3x^2-x+1}}\right)^{10}\cdot\frac{2x^5+x^3+3x^2-x+1-(2x^2-x+1)\,\Delta}{2x^5+x^3+3x^2-x+1+(2x^2-x+1)\,\Delta}\right],$$

où

$$\Delta=\sqrt{x^4+4x^3+2x^2+1}.$$

Effectivement, on trouve par la différentiation que c'est bien la valeur de l'intégrale

$$\int\frac{2x^6+4x^5+7x^4-3x^3-x^2-8x-8}{(2x^2-1)^2\sqrt{x^4+4x^3+2x^2+1}}\,dx,$$

sur laquelle nous avons opéré.

11.

SUR
LES FRACTIONS CONTINUES.

(TRADUIT PAR BIENAYMÉ.)

(Journal de mathématiques pures et appliquées. II série, T. III, 1858, p. 289—323.)

(Lu le 12 janvier 1855.)

О непрерывныхъ дробяхъ.

(Ученыя записки Императорской Академіи Наукъ по первому и третьему отдѣленіямъ, т. III, стр. 636—664. С.-Петербургъ, 1855 г.)

Sur les fractions continues.

Au mois d'octobre de l'année dernière, j'ai eu l'honneur de présenter à l'Académie des Sciences un des résultats de mes recherches sur l'interpolation: c'était une formule qui représente approximativement une fonction cherchée, d'après plusieurs de ses valeurs particulières, et dont les coefficients sont déterminés par les conditions de la *Méthode des moindres carrés*. Cette formule, comme on le voit par mon écrit inséré dans le *Bulletin de l'Académie* (t. XIII, n⁰ 13) sous le titre de *Note sur une formule d'Analyse* *), s'obtient à l'aide du développement d'une certaine fonction en fraction continue. Ajournant ce qui touche aux conséquences de cette formule relatives à l'interpolation jusqu'à la fin de mes recherches sur ce sujet, je vais la considérer ici dans ses rapports avec les fractions continues, comme exprimant une propriété particulière de ces fractions.

Je commencerai par la déduction de la formule que j'avais présentée sans démonstration dans l'écrit cité tout à l'heure. Ensuite je ferai voir ce qu'on peut en tirer relativement aux propriétés des fractions convergentes qu'on obtient en développant de certaines fonctions en fractions continues.

§ 1.

Nous commencerons nos recherches par la solution de la question suivante:

On connaît des valeurs de la fonction $F(x)$ pour $n+1$ valeurs de la variable, $x=x_0, x_1, x_2, \ldots x_n$, et l'on suppose que la fonction puisse être représentée par la formule

$$a+bx+cx^2+\ldots\ldots+gx^{m-1}+hx^m,$$

*) Voir plus bas, à la fin de ce Volume.

l'exposant m ne surpassant pas n. Il s'agit de trouver les coefficients de la formule en les assujettissant à ne laisser aux erreurs des valeurs $F(x_0)$, $F(x_1)$, $F(x_2)$, ... $F(x_n)$, *que la moindre influence possible sur une valeur quelconque* $F(X)$.

On obtient immédiatement cette suite d'équations

$$F(x_0) = a + bx_0 + cx_0^2 + \ldots\ldots + gx_0^{m-1} + hx_0^m,$$
$$F(x_1) = a + bx_1 + cx_1^2 + \ldots\ldots + gx_1^{m-1} + hx_1^m;$$
$$F(x_2) = a + bx_2 + cx_2^2 + \ldots\ldots + gx_2^{m-1} + hx_2^m;$$
$$\ldots\ldots\ldots\ldots\ldots\ldots\ldots\ldots\ldots\ldots$$
$$\ldots\ldots\ldots\ldots\ldots\ldots\ldots\ldots\ldots\ldots$$
$$F(x_n) = a + bx_n + cx_n^2 + \ldots\ldots + gx_n^{m-1} + hx_n^m.$$

Pour exprimer la valeur de $F(X)$, à l'aide de ces équations, nous les multiplierons par des facteurs indéterminés $\lambda_0, \lambda_1, \lambda_2, \ldots. \lambda_n$, et nous en prendrons la somme

$$\lambda_0 F(x_0) + \lambda_1 F(x_1) + \lambda_2 F(x_2) + \ldots\ldots + \lambda_n F(x_n)$$
$$= a(\lambda_0 + \lambda_1 + \lambda_2 + \ldots\ldots + \lambda_n)$$
$$+ b(\lambda_0 x_0 + \lambda_1 x_1 + \lambda_2 x_2 + \ldots\ldots + \lambda_n x_n)$$
$$+ c(\lambda_0 x_0^2 + \lambda_1 x_1^2 + \lambda_2 x_2^2 + \ldots\ldots + \lambda_n x_n^2)$$
$$\ldots\ldots\ldots\ldots\ldots\ldots\ldots\ldots\ldots\ldots$$
$$\ldots\ldots\ldots\ldots\ldots\ldots\ldots\ldots\ldots\ldots$$
$$+ g(\lambda_0 x_0^{m-1} + \lambda_1 x_1^{m-1} + \lambda_2 x_2^{m-1} + \ldots\ldots + \lambda_n x_n^{m-1})$$
$$+ h(\lambda_0 x_0^m + \lambda_1 x_1^m + \lambda_2 x_2^m + \ldots\ldots + \lambda_n x_n^m).$$

Si, maintenant, nous comparons cette somme à l'expression de $F(X)$, qui doit être

$$F(X) = a + bX + cX^2 + \ldots\ldots + gX^{m-1} + hX^m,$$

nous trouverons que pour assurer la relation

$$F(X) = \lambda_0 F(x_0) + \lambda_1 F(x_1) + \lambda_2 F(x_2) + \ldots\ldots + \lambda_n F(x_n),$$

il suffit que les facteurs $\lambda_0, \lambda_1, \lambda_2 \ldots . \lambda_n$ satisfassent aux équations

$$(1)\quad \begin{cases} \lambda_0 + \lambda_1 + \lambda_2 + \ldots\ldots\ldots\ldots + \lambda_n = 1, \\ \lambda_0 x_0 + \lambda_1 x_1 + \lambda_2 x_2 + \ldots\ldots\ldots\ldots + \lambda_n x_n = X, \\ \lambda_0 x_0^2 + \lambda_1 x_1^2 + \lambda_2 x_2^2 + \ldots\ldots\ldots\ldots + \lambda_n x_n^2 = X^2, \\ \ldots\ldots\ldots\ldots\ldots\ldots\ldots\ldots\ldots\ldots\ldots \\ \ldots\ldots\ldots\ldots\ldots\ldots\ldots\ldots\ldots\ldots\ldots \\ \lambda_0 x_0^{m-1} + \lambda_1 x_1^{m-1} + \lambda_2 x_2^{m-1} + \ldots . + \lambda_n x_n^{m-1} = X^{m-1}, \\ \lambda_0 x_0^m + \lambda_1 x_1^m + \lambda_2 x_2^m + \ldots . + \lambda_n x_n^m = X^m. \end{cases}$$

Lorsque $m = n$, ces équations déterminent complétement les facteurs $\lambda_0, \lambda_1, \lambda_2, \ldots . \lambda_n$, puisque le nombre des unes et des autres est le même. Dans ce cas le système de facteurs ainsi calculé est le seul qui puisse former les coefficients de l'expression générale

$$F(X) = \lambda_0 F(x_0) + \lambda_1 F(x_1) + \lambda_2 F(x_2) + \ldots . + \lambda_n F(x_n).$$

Si, au contraire, $m < n$, ces équations pourront être satisfaites d'une infinité de manières, et chaque système de valeurs assignées aux facteurs $\lambda_0, \lambda_1, \lambda_2, \ldots . \lambda_n$, dans la formule

$$F(X) = \lambda_0 F(x_0) + \lambda_1 F(x_1) + \lambda_2 F(x_2) + \ldots . + \lambda_n F(x_n),$$

fournira une expression particulière de $F(X)$. Mais, d'après la dernière condition du problème, il faut choisir, parmi toutes les expressions de $F(X)$, celle dans laquelle les erreurs des valeurs $F(x_0)$, $F(x_1)$, $F(x_2), \ldots . F(x_n)$ ont le minimum d'influence sur la grandeur cherchée $F(X)$. Or on sait, par la théorie des probabilités, qu'on parviendra à ce but, en assujettissant les facteurs $\lambda_0, \lambda_1, \lambda_2, \ldots . \lambda_n$ de $F(X)$ à réduire au minimum la somme

$$k_0^2 \lambda_0^2 + k_1^2 \lambda_1^2 + k_2^2 \lambda_2^2 + \ldots . + k_n^2 \lambda_n^2,$$

dans laquelle k_0^2, k_1^2, $k_2^2, \ldots . k_n^2$ désignent des quantités proportionnelles aux moyennes des carrés des erreurs des valeurs $F(x_0)$, $F(x_1)$, $F(x_2), \ldots . F(x_n)$. On voit que, pour plus de généralité, nous supposons différentes les unes des autres les lois des erreurs de ces $n+1$ quantités. Si la loi de probabilité est la même pour toutes, on a dans ce cas

$$k_0 = k_1 = k_2 = \ldots, = k_n,$$

et l'on peut réduire ces multiplicateurs à l'unité.

La solution de la question se trouve ramenée par ce qui précède à exprimer $F(X)$ par la formule

$$F(X) = \lambda_0 F(x_0) + \lambda_1 F(x_1) + \lambda_2 F(x_2) + \ldots\ldots + \lambda_n F(x_n),$$

en déterminant les facteurs λ par les équations (1) et par la condition du minimum de la somme

$$k_0^2\lambda_0^2 + k_1^2\lambda_1^2 + k_2^2\lambda_2^2 + \ldots\ldots + k_n^2\lambda_n^2.$$

Remarquons, en passant, que cette condition peut être étendue au cas même, dans lequel $m = n$. Car les facteurs λ sont alors complétement déterminés par les équations (1), et la condition du minimum de la somme des carrés n'exige plus rien; ce qui s'accorde avec ce qui a déjà été dit de ce cas particulier.

Arrivant au calcul des facteurs $\lambda_0, \lambda_1, \lambda_2, \ldots. \lambda_n$, supposons que $\theta(x)$ soit une fonction entière de x, qui pour les valeurs $x_0, x_1, x_2, \ldots. x_n$ de x, prenne respectivement les valeurs $\frac{1}{k_0}, \frac{1}{k_1}, \frac{1}{k_2}, \ldots. \frac{1}{k_n}$. La somme

$$k_0^2\lambda_0^2 + k_1^2\lambda_1^2 + k_2^2 + \lambda_2^2 + \ldots\ldots k_n^2\lambda_n^2$$

s'écrira sous la forme

$$\frac{\lambda_0^2}{\theta^2(x_0)} + \frac{\lambda_1^2}{\theta^2(x_1)} + \frac{\lambda_2^2}{\theta^2(x_2)} + \ldots\ldots + \frac{\lambda_n^2}{\theta^2(x_n)}.$$

Pour déterminer, par la condition du minimum de cette somme, les quantités $\lambda_0, \lambda_1, \lambda_2, \ldots. \lambda_n$, liées entre elles par les équations (1), nous en prendrons la différentielle, et, suivant le procédé ordinaire des minima et maxima, nous l'égalerons à la somme des différentielles des équations (1), multipliées chacune par des arbitraires $\mu_0, \mu_1, \mu_2, \ldots. \mu_m$ respectivement. Égalant ensuite les termes qui auront pour facteurs $d\lambda_0, d\lambda_1, d\lambda_2, \ldots. d\lambda_n$, nous trouvons les $(n+1)$ équations

$$(2)\quad \begin{cases} \frac{2\lambda_0}{\theta^2(x_0)} = \mu_0 + \mu_1 x_0 + \mu_2 x_0^2 + \ldots\ldots + \mu_m x_0^m; \\ \frac{2\lambda_1}{\theta^2(x_1)} = \mu_0 + \mu_1 x_1 + \mu_2 x_1^2 + \ldots\ldots + \mu_m x_1^m; \\ \ldots\ldots\ldots\ldots\ldots\ldots\ldots\ldots \\ \ldots\ldots\ldots\ldots\ldots\ldots\ldots\ldots \\ \frac{2\lambda_n}{\theta^2(x_n)} = \mu_0 + \mu_1 x_n + \mu_2 x_n^2 + \ldots\ldots + \mu_m x_n^m. \end{cases}$$

Réunies aux équations (1), les équations (2) déterminent complétement les $n+1$ inconnues

$$\lambda_0, \lambda_1, \lambda_2, \ldots\ldots \lambda_n,$$

et les $m+1$ arbitraires

$$\mu_0, \mu_1, \mu_2, \ldots\ldots \mu_m.$$

Ainsi toute la difficulté est ramenée à la solution de ces équations. Voici le procédé particulier que nous emploierons pour y parvenir.

§ 2.

En posant

$$\varphi(x) = \frac{\mu_0 + \mu_1 x + \mu_2 x^2 + \ldots\ldots + \mu_m x^m}{2},$$

nous transformons les équations (2) en celles-ci:

$$\frac{\lambda_0}{\theta^2(x_0)} = \varphi(x_0), \quad \frac{\lambda_1}{\theta^2(x_1)} = \varphi(x_1), \ldots\ldots \frac{\lambda_n}{\theta^2(x_n)} = \varphi(x_n);$$

et nous en tirons

$$(3)\qquad \lambda_0 = \theta^2(x_0)\varphi(x_0), \quad \lambda_1 = \theta^2(x_1)\varphi(x_1), \ldots\ldots \lambda_n = \theta^2(x_n)\varphi(x_n).$$

Transportant ces valeurs dans les équations (1), elles prendront la forme

$$\begin{aligned} \theta^2(x_0)\varphi(x_0) + \theta^2(x_1)\varphi(x_1) + \ldots\ldots + \theta^2(x_n)\varphi(x_n) &= 1; \\ \theta^2(x_0)\varphi(x_0)x_0 + \theta^2(x_1)\varphi(x_1)x_1 + \ldots\ldots + \theta^2(x_n)\varphi(x_n)x_n &= X; \\ \theta^2(x_0)\varphi(x_0)x_0^2 + \theta^2(x_1)\varphi(x_1)x_1^2 + \ldots\ldots + \theta^2(x_n)\varphi(x_n)x_n^2 &= X^2; \\ \ldots\ldots\ldots\ldots\ldots\ldots\ldots\ldots\ldots\ldots \\ \ldots\ldots\ldots\ldots\ldots\ldots\ldots\ldots\ldots\ldots \\ \theta^2(x_0)\varphi(x_0)x_0^{m-1} + \theta^2(x_1)\varphi(x_1)x_1^{m-1} + \ldots\ldots + \theta^2(x_n)\varphi(x_n)x_n^{m-1} &= X^{m-1}; \\ \theta^2(x_0)\varphi(x_0)x_0^m + \theta^2(x_1)\varphi(x_1)x_1^m + \ldots\ldots + \theta^2(x_n)\varphi(x_n)x_n^m &= X^m. \end{aligned}$$

Il n'est pas difficile de remarquer, sous cette forme, que les premiers membres sont les coefficients de $\frac{1}{x}, \frac{1}{x^2}, \frac{1}{x^3}, \ldots \frac{1}{x^m}, \frac{1}{x^{m+1}}$, dans la série qu'on obtient en développant, suivant les puissances décroissantes de x, la fonction

$$\frac{\theta^2(x_0)\varphi(x_0)}{x-x_0} + \frac{\theta^2(x_1)\varphi(x_1)}{x-x_1} + \ldots . + \frac{\theta^2(x_n)\varphi(x_n)}{x-x_n}.$$

Les seconds membres sont de même les coefficients du développement de

$$\frac{1}{x-X}.$$

Par conséquent ces équations peuvent être remplacées par la condition imposée à la différence des deux fonctions

$$\frac{\theta^2(x_0)\varphi(x_0)}{x-x_0} + \frac{\theta^2(x_1)\varphi(x_1)}{x-x_1} + \ldots . + \frac{\theta^2(x_n)\varphi(x_n)}{x-x_n} \text{ et } \frac{1}{x-X},$$

de ne point renfermer dans son développement suivant les puissances descendantes de x les termes en $\frac{1}{x}, \frac{1}{x^2}, \frac{1}{x^3}, \ldots \frac{1}{x^m}, \frac{1}{x^{m+1}}$. Si donc on met cette différence sous la forme d'une fraction $\frac{M}{N}$, le degré du dénominateur N surpassera le degré du numérateur au moins de $m+2$. Les équations précédentes se réduiront donc à

$$\frac{\theta^2(x_0)\varphi(x_0)}{x-x_0} + \frac{\theta^2(x_1)\varphi(x_1)}{x-x_1} + \ldots . + \frac{\theta^2(x_n)\varphi(x_n)}{x-x_n} - \frac{1}{x-X} = \frac{M}{N}.$$

D'un autre côte en posant, pour abréger,

$$(x-x_0)(x-x_1)(x-x_2)\ldots(x-x_n) = f(x),$$

et désignant par U la fonction entière, contenue dans la fraction $\frac{\theta^2(x)\varphi(x)f'(x)}{f(x)}$, on sait, par la théorie de la décomposition des fractions rationnelles en fractions simples, que

$$\frac{\theta^2(x)\varphi(x)f'(x)}{f(x)} = U + \frac{\theta^2(x_0)\varphi(x_0)}{x-x_0} + \frac{\theta^2(x_1)\varphi(x_1)}{x-x_1} + \ldots . + \frac{\theta^2(x_n)\varphi(x_n)}{x-x_n}.$$

L'équation formée tout à l'heure prendra donc la forme

$$\frac{\theta^2(x)\varphi(x)f'(x)}{f(x)} - U - \frac{1}{x-X} = \frac{M}{N},$$

ou bien, l'équivalente

$$\frac{(x-X)f'(x)\theta^2(x)}{f(x)} - \frac{U(x-X)+1}{\varphi(x)} = \frac{(x-X)M}{\varphi(x)N}.$$

En s'appuyant sur cette relation, il n'est pas difficile de trouver l'expression de la fonction $\varphi(x)$.

Remarquons, en effet, que la fraction $\frac{(x-X)M}{\varphi(x)N}$ est d'un degré inférieur au degré de $\frac{1}{\varphi^2(x)}$. Car $\varphi(x)$ représente la quantité

$$\frac{\mu_0+\mu_1 x+\mu_2 x^2+\ldots+\mu_m x^m}{2},$$

et, par suite, ne peut être d'un degré supérieur à m. En même temps le degré de N surpasse au moins de $(m+2)$ le degré de M; ainsi la fraction $\frac{(x-X)M}{N}$ est d'un degré inférieur à celui de $\frac{1}{\varphi(x)}$.

De là nous concluons que dans la relation ci-dessus la fraction $\frac{U(x-X)+1}{\varphi(x)}$ reproduit exactement la fonction $\frac{(x-X)f'(x)\theta^2(x)}{f(x)}$ au moins jusqu'au terme du degré de $\frac{1}{\varphi^2(x)}$ inclusivement, c'est-à-dire jusqu'au terme dont le degré sera celui de l'unité divisée par le carré de son dénominateur. Mais, on le sait, ce degré d'exactitude appartient exclusivement aux fractions convergentes obtenues par la réduction de $\frac{(x-X)f'(x)\theta^2(x)}{f(x)}$ en fraction continue. En outre, dans la suite de ces fractions convergentes celle qui suivra $\frac{U(x-X)+1}{\varphi(x)}$ aura nécessairement un dénominateur d'un degré supérieur à m. Car, sans cela, la différence

$$\frac{(x-X)f'(x)\theta^2(x)}{f(x)}-\frac{U(x-X)+1}{\varphi(x)}$$

ne serait pas d'un degré inférieur à $\frac{1}{\varphi(x)x^m}$, comme le suppose notre relation

$$\frac{(x-X)f'(x)\theta^2(x)}{f(x)}-\frac{U(x-X)+1}{\varphi(x)}=\frac{(x-X)M}{\varphi(x)N},$$

où, on l'a vu, la fraction $\frac{(x-X)M}{N}$ ne peut être d'un degré supérieur à $(-m-1)$.

Ainsi, la fraction $\frac{U(x-X)+1}{\varphi(x)}$ se trouvera au nombre des fractions convergentes dont on formera la suite par le développement de $\frac{(x-X)f'(x)\theta^2(x)}{f(x)}$ en fraction continue; et dans cette suite la fraction convergente, qui viendra immédiatement après, aura un dénominateur de degré supérieur à m; de sorte que la fraction $\frac{U(x-X)+1}{\varphi(x)}$, dont le dénominateur est d'un degré qui n'excède pas m, est nécessairement la dernière fraction convergente de dénominateur d'un degré qui n'excède pas m, dans la suite des fractions convergentes résultant du développement de l'expression $\frac{(x-X)f'(x)\theta^2(x)}{f(x)}$, en fraction continue.

Cherchant donc cette fraction convergente, si nous la représentons par $\frac{\varphi^0(x)}{\varphi_0(x)}$, nous aurons l'équation

$$\frac{U(x-X)+1}{\varphi(x)}=\frac{\varphi^0(x)}{\varphi_0(x)};$$

d'où

$$U(x-X)+1=\frac{\varphi^0(x)\,\varphi(x)}{\varphi_0(x)}.$$

Cette équation suppose que le produit $\varphi^0(x)\varphi(x)$ est divisible par $\varphi_0(x)$; et comme les propriétés des fractions convergentes exigent que $\varphi^0(x)$ et $\varphi_0(x)$ soient premières entre eux, $\varphi_0(x)$ ne saurait diviser le produit sans diviser $\varphi(x)$. Représentant par q le quotient de cette division, nous aurons

$$\varphi(x)=q\,\varphi_0(x),$$

et cette valeur, portée dans l'équation qui précède, donne

$$U(x-X)+1=q\,\varphi^0(x).$$

Pour tirer de là une expression de $\varphi(x)$, nous remarquons que $\varphi(x)$ ne peut être d'un degré supérieur à m. Si donc le facteur $\varphi_0(x)$ est du degré m, le facteur q se réduit à une constante. Il est facile de la calculer, car en posant $x=X$, dans la dernière équation, il en résulte

$$1=q\,\varphi^0(X) \quad \text{et} \quad q=\frac{1}{\varphi^0(X)},$$

puis enfin,

$$\varphi(x)=\frac{\varphi_0(x)}{\varphi^0(X)}.$$

Telle est la valeur de la fonction $\varphi(x)$, quand $\varphi_0(x)$ est du degré m précisément. Dans tout autre cas, le degré de $\varphi_0(x)$, étant moindre que m, le facteur q de l'expression

$$\varphi(x)=q\,\varphi_0(x),$$

peut recevoir pour valeur une fonction entière quelconque de x, pourvu que le degré du produit $q\,\varphi_0(x)$ ne surpasse pas m. Ainsi, dans ce cas, il y aura une infinité de valeurs de la fonction cherchée $\varphi(x)$. Mais si l'on convient de prendre parmi ces valeurs celle dont le degré est le moins élevé, on sera de nouveau obligé de prendre pour q une constante, et l'on trouvera, comme précédemment, pour $\varphi(x)$ la valeur

$$\varphi(x)=\frac{\varphi_0(x)}{\varphi^0(X)}.$$

D'après les équations (3), la fonction ainsi déterminée donne

$$\lambda_0 = \theta^2(x_0)\,\varphi(x_0),\ \lambda_1 = \theta^2(x_1)\,\varphi(x_1), \ldots \lambda_n = \theta^2(x_n)\,\varphi(x_n),$$

et ces valeurs sont les coefficients de la formule

$$F(X) = \lambda_0 F(x_0) + \lambda_1 F(x_1) + \ldots + \lambda_n F(x_n),$$

par laquelle $F(X)$ est exprimée au moyen des valeurs particulières $F(x_0)$, $F(x_1)$, $F(x_2), \ldots F(x_n)$.

Donc on aura finalement pour $F(X)$ l'expression

$$F(X) = \frac{\theta^2(x_0)\,\varphi_0(x_0)}{\varphi^0(X)} F(x_0) + \frac{\theta^2(x_1)\,\varphi_0(x_1)}{\varphi^0(X)} F(x_1) + \ldots + \frac{\theta^2(x_n)\,\varphi_0(x_n)}{\varphi^0(X)} F(x_n).$$

Quant aux quantités $\varphi_0(x)$, $\varphi^0(x)$, on a vu qu'il suffisait, pour les déterminer, de réduire en fraction continue la fonction

$$\frac{(x - X)\,f'(x)\,\theta^2(x)}{f(x)}$$

et de prendre, dans la suite des fractions convergentes, la dernière de celles dont le degré du dénominateur ne surpasse pas m. Le numérateur de cette dernière fraction est $\varphi^0(x)$ et le dénominateur $\varphi_0(x)$.

La question que nous nous étions proposée au commencement du premier paragraphe est ainsi résolue.

§ 3.

En examinant la formule que nous venons de trouver, nous ne pouvons manquer de nous convaincre qu'elle doit présenter d'importantes simplifications. Effectivement, d'après la nature de la question, la fonction cherchée $F(X)$ doit être représentée par une fonction entière de X, tandis que la formule trouvée par nous contient le dénominateur $\varphi^0(X)$ et offre une composition telle, qu'on n'aperçoit pas comment X disparaîtra de ce dénominateur. Cela résulte de ce que les fonctions $\varphi^0(x)$, $\varphi_0(x)$, déterminées par le développement de l'expression $\frac{(x - X)\,f'(x)\,\theta^2(x)}{f(x)}$ en fraction continue, renferment X dans leurs coeffcients.

Afin d'amener notre valeur de $F(x)$ à une forme qui en laisse voir clairement la composition, nous allons montrer de quelle manière on passe des fractions convergentes de l'expression $\frac{f'(x)\,\theta^2(x)}{f(x)}$ aux fractions convergentes du produit $\frac{(x-X)\,f'(x)\,\theta^2(x)}{f(x)}$, et par suite, à la fraction $\frac{\varphi^0(x)}{\varphi_0(x)}$.

Pour plus de simplicité, nous admettrons que la fraction continue

$$q_0 + \cfrac{1}{q_1 + \cfrac{1}{q_2 + \cdots}}$$

résultant du développement de $\frac{f'(x)\,\theta^2(x)}{f(x)}$ ne contient que des dénominateurs $q_1, q_2, \ldots$ du premier degré en x; et que, par suite, les fractions convergentes

$$\frac{q_0}{1},\ \frac{q_0 q_1 + 1}{q_1},\ \frac{q_0 q_1 q_2 + q_2 + q_0}{q_1 q_2 + 1},$$

ont pour dénominateurs des fonctions des degrés 0, 1, 2,.... Nous représenterons ces fractions convergentes respectivement par

$$\frac{\pi_0(x)}{\psi_0(x)},\ \frac{\pi_1(x)}{\psi_1(x)},\ \frac{\pi_2(x)}{\psi_2(x)},\ldots.$$

Il convient de faire observer encore que dans la fonction $\frac{f'(x)\,\theta^2(x)}{f(x)}$ le degré du numérateur peut être moindre, mais d'une unité seulement, que le degré du dénominateur; ce qui exclut certains cas spéciaux, dépendant de conditions particulières entre les coefficients des fonctions $\theta(x)$ et $f(x)$ et donnant au développement en fraction continue une forme telle que plusieurs des dénominateurs $q_1, q_2, \ldots$ pourraient être du deuxième, du troisième degré, ou de degrés supérieurs. De plus, il est aisé de se convaincre que cette exception ne saurait exister dans la fraction

$$q_0 + \cfrac{1}{q_1 + \cfrac{1}{q_2 + \cdots}}$$

pour aucun des cas de l'interpolation ordinaire, où $x_0, x_1, x_2, \ldots x_n$, racines de l'équation $f(x) = 0$, ont des valeurs réelles toutes différentes les unes des autres, et où la fonction $\theta(x)$, ne renfermant aucun coefficient imaginaire, prend pour $x = x_0, x_1, x_2, \ldots x_n$ les valeurs finies $\frac{1}{k_0}, \frac{1}{k_1}, \frac{1}{k_2}, \ldots \frac{1}{k_n}$. Dans cette hypothèse, on a effectivement, en se servant de la notation de M. Cauchy (*Journal de l'École Polytechnique* 25-e Cahier),

$$\mathop{\mathcal{E}}_{-\infty}^{+\infty} \left(\left(\frac{f'(x)\,\theta^2(x)}{f(x)}\right)\right) = n + 1;$$

et, d'après le procédé qui sert à déterminer la valeur de $\mathfrak{J}_{-\infty}^{+\infty}\left(\left(\frac{f'(x)\,\theta^2(x)}{f(x)}\right)\right)$, il est visible que pour $f(x)$ de degré $(n+1)$ elle reste toujours inférieure à $(n+1)$, si dans la fraction

$$q_0 + \cfrac{1}{q_1 + \cfrac{1}{q_2 + \dots}}$$

résultant du développement de $\frac{f'(x)\,\theta^2(x)}{f(x)}$, un quelconque des dénominateurs $q_1, q_2, q_3, \dots$ est d'un degré supérieur au premier.

Convaincus par ces considérations que les limitations que nous avons apportées à la forme de la fraction continue déduite de la fonction $\frac{f'(x)\,\theta^2(x)}{f(x)}$, n'ont point d'importance particulière, nous pouvons aborder à présent la détermination de $\frac{\varphi^0(x)}{\varphi_0(x)}$, c'est-à-dire de la dernière des fractions convergentes fournies par le développement de l'expression $\frac{(x-X)\,f'(x)\,\theta^2(x)}{f(x)}$, dont les dénominateurs n'ont pas un degré plus élevé que m. Nous démontrerons que cette fraction est exprimée par la formule

$$\frac{\psi_m(X)\,\pi_{m+1}(x) - \psi_{m+1}(X)\,\pi_m(x)}{\frac{1}{x-X}\left[\psi_m(X)\,\psi_{m+1}(x) - \psi_m(x)\,\psi_{m+1}(X)\right]},$$

dans laquelle $\frac{\pi_m(x)}{\psi_m(x)}$, $\frac{\pi_{m+1}(x)}{\psi_{m+1}(x)}$ désignent les fractions convergentes de l'expression $\frac{f'(x)\,\theta^2(x)}{f(x)}$, dont les dénominateurs sont des degrés m et $m+1$.

En effet, la composition de cette formule montre avec évidence que son dénominateur se réduit à une fonction entière d'un degré qui ne surpasse pas m. D'un autre côté, si nous prenons la différence entre cette même formule et l'expression $\frac{(x-X)\,f'(x)\,\theta^2(x)}{f(x)}$, nous trouvons

$$\frac{\left[\frac{f'(x)\,\theta^2(x)}{f(x)} - \frac{\pi_{m+1}(x)}{\psi_{m+1}(x)}\right]\psi_m(X)\,\psi_{m+1}(x) - \left[\frac{f'(x)\theta^2(x)}{f(x)} - \frac{\pi_m(x)}{\psi_m(x)}\right]\psi_{m+1}(X)\,\psi_m(x)}{\frac{1}{x-X}\left[\psi_m(X)\,\psi_{m+1}(x) - \psi_m(x)\,\psi_{m+1}(X)\right]},$$

et cette différence ne peut être d'un degré supérieur à celui de

$$\frac{1}{\frac{1}{x-X}\left[\psi_m(X)\,\psi_{m+1}(x) - \psi_m(x)\,\psi_{m+1}(X)\right]}\cdot\frac{1}{x^m}.$$

Car, d'après les propriétés des fractions convergentes, les deux termes

$$\left(\frac{f'(x)\,\theta^2(x)}{f(x)} - \frac{\pi_{m+1}(x)}{\psi_{m+1}(x)}\right)\psi_{m+1}(x);\quad \left(\frac{f'(x)\,\theta^2(x)}{f(x)} - \frac{\pi_m(x)}{\psi_m(x)}\right)\psi_m(x)$$

sont d'un degré moindre que $\frac{1}{\psi_m(x)}$, et, par suite, que $\frac{1}{x^m}$.

Ainsi, la fraction

$$\frac{\psi_m(X)\,\pi_{m+1}(x) - \psi_{m+1}(X)\,\pi_m(x)}{\frac{1}{x-X}\Big[\psi_m(X)\,\psi_{m+1}(x) - \psi_m(x)\,\psi_{m+1}(X)\Big]},$$

qui a un dénominateur dont le degré n'excède pas m, donnera exactement les termes de la fonction

$$\frac{(x-X)\,f'(x)\,\theta^2(x)}{f(x)}$$

jusqu'au terme dont le degré est le même que celui de l'expression

$$\frac{1}{\frac{1}{x-X}\Big[\psi_m(X)\,\psi_{m+1}(x) - \psi_m(x)\,\psi_{m+1}(X)\Big]}\cdot\frac{1}{x^m}.$$

Mais cette fonction ne peut être représentée avec cette exactitude que par les fractions convergentes que donne son développement en fraction continue, et seulement par celles qui sont suivies d'autres fractions convergentes dont les dénominateurs ont un degré supérieur à m. Par conséquent, notre fraction est au nombre de ces fractions convergentes, et comme le degré de son dénominateur ne surpasse pas m, elle est la dernière qui possède un dénominateur de cette espèce et que nous avons désignée par $\frac{\varphi^0(x)}{\varphi_0(x)}$.

Cette conclusion nous permet de remplacer, dans la formule du paragraphe précédent

$$F(X) = \frac{\theta^2(x_0)\,\varphi_0(x_0)}{\varphi^0(X)}F(x_0) + \frac{\theta^2(x_1)\,\varphi_0(x_1)}{\varphi^0(X)}F(x_1) + \ldots\ldots + \frac{\theta^2(x_n)\varphi_0(x_n)}{\varphi^0(X)}F(x_n),$$

les expressions

$$\frac{\varphi_0(x_0)}{\varphi^0(X)},\ \frac{\varphi_0(x_1)}{\varphi^0(X)},\ \ldots\ \frac{\varphi_0(x_n)}{\varphi^0(X)}$$

par celles-ci respectivement:

$$\frac{\frac{1}{x_0-X}\Big[\psi_m(X)\,\psi_{m+1}(x_0) - \psi_{m+1}(X)\,\psi_m(x_0)\Big]}{\psi_m(X)\,\pi_{m+1}(X) - \psi_{m+1}(X)\,\pi_m(X)},$$

$$\frac{\frac{1}{x_1-X}\Big[\psi_m(X)\,\psi_{m+1}(x_1) - \psi_{m+1}(X)\,\psi_m(x_1)\Big]}{\psi_m(X)\,\pi_{m+1}(X) - \psi_{m+1}(X)\,\pi_m(X)},$$

. . . .

. . . .

$$\frac{\frac{1}{x_n-X}\Big[\psi_m(X)\,\psi_{m+1}(x_n) - \psi_{m+1}(X)\,\psi_m(x_n)\Big]}{\psi_m(X)\,\pi_{m+1}(X) - \psi_{m+1}(X)\,\pi_m(X)},$$

Mais le dénominateur commun de toutes ces expressions se réduit à $(-1)^m$ d'après la théorie des fractions continues. De sorte que la formule qui donne $F(X)$ se ramène à la forme

$$F(X) = (-1)^m \frac{\psi_m(X)\psi_{m+1}(x_0) - \psi_{m+1}(X)\psi_m(x_0)}{x_0 - X} \theta^2(x_0) F(x_0) +$$

$$(-1)^m \frac{\psi_m(X)\psi_{m+1}(x_1) - \psi_{m+1}(X)\psi_m(x_1)}{x_1 - X} \theta^2(x_1) F(x_1) +$$

$$\ldots\ldots\ldots\ldots\ldots\ldots\ldots\ldots\ldots +$$

$$(-1)^m \frac{\psi_m(X)\psi_{m+1}(x_n) - \psi_{m+1}(X)\psi_m(x_n)}{x_n - X} \theta^2(x_n) F(x_n).$$

On peut l'écrire sous cette forme abrégée:

$$F(X) = (-1)^m \sum_{i=0}^{i=n} \frac{\psi_m(X)\psi_{m+1}(x_i) - \psi_{m+1}(X)\psi_m(x_i)}{x_i - X} \theta^2(x_i) F(x_i).$$

Voilà donc une nouvelle formule propre à la détermination de $F(X)$ au moyen des valeurs $F(x_0), F(x_1), F(x_2), \ldots. F(x_n)$. Elle se construit à l'aide des fonctions $\psi_m(x)$, $\psi_{m+1}(x)$, qui sont les dénominateurs de deux des fractions convergentes obtenues par le développement en fraction continue de l'expression $\frac{f'(x)\,\theta^2(x)}{f(x)}$. De la composition même de cette nouvelle forme on conclut sur-le-champ que c'est bien une fonction entière de X.

§ 4.

Nous allons maintenant faire voir comment la série, dont nous avons parlé dans la Note présentée l'année dernière à l'Académie, se déduit de cette formule; et elle nous servira aussi à l'exposé de quelques propriétés des fonctions $\psi_0(x)$, $\psi_1(x)$, $\psi_2(x) \ldots .$, déterminées par le développement de $\frac{f'(x)\,\theta^2(x)}{f(x)}$ en fraction continue.

La formule que nous venons de trouver donne $F(X)$ dans l'hypothèse de la forme

$$F(x) = a + bx + cx^2 + \ldots . + gx^{m-1} + hx^m.$$

Nous représenterons cette valeur de $F(X)$ par Y_m, et par Y_{m-1}, la valeur de $F(x)$, qui serait déduite de l'hypothèse, où $F(X)$ serait exprimée par

$$F(x) = a + bx + cx^2 + \ldots . + gx^{m-1}.$$

La formule nouvelle fournira les deux valeurs suivantes:

$$(4) \qquad Y_m = (-1)^m \sum_{i=0}^{i=n} \frac{\psi_m(X)\,\psi_{m+1}(x_i) - \psi_{m+1}(X)\,\psi_m(x_i)}{x_i - X}\,\theta^2(x_i)\,F(x_i);$$

$$Y_{m-1} = (-1)^{m-1} \sum_{i=0}^{i=n} \frac{\psi_{m-1}(X)\,\psi_m(x_i) - \psi_m(X)\,\psi_{m-1}(x_i)}{x_i - X}\,\theta^2(x_i)\,F(x_i).$$

Prenant la différence de ces valeurs, on trouve

$$Y_m - Y_{m-1} =$$

$$(-1)^m \sum_{i=0}^{i=n} \frac{\psi_m(X)\,[\psi_{m+1}(x_i) - \psi_{m-1}(x_i)] - \psi_m(x_i)\,[\psi_{m+1}(X) - \psi_{m-1}(X)]}{x_i - X}\,\theta^2(x_i)\,F(x_i)$$

Les propriétés des fonctions $\psi_{m+1}(x)$, $\psi_m(x)$, $\psi_{m-1}(x)$ permettent de simplifier notablement cette différence. Ces fonctions sont, en effet, les dénominateurs de fractions convergentes résultant du développement de l'expression $\frac{f'(x)\,\theta^2(x)}{f(x)}$ en une fraction continue

$$q_0 + \cfrac{1}{q_1 + \cfrac{1}{q_2 + \cdots + \cfrac{1}{q_m + \cfrac{1}{q_{m+1} + \cdots}}}}$$

dans laquelle les dénominateurs

$$q_1,\ q_2, \ldots q_m,\ q_{m+1}, \ldots$$

doivent être, par hypothèse, des fonctions linéaires de la variable x. On a donc conséquemment

$$\begin{aligned} q_1 &= A_1 x + B_1, \\ q_2 &= A_2 x + B_2, \\ &\ldots\ldots\ldots \\ &\ldots\ldots\ldots \\ q_{m+1} &= A_{m+1} x + B_{m+1}, \\ &\ldots\ldots\ldots \end{aligned}$$

Par suite, la règle générale pour la formation des fractions convergentes donne

$$\begin{aligned} \psi_{m+1}(x) &= q_{m+1}\,\psi_m(x) + \psi_{m-1}(x) \\ &= (A_{m+1} x + B_{m+1})\,\psi_m(x) + \psi_{m-1}(x); \end{aligned}$$

et de là

$$\psi_{m+1}(x)-\psi_{m-1}(x)=(A_{m+1}x+B_{m+1})\psi_m(x).$$

Changeant x en x_i et en X, il en résulte

$$\psi_{m+1}(x_i)-\psi_{m-1}(x_i)=(A_{m+1}x_i+B_{m+1})\psi_m(x_i),$$
$$\psi_{m+1}(X)-\psi_{m-1}(X)=(A_{m+1}X+B_{m+1})\psi_m(X).$$

Si l'on transporte ces valeurs dans celle de la différence Y_m-Y_{m-1}, on obtient

$$Y_m-Y_{m-1}=$$
$$(-1)^m\sum_{i=0}^{i=n}\frac{\psi_m(X)\psi_m(x_i)[A_{m+1}x_i+B_{m+1}]-\psi_m(x_i)\psi_m(X)[A_{m+1}X+B_{m+1}]}{x_i-X}\theta^2(x_i)F(x_i),$$

ou, en réduisant,

$$Y_m-Y_{m-1}=(-1)^m A_{m+1}\psi_m(X)\sum_{i=0}^{i=n}\psi_m(x_i)\theta^2(x_i)F(x_i).$$

Posons dans cette relation $m=1,\ 2,\ 3,\ldots,(m-1),\ m$ successivement, nous aurons

$$Y_1-Y_0=-A_2\psi_1(X)\sum_{i=0}^{i=n}\psi_1(x_i)\theta^2(x_i)F(x_i);$$
$$Y_2-Y_1=A_3\psi_2(X)\sum_{i=0}^{i=n}\psi_2(x_i)\theta^2(x_i)F(x_i);$$

. . . .

. . . .

$$Y_{m-1}-Y_{m-2}=(-1)^{m-1}A_m\psi_{m-1}(X)\sum_{i=0}^{i=n}\psi_{m-1}(x_i)\theta^2(x_i)F(x_i);$$
$$Y_m-Y_{m-1}=(-1)^m A_{m+1}\psi_m(X)\sum_{i=0}^{i=n}\psi_m(x_i)\theta^2(x_i)F(x_i);$$

et la somme de ces équations donnera

$$Y_m-Y_0=-A_2\psi_1(X)\sum_{i=0}^{i=n}\psi_1(x_i)\theta^2(x_i)F(x_i)+A_3\psi_2(X)\sum_{i=0}^{i=n}\psi_2(x_i)\theta^2(x_i)F(x_i)$$
$$+\ldots\ldots+(-1)^{m-1}A_m\psi_{m-1}(X)\sum_{i=0}^{i=n}\psi_{m-1}(x_i)\theta^2(x_i)F(x_i)$$
$$+(-1)^m A_{m+1}\psi_m(X)\sum_{i=0}^{i=n}\psi_m(x_i)\theta^2(x_i)F(x_i).$$

Y_m aura donc pour valeur

$$Y_m=Y_0-A_2\psi_1(X)\sum_{i=0}^{i=n}\psi_1(x_i)\theta^2(x_i)F(x_i)+A_3\psi_2(X)\sum_{i=0}^{i=n}\psi_2(x_i)\theta^2(x_i)F(x_i)$$
$$\ldots\ldots\ldots\ldots\ldots+(-1)^m A_{m+1}\psi_m(X)\sum_{i=0}^{i=n}\psi_m(x_i)\theta^2(x_i)F(x_i).$$

Pour déterminer la quantité Y_0, faisons $m=0$, dans la formule (4), nous trouvons

$$Y_0 = \sum_{i=0}^{i=n} \frac{\psi_0(X)\psi_1(x_i) - \psi_1(X)\psi_0(x_i)}{x_i - X} \theta^2(x_i) F(x_i),$$

$\psi_0(x)$, $\psi_1(x)$ désignent les dénominateurs des deux premières fractions convergentes de l'expression $\frac{f'(x)\,\theta^2(x)}{f(x)}$, dont le développement en fraction continue a reçu les formes

$$q_0 + \cfrac{1}{q_1 + \cfrac{1}{q_2 + \ldots}} = q_0 + \cfrac{1}{A_1 x + B_1 + \cfrac{1}{A_2 x + B_2 \ldots}}$$

Il en résulte

$$\psi_0(x) = 1, \quad \psi_1(x) = A_1 x + B_1;$$

et la fonction Y_0 devient

$$Y_0 = \sum_{i=0}^{i=n} \frac{A_1 x_i + B_1 - A_1 X - B_1}{x_i - X} \theta^2(x_i) F(x_i)$$

$$= A_1 \sum_{i=0}^{i=n} \theta^2(x_i) F(x_i),$$

qu'on peut écrire

$$Y_0 = A_1 \psi_0(X) \sum_{i=0}^{i=n} \psi_0(x_i) \theta^2(x_i) F(x_i),$$

pourvu qu'on se rappelle que $\psi_0(x) = 1$.

Au moyen de cette valeur, l'expression précédente de Y_m, ou de la valeur de $F(X)$ dans l'hypothèse

$$F(x) = a + bx + cx^2 + \ldots\ldots + gx^{m-1} + hx^m,$$

prend la forme symétrique

$$Y_m = A_1 \psi_0(X) \sum_{i=0}^{i=n} \psi_0(x_i) \theta^2(x_i) F(x_i) - A_2 \psi_1(X) \sum_{i=0}^{i=n} \psi_1(x_i) \theta^2(x_i) F(x_i) + \ldots\ldots$$

$$\ldots\ldots + (-1)^m A_{m+1} \psi_m(X) \sum_{i=0}^{i=n} \psi_m(x_i) \theta^2(x_i) F(x_i).$$

Dans cette expression les fonctions $\psi_0(x)$, $\psi_1(x)$, $\psi_2(x)$,.... et les constantes A_1, A_2, A_3,... se déterminent par le développement de la fonction $\frac{f'(x)\,\theta^2(x)}{f(x)}$ en une fraction continue de la forme

$$q_0 + \cfrac{1}{q_1 + \cfrac{1}{q_2 + \cfrac{1}{q_3 + \dots}}}$$

Les fonctions $\psi_0(x)$, $\psi_1(x)$, $\psi_2(x)$,.... sont les dénominateurs des fractions convergentes que l'on déduit de cette fraction continue; et les constantes A_1, A_2, A_3,.... sont les coefficients de x dans les dénominateurs q_1, q_2, q_3,...

Dans le cas particulier pour lequel la loi des erreurs est la même pour toutes les quantités $F(x_0)$, $F(x_1)$, $F(x_2)$,... on peut, conformément au § I, prendre toutes les valeurs k_0, k_1, k_2,.... égales à 1, et par suite la fonction $\theta(x)$, déterminée par les équations

$$\theta(x_0) = \frac{1}{k_0},\ \theta(x_1) = \frac{1}{k_1},\ \theta(x_2) = \frac{1}{k_2}, \dots$$

se réduit elle-même à l'unité. La formule trouvée ci-dessus prend donc alors la forme

$$Y_m = A_1\psi_0(X)\sum_{i=0}^{i=n}\psi_0(x_i)F(x_i) - A_2\psi_1(X)\sum_{i=0}^{i=n}\psi_1(x_i)F(x_i) + \dots$$
$$\dots + (-1)^m A_{m+1}\psi_m(X)\sum_{i=0}^{i=n}\psi_m(x_i)F(x_i).$$

Ici $\psi_0(x)$, $\psi_1(x)$, $\psi_2(x)$,...., A_1, A_2, A_3,.... se déterminent par la fraction continue que donne la fonction $\frac{f'(x)}{f(x)}$. C'est de cette série que nous avons parlé dans la Note déjà mentionnée *). Mais à présent nous ne nous bornerons pas à cette hypothèse particulière, qui réduit la fonction $\theta(x)$ à l'unité, et nous considérerons la série dans sa forme générale. Nous serons ainsi conduit à des propositions curieuses sur les fonctions $\psi_0(x)$, $\psi_1(x)$, $\psi_2(x)$,....

*) La Note de M. Tchebichef, en date du 20 octobre (1 novembre 1854), ne contient effectivement que cette formule particulière. Les deux pages de cette Note se trouvent ainsi reproduites ici tout entières, à l'exception du corollaire que voici:

«Dans le cas particulier de $x_0 = \frac{n}{n}$, $x_1 = \frac{n-2}{n}$, $x_2 = \frac{n-4}{n}$,..., $x_n = \frac{-n}{n}$, et de «n infiniment grand, cette formule fournit le développement de $F(x)$ suivant les valeurs de «certaines fonctions que Legendre a désignées par X^m (*Exerc.*, part. V, § 10) et qui sont déter- «minées par la réduction de l'expression $\log\frac{x+1}{x-1}$ en fraction continue (Note du traducteur).

§ 5.

Il n'est pas difficile de voir que si les quantités

$$F(x_0),\ F(x_1),\ F(x_2), \ldots . F(x_n)$$

sont déterminées exactement par la formule

$$F(x) = a + bx + cx^2 + \ldots . + gx^{m-1} + hx^m,$$

notre série donnera l'expression exacte de cette fonction, quelle que puisse être la fonction $\theta\,(x)$. C'est ce qui devient évident, si l'on remarque que la série résulte de la formule

$$F(X) = \lambda_0 F(x_0) + \lambda_1 F(x_1) + \ldots . + \lambda_n F(x_n),$$

et que d'après l'une des conditions qui fixent les valeurs des facteurs λ_0, λ_1, $\lambda_2, \ldots . \lambda_n$, les équations suivantes doivent être satisfaites:

$$\begin{array}{l}
\lambda_0 + \lambda_1 + \lambda_2 + \ldots . + \lambda_n = 1, \\
\lambda_0 x_0 + \lambda_1 x_1 + \lambda_2 x_2 + \ldots . + \lambda_n x_n = X, \\
\lambda_0 x_0^2 + \lambda_1 x_1^2 + \lambda_2 x_2^2 + \ldots . + \lambda_n x_n^2 = X^2, \\
\ldots\ldots\ldots\ldots\ldots\ldots\ldots\ldots \\
\ldots\ldots\ldots\ldots\ldots\ldots\ldots\ldots \\
\lambda_0 x_0^m + \lambda_1 x_1^m + \lambda_2 x_2^m + \ldots . + \lambda_n x_n^m = X^m.
\end{array}$$

Or, en vertu de ces équations, la somme

$$\lambda_0 F(x_0) + \lambda_1 F(x_1) + \lambda_2 F(x_2) + \ldots . + \lambda_n F(x_n),$$

quand on y remplace les quantités $F(x_0)$, $F(x_1)$, $F(x_2), \ldots . F(x_n)$ par leurs valeur tirées de l'équation

$$F(x) = a + bx + cx^2 + \ldots . + gx^{m-1} + hx^m,$$

se réduit à

$$a + bX + cX^2 + \ldots . + gX^{m-1} + hX^m,$$

expression exacte de $F(X)$, d'après l'hypothèse même

$$F(x) = a + bx + cx^2 + \ldots . + gx^{m-1} + hx^m.$$

Lors donc qu'il s'agit d'une fonction entière $F(x)$, la formule du paragraphe précédent permet de la représenter ainsi:

$$F(X) = A_1 \psi_0(X) \sum_{i=0}^{i=n} \psi_0(x_i) \theta^2(x_i) F(x_i) - A_2 \psi_1(X) \sum_{i=0}^{i=n} \psi_1(x_i) \theta^2(x_i) F(x_i)$$
$$+ \ldots + (-1)^m A_{m+1} \psi_m(X) \sum_{i=0}^{i=n} \psi_m(x_i) \theta^2(x_i) F(x_i).$$

Si nous faisons

$$F(x) = \psi_m(x),$$

nous trouverons

$$\psi_m(X) = A_1 \psi_0(X) \sum_{i=0}^{i=n} \psi_0(x_i) \theta^2(x_i) \psi_m(x_i) - A_2 \psi_1(X) \sum_{i=0}^{i=n} \psi_1(x_i) \theta^2(x_i) \psi_m(x_i)$$
$$+ \ldots + (-1)^m A_{m+1} \psi_m(X) \sum_{i=0}^{i=n} \psi^2{}_m(x_i) \theta^2(x_i),$$

ou bien, en mettant tous les termes dans un seul membre,

$$A_1 \psi_0(X) \sum_{i=0}^{i=n} \psi_0(x_i) \psi_m(x_i) \theta^2(x_i) - A_2 \psi_1(X) \sum_{i=0}^{i=n} \psi_1(x_i) \psi_m(x_i) \theta^2(x_i) + \ldots$$
$$\ldots + \psi_m(X) [(-1)^m A_{m+1} \sum_{i=0}^{i=n} \psi^2{}_m(x_i) \theta^2(x_i) - 1)] = 0.$$

Mais comme les fonctions $\psi_0(x)$, $\psi_1(x)$, $\psi_2(x)$, ..., sont respectivement des degrés 0, 1, 2, 3,..., l'identité précédente suppose que chacun de ses termes s'évanouit séparément. On a donc, de toute nécessité,

$$(-1)^m A_{m+1} \sum_{i=0}^{i=n} \psi_m^2(x_i) \theta^2(x_i) - 1 = 0,$$
$$A_m \sum_{i=0}^{i=n} \psi_{m-1}(x_i) \psi_m(x_i) \theta^2(x_i) = 0,$$
$$\ldots\ldots\ldots\ldots\ldots\ldots$$
$$\ldots\ldots\ldots\ldots\ldots\ldots$$
$$A_2 \sum_{i=0}^{i=n} \psi_1(x_1) \psi_m(x_i) \theta^2(x_i) = 0,$$
$$A_1 \sum_{i=0}^{i=n} \psi_0(x_i) \psi_m(x_i) \theta^2(x_i) = 0.$$

La première de ces relations nous donne

$$\sum_{i=0}^{i=n} \psi_m^2(x_i) \theta^2(x_i) = \frac{(-1)^m}{A_{m+1}};$$

et, en observant que les coefficients $A_m, \ldots, A_2, A_1$ diffèrent tous de zéro, les autres relations font conclure que

$$(5) \quad \begin{cases} \sum_{i=0}^{i=n} \psi_{m-1}(x_i)\,\psi_m(x_i)\,\theta^2(x_i) = 0, \\ \ldots\ldots\ldots\ldots\ldots\ldots \\ \sum_{i=0}^{i=n} \psi_1(x_i)\,\psi_m(x_i)\,\theta^2(x_i) = 0, \\ \sum_{i=0}^{i=n} \psi_0(x_i)\,\psi_m(x_i)\,\theta^2(x_i) = 0. \end{cases}$$

Il est par là manifeste que, pour m' différent de m, la somme $\sum_{i=0}^{i=n}\psi_m(x_i)\psi_{m'}(x_i)\theta^2(x_i)$ est égale à zero. Si au contraire $m' = m$, cette somme est égale à $\frac{(-1)^m}{A_{m+1}}$ comme on l'a vu tout à l'heure. On a donc pour le coefficient A_{m+1} la valeur

$$A_{m+1} = \frac{(-1)^m}{\sum_{i=0}^{i=n} \psi^2_m(x_i)\,\theta^2(x_i)}.$$

On en déduit pour tous les autres coefficients A

$$A_1 = \frac{1}{\sum_{i=0}^{i=n} \psi_0{}^2(x_i)\,\theta^2(x_i)},$$

$$A_2 = -\frac{1}{\sum_{i=0}^{i=n} \psi_1{}^2(x_i)\,\theta^2(x_i)},$$

$$\ldots\ldots\ldots\ldots\ldots\ldots$$

$$\ldots\ldots\ldots\ldots\ldots\ldots$$

$$A_{m+1} = \frac{(-1)^m}{\sum_{i=0}^{i=n} \psi^2_m(x_i)\,\theta^2(x_i)}.$$

Si l'on introduit ces valeurs dans la formule

$$F(X) = A_1\,\psi_0(X)\sum_{i=0}^{i=n}\psi_0(x_i)\,\theta^2(x_i)\,F(x_i) - A_2\,\psi_1(X)\sum_{i=0}^{i=n}\psi_1(x_i)\,\theta^2(x_i)\,F(x_i)$$
$$+ \ldots + (-1)^m A_{m+1}\,\psi_m(X)\sum_{i=0}^{i=n}\psi_m(x_i)\,\theta^2(x_i)\,F(x_i),$$

elle prend la forme

$$(6)\left\{\begin{aligned}F(X)=&\frac{\sum\limits_{i=0}^{i=n}\psi_0(x_i)\,\theta^2(x_i)\,F(x_i)}{\sum\limits_{i=0}^{i=n}\psi_0{}^2(x_i)\,\theta^2(x_i)}\,\psi_0(X)+\frac{\sum\limits_{i=0}^{i=n}\psi_1(x_i)\,\theta^2(x_i)\,F(x_i)}{\sum\limits_{i=0}^{i=n}\psi_1{}^2(x_i)\,\theta^2(x_i)}\,\psi_1(X)+\ldots\\&\ldots+\frac{\sum\limits_{i=0}^{i=n}\psi_m(x_i)\,\theta^2(x_i)\,F(x_i)}{\sum\limits_{i=0}^{i=n}\psi^2{}_m(x_i)\,\theta^2(x_i)}\,\psi_m(X).\end{aligned}\right.$$

La composition de cette formule fait voir qu'elle ne change pas de valeur, quand on introduit des facteurs constants arbitraires dans les fonctions $\psi_0(x)$, $\psi_1(x)$, $\psi_2(x)$, etc. Il sera donc possible de prendre pour déterminer ces fonctions le développement de $\frac{f'(x)\,\theta(x)}{f(x)}$ en une fraction continue de la forme

$$q_0+\cfrac{L'}{q_1+\cfrac{L''}{q_2+\ldots}}$$

quelles que puissent être les constantes L', L'', etc. On sait effectivement que les termes des fractions convergentes déduites d'une expression quelconque par le développement de cette expression en fraction continue de l'une des deux formes

$$q_0+\cfrac{L'}{q_1+\cfrac{L''}{q_2+\ldots}}\qquad\qquad q_0+\cfrac{1}{q_1+\cfrac{1}{q_2+\ldots}}$$

ne diffèrent que par des facteurs constants.

De la même manière précisément les équations (5) resteront complétement exactes pour les fonctions $\psi_0(x)$, $\psi_1(x)$, $\psi_2(x)$, etc., déterminées par le développement de $\frac{f'(x)\,\theta^2(x)}{f(x)}$ en une fraction continue de la forme

$$q_0+\cfrac{L'}{q_1+\cfrac{L''}{q_2+\ldots}}$$

car elles ne seront point altérées par l'introduction de facteurs constants quelconques dans les fonctions $\psi_0(x)$, $\psi_1(x)$, $\psi_2(x)$,. etc. Ainsi en procédant actuellement aux applications de la formule (6) et des équations (5), nous ne serons point arrêtés par la supposition faite d'abord dans les paragraphes précédents et d'après laquelle les numérateurs L', L'', etc. devaient être égaux à l'unité dans la fraction continue

$$q_0 + \cfrac{L'}{q_1 + \cfrac{L''}{q_2 + \dots}}$$

qui servait à construire les fonctions $\psi_0(x)$, $\psi_1(x)$, $\psi_2(x)$, etc.

En vertu de ces équations (5), il existe encore des relations remarquables entre les fonctions $\psi_0(x)$, $\psi_1(x)$, $\psi_2(x)$, etc., et on y parvient sans peine à l'aide de la formule (6), en la comparant pour $m = n$ avec la formule d'interpolation de Lagrange.

Pour $m = n$, en effet, la formule (6) donne à l'expression d'une fonction du n[ième] degré, par les valeurs qu'elle reçoit pour des valeurs de la variable $x = x_0, x_1, x_2 \dots . x_n$, la forme que voici:

$$F(X) = \frac{\sum\limits_{i=0}^{i=n} \psi_0(x_i)\,\theta^2(x_i)\,F(x_i)}{\sum\limits_{i=0}^{i=n} \psi_0^2(x_i)\,\theta^2(x_i)}\,\psi_0(X) + \frac{\sum\limits_{i=0}^{i=n} \psi_1(x_i)\,\theta^2(x_i)\,F(x_i)}{\sum\limits_{i=0}^{i=n} \psi_1^2(x_i)\,\theta^2(x_i)}\,\psi_1(X) + \dots$$

$$\dots + \frac{\sum\limits_{i=0}^{i=n} \psi_n(x_i)\,\theta^2(x_i)\,F(x_i)}{\sum\limits_{i=n}^{i=0} \psi_n^2(x_i)\,\theta^2(x_i)}\,\psi_n(X).$$

La formule de **Lagrange** exprime la même fonction par la forme

$$\sum_{i=0}^{i=n} \frac{(X - x_1)(X - x_2)\dots(X - x_{i-1})(X - x_{i+1})\dots}{(x_i - x_1)(x_i - x_2)\dots(x_i - x_{i-1})(x_i - x_{i+1})\dots}\,F(x_i).$$

L'identité de ces deux expressions, quelles que puissent être les valeurs de $F(x_0)$, $F(x_1)$, $F(x_2), \dots, F(x_n)$, exige que les termes qui ont ces fonctions pour facteurs soient les mêmes dans l'une et dans l'autre. Si donc on compare les termes qui multiplient $F(x_i)$, on aura la relation

$$\frac{(X - x_1)(X - x_2)\dots(X - x_{i-1})(X - x_{i+1})\dots}{(x_i - x_1)(x_i - x_2)\dots(x_i - x_{i-1})(x_i - x_{i+1})\dots} =$$

$$\frac{\psi_0(x_i)\,\theta^2(x_i)}{\sum\limits_{i=0}^{i=n} \psi_0^2(x_i)\,\theta^2(x_i)}\,\psi_0(X) + \frac{\psi_1(x_i)\,\theta^2(x_i)}{\sum\limits_{i=0}^{i=n} \psi_1^2(x_i)\,\theta^2(x_i)}\,\psi_1(X) + \dots + \frac{\psi_n(x_i)\,\theta^2(x_i)}{\sum\limits_{i=0}^{i=n} \psi_n^2(x_i)\,\theta^2(x_i)}\,\psi_n(X).$$

Si l'on fait $X = x_\eta$, pourvu que η ne soit pas égal à i, on obtient

$$0 = \frac{\psi_0(x_i)\,\theta^2(x_i)}{\sum\limits_{i=0}^{i=n} \psi_0^2(x_i)\,\theta^2(x_i)}\,\psi_0(x_\eta) + \frac{\psi_1(x_i)\,\theta^2(x_i)}{\sum\limits_{i=0}^{i=n} \psi_1^2(x_i)\,\theta^2(x_i)}\,\psi_1(x_\eta) + \ldots + \frac{\psi_n(x_i)\,\theta^2(x_i)}{\sum\limits_{i=0}^{i=n} \psi_n^2(x_i)\,\theta^2(x_i)}\,\psi_n(x_\eta).$$

Par l'introduction du facteur $\frac{\theta(x_\eta)}{\theta(x_i)}$ on peut écrire cette expression de la manière suivante:

$$0 = \frac{\psi_0(x_i)\,\theta(x_i)\,\psi_0(x_\eta)\,\theta(x_\eta)}{\sum\limits_{i=0}^{i=n} \psi_0^2(x_i)\,\theta^2(x_i)} + \frac{\psi_1(x_i)\,\theta(x_i)\,\psi_1(x_\eta)\,\theta(x_\eta)}{\sum\limits_{i=0}^{i=n} \psi_1^2(x_i)\,\theta^2(x_i)} + \ldots + \frac{\psi_n(x_i)\,\theta(x_i)\,\psi_n(x_\eta)\,\theta(x_\eta)}{\sum\limits_{i=0}^{i=n} \psi_n^2(x_i)\,\theta^2(x_i)}.$$

Faisant au contraire $X = x_i$, nous aurons

$$1 = \frac{\psi_0^2(x_i)\,\theta^2(x_i)}{\sum\limits_{i=0}^{i=n} \psi_0^2(x_i)\,\theta^2(x_i)} + \frac{\psi_1^2(x_i)\,\theta^2(x_i)}{\sum\limits_{i=0}^{i=n} \psi_1^2(x_i)\,\theta^2(x_i)} + \ldots + \frac{\psi_n^2(x_i)\,\theta^2(x_i)}{\sum\limits_{i=0}^{i=n} \psi_n^2(x_i)\,\theta^2(x_i)}.$$

§ 6.

Ces équations, réunies aux équations (5), établissent une propriété remarquable des fonctions déterminées par la formule

$$\frac{\psi_m(x)\,\theta(x)}{\sqrt{\sum\limits_{i=0}^{i=n} \psi_m^2(x_i)\,\theta^2(x_i)}}.$$

Désignons ces fonctions par $\Phi_m(x)$; les équations construites tout à l'heure nous donneront

$$\sum_{m=0}^{m=n} \Phi_m(x_i)\,\Phi_m(x_\eta) = 0,$$

tant que η diffère de i, et

$$\sum_{m=0}^{m=n} \Phi_m(x_i)\,\Phi_m(x_\eta) = 1,$$

pour $\eta = i$.

D'après la forme de la fonction $\Phi_m(x)$ et les équations (5), il est aisé de remarquer que

$$\sum_{i=0}^{i=n} \Phi_m(x_i)\;\Phi_{m_1}(x_i) = 0,\ \text{ou}\ 1,$$

selon que $m_{\prime}$ différera de m ou sera égal à m. Car la somme dont il s'agit devient, par la substitution des valeurs de $\Phi_m(x)$, $\Phi_{m\prime}(x)$,

$$\frac{\sum_{i=0}^{i=n} \psi_m(x_i)\,\psi_{m\prime}(x_i)\,\theta^2(x_i)}{\sqrt{\sum_{i=0}^{i=n} \psi_m{}^2(x_i)\,\theta^2(x_i)}\;\sqrt{\sum_{i=0}^{i=n} \psi^2{}_{m\prime}(x_i)\,\theta^2(x_i)}}.$$

Or, d'après les équations (5), le numérateur s'annule si $m_{\prime}$ n'est pas égal à m; et si $m_{\prime} = m$, il devient égal au dénominateur, ce qui réduit la fraction à l'unité.

Ces propriétés conduisent à une autre que possède encore la fonction

$$\Phi_m(x) = \frac{\psi_m(x)\,\theta(x)}{\sqrt{\sum_{i=0}^{i=n} \psi^2{}_m(x_i)\,\theta^2(x_i)}},$$

composée avec les fonctions $\psi_0(x)$, $\psi_1(x)$, $\psi_2(x)$, etc., qui servent de dénominateurs aux fractions convergentes déduites du développement de la fonction $\frac{f'(x)\,\theta^2(x)}{f(x)}$ en une fraction continue de la forme

$$q_0 + \cfrac{L'}{q_1 + \cfrac{L''}{q_2 + \dots}}$$

Si de toutes les valeurs de la fonction $\Phi_m(x)$, *obtenues en faisant* $m = 0, 1, 2, \ldots, n$ *et* $x = x_0, x_1, x_2, \ldots\, x_n$, *on compose le carré*

$$\begin{array}{l}
\Phi_0(x_0),\ \Phi_0(x_1),\ \Phi_0(x_2), \ldots \Phi_0(x_n),\\
\Phi_1(x_0),\ \Phi_1(x_1),\ \Phi_1(x_2), \ldots \Phi_1(x_n),\\
\Phi_2(x_0),\ \Phi_2(x_1),\ \Phi_2(x_2), \ldots \Phi_2(x_n),\\
\ldots\ldots\ldots\ldots\ldots\ldots\ldots\\
\ldots\ldots\ldots\ldots\ldots\ldots\ldots\\
\Phi_n(x_0),\ \Phi_n(x_1),\ \Phi_n(x_2), \ldots \Phi_n(x_n),
\end{array}$$

la somme des carrés des termes d'une rangée quelconque, horizontale ou verticale, sera égale à l'unité; la somme des produits des termes correspondants de deux rangées horizontales ou verticales sera égale à zéro.

La construction de carrés de cette espèce fait le sujet d'un Mémoire d'Euler intitulé: *Problema algebraicum ob affectiones prorsus singulares memorabile* (N. Comm., t. XV).

§ 7.

Les équations (5) démontrent encore facilement une propriété particulière aux fonctions

$$\psi_1(x),\ \psi_2(x),\ \psi_3(x), \ldots .$$

comparées à toutes les fonctions de même degré et de même coefficient de la plus haute puissance de x: *pour ces fonctions les sommes*

$$\sum_{i=0}^{i=n} \psi_1{}^2(x_i)\,\theta^2(x_i),\quad \sum_{i=0}^{i=n} \psi_2{}^2(x_i)\,\theta^2(x_i),\quad \sum_{i=0}^{i=n} \psi_3{}^2(x_i)\,\theta^2(x_i), \ldots .$$

ont la plus petite valeur possible.

En effet, comme les fonctions $\psi_0(x)$, $\psi_1(x)$, $\psi_2(x), \ldots ,\ \psi_m(x)$ sont respectivement des degrés $0, 1, 2 \ldots , m$, toute fonction entière V du degré m peut être exprimée ainsi:

$$V = A\psi_0(x) + B\psi_1(x) + C\psi_2(x) + \ldots + H\psi_m(x),$$

Mais ici il faut prendre $H = 1$, puisqu'on suppose que le coefficient de x^m est le même dans V et dans $\psi_m(x)$. On aura donc dans cette hypothèse

$$V = A\psi_0(x) + B\psi_1(x) + C\psi_2(x) + \ldots + \psi_m(x).$$

Il s'agit de trouver les valeurs des coefficients A, B, C, etc., qui rendent un minimum la somme

$$\sum_{i=0}^{i=n} V^2\,\theta^2(x_i) = \sum_{i=0}^{i=n} [A\psi_0(x_i) + B\psi_1(x_i) + C\psi_2(x_i) + \ldots + \psi_m(x_i)]^2\,\theta^2(x_i)$$

Le procédé connu du calcul différentiel nous donne les équations suivantes:

$$2\sum_{i=0}^{i=n} [A\psi_0(x_i) + B\psi_1(x_i) + C\psi_2(x_i) + \ldots + \psi_m(x_i)]\,\psi_0(x_i)\,\theta^2(x_i) = 0,$$

$$2\sum_{i=0}^{i=n} [A\psi_0(x_i) + B\psi_1(x_i) + C\psi_2(x_i) + \ldots + \psi_m(x_i)]\,\psi_1(x_i)\,\theta^2(x_i) = 0,$$

$$2\sum_{i=0}^{i=n} [A\psi_0(x_i) + B\psi_1(x_i) + C\psi_2(x_i) + \ldots + \psi_m(x_i)]\,\psi_2(x_i)\,\theta^2(x_i) = 0,$$

. . . .

. . . .

Les équations (5) les réduisent à un seul terme

$$2A \sum_{i=0}^{i=n} \psi_0^2(x_i)\,\theta^2(x_i) = 0,$$

$$2B \sum_{i=0}^{i=n} \psi_1^2(x_i)\,\theta^2(x_i) = 0,$$

$$2C \sum_{i=0}^{i=n} \psi_2^2(x_i)\,\theta^2(x_i) = 0,$$

$$\ldots\ldots\ldots\ldots\ldots\ldots;$$

d'où l'on tire

$$A = 0,\ \ B = 0,\ \ C = 0, \ldots.$$

Ainsi les conditions du minimum de la somme $\sum_{i=0}^{i=n} V^2\,\theta^2(x_i)$, quand V est de la forme

$$A\psi_0(x) + B\psi_1(x) + C\psi_2(x) + \ldots + \psi_m(x),$$

sont

$$A = 0,\ \ B = 0,\ \ C = 0, \ldots.$$

et, par suite,

$$V = \psi_m(x).$$

On démontre encore sans difficulté que si l'on emploie la formule (6)

$$\frac{\sum_{i=0}^{i=n} \psi_0(x_i)\,\theta^2(x_i)\,F(x_i)}{\sum_{i=0}^{i=n} \psi_0^2(x_i)\,\theta^2(x_i)}\,\psi_0(X) + \frac{\sum_{i=0}^{i=n} \psi_1(x_i)\,\theta^2(x_i)\,F(x_i)}{\sum_{i=0}^{i=n} \psi_1^2(x_i)\,\theta^2(x_i)}\,\psi_1(X) + \ldots$$

$$\ldots + \frac{\sum_{i=0}^{i=n} \psi_m(x_i)\,\theta^2(x_i)\,F(x_i)}{\sum_{i=0}^{i=n} \psi^2_m(x_i)\,\theta^2(x_i)}\,\psi_m(X)$$

à déterminer par approximation une fonction quelconque $F(X)$, on obtiendra pour l'exprimer une fonction entière du degré m telle, que la somme des carrés des différences entre les valeurs de cette fonction entière et les valeurs correspondantes de $F(X)$ pour $X = x_0, x_1, x_2, \ldots, x_n$, multipliés chacun par $\theta^2(x_0)$, $\theta^2(x_1)$, $\theta^2(x_2)$, etc., respectivement, sera un minimum.

Représentons effectivement la fonction cherchée sous la forme

$$A\psi_0(X) + B\psi_1(X) + C\psi_2(X) + \ldots + H\psi_m(X)$$

et cherchons les valeurs des coefficients A, B, C, ..., H pour lesquelles la somme

$$\sum_{i=0}^{i=n} [F(x_i) - A\psi_0(x_i) - B\psi_1(x_i) - C\psi_2(x_i) \ldots - H\psi_m(x_i)]^2 \theta^2(x_i)$$

sera un minimum. Nous trouverons les équations

$$2\sum_{i=0}^{i=n} [F(x_i) - A\psi_0(x_i) - B\psi_1(x_i) - C\psi_2(x_i) \ldots - H\psi_m(x_i)]\, \psi_0(x_i)\, \theta^2(x_i) = 0,$$

$$2\sum_{i=0}^{i=n} [F(x_i) - A\psi_0(x_i) - B\psi_1(x_i) - C\psi_2(x_i) \ldots - H\psi_m(x_i)]\, \psi_1(x_i)\, \theta^2(x_i) = 0,$$

$$2\sum_{i=0}^{i=n} [F(x_i) - A\psi_0(x_i) - B\psi_1(x_i) - C\psi_2(x_i) \ldots - H\psi_m(x_i)]\, \psi_2(x_i)\, \theta^2(x_i) = 0,$$

. . . .

$$2\sum_{i=0}^{i=n} [F(x_i) - A\psi_0(x_i) - B\psi_1(x_i) - C\psi_2(x_i) \ldots - H\psi_m(x_i)]\, \psi_m(x_i)\, \theta^2(x_i) = 0.$$

En vertu des relations (5), ces équations se réduisent à la forme

$$2\sum_{i=0}^{i=n} F(x_i)\, \psi_0(x_i)\, \theta^2(x_i) - 2A\sum_{i=0}^{i=n} \psi_0^2(x_i)\, \theta^2(x_i) = 0,$$

$$2\sum_{i=0}^{i=n} F(x_i)\, \psi_1(x_i)\, \theta^2(x_i) - 2B\sum_{i=0}^{i=n} \psi_1^2(x_i)\, \theta^2(x_i) = 0,$$

$$2\sum_{i=0}^{i=n} F(x_i)\, \psi_2(x_i)\, \theta^2(x_i) - 2C\sum_{i=0}^{i=n} \psi_2^2(x_i)\, \theta^2(x_i) = 0,$$

. . . .

. . . .

$$2\sum_{i=0}^{i=n} F(x_i)\, \psi_m(x_i)\, \theta^2(x_i) - 2H\sum_{i=0}^{i=n} \psi_m^2(x_i)\, \theta^2(x_i) = 0,$$

d'où

$$A = \frac{\sum_{i=0}^{i=n} \psi_0(x_i)\, \theta^2(x_i)\, F(x_i)}{\sum_{i=0}^{i=n} \psi_0^2(x_i)\, \theta^2(x_i)},$$

$$B = \frac{\sum_{i=0}^{i=n} \psi_1(x_i)\, \theta^2(x_i)\, F(x_i)}{\sum_{i=0}^{i=n} \psi_1^2(x_i)\, \theta^2(x_i)},$$

$$C = \frac{\sum\limits_{i=0}^{i=n} \psi_2(x_i)\,\theta^2(x_i)\,F(x_i)}{\sum\limits_{i=0}^{i=n} \psi_2^2(x_i)\,\theta^2(x_i)},$$

. . . .

$$H = \frac{\sum\limits_{i=0}^{i=n} \psi_m(x_i)\,\theta^2(x_i)\,F(x_i)}{\sum\limits_{i=0}^{i=n} \psi_m^2(x_i)\,\theta^2(x_i)}.$$

En reportant ces valeurs dans l'expression

$$A\psi_0(X) + B\psi_1(X) + C\psi_2(X) + \ldots\ldots + H\psi_m(X),$$

nous trouvons, conformément à ce qui a été avancé, que la formule cherchée pour $F(X)$ est précisément

$$\frac{\sum\limits_{i=0}^{i=n} \psi_0(x_i)\,\theta^2(x_i)\,F(x_i)}{\sum\limits_{i=0}^{i=n} \psi_0^2(x_i)\,\theta^2(x_i)}\,\psi_0(X) + \frac{\sum\limits_{i=0}^{i=n} \psi_1(x_i)\,\theta^2(x_i)\,F(x_i)}{\sum\limits_{i=0}^{i=n} \psi_1^2(x_i)\,\theta^2(x_i)}\,\psi_1(X) +$$

$$\frac{\sum\limits_{i=0}^{i=n} \psi_2(x_i)\,\theta^2(x_i)\,F(x_i)}{\sum\limits_{i=0}^{i=n} \psi_2^2(x_i)\,\theta^2(x_i)}\,\psi_2(X) + \ldots\ldots + \frac{\sum\limits_{i=0}^{i=n} \psi_m(x_i)\,\theta^2(x_i)\,F(x_i)}{\sum\limits_{i=0}^{i=n} \psi^2_m(x_i)\,\theta^2(x_i)}\,\psi_m(X).$$

12.

SUR LA CONSTRUCTION DES CARTES GÉOGRAPHIQUES.

(Bulletin de la classe physico-mathématique de l'Académie Impériale des sciences de St.-Pétersbourg, Tome XIV, 1856, p. 257—261.)

(Lu le 18 janvier 1856.)

Sur la construction des cartes géographiques.

Dans la construction des cartes géographiques on parvient facilement à reproduire la figure d'une partie quelconque de la surface du globe de manière qu'il y ait constamment similitude entre ses éléments infiniment petits et leur représentation sur la carte. Mais, le rapport d'agrandissement de différents éléments n'ayant pas la même valeur, les portions finies de la surface du globe, dans leur représentation sur la carte, se déforment plus ou moins, suivant les déviations de ce rapport de sa valeur normale, et comme ces déviations, dans les différents systèmes de tracé des cartes, présentent des valeurs plus ou moins considérables, on conçoit qu'il existe un système, qui, dans la représentation d'une portion donnée de la surface du globe, réduit ces déviations au *minimum*, et par conséquent représente sa figure le mieux possible.

C'est de la détermination de ce système de tracé des cartes que nous allons nous occuper. La question que nous aurons à résoudre présente une grande analogie avec celles qui ont été l'objet de notre Mémoire, intitulé: *Théorie des mécanismes connus sous le nom de parallélogrammes* (Mémoires des savants étrangers, T. VII); où nous avons cherché, par un choix convenable des constantes d'une fonction donnée, à diminuer, autant que possible, ses déviations d'une autre fonction pour toutes les valeurs de la variable, comprises entre des limites données. Sous la condition d'un *minimum* de cette espèce, nous aurons à présent à chercher une fonction à deux variables, assujettie à vérifier une certaine équation aux différentielles partielles. Pour simplifier les formules, nous ne tiendrons pas compte de l'aplatissement de la terre; mais la même méthode peut être facilement étendue à toutes les hypothèses possibles sur la forme du globe.

D'après la notation de Lagrange (Nouveaux Mémoires de l'Académie de Berlin. Année 1779), le rapport d'agrandissement s'exprime ainsi:

$$m = \frac{\sqrt{f'(u + t\sqrt{-1})\,F'(u - t\sqrt{-1})}}{\frac{2}{e^u + e^{-u}}},$$

ce qui donne

$$\log m = \frac{1}{2}\log[f'(u + t\sqrt{-1})] + \frac{1}{2}\log[F'(u - t\sqrt{-1})] - \log\frac{2}{e^u + e^{-u}},$$

où la somme de deux premiers termes, composés des fonctions arbitraires, n'est évidemment que l'intégrale de cette équation

$$\frac{d^2U}{du^2} + \frac{d^2U}{dt^2} = 0.$$

Donc, les écarts du rapport d'agrandissement dépendent des déviations de la fonction $\log\frac{2}{e^u + e^{-u}}$ et de l'intégrale de cette équation. Or, d'après les propriétés remarquables de cette équation, on parvient à reconnaître que le *minimum* de déviation de son integrale de la fonction $\log\frac{2}{e^u + e^{-u}}$, dans l'espace limité par une courbe quelconque, ne peut avoir lieu, à moins que la différence

$$U - \log\frac{2}{e^u + e^{-u}},$$

n'ait sur cette courbe constamment la même valeur.

Donc, par l'intégration de l'équation

$$\frac{d^2U}{du^2} + \frac{d^2U}{dt^2} = 0$$

sous cette condition, on aura la valeur de

$$U = \frac{1}{2}\log[f'(u + t\sqrt{-1})] + \frac{1}{2}\log[F'(u - t\sqrt{-1})],$$

à une constante arbitraire près, et de là on tirera les valeurs des fonctions

$$f'(u + t\sqrt{-1}), \quad F'(u - t\sqrt{-1}),$$

qui, à un facteur constant près, seront celles qui donnent la projection la plus avantageuse. Quant à leur facteur constant, qui reste inconnu, il se détermine facilement d'après la valeur normale du rapport d'agrandissement.

D'après cela on parvient facilement à assigner tous les cas dans lesquels on peut parvenir à la projection de la carte la plus précise, en prenant pour méridiens et les parallèles des arcs de cercle. Dans son Mémoire, cité plus haut, Lagrange a montré que dans toutes les méthodes de projection qui jouissent de cette propriété, très importante pour la pratique, le rapport d'agrandissement s'exprime ainsi:

$$m = \frac{1}{\frac{2}{e^u + e^{-u}}\left[a^2 e^{2cu} + 2ab\cos 2c(t - g) + b^2 e^{-2cu}\right]}.$$

Donc, d'après ce que nous venons de dire, ces méthodes de projection ne peuvent donner la représentation la plus précise d'un pays quelconque, à moins que sur les bornes de ce pays on n'ait

$$\log m = -\log\left\{\frac{2}{e^u + e^{-u}}\left[a^2 e^{2cu} + 2ab\cos.2c(t-g) + b^2 e^{-2cu}\right]\right\} = \text{constante},$$

ou, ce qui revient au même,

$$(1)\ \log m = \left\{\begin{array}{l} -\log\frac{2}{e^u + e^{-u}} - \log\left(ae^{cu+c(t-g)\sqrt{-1}} + be^{-cu-c(t-g)\sqrt{-1}}\right) \\ \qquad -\log\left(ae^{cu-c(t-g)\sqrt{-1}} + be^{-cu+c(t-g)\sqrt{-1}}\right)\end{array}\right\} = \text{constante}.$$

Pour simplifier cette équation, nous transformerons les coordonnées, en prenant pour le pôle, le point, où $\log m$ devient *minimum*, et pour premier méridien celui qui passe par le pôle primitif. Soit t_0 et $90^0 - z_0$ la longitude et la latitude de ce point, et convenons de désigner par T et $90^0 - Z$ la longitude et la latitude dans le nouveau système des coordonnées. Si l'on observe que, d'après la notation de Lagrange que nous employons, u désigne $\log\left(\text{tang}\,\frac{z}{2}\right)$, $90^0 - z$ étant la latitude relativement au premier pôle, et t la longitude, on parviendra facilement à ces équations très simples:

$$e^{u+t\sqrt{-1}} = \text{tang}\,\frac{z}{2}\,e^{t\sqrt{-1}} = \frac{\text{tang}\,\frac{z_0}{2} + \text{tang}\,\frac{Z}{2}\,e^{T\sqrt{-1}}}{1 - \text{tang}\,\frac{z_0}{2}\,\text{tang}\,\frac{Z}{2}\,e^{T\sqrt{-1}}}\,e^{t_0\sqrt{-1}};$$

$$e^{u-t\sqrt{-1}} = \text{tang}\,\frac{z}{2}\,e^{-t\sqrt{-1}} = \frac{\text{tang}\,\frac{z_0}{2} + \text{tang}\,\frac{Z}{2}\,e^{-T\sqrt{-1}}}{1 - \text{tang}\,\frac{z_0}{2}\,\text{tang}\,\frac{Z}{2}\,e^{-T\sqrt{-1}}}\,e^{-t_0\sqrt{-1}}.$$

En portant ces valeurs dans l'équation (1), et en remarquant que $\log m$ devient *minimum* pour $Z = 0$, nous trouvons que cette équation, aux quantités de l'ordre $\text{tang}^3\,\frac{Z}{2}$ près, devient

$$\frac{1-4c^2}{\sin^2 z_0}(\cos^2 T - \sin^2 T)\,\text{tang}^2\,\frac{Z}{2} + \text{tang}^2\,\frac{Z}{2} = \text{constante},$$

et comme dans la projection stéréographique, à une facteur constant près, on a

$$x = \text{tang}\,\frac{Z}{2}\sin T, \quad y = \text{tang}\,\frac{Z}{2}\cos T,$$

cette équation nous donne

$$\frac{\sin^2 z_0 + 4c^2 - 1}{\sin^2 z_0}\,x^2 + \frac{\sin^2 z_0 - 4c^2 + 1}{\sin^2 z_0}\,y^2 = \text{constante}.$$

Donc, si l'on cherche la projection d'un pays assez petit, en prenant pour les méridiens et pour les parallèles des arcs de cercle, la projection ne peut s'approcher notablement de celle de la plus précise, à moins que ses limites, dans leur projection stéréographique, aux quantités de l'ordre $\operatorname{tang}^3 \frac{Z}{2}$ près, ne vérifient cette équation

$$\frac{\sin^2 z_0 + 4c^2 - 1}{\sin^2 z_0} x^2 + \frac{\sin^2 z_0 - 4c^2 + 1}{\sin^2 z_0} y^2 = \text{пост.},$$

et, par conséquent, ne présentent une courbe du second degré qui sera évidemment une ellipse, car cette courbe doit être fermée.

D'après l'équation précédente on voit qu'un des axes de cette ellipse suit la direction du méridien et que leur rapport est égal à $\sqrt{\frac{\sin^2 z_0 - 4c^2 + 1}{\sin^2 z_0 + 4c^2 - 1}}$.

Donc, s'il s'agissait de projeter une portion de la surface du globe, limitée par une pareille courbe dont les axes sont en rapport de $1 : n$, l'exposant de projection serait déterminé ainsi:

$$(2c)^2 = 1 + \frac{n^2 - 1}{n^2 + 1} \sin^2 z_0.$$

Cette équation nous montre qu'il existe une liaison intime entre la configuration d'un pays et la valeur la plus avantageuse de l'exposant pour sa projection.

D'après les équations dont nous venons de parler, quelle que soit la forme du pays, on peut déterminer et le centre de projection et la valeur de l'exposant de la manière la plus avantageuse pour la précision de sa carte. C'est ce que nous nous proposons de montrer dans un Mémoire détaillé sur la construction des cartes géographiques.

13.

SUR LA CONSTRUCTION

DES CARTES GÉOGRAPHIQUES.

DISCOURS,

PRONONCÉ LE 8 FÉVRIER 1856

DANS LA SÉANCE SOLENNELLE DE L'UNIVERSITÉ IMPÉRIALE DE ST.-PÉTERSBOURG.

(TRADUIT PAR D. A. GRAVÉ.)

Черченіе географическихъ картъ.

Сочиненіе, написанное для торжественнаго акта

въ Императорскомъ С.-Петербургскомъ Университетѣ,

8 февраля 1856 года.

Messieurs!

Les Sciences Mathématiques ont été l'objet d'une attention particulière dès la plus haute antiquité. Elles excitent aujourd'hui encore un plus grand intérêt à cause de leur influence sur les Arts et l'Industrie. Le rapprochement de la théorie et de la pratique donnent les résultats les plus féconds. La pratique n'est pas la seule à tirer profit de ces rapports: réciproquement les sciences elles-mêmes se développent sous l'influence de la pratique. C'est elle qui leur découvre de nouveaux sujets d'étude et des points de vue nouveaux sur les sujets connus depuis longtemps. Malgré le haut degré de développement auquel sont parvenus les Sciences Mathématiques grâce aux travaux des grands géomètres des trois siécles derniers la pratique démontre clairement qu'elles sont incomplètes à plusieurs égards. En effet elle pose à la Science des questions essentiellement nouvelles et provoque ainsi la recherche des méthodes inconnues jusque là. Si la théorie retire un grand profit d'applications nouvelles d'une ancienne méthode ou de ses nouveaux développements, elle en tire encore un plus grand de la découverte des méthodes nouvelles. Dans ce cas la science trouve un guide sûr dans la pratique.

L'activité pratique d'un homme embrasse de si multiples variétés que pour satisfaire à toutes ses exigences la science manque évidemment de beaucoup et de diverses méthodes.

Mais entre ces méthodes ont une importance particuliére celles qui sont nécessaires pour la solution de différentes variétés d'un même problème, applicable à toute l'activité pratique d'un homme: *comment faut il disposer de ses moyens pour acquérir les plus grands avantages possibles.*

La solution de ce genre de problèmes fait l'objet de la théorie des maxima et des minima. Ces problèmes d'un caractère pratique ont aussi une importance particulière dans la théorie. Toutes les lois qui régissent les mouvements de la matière pondérable ou impondérable ne sont rien moins que des solutions de pareils problèmes. On ne saurait trop reconnaitre leur influence particulièrement favorable au développement des sciences Mathématiques.

Avant l'invention de l'Analyse des infiniment petits on ne savait à résoudre que quelques problèmes particuliers de ce genre.

Cependant dans ces solutions se trouvait déjà le germe de la plus importante branche des Sciences Mathématiques connue à présent sous le nom de «calcul différentiel». Pour montrer l'influence qu'ont eu sur la découverte de cette science les questions des maxima et des minima permettez moi de vous citer un passage de l'oeuvre immortelle de Newton «Philosophiae naturalis principia mathematica». L'auteur, rappelant les origines de cette découverte dont les applications et les résultats sont aujourd'hui innombrables, s'exprime ainsi:

«Dans les lettres que j'ai échangées il y a une dizaine d'années (1677) avec l'habile géomètre Leibnitz, lui ayant annoncé que je possédais une méthode pour déterminer les maxima et les minima, conduire les tangentes et résoudre les questions semblables, et que cette méthode réussissait aussi bien pour les expressions irrationnelles que pour les autres; comme je la lui cachais sous des lettres transposées représentant la phrase suivante: étant donnée une équation qui contient des fluentes, trouver les fluxions et réciproquemeut, l'illustre Leibnitz me répondit qu'il avait également trouvé une méthode analogue qu'il me communiqua et qui ne différait de la mienne que par les mots et la notation».

(Note sur la proposition VII du second livre, éd. 1713).

Toutefois la découverte du calcul différentiel et la solution des problèmes analogues à ceux qui avaient provoqué cette découverte n'ont pas épuisé complètement la matière. Les recherches de Newton lui-même en sont une preuve manifeste: en effet il a résolu la question suivante: «quelle forme doit avoir un corps se mouvant dans un fluide pour qu'il y éprouve la moindre résistance». Cette question présente le problème des maxima et des minima essentiellement diffèrent de ceux qui sont résolubles par le calcul différentiel. La méthode générale pour résoudre de tels problèmes, si importants pour la Mécanique Analytique, a conduit à la dècouverte d'un nouveau calcul connu sous le nom du «calcul des variations».

Malgré ce grand développement des Mathématiques par rapport à la théorie des maxima et des minima il n'est pas difficile de remarquer que la pratique va plus loin. Elle exige en effet la solution, des problèmes d'un nouveau genre sur les maxima et les minima, essentiellement différents de ceux que l'on sait résoudre par le calcul différentiel et celui des variations.

Comme exemple de pareilles questions et de la façon dont on peut les résoudre nous pouvons citer nos recherches sur le parallélogramme de Watt, imprimées dans les «Mémoires des savants étrangers» de notre Académie, 1854. On voit par les résultats que nous avons obtenus en considérant la méthode nécessaire pour la détermination d'une meilleure construction des mécanismes de ce genre, que dans ce cas les questions de la pratique mènent à plusieurs résultats théoriques intéressants pour la science, on voit aussi que les méthodes inspirées par la pratique présentent un moyen pour résoudre de nouvelles questions théoriques intéressantes même indépendamment de leur valeur pratique *).

La construction des cartes géographiques présente un autre exemple des questions de ce genre particulièrement remarquable. Dans l'état actuel de la théorie des cartes géographiques on peut indiquer un nombre infini de différents procédés de les construire de telle sorte que les éléments infiniment petits de la terre conservent sur la carte leur forme originale. Mais d'après la propriété de la surface sphéroïdale de la terre le rapport d'agrandissement des différents éléments doit être nécessairement variable, donc les éléments égaux de cette surface pris dans différents lieux se présentent sur la carte avec diverses dimensions. Plus les changements du rapport d'agrandissement sont considérables plus la carte est altérée. Comme l'amplitude de ces changements du rapport d'agrandissement dans 'étendue d'une même partie de la surface terrestre est plus ou moins considérable en rapport avec la projection admise de la carte, la question suivante se pose d'elle même:

Pour quelle projection ces changements du rapport d'agrandissement sont ils les plus petits?

---

*) Ainsi nous trouvons ici entre autres la solution de la question suivante:

«La fonction entière $x^m + Ax^{m-1} + Bx^{m-2} + Cx^{m-3} + \ldots + H$ varie évidemment avec x; quel est le moindre degré de ses changements?» Et puis «pour quelles valeurs de $A, B, C, \ldots H$ atteind-elle cette limite?».

La solution de ce problème mène à beaucoup de résultats intèressants de l'Algèbre Supérieure. Par exemple:

1) Si l'on a $f(x) = x^n + Bx^{n-1} + Cx^{n-2} + \ldots + H$ on trouvera entre les limites h et $h \pm 4\sqrt[n]{\pm\frac{1}{2}f(h)}$ au moins une racine de l'une des équations $f(x)=0$, $f'(x)=0$. Le signe du radical est déterminé par le signe de la fraction $-\frac{f(h)}{f'(h)}$. Cette proposition a une application importante dans la théorie de la séparation des racines par la méthode de Fourier.

2) L'équation $x^{2n+1} + Bx^{2n-1} + Cx^{2n-3} + \ldots + Hx \pm K = 0$ a toujours une racine entre les limites

$$-2\sqrt[2n+1]{\tfrac{1}{2}K},\quad +2\sqrt[2n+1]{\tfrac{1}{2}K};$$

d'où il résulte la propriété suivante des équations:

Dans l'équation $x^{2n+1} + Bx^{2n-1} + Cx^{2n-3} + \ldots + Hx \pm K = 0$, ne contenant que les degrés impaires de x, où K est compris entre -2 et $+2$, on trouvera au moins une racine entre les mêmes limites.

Dans une Note, lue par moi dans la séance du 18 Janvier à l'Académie Impériale des sciences, j'ai montré que cette question, traduite en langue d'Analyse, se ramène à un problème particulier des maxima et des minima, essentiellement différent de ceux qui se trouvent résolus dans le calcul différentiel et dans celui des variations. Ce problème est semblable à ceux qui ont été l'objet de mon Mémoire ci-dessus mentionné sur le parallélograme de Watt, mais se rapporte à un ordre supérieur de pareils problèmes: on cherchait là certaines quantités constantes tandis qu'ici il faut trouver deux fonctions inconnues, ce qui correspond à la détermination d'un nombre infini de quantités constantes. Cela établit entre ces problèmes une distinction analogue à celle qui existe entre les problèmes du calcul différentiel et ceux du calcul des variations. Ce sujet est d'autant plus intéressant sous le rapport théorique qu'il se ramène à l'investigation d'une équation aux dérivées partielles extrêmement remarquable, qui exprime, p. ex., aussi l'équilibre de la chaleur dans les membranes infiniment minces. Ainsi la question sur la meilleure projection est liée à la propriété remarquable de la chaleur, à savoir: lorsque la chaleur est en équilibre dans une membrane circulaire infiniment mince, la température au centre est *une moyenne* des températures dans tous les points de la circonférence; une proposition semblable est vraie pour la sphère: la température au centre est *une moyenne* des températures à la surface.

La solution définitive du problème de la meilleure projection est très simple: la meilleure projection pour la représentation d'une certaine partie de la surface terrestre sur une carte est celle dans laquelle le rapport d'agrandissement conserve une même valeur sur la limite de la région représentée, valeur, qu'il est aisé de déterminer d'après la valeur normale du rapport d'agrandissement. Quant à la détermination de la projection ayant la propriété ci-dessus, elle se ramène à la solution d'un problème ordinaire *d'intégration des équations aux dérivées partielles*, lorsqu'on donne la valeur de l'intégrale sur le contour, à l'intérieur duquel elle doit rester finie et continue.

On trouvera ainsi la meilleure projection pour représenter chaque pays sur la carte. Cette projection sera déterminée par la position du pays par rapport à l'équateur ainsi que par la forme de sa frontière. De plus, les parallèles et les méridiens se représenteront par diverses courbes qui seront peu différentes de cercles et de droites, si on projette une partie peu considérable de la surface terrestre. On construit sans aucune difficulté ces lignes par points. Les cas, dans lesquels les méridiens et les parallèles se représentent exactement par cercles et par lignes droites sont particulièrement remarquables; la construction des cartes de petites dimensions en devient plus facile. Lagrange, dans ses Mémoires «Sur la construction des cartes géographiques», a déterminé toutes les projections où cette circonstance a lieu. D'après les propriétés générales de la meilleure projection il est aisé de montrer pour quels pays ces projections seront les plus avantageuses: les contours de tels pays seront déterminés par des points pour lesquels le rapport d'agrandissement dans ce genre de projections conserve une même valeur. Les contours des pays déterminés de cette manière représentent en général des courbes assez compliquées. Mais en diminuant les étendues des régions représentées sur la carte, ces courbes se simplifient et se rapprochent rapidement des ellipses, dont elles ne s'écartent qu'insensiblement quand on représente des régions même assez considérables, telle que, par exemple, la partie Européenne de la Russie. Ces ellipses ont certaines positions déterminées: leur centre se trouve au centre de la projection et un des axes longe le méridien. Le rapport des axes de ces ellipses se détermine par la position de leur centre par rapport à l'équateur et par une quantité particulière nommée par Lagrange *exposant* de la projéction.

Inversement pour représenter sur la carte une partie de la surface terrestre, pas trop grande et limitée par une pareille ellipse, on peut trouver le mode de projection qui changerait les parallèles et les méridiens en cercles ou lignes droites et donnerait la représentation se rapprochant de la plus parfaite. Il faut pour cela, d'après ce que nous avons dit plus haut, prendre le centre de la projection et son exposant d'une manière convenable, tenant compte de la position du pays et de la forme de ses contours *).

C'est pour cela que les cas particuliers des projections effectuées avec la conservation de la similitude des éléments infiniment petits, telles que, par exemple: la projection stéréographique, polaire et horizontale, les projections de Gauss et de Mercator, qui se déduisent toutes de la méthode générale dans les hypothèses particulières à l'égard de la position du centre de la projection ou de son exposant, ne peuvent donner la représentation se rapprochant à la plus parfaite que pour certains cas particuliers.

Ainsi si l'ellipse mentionnée se transforme en un cercle, l'exposant devient égal à 1, et la meilleure projection se ramène en général à la projection stéréographique horizontale, qui se transforme en projection polaire, lorsque le centre du cercle coïncide avec le pôle terrestre. En diminuant

*) L'exposant de la projection se détermine par la formule $\sqrt{1+\frac{n^2-1}{n^2+1}\cos^2 l}$, où l est la latitude du centre et n le rapport de l'axe dirigé suivant méridien à l'autre axe.

(Voir ma Note: «Sur la construction des cartes géographiques», lue à l'Académie le 18 Janvier).

l'axe de l'ellipse dirigé suivant le méridien, la meilleure projection se rapproche de celle de Gauss. Cette projection se transforme en celle de Mercator, en rapprochant le centre à l'équateur.

Il est évident, que pour obtenir la meilleure carte des différents pays il ne faut pas se borner à un ou à quelques procédés particuliers de la projection, mais il est nécessaire de faire usage de la méthode générale, en choisissant chaque fois d'une manière convenable le centre de la carte et la valeur de l'exposant.

D'après ce qui a été dit plus haut, on fait aisément ce choix pour la représentation d'une telle région de la surface terrestre dont le contour est une ellipse avec un axe dirigé le long d'un méridien. Mais la pratique ne donne jamais des cas si simples; les contours des divers pays ont toujour la forme de courbes extrêmement irrégulières. Malgrè cela, pour la meilleure représentation d'un pays peu étendu on peut déterminer la position du centre de la projection, ainsi que la valeur de l'exposant, en comparant la forme du contour du pays avec une ellipse ou quelque autre section conique. Il suffit pour cela d'avoir seulement une représentation approximative du pays, pour la carte duquel on cherche la meilleure position du centre et la meilleure valeur de l'exposant; on peut donc employer ici une carte construite d'après une méthode quelconque.

On peut, à proprement parler, faire ici trois hypothèses différentes qui donnent lieu à trois solutions différentes; mais en les comparant entre elles il n'est pas difficile d'en trouver la plus avantageuse. Premièrement: on peut considérer la région projetée comme une partie de l'espace limitée par l'ellipse ayant son axe le long du méridien; cela correspond toujours à la solution la plus avantageuse pour les pays dont la plus grande extension dans la direction des méridiens et des parallèles se trouve sur ceux qui passent non loin du centre. Ce cas se rencontre le plus souvent dans la pratique.

Deuxièmement, la région projetée peut être considérée comme la partie de l'espace entre deux ellipses, hyperboles ou paraboles disposées semblablement. Cela peut donner la solution la plus avantageuse pour représenter seulement des régions courbées en forme de faucille ou présentant une bande étroite inclinée par rapport aux méridiens et aux parallèles.

Troisièmement, la région peut être comparée à l'espace compris entre les branches de 2 hyperboles inverses: ce qui correspond aux pays dont les contours sont considérablement concaves par rapport au centre *).

*) Pour l'espace qui est limité par une ellipse $\frac{x^2}{a^2}+\frac{y^2}{b^2}=1$ dans la projection stéréographique horizontale de rayon $=1$, la limite des écarts du rapport d'agrandissement (la différence-

En nous arrêtant à la première supposition, à laquelle se rapporte la plupart des cas, qui se rencontrent dans la pratique, nous remarquons que de toute la multitude des ellipses, qui peuvent être circonscrites autour de la région représentée, la projection la plus avantageuse sera déterminée par la plus petite de ces ellipses, si nous prenons pour mesure de comparaison des différentes ellipses la longueur du diamètre moyen, qui est également incliné vers les deux axes.

Il n'est pas difficile de trouver, d'après la forme du contour de la région représentée, les points sur lesquels cette ellipse sera appuyée, et de construire par ces points ses axes et son centre. Le centre de cette ellipse sera la position la plus avantageuse du centre de la projection. La position de ce centre et le rapport des axes de l'ellipse détermineront le meilleur exposant. — Tout cela se rapporte, à proprement parler, à la représentation sur la carte des contrées très petites; mais il est aisé de trouver pour des régions plus vastes par la méthode générale d'approximations successives des corrections dans la position du centre de la projection et dans la valeur de l'exposant. De cette manière sera déterminé le meilleur procédé de construction de la carte d'un pays donné dans laquelle les parallèles et les méridiens conservent leur forme circulaire.

Nous voyons de là, que la construction des cartes géographiques appartient aux questions de la pratique qui se résolvent différemment pour divers pays. Le procédé de construction avantageux pour la représentation de la France, de l'Allemagne où de l'Angleterre peut être désavantageux pour la Russie. D'ailleurs la Russie, à cause de son étendue, présente des difficultés particulières pour sa représentation sur la carte; par cette raison le choix de la projection, qui correspond le mieux à son étendue, à la forme de ses frontières et à sa position par rapport à l'équateur a une importance particulière. Sans parler des cartes qui embrassent toutes les parties de la Russie, les cartes de ses différentes parties donnent des changements très

---

entre ses valeurs, la plus grande et la plus petite, divisée par sa valeur moyenne) s'exprime ainsi $\frac{2a^2b^2}{a^2+b^2}$; pour l'espace entre deux ellipses $\frac{x^2}{a^2}+\frac{y^2}{b^2}=\lambda^2$, $\frac{x^2}{\alpha^2}+\frac{y^2}{b^2}=1$ cette limite est égale $\frac{2(\lambda^2-1)a^2b^2}{a^2+b^2}$; entre deux hyperboles $\frac{x^2}{a^2}-\frac{y^2}{b^2}=\lambda^2$, $\frac{x^2}{a^2}-\frac{y^2}{b^2}=1$ elle est égale à $\frac{2(\lambda^2-1)a^2b^2}{\pm(a^2-b^2)}$; entre deux paraboles $x^2=2py+\alpha$, $x^2=2py+\alpha^1$ elle est égale à $2(\alpha-\alpha^1)$; enfin dans l'espace entre deux branches de deux hyperboles inverses $\frac{x^2}{a^2}-\frac{y^2}{b^2}=1$; $\frac{x^2}{a^2}-\frac{y^2}{b^2}=-\lambda^2$ la limite des écarts du rapport d'agrandissement est égale à $\frac{2(\lambda^2+1)a^2b^2}{\pm(a^2-b^2)}$. Ces résultats se déduisent des dernières équations de la Note citée, et ils sont exacts à $\operatorname{tg}^3\frac{u}{2}$ près, où u est la distance angulaire des points de la région projetée jusqu' au point qui est pris pour centre de la projection stéréographique.

sensibles du rapport d'agrandissement. Ainsi, en répresentant sur la carte par la méthode de Gauss tout ce qui appartient à la Russie de ce côté des Monts Ourals, on admet des changements du rapport d'agrandissement qui surpassent $\frac{1}{20}$, ce qui donne pour la mesure des surfaces une différence d'une lieue carrée sur dix, une erreur très considérable. L'erreur de la carte devient plus petite dans la projection stéréographique horizontale avec un centre convenablement choisi, mais ici encore les différences du rapport d'agrandissement atteignent $\frac{1}{34}$, ce qui donne pour la mesure des surfaces une différence d'une lieu carrée sur dix-sept. Ces erreurs ne sont pas assez petites pour qu'on puisse les négliger; le moyen pour les diminuer consiste dans la détermination de la projection qui correspond mieux à la forme et à la situation du pays représenté.

En examinant cette partie de la Russie sur la carte, nous remarquons que le contour général de ses frontières est loin de s'approcher des ellipses dont l'axe est dirigé le long du méridien, et dans ce cas il n'est pas possible, comme nous l'avons déjà vu, d'atteindre la meilleure représentation sur la carte en laissant les méridiens et les parallèles circulaires ou rectilignes. Une pareille simplification dans la construction de sa carte conduit à une diminuation considérable du degré de la régularité de la représentation. Pour atteindre la représentation la plus précise, il faut déterminer, d'après ce qui a été dit plus haut, le procédé de projection par l'intégration d'une équation particulière. Cette intégration devant se faire sous une condition qui dépend de la forme des contours et ces contours étant des courbes très compliquées, l'intégration exacte est évidemment impossible. Mais la pratique ne l'exige pas. Il lui suffit de se borner dans les changements du rapport d'agrandissement aux dixmillièmes, et dans ce cas tout se ramène à la détermination de quelques coëfficients, qui sont faciles à calculer, avec une approximation suffisante pour la pratique, d'après la forme du contour, quelque décourbé qu'il soit. Quant aux parallèles et aux méridiens, on peut les construire sans difficulté par points.

Passant aux procédés les plus simples de la construction des cartes, où les parallèles et les méridiens sont des cercles et des droites, nous remarquons que les domaines de la Russie de ce côté des Monts Ourals, y conclus le Caucase et la Géorgie, s'étendent plus du nord vers le sud que de l'est à l'ouest. On ne peut donc pas comparer cet espace avec un cercle et d'autant moins avec une ellipse dont l'axe dirigé du nord vers le sud est très petit en comparaison avec l'axe dirigé de l'est à l'ouest. Par conséquent, d'après ce qui a été dit plus haut, ni la projection de Gauss, ni la projection stéréographique ne correspondent pas à la figure de la région projetée. Nous remarquons, en appliquant dans ce cas la méthode indiquée par nous pour la détermination du centre et de l'exposant de la projection, que le centre de la plus petite ellipse se trouve entre Jaroslaff et Ouglitch sur la longitude 57° et la latitude 57° 36′. Cette ellipse, ayant son axe dirigé le long du méridien, embrasse tous les domaines de la Russie jusqu'aux monts Ourals, inclusivement avec le Caucase et la Géorgie, et le rapport de ses axes est égal à $\frac{17}{10}$. Prenant pour base cette ellipse nous trouvons qu'à la projection la plus avantageuse correspond l'exposant 1,0788 *). Cette valeur diffère moins que d'une dixième de 1 qui est l'exposant de la projection stéréographique. Néanmoins cette différence a une influence considérable sur le degré de précision de la construction. Nous avons vu que la projection stéréographique, dans le cas de la position la plus avantageuse du centre, donne pour l'espace de la partie considérée de la Russie l'écart du rapport d'agrandissement égal à $\frac{1}{34}$. Prenant la valeur trouvée 1,0788 comme exposant de la projection et son centre entre Jaroslaff et Ouglitch (longitude 57°, latitude 57°42′30″), nous avons obtenu une carte de cette partie de la Russie dans laquelle les écarts du rapport d'agrandissement ne surpassent pas $\frac{1}{50}$. C'est la plus grande exactitude qu'on puisse atteindre avec des parallèles et des méridiens rectilignes ou circulaires.

D'une manière semblable, Messieurs, la plupart des questions de la pratique se ramène à des problèmes des maxima et des minima, tout à fait nouveaux dans la science, et ce n'est que par la solution de ces problèmes que nous pouvons satisfaire aux exigences de la pratique, qui cherche partout le meilleur et le plus avantageux.

---

*) La formule de la note [2]) donne, en posant $l = 57°36'$, $n = 1,7$, pour l'exposant de la carte la valeur 1,0675. Nous trouvons, en calculant les corrections, qu'il faut ajouter 0,0113 à cette valeur; pour la latitude du centre de la projection on trouve $57°36' + 6'30'' = 57°42'30''$. Sa longitude reste égale à 57°.

14.

SUR

LA SÉRIE DE LAGRANGE.

(Bulletin de la Classe Physico-Mathématique de l'Académie Impériale des Sciences de St.-Pétersbourg, Tome XV, 1857, p. 289—307. Journal de Mathématiques pures et appliquées. II série, T. II, 1857, p. 166—183; sans le dernier §.)

(Lu le 30 janvier 1857.)

Sur la série de Lagrange.

§ 1. L'intégration *par parties* donne la série de Taylor et le terme complémentaire avec une extrême facilité; que manque-t-il à cette méthode pour donner d'une manière analogue la série plus générale, due à Lagrange? Toutes les méthodes d'après lesquelles on parvient à la série de Taylor sont plus ou moins susceptibles de donner la série de Lagrange; la méthode d'intégration *par parties* est la seule qui présente une exception. En cherchant à combler cette lacune, nous avons reconnu qu'il ne s'agissait que de donner une certaine extension à la méthode de réduction des intégrales, connue sous le nom d'intégration *par parties*, extension qui parait être utile dans plusieurs autres cas.

L'intégration *par parties* se réduit à l'identité

$$\int \theta(x)\psi(x)\,dx = \theta(x)\int\psi(x)\,dx - \int\theta'(x)\left[\int\psi(x)\,dx\right]dx.$$

Si l'on ne séparait point les facteurs du produit $\theta(x)\psi(x)$, on pourrait écrire cette identité de la manière suivante:

$$\int \theta(x)\psi(x)\,dx = \int\theta(x'')\psi(x')\,dx' - \int\frac{d\int\theta(x'')\psi(x')\,dx'}{dx''}\,dx,$$

en supposant qu'on supprime les accents de x' et x'' après avoir fait les opérations, qui se rapportent exclusivement à ces quantités.

Or, en représentant sous cette forme l'intégration *par parties*, on reconnait sans peine que rien ne s'oppose à ce qu'on l'applique au cas, où le produit $\theta(x'')\psi(x')$ est remplacé par une fonction quelconque de deux lettres x' et x''. C'est là le changement nécessaire pour qu'on puisse en tirer la série de Lagrange par le même procédé qui conduit à la série de Taylor.

L'énoncé de cette réduction peut se faire en ces termes:

Si l'on convient de ne distinguer x' et x'' de x que dans les opérations qui se rapportent exclusivement à x' ou x', on a

$$\int f(x', x'')\,dx = \int f(x', x'')\,dx' - \int\frac{d\int f(x', x'')\,dx'}{dx''}\,dx. \tag{1}$$

Il n'est pas difficile de remarquer que la réduction des intégrales, dont nous venons de parler, ne diffère que par son énoncé de celle que M. Bertrand a donnée dans le VIII Tome *du Journal de Mathématiques pures et appliquées de M. Liouville.*

Pour montrer la manière de se servir de cette réduction, supposons qu'il s'agisse de réduire l'intégrale

$$\int (\cos x + e^x)\, dx.$$

On commencera par mettre l'expression $\cos x + e^x$ sous la forme d'une fonction de deux lettres x', x'', ce qu'on peut faire, évidemment, de différentes manières. Si l'on s'arrête au cas, où l'on donne un accent à x sous le signe de *cosinus* et deux accents à l'exposant de e, l'expression

$$\cos x + e^x$$

devient

$$\cos x' + e^{x''},$$

et alors, d'après la formule (1), on aura

$$\int (\cos x' + e^{x''})\, dx = \int (\cos x' + e^{x''})\, dx' - \int \frac{d \int (\cos x' + e^{x''})\, dx'}{dx''}\, dx$$

$$= \sin x' + x' e^{x''} - \int x' e^{x''}\, dx,$$

ou, en supprimant les accents,

$$\int (\cos x + e^x)\, dx = \sin x + x e^x - \int x e^x\, dx.$$

En intégrant par rapport à x' nous avons pris pour constante zéro; mais rien n'empêche de prendre une valeur quelconque, qui peut être même une fonction de x''. Pour s'en assurer on n'a qu'à remarquer que la formule (1), étant différentiée par rapport à x, se réduit à cette identité

$$f(x', x'') = f(x', x'') + \frac{d \int f(x', x'')\, dx'}{dx''} - \frac{d \int f(x', x'')\, dx'}{dx''}.$$

§ 2. Passons maintenant à la démonstration de la série de Lagrange. Nous supposerons qu'on ait

$$X - a = \eta \varphi(X),$$

et que l'on cherche le développement de $F(X)$ suivant les puissances croissantes de η.

Imitant la marche ordinaire qui mène à la série de Taylor, mettons la valeur $F(X)$ sous la forme

$$F(X) = F(a) + \int_a^X F'(x)\, dx.$$

Puis, remplaçant dans la dérivée $F'(x)$ la lettre x par x'', nous trouvons d'après la formule (1)

$$\int F'(x)\,dx = \int F'(x'')\,dx = \int F'(x'')\,dx' - \int \frac{d\int F'(x'')\,dx'}{dx''}\,dx$$
$$= (x' + C)\,F'(x'') - \int \frac{d\,(x' + C)\,F'(x'')}{dx''}\,dx,$$

ce qui donne

$$\int F'(x'')\,dx = (x' - a - \eta\varphi(x''))\,F'(x'') - \int \frac{d\,(x' - a - \eta\varphi(x''))\,F'(x'')}{dx''}\,dx,$$

en prenant

$$C = -a - \eta\varphi(x'').$$

Remarquons en passant que cette valeur de C présente une grande analogie avec celle que l'on emploie dans le même cas, en cherchant la série de Taylor.

Si l'on applique de nouveau la formule (1) à l'intégrale

$$\int \frac{d\,(x' - a - \eta\varphi(x''))\,F'(x'')}{dx''}\,dx,$$

on parvient à la réduction

$$\int \frac{d\,(x' - a - \eta\varphi(x''))\,F'(x'')}{dx''}\,dx =$$
$$\int \frac{d\,(x' - a - \eta\varphi(x''))\,F'(x'')}{dx''}\,dx' - \int \frac{d\int \frac{d\,(x' - a - \eta\varphi(x''))\,F'(x'')}{dx''}\,dx'}{dx''}\,dx$$
$$= \frac{1}{2}\,\frac{d\,(x' - a - \eta\varphi(x''))^2\,F'(x'')}{dx''} - \frac{1}{2}\int \frac{d^2\,(x' - a - \eta\varphi(x''))^2\,F'(x'')}{(dx'')^2}\,dx.$$

Il ne reste qu'à poursuivre la même marche et l'on obtient successivement

$$\int \frac{d^2\,(x' - a - \eta\varphi(x''))^2\,F'(x'')}{(dx'')^2}\,dx$$
$$= \frac{1}{3}\,\frac{d^2\,(x' - a - \eta\varphi(x''))^3\,F'(x'')}{(dx'')^2} - \frac{1}{3}\int \frac{d^3\,(x' - a - \eta\varphi(x''))^3\,F'(x'')}{(dx'')^3}\,dx,$$

$$\int \frac{d^3\,(x' - a - \eta\varphi(x''))^3\,F(x'')}{(dx'')^3}\,dx$$
$$= \frac{1}{4}\,\frac{d^3\,(x' - a - \eta\varphi(x''))^4\,F'(x'')}{(dx'')^3} - \frac{1}{4}\int \frac{d^4\,(x' - a - \eta\varphi(x''))^4\,F'(x'')}{(dx'')^4}\,dx$$

et ainsi de suite.

La substitution de ces valeurs donne pour l'intégrale indéfinie

$$\int F'(x)\,dx$$

cette expression

$$\int F'(x)\,dx = \big(x' - a - \eta\varphi(x'')\big)F'(x'') - \frac{1}{2}\,\frac{d\,(x' - a - \eta\varphi(x''))^2 F'(x'')}{dx''} +$$

$$\frac{1}{2.3}\,\frac{d^2\,(x'-a-\eta\varphi(x''))^3 F'(x'')}{(dx'')^2} \ldots + \frac{(-1)^{n-1}}{2.3\ldots.n}\,\frac{d^{n-1}(x'-a-\eta\varphi(x''))^n F'(x'')}{(dx'')^{n-1}}$$

$$+ \frac{(-1)^n}{2.3\ldots.n}\int \frac{d^n\,(x' - a - \eta\varphi(x''))^n F'(x'')}{(dx'')^n}\,dx.$$

En passant à l'intégrale définie

$$\int_a^X F'(x)\,dx,$$

on reconnait d'abord que pour $x = x' = x'' = a$ les termes hors du signe d'intégration deviennent

$$-\eta F'(a)\varphi(a) - \frac{\eta^2}{2}\,\frac{dF'(a)\,\varphi^2(a)}{da} - \frac{\eta^3}{2.3}\,\frac{d^2 F'(a)\,\varphi^3(a)}{da^2} - \ldots. - \frac{\eta^n}{2.3\ldots.n}\,\frac{d^{n-1} F'(a)\,\varphi^n(a)}{da^{n-1}}.$$

Ensuite, pour $x = x' = x'' = X$, X étant racine de l'équation

$$X - a = \eta\varphi(X),$$

ces termes se réduisent tous à zéro à cause du facteur $x' - a - \eta\varphi(x'')$ qui y reste, malgré toutes les différentiations, et qui s'annule, en vertu de l'équation précédente, pour $x' = x'' = X$. Donc

$$\int_a^X F'(x)\,dx = \eta\, F'(a)\,\varphi(a) + \frac{\eta^2}{2}\,\frac{dF'(a)\,\varphi^2(a)}{da} + \frac{\eta^3}{2.3}\,\frac{d^2 F'(a)\,\varphi^3(a)}{da^2} + \ldots. +$$

$$\frac{\eta^n}{2.3\ldots.n}\,\frac{d^{n-1} F'(a)\,\varphi^n(a)}{da^{n-1}} + \frac{(-1)^n}{2.3\ldots.n}\int_a^X \frac{d^n\,(x' - a - \eta\varphi(x''))^n F'(x'')}{(dx'')^n}\,dx,$$

et par conséquent

$$F(X) = F(a) + \int_a^X F'(x)\,dx =$$

$$= F(a) + \eta\, F'(a)\,\varphi(a) + \frac{\eta^2}{2}\,\frac{dF'(a)\,\varphi^2(a)}{da} + \frac{\eta^3}{2.3}\,\frac{d^2 F'(a)\,\varphi^3(a)}{da^2} + \ldots.$$

$$+ \frac{\eta^n}{2.3\ldots.n}\,\frac{d^{n-1} F'(a)\,\varphi^n(a)}{da^{n-1}} + \frac{(-1)^n}{2.3\ldots.n}\int_a^X \frac{d^n\,(x' - a - \eta\varphi(x''))^n F'(x'')}{(dx'')^n}\,dx.$$

Ainsi l'on parvient à la série de Lagrange

$$F(X) = F(a) + \eta\, F'(a)\,\varphi(a) + \frac{\eta^2}{2}\,\frac{dF'(a)\,\varphi^2(a)}{da} +$$

$$+ \frac{\eta^3}{2.3}\,\frac{d^2 F'(a)\,\varphi^3(a)}{da^2} + \ldots. + \frac{\eta^n}{2.3\ldots\, n}\,\frac{d^{n-1} F'(a)\,\varphi^n(a)}{da^{n-1}}$$

et l'on voit que le terme complémentaire a pour valeur

$$\frac{(-1)^n}{2.3\ldots.n}\int_a^X \frac{d^n\,(x'-a-\eta\varphi\,(x''))^n\,F'\,(x'')}{(dx'')^n}\,dx,$$

où on supprimera les accents de x' et x'' après avoir fait les différentiations par rapport à x''. Cette valeur peut être, évidemment, présentée sous cette autre forme:

$$\frac{1}{2.3\ldots.n}\int_a^X \frac{d^n\,(\eta\varphi\,(x+i)+a-x)^n\,F'\,(x+i)}{di^n}\,dx,$$

en faisant $i=0$ après les différentiations.

D'après ce que nous venons de voir la formule

$$F(X)=F(a)+\eta F'(a)\varphi(a)+\frac{\eta^2}{2}\frac{d\,F'(a)\,\varphi^2\,(a)}{da}+\frac{\eta^3}{2.3}\frac{d^2\,F'(a)\,\varphi^3\,(a)}{da^2}+\ldots.$$
$$+\frac{\eta^n}{2.3\;\ldots n}\frac{d^{n-1}\,F'(a)\,\varphi^n\,(a)}{da^{n-1}}+\frac{(-1)^n}{2.3\ldots.n}\int_a^X \frac{d^n\,(x'-a-\eta\varphi\,(x''))^n\,F'\,(x'')}{(dx'')^n}\,dx$$

subsiste également pour toutes les valeurs de X qui vérifient l'équation

$$X-a=\eta\varphi\,(X).$$

Mais les premiers termes

$$F(a)+\eta\,F'\,(a)\,\varphi\,(a)+\frac{\eta^2}{2}\,\frac{d\,F'\,(a)\,\varphi^2\,(a)}{da}+\frac{\eta^3}{2.3}\,\frac{d^2\,F'\,(a)\,\varphi^3\,(a)}{da^2}$$
$$+\ldots.+\frac{\eta^n}{2.3\ldots.n}\,\frac{d^{n-1}\,F'\,(a)\,\varphi^n\,(a)}{da^{n-1}}$$

de cette expression, qui constituent le développement de $F(X)$ d'après la série de Lagrange jusqu'à la $(n+1)^e$ puissance de η, ne donnent effectivement sa valeur, exacte aux quantités près du même ordre, que si le terme complémentaire

$$\frac{(-1)^n}{2.3\ldots.n}\int_a^X \frac{d^n\,(x'-a-\eta\varphi\,(x''))^n\,F'\,(x'')}{(dx'')^n}\,dx=$$
$$=\frac{1}{2.3\ldots.n}\int_a^X \frac{d^n\,(\eta\varphi\,(x+i)+a-x)^n\,F'\,(x+i)}{di^n}\,dx$$

devient, pour η petit, de l'ordre η^{n+1} ou d'un ordre supérieur. Or, il est facile de remarquer, que cela a lieu nécessairement, tant que X est celle des racines de l'équation

$$X-a=\eta\varphi(X),$$

qui se réduit à a pour $\eta=0$; car dans ce cas, en vertu de l'équation

$$X-a=\eta\varphi\,(X),$$

la différence $X-a$ est une quantité de l'ordre η, et par conséquent, l'intégrale

$$\int_a^X \frac{d^n\,(\eta\varphi\,(x+i)+a-x)^n\,F'(x+i)}{di^n}\,dx,$$

où $x-a$ reste compris entre 0 et $X-a$, a tout au plus une valeur de l'ordre η^{n+1}.

§ 3. Le terme complémentaire, que l'on vient de trouver, permet d'assigner la limite du reste dans les développements construits d'après la formule de Lagrange et arrêtés à un terme de rang quelconque. Nous allons en donner des exemples sur les développements bien connus de *l'anomalie excentrique* et du *rayon vecteur* selon les puissances croissantes de *l'excentricité.*

Pour le développement de *l'anomalie excentrique* il faut poser dans nos formules

$$F(x)=x,\quad \varphi\,(x)=\sin x,$$

en supposant que X désigne *l'anomalie excentrique*, a *l'anomalie moyenne* et η *l'excentricité.*

Dans ce cas l'équation

$$X-a=\eta\varphi\,(X)$$

devient

$$X-a=\eta\sin X$$

et le terme complémentaire du développement de $F(X)=X$, prolongé jusqu'à η^n, s'exprime ainsi:

$$\frac{1}{2.3.\ldots.n}\int_a^X \frac{d^n\,(\eta\sin(x+i)+a-x)^n}{di^n}\,dx,$$

en prenant $i=0$.

Or, comme l'expression

$$\frac{1}{2.3.\ldots.n}\,\frac{d^n\,(\eta\sin(x+i)+a-x)^n}{di^n},$$

pour $i=o$, n'est que la valeur de l'intégrale définie

$$\frac{1}{2\pi}\int_0^{2\pi}\left(\frac{\eta\sin(x+re^{p\sqrt{-1}})+a-x}{r}\right)^n e^{-np\sqrt{-1}}\,dp,$$

r étant une quantité quelconque, ce terme complémentaire peut être mis sous cette forme:

$$\frac{1}{2\pi}\int_a^X\int_0^{2\pi}\left(\frac{\eta\sin(x+re^{p\sqrt{-1}})+a-x}{r}\right)^n e^{-np\sqrt{-1}}\,dp\,dx.$$

Pour assigner la limite que cette expression ne peut surpasser, nous allons chercher la plus grande valeur que peut avoir le module de

$$[\eta \sin(x + re^{p\sqrt{-1}}) + a - x]^2$$

pour x compris entre a et X, racine de l'équation

$$X - a = \eta \sin X,$$

ou, ce qui revient au même, pour a compris entre $x - \eta \sin x$ et x.

En dénotant par R le module de cette expression, l'on trouve

$$R = [\eta \sin(x + re^{p\sqrt{-1}}) + a - x]\,[\eta \sin(x + re^{-p\sqrt{-1}}) + a - x],$$

d'où, en cherchant la valeur de $\frac{d^2R}{da^2}$, on a

$$\frac{d^2R}{da^2} = 2.$$

La valeur de $\frac{d^2R}{da^2}$ étant positive, on conclut que le *maximum* de R ne peut avoir lieu que pour les valeurs extrêmes de a, savoir:

$$a = x, \quad a = x - \eta \sin x.$$

Or pour $a = x$ la valeur de R devient

$$\eta \sin(x + re^{p\sqrt{-1}}) . \eta \sin(x + re^{-p\sqrt{-1}}),$$

ce qui se réduit à

$$\frac{\eta^2}{2}\left[\cos(2r\sqrt{-1}\sin p) - \cos(2x + 2r\cos p)\right] =$$

$$= \frac{\eta^2}{2}\left[\frac{e^{2r\sin p} + e^{-2r\sin p}}{2} - \cos(2x + 2r\cos p)\right],$$

et la plus grande valeur de cette expression a lieu, évidemment, pour $\sin p = 1$, $\cos(2x + 2r\cos p) = -1$, ce qui donne pour le *maximum* de R cette valeur:

$$\frac{\eta^2}{2}\left[\frac{e^{2r} + e^{-2r}}{2} + 1\right] = \eta^2\left[\frac{e^r + e^{-r}}{2}\right]^2.$$

En prenant pour a son autre valeur extrême $x - \eta \sin x$, on trouve que R devient

$$\eta^2\left[\sin(x + re^{p\sqrt{-1}}) - \sin x\right]\left[\sin(x + re^{-p\sqrt{-1}}) - \sin x\right],$$

ce qui se réduit à

$$4\eta^2 \cos\left(x + \frac{r}{2} e^{p\sqrt{-1}}\right) \sin\left(\frac{r}{2} e^{p\sqrt{-1}}\right) . \cos\left(x + \frac{r}{2} e^{-p\sqrt{-1}}\right) \sin\left(\frac{r}{2} e^{-p\sqrt{-1}}\right);$$

et comme

$$2\cos(x + \tfrac{r}{2} e^{p\sqrt{-1}}) \cos(x + \tfrac{r}{2} e^{-p\sqrt{-1}}) = \cos(r\sqrt{-1}\sin p) + \cos(2x + r\cos p)$$

$$= \frac{e^{r\sin p} + e^{-r\sin p}}{2} + \cos(2x + r\cos p),$$

$$2\sin\left(\frac{r}{2} e^{p\sqrt{-1}}\right)\sin\left(\frac{r}{2} e^{-p\sqrt{-1}}\right) = \cos(r\sqrt{-1}\sin p) - \cos(r\cos p)$$

$$= \frac{e^{r\sin p} + e^{-r\sin p}}{2} - \cos(r\cos p),$$

on trouve pour R cette valeur:

$$R = \eta^2 SS_1,$$

où

$$S = \frac{e^{r\sin p} + e^{-r\sin p}}{2} - \cos(r\cos p),$$

$$S_1 = \frac{e^{r\sin p} + e^{-r\sin p}}{2} + \cos(2x + r\cos p).$$

On parvient facilement à reconnaître que cette valeur reste toujours au dessous du *maximum* de R que nous venons de trouver pour $x = a$.

En effet, en cherchant les valeurs de p, pour lesquelles l'expression

$$S = \frac{e^{r\sin p} + e^{-r\sin p}}{2} - \cos(r\cos p)$$

peut devenir *maximum* ou *minimum*, on trouve l'équation

$$\frac{e^{r\sin p} - e^{-r\sin p}}{2}\cos p - \sin(r\cos p)\sin p = 0. \tag{2}$$

Cette équation se vérifie évidemment quand on fait

$$\sin p = 0 \quad \text{ou} \quad \cos p = 0,$$

et hors ces cas, elle ne peut être satisfaite; car, tant que $\sin p$ est différent de zéro, on a

$$\left(\frac{e^{r\sin p} - e^{-r\sin p}}{2}\right)^2 > r^2 \sin^2 p,$$

et comme

$$\sin^2(r\cos p) \leqq r^2\cos^2 p,$$

cela suppose

$$\left(\frac{e^{r\sin p}-e^{-r\sin p}}{2\sin(r\cos p)}\right)^2 > \operatorname{tang}^2 p,$$

tandis que l'équation (2), pour $\cos p$ différent de 0, donne

$$\frac{e^{r\sin p}-e^{-r\sin p}}{2\sin(r\cos p)} = \operatorname{tang} p.$$

Donc, les *maxima* et les *minima* de l'expression

$$S=\frac{e^{r\sin p}+e^{-r\sin}}{2}-\cos(r\cos p),$$

ne peuvent avoir lieu à moins qu'on n'ait

$$\cos p = 0 \quad \text{ou} \quad \sin p = 0.$$

D'après cela, en remarquant que l'expression

$$\frac{e^{r\sin p}+e^{-r\sin p}}{2}-\cos(r\cos p)$$

devient

$$\frac{e^r+e^{-r}}{2}-1=\frac{r^2}{2}+\frac{r^4}{2.3.4}+\frac{r^6}{2.3.4.5.6}+\dots.$$

ou

$$1-\cos r=\frac{r^2}{2}-\frac{r^4}{2.3.4}+\frac{r^6}{2.3.4.5.6}-\dots,$$

selon qu'on prend $\cos p = 0$ ou $\sin p = 0$, et que la première valeur surpasse la seconde, nous concluons que c'est cette valeur qui est le *maximum* de l'expression

$$S=\frac{e^{r\sin p}+e^{-r\sin p}}{2}-\cos(r\cos p).$$

Mais comme l'autre facteur

$$S_1=\frac{e^{r\sin p}+e^{-r\sin p}}{2}+\cos(2x+r\cos p)$$

de la valeur de $R=\eta^2 SS_1$ ne peut être évidemment au dessus de

$$\frac{e^r+e^{-r}}{2}+1,$$

il suit que cette valeur de R ne peut surpasser la limite

$$\eta^2\left[\frac{e^r+e^{-r}}{2}-1\right]\left[\frac{e^r+e^{-r}}{2}+1\right]=\eta^2\left(\frac{e^r-e^{-r}}{2}\right)^2,$$

et, par conséquent, qu'elle est inférieure à

$$\eta^2\left(\frac{e^r+e^{-r}}{2}\right)^2,$$

ce qu'il s'agissait de prouver.

Ainsi l'on parvient à reconnaître que la plus grande valeur que peut avoir le module de l'expression

$$[\eta \sin(x+re^{p\sqrt{-1}})+a-x]^2$$

pour x compris entre a et X, racine de l'équation

$$X-a=\eta\sin X,$$

est celle-ci:

$$\eta^2\left(\frac{e^r+e^{-r}}{2}\right)^2.$$

Il en résulte que l'intégrale

$$\frac{1}{2\pi}\int_a^X\int_0^{2\pi}\left(\frac{\eta\sin(x+re^{p\sqrt{-1}})+a-x}{r}\right)^n e^{-np\sqrt{-1}}\,dx\,dp,$$

qui représente le reste de la série en question, est au dessous de cette valeur:

$$\frac{1}{2\pi}\int_a^X\int_0^{2\pi}\left[\eta^2\left(\frac{e^r+e^{-r}}{2}\right)^2\right]^{\frac{n}{2}}\frac{dx\,dp}{r^n}=(X-a)\,\eta^n\left(\frac{e^r+e^{-r}}{2r}\right)^n.$$

Cette limite du reste sera plus ou moins grande selon la valeur de r. Mais comme r est tout-à-fait arbitraire, rien n'empêche de le choisir de manière que la limite

$$(X-a)\,\eta^n\left(\frac{e^r+e^{-r}}{2r}\right)^n$$

devienne la plus petite possible, et, par conséquent, la plus proche de la vraie valeur du reste. On y parvient, en prenant pour r une valeur qui rende *minimum* l'expression

$$\left(\frac{e^r+e^{-r}}{2r}\right)^n,$$

ou, ce qui revient au même, *maximum* celle-ci:

$$\frac{2r}{e^r+e^{-r}}.$$

En dénotant par k le *maximum* de cette expression, on aura pour la limite du reste la valeur

$$(X-a)\left(\frac{\eta}{k}\right)^n,$$

et comme la différence $X-a$, en vertu de l'équation

$$X-a=\eta\sin X,$$

ne surpasse pas η, on peut prendre pour cette limite l'expression suivante:

$$\eta\left(\frac{\eta}{k}\right)^n, \quad \text{ou} \quad k\left(\frac{\eta}{k}\right)^{n+1}.$$

Quant à la valeur de k, on trouve que le *maximum* de

$$\frac{2r}{e^r+e^{-r}}$$

a lieu pour r, racine de l'équation

$$\frac{d\left(\frac{2r}{e^r+e^{-r}}\right)}{dr}=\frac{2}{(e^r+e^{-r})^2}\left[e^r+e^{-r}-r(e^r-e^{-r})\right]=0,$$

et que la valeur approchée de ce *maximum* est 0,66274. Donc

$$k=0,66274.$$

§ 4. Pour trouver la limite du reste dans le développement du *rayon vecteur*, on prendra

$$F(x)=1-\eta\cos x, \quad \varphi(x)=\sin x,$$

en supposant toujours que X désigne *l'anomalie excentrique*, a *l'anomalie moyenne* et η *l'excentricité*.

Ces valeurs de $F(x)$ et $\varphi(x)$, en s'arrêtant dans la série de Lagrange au terme

$$\frac{\eta^n}{2.3\ldots.n}\frac{d^{n-1}F'(a)\varphi^n(a)}{da^{n-1}},$$

donnent pour le reste

$$\frac{1}{2.3\ldots.n}\int_a^X\frac{d^n\left[\eta\sin(x+i)\,(\eta\sin(x+i)+a-x)^n\right]}{di^n}\,dx,$$

où $i=0$ après les différentiations.

En suivant la même marche que dans le paragraphe précédent, on mettra cette expression sous la forme.

$$\frac{1}{2\pi}\int_a^X\int_0^{2\pi}\frac{\eta\sin(x+re^{p\sqrt{-1}})\left(\eta\sin(x+re^{p\sqrt{-1}})+a-x\right)^n}{r^n}e^{-np\sqrt{-1}}\,dp\,dx.$$

On commencera la recherche de la limite supérieure du reste, ainsi transformé, par le calcul de la plus grande valeur que peut avoir le module de

$$\eta\sin(x+re^{p\sqrt{-1}})\left(\eta\sin(x+re^{p\sqrt{-1}})+a-x\right)^n$$

pour x compris entre a et X, racine de l'équation

$$X-a=\eta\sin X.$$

Or, nous venons de trouver dans le paragraphe précédent, que pour ces valeurs de x le plus grand module de l'expression

$$\left[\eta\sin(x+re^{p\sqrt{-1}})+a-x\right]^2$$

est

$$\eta^2\left(\frac{e^r+e^{-r}}{2}\right),$$

et que ce module n'a lieu que pour $x=a$, et, par conséquent, dans le cas où l'expression

$$\left[\eta\sin(x+re^{p\sqrt{-1}})+a-x\right]^2$$

se réduit à

$$\left[\eta\sin(x+re^{p\sqrt{-1}})\right]^2.$$

Donc, la valeur $\eta^2\left(\frac{e^r+e^{-r}}{2}\right)^2$ est la limite des modules de chacune de ces deux expressions

$$\left[\eta\sin(x+re^{p\sqrt{-1}})+a-x\right]^2,\quad\left[\eta\sin(x+re^{p\sqrt{-1}})\right]^2.$$

D'où il suit que le module de

$$\eta\sin(x+re^{p\sqrt{-1}})\left[\eta\sin(x+re^{p\sqrt{-1}})+a-x\right]^n$$

ne peut surpasser

$$\eta\frac{e^r+e^{-r}}{2}\left(\eta\frac{e^r+e^{-r}}{2}\right)^n=\eta^{n+1}\left(\frac{e^r+e^{-r}}{2}\right)^{n+1},$$

et par conséquent, la valeur de l'intégrale

$$\frac{1}{2\pi}\int_a^X\int_0^{2\pi}\frac{\eta\sin(x+re^{p\sqrt{-1}})\,(\eta\sin(x+re^{p\sqrt{-1}})+a-x)^n}{r^n}e^{-np\sqrt{-1}}\,dp\,dx,$$

qui est le reste de la série en question, doit être au dessous de cette limite:

$$\frac{1}{2\pi}\int_a^X\int_0^{2\pi}\frac{\eta^{n+1}}{r^n}\left(\frac{e^r+e^{-r}}{2}\right)^{n+1}dp\,dx=(X-a)\frac{\eta^{n+1}}{r^n}\left(\frac{e^r+e^{-r}}{2}\right)^{n+1}.$$

Cette limite s'approche le plus près de la vraie valeur du reste, quand on prend pour r la valeur qui la réduit à son *minimum*, ce qui a lieu pour r déterminé par l'équation

$$\frac{d\,\frac{1}{r^n}\left(\frac{e^r+e^{-r}}{2}\right)^{n+1}}{dr}=0,$$

ou

$$\frac{n+1}{2r^{n+1}}\left(\frac{e^r+e^{-r}}{2}\right)^n\left[(e^r-e^{-r})\,r-\frac{n}{n+1}(e^r+e^{-r})\right]=0.$$

Mais on n'augmente pas notablement cette valeur, en prenant pour r la racine de l'équation

$$(e^r-e^{-r})\,r-e^r-e^{-r}=0,$$

qu'on trouve, en faisant dans l'équation précédente n infiniment grand.

Avec cette valeur de r l'expression

$$\frac{2r}{e^r+e^{-r}}$$

se réduit à la quantité que nous avons désignée par k, et alors l'expression trouvée de la limite du reste devient

$$r\,(X-a)\left(\frac{\eta}{k}\right)^{n+1}.$$

De plus, comme la différence $X-a$ ne surpasse pas η, on peut remplacer cette limite par celle-ci:

$$\eta r\left(\frac{\eta}{k}\right)^{n+1}=kr\left(\frac{\eta}{k}\right)^{n+2}.$$

Les limites que nous venons de trouver pour le reste du développement de *l'anomalie excentrique* et du *rayon vecteur* seraient notablement diminuées, si dans l'évaluation de la limite du module de

$$\left[\eta \sin (x + re^{p\sqrt{-1}}) + a - x\right]^2,$$

au lieu de remplacer, comme nous l'avons fait dans le § 3, les expressions

$$\frac{e^{2r \sin p} + e^{-2r \sin p}}{2} + 1, \quad \frac{e^{r \sin p} + e^{-r \sin p}}{2} + 1,$$

$$\frac{e^{r \sin p} + e^{-r \sin p}}{2} - \cos (r \cos p),$$

pour toutes les valeurs de p, par leurs *maxima*

$$\frac{e^{2r} + e^{-2r}}{2} + 1, \quad \frac{e^{r} + e^{-r}}{2} + 1, \quad \frac{e^{r} + e^{-r}}{2} - 1,$$

on tenait compte de leur diminution, quand sin p s'approche de zéro. Mais malgré cette hypothèse défavorable, les limites trouvées suffisent pour montrer clairement que les développements de *l'anomalie excentrique* et du *rayon vecteur*, selon les puissances croissantes de *l'excentricité*, sont toujours convergents, si la valeur de l'excentricité est inférieure à la limite $k = 0,66274$. C'est ce que Laplace a trouvé le premier et ce que M. Cauchy a démontré par une méthode très ingénieuse. Ces limites suffisent aussi pour prouver que *dans ces développements l'erreur est toujours au dessous du rapport de l'excentricité à 0,66274, élevé au degré égal au nombre des termes qu'on retient.*

On s'en assurera, si l'on remarque que dans les expressions

$$k\left(\frac{\eta}{k}\right)^{n+1}, \quad kr\left(\frac{\eta}{k}\right)^{n+2},$$

que nous avons trouvées pour ces limites, les facteurs k et kr sont inférieurs à 1; car la valeur de k est 0,66274 et r, racine de l'équation

$$e^r + e^{-r} - r(e^r - e^{-r}) = 0,$$

est au dessous de 1,2. — En supposant, comme nous l'avons fait, que dans ces développements on arrête la série de Lagrange au terme

$$\frac{1}{2.3\ldots n} \frac{d^{n-1} F'(a) \varphi^n(a)}{da^{n-1}},$$

on trouve $n + 1$ ou $n + 2$ termes, selon qu'il s'agit du développement de *l'anomalie excentrique* ou du *rayon vecteur*; car dans le premier cas on prend

$$F(x) = x,$$

et dans le second

$$F(x) = 1 - \eta \cos x,$$

ce qui donne un terme de plus.

§ 5. Dans le cas de plusieurs équations simultanées de la forme

$$\begin{aligned} X - a &= \eta\varphi\,(X,\ Y,\ Z, \ldots .), \\ Y - b &= \xi\psi\,(X,\ Y,\ Z, \ldots .), \\ Z - c &= \omega\theta\,(X,\ Y,\ Z, \ldots .), \\ &\ldots\ldots\ldots\ldots\ldots \end{aligned}$$

la réduction des intégrales, dont nous nous sommes servis pour trouver la série de Lagrange, conduit directement au développement des fonctions de chacun des inconnus X, Y, $Z, \ldots .$ selon les puissances croissantes η, ξ, $\omega, \ldots .$ et donne les restes de ces développements. C'est ce que nous allons montrer à présent sur les deux équations

$$X - a = \eta\varphi\,(X,\ Y), \tag{3}$$

$$Y - b = \xi\psi\,(X,\ Y), \tag{4}$$

en cherchant le développement de $F(X)$.

En suivant la marche analogue à celle qui nous a conduit à la série de Lagrange, nous mettons la valeur cherchée $F(X)$ sous la forme

$$F(X) = F(a) + \int_a^X F'(x)\,dx, \tag{5}$$

et nous réduisons l'intégrale

$$\int F'(x)\,dx$$

d'après la méthode mentionnée, en remplaçant $F'(x)$ par $F'(x'')$.

Ainsi nous trouvons

$$\int F'(x)\,dx = \int F'(x'')\,dx = (x' + C)\,F'(x'') - \int \frac{d\,(x' + C)\,F'(x'')}{dx''}\,dx,$$

où C, comme nous le savons, peut être une fonction quelconque de x''. On prendra pour C la valeur

$$-a - \eta\varphi\,(x'', y),$$

en supposant que y est fonction de x'' déterminée par l'équation

(6) $$y-b=\xi\psi(x'',y).$$

Ainsi pour la valeur de l'intégrale indéfinie $\int F(x)\,dx$ l'on trouve

$$\int F'(x)\,dx=\big(x'-a-\eta\varphi(x'',y)\big)\,F'(x'')-\int\frac{d\,(x'-a-\eta\varphi(x'',y))\,F'(x'')}{dx''}\,dx.$$

En passant à l'intégrale définie

$$\int_a^X F'(x)\,dx,$$

nous remarquons qu'à la limite $x=X$, on a

$$x'=X,\quad x''=X,$$

et d'après (4) et (6)

$$y=Y.$$

Or pour ces valeurs de x', x'' et y l'expression

$$\big(x'-a-\eta\varphi(x'',y)\big)\,F'(x''),$$

en vertu de l'équation (3), devient zéro.

Quant à la limite inférieure de l'intégrale $\int_a^X F'(x)\,dx$, en prenant

$$x'=x''=a,$$

on trouve que cette expression se réduit à

$$-\eta\varphi(a,y_0)\,F'(a),$$

y_0 étant la valeur de y pour $x=a$. — Cette valeur de y, en vertu de (6), sera déterminée par l'équation

(7) $$y_0-b=\xi\psi(a,y_0).$$

Donc, d'après la valeur précédente de $\int F'(x)\,dx$ il viendra

$$\int_a^X F'(x)\,dx=\eta F'(a)\,\varphi(a,y_0)-\int_a^X\frac{d\,(x'-a-\eta\varphi(x'',y))\,F'(x'')}{dx''}\,dx,$$

ou, ce qui revient au même,

$$\int_a^X F'(x)\,dx = \eta F'(a)\,\varphi(a,b) - \int_a^X \frac{d(x'-a-\eta\varphi(x'',y))\,F'(x'')}{dx''}\,dx$$
$$+\eta\int_b^{y_0} F'(a)\,\varphi'_y(a,y)\,dy.$$

En poursuivant la même marche, nous réduisons les intégrales qui sont contenues dans cette valeur de l'intégrale

$$\int_a^X F'(x)\,dx.$$

En réduisant l'intégrale

$$\int \frac{d(x'-a-\eta\varphi(x'',y))\,F'(x'')}{dx''}\,dx,$$

nous trouvons

$$\int \frac{d(x'-a-\eta\varphi(x'',y))\,F'(x'')}{dx''}\,dx = \frac{d(x'-a-\eta\varphi(x'',y))^2\,F'(x'')}{2\,dx''}$$
$$-\frac{1}{2}\int \frac{d^2(x'-a-\eta\varphi(x'',y))^2\,F'(x'')}{(dx'')^2}\,dx,$$

et comme l'expression

$$x'-a-\eta\varphi(x'',y),$$

d'après ce que nous venons de voir, se réduit à 0 ou à $-\eta\varphi(a,y_0)$, selon qu'on fait

$$x'=x''=X$$

ou

$$x'=x''=a,$$

cette équation nous donne

$$\int_a^X \frac{d(x'-a-\eta\varphi(x'',y))\,F'(x'')}{dx''}\,dx = -\frac{\eta^2}{2}\frac{dF'(a)\,\varphi^2(a,y_0)}{da}$$
$$-\frac{1}{2}\int_a^X \frac{d^2(x'-a-\eta\varphi(x'',y))^2\,F'(x'')}{(dx'')^2}\,dx,$$

ou, ce qui revient au même,

$$\int_a^X \frac{d(x'-a-\eta\varphi(x'',y))\,F'(x'')}{dx''}\,dx = -\frac{\eta^2}{2}\frac{dF'(a)\,\varphi^2(a,b)}{da}$$
$$-\frac{1}{2}\int_a^X \frac{d^2(x'-a-\eta\varphi(x'',y))^2\,F'(x'')}{(dx'')^2}\,dx$$
$$-\eta^2\,\frac{d\int_b^{y_0} F'(a)\,\varphi(a,y)\,\varphi_y'(a,y)\,dy}{da}.$$

Passant à l'intégrale

$$\int_b^{y_0} F'(a)\,\varphi'_y(a, y)\,dy,$$

nous remarquons que la même méthode de réduction, appliquée à l'intégrale

$$\int F'(a)\,\varphi'_y(a, y)\,dy,$$

nous donne

$$\int F'(a)\,\varphi'_y(a, y)\,dy = \int F'(a)\,\varphi'_y(a, y'')\,dy$$
$$= (y' + C)\,F'(a)\,\varphi'_y(a, y'') - \int \frac{d\,(y' + C)\,F'(a)\,\varphi'_y(a, y'')}{dy''}\,dy,$$

ce qui devient

$$\int F'(a)\,\varphi'_y(a, y)\,dy = \big(y' - b - \xi\psi(a, y'')\big)\,F'(a)\,\varphi'_y(a, y'')$$
$$- \int \frac{d\,(y' - b - \xi\psi(a, y''))\,F'(a)\,\varphi'_y(a, y'')}{dy''}\,dy,$$

si l'on prend

$$C = -b - \xi\psi(a, y'').$$

Comme l'expression

$$y' - b - \xi\psi(a, y''),$$

en vertu de (7), se réduit à 0 pour $y' = y'' = y_0$, cette réduction amène

$$\int_b^{y_0} F'(a)\,\varphi'_y(a, y)\,dy = F'(a)\,\varphi'_b(a, b)\,\xi\psi(a, b)$$
$$- \int_b^{y_0} \frac{dF'(a)\,\varphi'_y(a, y'')\,(y' - b - \xi\psi(a, y''))}{dy''}\,dy.$$

Lorsqu'on substitue ces valeurs des intégrales

$$\int_a^X \frac{dF'(x'')\,(x' - a - \eta\varphi(x'', y))}{dx''}\,dx, \quad \int_b^{y_0} F'(a)\,\varphi'_y(a, y)\,dy$$

dans l'expression précédent de

$$\int_a^X F'(x)\,dx,$$

on trouve pour sa valeur

$$\eta F'(a)\,\varphi(a, b) + \frac{\eta^2}{2}\frac{dF'(a)\,\varphi^2(a, b)}{da} + \eta\xi\,F'(a)\,\varphi'_b(a, b)\,\psi(a, b)$$
$$+ \frac{1}{2}\int_a^X \frac{d^2\,(x' - a - \eta\varphi(x'', y))^2\,F'(x'')}{(dx'')^2}\,dx + \eta^2\,\frac{d\int_b^{y_0} F'(a)\,\varphi(a, y)\,\varphi'_y(a, y)\,dy}{da}$$
$$- \eta\int_b^{y_0} \frac{d\,(y' - b - \xi\psi(a, y''))\,F'(a)\,\varphi'_y(a, y'')}{dy''}\,dy.$$

Si maintenant nous continuons de réduire de la même manière les intégrales de cette valeur de

$$\int_a^X F'(x)\,dx,$$

nous trouvons que

$$\frac{1}{2}\int_a^X \frac{d^2(x'-a-\eta\varphi(x'',y))^2 F'(x'')}{(dx'')^2}dx + \eta^2\frac{d\int_b F'(a)\varphi(a,y)\varphi'_y(a,y)\,dy}{da}$$

$$-\eta\int_b^{y_0}\frac{d(y'-b-\xi\psi(a,y''))F'(a)\varphi'_y(a,y'')}{dy''}dy$$

se transforme en

$$\frac{\eta^3}{2.3}\frac{d^2F'(a)\varphi^3(a,b)}{da^2}-\frac{1}{2.3}\int_a^X\frac{d^3(x'-a-\eta\varphi(x'',y))^3F'(x'')}{(dx'')^3}dx$$

$$+\frac{\eta^3}{2}\frac{d^2\int_b^{y_0}F'(a)\varphi^2(a,y)\varphi'_y(a,y)\,dy}{da^2}+\eta^2\xi\frac{dF'(a)\varphi(a,b)\varphi'_b(a,b)\psi(a,b)}{da}$$

$$-\eta^2\frac{d\int_b^{y_0}\frac{d(y'-b-\xi\psi(a,y''))F'(a)\varphi(a,y'')\varphi'_y(a,y'')}{dy''}dy}{da}+\frac{\eta\xi^2}{2}\frac{dF'(a)\varphi'_b(a,b)\psi^2(a,b)}{db}$$

$$+\frac{\eta}{2}\int_b^{y_0}\frac{d^2(y'-b-\xi\psi(a,y''))F'(a)\varphi'_y(a,y'')}{(dy'')^2}dy,$$

et ainsi de suite.

Répétant n fois cette réduction des intégrales dans la valeur de $\int_a^X F'(x)\,dx$ et en rejetant les termes pourvus du signe d'intégration, on parvient à ce développement de $F(X)=F(a)+\int_a^X F'(x)\,dx$:

$$F(X)=F(a)+\eta F'\varphi+\frac{\eta^2}{1.2}\frac{dF'\varphi^2}{da}+\frac{\eta^3}{1.2.3}\frac{d^2F'\varphi^3}{da^2}+\ldots+\frac{\eta^n}{1.2.3\ldots n}\frac{d^{n-1}F'\varphi^n}{da^{n-1}}$$

$$+\eta\xi F'\varphi'_b\psi+\frac{2\eta^2\xi}{1.2.1}\frac{dF'\varphi\varphi'_b\psi}{da}+\ldots+\frac{(n-1)\eta^{n-1}\xi}{1.2\ldots(n-1).1}\frac{d^{n-2}F'\varphi^{n-2}\varphi'_b\psi}{da^{n-2}}$$

$$+\frac{\eta\xi^2}{1.1.2}\frac{dF'\varphi'_b\psi^2}{db}+\ldots+\frac{(n-2)\eta^{n-2}\xi^2}{1.2\ldots(n-2).1.2}\frac{d^{n-2}F'\varphi^{n-3}\varphi'_b\psi}{da^{n-3}\,db}$$

$$\cdots\cdots\cdots\cdots\cdots\cdots\cdots\cdots$$

$$+\frac{1\,\eta\xi^{n-1}}{1.1.2\ldots(n-1)}\frac{d^{n-2}F'\varphi'_b\psi^{n-1}}{db^{n-2}},$$

où, pour abréger, nous avons mis

$$F',\quad \varphi,\quad \varphi'_b,\quad \psi$$

à la place de

$$F'(a),\quad \varphi(a,b),\quad \varphi'_b(a,b),\quad \psi(a,b).$$

Quant aux termes qu'on rejète et qui déterminent le reste dans cette valeur de $F(X)$, ils peuvent être présentés sous cette forme:

$$\frac{(-1)^n}{1.2.3\ldots n}\int_a^X \frac{d^n u^n F'(x'')}{(dx'')^n}dx + \frac{n\eta^n}{1.2\ldots n.1}\,\frac{d^{n-1}\int_b^{y_0} F'(a)\,\varphi^{n-1}(a,y)\,\varphi'_y(a,y)\,dy}{da^{n-1}} -$$

$$-\frac{(n-1)\,\eta^{n-1}}{1.2\ldots(n-1).1}\,\frac{d^{n-2}\int_b^{y_0}\frac{d\,[F'(a)\,\varphi^{n-2}(a,y'')\,\varphi'_y(a,y'')\,v]}{dy''}\,dy}{da^{n-2}}$$

$$\ldots\ldots\ldots\ldots\ldots\ldots\ldots\ldots\ldots\ldots\ldots\ldots$$

$$\pm\frac{1.\eta}{1.1.2\ldots(n-1)}\int_b^{y_0}\frac{d^{n-1}\,[F'(a)\,\varphi'_y(a,y'')\,v^{n-1}]}{(dy'')^{n-1}}\,dy,$$

en faisant, pour abréger,

$$x'-a-\eta\varphi(x'',y)=u,$$

$$y'-b-\xi\psi(a,y'')=v.$$

Nous terminerons par remarquer que la valeur trouvée de $F(X)$, pour $n=\infty$, se réduit à une série infinie qui peut être présentée symboliquement de la manière suivante:

$$F(X)=F(a)+\frac{e^{\eta D_a\varphi}-1}{D_a}F'(a)+\eta e^{\eta D_a\varphi}\,\frac{e^{\xi D_b\psi}-1}{D_b}\,\varphi'_b\,F'(a),$$

en supposant que dans les termes du développement de cette expression on mette les facteurs

$$D_a,\quad D_b$$

en avant de toutes les fonctions, et qu'on prenne

$$D_a^{\ m}\ D_b^{\ m'}\ U$$

pour la notation de la dérivée

$$\frac{d^{m+m'}U}{da^m\,db^{m'}}.$$

Cette série présente une grande analogie avec celle de Lagrange, qui donne l'expression symbolique

$$F(a)+\frac{e^{\eta D_a\varphi}-1}{D_a}F'(a)$$

pour la valeur de $F(X)$ dans le cas de

$$X-a=\eta\varphi(X).$$

15.

SUR LES QUESTIONS DE MINIMA QUI SE RATTACHENT A LA REPRÉSENTATION APPROXIMATIVE DES FONCTIONS.

(Mémoires de l'Académie Impériale des sciences de St.-Pétersbourg. Sixième série. Sciences mathématiques et physiques. Tome VII, 1859, p. 199—291.)

(Lu le 9 octobre 1857.)

Sur les questions de minima qui se rattachent à la représentation approximative des fonctions.

I.

§ 1. Tant que la variable x reste dans le voisinage d'une même valeur, on parvient à représenter, par les principes du calcul différentiel, une fonction quelconque $f(x)$, sous une forme donnée, avec la plus grande approximation possible. Ainsi l'on trouve la représentation approximative de $f(x)$, dans le voisinage de $x = a$, sous la forme d'un polynôme de degré n, en s'arrêtant dans son développement d'après la série de Taylor

$$f(x) = f(a) + \frac{x-a}{1} f'(a) + \frac{(x-a)^2}{1.2} f''(a) + \ldots .$$

au terme $\frac{(x-a)^n}{1.2\ldots n} f^n(a)$. On obtient de même la valeur approchée de $f(x)$ sous la forme quelconque Z, en égalant à zéro pour $x = a$ la différence $f(x) - Z$ et ses premières dérivées. — S'il ne s'agit que des valeurs de x qui avoisinent a, ces expressions de $f(x)$ la représentent avec la plus grande précision dont elles soient susceptibles d'après leur forme. Mais cela n'a plus lieu, si la variable x n'est assujettie qu'à rester dans des limites plus ou moins étendues. Dans ce cas les recherches des valeurs approximatives de $f(x)$ demandent des méthodes essentiellement différentes de celles dont nous venons de parler. Comme le degré de précision des valeurs approchées des fonctions se détermine par la limite de leurs erreurs, il est clair que l'on doit prendre pour la représentation de $f(x)$ celle des expressions qui, parmi toutes les autres de même forme, s'écarte le moins de $f(x)$ dans l'intervalle, où l'on cherche sa valeur approchée. Or les expressions approximatives des fonctions, qu'on trouve par les principes du calcul différentiel, ne satisfont jamais à cette condition; elles ne donnent la valeur de $f(x)$ avec la plus grande précision que dans le voisinage d'une même valeur

18

de x, ou, ce qui revient au même, dans un intervalle infiniment resserré. Par conséquent, lorsque x varie entre les limites plus ou moins étendues, comme cela a lieu dans la pratique, on est obligé de modifier plus ou moins les expressions approximatives de $f(x)$ qu'on trouve d'après les méthodes ordinaires.

§ 2. Dans notre Mémoire intitulé: «*Théorie des mécanismes connus sous le nom de parallélogrammes*» nous avons traité le cas, où l'on cherche l'expression approximative des fonctions sous la forme d'un polynôme et nous avons donné la solution de ce problême:

Trouver les modifications qu'on doit apporter dans la valeur approchée de $f(x)$, donnée par son développement suivant les puissances croissantes de $x - a$, quand on cherche à rendre minimum la limite de ses erreurs entre $x = a - h$ et $x = a + h$, h étant une valeur assez petite.

La solution de ce problème procure facilement les éléments des *paralléllogrammes* qui remplissent les conditions les plus avantageuses pour la précision du jeu de ce mécanisme. Mais en cherchant à résoudre les autres questions de cette espèce, nous sommes parvenu à reconnaître combien il est important d'avoir une méthode générale pour la solution des problèmes analogues à celui que nous indiquons ici, et consistant à déterminer les expressions qui, parmi toutes les autres de même forme, entre deux limites données s'écartent le moins d'une fonction quelconque $f(x)$.

C'est de la solution de pareils problèmes que nous allons maintenant nous occuper.

§ 3. Nous commencerons par exposer un théorème général relativement à la solution de ces problèmes, qu'on peut énoncer de la manière suivante:

Etant donnée une fonction quelconque $F(x)$ avec n paramètres arbitraires $p_1, p_2, \ldots . p_n$, il s'agit par un choix convenable des valeurs $p_1, p_2, \ldots\ldots . p_n$ de rendre minimum la limite de ses écarts de zéro entre $x = -h$ et $x = +h$.

Passant aux applications de ce théorème, nous montrerons comment il sert à obtenir les équations qui fournissent la solution du problème, où l'on se propose de représenter des fonctions sous la forme d'un polynôme ou d'une fraction rationnelle. — En définitive, nous montrerons le parti qu'on peut tirer de la résolution de ces équations dans certains cas particuliers, résolution que l'on effectue à l'aide des méthodes analogues à celles dont on se sert dans *l'Analyse de Diophante*, et qui donne naissance à plusieurs théorèmes algébriques d'un genre tout-à-fait nouveau.

§ 4. Remarquons encore que les cas particuliers, qui seront traités ici, sont très importants pour la solution de ce problème général:

Etant donnée la valeur approchée de $f(x)$, déduite des méthodes ordinaires, soit sous la forme d'un polynôme, soit sous la forme d'une fraction, trouver les changements qu'il faut faire subir aux coefficients, quand on cherche à rendre minimum la limite de ses erreurs entre $x=a-h$ et $x=a+h$, h étant une valeur assez petite.

Mais nous ne nous arrêterons pas cette fois à ce problème, résolu en partie dans le Mémoire cité plus haut et dont la solution fera l'objet d'un autre Mèmoire.

II.

§ 5. La fonction quelconque $F(x)$, entre les limites $x=-h$ et $x=+h$, ne s'écartera pas de zéro plus que d'une certaine quantité L, si toutes ses valeurs depuis $x=-h$ jusqu'à $x=+h$ sont comprises entre $-L$ et $+L$, et que parmi elles il y en ait au moins une égale à $+L$ ou $-L$. — Supposons que cette valeur de $F(x)$ réponde à $x=x_1$. Comme $F(x)$, pour toutes les valeurs de x comprises entre $x=-h$, $x=+h$, ne doit pas surpasser $+L$, ni devenir inférieure à $-L$, il est clair que la valeur $x=x_1$, qui réduit $F(x)$ à $\pm L$, doit être ou l'une des valeurs de x, pour lesquelles la fonction $F(x)$ devient soit *maximum* soit *minimum*, ou l'une des valeurs limites de x, c.-à-d. $x=+h$, $x=-h$. D'après cela, et en faisant abstraction du cas où la dérivée $F(x)$ pour $x=x_1$ devient infinie, nous concluons que x_1 doit vérifier l'une de ces équations

$$(x-h)(x+h)=0, \quad F'(x)=0,$$

et par conséquent celle-ci

$$(x-h)(x+h)F'(x)=0,$$

ou

$$(x^2-h^2)F'(x)=0.$$

La même chose aura lieu pour toutes les valeurs de x qui, entre les limites $x=-h$, $x=+h$, réduisent $F(x)$ soit à $+L$, soit à $-L$, ou, ce qui revient au même, qui vérifient l'équation

$$F^2(x)=L^2.$$

D'après cela, en désignant par

$$x_1, x_2, \ldots x_\mu$$

les valeurs de x dont nous venons de parler, nous concluons que les équations

$$(1)\qquad F^2(x) = L^2, \quad (x^2 - h^2)\, F'(x) = 0$$

auront μ solutions communes

$$x = x_1,\ x_2, \ldots . x_\mu,$$

où $x_1,\ x_2, \ldots . x_\mu$ sont des valeurs réelles, différentes entre elles et comprises entre $x = -h$ et $x = +h$.

C'est en ayant égard à ces solutions communes des équations (1) que nous chercherons à déterminer les valeurs des paramètres $p_1,\ p_2, \ldots p_n$ de la fonction $F(x)$, pour lesquelles la quantité L, qui désigne, comme nous l'avons vu, la limite des écarts de $F(x)$ de 0 entre $x = -h$ et $x = +h$, devient la plus petite possible.

§ 6. Pour simplifier ces recherches nous laissons de côté le cas, où $F(x)$ et ses dérivées par rapport à $x,\ p_1,\ p_2, \ldots . p_n$ cessent d'être finies et continues entre $x = -h$ et $x = +h$, et dans cette hypothèse nous allons établir le théorème suivant:

Théorème 1.

La quantité L qui désigne de combien la fraction $F(x)$ s'écarte de zéro entre $x = -h$ et $x = +h$, n'est pas réduite à sa plus petite valeur, si le système des équations

$$(2)\qquad \begin{cases} \dfrac{dF(x_1)}{dp_1}\lambda_1 + \dfrac{dF(x_2)}{dp_1}\lambda_2 + \ldots . + \dfrac{dF(x_\mu)}{dp_1}\lambda_\mu = 0, \\ \dfrac{dF(x_1)}{dp_2}\lambda_1 + \dfrac{dF(x_2)}{dp_2}\lambda_2 + \ldots . + \dfrac{dF(x_\mu)}{dp_2}\lambda_\mu = 0, \\ \ldots\ldots\ldots\ldots\ldots\ldots\ldots\ldots \\ \ldots\ldots\ldots\ldots\ldots\ldots\ldots\ldots \\ \dfrac{dF(x_1)}{dp_n}\lambda_1 + \dfrac{dF(x_2)}{dp_n}\lambda_2 + \ldots . + \dfrac{dF(x_\mu)}{dp_n}\lambda_\mu = 0 \end{cases}$$

n'a pas d'autres solutions que

$$\lambda_1 = 0,\ \lambda_2 = 0, \ldots . \lambda_\mu = 0;$$

$x_1,\ x_2, \ldots . x_\mu$ sont des valeurs de x, pour lesquelles la fonction $F(x)$, entre $x = -h$ et $x = +h$, atteint ses valeurs extrêmes $+L$ et $-L$; $p_1,\ p_2, \ldots p_n$ désignent les paramètres arbitraires de $F(x)$.

Démonstration.

Ce théorème découle évidemment des deux propositions suivantes que nous établirons d'abord:

1) Si les équations (2) ne sont possibles qu'autant que $\lambda_1 = 0$, $\lambda_2 = 0, \ldots . \lambda_\mu = 0$, on trouvera des valeurs finies N_1, $N_2 \ldots . N_n$ satisfaisant aux μ équations

$$(3) \quad \left\{ \begin{array}{l} \frac{dF(x_1)}{dp_1} N_1 + \frac{dF(x_1)}{dp_2} N_2 + \ldots . + \frac{dF(x_1)}{dp_n} N_n = F(x_1), \\ \frac{dF(x_2)}{dp_1} N_1 + \frac{dF(x_2)}{dp_2} N_2 + \ldots . + \frac{dF(x_2)}{dp_n} N_n = F(x_2), \\ \ldots\ldots\ldots\ldots\ldots\ldots\ldots\ldots \\ \ldots\ldots\ldots\ldots\ldots\ldots\ldots\ldots \\ \frac{dF(x_\mu)}{dp_1} N_1 + \frac{dF(x_\mu)}{dp_2} N_2 + \ldots . + \frac{dF(x_\mu)}{dp_n} N_n = F(x_\mu). \end{array} \right.$$

2) Au moyen des valeurs finies N_1, $N_2, \ldots . N_n$ qui vérifient les équations (3) on peut assigner un système de valeurs des paramètres p_1, $p_2, \ldots . p_n$, avec lesquelles la fonction $F(x)$, depuis $x = -h$ jusqu'à $x = +h$, n'atteint ni la limite $+ L$, ni la limite $- L$, et par conséquent, reste comprise dans des limites plus étroites.

Démonstration de la première proposition.

§ 7. Quand il s'agit d'équations du premier degré, dont les coefficients et les termes connus ont des valeurs finies, on parvient toujours à leur résolution en quantités finies, si toutefois, en les résolvant par une des méthodes usitées, on ne tombe pas sur une équation, où toutes les inconnues disparaissent et le terme connu ne se réduit pas à zéro. Or, si cela se présentait dans la résolution des équations (3), on pourrait les combiner de manière à avoir

$$\left. \begin{array}{l} \left[\frac{dF(x_1)}{dp_1} N_1 + \frac{dF(x_1)}{dp_2} N_2 + \ldots + \frac{dF(x_1)}{dp_n} N_n\right] \lambda_1 + \\ \left[\frac{dF(x_2)}{dp_1} N_1 + \frac{dF(x_2)}{dp_2} N_2 + \ldots + \frac{dF(x_2)}{dp_n} N_n\right] \lambda_2 + \\ \ldots\ldots\ldots\ldots\ldots\ldots\ldots\ldots \\ \ldots\ldots\ldots\ldots\ldots\ldots\ldots\ldots \\ \left[\frac{dF(x_\mu)}{dp_1} N_1 + \frac{dF(x_\mu)}{dp_2} N_2 + \ldots + \frac{dF(x_\mu)}{dp_n} N_n\right] \lambda_\mu \end{array} \right\} = F(x_1)\lambda_1 + F(x_2)\lambda_2 + \ldots + F(x_\mu)\lambda_\mu;$$

où toutes les inconnues N_1, N_2, $N_3, \ldots N_n$ disparaissent et le terme

$$F(x_1)\lambda_1 + F(x_2)\lambda_2 + \ldots + F(x_\mu)\lambda_\mu.$$

ne s'annule pas, ce qui suppose qu'on parviendrait à vérifier les équations

$$\begin{array}{l}
\frac{dF(x_1)}{dp_1}\lambda_1 + \frac{dF(x_2)}{dp_1}\lambda_2 + \ldots + \frac{dF(x_\mu)}{dp_1}\lambda_\mu = 0, \\
\frac{dF(x_1)}{dp_2}\lambda_1 + \frac{dF(x_2)}{dp_2}\lambda_2 + \ldots + \frac{dF(x_\mu)}{dp_2}\lambda_\mu = 0, \\
\ldots\ldots\ldots\ldots\ldots\ldots\ldots\ldots \\
\ldots\ldots\ldots\ldots\ldots\ldots\ldots\ldots \\
\frac{dF(x_1)}{dp_n}\lambda_1 + \frac{dF(x_2)}{dp_n}\lambda_2 + \ldots + \frac{dF(x_\mu)}{dp_n}\lambda_\mu = 0,
\end{array}$$

sans réduire l'expression

$$F(x_1)\lambda_1 + F(x_2)\lambda_2 + \ldots + F(x_\mu)\lambda_\mu$$

à zéro, et par conséquent, sans faire

$$\lambda_1 = 0,\ \lambda_2 = 0, \ldots \lambda_\mu = 0.$$

Donc, tant qu'on ne peut vérifier les équations (2) par des valeurs de $\lambda_1, \lambda_1, \ldots \lambda_\mu$, autres que $\lambda_1 = 0$, $\lambda_2 = 0, \ldots \lambda_\mu = 0$, on est certain de trouver des valeurs finies N_1, $N_2, \ldots N_n$ satisfaisant aux équations (3), ce qu'il s'agissait de prouver.

Démonstration de la seconde proposition.

§ 8. Soit ω une quantité positive, infiniment petite, N_1, $N_2, \ldots N_n$ des valeurs finies qui satisfont aux équations (3), $F_0(x)$ la valeur que prend la fonction $F(x)$ quand on change ses paramètres

$$p_1,\ p_2, \ldots p_n$$

en

$$p_1 - N_1\omega,\ p_2 - N_2\omega, \ldots p_n - N_n\omega.$$

Comme il ne s'agit que du cas, où la fonction $F(x)$ et ses dérivées par rapport à x, $p_1, p_2, \ldots p_n$ restent finies et continues pour toutes les valeurs de x comprises entre $x = -h$ et $x = +h$ (les seules valeurs de x que nous aurons à considérer), la fonction $F_0(x)$, qu'on trouve en changeant dans l'expression de $F(x)$ les quantités

$$p_1,\ p_2, \ldots p_n$$

en

$$p_1 - N_1\omega,\ p_2 - N_2\omega, \ldots . p_n - N_n\omega,$$

peut être représentée ainsi

$$(4)\quad F_0(x) = F(x) - \left[\frac{dF(x)}{dp_1}N_1 + \frac{dF(x)}{dp_2}N_2 + \ldots . + \frac{dF(x)}{dp_n}N_n\right]\omega + R\omega^2,$$

où R est une fonction de ω et de x, qui ne devient pas infinie pour $\omega = 0$.

D'après cela il est aisé de montrer que, depuis $x = -h$ jusqu'à $x = +h$, la valeur numérique de $F(x)$ reste au-dessous de L, en supposant bien entendu, que la quantité L n'est pas nulle, ou, ce qui revient au même, que la fonction $F(x)$, entre $x = -h$ et $x = +h$, n'est pas constamment égale à zéro.

Pour s'en assurer nous remarquerons que d'après la formule (4) et en vertu des équations (3) on trouve pour $x = x_1$

$$F_0(x_1) = F(x_1) - F(x_1)\omega + \omega^2 R = F(x_1)(1 - \omega) + \omega^2 R,$$

et comme $F(x_1)$ d'après (1) se réduit à $\pm L$, valeur différente de zéro, et que ω, par notre supposition, est une quantité positive infiniment petite, la valeur numérique de cette expression de $F_0(x_1)$ est évidemment au-dessous de L.

La même chose a lieu, si l'on donne à x une valeur dont la différence avec x_1 ne surpasse pas une certaine limite finie. — En effet, d'après les équations (1) et (3), pour $x = x_1$ les expressions

$$F(x),$$
$$\frac{dF(x)}{dp_1}N_1 + \frac{dF(x)}{dp_2}N_2 + \ldots . + \frac{dF(x)}{dp_n}N_n$$

ont la même valeur $\pm L$, autre que zéro, et en vertu de la continuité des fonctions qui composent ces expressions, elles ne peuvent varier brusquement. D'où il suit que dans le voisinage de $x = x_1$ ces expressions auront des valeurs différentes de zéro et de même signe. Mais tant que cela a lieu, l'équation (4), où ω est positif et infiniment petit, donne pour $F_0(x)$ une valeur numériquement au-dessous de $F(x)$, et par conséquent au dessous de L, qui est la limite des valeurs de $F(x)$ entre $x = -h$ et $x = +h$.

On reconnait semblablement que la valeur numérique de $F(x)$ reste inférieure à L, si x est dans le voisinage de ces valeurs

$$x_2,\ x_3, \ldots . x_\mu.$$

Il reste à prouver que cela a lieu aussi pour toutes les autres valeurs de x, comprises entre $x = -h$ et $x = +h$. Or, comme $x_1, x_2, \ldots x_\mu$ sont les seules valeurs de x pour lesquelles la fonction $F(x)$, entre $x = -h$ et $x = +h$, atteint ses valeurs limites $-L$ et $+L$, et que $F_0(x)$ ne diffère de $F(x)$ que par des termes infiniment petits, il est clair, que dans le cas, où x n'est pas dans le voisinage de $x_1, x_2, \ldots x_\mu$, les fonctions $F_0(x)$ et $F(x)$ ne peuvent s'approcher ensemble infiniment près de $-L$ et de $+L$, et par conséquent, les valeurs de $F_0(x)$ seront comprises dans des limites plus étroites.

Ainsi on parvient à reconnaître que, depuis $x = -h$ jusqu'à $x = +h$, la fonction $F_0(x)$ qu'on trouve en changeant dans la fonction $F(x)$ les paramètres

$$p_1, \ p_2, \ldots p_n$$

en

$$p_1 - N_1\omega, \ p_2 - N_2\omega, \ldots p_n - N_n\omega,$$

ne peut atteindre ni la limite $+L$, ni la limite $-L$, ce qui prouve la proposition.

III.

§ 9. Le théorème que nous venons de donner nous servira pour trouver les équations, qui déterminent les valeurs des paramètres $p_1, p_2, \ldots p_n$ avec lesquelles la fonction $F(x)$ s'écarte le moins de 0 entre $x = -h$ et $x = +h$. On trouverait facilement ces équations, si l'on connaissait d'avance le nombre μ, qui désigne combien de fois, depuis $x = -h$ jusqu'à $x = +h$, la fonction $F(x)$, avec les paramètres cherchés, atteindra ses valeurs extrêmes $-L$ et $+L$; et l'incertitude, qui plane ordinairement sur la valeur de μ, produit la principale difficulté des présentes questions de *minima*. Nous allons montrer maintenant comment on peut toujours lever cette difficulté jusqu'à un certain point, et même complètement dans plusieurs cas spéciaux.

Relativement au nombre μ il y a deux hypothèses à faire: 1) μ surpasse n, nombre des paramètres arbitraires de $F(x)$, 2) μ ne surpasse pas n. Chacune de ces hypothèses, comme nous verrons plus tard, peut avoir lieu; examinons-les.

§ 10. *Le nombre μ surpasse n.* Dans ce cas il n'est pas important de connaître la vraie valeur de μ; car, μ étant plus grand que n, la série

$$x_1, \ x_2, \ldots x_\mu$$

contiendra au moins $n+1$ valeurs différentes, et alors d'après le § 5 les équations

$$F^2(x) = L^2, \ (x^2 - h^2)\, F'(x) = 0$$

doivent avoir au moins $n+1$ solutions communes, ce qui entraine $n+1$ équations entre $n+1$ quantités inconnues, savoir: n paramètres cherchés de $F(x)$ et la quantité L qui désigne de combien la fonction $F(x)$ s'écartera de zéro entre les limites: $x=-h$, $x=+h$. Par la résolution de ces équations on aura toutes ces inconnues, si toutefois on ne tombe pas sur des équations identiques, ce qui ne peut avoir lieu que dans des cas exceptionnels. Nous ne nous arrêterons pas à présent à ces cas particuliers, car ils ne se rencontrent point dans la solution des questions dont nous devrons nous occuper.

Donc, si le nombre μ est plus grand que n, on se passera tout-à-fait des équations (2). D'ailleurs, il n'est pas difficile de remarquer que dans ce cas elles ne donnent rien ni par rapport à L, $p_1, p_2, \ldots p_n$, ni par rapport à $x_1, x_2, \ldots x_\mu$; car, μ étant plus grand que n, le nombre des équations (2) est au-dessous de celui des inconnues $\lambda_1, \lambda_2, \ldots \lambda_\mu$.

§ 11. *Le nombre μ ne surpasse pas n.* Dans ce cas les équations (2), par l'élimination de μ inconnues $\lambda_1, \lambda_2, \ldots \lambda_\mu$, fournissent $n-\mu+1$ équations entre $n+\mu$ quantités

$$p_1, p_2, \ldots p_n,$$

$$x_1, x_2, \ldots x_\mu.$$

D'autre part, en faisant dans les équations (1)

$$x = x_1, x_2, \ldots x_\mu,$$

on trouve encore 2μ équations entre $p_1, p_2, \ldots p_n$, $x_1, x_2, \ldots x_\mu$ et L. Donc, on aura en tout $n+\mu+1$ équations entre le même nombre d'inconnues

$$p_1, p_2, \ldots p_n, x_1, x_2, \ldots x_\mu, L.$$

Par la résolution de ces équations on parviendra à déterminer et la quantité L et les paramètres cherchés $p_1, p_2, \ldots p_n$ de la fonction $F(x)$. Mais comme ces équations changent essentiellement avec la valeur du nombre μ, et pour embrasser tous les cas possibles, on examinera séparément ces n hypothèses:

$$\mu = 1, 2, 3, \ldots n,$$

les seules possibles à cause de $\mu \leqq n$ et $\mu > 0$.

§ 12. Tant qu'on ne saura rien d'avance sur le nombre μ, on ne pourra connaître les paramètres cherchés de $F(x)$, avec lesquels elle s'écarte le moins de zéro depuis $x=-h$ jusqu'à $x=+h$, qu'en comparant entre elles les valeurs de L, trouvées dans les différentes hypothèses sur μ, savoir: $\mu > n$ et $\mu = 1, 2, \ldots n$. Remarquons que l'importance de l'examen de divers systèmes des paramètres entrant dans $F(x)$ et du choix de celui qui donne la solution cherchée tient à la nature de notre problème, où l'on cherche le *minimum minimorum* de L, ce qui exige qu'on ait les valeurs de tous les *minima* possibles. Mais souvent on parvient facilement à reconnaître que les équations (2), dans le cas de $\lambda_1, \lambda_2, \ldots \lambda_\mu$ autres que 0, sont impossibles pour certaines valeurs de μ; alors le nombre des hypothèses possibles sur la valeur de μ diminue, et par là la solution de notre problème se simplifie notablement.

Un de ces cas, à la fois le plus intéressant et le plus fréquent, est celui, où d'après la nature de la fonction $F(x)$, les équations (2) entrainent

$$\lambda_1 = 0, \ \lambda_2 = 0, \ldots \lambda_\mu = 0,$$

tant que μ ne surpasse pas n. Alors, suivant le théorème 1, on ne pourra réduire L à sa plus petite valeur sans faire $\mu > n$, et, comme nous venons de le voir (cas de $\mu > n$), la quantité L et les paramètres cherchés de $F(x)$ seront déterminés par la condition que les équations

$$F^2(x) - L^2 = 0, \ (x^2 - h^2)\, F'(x) = 0,$$

aient au moins $n + 1$ solutions communes. Comme ces solutions sont

$$x = x_1, \ x = x_2, \ x = x_3, \ldots,$$

nous concluons, en vertu de ce que nous avons vu dans le § 5 par rapport à ces quantités, que les $n + 1$ solutions communes de nos équations seront nécessairement inégales et comprises entre $x = -h$ et $x = +h$.

IV.

§ 13. Pour montrer le parti que l'on peut tirer de ce que nous avons établi ci-dessus, nous allons examiner spécialement ces trois valeurs de $F(x)$:

$$F(x) = p_1 x^{n-1} + p_2 x^{n-2} + \ldots + p_{n-1} x + p_n - Y,$$

$$F(x) = \frac{p_1 x^{n-1} + p_2 x^{n-2} + \ldots + p_{n-1} x + p_n}{A_0 x^m + A_1 x^{m-1} + \ldots + A_{m-1} x + A_m} - Y,$$

$$F(x) = \frac{p_1 x^{n-l-1} + p_2 x^{n-l-2} + \ldots + p_{n-l-1} x + p_{n-l}}{p_{n-l+1} x^l + p_{n-l+2} x^{l-1} + \ldots + p_n x + 1} - Y,$$

où Y est une fonction de x qui reste finie et continue, ainsi que ses dérivées, depuis $x = -h$ jusqu'à $x = +h$. La solution de notre problème, pour ces trois valeurs de $F(x)$, est d'autant plus importante qu'elle se rattache évidemment à la représentation approximative des fonctions soit sous la forme d'un polynôme, soit sous la forme d'une fraction avec un dénominateur donné ou arbitraire.

Premier cas.

$$F(x) = p_1 x^{n-1} + p_2 x^{n-2} + \ldots + p_{n-1} x + p_n - Y.$$

§ 14. Dans ce cas on parvient facilement à reconnaître que les équations (2) supposent

$$\lambda_1 = 0,\ \lambda_2 = 0, \ldots \lambda_\mu = 0,$$

si μ ne surpasse pas n.

En effet, la différentiation de

$$F(x) = p_1 x^{n-1} + p_2 x^{n-2} + \ldots + p_{n-1} x + p_n - Y$$

par rapport à $p_1, p_2, \ldots p_{n-1}, p_n$ nous donne

$$\frac{dF(x)}{dp_1} = x^{n-1},\ \frac{dF(x)}{dp_2} = x^{n-2}, \ldots \frac{dF(x)}{dp_{n-1}} = x,\ \frac{dF(x)}{dp_n} = 1.$$

En vertu de cela, les équations (2) deviennent

$$\begin{aligned}
&\lambda_1 x_1^{n-1} + \lambda_2 x_2^{n-1} + \ldots + \lambda_\mu x_\mu^{n-1} = 0,\\
&\lambda_1 x_1^{n-2} + \lambda_2 x_2^{n-2} + \ldots + \lambda_\mu x_\mu^{n-2} = 0,\\
&\ldots\ldots\ldots\ldots\ldots\ldots\ldots\ldots\\
&\ldots\ldots\ldots\ldots\ldots\ldots\ldots\ldots\\
&\lambda_1 x_1 + \lambda_2 x_2 + \ldots\ldots\ldots + \lambda_\mu x_\mu = 0,\\
&\lambda_1 + \lambda_2 + \ldots\ldots\ldots\ldots + \lambda_\mu = 0,
\end{aligned}$$

et, en prenant la somme de ces équations, après les avoir multipliées respectivement par les quantités quelconques $K_{n-1}, K_{n-2}, \ldots K_1, K_0$, nous obtenons

$$\lambda_1 \Phi(x_1) + \lambda_2 \Phi(x_2) + \ldots + \lambda_\mu \Phi(x_\mu) = 0,$$

où

$$\Phi(x) = K_{n-1} x^{n-1} + K_{n-2} x^{n-2} + \ldots + K_1 x + K_0.$$

Or, comme $\Phi(x) = K_{n-1} x^{n-1} + K_{n-2} x^{n-2} + \ldots\ldots + K_1 x + K_0$

peut représenter toutes les fonctions entières de degré au-dessous de n, on pourra faire

$$\Phi(x)=(x-x_2)(x-x_3)\ldots(x-x_\mu)=x^{\mu-1}-(x_2+x_3+\ldots+x_\mu)x^{\mu-2}+ \\ +(x_2x_3+\ldots+x_{\mu-1}x_\mu)x^{\mu-3}\ldots,$$

si μ ne surpasse pas n, et pour cette valeur de $\Phi(x)$ l'équation précédente devient

$$\lambda_1(x_1-x_2)(x_1-x_3)\ldots(x_1-x_\mu)=0;$$

d'où résulte

$$\lambda_1=0,$$

les quantités $x_1, x_2, x_3, \ldots x_\mu$ étant toutes différentes entre elles.

De la même manière on trouverait

$$\lambda_2=0, \ldots \lambda_\mu=0,$$

en prenant

$$\Phi(x)=(x-x_1)(x-x_3)\ldots(x-x_\mu),$$

$$\ldots\ldots\ldots\ldots\ldots\ldots$$

$$\ldots\ldots\ldots\ldots\ldots\ldots$$

$$\Phi(x)=(x-x_1)(x-x_2)\ldots(x-x_{\mu-1}).$$

De ce que nous venons de prouver par rapport aux équations (2) dans le cas de

$$F(x)=p_1x^{n-1}+p_2x^{n-2}+\ldots+p_{n-1}x+p_n-Y,$$

et du § 12, on déduit ce théorème:

Théorème 2.

Les quantités $p_1, p_2, \ldots p_{n-1}, p_n$ étant choisies de manière à ce que la fonction

$$F(x)=p_1x^{n-1}+p_2x^{n-2}+\ldots+p_{n-1}x+p_n-Y$$

s'écarte le moins possible de zéro depuis $x=-h$ jusqu'à $x=+h$, les équations

$$F^2(x)-L^2=0, \ (x^2-h^2)F'(x)=0$$

ont au moins $n+1$ solutions communes, différentes entre elles et comprises entre $x=-h$ et $x=+h$. La quantité L désigne la limite des écarts de $F(x)$ de zéro entre $x=-h$ et $x=+h$.

Deuxième cas.

$$F(x) = \frac{p_1 x^{n-1} + p_2 x^{n-2} + \ldots + p_{n-1} x + p_n}{A_0 x^m + A_1 x^{m-1} + \ldots + A_{m-1} x + A_m} - Y.$$

§ 15. En cherchant à résoudre notre problème pour cette valeur de $F(x)$, on pourra bien se borner au cas, où le dénominateur de la fraction

$$\frac{p_1 x^{n-1} + p_2 x^{n-2} + \ldots + p_{n-1} x + p_n}{A_0 x^m + A_1 x^{m-1} + \ldots + A_{m-1} x + A_m}$$

ne s'évanouit pas entre $x = -h$ et $x = +h$. En effet, d'après la nature du problème, la fraction cherchée doit être nécessairement l'une de celles qui ne cessent d'être finies depuis $x = -h$ jusqu' à $x = +h$.

Par conséquent, si son dénominateur

$$A_0 x_m + A_1 x^{m-1} + \ldots + A_{m-1} x + A_m$$

contenait des facteurs s'annulant entre $x = -h$ et $x = +h$, son numérateur

$$p_1 x^{n-1} + p_2 x^{n-2} + \ldots + p_{n-1} x + p_n$$

devrait être divisible par tous ces facteurs. En vertu de cela la fraction cherchée serait réductible à la forme plus simple, où le dénominateur est la fonction $A_0 x^m + A_1 x^{m-1} + \ldots + A_{m-1} x + A_m$, dépourvue de tous ses facteurs susceptibles de s'annuler entre $x = -h$ et $= +h$, et le numérateur une fonction de la même forme que

$$p_1 x^{n-1} + p_2 x^{n-2} + \ldots + p_{n-1} x + p_n,$$

mais de degré inférieur à $n - 1$ d'autant d'unités qu'on trouve dans la fonction

$$A_0 x^m + A_1 x^{m-1} + \ldots + A_{m-1} x + A_m$$

de facteurs linéaires qui s'évanouissent entre $x = -h$ et $x = +h$.

Ainsi notre problème sur la valeur de

$$F(x) = \frac{p_1 x^{n-1} + p_2 x^{n-2} + \ldots + p_{n-1} x + p_n}{A_0 x^m + A_1 x^{m-1} + \ldots + A_{m-1} x + A_m} - Y$$

se réduit toujours au cas, où le dénominateur ne s'annule point entre les limites $x = -h$ et $x = +h$. — C'est de ce cas que nous nous occuperons maintenant.

Comme Y, par hypothèse, est une fonction qui reste finie et continue, ainsi que ses dérivées, entre $x = -h$ et $x = +h$, et que le dénominateur de la fraction

$$\frac{p_1 x^{n-1} + p_2 x^{n-2} + \ldots + p_{n-1} x + p_n}{A_0 x^m + A_1 x^{m-1} + \ldots + A_{m-1} x + A_m}$$

ne s'annule pas dans ces limites, il est clair que dans cet intervalle ni la fonction

$$F(x) = \frac{p_1 x^{n-1} + p_2 x^{n-2} + \ldots + p_{n-1} x + p_n}{A_0 x^m + A_1 x^{m-1} + \ldots + A_{m-1} x + A_m} - Y,$$

ni ses dérivées par rapport à x, p_1, p_2, $\ldots p_{n-1}$, p_n ne cesseront d'être finies et continues. Donc, pour cette valeur de $F(x)$ le théorème du § 6 aura lieu.

D'autre part, on reconnaît aisément qu'avec cette valeur de $F(x)$ les équations (2), dans les cas de $\mu \overline{\overline{<}} n$, supposent que

$$\lambda_1 = 0, \ \lambda_2 = 0, \ldots \lambda_\mu = 0.$$

En effet, pour cette valeur de $F(x)$ et en faisant pour abréger

$$A_0 x^m + A_1 x^{m-1} + \ldots + A_{m-1} x + A_m = \varphi(x),$$

on trouve

$$\frac{dF(x)}{dp_1} = \frac{x^{n-1}}{\varphi(x)}, \ \frac{dF(x)}{dp_2} = \frac{x^{n-2}}{\varphi(x)}, \ldots \frac{dF(x)}{dp_{n-1}} = \frac{x}{\varphi(x)}, \ \frac{dF(x)}{dp_n} = \frac{1}{\varphi(x)}.$$

En vertu de cela, les équations (2) deviennent

$$\frac{\lambda_1 x_1^{n-1}}{\varphi(x_1)} + \frac{\lambda_2 x_2^{n-1}}{\varphi(x_2)} + \ldots + \frac{\lambda_\mu x_\mu^{n-1}}{\varphi(x_\mu)} = 0,$$

$$\frac{\lambda_1 x_1^{n-2}}{\varphi(x_1)} + \frac{\lambda_2 x_2^{n-2}}{\varphi(x_2)} + \ldots + \frac{\lambda_\mu x_\mu^{n-2}}{\varphi(x_\mu)} = 0,$$

$$\ldots\ldots\ldots\ldots\ldots\ldots\ldots\ldots$$

$$\ldots\ldots\ldots\ldots\ldots\ldots\ldots\ldots$$

$$\frac{\lambda_1 x_1}{\varphi(x_1)} + \frac{\lambda_2 x_2}{\varphi(x_2)} + \ldots\ldots + \frac{\lambda_\mu x_\mu}{\varphi(x_\mu)} = 0,$$

$$\frac{\lambda_1}{\varphi(x_1)} + \frac{\lambda_2}{\varphi(x_2)} + \ldots\ldots + \frac{\lambda_\mu}{\varphi(x_\mu)} = 0;$$

où $\varphi(x_1)$, $\varphi(x_2) \ldots \varphi(x_\mu)$ sont des valeurs différentes de zéro, car la fonction

$$\varphi(x) = A_0 x^m + A_1 x^{m-1} + \ldots + A_{m-1} x + A_m$$

ne s'annule pas entre $x = -h$ et $x = +h$, et les valeurs x_1, x_2, $\ldots x_\mu$, comme nous l'avons vu (§ 6), sont comprises dans ces limites.

En multipliant les équations précédentes respectivement par les quantités

$$K_{n-1},\ K_{n-2},\ldots K_1,\ K_0$$

et prenant leur somme, on a

$$\frac{\lambda_1\,\Phi(x_1)}{\varphi(x_1)}+\frac{\lambda_2\,\Phi(x_2)}{\varphi(x_2)}+\ \ldots+\frac{\lambda_\mu\,\Phi(x_\mu)}{\varphi(x_\mu)}=0,$$

où

$$\Phi(x)=K_{n-1}\,x^{n-1}+K_{n-2}\,x^{n-2}+\ \ldots+K_1\,x+K_0.$$

En répétant les raisonnements employés dans le premier cas, on conclut que cette équation, où $\varphi(x_1)$, $\varphi(x_2)$,....$\varphi(x_\mu)$ sont des valeurs différentes de 0, entraîne $\lambda_1=0$, $\lambda_2=0,\ldots.\lambda_\mu=0$, tant que μ ne surpasse pas n.

C'est pourquoi nous parvenons, comme dans le cas précédent, à ce théorème:

Théorème 3.

Les quantités $p_1, p_2,\ldots.p_{n-1}, p_n$ étant choisies de manière à ce que la fonction

$$F(x)=\frac{p_1\,x^{n-1}+p_2\,x^{n-2}+\ldots.+p_{n-1}\,x+p_n}{A_0\,x^m+A_1\,x^{m-1}+\ldots.+A_{m-1}\,x+A_m}-Y,$$

depuis $x=-h$ jusqu'à $x=+h$, s'écarte le moins de zéro, les équations

$$F^2(x)-L^2=0,\ \ (x^2-h^2)\,F'(x)=0$$

ont au moins $n+1$ solutions communes, différentes entre elles et comprises entre $x=-h$ et $x=+h$. La quantité L est la limite des valeurs de $F(x)$ entre $x=-h$ et $x=+h$.

Troisième cas.

$$F(x)=\frac{p_1\,x^{n-l-1}+p_2\,x^{n-l-2}+\ldots.+p_{n-l-1}\,x+p_{n-l}}{p_{n-l+1}\,x^l+p_{n-l+2}\,x^{l-1}+\ldots.+p_n\,x+1}-Y.$$

§ 16. On peut toujours supposer que la fraction

$$\frac{p_1\,x^{n-l-1}+p_2\,x^{n-l-2}+\ldots.+p_{n-l-1}\,x+p_{n-l}}{p_{n-l+1}\,x^l+p_{n-l+2}\,x^{l-1}+\ldots.+p_n\,x+1}$$

est réduite à sa forme la plus simple. Dans cette supposition, et en remarquant que la fraction qui résout notre problème de *minimum* ne cessera d'être finie entre $x=-h$ et $x=+h$, on conclut que son dénominateur restera différent de zéro entre ces limites, et dans ce cas ni la fonction

$$F(x)=\frac{p_1\,x^{n-l-1}+p_2\,x^{n-l-2}+\ldots.+p_{n-l-1}\,x+p_{n-l}}{p_{n-l+1}\,x^l+p_{n-l+2}\,x^{l-1}+\ldots.+p_n\,x+1}-Y,$$

ni ses dérivées par rapport à x, $p_1, p_2, \ldots p_{n-1}, p_n$, ne peuvent devenir infinies ou discontinues pour les valeurs de x que nous aurons à considérer. Donc, le théorème du § 6 sera applicable aussi à cette valeur de $F(x)$.

Pour tirer de ce théorème les équations relatives à $p_1, p_2, \ldots p_{n-1}, p_n$, L, nous commencerons par chercher les valeurs de

$$\frac{dF(x)}{dp_1}, \frac{dF(x)}{dp_2}, \ldots \frac{dF(x)}{dp_{n-1}}, \frac{dF(x)}{dp_n}.$$

D'après l'expression de $F(x)$, et en faisant pour abréger

$$p_1 x^{n-l-1} + p_2 x^{n-l-2} + \ldots + p_{n-l-1} x + p_{n-l} = \psi(x),$$
$$p_{n-l+1} x^l + p_{n-l+2} x^{l-1} + \ldots + p_n x + 1 = \varphi(x),$$

nous trouvons

$$\frac{dF(x)}{dp_1} = \frac{x^{n-l-1}}{\varphi(x)}, \frac{dF(x)}{dp_2} = \frac{x^{n-l-2}}{\varphi(x)}, \ldots \frac{dF(x)}{dp_{n-l-1}} = \frac{x}{\varphi(x)}, \frac{dF(x)}{dp_{n-l}} = \frac{1}{\varphi(x)},$$
$$\frac{dF(x)}{dp_{n-l+1}} = -\frac{x^l \psi(x)}{\varphi^2(x)}, \frac{dF(x)}{dp_{n-l+2}} = -\frac{x^{l-1}\psi(x)}{\varphi^2(x)}, \ldots \frac{dF(x)}{dp_{n-1}} = -\frac{x^2\psi(x)}{\varphi^2(x)}, \frac{dF(x)}{dp_n} = -\frac{x\psi(x)}{\varphi^2(x)}.$$

Dès lors les équations (2) deviennent

$$\frac{\lambda_1 x_1^{n-l-1}}{\varphi(x_1)} + \frac{\lambda_2 x_2^{n-l-1}}{\varphi(x_2)} + \ldots\ldots + \frac{\lambda_\mu x_\mu^{n-l-1}}{\varphi(x_\mu)} = 0,$$
$$\frac{\lambda_1 x_1^{n-l-2}}{\varphi(x_1)} + \frac{\lambda_2 x_2^{n-l-2}}{\varphi(x_2)} + \ldots\ldots + \frac{\lambda_\mu x_\mu^{n-l-2}}{\varphi(x_\mu)} = 0,$$
$$\ldots\ldots\ldots\ldots\ldots\ldots$$
$$\frac{\lambda_1 x_1}{\varphi(x_1)} + \frac{\lambda_2 x_2}{\varphi(x_2)} + \ldots\ldots\ldots\ldots + \frac{\lambda_\mu x_\mu}{\varphi(x_\mu)} = 0,$$
$$\frac{\lambda_1}{\varphi(x_1)} + \frac{\lambda_2}{\varphi(x_2)} + \ldots\ldots\ldots\ldots + \frac{\lambda_\mu}{\varphi(x_\mu)} = 0,$$
$$-\frac{\lambda_1 \psi(x_1) x_1^l}{\varphi^2(x_1)} - \frac{\lambda_2 \psi(x_2) x_2^l}{\varphi^2(x_2)} - \ldots\ldots - \frac{\lambda_\mu \psi(x_\mu) x_\mu^l}{\varphi^2(x_\mu)} = 0,$$
$$-\frac{\lambda_1 \psi(x_1) x_1^{l-1}}{\varphi^2(x_1)} - \frac{\lambda_2 \psi(x_2) x_2^{l-1}}{\varphi^2(x_2)} - \ldots - \frac{\lambda_\mu \psi(x_\mu) x_\mu^{l-1}}{\varphi^2(x_\mu)} = 0,$$
$$\ldots\ldots\ldots\ldots\ldots\ldots$$
$$\ldots\ldots\ldots\ldots\ldots\ldots$$
$$-\frac{\lambda_1 \psi(x_1) x_1^2}{\varphi^2(x_1)} - \frac{\lambda_2 \psi(x_2) x_2^2}{\varphi^2(x_2)} - \ldots\ldots - \frac{\lambda_\mu \psi(x_\mu) x^2_\mu}{\varphi^2(x_\mu)} = 0,$$
$$-\frac{\lambda_1 \psi(x_1) x_1}{\varphi^2(x_1)} - \frac{\lambda_1 \psi(x_2) x_2}{\varphi^2(x_2)} - \ldots\ldots - \frac{\lambda_\mu \psi(x_\mu) x_\mu}{\varphi^2(x_\mu)} = 0,$$

Il n'est pas difficile de montrer que ces équations, dans le cas de $\mu \overline{\overline{<}} n$ et $\lambda_1, \lambda_2, \ldots . \lambda_\mu$ autres que 0, entraînent celles-ci:

$$(5) \qquad \begin{cases} p_1 = 0, \ p_2 = 0, \ldots . p_d = 0, \\ p_{n-l+1} = 0, \ p_{n-l+2} = 0, \ldots . p_{n-l+d} = 0, \end{cases}$$

où

$$d = n + 1 - \mu.$$

Pour le prouver, prenons la somme de ces équations après les avoir multipliées respectivement par les facteurs arbitraires

$$B_{n-l-1}, \ B_{n-l-2}, \ldots . B_1, \ B_0, \ C_l, \ C_{l-1}, \ldots . C_2, \ C_1,$$

ce qui nous donne

$$\frac{\lambda_1 \Phi(x_1)}{\varphi^2(x_1)} + \frac{\lambda_2 \Phi(x_2)}{\varphi^2(x_2)} + \ldots . + \frac{\lambda_\mu \Phi(x_\mu)}{\varphi^2(x_\mu)} = 0,$$

en faisant pour abréger

$$\begin{aligned} \Phi(x) = \varphi(x) & [B_{n-l-1} x^{n-l-1} + B_{n-l-2} x^{n-l-2} + \ldots . + B_1 x + B_0] \\ & - x \psi(x) [C_l x^{l-1} + C_{l-1} x^{l-2} + \ldots \ldots \ldots . + C_2 x + C_1]. \end{aligned}$$

D'après cette équation on trouverait

$$\lambda_1 = 0, \ \lambda_2 = 0, \ldots . \lambda_\mu = 0,$$

comme dans les cas précédents, si par un choix convenable des quantités

$$B_{n-l-1}, \ B_{n-l-2} \ldots . B_1, \ B_0, \ C_l, \ C_{l-1}, \ldots . C_2, \ C_1$$

dans la valeur de

$$\begin{aligned} \Phi(x) = \varphi(x) & [B_{n-l-1} x^{n-l-1} + B_{n-l-2} x^{n-l-2} + \ldots . + B_1 x + B_0] \\ & - x \psi(x) [C_l x^{l-1} + C_{l-1} x^{l-2} + \ldots \ldots \ldots . + C_2 x + C_1] \end{aligned}$$

on pouvait faire

$$\Phi(x) = (x - x_2)(x - x_3) \ldots . (x - x_\mu) = x^{\mu-1} - (x_2 + x_3 + \ldots . + x_\mu) x^{\mu-2} + \ldots . ,$$

$$\Phi(x) = (x - x_1)(x - x_3) \ldots . (x - x_\mu) = x^{\mu-1} - (x_1 + x_3 + \ldots . + x_\mu) x^{\mu-2} + \ldots . ,$$

. . . .

$$\Phi(x) = (x - x_1)(x - x_2) \ldots . (x - x_{\mu-1}) = x^{\mu-1} - (x_1 + x_2 + \ldots . + x_{\mu-1}) x^{\mu-2} + \ldots$$

D'après cela, pour prouver que les équations (2), dans le cas de $\mu \leqq n$ et $\lambda_1, \lambda_2, \ldots \lambda_\mu$ autres que 0, entraînent les équations (5), il suffit de montrer que la formule

$$\begin{aligned} &\varphi(x)\left[B_{n-l-1}\, x^{n-l-1} + B_{n-l-2}\, x^{n-l-2} + \ldots + B_1 x + B_0\right] \\ &\quad - x\psi(x)\left[C_l x^{l-1} + C_{l-1} x^{l-2} + \ldots\ldots + C_2 x + C_1\right] \end{aligned}$$

peut représenter toutes les valeurs de $\Phi(x)$ mentionnées plus haut, si les équations (5) ne sont pas satisfaites. C'est ce que nous allons faire.

Comme la fraction

$$\frac{\psi(x)}{\varphi(x)} = \frac{p_1 x^{n-l-1} + p_2 x^{n-l-2} + \ldots + p_{n-l-1} x + p_{n-l}}{p_{n-l+1} x^l + p_{n-l+2} x^{l-1} + \ldots + p_n x + 1}$$

est irréductible, et que son dénominateur

$$\varphi(x) = p_{n-l+1} x^l + p_{n-l+2} x^{l-1} + \ldots + p_n x + 1$$

n'est pas divisible par x, il en résulte que les fonctions $\varphi(x)$ et $x\psi(x)$ sont premières entre elles et, par conséquent, qu'on peut trouver des fonctions M et N satisfaisant à cette équation:

$$\varphi(x)M - x\psi(x)N = 1.$$

D'où nous tirons

$$\begin{aligned} \Phi(x) &= \Phi(x)\left[\varphi(x)M - x\psi(x)N\right] \\ &= \varphi(x)\left[\Phi(x)M - x\psi(x)Q\right] - x\psi(x)\left[\Phi(x)N - \varphi(x)Q\right], \end{aligned}$$

Q étant une fonction quelconque. De cette expression de $\Phi(x)$ on conclut qu'elle est représentée par la formule

$$\begin{aligned} &\varphi(x)\left[B_{n-l-1}\, x^{n-l-1} + B_{n-l-2}\, x^{n-l-2} + \ldots + B_1 x + B_0\right] \\ &\quad - x\psi(x)\left[C_l x^{l-1} + C_{l-1} x^{l-2} + \ldots\ldots + C_2 x + C_1\right], \end{aligned}$$

si toutefois le choix convenable de Q abaisse les degrés des fonctions

$$\Phi(x)M - x\psi(x)Q, \quad \Phi(x)N - \varphi(x)Q$$

respectivement au-dessous de $n-l$, l. Or, comme nous le verrons tout à l'heure, on y parvient toujours dans le cas où les équations

$$p_1 = 0, \ p_2 = 0, \ldots p_d = 0$$

ne sont pas satisfaites, en prenant pour Q le quotient de la division de $\Phi(x)M$ par $x\psi(x)$.

En effet, pour cette valeur de Q la fonction

$$\Phi(x)M - x\psi(x)Q$$

se réduit à R, R étant le reste de la division de $\Phi(x)M$ par $x\psi(x)$, et par conséquent, elle est de degré inférieur à celui de $x\psi(x)$ ou x^{n-l}.

En passant à la valeur de

$$\Phi(x)N - \varphi(x)Q,$$

nous remarquerons que les équations

$$\varphi(x)M - x\psi(x)N = 1, \quad \Phi(x)M - x\psi(x)Q = R$$

donnent

$$M = \frac{1 + x\psi(x)N}{\varphi(x)}, \quad Q = \frac{\Phi(x)M - R}{x\psi(x)}.$$

D'où résulte cette expression de Q:

$$Q = \frac{\Phi(x) + x\psi(x)\Phi(x)N - R\varphi(x)}{x\psi(x)\varphi(x)},$$

et par là

$$\Phi(x)N - \varphi(x)Q = \Phi(x)N - \frac{\Phi(x) + x\psi(x)\Phi(x)N - R\varphi(x)}{x\psi(x)} = -\frac{\Phi(x)}{x\psi(x)} + \frac{R\varphi(x)}{x\psi(x)}.$$

D'après cette valeur de

$$\Phi(x)N - \varphi(x)Q$$

on reconnaît aisément que son degré sera inférieur à l, tant que les équations

$$p_1 - 0, \ p_2 = 0, \ldots . p_d = 0$$

ne seront pas satisfaites, ou, ce qui revient au même, tant que le degré de la fonction

$$\psi(x) = p_1 x^{n-l-1} + p_2 x^{n-l-2} + \ldots . + p_{n-l-1} x + p_{n-l}$$

surpassera $n - l - d - 1$, ou $\mu - l - 2$, d étant égal à $n + 1 - \mu$.

Pour s'en assurer, on remarquera que dans ce cas, la fonction $\Phi(x)$ étant seulement de degré $\mu - 1$, le terme $\frac{\Phi(x)}{x\psi(x)}$ sera de degré inférieur à $\mu - 1 - (\mu - l - 1) = l$. Quant à l'autre terme de la valeur de

$$\Phi(x)N - \varphi(x)Q = -\frac{\Phi(x)}{x\psi(x)} + \frac{R\varphi(x)}{x\psi(x)},$$

il est aussi de degré inférieur à l, car R, comme nous l'avons vu, est de degré inférieur à celui de $x\psi(x)$, et la fonction

$$\varphi(x) = p_{n-l+1}x^l + p_{n-l+2}x^{l-1} + \ldots + p_n x + 1$$

ne peut pas être de degré plus élevé que l.

Ainsi nous parvenons à reconnaître que, dans le cas où les équations

$$p_1 = 0,\ p_2 = 0, \ldots p_d = 0$$

ne sont pas satisfaites et où Q est le quotient de la division de $\Phi(x)M$ par $x\psi(x)$, les expressions

$$\Phi(x)M - x\psi(x)Q, \quad \Phi(x)N - \varphi(x)Q$$

sont respectivement de degrés inférieurs à $n-l$ et l, ce qu'il fallait démontrer.

De la même manière on parvient à reconnaître que, dans le cas où les équations

$$p_{n-l+1} = 0,\ p_{n-l+2} = 0, \ldots p_{n-l+d} = 0$$

ne sont pas satisfaites, les degrés des fonctions

$$\Phi(x)M - x\psi(x)Q, \quad \Phi(x)N - \varphi(x)Q$$

sont respectivement plus petits que $n-l$ et l, tant qu'on prend pour Q le quotient de la division de $\Phi(x)N$ par $\varphi(x)$.

En vertu de quoi, comme nous l'avons vu, les équations (2), pour $\mu \overline{\overline{<}} n$ et $\lambda_1, \lambda_2, \ldots \lambda_\mu$ autres que zéro, entraînent certainement ces équations

$$p_1 = 0,\ p_2 = 0, \ldots p_d = 0,$$

$$p_{n-l+1} = 0,\ p_{n-l+2} = 0, \ldots p_{n-l+d} = 0,$$

où

$$d = n + 1 - \mu.$$

D'où découle, d'après le § 12, le théorème suivant:

Théorème 4.

Les quantités $p_1, p_2, \ldots p_n$ *étant choisies de manière à ce que la fonction*

$$F(x) = \frac{p_1 x^{n-l-1} + p_2 x^{n-l-2} + \ldots + p_{n-l-1}x + p_{n-l}}{p_{n-l+1}x^l + p_{n-l+2}x^{l-1} + \ldots + p_n x + 1} - Y,$$

depuis $x = -h$ *jusqu'à* $x = +h$, *s'écarte le moins possible de zéro, le nombre des diverses solutions communes aux deux équations*

$$F^2(x) - L^2 = 0, \quad (x^2 - h^2)\, F'(x) = 0$$

et comprises entre $x = -h$ *et* $x = +h$ *ne peut être* ***inférieur à*** $n + 1$ *de* d *unités, à moins qu'on n'ait*

$$p_1 = 0, \; p_2 = 0, \ldots p_d = 0, \; p_{n-l+1} = 0, \; p_{n-l+2} = 0, \ldots p_{n-l+d} = 0.$$

La quantité L *est la limite des valeurs de* $F(x)$ *entre* $x = -h$ *et* $x = +h$.

Comme chaque racine commune aux deux équations entraîne une relation particulière entre leurs coefficients, il est clair que par ce théorème on obtiendra $n + 1 - d$ équations entre les quantités

$$p_1, \; p_2, \ldots p_n, \; L,$$

que les fonctions $F^2(x) - L^2$, $(x - h^2)\, F'(x)$ contiennent, et comme on a, en même temps,

$$p_1 = 0, \; p_2 = 0, \ldots p_d = 0,$$

$$p_{n-l+1} = 0, \; p_{n-l+2} = 0, \ldots p_{n-l+d} = 0,$$

on aura en définitive $n + d + 1$ équations entre les $n + 1$ quantités cherchées: $p_1, \; p_2, \ldots \; p_n, \; L$. D'où il suit que, sauf le cas de $d = 0$, ces équations ne sauront être satisfaites à moins que les données du problème elles mêmes ne vérifient certaines conditions, ce qui nous porte à conclure que le nombre d ne cesse d'être égal à 0 que dans des cas exceptionnels, où les quantités comprises dans la fonction Y avec la valeur donnée de h vérifient certaines équations.

Abstraction faite de ces cas, on aura

$$d = 0,$$

et alors, suivant le théorème démontré, le nombre des diverses solutions communes aux deux équations

$$F^2(x) - L^2 = 0, \quad (x^2 - h^2)\, F'(x) = 0$$

et comprises entre $x = -h$ et $x = +h$ sera au moins égal à $n + 1$, comme cela a lieu toujours pour les deux autres valeurs de $F(x)$ déjà considérées.

V.

§ 17. Pour montrer l'application des théorèmes relatifs aux trois valeurs particulières de $F(x)$ nous chercherons la solution de ces trois problèmes:

1) *Quelle est la fonction entière qui, parmi toutes celles de la forme* $x^n + p_1 x^{n-1} + p_2 x^{n-2} + \ldots + p_{n-1} x + p_n$, *s'écarte le moins possible de zéro entre les limites* $x = -h$ *et* $x = +h$?

2) *Quelle est la fraction qui, parmi celles de la forme*

$$\frac{x^n + p' x^{n-1} + p'' x^{n-2} + \ldots + p^{(n-1)} x + p^{(n)}}{A_0 x^{n-l-1} + A_1 x^{n-l-2} + \ldots + A_{n-l-2} x + A_{n-l-1}},$$

ayant le même dénominateur $A_0 x^{n-l-1} + A_1 x^{n-l-2} + \ldots + A_{n-l-2} x + A_{n-l-1}$ *s'écarte le moins possible de zéro entre les limites* $x = -h$ *et* $x = +h$?

3) *Quelle est la fraction qui, parmi toutes les autres de la forme*

$$\frac{p' x^{n-l-1} + p'' x^{n-l-2} + \ldots + p^{(n-l-1)} x + p^{(n-l)}}{p^{(n-l+1)} x^l + p^{(n-l+2)} x^{l-1} + \ldots + p^{(n)} x + p^{(n+1)}},$$

entre $x = -h$ *et* $x = +h$ *s'écarte le moins possible d'un polynôme donné* $x^{n-l} + A x^{n-l-1} + B x^{n-l-2} + \ldots$?

§ 18. Tous ces problèmes ne sont, évidemment, que des cas particuliers de ceux, dont nous nous sommes occupés dans les §§ 14, 15, 16, et d'après les trois théorèmes démontrés ci-dessus on parvient facilement aux équations qui déterminent leurs solutions. Mais, en passant à la recherche des résultats définitifs, on reconnait tout de suite que les équations qui déterminent les quantités cherchées

$$p_1,\ p_2, \ldots p_{n-1},\ p_n$$

ne peuvent être résolues à l'aide des méthodes connues d'Algèbre, si ce n'est quand le nombre de ces quantités est très limité; car, ces équations étant de forme très compliquée, leur résolution, dans le cas de plusieurs inconnues, demande des calculs tout-à-fait impraticables. Donc, si l'on cherchait à résoudre nos problèmes au moyen de ces équations, on ne saurait aller au-delà d'un petit nombre de cas particuliers qui, pris isolément, ne présentent pas beaucoup d'intérêt. — Nous montrerons dans les paragraphes suivants qu'on peut donner la solution générale de nos problèmes, en les réduisant aux questions *d'Analyse indéterminée.*

Nous parviendrons à opérer cette réduction, en observant qu'en vertu des théorèmes démontrés plus haut la solution de ces problèmes est caractérisée par une propriété très simple dont jouit un système de deux équations, composées des fonctions cherchées, et dont l'expression analytique, comme on verra, fournit des équations indéterminées de second degré entre les polynômes cherchés contenus dans les fonctions et certains autres polynômes qui jouent le rôle d'inconnues auxiliaires. C'est à l'aide de ces équations indéterminées que nous obtenons la solution définitive de nos problèmes, solution qu'on ne pouvait trouver à l'aide des méthodes ordinaires d'Algèbre.

§ 19. La même méthode peut être avantageusement employée dans plusieurs autres cas et, entr'autres, dans les recherches générales sur la représentation approximative des fonctions, soit sous la forme d'un polynôme, soit sous la forme d'une fraction quelconque, où elle donne la solution du problème mentionné dans le § 4. C'est ce que nous nous proposons de faire dans un autre Mémoire, où l'on verra combien la solution des problèmes particuliers, que nous donnerons à présent, est importante pour les recherches générales sur la représentation approximative des fonctions sous une forme rationnelle assignée.

Sur la fonction qui, parmi celles de la forme

$$x_n + p_1 x^{n-1} + p_2 x^{n-2} + \dots + p_{n-1} x + p_n,$$

s'écarte le moins possible de zéro entre les limites $x = -h$ et $x = +h$.

VI.

§ 20. Comme la fonction

$$x^n + p_1 x^{n-1} + p_2 x^{n-2} + \dots + p_{n-1} x + p_n$$

n'est que la valeur de

$$p_1 x^{n-1} + p_2 x^{n-2} + \dots + p_{n-1} x + p_n - Y$$

pour le cas, où $Y = -x^n$, nous concluons, en vertu du théorème 2, que, les coefficients

$$p_1, p_2, \dots p_{n-1}, p_n$$

étant choisis de manière à ce que l'expression

$$F(x) = x^n + p_1 x^{n-1} + p_2 x^{n-2} + \dots + p_{n-1} x + p_n$$

s'écarte le moins possible de zéro entre $x = -h$ et $x = +h$, les équations

(6) $$F^2(x) - L^2 = 0, \quad (x^2 - h^2) F'(x) = 0$$

ont au moins $n + 1$ solutions communes, différentes entre elles.

Supposons donc que

$$x = x_0$$

soit l'une de ces solutions. Il n'est pas difficile de s'assurer qu'alors l'expression

$$(x^2 - h^2) \left(F^2(x) - L^2\right)$$

sera divisible par $(x - x_0)^2$. En effet, d'après la première des équations précédentes, l'expression

$$(x^2 - h^2) \left(F^2(x) - L^2\right)$$

s'annule pour $x = x_0$. De plus, comme sa première dérivée est

$$2 (x^2 - h^2) F(x) F'(x) + 2x \left(F^2(x) - L^2\right),$$

elle se réduira aussi à zéro pour $x = x_0$ en vertu des mêmes équations, ce qui nous prouve que l'expression

$$(x^2 - h^2) \left(F^2(x) - L^2\right)$$

est divisible par $(x - x_0)^2$.

La même chose a lieu par rapport aux autres solutions, communes aux équations (6), et comme le nombre de ces solutions, différentes entre elles, n'est pas au-dessous de $n + 1$, il en résulte que l'expression

$$(x^2 - h^2) \left(F^2(x) - L^2\right)$$

est divisible par $n + 1$ facteurs différents entre eux

$$(x - x_0)^2, \ (x - x_1)^2, \ (x - x_2)^2, \ldots (x - x_n)^2,$$

et, par conséquent, par leur produit

$$(x - x_0)^2 (x - x_1)^2 (x - x_2)^2 \ldots (x - x_n)^2.$$

Mais l'expression

$$(x^2 - h^2) \left(F^2(x) - L^2\right),$$

où

$$F(x) = x^n + p_1 x^{n-1} + p_2 x^{n-2} + \ldots + p_{n-1} x + p_n,$$

n'étant que de degré $2n+2$, le quotient de la division de cette expression par le produit

$$(x-x_0)^2 (x-x_1)^2 (x-x_2)^2 \ldots (x-x_n)^2$$

ne peut être qu'une constante. Donc

$$(x^2-h^2)(F^2(x)-L^2)=C(x-x_0)^2 (x-x_1)^2 (x-x_2)^2 \ldots (x-x_n)^2.$$

Cette équation n'aura lieu, évidemment, que si $x+h$ et $x-h$ sont au nombre des facteurs

$$x-x_0,\ x-x_1,\ x-x_2, \ldots x-x_n.$$

Or, si l'on suppose

$$x-x_0=x+h,\ x-x_1=x-h,$$

cette équation, divisée par $(x+h)(x-h)=x^2-h^2$, devient

$$F^2(x)-L^2=C(x^2-h^2)(x-x_2)^2 \ldots (x-x_n)^2,$$

ou

(7) $$F^2(x)-L^2=(x^2-h^2)\,\Phi^2(x),$$

en dénotant par $\Phi(x)$ la fonction entière

$$\sqrt{C}(x-x_2)\ldots(x-x_n).$$

C'est à l'aide de cette équation que nous trouverons la fonction $F(x)$ qui, parmi celles de la forme $x^n+p_1x^{n-1}+p_2x^{n-2}+\ldots+p_{n-1}x+p_n$, s'écarte le moins possible de zéro entre $x=-h$ et $x=+h$. La quantité L, comme nous le savons, détermine la plus grande valeur de cette fonction pour x comprise entre les limites $x=-h$ et $x=+h$.

§ 21. Pour trouver la fonction $F(x)$ d'après l'équation (7), remarquons que celle-ci devient

$$\left[F(x)-\Phi(x)\sqrt{x^2-h^2}\right]\left[F(x)+\Phi(x)\sqrt{x^2-h^2}\right]=L^2,$$

et par là

$$F(x)-\Phi(x)\sqrt{x^2-h^2}=\frac{L^2}{F(x)+\Phi(x)\sqrt{x^2-h^2}}.$$

D'où nous tirons

$$\frac{F(x)}{\Phi(x)} = \sqrt{x^2 - h^2} + \frac{L^2}{\Phi(x)\left[F(x) + \Phi(x)\sqrt{x^2 - h^2}\right]},$$

ce qui prouve que la fraction $\frac{F(x)}{\Phi(x)}$ est la valeur de $\sqrt{x^2 - h^2}$ exacte jusqu'aux termes de l'ordre $\frac{1}{\Phi^2(x)}$ inclusivement.

Mais ceci ne peut avoir lieu que si $\frac{F(x)}{\Phi(x)}$ est l'une des fractions convergentes de $\sqrt{x^2 - h^2}$, que l'on trouve par son développement en fraction continue. De plus, comme les fonctions $F(x)$, $\Phi(x)$, en vertu de l'équation (7), sont nécessairement premières entre elles, et que

$$F(x) = x^n + p_1 x^{n-1} + p_2 x^{n-2} + \ldots . + p_{n-1} x + p_n,$$

il est clair que $\frac{F(x)}{\Phi(x)}$ est celle des fractions convergentes de $\sqrt{x^2 - h^2}$ dont le numérateur est de degré n, et que ses parties, à un facteur constant près, sont égales à $F(x)$ et $\Phi(x)$. On aura donc

$$F(x) = C_0 P_n, \quad \Phi(x) = C_0 Q_n,$$

en dénotant par $\frac{P_n}{Q_n}$ celle des fractions convergentes de $\sqrt{x^2 - h^2}$, dont le numérateur est de degré n. Quant à la constante C_0, on trouvera sa valeur, en remarquant que la fonction $F(x)$ doit être de la forme $x^n + p_1 x^{n-1} + p_2 x^{n-2} + \ldots . + p_{n-1} x + p_n$, et que, par conséquent, le coefficient de x^n doit être égal à 1.

§ 22. D'après le développement de $\sqrt{x^2 - h^2}$ en fraction continue il n'est pas difficile de trouver la série de ses fractions convergentes et, par là, celle que nous avons désignée par $\frac{P_n}{Q_n}$ et qui détermine les fonctions $F(x)$ et $\Phi(x)$. Mais on peut trouver directement les valeurs des fonctions P_n et Q_n, comme nous allons le montrer.

D'après l'identité

$$\left(x - \sqrt{x^2 - h^2}\right)\left(x + \sqrt{x^2 - h^2}\right) = h^2,$$

qu'on vérifie aisément, on a

$$\sqrt{x^2 - h^2} - x = -\frac{h^2}{x + \sqrt{x^2 - h^2}} = -\frac{h^2}{2x + \sqrt{x^2 - h^2} - x},$$

et par là on trouve

$$\sqrt{x^2-h^2}-x=-\frac{h^2}{2x+\sqrt{x^2-h^2}-x}=-\cfrac{h^2}{2x-\cfrac{h^2}{2x+\sqrt{x^2-h^2}-x}}$$

$$=-\cfrac{h^2}{2x-\cfrac{h^2}{2x-\cfrac{h^2}{2x+\sqrt{x^2-h^2}-x}}}=\ldots=-\cfrac{h^2}{2x-\cfrac{h^2}{2x-\ldots-\cfrac{h^2}{2x-\cfrac{h^2}{\sqrt{x^2-h^2}+x}}}}$$

D'où l'on voit que l'expression $\sqrt{x^2-h^2}$ se développe en fraction continue

$$x-\cfrac{h^2}{2x-\cfrac{h^2}{2x-\ldots}}$$

et que le quotient complet est égal à $\sqrt{x^2-h^2}+x$. Donc, en dénotant par

$$\frac{P_1}{Q_1},\ \frac{P_2}{Q_2},\ldots\frac{P_{m-1}}{Q_{m-1}},\ \frac{P_m}{Q_m},\ldots$$

la série des fractions convergentes de

$$\sqrt{x^2-h^2}=x-\cfrac{h^2}{2x-\cfrac{h^2}{2x-\cfrac{h^2}{2x-\ldots}}}$$

on a

$$\sqrt{x^2-h^2}=\frac{P_m(\sqrt{x^2-h^2}+x)-h^2P_{m-1}}{Q_m(\sqrt{x^2-h^2}+x)-h^2Q_{m-1}},$$

et par là

$$P_m-Q_m\sqrt{x^2-h^2}=\frac{h^2(P_{m-1}-Q_{m-1}\sqrt{x^2-h^2})}{x+\sqrt{x^2-h^2}}.$$

Comme

$$h^2=(x+\sqrt{x^2-h^2})\,(x-\sqrt{x^2-h^2}),$$

cette valeur de $P_m-Q_m\sqrt{x^2-h^2}$ nous donne

$$P_m-Q_m\sqrt{x^2-h^2}=(x-\sqrt{x^2-h^2})\,(P_{m-1}-Q_{m-1}\sqrt{x^2-h^2}),$$

ou, ce qui revient au même,

$$\frac{P_m-Q_m\sqrt{x^2-h^2}}{P_{m-1}-Q_{m-1}\sqrt{x^2-h^2}}=x-\sqrt{x^2-h^2}.$$

En faisant dans cette formule

$$m=n,\ m=n-1,\ m=n-2,\ldots m=3,\ m=2,$$

nous obtenons la série d'équations:

$$\frac{P_n - Q_n\sqrt{x^2-h^2}}{P_{n-1} - Q_{n-1}\sqrt{x^2-h^2}} = x - \sqrt{x^2-h^2},$$

$$\frac{P_{n-1} - Q_{n-1}\sqrt{x^2-h^2}}{P_{n-2} - Q_{n-2}\sqrt{x^2-h^2}} = x - \sqrt{x^2-h^2},$$

$$\frac{P_{n-2} - Q_{n-2}\sqrt{x^2-h^2}}{P_{n-3} - Q_{n-3}\sqrt{x^2-h^2}} = x - \sqrt{x^2-h^2},$$

. . . .

$$\frac{P_3 - Q_3\sqrt{x^2-h^2}}{P_2 - Q_2\sqrt{x^2-h^2}} = x - \sqrt{x^2-h^2},$$

$$\frac{P_2 - Q_2\sqrt{x^2-h^2}}{P_1 - Q_1\sqrt{x^2-h^2}} = x - \sqrt{x^2-h^2},$$

qui, étant multipliées entre elles, donnent

$$\frac{P_n - Q_n\sqrt{x^2-h^2}}{P_1 - Q_1\sqrt{x^2-h^2}} = (x - \sqrt{x^2-h^2})^{n-1}.$$

D'où nous concluons

$$P_n - Q_n\sqrt{x^2-h^2} = (x-\sqrt{x^2-h^2})\,(x-\sqrt{x^2-h^2})^{n-1} = (x-\sqrt{x^2-h^2})^n,$$

en remarquant que la première fraction convergente de

$$\sqrt{x^2-h^2} = x - \cfrac{h^2}{2x - \cfrac{h^2}{2x - \cdots}}$$

est égale à $\frac{x}{1}$, et que, par conséquent,

$$P_1 = x,\ Q_1 = 1,\ P_1 - Q_1\sqrt{x^2-h^2} = x - \sqrt{x^2-h^2}.$$

L'équation

$$P_n - Q_n\sqrt{x^2-h^2} = (x - \sqrt{x^2-h^2})^n,$$

par le changement du signe de $\sqrt{x^2-h^2}$, devient

$$P_n + Q_n\sqrt{x^2-h^2} = (x + \sqrt{x^2-h^2})^n,$$

et dès lors nous avons

$$P_n = \frac{(x+\sqrt{x^2-h^2})^n + (x-\sqrt{x^2-h^2})^n}{2}, \quad Q_n = \frac{(x+\sqrt{x^2-h^2})^n - (x-\sqrt{x^2-h^2})^n}{2\sqrt{x^2-h^2}}.$$

D'après cela la fonction cherchée $F(x)$, qui est égale, comme nous l'avons vu (§ 21), à $C_0 P_n$, s'exprime ainsi:

$$F(x) = C_0 \frac{(x + \sqrt{x^2 - h^2})^n + (x - \sqrt{x^2 - h^2})^n}{2}.$$

Cette valeur de $F(x)$, développée selon les puissances de x, a pour premier terme $2^{n-1} C_0 x^n$, et $F(x)$ devant être de la forme

$$x^n + p_1 x^{n-1} + p_2 x^{n-2} + \ldots + p_1 x + p_0,$$

il s'ensuit que $2^{n-1} C_0 = 1$. D'où

$$C_0 = \frac{1}{2^{n-1}},$$

et, en portant cette valeur de C_0 dans l'expression précédente de $F(x)$, nous trouvons définitivement

$$F(x) = \frac{(x + \sqrt{x^2 - h^2})^n + (x - \sqrt{x^2 - h^2})^n}{2^n}. \tag{8}$$

Telle est la valeur de la fonction $F(x)$ qui, parmi celles de la forme $x^n + p_1 x^{n-1} + p_2 x^{n-1} + \ldots + p_{n-1} x + p_n$, s'écarte le moins possible de zéro entre $x = -h$ et $x = +h$.

VII.

§ 23. La valeur trouvée de $F(x)$ fournit aisément la limite des écarts de zéro de cette fonction entre $x = -h$ et $x = +h$, limite que nous avons désignée par L.

En effet, remarquons que l'équation (7), pour $x = h$, donne

$$F^2(h) - L^2 = 0,$$

et par là

$$L = \pm F(h).$$

Mais, en faisant $x = h$ dans la valeur trouvée de $F(x)$, on a

$$F(h) = \frac{h^n}{2^{n-1}};$$

donc

$$L = \frac{h^n}{2^{n-1}}.$$

D'après cette valeur de L, et en remarquant que notre fonction $F(x)$ est celle qui, parmi toutes les autres de la forme

$$x^n + p_1 x^{n-1} + p_2 x^{n-2} + \ldots + p_{n-1} x + p_n,$$

s'écarte le moins de zéro entre $x = -h$ et $x = +h$, nous parvenons à ce théorème:

Théorème 5.

La valeur numérique de la fonction $x^n + p_1 x^{n-1} + \ldots + p_n$, entre $x = -h$ et $= +h$, ne peut rester inférieure à $2\left(\frac{h}{2}\right)^n$.

§ 24. De ce théorème se déduisent plusieurs autres; nous en indiquerons quelques-uns.

Théorème 6.

Si la fonction $f(x)$ est de la forme $x^n + p_1 x^{n-1} + \ldots + p_n$, et que la différence entre deux valeurs $f(a-h)$, $f(a+h)$ soit inférieure à $4\left(\frac{h}{2}\right)^n$, la première dérivée de $f(x)$ change de signe entre $x = a - h$ et $x = a + h$.

Pour le démontrer supposons le contraire, savoir, que $f'(x)$ ne change pas de signe entre $x = a - h$ et $x = a + h$. Dans cette supposition, la fonction

$$f(a+x) - \frac{f(a+h) + f(a-h)}{2},$$

depuis $x = -h$ jusqu'à $x = +h$, ne pourrait être que constamment croissante ou décroissante, et par conséquent, resterait comprise entre ses deux valeurs extrêmes

$$f(a-h) - \frac{f(a+h) + f(a-h)}{2} = \frac{f(a-h) - f(a+h)}{2},$$

$$f(a+h) - \frac{f(a+h) + f(a-h)}{2} = -\frac{f(a-h) - f(a+h)}{2}.$$

D'où il suit que sa valeur numérique, depuis $x = -h$ jusqu'à $x = +h$, ne surpasserait pas celle de $\frac{f(a-h) - f(a+h)}{2}$ et, par conséquent, serait inférieure à $2\left(\frac{h}{2}\right)^n$, cette valeur, d'après l'énoncé du théorème, étant numériquement plus grande que

$$\frac{f(a-h) - f(a+h)}{2}.$$

Mais comme la fonction

$$f(a+x)-\frac{f(a+h)+f(a-h)}{2}$$

est de la forme

$$x^n+p_1x^{n-1}+\ldots.+p_{n-1}x+p_n,$$

ceci ne peut avoir lieu en vertu du théorème 5, ce qui prouve le théorème énoncé.

Théorème 7.

Si la valeur numérique de l'intégrale

$$\int_{H_0}^{H}(x^{n-1}+Ax^{n-2}+\ldots.+K)\,dx$$

est inférieure à $\frac{4}{n}\left(\frac{H-H_0}{4}\right)^n$, *on trouvera au moins une racine de l'équation*

$$x^{n-1}+Ax^{n-2}+\ldots.+K=0$$

entre $x=H_0$ *et* $x=H$.

Pour le prouver, nous remarquerons qu'en faisant

$$n\int_0^x(x^{n-1}+Ax^{n-2}+\ldots.+K)\,dx=f(x),$$

$$H_0=a-h,$$

$$H=a+h,$$

on trouve

$$f(a+h)-f(a-h)=n\int_{H_0}^{H}(x^{n-1}+Ax^{n-2}+\ldots.+K)\,dx,$$

$$\left(\frac{H-H_0}{4}\right)^n=\left(\frac{h}{2}\right)^n,$$

et comme, suivant le théorème, l'intégrale définie

$$\int_{H_0}^{H}(x^{n-1}+Ax^{n-2}+\ldots.+K)\,dx$$

est numériquement inférieure à $\frac{4}{n}\left(\frac{H-H_0}{4}\right)^n$, il en résulte que la valeur numérique de $f(a+h)-f(a-h)$ est au-dessous de $4\left(\frac{h}{2}\right)^n$. D'où, en remarquant que

$$f(x)=n\int_0^x(x^{n-1}+Ax^{n-2}+\ldots.+K)\,dx$$

est une fonction de la forme

$$x^n + p_1 x^{n-1} + \ldots . + p_n,$$

nous concluons en vertu du théorème précédent que l'équation

$$f'(x) = n\,(x^{n-1} + A\,x^{n-2} + \ldots . + K) = 0$$

doit avoir au moins une racine comprise entre $a - h = H_0$, $a + h = H$, ce qu'il s'agissait de prouver.

Théorème 8.

Le nombre des variations de signes dans la suite

$$f(x),\ f'(x),\ f''(x), \ldots . f^{(n-1)}(x),\ f^{(n)}(x),$$

où

$$f(x) = x^n + A\,x^{n-1} + \ldots . + K,$$

change toujours, quand on passe de la substitution quelconque $x = t$ à celle déterminée par la formule $x = t \pm 4 \sqrt[2n]{\frac{f^2(t)}{16}}$, en prenant le radical avec le signe contraire à celui de $\frac{f(t)}{f'(t)}$.

Nous ne traiterons ici que le cas où $f(t)$ et $f'(t)$ sont positives. Mais on reconnaîtra aisément que la même démonstration est applicable à tous les cas.

Pour prouver notre théorème dans le cas où $f(t)$ et $f'(t)$ sont positives, nous allons montrer que, ces valeurs étant au-dessus de zéro, au moins l'une des fonctions

$$f(x),\ f'(x)$$

change de signe entre $x = t - 4 \sqrt[2n]{\frac{f^2(t)}{16}}$ et $x = t$. En effet, si les fonctions $f(x)$, $f'(x)$ demeuraient positives entre ces deux limites, la valeur

$$f\left(t - 4 \sqrt[2n]{\frac{f^2(t)}{16}}\right)$$

serait positive et au-dessous de $f(x)$, et par conséquent, la valeur numérique de

$$f(t) - f\left(t - 4 \sqrt[2n]{\frac{f^2(t)}{16}}\right)$$

resterait au-dessous de $f(t)$, ou, ce qui revient au même, au-dessous de

$$4\left[\frac{t-\left(t-4\sqrt[2n]{\frac{f^2(t)}{16}}\right)}{4}\right]^n.$$

Mais cela est inadmissible, car, en vertu du théorème 6, la valeur numérique de la différence

$$f(t)-f\left(t-4\sqrt[2n]{\frac{f^2(t)}{16}}\right)$$

ne peut être inférieure à

$$4\left[\frac{t-\left(t-4\sqrt[2n]{\frac{f^2(t)}{16}}\right)}{4}\right]^n,$$

à moins que $f'(x)$ ne change de signe dans les limites

$$x=t-4\sqrt[2n]{\frac{f^2(t)}{16}}, \quad x=t.$$

Donc, il est certain que dans ces limites au moins l'une des fonctions $f(x)$, $f'(x)$ cesse d'être positive.

Comme notre théorème devient évident, si $f(x)$ change de signe entre $x=t-4\sqrt[2n]{\frac{f^2(t)}{16}}$, $x=t$, nous n'avons qu'à examiner le cas où, dans ces limites, la fonction $f(x)$ demeure positive et $f'(x)$ change de signe.

Puisque $f'(t)$ est positive, il est clair que dans le cas, où $f'(x)$ change de signe entre $x=t-4\sqrt[2n]{\frac{f^2(t)}{16}}$ et $x=t$, elle doit passer du négatif au positif. Mais ce changement de signe fera disparaître deux variations de signes dans la suite

$$f(x),\ f'(x),\ f''(x),\ldots f^{(n-1)}(x),\ f^{(n)}(x);$$

car, par hypothèse, $f(x)$ est positive depuis $x=t-4\sqrt[2n]{\frac{f^2(t)}{16}}$ jusqu'à $x=t$, et $f''(x)$ ne saurait être négative, quand la fonction $f'(x)$ passe du négatif au positif, ce qui prouve notre théorème.

Dans le cas particulier, où l'équation

$$f(x)=0$$

n'a que des racines réelles, le théorème que nous venons d'établir entraîne celui-ci:

Théorème 9.

Si l'équation

$$f(x) = x^n + Ax^{n-1} + \dots + K = 0$$

n'a que des racines réelles, quelle que soit la valeur de t, on trouvera toujours l'une de ses racines entre $x = t$ *et* $x = t - 4\sqrt[2n]{\frac{f^2(t)}{16}}$, *en prenant le radical avec le signe contraire à celui de* $\frac{f(t)}{f'(t)}$.

Théorème 10.

Si l'équation $x^{2l+1} + Ax^{2l-1} + \dots + Jx + K = 0$ *ne contient que des puissances impaires de x, entre les limites* $-2\sqrt[2l+1]{\frac{1}{2}K}$, $+2\sqrt[2l+1]{\frac{1}{2}K}$ *on trouvera au moins une de ses racines.*

En effet, si l'équation

$$x^{2l+1} + Ax^{2l-1} + \dots + Jx + K = 0$$

n'avait point de racines entre

$$x = -2\sqrt[2l+1]{\frac{1}{2}K}, \quad x = +2\sqrt[2l+1]{\frac{1}{2}K},$$

la même chose aurait lieu pour celle-ci

$$x^{2l+1} + Ax^{2l-1} + \dots + Jx - K = 0,$$

qu'on trouve, en changeant le signe de x dans l'équation

$$x^{2l+1} + Ax^{2l-1} + \dots + Jx + K = 0.$$

D'où, en prenant le produit de ces équations, on serait porté à conclure que dans les mêmes limites l'équation

$$(x^{2l+1} + Ax^{2l-1} + \dots + Jx)^2 - K^2 = 0$$

n'a pas de racines. Mais comme la fonction

$$x^{2l+1} + Ax^{2l-1} + \dots + Jx$$

s'annule pour $x = 0$, cela suppose que sa valeur numérique, depuis

$x = -2\sqrt[2l+1]{\frac{1}{2}K}$ jusqu'à $x = +2\sqrt[2l+1]{\frac{1}{2}K}$, reste au-dessous de K, ce qui est inadmissible, car, d'après le théorème 5, la fonction de la forme $x^{2l+1} + p_1 x^{2l} + \ldots + p_{2l+1}$, entre ces limites, ne peut rester numériquement au-dessous de

$$2\left(\frac{2\sqrt[2l+1]{\frac{1}{2}K}}{2}\right)^{2l+1} = K.$$

D'où résulte notre théorème.

Théorème 11.

Si l'équation

$$x^{2l+1} + Ax^{2l-1} + \ldots + Jx + K - K_0 x^{2\lambda} = 0$$

ne contient qu'un terme $-K_0 x^{2\lambda}$ *avec la puissance paire de* x, *et que ce terme soit de signe contraire à celui du terme connu* K, *on trouvera au moins une de ses racines entre les limites* $x = -2\sqrt[2l+1]{\frac{1}{2}K}, x = +2\sqrt[2l+1]{\frac{1}{2}K}$.

En remarquant que l'équation

$$x^{2l+1} + Ax^{2l-1} + \ldots + Jx + K - K_0 x^{2\lambda} = 0$$

par le changement de x en $-x$ devient

$$x^{2l+1} + Ax^{2l-1} + \ldots + Jx - K + K_0 x^{2\lambda} = 0,$$

et que ces équations, multipliées entre elles, donnent

$$(x^{2l+1} + Ax^{2l-1} + \ldots + Jx)^2 - (K - K_0 x^{2\lambda})^2 = 0,$$

nous concluons, comme dans la démonstration précédente, que cette équation n'aurait point de racines entre

$$x = -2\sqrt[2l+1]{\frac{1}{2}K}, \quad x = +2\sqrt[2l+1]{\frac{1}{2}K},$$

si aucune des racines de l'équation

$$x^{2l+1} + Ax^{2l-1} + \ldots + Jx + K - K_0 x^{2\lambda} = 0$$

n'était comprise dans ces limites, et par là que la valeur numérique de la fonction

$$x^{2l+1} + Ax^{2l-1} + \ldots + Jx,$$

depuis $x = -2\sqrt[2l+1]{\frac{1}{2}K}$ jusqu'à $x = +2\sqrt[2l+1]{\frac{1}{2}K}$, resterait au-dessous de celle de $K - K_0 x^{2\lambda}$. Or cela est évidemment impossible, si l'expression $K - K_0 x^{2\lambda}$ s'annule dans ces limites, la valeur numérique n'étant jamais au-dessous de zéro. — Mais cela ne peut avoir lieu non plus, si dans ces limites l'expression $K - K_0 x^{2\lambda}$ ne s'annule pas; car dans ce cas, K_0 et K étant de même signe, la valeur numérique de $K - K_0 x^{2\lambda}$ reste au-dessous de celle de K, et, d'après ce que nous venons de voir dans la démonstration du théorème précédent, la fonction

$$x^{2l+1} + A x^{2l-1} + \dots + Jx,$$

dans les limites

$$x = -2\sqrt[2l+1]{\frac{1}{2}K}, \quad x = +2\sqrt[2l+1]{\frac{1}{2}K},$$

ne peut rester numériquement au-dessous de K, et, à plus forte raison, d'une valeur nnmériquement plus petite, ce qui prouve notre théorème.

VIII.

§ 25. Les théorèmes que nous avons donnés et plusieurs autres de la même espèce ne sont pas les seuls résultats qu'on puisse tirer de la valeur de la fonction entière qui, parmi celles de la même forme, s'écarte le moins possible de zéro entre les limites données. Nous allons montrer maintenant le parti que l'on peut en tirer par rapport à *l'interpolation*.

Soit $f(x)$ l'expression exacte des valeurs que l'on cherche à représenter approximativement par la fonction entière

$$A + Bx + Cx^2 + \dots + Hx^{n-1}$$

et

$$f(x_1),\ f(x_2),\ \dots\ f(x_n)$$

les n valeurs de $f(x)$ au moyen desquelles on détermine les coefficients $A, B, C, \dots H$ de l'expression cherchée de $f(x)$.

Comme l'on trouve les coefficients

$$A,\ B,\ C,\ \dots\ H,$$

en égalant entre elles la fonction $f(x)$ et son expression cherchée

$$A + Bx + Cx^2 + \dots + Hx^{n-1},$$

pour $x = x_1, x_2, \dots x_n$, la différence de ces deux fonctions se réduira à zéro pour toutes ces valeurs de x. Mais d'après cela, tant que la fonction $f(x)$ et ses dérivées $f'(x)$, $f''(x), \dots f^{(n-1)}(x)$, $f^{(n)}(x)$ ne cessent d'être finies et continues dans les limites où sont comprises $x, x_1, x_2, \dots x_n$, on trouve

$$f(x)-(A+Bx+Cx^2+\dots+Hx^{n-1}) = \frac{f^{(n)}(\alpha)}{1.2\dots n}(x-x_1)(x-x_2)\dots(x-x_n),$$

où α est une quantité moyenne entre $x, x_1, x_2, \dots x_n$.

§ 26. Comme la différence

$$f(x)-(A+Bx+Cx^2+\dots+Hx^{n-1})$$

désigne l'erreur de la valeur approchée de $f(x)$ obtenue d'après la formule

$$f(x) = A+Bx+Cx^2+\dots+Hx^{n-1},$$

l'équation précédente nous montre que le degré de précision des valeurs de $f(x)$, qu'on trouve d'après cette formule, ou, ce qui revient au même, d'après l'interpolation, sera plus ou moins grand selon les valeurs de l'expression

$$\frac{f^n(\alpha)}{1.2\dots n}(x-x_1)(x-x_2)\dots(x-x_n).$$

Puisque cette expression, dans l'étendue où l'on fait l'interpolation, peut atteindre des limites plus ou moins considérable selon les valeurs de $x_1, x_2, \dots x_n$, il est clair que le degré de précision des valeurs, obtenues par l'interpolation, dépend non seulement de la nature de la fonction interpolée et du nombre de termes $f(x_1)$, $f(x_2)\dots f(x_n)$, dont on se sert pour l'interpolation, mais aussi du choix plus ou moins convenable de ces termes. Plus l'expression

$$\frac{f^n(\alpha)}{1.2\dots n}(x-x_1)(x-x_2)\dots(x-x_n)$$

s'approche de zéro dans les limites de l'interpolation, plus les valeurs

$$f(x_1),\ f(x_2),\ \dots f(x_n)$$

sont avantageuses pour la précision des résultats. Mais comme l'on ne sait rien sur l'expression exacte de la fonction interpolée $f(x)$, et par là sur la relation entre la valeur de $f^n(\alpha)$ et celle de $x, x_1, x_2, \dots x_n$, il ne reste dans le choix de $f(x_1)$, $f(x_2)\dots f(x_n)$ qu'à chercher à diminuer autant que possible le facteur

$$(x-x_1)(x-x_2)\dots(x-x_n)$$

entre les limites d'interpolation.

Donc, sous le rapport de la précision des résultats d'interpolation, à tous les systèmes des valeurs de

$$f(x_1),\ f(x_2)\ \ldots\ f(x_n),$$

on préférera celui dans lequel la fonction

$$(x - x_1)(x - x_2)\ \ldots\ (x - x_n),$$

entre les limites d'interpolation, s'écarte le moins de zéro, et par conséquent, d'après le § 22, on prendra

$$(x - x_1)(x - x_2)\ \ldots\ (x - x_n) = \frac{(x + \sqrt{x^2 - h^2})^n + (x - \sqrt{x^2 - h^2})^n}{2^n},$$

s'il s'agit d'interpoler entre les limites

$$x = -h, \quad x = +h.$$

§ 27. La formule que nous venons d'obtenir nous montre, que les valeurs qu'on doit prendre pour $x_1, x_2, \ldots x_n$, dans l'interpolation entre les limites $x = -h$ et $x = +h$, sont les n racines de cette équation:

$$\frac{(x + \sqrt{x^2 - h^2})^n + (x - \sqrt{x^2 - h^2})^n}{2^n} = 0.$$

Or, si l'on fait

$$x = h \cos\varphi,$$

cette équation devient

$$\cos(n\varphi) = 0.$$

D'où il suit

$$\varphi = \frac{2k + 1}{2n}\pi,$$

k étant un nombre entier quelconque.

Donc, les n racines de l'équation

$$\frac{(x + \sqrt{x^2 - h^2})^n + (x - \sqrt{x^2 - h^2})^n}{2^n} = 0,$$

et, par conséquent, les valeurs de $x_1, x_2, \ldots x_n$ dont nous venons de parler s'expriment ainsi:

(9) $$h \cos\frac{\pi}{2n},\ h \cos\frac{3\pi}{2n}, \ldots h \cos\frac{(2n - 1)\pi}{2n}.$$

L'avantage de ces valeurs de $x_1, x_2, \ldots x_n$ sur celles équidistantes qu'on emploie ordinairement dans l'interpolation, se manifeste très clairement. En effet, d'après le § 23, dans le cas où

$$(x - x_1)(x - x_2) \dots (x - x_n) = \frac{(x + \sqrt{x^2 - h^2})^n + (x - \sqrt{x^2 - h^2})^n}{2^n},$$

le produit

$$(x - x_1)(x - x_2) \dots (x - x_n),$$

depuis $x = -h$ jusqu'à $x = +h$, n'atteint que le *double* de $\left(\frac{h}{2}\right)^n$, tandis que dans le cas de $x_1, x_2, \dots x_n$ équidistantes

$$x_1 = h,\ x_2 = \frac{n-3}{n-1}h,\ x_3 = \frac{n-5}{n-1}h,\ \dots\ x_n = -h,$$

on trouve que le produit

$$(x - x_1)(x - x_2) \dots (x - x_n)$$

dans les mêmes limites $x = -h$, $x = +h$, ne reste pas inférieur au *triple* de $\left(\frac{h}{2}\right)^n$. Par exemple, pour

$$n = 2,\ 3,\ 4,\ 5,$$

on trouve qu'avec ces valeurs de $x_1, x_2, \dots x_n$ le produit

$$(x - x_1)(x - x_2) \dots (x - x_n),$$

dans les limites $x = -h$, $x = +h$, atteint les valeurs suivantes:

$$4\left(\frac{h}{2}\right)^2,\quad \frac{16}{\sqrt{27}}\left(\frac{h}{2}\right)^3,\quad \frac{256}{81}\left(\frac{h}{2}\right)^4,\quad 2\sqrt{3}\left(\frac{h}{2}\right)^5.$$

De plus, en cherchant le *maximum maximorum* de cette fonction entre $x = -h$, $x = +h$, dans le cas de n grand, on trouve pour sa valeur asymptotique l'expression

$$\frac{1}{\log n}\sqrt{\frac{2\pi}{n}}\left(\frac{4}{e}\right)^n\left(\frac{h}{2}\right)^n,$$

où le facteur de $\left(\frac{h}{2}\right)^n$ tend évidemment vers ∞, à mesure que le nombre n augmente.

§ 28. Comme la valeur de $f^{(n)}(\alpha)$, dans l'expression de l'erreur d'interpolation

$$\frac{f^{(n)}(\alpha)}{1.2\dots n}(x - x_1)(x - x_2) \dots (x - x_n),$$

reste inconnue, on ne peut se représenter nettement combien on diminue son *maximum maximorum,* entre $x = -h$ et $x = +h$, en remplaçant les valeurs équidistantes $x_1, x_2, \dots x_n$ par celles déterminées par les expressions (9). Mais il est facile de s'assurer que, outre le cas exceptionnel, où $f^{(n)}(0) = 0$, le rapport de *maximum maximorum* de l'expression

$$\frac{f^{(n)}(\alpha)}{1.2\dots n}(x - x_1)(x - x_2)\dots(x - x_n)$$

et de son facteur

$$(x - x_1)(x - x_2)\dots(x - x_n),$$

qu'on trouve entre $x = -h$ et $x = +h$, en prenant les deux systèmes des valeurs de $x_1, x_2, \dots x_n$ dont nous avons parlé, tendent vers la même limite, à mesure que h s'approche de zéro.

En effet, soient E, M les plus grandes valeurs des expressions

$$\frac{f^{(n)}(\alpha)}{1.2\dots n}(x - x_1)(x - x_2)\dots(x - x_n),$$

$$(x - x_1)(x - x_2)\dots(x - x_n),$$

dans le cas où $x_1, x_2, \dots x_n$ sont déterminées par (9), et où x reste entre les limites $-h$ et $+h$. Comme le rapport

$$\frac{E}{M}$$

sera compris entre la plus grande et la plus petite des valeurs que peut avoir l'expression

$$\frac{f^n(\alpha)}{1.2\dots n}$$

depuis $x = -h$ jusqu'à $x = +h$, et que α est une quantité restant dans les mêmes limites que $x, x_1, x_2, \dots x_n$, qui sont dans le cas actuel $-h$ et $+h$, nous trouvons

$$\frac{E}{M} = \frac{f^{(n)}(\theta h)}{1.2\dots n},$$

en désignant par θ une valeur comprise entre -1 et $+1$.

De la même manière nous obtenons

$$\frac{E'}{M'} = \frac{f^{(n)}(\theta_1 h)}{1.2\dots n},$$

en désignant par E', M' les plus grandes valeurs des expressions

$$\frac{f^{(n)}(\alpha)}{1.2\dots n}(x - x_1)(x - x_2)\dots(x - x_n),$$

$$(x - x_1)(x - x_2)\dots(x - x_n),$$

qu'on trouve entre $x = -h$ et $x = +h$, en prenant $x_1, x_2, \ldots x_n$ équidistantes, et en désignant par θ_1 une quantité comprise entre -1 et $+1$.

Or, en divisant l'une par l'autre les valeurs de

$$\frac{E}{M}, \quad \frac{E'}{M'},$$

on a

$$\frac{E}{E'} : \frac{M}{M'} = \frac{f^{(n)}(\theta h)}{f^{(n)}(\theta_1 h)},$$

ce qui prouve que le rapport des valeurs

$$\frac{E}{E'}, \quad \frac{M}{M'},$$

tend vers l'unité, quand h s'approche de zéro et que $f^{(n)}(\theta h)$, $f^{(n)}(\theta_1 h)$, pour $h = 0$, ne s'annulent pas, ce qu'il s'agissait de montrer.

Nous avons vu que le rapport $\frac{M}{M'}$ reste inférieur à $\frac{2}{3}$. Donc, en vertu de ce que nous avons prouvé, il est certain que le rapport $\frac{E}{E'}$, outre le cas exceptionnel $f^{(n)}(0) = 0$, sera nécessairement au-dessous de 1, tant que h sera assez petit.

Sur la fraction qui, parmi toutes celles de la forme

$$\frac{x^n + p' x^{n-1} + \ldots + p^{(n-1)} x + p^{(n)}}{A_0 x^{n-l-1} + A_1 x^{n-l-2} + \ldots + A_{n-l-1}}$$

et avec le même dénominateur $A_0 x^{n-l-1} + A_1 x^{n-l-2} + \ldots + A_{n-l-1}$, s'écarte le moins possible de zéro entre les limites $x = -h$ et $x = +h$.

IX.

§ 29. La fraction dont il s'agit peut être mise évidemment sous la forme

$$\frac{p' x^{n-1} + p'' x^{n-2} + \ldots + p^{(n)}}{A_0 x^{n-l-1} + A_1 x^{n-l-2} + \ldots + A_{n-l-1}} - \frac{-x^n}{A_0 x^{n-l-1} + A_1 x^{n-l-2} + \ldots + A_{n-l-1}},$$

et comme cette expression n'est qu'un cas particulier de celle-ci:

$$\frac{p_1 x^{n-1} + p_2 x^{n-2} + \ldots + p_n}{A_0 x^m + A_1 x^{m-1} + \ldots + A_m} - Y,$$

que nous avons traitée dans le § 15, nous concluons du théorème 3, que la fraction cherchée

$$\frac{x^n + p' x^{n-1} + \ldots + p^{(n-1)} x + p^{(n)}}{A_0 x^{n-l-1} + A_1 x^{n-l-2} + \ldots + A_{n-l-1}}$$

que nous dénoterons pour abréger par $F(x)$, doit jouir de cette propriété:

Dans les équations

$$F^2(x) - L^2 = 0, \ (x^2 - h^2)\, F'(x) = 0$$

on trouve au moins $n+1$ solutions communes, différentes entre elles et comprises dans les limites $x = -h$, $x = +h$.

Conformément à ce que nous avons dit dans le § 15, nous supposons que le dénominateur

$$A_0 x^{n-l-1} + A_1 x^{n-l-2} + \ldots + A_{n-l-1}$$

ne s'annule pas entre $x = -h$ et $x = +h$.

§ 30. En faisant pour abréger

$$x^n + p' x^{n-1} + \ldots + p^{(n-1)} x + p^{(n)} = U,$$

$$A_0 x^{n-l-1} + A_1 x^{n-l-2} + \ldots + A_{n-l-1} = v,$$

nous trouvons

$$F(x) = \frac{x^n + p' x^{n-1} + \ldots + p^{(n-1)} x + p^{(n)}}{A_0 x^{n-l-1} + A_1 x^{n-l-2} + \ldots + A_{n-l-1}} = \frac{U}{v},$$

et par là les équations

$$F^2(x) - L^2 = 0, \quad (x^2 - h^2)\, F'(x) = 0$$

se réduisent à celles-ci:

$$U^2 - L^2 v^2 = 0, \quad (x^2 - h^2) \frac{v \frac{dU}{dx} - U \frac{dv}{dx}}{v^2} = 0.$$

D'après cela on reconnaît aisément que, $x = x_0$ étant une solution commune des équations

$$F^2(x) - L^2 = 0, \quad (x^2 - h^2)\, F'(x) = 0,$$

cette valeur de x vérifie aussi les deux équations suivantes:

$$(x^2 - h^2)\,(U^2 - L^2 v^2) = 0,$$

$$\frac{d\,(x^2 - h^2)\,(U^2 - L^2 v^2)}{dx} = 0.$$

En effet, la première de ces équations est une conséquence immédiate de celle-ci:

$$U^2 - L^2 v^2 = 0.$$

Quant à la seconde, elle se réduit à la forme

$$2x(U^2 - L^2 v^2) + 2(x^2 - h^2)\left(U\frac{dU}{dx} - L^2 v\frac{dv}{dx}\right) = 0,$$

où, en vertu de l'équation

$$U^2 - L^2 v^2 = 0,$$

pour $x = x_0$, le premier terme s'évanouit, et le second, par la substitution de $\frac{U^2}{v}$ à la place de $L^2 v$, devient

$$\frac{2(x^2 - h^2)U}{v}\left(v\frac{dU}{dx} - U\frac{dv}{dx}\right),$$

ce qui sera 0 d'après l'équation

$$(x^2 - h^2)\frac{v\frac{dU}{dx} - U\frac{dv}{dx}}{v^2} = 0,$$

dont $x = x_0$ est une racine.

Mais tant que $x = x_0$ vérifie les deux équations

$$(x^2 - h^2)(U^2 - L^2 v^2) = 0,$$

$$\frac{d(x^2 - h^2)(U^2 - L^2 v^2)}{dx} = 0,$$

la fonction

$$(x^2 - h^2)(U^2 - L^2 v^2)$$

a nécessairement pour facteur $(x - x_0)^2$.

De ce que nous venons de montrer par rapport à la solution commune aux deux équations

$$F^2(x) - L^2 = 0, \quad (x^2 - h^2)F'(x) = 0,$$

il résulte que la propriété de la fraction cherchée $\frac{U}{v} = F(x)$, énoncée plus haut, suppose que la fonction

$$(x^2 - h^2)(U^2 - L^2 v^2)$$

est divisible par les $n + 1$ facteurs

$$(x - x_0)^2,\ (x - x_1)^2,\ (x - x_2)^2,\ \ldots.\ (x - x_n)^2,$$

où x_0, x_1, x_2, ... x_n sont des valeurs inégales et comprises entre $x = -h$ et $x = +h$. D'où il suit que cette fonction est divisible par le produit

$$(x - x_0)^2 (x - x_1)^2 (x - x_2)^2 \ldots. (x - x_n)^2,$$

et que ce diviseur n'a point de facteurs communs avec v; car la fonction v, par la supposition, ne s'annule pas entre $x = -h$ et $= +h$, et $x_0, x_1, x_2 \ldots . x_n$ sont comprises dans ces limites.

Mais comme les fonctions U et v sont respectivement de degrés n et $n-l-1$, le degré de $(x^2-h^2)(U^2-L^2v^2)$ ne peut surpasser celui du produit

$$(x-x_0)^2(x-x_1)^2(x-x_2)^2 \ldots . (x-x_n)^2$$

et par là le quotient de la division de

$$(x^2-h^2)(U^2-L^2v^2)$$

par

$$(x-x_0)^2(x-x_1)^2(x-x_2)^2 \ldots . (x-x_n)^2$$

ne peut être qu'une quantité constante. Donc on aura

$$(x^2-h^2)(U^2-L^2v^2) = C_0(x-x_0)^2(x-x_1)^2(x-x_2)^2 \ldots . (x-x_n)^2.$$

Cette équation suppose que deux des facteurs

$$x-x_0,\ x-x_1,\ x-x_2, \ldots . x-x_n$$

sont respectivement égaux à

$$x+h,\ x-h.$$

Or si l'on fait

$$x-x_0 = x+h,\ x-x_1 = x-h,$$

cette équation devient

$$U^2-L^2v^2 = C_0(x+h)(x-h)(x-x_2)^2 \ldots . (x-x_n)^2,$$

et par là

$$U^2-L^2v^2 = (x^2-h^2)W^2,$$

ou

(10) $$U^2-W^2(x^2-h^2) = L^2v^2,$$

en faisant pour abréger

$$\sqrt{C_0}(x-x_2) \ldots . (x-x_n) = W.$$

§ 31. C'est d'après l'équation

$$U^2-W^2(x^2-h^2) = L^2v^2$$

que nous chercherons la fonction U, désignant, comme nous l'avons vu, le numérateur de la fraction

$$\frac{U}{v} = \frac{x^n + p' x^{n-1} + \ldots + p^{(n-1)} x + p^{(n)}}{A_0 x^{n-l-1} + A_1 x^{n-l-2} + \ldots + A_{n-l-1}},$$

qui, parmi toutes les autres de même forme, s'écarte le moins de zéro, depuis $x = -h$ jusqu'à $x = +h$. Nous supposerons qu'après la décomposition de la fonction

$$v = A_0 x^{n-l-1} + A_1 x^{n-l-2} + \ldots + A_{n-l-1}$$

en facteurs linéaires on trouve

$$v = A_0 (x - \alpha_1)^{l_1} (x - \alpha_2)^{l_2} \ldots,$$

où $\alpha_1, \alpha_2, \ldots$ sont des valeurs différentes entre elles. Comme la fonction v, par la supposition, ne s'évanouit pas entre $x = -h$ et $x = +h$, les quantités $\alpha_1, \alpha_2, \ldots$ ne peuvent avoir d'autres valeurs réelles, que celles qui ne sont pas comprises dans les limites $x = -h$, $x = +h$. D'autre part, puisque la fonction v est de degré $n - l - 1$ et que v est égale à $A_0 (x - \alpha_1)^{l_1} (x - \alpha_2)^{l_2} \ldots$, on aura

$$l_1 + l_2 + \ldots = n - l - 1. \tag{11}$$

Enfin, comme

$$(x^2 - h^2) W = \sqrt{C_0} (x - x_0)(x - x_1)(x - x_2) \ldots (x - x_n),$$

et que $x_0, x_1, x_2, \ldots x_n$ sont des valeurs comprises entre $x = -h$ et $x = +h$, la fonction $(x^2 - h^2) W$ ne pourra s'annuler pour $x = \alpha_1, \alpha_2, \ldots$

X.

§ 32. En passant à la détermination de U d'après l'équation

$$U^2 - W^2 (x^2 - h^2) = L^2 v^2,$$

nous commencerons par chercher toutes les solutions de l'équation

$$X^2 - Y^2 (x^2 - h^2) = C^{(0)} v^2,$$

où $(x^2 - h^2) Y$ ne s'annule pas pour $x = \alpha_1, \alpha_2, \ldots$, la fonction v étant décomposable en facteurs linéaires de la manière suivante:

$$v = A_0 (x - \alpha_1)^{l_1} (x - \alpha_2)^{l_2} \ldots$$

Pour y parvenir convenons de désigner par ε_1, ε_2.... l'unité prise avec l'un de deux signes $\pm$, par P la partie rationnelle de l'expression

$$\left(\sqrt{\frac{x-h}{\alpha_1-h}}+\varepsilon_1\sqrt{\frac{x+h}{\alpha_1+h}}\right)^{2l_1}\left(\sqrt{\frac{x-h}{\alpha_2-h}}+\varepsilon_2\sqrt{\frac{x+h}{\alpha_2+h}}\right)^{2l_2}\cdots$$

ou, ce qui revient au même, de celle-ci:

$$\left(\frac{x-h}{\alpha_1-h}+\frac{x+h}{\alpha_1+h}+2\,\varepsilon_1\sqrt{\frac{x^2-h^2}{\alpha_1^2-h^2}}\right)^{l_1}\left(\frac{x-h}{\alpha_2-h}+\frac{x+h}{\alpha_2+h}+2\,\varepsilon_2\sqrt{\frac{x^2-h^2}{\alpha_2^2-h^2}}\right)^{l_2}\cdots$$

et par $Q\sqrt{x^2-h^2}$ sa partie affectée du facteur irrationnel $\sqrt{x^2-h^2}$.

D'après cela on trouve

$$(12)\begin{cases} P+Q\sqrt{x^2-h^2}=\left(\sqrt{\frac{x-h}{\alpha_1-h}}+\varepsilon_1\sqrt{\frac{x+h}{\alpha_1+h}}\right)^{2l_1}\left(\sqrt{\frac{x-h}{\alpha_2-h}}+\varepsilon_2\sqrt{\frac{x+h}{\alpha_2+h}}\right)^{2l_2}\cdots \\ P-Q\sqrt{x^2-h^2}=\left(\sqrt{\frac{x-h}{\alpha_1-h}}-\varepsilon_1\sqrt{\frac{x+h}{\alpha_1+h}}\right)^{2l_1}\left(\sqrt{\frac{x-h}{\alpha_2-h}}-\varepsilon_2\sqrt{\frac{x+h}{\alpha_2+h}}\right)^{2l_2}\cdots, \end{cases}$$

et ces formules, multipliées entre elles, nous donnent

$$\begin{aligned} P^2-Q^2(x^2-h^2)&=\left(\frac{x-h}{\alpha_1-h}-\frac{x+h}{\alpha_1+h}\right)^{2l_1}\left(\frac{x-h}{\alpha_2-h}-\frac{x+h}{\alpha_2+h}\right)^{2l_2}\cdots \\ &=\left(\frac{2h}{\alpha_1^2-h^2}\right)^{2l_1}\left(\frac{2h}{\alpha_2^2-h^2}\right)^{2l_2}\cdots(x-\alpha_1)^{2l_1}(x-\alpha_2)^{2l_2}\cdots \end{aligned}$$

D'où, en remarquant que le produit

$$(x-\alpha_1)^{2l_1}(x-\alpha_2)^{2l_2}\cdots$$

est égal à v^2, à un facteur constant près, nous concluons que les fonctions P et Q ainsi déterminées vérifient cette équation

$$P^2-Q^2(x^2-h^2)=C^{(1)}v^2. \tag{13}$$

De plus, on reconnaît aisément que les fonctions P et $Q\sqrt{x^2-h^2}$ ne s'annulent pas pour $x=\alpha_1, \alpha_2, \ldots$, et que leur rapport $\frac{P}{Q\sqrt{x^2-h^2}}$, pour ces valeurs de x, se réduit respectivement à ε_1, ε_2.....

Pour le mettre en évidence, remarquons que $x=\alpha_1$ réduit à zéro ou l'expression

$$\sqrt{\frac{x-h}{\alpha_1-h}}-\varepsilon_1\sqrt{\frac{x+h}{\alpha_1+h}},$$

ou l'expression

$$\sqrt{\frac{x-h}{\alpha_1-h}}+\varepsilon_1\sqrt{\frac{x+h}{\alpha_1+h}},$$

selon que $\varepsilon_1 = +1$ ou $\varepsilon_1 = -1$, et que pour cette valeur de x, aucune des expressions

$$\sqrt{\frac{x-h}{\alpha_2-h}} + \varepsilon_2 \sqrt{\frac{x+h}{\alpha_2+h}}, \quad \sqrt{\frac{x-h}{\alpha_3-h}} + \varepsilon_3 \sqrt{\frac{x+h}{\alpha_3+h}}, \dots$$

$$\sqrt{\frac{x-h}{\alpha_2-h}} - \varepsilon_2 \sqrt{\frac{x+h}{\alpha_2+h}}, \quad \sqrt{\frac{x-h}{\alpha_3-h}} - \varepsilon_3 \sqrt{\frac{x+h}{\alpha_3+h}}, \dots$$

ne peut s'annuler, les quantités $\alpha_1, \alpha_2, \alpha_3, \dots$ étant inégales entre elles.

D'après cela, les formules (12) pour $x = \alpha_1$ donnent ou

$$P - Q\sqrt{x^2-h^2} = 0, \qquad P + Q\sqrt{x^2-h^2} = \textit{valeur finie},$$

ou

$$P + Q\sqrt{x^2-h^2} = 0, \qquad P - Q\sqrt{x^2-h^2} = \textit{valeur finie},$$

selon que $\varepsilon_1 = +1$ ou -1. Donc, toujours

$$P - \varepsilon_1 Q\sqrt{x^2-h^2} = 0, \qquad P + \varepsilon_1 Q\sqrt{x^2-h^2} = \textit{valeur finie}.$$

Mais d'après ces équations on trouve, évidemment, des valeurs finies pour P et $Q\sqrt{x^2-h^2}$, et la première d'elles donne $\frac{P}{Q\sqrt{x^2-h^2}} = \varepsilon_1$, ce qu'il s'agissait de montrer.

§ 33. Il est facile maintenant de trouver toutes les solutions possible de l'équation

$$X^2 - Y^2(x^2-h^2) = C^{(0)} v^2,$$

où $Y\sqrt{x^2-h^2}$ ne s'annule pas pour $x = \alpha_1, \alpha_2, \dots$

En premier lieu, remarquons que cette équation, où

$$v = A_0 (x-\alpha_1)^{l_1} (x-\alpha_2)^{l_2} \dots,$$

pour $x = \alpha_1, \alpha_2, \dots$ donne

$$X^2 - Y^2(x^2-h^2) = 0$$

et par là

$$X = \pm Y\sqrt{x^2-h^2},$$

et, comme la fonction $Y\sqrt{x^2-h^2}$ ne s'annule pas pour $x = \alpha_1, \alpha_2, \dots$, cela suppose que le rapport $\frac{X}{Y\sqrt{x^2-h^2}}$, pour $x = \alpha_1, \alpha_2, \dots$, doit se réduire à 1 avec l'un des deux signes $\pm$. D'où il suit qu'on n'omettra aucune solution, en supposant que $\frac{X}{Y\sqrt{x^2-h^2}}$, pour $x = \alpha_1, \alpha_2, \dots$, se réduit respectivement à $\varepsilon_1, \varepsilon_2, \ldots$, qui sont égaux à ± 1. Cela posé, nous allons montrer que les solutions cherchées de l'équation

$$(14) \qquad X^2 - Y^2 (x^2 - h^2) = C^{(0)} v^2$$

et les fonctions P et Q, déterminées par (12), sont liées entre elles de la manière suivante:

1) *Les expressions* $PX - QY (x^2 - h^2)$, $PY - QX$ *sont divisibles par* v^2.

2) *Les fonctions*

$$X_0 = \frac{PX - QY (x^2 - h^2)}{v^2}, \quad Y_0 = \frac{PY - QX}{v^2}$$

vérifient l'équation

$$X_0^2 - Y_0^2 (x^2 - h^2) = constante.$$

En effet, par les équations (13) et (14) on trouve

$$X^2 = Y^2 (x^2 - h^2) + C^{(0)} v^2, \quad P^2 = Q^2 (x^2 - h^2) + C^{(I)} v^2,$$

et en vertu de ces valeurs de X^2 et Y^2, le produit

$$\big(PX - QY(x^2 - h^2)\big) \big(PX + QY(x^2 - h^2)\big) = P^2 X^2 - Q^2 Y^2 (x^2 - h^2)^2$$

se réduit à

$$\big(Y^2 (x^2 - h^2) + C^{(0)} v^2\big) \big(Q^2 (x^2 - h^2) + C^{(I)} v^2\big) - Q^2 Y^2 (x^2 - h^2)^2$$
$$= C^{(0)} Q^2 (x^2 - h^2) v^2 + C^{(I)} Y^2 (x^2 - h^2) v^2 + C^{(0)} C^{(I)} v^4.$$

D'où il est clair que le produit

$$\big(PX - QY (x^2 - h^2)\big) \big(PX + QY (x^2 - h^2)\big)$$

est divisible par v^2.

D'autre part, on reconnaît aisément que le facteur

$$PX + QY (x^2 - h^2)$$

ne s'annule pas pour $x = \alpha_1, \alpha_2, \ldots$.

Pour s'en assurer, remarquons que les fonctions

$$Q\sqrt{x^2 - h^2}, \qquad Y\sqrt{x^2 - h^2}$$

ne s'annulent pas pour ces valeurs de x, et tant qu'elles restent différentes de 0, l'expression

$$PX + QY(x^2 - h^2)$$

ne peut s'évanouir, à moins qu'on n'ait

$$\frac{PX}{QY(x^2-h^2)} + 1 = 0,$$

ou, ce qui revient au même,

$$\frac{P}{Q\sqrt{x^2-h^2}} \cdot \frac{X}{Y\sqrt{x^2-h^2}} = -1.$$

Or, cela ne peut avoir lieu pour $x = \alpha_1, \alpha_2, \ldots.$, car nous avons vu que, pour ces valeurs de x, les rapports

$$\frac{P}{Q\sqrt{x^2-h^2}}, \qquad \frac{X}{Y\sqrt{x^2-h^2}}$$

se réduisent à $\varepsilon_1, \varepsilon_2, \ldots.$, et, par là leur produit devient $\varepsilon_1^2, \varepsilon_2^2, \ldots.$ valeurs égales à 1.

Ainsi on parvient à s'assurer que l'expression

$$PX + QY(x^2 - h^2)$$

ne s'annule pas pour $x = \alpha_1, \alpha_2, \ldots..$ et, par conséquent, qu'elle n'a point de facteur commun avec la fonction

$$v = A_0 (x - \alpha_1)^{l_1} (x - \alpha_2)^{l_2} \ldots.$$

Mais comme nous venons de trouver que le produit

$$\big(PX - QY(x^2 - h^2)\big)\ \big(PX + QY(x^2 - h^2)\big)$$

est divisible par v^2, il en résulte que v^2 divise le facteur $PX - QY(x^2 - h^2)$.

Il nous reste à montrer que les fonctions

$$X_0 = \frac{PX - QY(x^2-h^2)}{v^2},$$

$$Y_0 = \frac{PY - QX}{v^2}$$

vérifient l'équation

$$X_0^2 - Y_0^2 (x^2 - h^2) = constante.$$

Or on y parvient très aisément, en remarquant que le produit des équations (13) et (14) peut être mis sous cette forme:

$$(PX - QY(x^2 - h^2))^2 - (PY - QX)^2 (x^2 - h^2) = C^{(0)} C^{(I)} v^4;$$

d'où, en divisant par v^4, on obtient

$$\left(\frac{PX - QY(x^2 - h^2)}{v^2}\right)^2 - \left(\frac{PY - QX}{v^2}\right)^2 (x^2 - h^2) = C^{(0)} C^{(I)},$$

et par là

$$X_0^2 - Y_0^2 (x^2 - h^2) = C^{(0)} C^{(I)},$$

en dénotant par X_0, Y_0 les quotients de la division des fonctions

$$PX - QY(x^2 - h^2), \quad PY - QX$$

par v^2.

§ 34. De ce que nous savons sur la relation des fonctions P et Q, déterminées par les formules (12), et les solutions cherchées de l'équation

$$X^2 - Y^2 (x^2 - h^2) = C^{(0)} v^2,$$

il est clair qu'on tirera toutes ces solutions des formules

$$X_0 = \frac{PX - QY(x^2 - h^2)}{v^2},$$

$$Y_0 = \frac{PY - QX}{v^2},$$

en prenant pour X_0 et Y_0 toutes les fonctions entières propres à vérifier l'équation

$$X_0^2 - Y_0^2 (x^2 - h^2) = constante.$$

Or, d'après ce que nous avons vu dans le § 22 par rapport à l'équation

$$F^2(x) - \Phi^2(x)(x^2 - h^2) = L^2,$$

on ne pourra vérifier l'équation

$$X_0^2 - Y_0^2 (x^2 - h^2) = constante,$$

en prenant X_0 du degré n, que par les valeurs de X_0, Y_0 déterminées ainsi:

$$X_0 = C_0 P_n, \quad Y_0 = C_0 Q_n,$$

$$P_n + Q_n \sqrt{x^2 - h^2} = (x + \sqrt{x^2 - h^2})^n,$$

$$P_n - Q_n \sqrt{x^2 - h^2} = (x - \sqrt{x^2 - h^2})^n,$$

ou, ce qui revient au même,

$$X_0 + Y_0 \sqrt{x^2 - h^2} = C_0 \left(x + \sqrt{x^2 - h^2}\right)^n,$$
$$X_0 - Y_0 \sqrt{x^2 - h^2} = C_0 \left(x - \sqrt{x^2 - h^2}\right)^n.$$

D'où il suit qu'on trouvera toutes les solutions possibles de cette équation d'après les formules

$$X_0 + Y_0 \sqrt{x^2 - h^2} = C_0 \left(x + \sqrt{x^2 - h^2}\right)^\lambda,$$
$$X_0 - Y_0 \sqrt{x^2 - h^2} = C_0 \left(x - \sqrt{x^2 - h^2}\right)^\lambda,$$

en prenant pour l'exposant λ un nombre entier quelconque.

Nous concluons de là que toutes les solutions cherchées de l'équation

$$X^2 - Y^2 (x^2 - h^2) = C^{(0)} v^2$$

se déterminent par ce système d'équations:

$$X_0 = \frac{PX - QY(x^2 - h^2)}{v^2}, \quad Y_0 = \frac{PY - QX}{v^2},$$
$$X_0 + Y_0 \sqrt{x^2 - h^2} = C_0 \left(x + \sqrt{x^2 - h^2}\right)^\lambda,$$
$$X_0 - Y_0 \sqrt{x^2 - h^2} = C_0 \left(x - \sqrt{x^2 - h^2}\right)^\lambda,$$

où P, Q sont des fonctions entières qu'on trouve au moyen des formules (12).

§ 35. En passant à la recherche des valeurs de X et Y, nous remarquerons que les deux premières équations donnent

$$X_0 + Y_0 \sqrt{x^2 - h^2} = \frac{(P - Q\sqrt{x^2 - h^2})(X + Y\sqrt{x^2 - h^2})}{v^2},$$
$$X_0 - Y_0 \sqrt{x^2 - h^2} = \frac{(P + Q\sqrt{x^2 - h^2})(X - Y\sqrt{x^2 - h^2})}{v^2},$$

et, en vertu des deux dernières, ces formules deviennent

$$C_0 \left(x + \sqrt{x^2 - h^2}\right)^\lambda = \frac{(P - Q\sqrt{x^2 - h^2})(X + Y\sqrt{x^2 - h^2})}{v^2},$$
$$C_0 \left(x - \sqrt{x^2 - h^2}\right)^\lambda = \frac{(P + Q\sqrt{x^2 - h^2})(X - Y\sqrt{x^2 - h^2})}{v^2}.$$

En remplaçant ici, d'après (13), v^2 par $\frac{P^2 - Q^2(x^2 - h^2)}{C^{(1)}}$, nous obtenons

$$C_0\left(x + \sqrt{x^2 - h^2}\right)^\lambda = C^{(1)}\frac{(P - Q\sqrt{x^2 - h^2})(X + Y\sqrt{x^2 - h^2})}{P^2 - Q^2(x^2 - h^2)} = C^{(1)}\frac{X + Y\sqrt{x^2 - h^2}}{P + Q\sqrt{x^2 - h^2}},$$

$$C_0\left(x - \sqrt{x^2 - h^2}\right)^\lambda = C^{(1)}\frac{(P + Q\sqrt{x^2 - h^2})(X - Y\sqrt{x^2 - h^2})}{P^2 - Q^2(x^2 - h^2)} = C^{(1)}\frac{X - Y\sqrt{x^2 - h^2}}{P - Q\sqrt{x^2 - h^2}}.$$

D'où résultent ces valeurs de $X + Y\sqrt{x^2 - h^2}$ et $X - Y\sqrt{x^2 - h^2}$:

$$X + Y\sqrt{x^2 - h^2} = \frac{C_0}{C^{(1)}}\left(x + \sqrt{x^2 - h^2}\right)^\lambda \left(P + Q\sqrt{x^2 - h^2}\right),$$

$$X - Y\sqrt{x^2 - h^2} = \frac{C_0}{C^{(1)}}\left(x - \sqrt{x^2 - h^2}\right)^\lambda \left(P - Q\sqrt{x^2 - h^2}\right),$$

qui, après la substitution des valeurs (12) de $P + Q\sqrt{x^2 - h^2}$, $P - Q\sqrt{x^2 - h^2}$, et faisant

$$\frac{C_0}{C^{(1)}} = C_{\mathrm{I}},$$

deviennent

$$X + Y\sqrt{x^2 - h^2} = C_{\mathrm{I}}\left(x + \sqrt{x^2 - h^2}\right)^\lambda \left(\sqrt{\frac{x - h}{\alpha_1 - h}} + \varepsilon_1\sqrt{\frac{x + h}{\alpha_1 + h}}\right)^{2l_1} \left(\sqrt{\frac{x - h}{\alpha_2 - h}} + \varepsilon_2\sqrt{\frac{x + h}{\alpha_2 + h}}\right)^{2l_2} \cdots$$

$$X - Y\sqrt{x^2 - h^2} = C_{\mathrm{I}}\left(x - \sqrt{x^2 - h^2}\right)^\lambda \left(\sqrt{\frac{x - h}{\alpha_1 - h}} - \varepsilon_1\sqrt{\frac{x + h}{\alpha_1 + h}}\right)^{2l_1} \left(\sqrt{\frac{x - h}{\alpha_2 - h}} - \varepsilon_2\sqrt{\frac{x + h}{\alpha_2 + h}}\right)^{2l_2} \cdots$$

Ainsi nous parvenons à déterminer toutes les solutions de l'équation

$$X^2 - Y^2(x^2 - h^2) = C^{(0)} v^2$$

où $Y\sqrt{x^2 - h^2}$ ne s'annule pas pour $x = \alpha_1, \alpha_2, \ldots$. La quantité C_{I} et le et le nombre λ sont des constantes arbitraires; $\varepsilon_1, \varepsilon_2, \ldots$ désignent ± 1.

XI.

§ 36. D'après les solutions trouvées de l'équation

$$X^2 - Y^2(x^2 - h^2) = C^{(0)} v^2,$$

nous voyons que l'équation

$$U^2 - W^2(x^2 - h^2) = L^2 v^2.$$

établie par rapport à la fonction cherchée U (§ 30), suppose

$$U + W\sqrt{x^2-h^2} = C_{\mathrm{I}}\left(x+\sqrt{x^2-h^2}\right)^{\lambda}\left(\sqrt{\frac{x-h}{\alpha_1-h}}+\varepsilon_1\sqrt{\frac{x+h}{\alpha_1+h}}\right)^{2l_1}\left(\sqrt{\frac{x-h}{\alpha_2-h}}+\varepsilon_2\sqrt{\frac{x+h}{\alpha_2+h}}\right)^{2l_2}\cdots$$

$$U - W\sqrt{x^2-h^2} = C_{\mathrm{I}}\left(x-\sqrt{x^2-h^2}\right)^{\lambda}\left(\sqrt{\frac{x-h}{\alpha_1-h}}-\varepsilon_1\sqrt{\frac{x+h}{\alpha_1+h}}\right)^{2l_1}\left(\sqrt{\frac{x-h}{\alpha_2-h}}-\varepsilon_2\sqrt{\frac{x+h}{\alpha_2+h}}\right)^{2l_2}\cdots$$

et par là

$$U = \frac{C_{\mathrm{I}}}{2}\left(x+\sqrt{x^2-h^2}\right)^{\lambda}\left(\sqrt{\frac{x-h}{\alpha_1-h}}+\varepsilon_1\sqrt{\frac{x+h}{\alpha_1+h}}\right)^{2l_1}\left(\sqrt{\frac{x-h}{\alpha_2-h}}+\varepsilon_2\sqrt{\frac{x+h}{\alpha_2+h}}\right)^{2l_2}\cdots\cdot$$

$$+\frac{C_{\mathrm{I}}}{2}\left(x-\sqrt{x^2-h^2}\right)^{\lambda}\left(\sqrt{\frac{x-h}{\alpha_1-h}}-\varepsilon_1\sqrt{\frac{x+h}{\alpha_1+h}}\right)^{2l_1}\left(\sqrt{\frac{x-h}{\alpha_2-h}}-\varepsilon_2\sqrt{\frac{x+h}{\alpha_2+h}}\right)^{2l_2}\cdots\cdot,$$

$$W = \frac{C_{\mathrm{I}}}{2}\,\frac{\left(x+\sqrt{x^2-h^2}\right)^{\lambda}}{\sqrt{x^2-h^2}}\left(\sqrt{\frac{x-h}{\alpha_1-h}}+\varepsilon_1\sqrt{\frac{x+h}{\alpha_1+h}}\right)^{2l_1}\left(\sqrt{\frac{x-h}{\alpha_2-h}}+\varepsilon_2\sqrt{\frac{x+h}{\alpha_2+h}}\right)^{2l_2}\cdots\cdot$$

$$-\frac{C_{\mathrm{I}}}{2}\,\frac{\left(x-\sqrt{x^2-h^2}\right)^{\lambda}}{\sqrt{x^2-h^2}}\left(\sqrt{\frac{x-h}{\alpha_1-h}}-\varepsilon_1\sqrt{\frac{x+h}{\alpha_1+h}}\right)^{2l_1}\left(\sqrt{\frac{x-h}{\alpha_2-h}}-\varepsilon_2\sqrt{\frac{x+h}{\alpha_2+h}}\right)^{2l_2}\cdots$$

Pour déterminer les valeurs de λ et de C_{I} observons que l'expression trouvée de U, étant développée suivant les puissances descendantes de x, donne pour premier terme

$$2^{\lambda-1}C_{\mathrm{I}}\left(\frac{1}{\sqrt{\alpha_1-h}}+\frac{\varepsilon_1}{\sqrt{\alpha_1+h}}\right)^{2l_1}\left(\frac{1}{\sqrt{\alpha_2-h}}+\frac{\varepsilon_2}{\sqrt{\alpha_2+h}}\right)^{2l_2}\cdots\cdot x^{\lambda+l_1+l_2+\cdots},$$

et comme la fonction cherchée U est de la forme

$$x^n + p'x^{n-1} + \cdots + p^{(n-1)}x + p^{(n)},$$

il en résulte

$$\lambda + l_1 + l_2 + \cdots = n,$$

$$2^{\lambda-1}C_{\mathrm{I}}\left(\frac{1}{\sqrt{\alpha_1-h}}+\frac{\varepsilon_1}{\sqrt{\alpha_1+h}}\right)^{2l_1}\left(\frac{1}{\sqrt{\alpha_2-h}}+\frac{\varepsilon_2}{\sqrt{\alpha_2+h}}\right)^{2l_2}\cdots = 1.$$

La première de ces équations, en vertu de (11), nous donne

$$\lambda = n-(n-l-1) = l+1,$$

et en portant cette valeur de λ dans la dernière, on en tire

$$C_{\mathrm{I}} = \frac{1}{2^l}\,\frac{1}{\left(\frac{1}{\sqrt{\alpha_1-h}}+\frac{\varepsilon_1}{\sqrt{\alpha_1+h}}\right)^{2l_1}\left(\frac{1}{\sqrt{\alpha_2-h}}+\frac{\varepsilon_2}{\sqrt{\alpha_2+h}}\right)^{2l_2}\cdots}.$$

D'après cela les expressions précédentes de U et W deviennent

$$U=\left(\frac{x+\sqrt{x^2-h^2}}{2}\right)^{l+1}\left[\frac{\sqrt{\frac{x-h}{\alpha_1-h}}+\varepsilon_1\sqrt{\frac{x+h}{\alpha_1+h}}}{\frac{1}{\sqrt{\alpha_1-h}}+\frac{\varepsilon_1}{\sqrt{\alpha_1+h}}}\right]^{2l_1}\left[\frac{\sqrt{\frac{x-h}{\alpha_2-h}}+\varepsilon_2\sqrt{\frac{x+h}{\alpha_2+h}}}{\frac{1}{\sqrt{\alpha_2-h}}+\frac{\varepsilon_2}{\sqrt{\alpha_2+h}}}\right]^{2l_2}\cdots$$

$$+\left(\frac{x-\sqrt{x^2-h^2}}{2}\right)^{l+1}\left[\frac{\sqrt{\frac{x-h}{\alpha_1-h}}-\varepsilon_1\sqrt{\frac{x+h}{\alpha_1+h}}}{\frac{1}{\sqrt{\alpha_1-h}}+\frac{\varepsilon_1}{\sqrt{\alpha_1+h}}}\right]^{2l_1}\left[\frac{\sqrt{\frac{x-h}{\alpha_2-h}}-\varepsilon_2\sqrt{\frac{x+h}{\alpha_2+h}}}{\frac{1}{\sqrt{\alpha_2-h}}+\frac{\varepsilon_2}{\sqrt{\alpha_2+h}}}\right]^{2l_2}\cdots$$

$$W=\frac{(x+\sqrt{x^2-h^2})^{l+1}}{2^{l+1}\sqrt{x^2-h^2}}\left[\frac{\sqrt{\frac{x-h}{\alpha_1-h}}+\varepsilon_1\sqrt{\frac{x+h}{\alpha_1+h}}}{\frac{1}{\sqrt{\alpha_1-h}}+\frac{\varepsilon_1}{\sqrt{\alpha_1+h}}}\right]^{2l_1}\left[\frac{\sqrt{\frac{x-h}{\alpha_2-h}}+\varepsilon_2\sqrt{\frac{x+h}{\alpha_2+h}}}{\frac{1}{\sqrt{\alpha_2-h}}+\frac{\varepsilon_2}{\sqrt{\alpha_2+h}}}\right]^{2l_2}\cdots$$

$$+\frac{(x+\sqrt{x^2-h^2})^{l+1}}{2^{l+1}\sqrt{x^2-h^2}}\left[\frac{\sqrt{\frac{x-h}{\alpha_1-h}}-\varepsilon_1\sqrt{\frac{x+h}{\alpha_1+h}}}{\frac{1}{\sqrt{\alpha_1-h}}+\frac{\varepsilon_1}{\sqrt{\alpha_1+h}}}\right]^{2l_1}\left[\frac{\sqrt{\frac{x-h}{\alpha_2-h}}-\varepsilon_2\sqrt{\frac{x+h}{\alpha_2+h}}}{\frac{1}{\sqrt{\alpha_2-h}}+\frac{\varepsilon_2}{\sqrt{\alpha_2+h}}}\right]^{2l_2}\cdots$$

§ 37. Pour trouver la valeur de L, remarquons que pour $x=h$ l'équation

$$U^2-W^2(x^2-h^2)=L^2v^2$$

donne

$$U^2=L^2v^2,\quad U=\pm Lv,$$

ce qui prouve que la quantité L, au signe près, est égale à la valeur de $\frac{U}{v}$ pour $x=h$, et comme les expressions précédentes de U et de v, dans le cas de $x=h$, fournissent

$$U=2\left(\frac{h}{2}\right)^{l+1}\left[\frac{\varepsilon_1\sqrt{\frac{2h}{\alpha_1+h}}}{\frac{1}{\sqrt{\alpha_1-h}}+\frac{\varepsilon_1}{\sqrt{\alpha_1+h}}}\right]^{2l_1}\left[\frac{\varepsilon_2\sqrt{\frac{2h}{\alpha_2+h}}}{\frac{1}{\sqrt{\alpha_2-h}}+\frac{\varepsilon_2}{\sqrt{\alpha_2+h}}}\right]^{2l_2}\cdots$$

$$=\frac{(\alpha_1-h)^{l_1}(\alpha_2-h)^{l_2}\ldots h^{l+l_1+l_2+\ldots+1}}{2^l(\alpha_1+\varepsilon_1\sqrt{\alpha_1^2-h^2})^{l_1}(\alpha_2+\varepsilon_2\sqrt{\alpha_2^2-h^2})^{l_2}\ldots},$$

$$v=\pm A_0(\alpha_1-h)^{l_1}(\alpha_2-h)^{l_2}\ldots,$$

et que d'après (11)

$$l_1+l_2+\ldots=n-l-1,$$

il en résulte cette valeur de L:

$$L=\pm\frac{h^n}{2^l A_0(\alpha_1+\varepsilon_1\sqrt{\alpha_1^2-h^2})^{l_1}(\alpha_2+\varepsilon_2\sqrt{\alpha_2^2-h^2})^{l_2}\ldots},$$

ou, ce qui revient au même,

$$L = \pm \frac{h^n}{2^l A_0 \alpha_1^{l_1} \alpha_2^{l_2} \ldots \left(1 + \varepsilon_1 \sqrt{1 - \frac{h^2}{\alpha_1^2}}\right)^{l_1} \left(1 + \varepsilon_2 \sqrt{1 - \frac{h^2}{\alpha_2^2}}\right)^{l_2} \ldots}.$$

Mais comme on a

$$v = A_0 x^{n-l-1} + A_1 x^{n-l-2} + \ldots + A_{n-l-1} = A_0 (x - \alpha_1)^{l_1} (x - \alpha_2)^{l_2} \ldots,$$

on trouve

$$\alpha_1^{l_1} \alpha_2^{l_2} \ldots = \pm \frac{A_{n-l-1}}{A_0},$$

et par là l'expression trouvée de L se réduit à celle-ci:

$$(15) \qquad L = \pm \frac{h^n}{2^l A_{n-l-1} \left(1 + \varepsilon_1 \sqrt{1 - \frac{h^2}{\alpha_1^2}}\right)^{l_1} \left(1 + \varepsilon_2 \sqrt{1 - \frac{h^2}{\alpha_2^2}}\right)^{l_2} \ldots}.$$

§ 38. Dans les expressions de la fonction cherchée U et de la quantité L il ne reste d'inconnu que les signes de $\varepsilon_1 = \pm 1$, $\varepsilon_2 = \pm 1 \ldots$

Nous allons montrer maintenant qu'on doit prendre

$$\varepsilon_1 = +1, \quad \varepsilon_2 = +1, \ldots,$$

si l'on désigne simplement par des radicaux

$$\sqrt{1 - \frac{h^2}{\alpha_1^2}}, \quad \sqrt{1 - \frac{h^2}{\alpha_2^2}}, \ldots,$$

celles des racines des équations

$$x^2 = 1 - \frac{h^2}{\alpha_1^2}, \quad x^2 = 1 - \frac{h^2}{\alpha_2^2}, \ldots,$$

dont la partie réelle est positive.

D'après l'expression de L on voit que son module, pour $\varepsilon_1 = +1$, $\varepsilon_2 = +1, \ldots$, a la plus petite valeur de celles qu'on trouve dans toutes les hypothèses possibles sur les signes de $\varepsilon_1 = \pm 1$, $\varepsilon_2 = \pm 1, \ldots$; car, les parties réelles des quantités

$$\sqrt{1 - \frac{h^2}{\alpha_1^2}}, \quad \sqrt{1 - \frac{h^2}{\alpha_2^2}}, \ldots$$

étant positives, les modules de

$$1 + \sqrt{1 - \frac{h^2}{\alpha_1^2}}, \quad 1 + \sqrt{1 - \frac{h^2}{\alpha_2^2}}, \ldots$$

sont respectivement au-dessus de ceux de

$$1-\sqrt{1-\frac{h^2}{\alpha_1^2}},\quad 1-\sqrt{1-\frac{h^2}{\alpha_2^2}},\ldots.$$

D'autre part, on reconnaît aisément que la valeur de L, qu'on trouve en prenant $\varepsilon_1=+1$, $\varepsilon_2=+1,\ldots.$, est réelle. En effet, les quantités α_1, $\alpha_2,\ldots.$ ne peuvent avoir, comme nous l'avons vu (§ 31), de valeurs réelles comprises entre $x=-h$ et $x=+h$, et par là on voit que les expressions

$$\sqrt{1-\frac{h^2}{\alpha_1^2}},\quad \sqrt{1-\frac{h^2}{\alpha_2^2}},\ldots.$$

ne sauraient être imaginaires que dans le cas où α_1, $\alpha_2,\ldots.$ le sont.

Mais comme les facteurs imaginaires de la fonction réelle

$$v=A_0\,(x-\alpha_1)^{l_1}\,(x-\alpha_2)^{l_2}\ldots.$$

sont conjugués deux à deux, il suit que la même chose aura lieu par rapport aux facteurs imaginaires du produit

$$\left(1+\sqrt{1-\frac{h^2}{\alpha_1^2}}\right)^{l_1}\left(1+\sqrt{1-\frac{h^2}{\alpha_2^2}}\right)^{l_2}\ldots.$$

et alors notre formule donne pour U une valeur réelle.

En vertu de ce que nous avons montré sur la valeur de L dans le cas de $\varepsilon_1=+1$, $\varepsilon_2=+1,\ldots.$, on voit qu'elle sera la plus petite parmi les valeurs réelles de L, qu'on peut trouver d'après notre formule. Or, comme L désigne la limite des valeurs de la fonction cherchée $\frac{U}{v}$ entre $x=-h$ et $x=+h$, et que, suivant notre problème, il s'agit de rendre cette valeur aussi proche de zéro que possible, il en résulte que la supposition

$$\varepsilon_1=+1,\quad \varepsilon_2=+1,\ldots.,$$

donne la solution cherchée, si toutefois, en prenant ces valeurs de ε_1, $\varepsilon_2,\ldots.$ dans nos formules, on trouve que la fraction $\frac{U}{v}$, depuis $x=-h$ jusqu'à $x=+h$, reste effectivement comprise entre $-L$ et $+L$. C'est ce qu'on reconnait très aisément, comme nous allons le montrer.

En posant $\varepsilon_1 = +1$, $\varepsilon_2 = +1, \ldots.$ dans les valeurs trouvées de U et W, nous remarquons qu'elles se réduisent à cette forme:

$$(16)\quad U = \left(\frac{x+\sqrt{x^2-h^2}}{2}\right)^{l+1} \left[\frac{\frac{\alpha_1 x - h^2}{\alpha_1} + \sqrt{1-\frac{h^2}{\alpha_1^2}}\sqrt{x^2-h^2}}{1+\sqrt{1-\frac{h^2}{\alpha_1^2}}}\right]^{l_1} \left[\frac{\frac{\alpha_2 x - h^2}{\alpha_2} + \sqrt{1-\frac{h^2}{\alpha_2^2}}\sqrt{x^2-h^2}}{1+\sqrt{1-\frac{h^2}{\alpha_2^2}}}\right]^{l_2} \cdots$$

$$+ \left(\frac{x-\sqrt{x^2-h^2}}{2}\right)^{l+1} \left[\frac{\frac{\alpha_1 x - h^2}{\alpha_1} - \sqrt{1-\frac{h^2}{\alpha_1^2}}\sqrt{x^2-h^2}}{1+\sqrt{1-\frac{h^2}{\alpha_1^2}}}\right]^{l_1} \left[\frac{\frac{\alpha_2 x - h^2}{\alpha_2} - \sqrt{1-\frac{h^2}{\alpha_2^2}}\sqrt{x^2-h^2}}{1+\sqrt{1-\frac{h^2}{\alpha_2^2}}}\right]^{l_2} \cdots$$

$$W = \frac{(x+\sqrt{x^2-h^2})^{l+1}}{2^{l+1}\sqrt{x^2-h^2}} \left[\frac{\frac{\alpha_1 x - h^2}{\alpha_1} + \sqrt{1-\frac{h^2}{\alpha_1^2}}\sqrt{x^2-h^2}}{1+\sqrt{1-\frac{h^2}{\alpha_1^2}}}\right]^{l_1} \left[\frac{\frac{\alpha_2 x - h^2}{\alpha_2} + \sqrt{1-\frac{h^2}{\alpha_2^2}}\sqrt{x^2-h^2}}{1+\sqrt{1-\frac{h^2}{\alpha_2^2}}}\right]^{l_2} \cdots$$

$$- \frac{(x-\sqrt{x^2-h^2})^{l+1}}{2^{l+1}\sqrt{x^2-h^2}} \left[\frac{\frac{\alpha_1 x - h^2}{\alpha_1} - \sqrt{1-\frac{h^2}{\alpha_1^2}}\sqrt{x^2-h^2}}{1+\sqrt{1-\frac{h^2}{\alpha_1^2}}}\right]^{l_1} \left[\frac{\frac{\alpha_2 x - h^2}{\alpha_2} - \sqrt{1-\frac{h^2}{\alpha_2^2}}\sqrt{x^2-h^2}}{1+\sqrt{1-\frac{h^2}{\alpha_2^2}}}\right]^{l_2} \cdots$$

et comme les facteurs des produits

$$\left(1+\sqrt{1-\frac{h^2}{\alpha_1^2}}\right)^{l_1}\left(1+\sqrt{1-\frac{h^2}{\alpha_2^2}}\right)^{l_2}\ldots.,$$

$$\left(\frac{\alpha_1 x - h^2}{\alpha_1} + \sqrt{1-\frac{h^2}{\alpha_1^2}}\sqrt{x^2-h^2}\right)^{l_1}\left(\frac{\alpha_2 x - h^2}{\alpha_2} + \sqrt{1-\frac{h^2}{\alpha_2^2}}\sqrt{x^2-h^2}\right)^{l_2}\ldots.,$$

$$\left(\frac{\alpha_1 x - h^2}{\alpha_1} - \sqrt{1-\frac{h^2}{\alpha_1^2}}\sqrt{x^2-h^2}\right)^{l_1}\left(\frac{\alpha_2 x - h^2}{\alpha_2} - \sqrt{1-\frac{h^2}{\alpha_2^2}}\sqrt{x^2-h^2}\right)^{l_2}\ldots.,$$

en vertu de ce que nous avons vu par rapport aux quantités $\sqrt{1-\frac{h^2}{\alpha_1^2}}$, $\sqrt{1-\frac{h^2}{\alpha_2^2}}, \ldots.$, sont ou réels ou imaginaires, conjugués deux à deux, on voit que les valeurs U et W sont nécessairement réelles. Mais tant que les fonctions U, W et la quantité L sont réelles, l'équation

$$U^2 - W^2 (x^2 - h^2) = L^2 v^2$$

suppose que, depuis $x = -h$ jusqu'à $x = +h$, la fonction U^2 ne surpasse pas $L^2 v^2$, et par conséquent, la fonction $\frac{U}{v}$ reste comprise entre $-L$ et $+L$, ce qu'il s'agissait de prouver. Ainsi nous parvenons à reconnaitre que, la fonction U étant déterminée d'après la formule (16), la fraction $\frac{U}{v}$ sera celle qui, parmi toutes les autres de la forme

$$\frac{x^n + p' x^{n-1} + \ldots + p^{(n-1)} x + p^{(n)}}{A_0 x^{n-l-1} + A_1 x^{n-l-2} + \ldots + A_{n-l-1}}$$

et avec le même dénominateur

$$A_0 x^{n-l-1} + A_1 x^{n-l-2} + \ldots + A_{n-l-1},$$

s'écarte le moins de zéro entre $x = -h$ et $x = +h$. Quant à L, limite des valeurs de cette fraction entre $x = -h$ et $x = +h$, nous trouvons, en prenant dans la formule (15) $\varepsilon_1 = 1$, $\varepsilon_2 = 1, \ldots$, qu'elle s'exprime ainsi:

$$L = \pm \frac{h^n}{2^l A_{n-l-1} \left(1 + \sqrt{1 - \frac{h^2}{\alpha_1^2}}\right)^{l_1} \left(1 + \sqrt{1 - \frac{h^2}{\alpha_2^2}}\right)^{l_2} \ldots}.$$

Comme toutes les autres fractions avec le dénominateur

$$A_0 x^{n-l-1} + A_1 x^{n-l-2} + \ldots + A_{n-l-1}$$

et le numérateur

$$x^n + p' x^{n-1} + \ldots + p^{(n-1)} x + p^{(n)},$$

entre $x = -h$ et $x = +h$, s'écarteront de zéro plus que celle dont nous venons de parler, il en résulte que, dans cet intervalle, leur valeur ne pourra pas être au-dessous de la valeur trouvée de L.

XII.

§ 39. Indiquons maintenant le parti que l'on peut tirer pour l'Algèbre des résultats donnés sur les fractions de la forme

$$\frac{x^n + p' x^{n-1} + \ldots + p^{(n-1)} x + p^{(n)}}{A_0 x^{n-l-1} + A_1 x^{n-l-2} + \ldots + A_{n-l-1}}.$$

Si $\alpha_1, \alpha_2, \ldots$ sont réelles, les quantités

$$1 + \sqrt{1 - \frac{h^2}{\alpha_1^2}}, \quad 1 + \sqrt{1 - \frac{h^2}{\alpha_2^2}}, \ldots$$

comme nous l'avons vu, le sont aussi, et leurs valeurs sont évidemment au-dessous de 2. D'autre part, si $\alpha_1, \alpha_2, \ldots$ sont des valeurs imaginaires et que ρ soit la limite inférieure de leurs modules, on voit que les modules des quantités

$$1+\sqrt{1-\frac{h^2}{\alpha_1^2}},\quad 1+\sqrt{1-\frac{h^2}{\alpha_2^2}},\ldots.$$

ne surpassent pas $1+\sqrt{1+\frac{h^2}{\rho^2}}$ et, par conséquent, restent au-dessous de $2+\frac{h}{\rho}$; car $\sqrt{1+\frac{h^2}{\rho^2}}<1+\frac{h}{\rho}$. D'après cela, en supposant que l'équation

$$A_0x^{n-l-1}+A_1x^{n-l-2}+\ldots.+A_{n-l-1}=A_0(x-\alpha_1)^{l_1}(x-\alpha_2)^{l_2}\ldots.=0,$$

a μ racines imaginaires et $n-l-\mu-1$ racines réelles, nous trouvons que le produit

$$\left(1+\sqrt{1-\frac{h^2}{\alpha_1^2}}\right)^{l_1}\left(1+\sqrt{1-\frac{h^2}{\alpha_2^2}}\right)^{l_2}\ldots.$$

est plus petit que $2^{n-l-\mu-1}\left(2+\frac{h}{\rho}\right)^{\mu}=2^{n-l-1}\left(\frac{2\rho+h}{2\rho}\right)^{\mu}$, et par là

$$\frac{h^n}{2^l\left(1+\sqrt{1-\frac{h^2}{\alpha_1^2}}\right)^{l_1}\left(1+\sqrt{1-\frac{h^2}{\alpha_2^2}}\right)^{l_2}\ldots.}>2\left(\frac{h}{2}\right)^n\left(\frac{2\rho}{2\rho+h}\right)^{\mu}.$$

D'où, en vertu de la valeur de

$$L=\pm\frac{h^n}{2^lA_{n-l-1}\left(1+\sqrt{1-\frac{h^2}{\alpha_1^2}}\right)^{l_1}\left(1+\sqrt{1-\frac{h^2}{\alpha_2^2}}\right)^{l_2}\ldots.},$$

résulte, dans le cas de $A_{n-l-1}=1$, ce théorème:

Théorème 12.

Si le dénominateur de la fraction

$$\frac{x^n+p'x^{n-1}+\ldots.+p^{(n-1)}x+p^{(n)}}{A_0x^{n-l-1}+A_1x^{n-l-2}+\ldots.+A_{n-l-2}x+1}$$

ne s'annule pas entre $x=-h$ et $x=+h$, la valeur numérique de cette fraction, depuis $x=-h$ jusqu'à $x=+h$, ne peut rester au-dessous de $2\left(\frac{h}{2}\right)^n\left(\frac{2\rho}{2\rho+h}\right)^{\mu}$, où μ est le nombre des racines imaginaires de l'équation

$$A_0x^{n-l-1}+A_1x^{n-l-2}+\ldots.+A_{n-l-2}x+1=0$$

et ρ la limite inférieure de leurs modules.

Si la fonction $A_0 x^{n-l-1} + A_1 x^{n-l-2} + A_{n-l-2} x + 1$ s'annule entre $x = -h$ et $x = +h$, dans ces limites la fraction

$$\frac{x^n + p' x^{n-1} + \ldots + p^{(n-1)} x + p^{(n)}}{A_0 x^{n-l-1} + A_1 x^{n-l-2} + \ldots + A_{n-l-2} x + 1}$$

ne peut rester finie, à moins que son numérateur ne s'annule en même temps que le dénominateur. D'après cela le théorème actuel entraîne celui-ci:

Théorème 13.

Dans les limites $x = -h$ et $x = +h$, où la fraction

$$\frac{x^n + p' x^{n-1} + \ldots + p^{(n-1)} x + p^{(n)}}{A_0 x^{n-l-1} + A_1 x^{n-l-2} + \ldots + A_{n-l-2} x + 1}$$

ne devient $\frac{0}{0}$, sa valeur numérique ne peut rester au-dessous de $2\left(\frac{h}{2}\right)^n \left(\frac{2\rho}{2\rho + h}\right)^\mu$, μ étant le nombre des racines imaginaires de l'équation $A_0 x^{n-l-1} + A_1 x^{n-l-2} + \ldots + A_{n-l-2} x + 1 = 0$ et ρ la limite inférieure de leurs modules.

Dans le cas, où le dénominateur

$$A_0 x^{n-l-1} + A_1^{\,n-l-2} + \ldots + A_{n-l-2} x + 1$$

ne contient que des facteurs réels, le nombre μ se réduit à zéro, et le théorème précédent se change en cet autre:

Théorème 14.

Si la fraction

$$\frac{x^n + p' x^{n-1} + \ldots + p^{(n-1)} x + p^{(n)}}{A_0 x^{n-l-1} + A_1 x^{n-l-2} + \ldots + A_{n-l-2} x + 1}$$

dont le dénominateur est composé de facteurs linéaires réels, ne devient $\frac{0}{0}$ entre $x = -h$ et $x = +h$, sa valeur numérique dans ces limites ne peut rester au-dessous de $2\left(\frac{h}{2}\right)^n$.

§ 40. D'après ces théorèmes on démontre plusieurs propositions très simples par rapport à la résolution des équations. En voici quelques-unes:

Théorème 15.

Si l'équation $Ax^{2\lambda} + Cx^{2\lambda-2} + \ldots + Hx^2 + K = 0$ *a* μ *racines imaginaires et que leurs modules ne soient pas inférieurs à* ρ, *on trouve au moins une racine de l'équation*

$$x^{2\lambda+1} + Ax^{2\lambda} + Bx^{2\lambda-1} + Cx^{2\lambda-2} + \ldots + Hx^2 + Jx + K = 0$$

entre $x = -h$ *et* $x = +h$, *tant que la valeur numérique de* K *ne surpasse pas* $2\left(\frac{h}{2}\right)^{2\lambda+1}\left(\frac{2\rho}{2\rho+h}\right)^{\mu}$.

En effet, si l'équation

$$x^{2\lambda+1} + Ax^{2\lambda} + Bx^{2\lambda-1} + Cx^{2\lambda-2} + \ldots + Hx^2 + Jx + K = 0$$

n'avait point de solutions entre $x = -h$ et $x = +h$, la même chose aurait lieu par rapport à celle-ci:

$$x^{2\lambda+1} - Ax^{2\lambda} + Bx^{2\lambda-1} - Cx^{2\lambda-2} + \ldots - Hx^2 + Jx - K = 0,$$

qu'on trouve en changeant x en $-x$ dans l'équation

$$x^{2\lambda+1} + Ax^{2\lambda} + Bx^{2\lambda-1} + Cx^{2\lambda-2} + \ldots + Hx^2 + Jx + K = 0,$$

et par là il faudrait conclure que, dans les limites $x = -h$ et $= +h$, on ne peut satisfaire à cette équation

$$(x^{2\lambda+1} + Bx^{2\lambda-1} + \ldots + Jx)^2 - (Ax^{2\lambda} + Cx^{2\lambda-2} + \ldots + Hx^2 + K)^2 = 0,$$

obtenue en multipliant entre elles les deux équations précédentes. Or cela est inadmissible, comme nous allons le montrer.

Cette équation a évidemment une solution entre $x = -h$ et $x = +h$, si dans ces limites les deux fonctions

$$x^{2\lambda+1} + Bx^{2\lambda-1} + \ldots + Jx,$$

$$Ax^{2\lambda} + Cx^{2\lambda-2} + \ldots + Hx^2 + K$$

s'annulent ensemble. Dans le cas contraire la fraction

$$\frac{x^{2\lambda+1} + Bx^{2\lambda-1} + \ldots + Jx}{\frac{A}{K}x^{2\lambda} + \frac{C}{K}x^{2\lambda-2} + \ldots + \frac{H}{K}x^2 + 1},$$

entre $x = -h$ et $x = +h$, ne devient pas $\frac{0}{0}$, et alors, d'après le théorème 13, sa valeur numérique ne peut rester au-dessous de $2\left(\frac{h}{2}\right)^{2\lambda+1}\left(\frac{2\rho}{2\rho+h}\right)^{\mu}$, et par conséquent au-dessous de la valeur numérique de K, cette valeur étant, par hypothèse, tout au plus égale à $2\left(\frac{h}{2}\right)^{2\lambda+1}\left(\frac{2\rho}{2\rho+h}\right)^{\mu}$. Mais en mettant l'équation

$$(x^{2\lambda+1}+Bx^{2\lambda-1}+\ldots\ldots+Jx)^2-(Ax^{2\lambda}+Cx^{2\lambda-2}+\ldots\ldots+Hx^2+K)^2=0$$

sous la forme

$$\left(\frac{x^{2\lambda+1}+Bx^{2\lambda-1}+\ldots\ldots+Jx}{\frac{A}{K}x^{2\lambda}+\frac{C}{K}x^{2\lambda-2}+\ldots\ldots+\frac{H}{K}x^2+1}\right)^2-K^2=0,$$

on s'assure aisément qu'elle a au moins une racine entre $x=-h$ et $x=+h$, tant que la fraction

$$\frac{x^{2\lambda+1}+Bx^{2\lambda-1}+\ldots\ldots+Jx}{\frac{A}{K}x^{2\lambda}+\frac{C}{K}x^{2\lambda-2}+\ldots\ldots+\frac{H}{K}x^2+1}$$

qui s'annule pour $x=0$, ne reste pas dans ces limites numériquement au-déssous de K, ce qui prouve le théorème énoncé.

A l'aide de ce théorème on trouvera toujours les limites $-h$ et $+h$ où l'équation

$$x^{2\lambda+1}+Ax^{2\lambda}+Bx^{2\lambda-1}+Cx^{2\lambda-2}+\ldots\ldots+Hx^2+Jx+K=0$$

a au moins une racine, en prenant pour h une valeur positive qui remplisse la condition

$$(17)\qquad 4\left(\frac{h}{2}\right)^{4\lambda+2}\left(\frac{2\rho}{2\rho+h}\right)^{2\mu}\overline{\overline{>}}K^2.$$

Or si l'équation

$$Ax^{2\lambda}+Cx^{2\lambda-2}+\ldots\ldots+Hx^2+K=0$$

n'a que des racines réelles, le nombre μ se réduit à zéro, et alors cette condition devient

$$4\left(\frac{h}{2}\right)^{4\lambda+2}\overline{\overline{>}}K^2,$$

ou

$$h\geqq 2\sqrt[4\lambda+2]{\tfrac{1}{4}K^2},$$

ce qu'on vérifiera en prenant pour h celle des deux valeurs $+2\sqrt[2\lambda+1]{\frac{1}{2}K}$, $-2\sqrt[2\lambda+1]{\frac{1}{2}K}$ qui est positive. D'où résulte le théorème suivant:

Théorème 16.

Dans les limites $-2\sqrt[2\lambda+1]{\frac{1}{2}K}$, $+2\sqrt[2\lambda+1]{\frac{1}{2}K}$ *on trouve au moins une racine de l'équation*

$$x^{2\lambda+1}+Ax^{2\lambda}+B^{2\lambda-1}+Cx^{2\lambda-2}+\ldots+Hx^2+Jx+K=0$$

si l'équation $Ax^{2\lambda}+Cx^{2\lambda-2}+\ldots K=0$ *n'a que des racines réelles.*

§ 41. En remarquant que la condition (17) peut être mise sous la forme

$$4\left(\frac{h}{2}\right)^{4\lambda-2\mu+2} \overline{\gtrless} K^2\left(\frac{2}{h}+\frac{1}{\rho}\right)^{2\mu},$$

on voit aisément qu'on la vérifie par une valeur positive de h, en prenant

$$h=2\sqrt[4\lambda+2]{\frac{1}{4}K^2}\left[1+\frac{1}{\rho}\sqrt[4\lambda+2]{\frac{1}{4}K^2}\right]^{\frac{\mu}{2\lambda+1-\mu}}.$$

Pour s'en assurer, on n'a qu'à remarquer que, pour cette valeur de h, on trouve d'une part

$$4\left(\frac{h}{2}\right)^{4\lambda-2\mu+2}=4\left(\frac{1}{4}K^2\right)^{\frac{4\lambda-2\mu+2}{4\lambda+2}}\left[1+\frac{1}{\rho}\sqrt[4\lambda+2]{\frac{1}{4}K^2}\right]^{2\mu}=K^2\left[\sqrt[4\lambda+2]{\frac{4}{K^2}}+\frac{1}{\rho}\right]^{2\mu},$$

et de l'autre $\left(\text{à cause de } h>2\sqrt[4\lambda+2]{\frac{1}{4}K^2}\right)$

$$K^2\left[\frac{2}{h}+\frac{1}{\rho}\right]^{2\mu}<K^2\left[\sqrt[4\lambda+2]{\frac{4}{K^2}}+\frac{1}{\rho}\right]^{2\mu}.$$

D'où resulte l'inégalité

$$4\left(\frac{h}{2}\right)^{4\lambda-2\mu+2}>K^2\left[\frac{2}{h}+\frac{1}{\rho}\right]^{2\mu},$$

qu'il s'agissait de vérifier.

En observant que, d'après l'expression ci-dessus de h, cette valeur propre à remplir la condition (17) est égale à

$$\pm 2 \sqrt[2\lambda+1]{\frac{1}{2}K}\left[1+\frac{1}{\rho}\sqrt[4\lambda+2]{\frac{1}{4}K^2}\right]^{\frac{\mu}{2\lambda-\mu+1}}$$

avec l'un des deux signes $\pm$, nous déduissons du théorème 15 celui-ci:

Théorème 17.

On trouve toujours au moins une racine de l'équation

$$x^{2\lambda+1}+Ax^{2\lambda}+Bx^{2\lambda-1}+Cx^{2\lambda-2}+\ldots\ldots+Hx^2+Jx+K=0$$

entre les limites

$$-2 \sqrt[2\lambda+1]{\frac{1}{2}K}\left[1+\frac{1}{\rho}\sqrt[4\lambda+2]{\frac{1}{4}K^2}\right]^{\frac{\mu}{2\lambda-\mu+1}},$$

$$+2 \sqrt[2\lambda+1]{\frac{1}{2}K}\left[1+\frac{1}{\rho}\sqrt[4\lambda+2]{\frac{1}{4}K^2}\right]^{\frac{\mu}{2\lambda-\mu+1}},$$

où μ est le nombre des racines imaginaires de l'équation

$$Ax^{2\lambda}+Cx^{2\lambda-2}+\ldots\ldots+Hx^2+K=0$$

et ρ la limite inférieure de leurs modules.

Si μ ne surpasse pas λ, la fraction $\frac{\mu}{2\lambda-\mu+1}$ reste plus petite que 1, et alors *)

$$\left[1+\frac{1}{\rho}\sqrt[4\lambda+2]{\frac{1}{4}K^2}\right]^{\frac{\mu}{2\lambda-\mu+1}} < 1+\rho^{\frac{-\mu}{2\lambda-\mu+1}}\left(\frac{1}{4}K^2\right)^{\frac{\mu}{(4\lambda+2)(2\lambda-\mu+1)}};$$

d'où il résulte

$$2 \sqrt[2\lambda+1]{\frac{1}{2}K}\left[1+\frac{1}{\rho}\sqrt[4\lambda+2]{\frac{1}{4}K^2}\right]^{2\lambda+1-\mu} < 2\sqrt[2\lambda+1]{\frac{1}{2}K}+2\sqrt[2\lambda-\mu+1]{\frac{K}{2\rho^\mu}},$$

et le théorème précédent entraîne celui-ci:

---

*) On reconnait aisément que dans le cas de $z>0$, $m<1$ et >0, la quantité $(1+z)^m$ est plus petite que $1+z^m$, en remarquant que la fonction $(1+z)^m-1-z^m$, dont la première dérivée est $m[(1+z)^{m-1}-z^{m-1}]$, reste décroissante pour toutes les valeurs positives de z et s'annule pour $z=0$.

Théorème 18.

Si μ, le nombre des racines imaginaires de l'équation

$$Ax^{2\lambda} + Cx^{2\lambda-2} + \ldots + Hx^2 + K = 0,$$

ne surpasse pas λ et leurs modules ne sont pas inférieurs à ρ, on trouve toujours au moins une racine de l'équation

$$x^{2\lambda+1} + Ax^{2\lambda} + Bx^{2\lambda-1} + Cx^{2\lambda-2} + \ldots + Hx^2 + Jx + K = 0$$

entre les limites

$$+ 2\sqrt[2\lambda+1]{\frac{1}{2}K} + 2\sqrt[2\lambda-\mu+1]{\frac{K}{2\rho^{\mu}}},$$

$$- 2\sqrt[2\lambda+1]{\frac{1}{2}K} - 2\sqrt[2\lambda-\mu+1]{\frac{K}{2\rho^{\mu}}}.$$

Dans le cas où l'équation

$$Ax^{2\lambda} + Cx^{2\lambda-2} + \ldots + Hx^2 + K = 0$$

se réduit à

$$K_0 x^{2\lambda_0} + K = 0,$$

les quantités K_0, K étant de même signe, on trouve que μ, le nombre de ses racines imaginaires, est égal à $2\lambda_0$, et toutes ces racines ont pour module $\sqrt[2\lambda_0]{\frac{K}{K_0}}$. Or, en prenant cette valeur pour ρ et posant $\mu = 2\lambda_0$, on obtient

$$2\sqrt[2\lambda+1]{\frac{1}{2}K} + 2\sqrt[2\lambda-\mu+1]{\frac{K}{2\rho^{\mu}}} = 2\sqrt[2\lambda+1]{\frac{1}{2}K} + 2\sqrt[2(\lambda-\lambda_0)+1]{\frac{1}{2}K_0}.$$

D'où, en vertu du théorème précédent, résulte le suivant:

Thérème 19.

Si l'équation

$$x^{2\lambda+1} + Cx^{2\lambda-1} + \ldots + K_0 x^{2\lambda_0} + \ldots + Jx + K = 0$$

ne contient qu'un terme $K_0\, x^{2\lambda_0}$ avec la puissance paire de x et que le coefficient de ce terme soit de même signe que le terme connu K et l'exposant ne *surpasse pas* λ, *cette équation a au moins une racine, comprise entre les limites*

$$-2\sqrt[2\lambda+1]{\tfrac{1}{2}K}-2\sqrt[2(\lambda-\lambda_0)+1]{\tfrac{1}{2}K_0},$$

$$+2\sqrt[2\lambda+1]{\tfrac{1}{2}K}+2\sqrt[2(\lambda-\lambda_0)+1]{\tfrac{1}{2}K_0}.$$

Si les termes $K_0 x^{2\lambda_0}$ et K sont de signes contraires, on trouvera, d'après le théorème 11, au moins une des racines de l'équation

$$x^{2\lambda+1}+Cx^{2\lambda-1}+\ldots\ldots+K_0x^{2\lambda_0}+\ldots\ldots+Jx+K=0$$

dans ces limites plus rapprochées:

$$-2\sqrt[2\lambda+1]{\tfrac{1}{2}K},\quad +2\sqrt[2\lambda+1]{\tfrac{1}{2}K}.$$

Donc, si l'on désigne par K_0, K des valeurs positives, les limites

$$-2\sqrt[2\lambda+1]{\tfrac{1}{2}K}-2\sqrt[2(\lambda-\lambda_0)+1]{\tfrac{1}{2}K_0},$$

$$+2\sqrt[2\lambda+1]{\tfrac{1}{2}K}+2\sqrt[2(\lambda-\lambda_0)+1]{\tfrac{1}{2}K_0}$$

contiennent nécessairement au moins une racine de l'équation

$$x^{2\lambda+1}+Cx^{2\lambda-1}+\ldots\ldots\pm K_0x^{2\lambda_0}+\ldots\ldots+Jx\pm K=0,$$

quels que soient les signes des termes $K_0 x^{2\lambda_0}$ et K.

XIII.

Sur la fraction qui, parmi toutes les autres de la forme

$$\frac{p'x^{n-l-1}+p''x^{n-l-2}+\ldots\ldots+p^{(n-l-1)}x+p^{(n-l)}}{p^{(n-l+1)}x^l+p^{(n-l+2)}x^{l-1}+\ldots\ldots+p^{(n)}x+p^{(n+1)}},$$

entre $x=-h$ et $x=+h$, s'écarte le moins d'un polynôme donné

$$x^{n-l}+Ax^{n-l-1}+Bx^{n-l-2}+\ldots\ldots$$

§ 42. Il est clair que cette fraction ne doit pas devenir infinie pour $x=0$ et cela suppose que, dans son expression

$$\frac{p'x^{n-l-1}+p''x^{n-l-2}+\ldots\ldots+p^{(n-l-1)}x+p^{(n-l)}}{p^{(n-l+1)}x^l+p^{(n-l+2)}x^{l-1}+\ldots\ldots+p^{(n)}x+p^{(n+1)}},$$

le terme $p^{(n+1)}$ ne se réduit pas à zéro. Mais tant que $p^{(n+1)}$ n'est pas zéro, cette fonction peut être évidemment mise sous la forme

$$\frac{p_1 x^{n-l-1} + p_2 x^{n-l-2} + \ldots + p_{n-l-1} x + p_{n-l}}{p_{n-l+1} x^l + p_{n-l+2} x^{l-1} + \ldots + p_n x + 1},$$

en dénotant

$$\frac{p'}{p^{(n+1)}}, \quad \frac{p''}{p^{(n+1)}}, \ldots \frac{p^{(n-l-1)}}{p^{(n+1)}}, \quad \frac{p^{(n-l)}}{p^{(n+1)}}, \quad \frac{p^{(n-l+1)}}{p^{(n+1)}}, \ldots \frac{p^{(n)}}{p^{(n+1)}}$$

par

$$p_1, \; p_2, \ldots p_{n-l-1}, \; p_{n-l}, \; p_{n-l+1}, \ldots p_n.$$

C'est sous cette forme que nous chercherons la fraction dont il s'agit. En désignant par $F(x)$ la différence du polynôme donné

$$x^{n-l} + A x^{n-l-1} + B x^{n-l-2} + \ldots$$

et de la fraction cherchée

$$\frac{p_1 x^{n-l-1} + p_2 x^{n-l-2} + \ldots + p_{n-l-1} x + p_{n-l}}{p_{n-l+1} x^l + p_{n-l+2} x^{l-1} + \ldots + p_n x + 1},$$

nous concluons du théorème 4 (§ 16), que le nombre des solutions communes aux deux équations

$$F^2(x) - L^2 = 0, \quad (x^2 - h^2) F'(x) = 0$$

et différentes entre elles ne peut s'abaisser jusqu'à $n + 1 - d$, à moins que la fraction cherchée

$$\frac{p_1 x^{n-l-1} + p_2 x^{n-l-2} + \ldots + p_{n-l-1} x + p_{n-l}}{p_{n-l+1} x^l + p_{n-l+2} x^{l-1} + \ldots + p_n x + 1}$$

ne se réduise à la forme

$$\frac{p_{d+1} x^{n-l-d-1} + \ldots + p_{n-l-1} x + p_{n-l}}{p_{n-l+d+1} x^{l-d} + \ldots + p_n x + 1}.$$

Or, en faisant pour abréger

$$x^{n-l} + A x^{n-l-1} + B x^{n-l-2} + \ldots = u,$$
$$p_{d+1} x^{n-l-d-1} + \ldots + p_{n-l-1} x + p_{n-l} = U,$$
$$p_{n-l+d+1} x^{l-d} + \ldots + p_n x + 1 = V,$$

on trouve

$$F(x) = u - \frac{U}{V} = \frac{uV - U}{V},$$

et par là les équations dont nous venons de parler deviennent

$$(uV - U)^2 - L^2 V^2 = 0,$$

$$(x^2 - h^2) \frac{d \frac{uV - U}{V}}{dx} = 0.$$

§ 43. En suivant la même marche que dans le § 30, on reconnaît aisément que, $x = x_0$ étant une solution commune à ces équations, l'expression

$$(x^2 - h^2) \left[(uV - U)^2 - L^2 V^2\right]$$

est divisible par $(x - x_0)^2$, et comme le nombre de ces racines, différentes entre elles, est au moins $n + 1 - d$, nous concluons que l'expression

$$(x^2 - h^2) \left[(uV - U)^2 - L^2 V^2\right]$$

est divisible par les $n + 1 - d$ différents facteurs

$$(x - x_0)^2,\ (x - x_1)^2,\ (x - x_2)^2, \ldots (x - x_{n-d})^2.$$

D'où nous déduisons l'équation

$$(x^2 - h^2)\left[(uV - U)^2 - L^2 V^2\right] = C(x - x_0)^2 (x - x_1)^2 (x - x_2)^2 \ldots (x - x_{n-d})^2,$$

en remarquant que la fonction $(x^2 - h^2)\ [(uV - U)^2 - L^2 V^2]$, où

$$u = x^{n-l} + A x^{n-l-1} + B x^{n-l-2} \ldots,$$

$$V = p_{n-l+d+1} x^{l-d} + \ldots + p_n x + 1,$$

$$U = p_{d+1} x^{n-l-d-1} + \ldots + p_{n-l-1} x + p_{n-l},$$

ne peut être de degré plus élevé que son diviseur

$$(x - x_0)^2 (x - x_1)^2 (x - x_2)^2 \ldots (x - x_{n-d})^2.$$

Mais cette équation ne peut avoir lieu, évidemment, à moins qu'on ne trouve $x - h$ et $x + h$ parmi les facteurs

$$x - x_0,\ x - x_1,\ x - x_2, \ldots x - x_{n-d},$$

et si nous supposons, pour fixer les idées, qu'on ait

$$x - x_0 = x - h,\quad x - x_1 = x + h,$$

elle devient

$$(x^2 - h^2)\left[(uV - U)^2 - L^2 V^2\right] = C(x-h)^2(x+h)^2(x-x_2)^2\ldots(x-x_{n-d})^2,$$

et par là

$$(uV - U)^2 - L^2 V^2 = C(x^2 - h^2)\,(x-x_2)^2\ldots(x-x_{n-d})^2.$$

D'où nous tirons l'équation

$$(18)\qquad (uV - U)^2 - L^2 V^2 = W^2\,(x^2 - h^2),$$

en désignant par W la fonction entière

$$\sqrt{C}(x-x_2)\ldots(x-x_{n-d}).$$

Comme les fonctions U et V sont de la forme

$$p_{d+1}\,x^{n-l-d-1} + \ldots + p_{n-l-1}\,x + p_{n-l},$$

$$p_{n-l+d+1}\,x^{l-d} + \ldots + p_n\,x + 1,$$

leurs degrés ne surpasseront pas $n-l-d-1$, $l-d$. De plus, on voit facilement que le degré de V ne peut être au-dessous de $l-d$; car autrement la fonction

$$(uV - U)^2 - L^2 V^2$$

serait de degré inférieur à $2(n-d)$, et par conséquent l'équation (18) où

$$W^2(x^2 - h^2) = C(x-x_2)^2\ldots(x-x_{n-d})^2(x^2-h^2)$$

ne pourrait avoir lieu. Donc, la fonction V sera nécessairement du degré $l-d$.

§ 44. Conformément à ce que nous avons dit dans le § 16, la fraction

$$\frac{U}{V} = \frac{p_{d+1}\,x^{n-l-d-1} + \ldots + p_{n-l-1}\,x + p_{n-l}}{p_{n-l+d+1}\,x^{l-d} + \ldots + p_n\,x + 1}$$

est la valeur de la fraction cherchée réduite à sa forme la plus simple, et, par conséquent, les fonctions U et V sont premières entre elles. Cette valeur de la fraction cherchée peut présenter deux cas; savoir: celui où d est un nombre pair, et celui où d est impair. Mais nous réduirons le dernier cas au premier, en supposant que, dans le cas de d impair, on introduise dans les fonctions U, V, W un facteur commun, tel que $1+\frac{x}{h}$ ou $1-\frac{x}{h}$, ce qui n'altère ni la forme de l'équation (18) ni la valeur de la fraction $\frac{U}{V}$, seulement ses termes deviennent divisibles par une même fonction $x+h$ ou $x-h$. En vertu de quoi nous supposerons désormais que d est un nombre pair et que les fonctions U et V peuvent avoir un commun diviseur $x\pm h$, diviseur qui ne présente aucun embarras dans nos recherches, comme on le verra ensuite.

§ 45. En passant à la détermination des fonctions U et V, nous remarquerons que l'équation (18) peut être mise sous cette forme:

$$(uV-U+LV)(uV-U-LV)=(x^2-h^2)W^2,$$

ce qui prouve que la fonction $(x^2-h^2)W^2$ est décomposable en ces deux facteurs:

$$uV-U+LV,\quad uV-U-LV.$$

Comme ces facteurs, multipliés respectivement par $L-u$, $L+u$, donnent en somme $-2LU$, et que leur différence se réduit à $2LV$, il est clair que leur commun diviseur doit diviser aussi les deux fonctions

$$U,\ V,$$

et, par conséquent, qu'il ne peut être que de la forme $x\pm h$, car les fonctions U et V, comme nous l'avons vu (§ 44), ne peuvent avoir un commun diviseur de l'autre forme. En vertu de cela et en remarquant que la fonction $(x^2-h^2)W^2$ ne peut être décomposée en deux facteurs soit premiers entre eux, soit avec un commun diviseur de la forme $x\pm h$, que de ces deux manières:

$$W_0^2.(x^2-h^2)W_1^2,$$
$$(x-h)W_0^2.(x+h)W_1^2,$$

nous concluons que l'équation

$$(uV-U+LV)(uV-U-LV)=(x^2-h^2)W^2$$

entraîne nécessairement l'une de ces quatre paires d'équations:

$$uV-U+LV=W_0^2,\qquad uV-U-LV=(x^2-h^2)W_1^2;$$
$$uV-U+LV=(x-h)W_0^2,\qquad uV-U-LV=(x+h)W_1^2;$$
$$uV-U+LV=(x^2-h^2)W_0^2,\qquad uV-U-LV=W_1^2;$$
$$uV-U+LV=(x+h)W_0^2,\qquad uV-U-LV=(x-h)W_1^2.$$

De ces quatre systèmes d'équations nous n'aurons qu'à considérer les deux premiers

$$uV - U + LV = W_0^2, \qquad uV - U - LV = (x^2 - h^2)\, W_1^2,$$
$$uV - U + LV = (x - h)\, W_0^2, \quad uV - U - LV = (x + h)\, W_1^2;$$

car les autres s'en déduisent par le changement du signe de la quantité L. De plus, comme les fonctions u, V sont respectivement de degrés $n - l$, $l - d$, et que le degré de U ne surpasse pas $n - l - d - 1$, on trouve que l'expression

$$uV - U + LV$$

est de degré $n - d$, et, par conséquent, d étant un nombre pair, cette expression sera de degré pair ou impair, selon que le nombre n lui-même est pair ou impair. D'après cela et en observant que des deux systèmes d'équations

$$uV - U + LV = W_0^2, \qquad uV - U - LV = (x^2 - h^2)\, W_1^2,$$
$$uV - U + LV = (x - h)\, W_0^2, \quad uV - U - LV = (x + h)\, W_1^2,$$

le premier suppose que la fonction

$$uV - U + LV$$

est de degré pair, et le second qu'elle est de degré impair, nous concluons que le premier aura lieu dans le cas de n pair et le second dans le cas de n impair.

Nous allons traiter à part chacun de ces cas.

XIV.

Le nombre n est pair.

§ 46. Dans ce cas on aura ces deux équations:

(19) $$uV - U + LV = W_0^2, \quad uV - U - LV = (x^2 - h^2)\, W_1^2,$$

qui étant résolues par rapport à U et V donnent

(20) $$2LV = W_0^2 - (x^2 - h^2)\, W_1^2,$$

(21) $$2LU = (u - L)\, W_0^2 - (u + L)\,(x^2 - h^2)\, W_1^2.$$

Comme les fonctions u, V sont respectivement de degrés $n-l$, $l-d$, et que le degré de U ne surpasse pas $n-l-d-1$, les équations (19) nous montrent que les fonctions W_0, W_1 sont respectivement de degrés $\frac{n-d}{2}$, $\frac{n-d}{2}-1$.

D'autre part, l'équation (21), étant mise sous la forme

$$2LU=\left[W_0\sqrt{u-L}-W_1\sqrt{(u+L)(x^2-h^2)}\right]\left[W_0\sqrt{u-L}+W_1\sqrt{(u+L)(x^2-h^2)}\right],$$

nous donne

$$\frac{W_0}{W_1}-\sqrt{\frac{(u+L)(x^2-h^2)}{u-L}}=\frac{2LU}{W_1\left[W_0(u-L)+W_1\sqrt{(u^2-L^2)(x^2-h^2)}\right]},$$

ce qui prouve que la fraction $\frac{W_0}{W_1}$ est la valeur de $\sqrt{\frac{(u+L)(x^2-h^2)}{u-L}}$, exacte jusqu'aux termes de même ordre que

$$\frac{2LU}{W_1\left[W_0(u-L)+W_1\sqrt{(u^2-L^2)(x^2-h^2)}\right]}.$$

Or, comme les fonctions W_0, W_1, u, par ce que nous avons vu plus haut, sont respectivement de degrés $\frac{n-d}{2}$, $\frac{n-d}{2}-1$, $n-l$, et que le degré de U ne surpasse pas $n-l-d-1$, on trouve que l'expression

$$\frac{2LU}{W_1\left[W_0(u-L)+W_1\sqrt{(u^2-L^2)(x^2-h^2)}\right]}$$

n'est pas de degré plus élevé que $\frac{x^{n-l-d-1}}{x^{\frac{n-d}{2}-1}\cdot x^{\frac{n-d}{2}}\cdot x^{n-l}}=\frac{1}{x^n}$. Donc, la fraction $\frac{W_0}{W_1}$, d'après l'équation dont nous venons de parler, est la valeur de $\sqrt{\frac{(u+L)(x^2-h^2)}{u-L}}$ exacte au moins jusqu'aux termes de l'ordre $\frac{1}{x^n}$. Mais comme W_1, le dénominateur de la fraction $\frac{W_0}{W_1}$, n'est que de degré $\frac{n-d}{2}-1<\frac{n}{2}$, cela ne peut avoir lieu, à moins qu'elle ne soit l'une des fractions convergentes de l'expression

$$\sqrt{\frac{(u+L)(x^2-h^2)}{u-L}},$$

qu'on trouve par son développement en fraction continue.

De plus, comme le dénominateur de la fraction $\frac{W_0}{W_1}$ est de degré $\frac{n-d}{2}-1$, elle ne peut donner la valeur de $\sqrt{\frac{(u+L)(x^2-h^2)}{u-L}}$, exacte jusqu'aux termes $\frac{1}{x^n}$, à moins que la fraction convergente de $\sqrt{\frac{(u+L)(x^2-h^2)}{u-L}}$, qui vient immédiatement après elle, n'ait pour dénominateur une fonction au moins de degré $\frac{n+d}{2}+1$. D'où l'on voit, d'une part, que $\frac{W_0}{W_1}$, dans la suite des fractions convergentes de $\sqrt{\frac{(u+L)(x^2-h^2)}{u-L}}$, est la dernière avec le dénominateur de degré au-dessous de $\frac{n}{2}$, et de l'autre, que parmi ces fractions aucune n'a pour dénominateur une fonction de degré $\frac{n}{2}$. Le premier point nous montre que les fonctions W_1 et W_0, et conséquemment la fraction cherchée $\frac{U}{V}$ sont tout-à-fait déterminées par la valeur de L; le second nous servira pour trouver la constante L, et d'après elle on aura facilement la valeur de la fraction $\frac{U}{V}$.

§ 47. Pour y parvenir, supposons que

$$q_0-\cfrac{h^2}{q_1-\cfrac{h^2}{q_2-\ldots}}$$

soit le développement de $\sqrt{\frac{(u+L)(x^2-h^2)}{u-L}}$ en fraction continue, et que

$$q_\sigma+\frac{G_\sigma}{x}+\frac{H_\sigma}{x^2}+\ldots.$$

soit la valeur du quotient complet qu'on trouve en s'arrêtant au dénominateur q_σ. Dans cette supposition on a

$$(22)\qquad \sqrt{\frac{(u+L)(x^2-h^2)}{u-L}}=q_0-\cfrac{h^2}{q_1-\cfrac{h^2}{q_2-\ldots-\cfrac{h^2}{q_\sigma+\frac{G_\sigma}{x}+\frac{H_\sigma}{x^2}+\ldots}}}$$

$$(23)\qquad q_{\sigma+1}+\frac{G_{\sigma+1}}{x}+\frac{H_{\sigma+1}}{x^2}+\ldots=-\frac{h^2x}{G_\sigma+\frac{H_\sigma}{x}+\ldots}.$$

La dernière de ces formules nous montre que les dénominateurs

$$q_1,\ q_2,\ldots q_{\frac{n}{2}}$$

sont des fonctions du premier degré, si les quantités

$$G_0,\ G_1,\ldots G_{\frac{n}{2}-1}$$

restent différentes de zéro. Mais tant que $q_1, q_2, \ldots q_{\frac{n}{2}}$ sont des fonctions du premier degré, le développement de

$$\sqrt{\frac{(u+L)(x^2-h^2)}{u-L}}$$

en fraction continue

$$q_0 - \cfrac{h^2}{q_1 - \cfrac{h^2}{q_2 - \ldots}}$$

arrêté au dénominateur $q_{\frac{n}{2}}$, donne évidemment une fraction convergente avec le dénominateur de degré $\frac{n}{2}$. Or, en vertu de l'équation (21), où L désigne la limite des valeurs de $u - \frac{U}{V}$ entre $x = -h$ et $x = +h$, cela ne doit pas avoir lieu, comme nous l'avons vu; donc, pour cette valeur de L, au moins l'une de ces équations:

$$G_0 = 0, \ G_1 = 0, \ldots G_{\frac{n}{2}-1} = 0$$

aura lieu nécessairement.

§ 48. Supposons maintenant que parmi toutes les valeurs dont L est susceptible dans le cas où cette condition est remplie, celle qui est numériquement la plus petite soit L_0. Comme $-L$ et $+L$ déterminent les limites où, depuis $x = -h$ jusqu'à $x = +h$, reste comprise la différence de la fraction cherchée

$$\frac{U}{V} = \frac{p_{d+1}\, x^{n-l-d-1} + \ldots + p_{n-l-1}\, x + p_{n-l}}{p_{n-l+d+1}\, x^{l-d} + \ldots + p_n\, x + 1},$$

ou ce qui revient au même (§ 41)

$$\frac{U}{V} = \frac{p'\, x^{n-l-1} + p''\, x^{n-l-2} + \ldots + p^{(n-l-1)}\, x + p^{(n-l)}}{p^{(n-l+1)}\, x^l + p^{(n-l+2)}\, x^{l-1} + \ldots + p^{(n)}\, x + p^{(n+1)}},$$

et du polynôme

$$u = x^{n-l} + A\, x^{n-l-1} + B\, x^{n-l-2} + \ldots,$$

et que, d'après le sens de notre problème, il s'agit de rendre ces limites les plus proches possible de zéro, il est clair que dans sa solution on aura

$$L = L_0,$$

si toutefois il est possible d'obtenir une fraction

$$\frac{U}{V}=\frac{p' x^{n-l-1}+p'' x^{n-l-2}+\ldots.+p^{(n-l-1)} x+p^{(n-l)}}{p^{(n-l+1)} x^l+p^{(n-l+2)} x^{l-1}+\ldots.+p^{(n)} x+p^{(n+1)}}$$

dont la différence avec u, depuis $x=-h$ jusqu'à $x=+h$, reste comprise entre les limites aussi rapprochées que $-L_0$ et $+L_0$.

Nous allons montrer maintenant que cela est possible et qu'on trouve une telle fraction d'après nos formules (20), (21), en prenant

$$L=L_0,\quad W_0=M,\quad W_1=N,$$

où $\frac{M}{N}$ est la fraction convergente de

$$\sqrt{\frac{(u+L)(x^2-h^2)}{u-L}}=q_0-\cfrac{h^2}{q_1-\cfrac{h^2}{q_2-\ldots}}$$

qui correspond au dénominateur q_σ, la première des équations

$$G_0=0,\ G_1=0, \ldots . G_{\frac{n}{2}-1}=0,$$

qui a lieu, dans le cas de $L=L_0$, étant

$$G_\sigma=0.$$

§ 49. Pour y parvenir, remarquons, en premier lieu, que pour ces valeurs de L_0, W_0, W_1 les équations (20), (21) deviennent

$$2 L_0 V=M^2-(x^2-h^2) N^2,$$
$$2 L_0 U=(u-L_0) M^2-(u+L_0)(x^2-h^2) N^2;$$

d'où résulte cette valeur de la fraction $\frac{U}{V}$:

$$\frac{U}{V}=\frac{(u-L_0) M^2-(u+L_0)(x^2-h^2) N^2}{M^2-(x^2-h^2) N^2}. \tag{24}$$

D'autre part, comme

$$G_\sigma=0$$

est la première des équations

$$G_0=0,\ G_1=0, \ldots . G_{\frac{n}{2}-1}=0,$$

qui a lieu dans le cas de $L = L_0$, on voit d'après (22) que pour cette valeur de L les fonctions

$$q_1,\ q_2, \ldots . q_\sigma$$

sont du premier degré, et $q_{\sigma+1}$ de degré plus élevé. D'où il suit qu'en s'arrêtant dans le développement de

$$\sqrt{\frac{(u+L_0)(x^2-h^2)}{u-L_0}}$$

en fraction continue

$$q_0 - \cfrac{h^2}{q_1 - \cfrac{h^2}{q_2 - \ldots}}$$

au dénominateur q_σ, on trouve une fraction convergente dont les termes sont respectivement de degrés $\sigma+1$, σ, et dont la valeur ne diffère de

$$\sqrt{\frac{(u+L_0)(x^2-h^2)}{u-L_0}}$$

que par des termes de degrés inférieurs à celui de $\frac{1}{x^{2\sigma+1}}$. Donc, comme $\frac{M}{N}$ est la fraction convergente de $\sqrt{\frac{(u+L)(x^2-h^2)}{u-L}}$, qui correspond au dénominateur q_σ, les fonctions M, N sont respectivement de degrés $\sigma+1$, σ, et la différence

$$\frac{M}{N} - \sqrt{\frac{(u+L_0)(x^2-h^2)}{u-L_0}}$$

est une fonction de degré inférieur à $-(2\sigma+1)$.

En vertu de ce que nous venons de montrer sur les fonctions

$$M,\ N,\ \frac{M}{N} - \sqrt{\frac{(u+L_0)(x^2-h^2)}{u-L_0}},$$

il est facile de voir que la fraction

$$\frac{U}{V},$$

déterminée par la formule (24), se réduit à la forme

$$\frac{p' x^{n-l-1} + p'' x^{n-l-2} + \ldots + p^{(n-l-1)} x + p^{(n-l)}}{p^{(n-l+1)} x^l + p^{(n-l+2)} x^{l-1} + \ldots + p^{(n)} x + p^{(n+1)}}.$$

En effet, son numérateur

$$(u-L_0) M^2 - (u+L_0)(x^2-h^2) N^2$$

peut être mis sous la forme

$$(u - L_0) N^2 \left[\frac{M}{N} + \sqrt{\frac{(u + L_0)(x^2 - h^2)}{u - L_0}}\right]\left[\frac{M}{N} - \sqrt{\frac{(u + L_0)(x^2 - h^2)}{u - L_0}}\right],$$

et comme les fonctions

$$u, \ M, \ N, \ \sqrt{\frac{(u + L_0)(x^2 - h^2)}{u - L_0}}$$

sont respectivement de degrés

$$n - l, \ \sigma + 1, \ \sigma, \ 1,$$

et que le degré de la différence

$$\frac{M}{N} - \sqrt{\frac{(u + L_0)(x^2 - h^2)}{u - L_0}}$$

est plus petit que $-(2\sigma + 1)$, on trouve pour cette expression un degré inférieur à $n - l$, et, par conséquent, elle sera de la forme

$$p' x^{n-l-1} + p'' x^{n-l-2} + \ldots + p^{(n-l-1)} x + p^{(n-l)}.$$

En passant à son dénominateur

$$M^2 - (x^2 - h^2) N^2,$$

remarquons qu'il peut être mis sous la forme

$$\frac{(u - L_0) M^2 - (u + L_0)(x^2 - h^2) N^2}{u} + L_0 \frac{M^2 + (x^2 - h^2) N^2}{u},$$

et comme les fonctions

$$M, \ N, \ u$$

sont respectivement de degrés

$$\sigma + 1, \ \sigma, \ n - l,$$

et que

$$(u - L_0) M^2 - (u + L_0)(x^2 - h^2) N^2,$$

en vertu de ce que nous venons de voir, est d'un degré plus petit que $n - l$, on trouve que le degré de cette expression est égal à $2\sigma + 2 - (n - l)$. Mais σ étant l'un des nombres

$$0, \ 1, \ 2, \ldots \frac{n}{2} - 1,$$

le nombre $2\sigma + 2 - (n-l)$ ne peut surpasser l. D'où il suit que la fonction

$$M^2 - (x^2 - h^2) N^2$$

est de la forme

$$p^{(n-l+1)} x^l + p^{(n-l+2)} x^{l-1} + \ldots + p^{(n)} x + p^{(n+1)}.$$

Ainsi nous parvenons à nous assurer, que la fraction $\frac{U}{V}$ qu'on trouve d'après (24) est de la forme

$$\frac{p' x^{n-l-1} + p'' x^{n-l-2} + \ldots + p^{(n-l-1)} x + p^{(n-l)}}{p^{(n-l+1)} x^l + p^{(n-l+2)} x^{l-1} + \ldots + p^{(n)} x + p^{(n+1)}}.$$

Il nous reste à montrer que sa différence avec u, entre $x = -h$ et $x = +h$, est comprise dans les limites $-L_0$ et $+L_0$. Pour y parvenir, nous remarquerons que d'après (24) on a

$$\left(u - \frac{U}{V}\right)^2 - L_0^2 = \frac{4 L_0^2 M^2 N^2}{[M^2 - N^2 (x^2 - h^2)]^2} (x^2 - h^2),$$

et comme M, N sont des fonctions réelles, et, que partant l'expression

$$\frac{4 L_0^2 M^2 N^2}{[M^2 - (x^2 - h^2) N^2]^2}$$

ne peut devenir négative, cette équation montre que, depuis $x = -h$ jusqu'à $x = +h$, la fonction

$$\left(u - \frac{U}{V}\right)^2$$

ne surpasse pas L_0^2, ce qui prouve que la différence

$$u - \frac{U}{V},$$

depuis $x = -h$ jusqu'à $x = +h$, reste comprise dans les limites $-L_0$ et $+L_0$.

§ 50. Ainsi nous nous assurons que la fraction $\frac{U}{V}$ qu'on trouve d'après (24) est de la forme

$$\frac{p' x^{n-l-1} + p'' x^{n-l-2} + \ldots + p^{(n-l-1)} x + p^{(n-l)}}{p^{(n-l+1)} x^l + p^{(n-l+2)} x^{l-1} + \ldots + p^{(n)} x + p^{(n+1)}},$$

et que sa différence avec u, depuis $x = -h$ jusqu'à $x = +h$, reste comprise dans les limites $-L_0$ et $+L_0$. D'où il suit, en vertu du § 48, que

$$L = L_0$$

est effectivement la valeur de L qui répond à notre problème, et, par conséquent, qui détermine les limites des valeurs de $u - \frac{U}{V}$ les plus proches de zéro.

En remarquant que $-L_0$ et $+L_0$ sont les limites de la différence

$$u - \frac{U}{V},$$

entre $x = -h$ et $x = +h$, les plus proches de zéro, on voit, d'après ce que nous venons de montrer par rapport à la fraction $\frac{U}{V}$, déterminée par (24), qu'elle donne la solution de notre problème, où il s'agit de trouver la fraction $\frac{U}{V}$ de la forme

$$\frac{p' x^{n-l-1} + p'' x^{n-l-2} + \ldots + p^{(n-l-1)} x + p^{(n-l)}}{p^{(n-l+1)} x^l + p^{(n-l+2)} x^{l-1} + \ldots + p^{(n)} x + p^{(n+1)}},$$

qui, depuis $x = -h$ jusqu'à $x = +h$, s'écarte le moins de u.

De plus, on reconnaît aisément que c'est la seule solution possible de notre problème (sauf le cas, où l'on obtient pour L_0 deux valeurs de signes contraires, dont chacune, d'après (24), peut donner la solution); car en vertu de ce que nous avons montré (§ 46) sur l'équation (21), les fonctions W_0 et W_1, et par conséquent la fraction $\frac{U}{V}$, sont complètement déterminées par la valeur de L.

Ainsi on ne trouvera la quantité $L = L_0$ et la fraction cherchée $\frac{U}{V}$ qu'à l'aide du développement de l'expression

$$\sqrt{\frac{(u+L)(x^2-h^2)}{u-L}}$$

en fraction continue

$$q_0 - \cfrac{h^2}{q_1 - \cfrac{h^2}{q_2 - \ldots}}$$

prolongée jusqu'au dénominateur $q_{\frac{n}{2}}$, ce qui demande des calculs très longs. Nous allons montrer maintenant comment on peut simplifier la détermination de L_0 et de $\frac{U}{V}$.

XV.

§ 51. Comme la fonction u est de degré $n-l$, l'expression

$$\sqrt{\frac{(u+L)(x^2-h^2)}{u-L}},$$

ne diffère évidemment de

$$\sqrt{x^2-h^2}$$

que par les termes de l'ordre $\frac{1}{x^{n-l-1}}$ ou moins élevés. D'où il suit qu'on trouvera la même formule par le développement des expressions

$$\sqrt{x^2-h^2}, \quad \sqrt{\frac{(u+L)(x^2-h^2)}{u-L}},$$

en fraction continue, si l'on ne pousse pas ce développement au-delà de la limite, pour laquelle les fractions continues donnent leurs valeurs exactes jusqu'aux termes de l'ordre $\frac{1}{x^{n-l-1}}$. D'après cela et en remarquant que $\sqrt{x^2-h^2}$ (§ 22) se développe en fraction continue

$$x-\cfrac{h^2}{2x-\cfrac{h^2}{2x-\ldots}}$$

qui ne donne pas la valeur de $\sqrt{x^2-h^2}$ exacte jusqu'à $\frac{1}{x^{n-l-1}}$, si le nombre de ses dénominateurs ne surpasse pas

$$\frac{n-l-2}{2}=\frac{n}{2}-\frac{l+2}{2},$$

nous concluons que dans le développement de

$$\sqrt{\frac{(u+L)(x^2-h^2)}{u-L}}=q_0-\cfrac{h^2}{q_1-\cfrac{h^2}{q_2-\ldots}}$$

on trouvera

$$q_0=x,\ q_1=2x,\ q_2=2x,\ldots. q_{\frac{n}{2}-k}=2x,$$

où k est le plus grand nombre entier compris dans la valeur de $\frac{l+3}{2}$.

D'où il suit que les $\left(\frac{n}{2}-k+1\right)$ fractions convergentes de $\sqrt{\frac{(u+L)(x^2-h^2)}{u-L}}$ sont égales à celles de $\sqrt{x^2-h^2}$ que nous avons dénotées (§ 22) par

$$\frac{P_1}{Q_1}, \frac{P_2}{Q_2}, \frac{P_3}{Q_3}, \ldots,$$

et dont les termes, comme nous l'avons vu, se déterminent ainsi:

$$(25) \qquad \begin{cases} P_\lambda = \dfrac{(x+\sqrt{x^2-h^2})^\lambda + (x-\sqrt{x^2-h^2})^\lambda}{2}, \\ Q_\lambda = \dfrac{(x+\sqrt{x^2-h^2})^\lambda - (x-\sqrt{x^2-h^2})^\lambda}{2\sqrt{x^2-h^2}}. \end{cases}$$

§ 52. D'après cela il est facile de trouver une certaine fonction qui, par son développement, donne la partie de la fraction continue

$$q_0 - \cfrac{h^2}{q_1 - \cfrac{h^2}{q_2 - \ldots}}$$

qui suit après le dénominateur $q_{\frac{n}{2}-k}$.

En effet, les fractions convergentes de

$$\sqrt{\frac{(u+L)(x^2-h^2)}{u-L}} = q_0 - \cfrac{h^2}{q_1 - \cfrac{h^2}{q_2 - \ldots}}$$

qui correspondent aux dénominateurs $q_{\frac{n}{2}-k-1}$, $q_{\frac{n}{2}-k}$ étant

$$\frac{P_{\frac{n}{2}-k}}{Q_{\frac{n}{2}-k}}, \quad \frac{P_{\frac{n}{2}-k+1}}{Q_{\frac{n}{2}-k+1}},$$

nous trouvons

$$\sqrt{\frac{(u+L)(x^2-h^2)}{u-L}} = q_0 - \cfrac{h^2}{q_1 - \cfrac{h^2}{q_2 - \ldots - \cfrac{h^2}{q_{\frac{n}{2}-k} - Z}}} = \frac{P_{\frac{n}{2}-k+1} - ZP_{\frac{n}{2}-k}}{Q_{\frac{n}{2}-k+1} - ZQ_{\frac{n}{2}-k}},$$

en dénotant par Z la valeur de la fraction continue

$$\cfrac{h^2}{q_{\frac{n}{2}-k+1} - \cfrac{h^2}{q_{\frac{n}{2}-k+2} - \cfrac{h^2}{q_{\frac{n}{2}-k+3} - \ldots}}}$$

et par là

$$Z=\frac{\sqrt{(u+L)(x^2-h^2)}\,Q_{\frac{n}{2}-k+1}-\sqrt{u-L}\,P_{\frac{n}{2}-k+1}}{\sqrt{(u+L)(x^2-h^2)}\,Q_{\frac{n}{2}-k}-\sqrt{u-L}\,P_{\frac{n}{2}-k}}.$$

En substituant ici les valeurs de

$$P_{\frac{n}{2}-k},\quad P_{\frac{n}{2}-k+1},\quad Q_{\frac{n}{2}-k},\quad Q_{\frac{n}{2}-k+1},$$

tirées des formules (25) que nous venons de mentionner, on a

$$Z=\frac{[(x+\sqrt{x^2-h^2})^{\frac{n}{2}-k+1}-(x-\sqrt{x^2-h^2})^{\frac{n}{2}-k+1}]\sqrt{u+L}-[(x+\sqrt{x^2-h^2})^{\frac{n}{2}-k+1}+(x+\sqrt{x^2-h^2})^{\frac{n}{2}-k+1}]\sqrt{u-}}{[(x+\sqrt{x^2-h^2})^{\frac{n}{2}-k}-(x-\sqrt{x^2-h^2})^{\frac{n}{2}-k}]\sqrt{u+L}-[(x+\sqrt{x^2-h^2})^{\frac{n}{2}-k}+(x+\sqrt{x^2-h^2})^{\frac{n}{2}-k}]\sqrt{u-L}}$$

et comme

$$(x+\sqrt{x^2-h^2})\,(x-\sqrt{x^2-h^2})=h^2,$$

$$x-\sqrt{x^2-h^2}=\frac{h^2}{x+\sqrt{x^2-h^2}},$$

cette valeur de Z se réduit à celle-ci:

$$Z=\frac{1}{x+\sqrt{x^2-h^2}}\,\frac{[(x+\sqrt{x^2-h^2})^{n-2k+2}-h^{n-2k+2}]\sqrt{u+L}-[(x+\sqrt{x^2-h^2})^{n-2k+2}+h^{n-2k+2}]\sqrt{u-L}}{[(x+\sqrt{x^2-h^2})^{n-2k}-h^{n-2k}]\sqrt{u+L}-[(x+\sqrt{x^2-h^2})^{n-2k}+h^{n-2k}]\sqrt{u-L}}.$$

En multipliant dans cette expression de Z le numérateur et le dénominateur par

$$\sqrt{u+L}+\sqrt{u-L},$$

nous trouvons en définitive

$$Z=\frac{1}{x+\sqrt{x^2-h^2}}\,\frac{L\,(x+\sqrt{x^2-h^2})^{n-2k+2}-h^{n-2k+2}\,(u+\sqrt{u^2-L^2})}{L\,(x+\sqrt{x^2-h^2})^{n-2k}-h^{n-2k}\,(u+\sqrt{u^2-L^2})}.$$

Ainsi nous trouvons la fonction Z qui, par son développement, détermine la partie de la fraction continue

$$q_0-\cfrac{h^2}{q_1-\cfrac{h^2}{q_2-\ddots}},$$

qui suit après le dénominateur $q_{\frac{n}{2}-k}$, et par là les valeurs de

$$G_{\frac{n}{2}-k},\ G_{\frac{n}{2}-k+1},\ldots G_{\frac{n}{2}-1},$$

qui désignent les coefficients de $\frac{1}{x}$ dans les quotients complets de la fraction continue

$$q_0 - \cfrac{h^2}{q_1 - \cfrac{h^2}{q_2 - \cdots}}$$

arrêtée aux dénominateurs

$$q_{\frac{n}{2}-k},\ q_{\frac{n}{2}-k+1},\ldots\ldots q_{\frac{n}{2}-1}.$$

D'après cela on a

$$(26)\qquad G_{\frac{n}{2}-k} = g_1,\ G_{\frac{n}{2}-k+1} = g_2,\ldots\ldots G_{\frac{n}{2}-1} = g_k,$$

en dénotant par

$$g_1,\ g_2,\ldots\ldots g_k$$

les coefficients de $\frac{1}{x}$ dans les k premiers quotients complets du développement de Z en fraction continue

$$\cfrac{h^2}{q_{\frac{n}{2}-k+1} - \cfrac{h^2}{q_{\frac{n}{2}-k+2} - \cfrac{h^2}{q_{\frac{n}{2}-k+3} - \cdots}}}$$

Quant aux valeurs de

$$G_0,\ G_1,\ldots\ldots G_{\frac{n}{2}-k-1},$$

en remarquant que les dénominateurs

$$q_1,\ q_2,\ldots\ldots q_{\frac{n}{2}-k}$$

dans la fraction continue

$$q_0 - \cfrac{h^2}{q_1 - \cfrac{h^2}{q_2 - \cdots}}$$

comme nous l'avons vu (§ 51), sont égaux à $2x$, nous trouvons

$$(27)\qquad G_0 = -\frac{h^2}{2},\ G_1 = -\frac{h^2}{2},\ldots\ldots G_{\frac{n}{2}-k-1} = -\frac{h^2}{2}.$$

§ 53. Au moyen de ce que nous avons vu par rapport au développement de

$$\sqrt{\frac{(u+L)(x^2-h^2)}{u-L}}$$

en fraction continue

$$q_0 - \frac{h^2}{q_1 - \frac{h^2}{q_2 - \ldots}},$$

la détermination de la constante L_0 et de la fraction cherchée $\frac{U}{V}$ se simplifie notablement, comme nous allons le montrer.

D'après le § 48, on trouvera la valeur de L_0 en cherchant parmi les racines des équations

$$G_0 = 0,\ G_1 = 0, \ldots G_{\frac{n}{2}-1} = 0$$

la plus petite numériquement.

Or, comme nous avons trouvé (27)

$$G_0 = -\frac{h^2}{2},\ G_1 = -\frac{h^2}{2}, \ldots G_{\frac{n}{2}-k-1} = -\frac{h^2}{2},$$

il est clair que $L = L_0$ ne peut être qu'une racine des équations

$$G_{\frac{n}{2}-k} = 0,\ G_{\frac{n}{2}-k+1} = 0, \ldots G_{\frac{n}{2}-1} = 0,$$

ou, ce qui revient au même d'après (26), de celles-ci:

$$g_1 = 0,\ g_2 = 0, \ldots g_k = 0,$$

Ainsi nous parvenons pour la détermination de L_0 à cette conclusion définitive:

On trouve la valeur de $L = L_0$, en cherchant parmi les racines des équations

$$g_1 = 0,\ g_2 = 0,\ g_k = 0,$$

celle qui est la plus pétite numériquement; où $g_1, g_2, \ldots g_k$ sont les coefficients de $\frac{1}{x}$ dans les k premiers quotients complets du développement de

$$Z = \frac{1}{x + \sqrt{x^2 - h^2}} \cdot \frac{L(x + \sqrt{x^2 - h^2})^{n-2k+2} - h^{n-2k+2}(u + \sqrt{u^2 - L^2})}{L(x + \sqrt{x^2 - h^2})^{n-2k} - h^{n-2k}(u + \sqrt{u^2 - L^2})}$$

en fraction continue, et k désigne le plus grand nombre entier que la quantité $\frac{l+3}{2}$ contient.

Nous ne disons rien de la forme de la fraction continue, dans laquelle on développera Z, en cherchant les valeurs de $g_1, g_2, \ldots g_k$; car il est clair que les quotients complets, aux facteurs constants près, seront les mêmes, qu'on développe Z en fraction continue de la forme

$$\frac{h^2}{q_{\frac{n}{2}-k+1}} - \frac{h^2}{q_{\frac{n}{2}-k+2}} - \frac{h^2}{q_{\frac{n}{2}-k+3}} - \ldots,$$

comme nous l'avons supposé jusqu'à présent, ou dans une de la forme

$$\frac{\alpha'}{q'} + \frac{\alpha''}{q''} + \frac{\alpha'''}{q'''} + \ldots$$

où α', α'', α''',.... sont des valeurs constantes quelconques.

Remarquons que la même chose se présente encore pour les termes des fractions convergentes que nous aurons à considérer plus tard.

§ 54. En passant à la détermination de la fraction cherchée

$$\frac{U}{V},$$

supposons que

$$g_i = 0$$

soit la première des équations

$$g_1 = 0, \ g_2 = 0, \ldots . g_k = 0,$$

qu'on vérifie en prenant

$$L = L_0.$$

Comme nous avons trouvé (§ 52) que

$$G_0 = -\frac{h^2}{2}, \ G_1 = -\frac{h^2}{2}, \ldots . G_{\frac{n}{2}-k-1} = -\frac{h^2}{2},$$

$$G_{\frac{n}{2}-k} = g_1, \ G_{\frac{n}{2}-k+1} = g_2, \ldots . G_{\frac{n}{2}-1} = g_k,$$

il suit que, dans cette supposition, l'équation

$$G_{\frac{n}{2}-k+i-1} = 0$$

sera la première parmi

$$G_0 = 0, \ G_1 = 0, \ldots . G_{\frac{n}{2}-1} = 0,$$

qui a lieu pour $L = L_0$. D'où nous concluons, en vertu du § 48, que la fraction cherchée sera déterminnée par la formule (24), en prenant

$$\sigma = \frac{n}{2} - k + i - 1,$$

ce qui nous donne

$$\frac{U}{V} = \frac{(u - L_0)\,M^2 - (u + L_0)\,(x^2 - h^2)\,N^2}{M^2 - (x^2 - h^2)\,N^2},$$

où

$$\frac{M}{N} = q_0 - \cfrac{h^2}{q_1 - \cfrac{h^2}{q_2 - \ldots - \cfrac{h^2}{q_{\frac{n}{2} - k + i - 1}}}}.$$

Mais en dénotant par

$$\frac{M_1}{N_1}, \ \frac{M_2}{N_2}, \ \frac{M_3}{N_3}, \ldots .$$

la série des fractions convergentes de

$$Z = \cfrac{h^2}{q_{\frac{n}{2} - k + 1} - \cfrac{h^2}{q_{\frac{n}{2} - k + 2} - \cfrac{h^2}{q_{\frac{n}{2} - k + 3} - \ldots}}}$$

où

$$\frac{M_1}{N_1} = \frac{0}{1}, \ \frac{M_2}{N_2} = \frac{h^2}{q_{\frac{n}{2} - k + 1}}, \ldots .$$

on a

$$\frac{M}{N} = q_0 - \cfrac{h^2}{q_1 - \cfrac{h^2}{q_2 - \ldots - \cfrac{h^2}{q_{\frac{n}{2} - k} - \frac{M_i}{N_i}}}}.$$

D'où, en remarquant (§ 51) que les fractions convergentes de

$$q_0 - \cfrac{h^2}{q_1 - \cfrac{h^2}{q_2 - \ldots}}$$

qui correspondent aux dénominateurs $q_{\frac{n}{2} - k}$, $q_{\frac{n}{2} - k - 1}$ sont

$$\frac{P_{\frac{n}{2} - k + 1}}{Q_{\frac{n}{2} - k + 1}}, \quad \frac{P_{\frac{n}{2} - k}}{Q_{\frac{n}{2} - k}},$$

nous concluons

$$\frac{M}{N}=\frac{P_{\frac{n}{2}-k+1}N_i-P_{\frac{n}{2}-k}M_i}{Q_{\frac{n}{2}-k+1}N_i-Q_{\frac{n}{2}-k}M_i},$$

et par là l'expression précédente de $\frac{U}{V}$ devient

$$\frac{(u-L_0)\left(P_{\frac{n}{2}-k+1}N_i-P_{\frac{n}{2}-k}M_i\right)^2-(u+L_0)(x^2-h^2)\left(Q_{\frac{n}{2}-k+1}N_i-Q_{\frac{n}{2}-k}M_i\right)^2}{\left(P_{\frac{n}{2}-k+1}N_i-P_{\frac{n}{2}-k}M_i\right)^2-(x^2-h^2)\left(Q_{\frac{n}{2}-k+1}N_i-Q_{\frac{n}{2}-k}M_i\right)^2};$$

où le numérateur se réduit à

$$\left[\left(P^2_{\frac{n}{2}-k+1}-(x^2-h^2)Q^2_{\frac{n}{2}-k+1}\right)u-\left(P^2_{\frac{n}{2}-k+1}+Q^2_{\frac{n}{2}-k+1}(x^2-h^2)\right)L_0\right]N_i^2$$
$$-2\left[\left(P_{\frac{n}{2}-k+1}P_{\frac{n}{2}-k}-Q_{\frac{n}{2}-k+1}Q_{\frac{n}{2}-k}(x^2-h^2)\right)u-\left(P_{\frac{n}{2}-k+1}P_{\frac{n}{2}-k}+Q_{\frac{n}{2}-k+1}Q_{\frac{n}{2}-k}(x^2-h^2)\right)L_0\right]N_iM_i$$
$$+\left[\left(P^2_{\frac{n}{2}-k}-Q^2_{\frac{n}{2}-k}(x^2-h^2)\right)u-\left(P^2_{\frac{n}{2}-k}+Q^2_{\frac{n}{2}-k}(x^2-h^2)\right)L_0\right]M_i^2,$$

et le dénominateur à

$$\left(P^2_{\frac{n}{2}-k+1}-Q^2_{\frac{n}{2}-k+1}(x^2-h^2)\right)N_i^2+\left(P^2_{\frac{n}{2}-k}-Q^2_{\frac{n}{2}-k}(x^2-h^2)\right)M_i^2$$
$$-2\left(P_{\frac{n}{2}-k+1}P_{\frac{n}{2}-k}-Q_{\frac{n}{2}-k+1}Q_{\frac{n}{2}-k}(x^2-h^2)\right)N_iM_i.$$

Mais comme d'après (25) on trouve

$$P_\lambda^2-Q_\lambda^2(x^2-h^2)=h^{2\lambda},$$
$$P_\lambda^2+Q_\lambda^2(x^2-h^2)=\frac{(x+\sqrt{x^2-h^2})^{2\lambda}+(x-\sqrt{x^2-h^2})^{2\lambda}}{2},$$
$$P_\lambda P_{\lambda-1}+Q_\lambda Q_{\lambda-1}(x^2-h^2)=\frac{(x+\sqrt{x^2-h^2})^{2\lambda-1}+(x-\sqrt{x^2-h^2})^{2\lambda-1}}{2}$$
$$P_\lambda P_{\lambda-1}-Q_\lambda Q_{\lambda-1}(x^2-h^2)=h^{2\lambda-2}x,$$

ces valeurs de U et V deviennent

$$U=\left[h^{n-2k+2}u-L_0\frac{(x+\sqrt{x^2-h^2})^{n-2k+2}+(x-\sqrt{x^2-h^2})^{n-2k+2}}{2}\right]N_i^2$$
$$-2\left[h^{n-2k}xu-L_0\frac{(x+\sqrt{x^2-h^2})^{n-2k+1}+(x-\sqrt{x^2-h^2})^{n-2k+1}}{2}\right]N_iM_i$$
$$+\left[h^{n-2k}\ u-L_0\frac{(x+\sqrt{x^2-h^2})^{n-2k}+(x-\sqrt{x^2-h^2})^{n-2k}}{2}\right]M_i^2,$$
$$V=h^{n-2k}\left[h^2N_i^2-2xN_iM_i+M_i^2\right].$$

Ainsi nous parvenons pour la détermination de la fraction cherchée $\frac{U}{V}$ à cette conclusion définitive:

Si $g_i = 0$ est la première des équations

$$g_1 = 0,\ g_2 = 0, \ldots . g_k = 0$$

qu'on vérifie en prenant $L = L_0$, les termes de la fraction $\frac{U}{V}$, qui parmi toutes les autres de la forme

$$\frac{p'\,x^{n-l-1} + p''\,x^{n-l-2} + \ldots . + p^{(n-l-1)}\,x + p^{(n-l)}}{p^{(n-l+1)}\,x^l + p^{(n-l+2)}\,x^{l-1} + \ldots . + p^{(n)}\,x + p^{(n+1)}}$$

s'écarte le moins de

$$u = x^{n-l} + A\,x^{n-l-1} + B\,x^{n-l-2} + \ldots .,$$

entre $x = -h$ et $x = +h$, sont données par ces formules:

$$\begin{aligned} U = &\left[h^{n-2k+2} u - L_0 \frac{(x + \sqrt{x^2 - h^2})^{n-2k+2} + (x - \sqrt{x^2 - h^2})^{n-2k+2}}{2}\right] N_i^2 \\ &- 2\left[h^{n-2k}\,x u - L_0 \frac{(x + \sqrt{x^2 - h^2})^{n-2k+1} + (x - \sqrt{x^2 - h^2})^{n-2k+1}}{2}\right] N_i M_i \\ &+ \left[h^{n-2k}\ u - L_0 \frac{(x + \sqrt{x^2 - h^2})^{n-2k} + (x - \sqrt{x^2 - h^2})^{n-2k}}{2}\right] M_i^2, \\ V = &\, h^{n-2k}\left[h^2 N_i^2 - 2\,x\,N_i M_i + M_i^2\right], \end{aligned}$$

où M_i, N_i sont les termes de la $i^{\text{ème}}$ fraction convergente de

$$\frac{1}{x + \sqrt{x^2 - h^2}}\ \frac{L(x + \sqrt{x^2 - h^2})^{n-2k+2} - h^{n-2k+2}(u + \sqrt{u^2 - L^2})}{L(x + \sqrt{x^2 - h^2})^{n-2k} - h^{n-2k}(u + \sqrt{u^2 - L^2})}$$

qu'on trouve par son développement en fraction continue et parmi lesquelles on compte $\frac{0}{1}$.

XVI.

Le nombre n est impair.

§ 55. La méthode que nous venons de donner pour la détermination de L_0 et de la fraction $\frac{U}{V}$ dans le cas de n pair, peut être facilement appliquée au cas où n est impair, comme nous allons le montrer.

Nous avons vu dans le § 45 que, le nombre n étant impair, on a ce système d'équations:

$$(28) \qquad \begin{cases} uV - U + LV = (x-h)\,W_0^2, \\ uV - U - LV = (x+h)\,W_1^2, \end{cases}$$

ou, ce qui revient au même,

$$(29) \qquad 2LV = (x-h)\,W_0^2 - (x+h)\,W_1^2,$$

$$(30) \qquad 2LU = (u-L)\,(x-h)\,W_0^2 - (u+L)\,(x+h)\,W_1^2.$$

Comme les fonctions u, V sont respectivement de degrés $n-l$, $l-d$, et que le degré de U ne surpasse pas $n-l-d-1$ (§ 43), les équations (28) prouvent que les fonctions

$$W_0, \; W_1$$

sont de degré $\frac{n-d-1}{2}$. Mais d'après l'équation (30) on trouve

$$\frac{W_0}{W_1} - \sqrt{\frac{(u+L)\,(x+h)}{(u-L)\,(x-h)}} = \frac{2LU}{W_1\left[W_0\,(u-L)\,(x-h) + W_1\sqrt{(u^2-L^2)\,(x^2-h^2)}\right]},$$

ce qui nous montre que la fraction

$$\frac{W_0}{W_1}$$

est la valeur de

$$\sqrt{\frac{(u+L)\,(x+h)}{(u-L)\,(x-h)}}$$

exacte jusqu'aux termes de l'ordre

$$\frac{2LU}{W_1\left[W_0\,(u-L)\,(x-h) + W_1\sqrt{(u^2-L^2)\,(x^2-h^2)}\right]},$$

et par conséquent, en vertu de ce que nous avons vu relativement aux degrés des fonctions W_0, W_1, U, u, exacte jusqu'à $\frac{1}{x^{n+1}}$. Or, comme W_1, le dénominateur de la fraction $\frac{W_0}{W_1}$, n'est que de degré $\frac{n-d-1}{2}$, cela ne peut avoir lieu, à moins que $\frac{W_0}{W_1}$ ne soit l'une des fractions convergentes de

$$\sqrt{\frac{(u+L)\,(x+h)}{(u-L)\,(x-h)}},$$

et que la fraction convergente qui suit celle égale à $\frac{W_0}{W_1}$ n'ait pour dénominateur une fonction de degré $\frac{n+d+3}{2}$. D'où l'on voit que parmi les fractions convergentes de l'expression

$$\sqrt{\frac{(u+L)(x+h)}{(u-L)(x-h)}}$$

aucune n'aura pour dénominateur une fonction de degré $\frac{n+1}{2}$.

§ 56. D'après cela, en répétant sur le développement de

$$\sqrt{\frac{(u+L)(x+h)}{(u-L)(x-h)}}$$

en fraction continue

$$q_0 + \cfrac{2h}{q_1 - \cfrac{h^2}{q_2 - \ldots}}$$

ce que nous avons fait dans les paragraphes 47, 48, 49 avec le développement de

$$\sqrt{\frac{(u+L)(x^2-h^2)}{u-L}}$$

en fraction continue

$$q_0 - \cfrac{h^2}{q_1 - \cfrac{h^2}{q_2 - \ldots}}$$

on reconnait aisément que la valeur L doit vérifier au moins l'une de ces équations:

$$G_0 = 0,\ G_1 = 0, \ldots . G_{\frac{n-1}{2}} = 0,$$

où G_0, $G_1, \ldots . G_{\frac{n-1}{2}}$ sont les coefficients de $\frac{1}{x}$ dans les $\frac{n+1}{2}$ premiers quotients complets de

$$\sqrt{\frac{(u+L)(x+h)}{(u-L)(x-h)}} = q_0 + \cfrac{2h}{q_1 - \cfrac{h^2}{q_2 - \ldots}}$$

D'autre part, si l'équation

$$G_\sigma = 0$$

est la première parmi

$$G_0 = 0,\ G_1 = 0, \ldots . G_{\frac{n-1}{2}} = 0,$$

qui a lieu pour $L = L_0$, et qu'on fasse

$$\frac{M}{N} = q_0 + \cfrac{2h}{q_1 - \cfrac{h^2}{q_2 - \cdots - \cfrac{h^2}{q_\sigma}}},$$

$$\frac{U}{V} = \frac{(u - L_0)(x - h)M^2 - (u + L_0)(x + h)N^2}{(x - h)M^2 - (x + h)N^2}, \tag{31}$$

en traitant cette valeur de $\frac{U}{V}$ de la même manière que celle donnée par la formule (24), on trouve qu'elle est de la forme

$$\frac{p' x^{n-l-1} + p'' x^{n-l-2} + \ldots + p^{(n-l-1)} x + p^{(n-l)}}{p^{(n-l+1)} x^l + p^{(n-l+2)} x^{l-1} + \ldots + p^{(n)} x + p^{(n+1)}}$$

et que sa différence avec u, depuis $x = -h$ jusqu'à $x = +h$, reste comprise dans les limites $-L_0$ et $+L_0$.

D'après cela on conclut, comme dans le cas de n pair (§ 50), que la valeur cherchée de L est numériquement la plus petite parmi celles qui vérifient au moins l'une des équations

$$G_0 = 0,\ G_1 = 0, \ldots . G_{\frac{n-1}{2}} = 0,$$

et que cette valeur étant $L = L_0$, et

$$G_\sigma = 0$$

la première des équations

$$G_0 = 0,\ G_1 = 0, \ldots . G_{\frac{n-1}{2}} = 0,$$

qu'elle vérifie, la fraction cherchée $\frac{U}{V}$ se détermine par la formule (31), en prenant pour $\frac{M}{N}$ celle des fractions convergentes de

$$\sqrt{\frac{(u + L_0)(x + h)}{(u - L_0)(x - h)}} = q_0 + \cfrac{2h}{q_1 - \cfrac{h^2}{q_2 - \cdots}}$$

qui correspond au dénominateur q_σ.

C'est ainsi qu'on parvient à déterminer la valeur de la constante L et de la fraction cherchée $\frac{U}{V}$ dans le cas de n impair.

XVII.

§ 57. Nous chercherons maintenant à simplifier la détermination de L et de $\frac{U}{V}$ dans le cas de n impair, comme nous l'avons fait (section XV) pour le cas de n pair, et on verra qu'en définitive la détermination de L et de $\frac{U}{V}$ dans ce cas ne diffère point de celle que nous avons trouvée pour le cas de n pair.

La fonction u étant de degré $n - l$, les expressions

$$\sqrt{\frac{(u+L)(x+h)}{(u-L)(x-h)}}, \quad \sqrt{\frac{x+h}{x-h}}$$

ne diffèrent entre elles que par les termes de l'ordre $\frac{1}{x^{n-l}}$ et moins élevés. D'où il suit que pour les développements de $\sqrt{\frac{(u+L)(x+h)}{(u-L)(x-h)}}$ et $\sqrt{\frac{x+h}{x-h}}$ on trouvera la même fraction continue, si l'on ne pousse leurs développements au-delà de la limite, pour laquelle elles s'expriment par les fractions continues avec l'exactitude jusqu'à $\frac{1}{x^{n-l}}$. Or, puisque l'on trouve

$$\sqrt{\frac{x+h}{x-h}} = 1 + \cfrac{2h}{2x - h - \cfrac{h^2}{2x - \cfrac{h^3}{2x - \ldots}}}$$

et que cette fraction continue ne donne pas la valeur de $\sqrt{\frac{x+h}{x-h}}$ exacte jusqu'à $\frac{1}{x^{n-l}}$, si l'on conserve $\frac{n+1}{2} - k$ de ses dénominateurs, k étant la partie entière de $\frac{l+3}{2}$, il est clair que dans le développement

$$\sqrt{\frac{(u+L)(x+h)}{(u-L)(x-h)}} = q_0 + \cfrac{2h}{q_1 - \cfrac{h^2}{q_2 - \ldots}}$$

on aura

$$(32) \qquad q_0 = 1, \; q_1 = 2x - h, \; q_2 = 2x, \ldots . q_{\frac{n+1}{2} - k} = 2x.$$

D'où nous concluons que les fractions convergentes de

$$\sqrt{\frac{(u+L)(x+h)}{(u-L)(x-h)}} = q_0 + \cfrac{2h}{q_1 - \cfrac{h^2}{q_2 - \ldots}}$$

qui correspondent aux dénominateurs

$$q_{\frac{n+1}{2}-k},\quad q_{\frac{n+1}{2}-k-1}$$

seront

$$\frac{P^{\left(\frac{n+1}{2}-k\right)}}{Q^{\left(\frac{n+1}{2}-k\right)}},\quad \frac{P^{\left(\frac{n-1}{2}-k\right)}}{Q^{\left(\frac{n-1}{2}-k\right)}},$$

si l'on dénote par

$$\frac{P^{(0)}}{Q^{(0)}},\quad \frac{P^{(1)}}{Q^{(1)}},\quad \frac{P^{(2)}}{Q^{(2)}},\ldots.$$

la suite des fractions convergentes de

$$\sqrt{\frac{x+h}{x-h}}=q_0+\cfrac{2h}{q_1-\cfrac{h^2}{q_2-\ldots}},$$

pour la détermination desquelles on trouve aisément ces formules:

$$(33)\quad\begin{cases} P^{(\lambda)}=\dfrac{\left(\sqrt{\frac{x-h}{2}}+\sqrt{\frac{x+h}{2}}\right)^{2\lambda+1}+\left(\sqrt{\frac{x-h}{2}}-\sqrt{\frac{x+h}{2}}\right)^{2\lambda+1}}{2\sqrt{\frac{x-h}{2}}}, \\ Q^{(\lambda)}=\dfrac{\left(\sqrt{\frac{x-h}{2}}+\sqrt{\frac{x+h}{2}}\right)^{2\lambda+1}-\left(\sqrt{\frac{x-h}{2}}-\sqrt{\frac{x+h}{2}}\right)^{2\lambda+1}}{2\sqrt{\frac{x+h}{2}}}\ \text{*}). \end{cases}$$

§ 58. Suivant ce que nous avons montré sur les fractions convergentes de

$$\sqrt{\frac{(u+L)(x+h)}{(u-L)(x-h)}}$$

qui correspondent aux dénominateurs

$$q_{\frac{n+1}{2}-k},\quad q_{\frac{n+1}{2}-k-1},$$

et en faisant

$$Z=\cfrac{h^2}{q_{\frac{n+1}{2}-k+1}-\cfrac{h^2}{q_{\frac{n+1}{2}-k+2}-\cfrac{h^2}{q_{\frac{n+1}{2}-k+3}-\ldots}}}$$

*) On vérifie facilement ces expressions de $P^{(\lambda)}$, $Q^{(\lambda)}$, en remarquant qu'elles donnent des valeurs exactes dans le cas de $\lambda=0$, $\lambda=1$, et qu'elles vérifient les équations $P^{(\lambda)}=2x\,P^{(\lambda-1)}-h^2P^{(\lambda-2)}$, $Q^{(\lambda)}=2x\,Q^{(\lambda-1)}-h^2Q^{(\lambda-2)}$, suivant la forme de la fraction continue $1+\cfrac{2h}{2x-h-\cfrac{h^2}{2x-\cfrac{h^2}{2x-\ldots}}}$

nous trouvons cette expression de $\sqrt{\frac{(u+L)(x+h)}{(u-L)(x-h)}}$:

$$\sqrt{\frac{(u+L)(x+h)}{(u-L)(x-h)}} = q_0 + \cfrac{2h}{q_1 - \cfrac{h^2}{q_2 - \dots - \cfrac{h^2}{q_{\frac{n+1}{2}-k} - Z}}} = \frac{P^{\left(\frac{n+1}{2}-k\right)} - ZP^{\left(\frac{n-1}{2}-k\right)}}{Q^{\left(\frac{n+1}{2}-k\right)} - ZQ^{\left(\frac{n-1}{2}-k\right)}}.$$

D'où résulte cette valeur de Z:

$$Z = \frac{Q^{\left(\frac{n+1}{2}-k\right)}\sqrt{(u+L)(x+h)} - P^{\left(\frac{n+1}{2}-k\right)}\sqrt{(u-L)(x-h)}}{Q^{\left(\frac{n-1}{2}-k\right)}\sqrt{(u+L)(x+h)} - P^{\left(\frac{n-1}{2}-k\right)}\sqrt{(u-L)(x-h)}},$$

qui, après la substitution des valeurs de

$$P^{\left(\frac{n+1}{2}-k\right)},\quad P^{\left(\frac{n-1}{2}-k\right)},\quad Q^{\left(\frac{n+1}{2}-k\right)},\quad Q^{\left(\frac{n-1}{2}-k\right)},$$

en vertu des formules (33), devient

$$\frac{\sqrt{u+L}\left[\left(\sqrt{\frac{x-h}{2}}+\sqrt{\frac{x+h}{2}}\right)^{n-2k+2} - \left(\sqrt{\frac{x-h}{2}}-\sqrt{\frac{x+h}{2}}\right)^{n-2k+2}\right] - \sqrt{u-L}\left[\left(\sqrt{\frac{x-h}{2}}+\sqrt{\frac{x+h}{2}}\right)^{n-2k+2} + \left(\sqrt{\frac{x-h}{2}}-\sqrt{\frac{x+h}{2}}\right)^{n-2k+2}\right]}{\sqrt{u+L}\left[\left(\sqrt{\frac{x-h}{2}}+\sqrt{\frac{x+h}{2}}\right)^{n-2k} - \left(\sqrt{\frac{x-h}{2}}-\sqrt{\frac{x+h}{2}}\right)^{n-2k}\right] - \sqrt{u-L}\left[\left(\sqrt{\frac{x-h}{2}}+\sqrt{\frac{x+h}{2}}\right)^{n-2k} + \left(\sqrt{\frac{x-h}{2}}-\sqrt{\frac{x+h}{2}}\right)^{n-2k}\right]}$$

En remarquant que n est un nombre impair et que

$$\left(\sqrt{\frac{x-h}{2}}+\sqrt{\frac{x+h}{2}}\right)^{\lambda}\left(\sqrt{\frac{x-h}{2}}-\sqrt{\frac{x+h}{2}}\right)^{\lambda} = (-h)^{\lambda},$$

on reconnaît aisément que cette valeur de Z peut être représentée ainsi:

$$\frac{1}{x+\sqrt{x^2-h^2}}\,\frac{\sqrt{u+L}\left[\left(\sqrt{\frac{x-h}{2}}+\sqrt{\frac{x+h}{2}}\right)^{2n-4k+4} + h^{n-2k+2}\right] - \sqrt{u-L}\left[\left(\sqrt{\frac{x-h}{2}}+\sqrt{\frac{x+h}{2}}\right)^{2n-4k+4} - h^{n-2k+2}\right]}{\sqrt{u+L}\left[\left(\sqrt{\frac{x-h}{2}}+\sqrt{\frac{x+h}{2}}\right)^{2n-4k} + h^{n-2k}\right] - \sqrt{u-L}\left[\left(\sqrt{\frac{x-h}{2}}+\sqrt{\frac{x+h}{2}}\right)^{2n-4k} - h^{n-2k}\right]}$$

et comme

$$\left(\sqrt{\frac{x-h}{2}}+\sqrt{\frac{x+h}{2}}\right)^2 = x+\sqrt{x^2-h^2},$$

cette expression de Z se réduit à

$$\frac{1}{x+\sqrt{x^2-h^2}}\,\frac{L\,(x+\sqrt{x^2-h^2})^{n-2k+2} + h^{n-2k+2}\,(u+\sqrt{u^2-L^2})}{L\,(x+\sqrt{x^2-h^2})^{n-2k} + h^{n-2k}\,(u+\sqrt{u^2-L^2})},$$

ce qui est identique, au signe de L près, avec la valeur de Z dans le cas de n pair (§ 53).

§ 59. En dénotant par

$$g_1, \; g_2, \; g_3, \dots$$

les coefficients de $\frac{1}{x}$ dans les quotients complets de

$$Z = \cfrac{h^2}{q_{\frac{n+1}{2}-k+1} - \cfrac{h^2}{q_{\frac{n+1}{2}-k+2} - \cfrac{h^2}{q_{\frac{n+1}{2}-k+3} - \dots}}}$$

nous trouvons qu'on aura

$$G_{\frac{n+1}{2}-k} = g_1, \; G_{\frac{n+1}{2}-k+1} = g_2, \dots G_{\frac{n-1}{2}} = g_k,$$

où

$$G_{\frac{n+1}{2}-k}, \; G_{\frac{n+1}{2}-k+1}, \dots G_{\frac{n+1}{2}},$$

suivant la notation admise dans le § 56, désignent les coefficients de $\frac{1}{x}$ dans les quotients complets de

$$\sqrt{\frac{(u+L)(x+h)}{(u-L)(x-h)}} = q_0 + \cfrac{2h}{q_1 - \cfrac{h^2}{q_2 - \dots}}$$

quand on s'arrête aux dénominateurs $q_{\frac{n+1}{2}-k}, q_{\frac{n+1}{2}-k+1}, \dots q_{\frac{n+1}{2}}$.

De plus, en vertu des valeurs de

$$q_0, \; q_1, \; q_2, \dots q_{\frac{n+1}{2}-k},$$

trouvées plus haut (§ 57), on reconnaît aisément que $G_0, G_1, G_2, \dots G_{\frac{n-1}{2}-k}$, les coefficients de $\frac{1}{x}$ dans les $\frac{n+1}{2} - k$ premiers quotients complets de

$$\sqrt{\frac{(u+L)(x+h)}{(u-L)(x-h)}} = q_0 + \cfrac{2h}{q_1 - \cfrac{h^2}{q_2 - \dots}}$$

ont ces valeurs:

$$G_0 = h, \; G_1 = -\frac{h^2}{2}, \; G_1 = -\frac{h^2}{2}, \dots G_{\frac{n-1}{2}-k} = -\frac{h^2}{2}.$$

D'après cela il est clair que parmi les équations

$$G_0 = 0, \; G_1 = 0, \; G_2 = 0, \dots G_{\frac{n-1}{2}} = 0,$$

qui d'après le § 56 déterminent $L = L_0$, les $\frac{n+1}{2} - k$ premières ne peuvent être satisfaites, et les dernières se réduisent à

$$g_1 = 0,\ g_2 = 0, \ldots . g_k = 0,$$

comme dans le cas de n pair; seulement L, en vertu de ce que nous avons vu sur l'expression de Z, sera remplacée par $\frac{n}{2} - L$.

§ 60. En passant à la détermination de la fraction cherchée $\frac{U}{V}$, supposons que

$$g_i = 0$$

soit la première des équations

$$g_1 = 0,\ g_2 = 0, \ldots . g_k = 0,$$

qu'on vérifie par $L = L_0$. Les quantités

$$G_0,\ G_1,\ G_2, \ldots . G_{\frac{n-1}{2} - k},$$

en vertu de ce que nous venons de voir, ne pouvant s'annuler, et puisque

$$G_{\frac{n+1}{2} - k} = g_1,\ G_{\frac{n+1}{2} - k + 1} = g_2, \ldots . G_{\frac{n-1}{2}} = g_k,$$

dans cette hypothèse l'équation

$$G_{\frac{n+1}{2} - k + i - 1} = 0$$

sera la première parmi

$$G_0 = 0,\ G_1 = 0,\ G_2 = 0, \ldots . G_{\frac{\ -1}{2}} = 0,$$

qui aura lieu pour $L = L_0$. Mais dans ce cas, en prenant

$$\sigma = \frac{n+1}{2} - k + i - 1 = \frac{n-1}{2} - k + i,$$

nous trouvons d'après (31) que la fraction cherchée $\frac{U}{V}$ se détermine ainsi:

$$\frac{U}{V} = \frac{(u - L_0)(x - h) M^2 - (u + L_0)(x + h) N^2}{(x - h) M^2 - (x + h) N^2},$$

où

$$\frac{M}{N} = q_0 + \cfrac{2h}{q_1 - \cfrac{h^2}{q_2 - \cdots - \cfrac{h^2}{q_{\frac{n-1}{2} - k + i}}}}.$$

D'autre part, comme les fractions convergentes de

$$q_0 + \frac{2h}{q_1 - \frac{h^2}{q_2 - \cdots}}$$

qui correspondent aux dénominateurs

$$q_{\frac{n+1}{2}-k},\ q_{\frac{n+1}{2}-k-1}$$

sont

$$\frac{P^{\left(\frac{n+1}{2}-k\right)}}{Q^{\left(\frac{n+1}{2}-k\right)}},\quad \frac{P^{\left(\frac{n-1}{2}-k\right)}}{Q^{\left(\frac{n-1}{2}-k\right)}};$$

et que la valeur précédente de $\frac{M}{N}$ peut être mise sous la forme

$$\frac{M}{N} = q_0 + \frac{2h}{q_1 - \frac{h^2}{q_2 - \cdots - \frac{1}{q_{\frac{n+1}{2}-k} - \frac{M_i}{N_i}}}},$$

en désignant par $\frac{M_i}{N_i}$ la $i^{\text{ème}}$ fraction convergente de

$$Z = \frac{h^2}{q_{\frac{n+1}{2}-k+1} - \frac{h^2}{q_{\frac{n+1}{2}-k+2} - \frac{h^2}{q_{\frac{n+1}{2}-k+3} - \cdots}}}$$

nous concluons qu'on aura

$$M = P^{\left(\frac{n+1}{2}-k\right)} N_i - P^{\left(\frac{n-1}{2}-k\right)} M_i,$$

$$N = Q^{\left(\frac{n+1}{2}-k\right)} N_i - Q^{\left(\frac{n-1}{2}-k\right)} M_i.$$

Mais en vertu de ces valeurs de M et N l'expression précédente de $\frac{U}{V}$ devient

$$\frac{(u-L_0)(x-h)\left[P^{\left(\frac{n+1}{2}-k\right)} N_i - P^{\left(\frac{n-1}{2}-k\right)} M_i\right]^2 - (u+L_0)(x+h)\left[Q^{\left(\frac{n+1}{2}-k\right)} N_i - Q^{\left(\frac{n-1}{2}-k\right)} M_i\right]^2}{(x-h)\left[P^{\left(\frac{n+1}{2}-k\right)} N_i - P^{\left(\frac{n-1}{2}-k\right)} M_i\right]^2 - (x+h)\left[Q^{\left(\frac{n+1}{2}-k\right)} N_i - Q^{\left(\frac{n-1}{2}-k\right)} M_i\right]^2}$$

D'où, par la substitution des valeurs de

$$P^{\left(\frac{n+1}{2}-k\right)},\ P^{\left(\frac{n-1}{2}-k\right)},\ Q^{\left(\frac{n+1}{2}-k\right)},\ Q^{\left(\frac{n-1}{2}-k\right)}$$

d'après (33), on obtient les mêmes expressions de U et V, que dans le cas de n pair (§ 54), et dans lesquelles, conformément à ce que nous avons vu (§ 59) sur les équations qui déterminent $L = L_0$, la quantité L_0 se trouve remplacée par $-L_0$.

Ainsi on parvient à reconnaître que les résultats définitifs, obtenus dans la section XV sur la détermination de la quantité L_0 et de la fraction $\frac{U}{V}$ pour le cas de *n pair*, sont applicables aussi au cas de *n impair*.

XVIII.

§ 61. Pour montrer une application de ce que nous avons exposé, supposons qu'il s'agisse de trouver une fraction de la forme

$$\frac{p' x^{n-2} + p'' x^{n-3} + \ldots + p^{(n-2)} x + p^{(n-1)}}{p^{(n)} x + p^{(n+1)}}$$

qui, depuis $x = -h$ jusqu'à $x = +h$, s'écarte le moins possible du polynôme donné

$$x^{n-1} + A x^{n-2} + B x^{n-3} + \ldots.$$

Comme on a dans ce cas

$$l = 1,$$

on trouve que k, qui désigne la partie entière de $\frac{l+3}{2}$, est égal à 2. Pour cette valeur de k, et en prenant

$$u = x^{n-1} + A x^{n-2} + B x^{n-3} + \ldots,$$

nous trouvons par le développement en séries

$$u + \sqrt{u^2 - L^2} = 2 x^{n-1} + 2 A x^{n-2} + 2 B x^{n-3} + \ldots,$$

$$(x + \sqrt{x^2 - h^2})^{n-2k+2} = (x + \sqrt{x^2 - h^2})^{n-2} = 2^{n-2} \left(x^{n-2} - \frac{n-2}{4} h^2 x^{n-4} + \ldots\right),$$

$$(x + \sqrt{x^2 - h^2})^{n-2k} = (x + \sqrt{x^2 - h^2})^{n-4} = 2^{n-4} \left(x^{n-4} - \frac{n-4}{4} h^2 x^{n-6} + \ldots\right).$$

En portant ces valeurs de

$$u + \sqrt{u^2 - L^2}, \quad (x + \sqrt{x^2 - h^2})^{n-2k+2}, \quad (x + \sqrt{x^2 - h^2})^{n-2k}$$

dans la formule

$$Z = \frac{1}{x + \sqrt{x^2 - h^2}} \frac{L (x + \sqrt{x^2 - h^2})^{n-2k+2} - h^{n-2k+2} (u + \sqrt{u^2 - L^2})}{L (x + \sqrt{x^2 - h^2})^{n-2k} - h^{n-2k} (u + \sqrt{u^2 - L^2})},$$

et en faisant

$$k=2,$$

on a

$$Z=\frac{1}{x+\sqrt{x^2-h^2}}\;\frac{2^{n-2}L\left[x^{n-2}-\frac{n-2}{4}h^2x^{n-4}+\ldots\right]-h^{n-2}\left[2x^{n-1}+2Ax^{n-2}+\ldots\right]}{2^{n-4}L\left[x^{n-4}-\frac{n-4}{4}h^2x^{n-6}+\ldots\right]-h^{n-4}\left[2x^{n-1}+2Ax^{n-2}+\ldots\right]}$$

$$=\frac{h^2x^{n-1}+\left[h^2A-2\left(\frac{2}{h}\right)^{n-4}L\right]x^{n-2}+h^2Bx^{n-3}+\ldots}{2x^n+2Ax^{n-1}-\frac{h^2}{2}x^{n-2}+2Bx^{n-2}+\ldots}.$$

Cette valeur de Z, développée en fraction continue, nous donne

$$Z=\cfrac{h^2}{2x+\left(\frac{2}{h}\right)^{n-2}L+\cfrac{\frac{1}{2}\left(\frac{2}{h}\right)^{2n-4}L^2-A\left(\frac{2}{h}\right)^{n-2}L-\frac{h^2}{2}}{x+\ldots}}.$$

D'où résultent ces fractions convergentes de Z:

$$\frac{M_1}{N_1}=\frac{0}{1},\quad \frac{M_2}{N_2}=\frac{h^2}{2x+\left(\frac{2}{h}\right)^{n-2}L},$$

et en cherchant les valeurs de $g_1, g_2, \ldots$, qui désignent d'après notre notation les coefficients de $\frac{1}{x}$ dans les quotients complets de Z, nous trouvons

$$g_1=\frac{h^2}{2},\quad g_2=\frac{1}{2}\left(\frac{2}{h}\right)^{2n-4}L^2-A\left(\frac{2}{h}\right)^{n-2}L-\frac{h^2}{2}.$$

En passant à la détermination de $L=L_0$, remarquons que, d'après le § 53, dans le cas dont il s'agit, le nombre k étant égal à 2, la valeur de $L=L_0$ doit vérifier au moins l'une de ces équations:

$$g_1=\frac{h^2}{2}=0,\quad g_2=\frac{1}{2}\left(\frac{2}{h}\right)^{2n-4}L^2-A\left(\frac{2}{h}\right)^{n-2}L-\frac{h^2}{2}=0.$$

La première de ces équations est impossible; on n'a qu'à chercher les solutions de la dernière. Or, en résolvant l'équation

$$\frac{1}{2}\left(\frac{2}{h}\right)^{2n-4}L^2-A\left(\frac{2}{h}\right)^{n-2}L-\frac{h^2}{2}=0$$

on trouve ces deux valeurs de L:

$$L=\left(\frac{h}{2}\right)^{n-2}\left(A+\sqrt{A^2+h^2}\right),$$

$$L=\left(\frac{h}{2}\right)^{n-2}\left(A-\sqrt{A^2+h^2}\right).$$

De ces valeurs de L celle qui a le radical $\sqrt{A^2+h^2}$ avec le signe contraire à celui de A sera la plus petite numériquement. Donc, en vertu de ce que nous avons montré dans le § 53 sur la détermination de $L=L_0$, on aura

$$L_0=\left(\frac{h}{2}\right)^{n-2}\left(A\pm\sqrt{A^2+h^2}\right),$$

en supposant qu'on prend le radical avec le signe contraire à celui de A.

Puisque cette valeur de L_0 ne vérifie que la seconde des deux équations

$$g_1=\frac{h^2}{2}=0,$$

$$g_2=\frac{1}{2}\left(\frac{2}{h}\right)^{2n-4}L^2-A\left(\frac{2}{h}\right)^{n-2}L-\frac{h^2}{2}=0,$$

on prendra

$$i=2,$$

et parceque

$$\frac{M_2}{N_2},$$

la seconde fraction convergente de Z, est égale à

$$\frac{h^2}{2x+\left(\frac{2}{h}\right)^{n-2}L},$$

on conclut que

$$M_i=h^2;\quad N_i=2x+\left(\frac{2}{h}\right)^{n-2}L.$$

D'où, en vertu de ce que nous avons montré dans le § 54 sur la détermination de $\frac{U}{V}$, et en remarquant que $k=2$, nous parvenons à ces valeurs de U et V:

$$\begin{aligned}U= &\left[h^{n-2}u-L_0\frac{(x+\sqrt{x^2-h^2})^{n-2}+(x-\sqrt{x^2-h^2})^{n-2}}{2}\right]\left[2x+\left(\frac{2}{h}\right)^{n-2}L_0\right]^2\\ &-2\left[h^{n-4}xu-L_0\frac{(x+\sqrt{x^2-h^2})^{n-3}+(x-\sqrt{x^2-h^2})^{n-3}}{2}\right]\left[2x+\left(\frac{2}{h}\right)^{n-2}L_0\right]h^2\\ &+\left[h^{n-4}u-L_0\frac{(x+\sqrt{x^2-h^2})^{n-4}+(x-\sqrt{x^2-h^2})^{n-4}}{2}\right]h^4,\\ V= &\ h^{n-4}\left[h^2\left(2x+\left(\frac{2}{h}\right)^{n-2}L_0\right)^2-2h^2x\left(2x+\left(\frac{2}{h}\right)^{n-2}L_0\right)+h^4\right]\\ = &\ 2^{n-1}L_0x+h^n+\frac{2^{2n-4}L_0^2}{h^{n-2}};\end{aligned}$$

où

$$u=x^{n-1}+Ax^{n-2}+Bx^{n-3}+\ldots,$$

$$L_0=\left(\frac{h}{2}\right)^{n-2}\left(A\pm\sqrt{A^2+h^2}\right).$$

Tels sont les termes de la fraction

$$\frac{U}{V}=\frac{p' x^{n-2}+p'' x^{n-3}+\ldots+p^{(n-2)} x+p^{(n-1)}}{p^{(n)} x+p^{(n+1)}},$$

qui, parmi toutes les autres de la même forme, depuis $x=-h$ jusqu'à $x=+h$, s'écarte le moins de $u=x^{n-1}+Ax^{n-2}+Bx^{n-3}+\ldots\ldots$

§ 62. La valeur de L_0 montre que pour la fraction $\frac{U}{V}$, ainsi déterminée, les limites des valeurs de la différence

$$u-\frac{U}{V},$$

depuis $x=-h$ jusqu'à $x=+h$, sont

$$-\left(\frac{h}{2}\right)^{n-2}\left(A \pm \sqrt{A^2+h^2}\right), \quad +\left(\frac{h}{2}\right)^{n-2}\left(A \pm \sqrt{A^2+h^2}\right),$$

en prenant le radical avec le signe contraire à celui de A. Comme ces limites pour toutes les autres fractions $\frac{V}{U}$ de la forme

$$\frac{p' x^{n-2}+p'' x^{n-3}+\ldots+p^{(n-2)} x+p^{(n-1)}}{p^{(n)} x+p^{(n+1)}}$$

sont plus étendues, et que la différence

$$u-\frac{U}{V}=x^{n-1}+Ax^{n-2}+\ldots-\frac{p' x^{n-2}+p'' x^{n-3}+\ldots+p^{(n-2)} x+p^{(n-1)}}{p^{(n)} x+p^{(n+1)}},$$

où $p', p'' \ldots p^{(n-2)}, p^{(n-1)}, p^{(n)}, p^{(n+1)}$ sont des quantités arbitraires, peut représenter toutes les fonctions de la forme

$$x^{n-1}+A x^{n-2}+A' x^{n-3}+\ldots+A^{(n-2)}+\frac{A^{(n-1)}}{x-\alpha},$$

il en résulte ce théorème:

Théorème 20.

La fonction

$$x^{n-1}+A x^{n-2}+A' x^{n-3}+\ldots+A^{(n-2)}+\frac{A^{(n-1)}}{x-\alpha},$$

depuis $x=-h$ jusqu'à $x=+h$, ne peut rester numériquement au-dessous de

$$\left(\frac{h}{2}\right)^{n-2}\left(A \pm \sqrt{A^2+h^2}\right),$$

où l'on prend le radical avec le signe contraire à celui de A.

§ 63. En cherchant de la même manière la fraction

$$\frac{p' x^{n-3} + p'' x^{n-4} + \ldots + p^{(n-3)} x + p^{(n-2)}}{p^{(n-1)} x^2 + p^{(n)} x + p^{(n+1)}},$$

qui, parmi toutes les autres de la même forme, s'écarte le moins de

$$u = x^{n-2} + B x^{n-4} + C x^{n-5} + \ldots,$$

entre $x = -h$ et $x = +h$, on prendra

$$l = 2,$$

et comme pour cette valeur de l la quantité $\frac{l+3}{2}$ est égale à $\frac{5}{2} = 2\frac{1}{2}$, on fera

$$k = 2.$$

Or, en prenant

$$u = x^{n-2} + B x^{n-4} + C x^{n-5} + \ldots,$$
$$k = 2,$$

dans l'expression de Z (§ 53), on trouve

$$Z = \frac{1}{x + \sqrt{x^2 - h^2}} \cdot \frac{2^{n-2} L\left(x^{n-2} - \frac{n-2}{4} h^2 x^{n-4} + \ldots\right) - 2 h^{n-2} (x^{n-2} + B x^{n-4} + \ldots)}{2^{n-4} L\left(x^{n-4} - \frac{n-4}{4} h^2 x^{n-6} + \ldots\right) - 2 h^{n-4} (x^{n-2} + B x^{n-4} + \ldots)}$$

$$= \frac{\left[h^2 - 2\left(\frac{2}{h}\right)^{n-4} L\right] x^{n-2} + h^2 \left[B + \frac{n-2}{2}\left(\frac{2}{h}\right)^{n-4} L\right] x^{n-4} + \ldots}{2 x^{n-1} + \left(2B - \frac{h^2}{2} - \left(\frac{2}{h}\right)^{n-4} L\right) x^{n-3} + \ldots}.$$

Cette valeur de Z, développée en fraction continue, nous donne

$$Z = \cfrac{1}{\cfrac{2x}{h^2 - 2\left(\frac{2}{h}\right)^{n-4} L} + \cfrac{2\left(\frac{2}{h}\right)^{2n-8} L^2 - \left(4B + (n-2)h^2\right)\left(\frac{2}{h}\right)^{n-4} L - \frac{h^4}{2}}{\left(h^2 - 2\left(\frac{2}{h}\right)^{n-4} L\right)^2 x + \ldots}}$$

D'où résulte cette suite des fractions convergentes de Z:

$$\frac{M_1}{N_1} = \frac{0}{1}, \quad \frac{M_2}{N_2} = \frac{h^2 - 2\left(\frac{2}{h}\right)^{n-4} L}{2x}, \ldots.$$

et ces valeurs de $g_1, g_2, \ldots$:

$$g_1 = h^2 - 2\left(\frac{2}{h}\right)^{n-4} L,$$

$$g_2 = \frac{2\left(\frac{2}{h}\right)^{2n-8} L^2 - \left(4B + (n-2)h^2\right)\left(\frac{2}{h}\right)^{n-4} L - \frac{h^4}{2}}{\left(h^2 - 2\left(\frac{2}{h}\right)^{n-4} L\right)^2},$$

. . . .

qui désignent pour nous les coefficients de $\frac{1}{x}$ dans les quotients complets.

Comme $k = 2$, on cherchera la valeur $L = L_0$ parmi les racines de ces deux équations:

$$g_1 = h^2 - 2\left(\frac{2}{h}\right)^{n-4} L = 0,$$

$$g_2 = \frac{2\left(\frac{2}{h}\right)^{2n-8} L^2 - \left(4B + (n-2)h^2\right)\left(\frac{2}{h}\right)^{n-4} L - \frac{h^4}{2}}{\left(h^2 - 2\left(\frac{2}{h}\right)^{n-4} L\right)^2} = 0.$$

La première de ces deux équations donne

$$L = 2\left(\frac{h}{2}\right)^{n-2},$$

la seconde

$$L = \left(\frac{h}{2}\right)^{n-4}\left[B + \frac{n-2}{4}h^2 + \sqrt{\left(B + \frac{n-2}{4}h^2\right)^2 + \frac{h^4}{4}}\right],$$

$$L = \left(\frac{h}{2}\right)^{n-4}\left[B + \frac{n-2}{4}h^2 - \sqrt{\left(B + \frac{n-2}{4}h^2\right)^2 + \frac{h^2}{4}}\right].$$

Dans le cas particulier de $B = -\frac{n-2}{4}h^2$, ces trois valeurs, au signe près, sont égales. Mais en faisant abstraction de ce cas, nous trouvons que la plus petite numériquement est celle qu'on trouve d'après la formule

$$L = \left(\frac{h}{2}\right)^{n-4}\left[B + \frac{n-2}{4}h^2 \pm \sqrt{\left(B + \frac{n-2}{4}h^2\right)^2 + \frac{h^4}{4}}\right],$$

en prenant le radical avec le signe contraire à celui de $B + \frac{n-2}{4}h^2$.

D'où, d'après le § 53, nous concluons

$$L_0 = \left(\frac{h}{2}\right)^{n-4}\left[B + \frac{n+2}{4}h^2 \pm \sqrt{\left(B + \frac{n-2}{4}h^2\right)^2 + \frac{h^4}{4}}\right].$$

Cette valeur de L_0, sauf le cas de $B = -\frac{n-2}{4}h^2$, ne vérifie que la seconde des équations

$$g_1 = h^2 - 2\left(\frac{2}{h}\right)^{n-4} L = 0,$$

$$g_2 = \frac{2\left(\frac{2}{h}\right)^{2n-8} L^2 - \left(4B + (n-2)h^2\right)\left(\frac{2}{h}\right)^{n-4} L - \frac{h^4}{2}}{\left(h^2 - 2\left(\frac{2}{h}\right)^{n-4} L\right)^2} = 0.$$

Donc, on prendra

$$i = 2, \quad \frac{M_i}{N_i} = \frac{M_2}{N_2},$$

et comme nous venons de trouver

$$\frac{M_2}{N_2} = \frac{h^2 - 2\left(\frac{2}{h}\right)^{n-4} L}{2x},$$

on aura

$$M_i = h^2 - 2\left(\frac{2}{h}\right)^{n-4} L,$$

$$N_i = 2x.$$

Pour ces valeurs de M_i, N_i, et en remarquant que $k = 2$, les expressions de U et V que nous avons trouvées dans le § 54 donnent

$$\begin{aligned} U = & \left[h^{n-2} u - L_0 \frac{(x + \sqrt{x^2 - h^2})^{n-2} + (x - \sqrt{x^2 - h^2})^{n-2}}{2}\right] \cdot 4x^2 \\ & - 2\left[h^{n-4} x u - L_0 \frac{(x + \sqrt{x^2 - h^2})^{n-3} + (x - \sqrt{x^2 - h^2})^{n-3}}{2}\right] \cdot 2x\left(h^2 - 2\left(\frac{2}{h}\right)^{n-4} L_0\right) \\ & + \left[h^{n-4} u - L_0 \frac{(x + \sqrt{x^2 - h^2})^{n-4} + (x - \sqrt{x^2 - h^2})^{n-4}}{2}\right]\left(h^2 - 2\left(\frac{2}{h}\right)^{n-4} L_0\right)^2 \end{aligned}$$

$$\begin{aligned} V = & \; h^{n-4}\left[4h^2x^2 - 4\left(h^2 - 2\left(\frac{2}{h}\right)^{n-4} L_0\right)x^2 + \left(h^2 - 2\left(\frac{2}{h}\right)^{n-4} L_0\right)^2\right] \\ = & \; h^{n-4}\left[8\left(\frac{2}{h}\right)^{n-4} L_0 x^2 + \left(h^2 - 2\left(\frac{2}{h}\right)^{n-4} L_0\right)^2\right]. \end{aligned}$$

Tels sont les termes de la fraction

$$\frac{U}{V}$$

qui, parmi toutes celles de la forme

$$\frac{p' x^{n-3} + p'' x^{n-4} + \ldots + p^{(n-3)} x + p^{(n-2)}}{p^{(n-1)} x^2 + p^{(n)} x + p^{(n+1)}},$$

depuis $x = -h$ jusqu'à $x = +h$, s'écarte le moins de

$$u = x^{n-2} + Bx^{n-4} + Cx^{n-5} + \ldots.$$

Nous allons examiner maintenant le cas de

$$B = -\frac{n-2}{4} h^2,$$

que nous avons laissé de côté.

D'après les valeurs de g_1, g_2, trouvées plus haut, on a, dans le cas de $B = -\frac{n-2}{4} h^2$,

$$g_1 = h^2 - 2\left(\frac{2}{h}\right)^{n-4} L,$$

$$g_2 = -\frac{1}{2} \frac{h^2 + 2\left(\frac{2}{h}\right)^{n-4} L}{h^2 - 2\left(\frac{2}{h}\right)^{n-4} L}.$$

Comme les racines des équations

$$g_1 = h^2 - 2\left(\frac{2}{h}\right)^{n-4} L = 0,$$

$$g_2 = -\frac{1}{2} \frac{h^2 + 2\left(\frac{2}{h}\right)^{n-4} L}{h^2 - 2\left(\frac{2}{h}\right)^{n-4} L} = 0$$

sont

$$L = 2\left(\frac{h}{2}\right)^{n-2},$$

$$L = -2\left(\frac{h}{2}\right)^{n-2},$$

valeurs, au signe près, égales, nous trouvons deux valeurs de $L = L_0$:

$$L_0 = -2\left(\frac{h}{2}\right)^{n-2},$$

$$L_0 = 2\left(\frac{h}{2}\right)^{n-2}.$$

En prenant la première valeur de L_0, nous remarquons qu'elle ne vérifie que la seconde des équations

$$g_1 = h^2 - 2\left(\frac{2}{h}\right)^{n-4} L = 0,$$

$$g_2 = -\frac{1}{2} \frac{h^2 + 2\left(\frac{2}{h}\right)^{n-4} L}{h^2 - 2\left(\frac{2}{h}\right)^{n-4} L} = 0.$$

Donc, on aura

$$i = 2, \quad \frac{M_i}{N_i} = \frac{M_2}{N_2},$$

et par là on trouve pour U et V les mêmes expressions que dans le cas général où l'on a aussi $i = 2$.

En passant à l'autre valeur de $L = L_0$, nous remarquons qu'elle vérifie la première des équations

$$g_1 = 0, \quad g_2 = 0,$$

d'où il suit

$$i=1, \quad \frac{M_i}{N_i}=\frac{M_1}{N_1},$$

et comme

$$\frac{M_1}{N_1}=\frac{0}{1},$$

on trouve

$$M_i=0, \quad N_i=1.$$

Pour ces valeurs de M_i, N_i, et en observant que

$$k=2,$$

nous trouvons, d'après les expressions de U et V données dans le § 54,

$$U=h^{n-2}u=L_0\frac{(x+\sqrt{x^2-h^2})^{n-2}+(x-\sqrt{x^2-h^2})^{n-2}}{2},$$
$$V=h^{n-2}.$$

D'où résulte la même valeur de $\frac{U}{V}$, qu'on trouve d'après les formules du cas général, en prenant $L_0=-2\left(\frac{h}{2}\right)^{n-2}$.

§ 64. En vertu de ce que nous avons vu relativement à L_0 qui détermine les limites des valeurs de la différence

$$u-\frac{U}{V}$$

entre $x=-h$ et $x=+h$ et en remarquant que

$$u-\frac{U}{V}=x^{n-2}+Bx^{n-4}+Cx^{n-5}+\ldots-\frac{p'x^{n-3}+p''x^{n-4}+\ldots+p^{(n-3)}x+p^{(n-2)}}{p^{(n-1)}x^2+p^{(n)}x+p^{(n+1)}}$$

peut représenter toutes les fonctions de la forme

$$x^{n-2}+Bx^{n-4}+B'x^{n-5}+\ldots+B^{(n-4)}+\frac{B^{(n-3)}}{x-\alpha}+\frac{B^{(n-2)}}{x-\beta},$$

nous parvenons à ce théorème:

Théorème 21.

La fonction

$$x^{n-2}+Bx^{n-4}+B'x^{n-5}+\ldots+B^{(n-4)}+\frac{B^{(n-3)}}{x-\alpha}+\frac{B^{(n-2)}}{x-\beta},$$

depuis $x=-h$ jusqu'à $x=+h$, ne peut rester numériquement au-dessous de

$$\left(\frac{h}{2}\right)^{n-4}\left[B+\frac{n-2}{4}h^2\pm\sqrt{\left(B+\frac{n-2}{4}h^2\right)^2+\frac{h^4}{4}}\right],$$

où l'on prend le radical avec le signe contraire à celui de la quantité $B+\frac{n-2}{4}h^2$.

16.

SUR

UNE NOUVELLE SÉRIE.

Bulletin physico-mathématique de l'Académie Impériale des sciences de St.-Pétersbourg.
T. XVII, p. 257—261.

(Lu le 8 octobre 1858.)

Sur une nouvelle série.

Dans mon Mémoire sur les fractions continues, présenté à l'Académie en 1855 et publié dans ses *Mémoires* (Tome III), je suis parvenu à une formule qui, d'après les valeurs données d'une fonction, affectées d'erreurs quelconques, fournit directement sa valeur sous la forme d'un polynome avec des coefficients indiqués par la *méthode des moindres carrés.* Cette formule comprend, comme cas particuliers, les développements connus des fonctions suivant les *cosinus* des arcs multiples et suivant les valeurs de certaines fonctions désignées par $X^{(n)}$. On tire de notre formule plusieurs autres séries, en faisant différentes hypothèses particulières sur la suite des valeurs connues de la fonction cherchée. Dans l'hypothèse la plus simple, où l'on suppose ces valeurs équidistantes, telles que

$$u_1 = f(h), \quad u_2 = f(2h), \ldots . u_n = f(nh),$$

et leurs erreurs probables égales, notre formule fournit le développement de $u = f(x)$ suivant les dénominateurs de la fraction continue qui résulte du développement de l'expression

$$\frac{1}{x-h} + \frac{1}{x-2h} + \ldots . + \frac{1}{x-nh}.$$

Mais comme on trouve que ces dénominateurs, à un facteur constant près et en prenant $\Delta x = h$, s'expriment par

$$\Delta^l (x-h)(x-2h) \ldots (x-lh)(x-nh-h)(x-nh-2h) \ldots (h-nh-lh),$$

il en résulte, en vertu d'une transformation très simple des sommes, cette série remarquable:

$$\begin{aligned} u = \frac{1}{n}\Sigma u_i &+ \frac{3\,\Sigma i(n-i)\,\Delta u_i}{1^2.n(n^2-1^2)h^2}\,\Delta(x-h)(x-nh-h) \\ &+ \frac{5\Sigma i(i+1)(n-i)(n-i-1)\,\Delta^2 u_i}{1^2.2^2.n(n^2-1^2)(n^2-2^2)h^4}\,\Delta^2(x-h)(x-2h)(x-nh-h)(x-nh-2h) \\ &+ \frac{7\Sigma i(i+1)(i+2)(n-i)(n-i-1)(n-i-2)\Delta^3 u_i}{1^2.2^2.3^2.n(n^2-1^2)(n^2-2^2)(n^2-3^2)h^6}\,\Delta^3(x-h)(x-2h)(x-3h)(x-nh-h)(x-nh-2h)(x-nh-3h) \\ &+ \ldots\ldots\ldots\ldots\ldots\ldots , \end{aligned}$$

dans laquelle les signes de sommation s'étendent à toutes les valeurs de depuis $i=1$ jusqu'à $i=n$.

De plus, on trouve que les fonctions

$$\Delta(x-h)(x-nh-h),$$
$$\Delta^2(x-h)(x-2h)(x-nh-h)(x-nh-2h),$$
$$\Delta^3(x-h)(x-2h)(x-3h)(x-nh-h)(x-nh-2h)(x-nh-3h),$$
$$\ldots\ldots\ldots\ldots\ldots\ldots\ldots\ldots,$$

que nous désignerons, pour abréger, par

$$\Delta^1,\ \Delta^2,\ \Delta^3,\ldots,$$

sont liées entre elles par l'équation

$$\Delta^l=(2l-1)h(2x-nh-h)\Delta^{l-1}-(l-1)^2[n^2-(l-1)^2]h^4\Delta^{l-2},$$

d'où l'on tire aisément les valeurs de toutes ces fonctions:

$$\Delta^1=h(2x-nh-h),$$
$$\Delta^2=3h^2(2x-nh-h)^2-(n^2-1)h^4,$$
$$\Delta^3=15h^3(2x-nh-h)^3-3(3n^2-7)h^5(2x-nh-h),$$
$$\Delta^4=105h^4(2x-nh-h)^4-30(3n^2-13)h^6(2x-nh-h)^2+9(n^2-1)(n^2-9)h^8,$$
$$\Delta^5=945h^5(2x-nh-h)^5-1050(n^2-7)h^7(2x-nh-h)^3$$
$$+15(15n^4-230n^2+407)h^9(2x-nh-h),$$
$$\ldots\ldots\ldots\ldots\ldots\ldots\ldots\ldots,$$

et l'on obtient sur le champ le développement de l'expression

$$\frac{1}{x-h}+\frac{1}{x-2h}+\ldots+\frac{1}{x-nh}$$

en fraction continue

$$\cfrac{2n}{2x-nh-h-\cfrac{1^2(n^2-1^2)h^2}{3(2x-nh-h)-\cfrac{2^2(n^2-2^2)h^2}{5(2x-nh-h)-\cfrac{3^2(n^2-3^2)h^2}{7(2x-nh-h)-\ldots}}}}$$

La série que nous venons d'obtenir, pour l'évaluation de u d'après ses valeurs équidistantes, ne laisse rien à désirer pour l'interpolation parabolique de telles valeurs, vu que dans cette série tous les termes se calculent très aisément d'après les différences consécutives des valeurs données. Dans le cas de

$$h = \frac{1}{n}$$

et n infiniment grand, notre série se réduit à une suite ordonnée suivant les valeurs des fonctions $X^{(n)}$. Dans le cas de

$$h = \frac{1}{n^2}$$

et n infiniment grand, elle se réduit à la série de Maclaurin. D'autre part en multipliant ses termes par u_i et sommant depuis $i = 1$ jusqu'à $i = n$, on en tire cette formule:

$$\begin{aligned} \Sigma u_i^2 = \frac{(\Sigma u_i)^2}{n} &+ \frac{3\,[\Sigma i\,(n-i)\,\Delta u_i]^2}{1^2.\,n\,(n^2-1^2)\,h^2} + \frac{5\,[\Sigma i\,(i+1)\,(n-i)\,(n-i-1)\,\Delta^2 u_i]^2}{1^2.\,2^2 n\,(n^2-1^2)\,(n^2-2^2)\,h^4} \\ &+ \frac{7\,[\Sigma i\,(i+1)\,(i+2)\,(n-i)\,(n-i-1)\,(n-i-2)\,\Delta^3 u_i]^2}{1^2.\,2^2.\,3^2.\,n\,(n^2-1^2)\,(n^2-2^2)\,(n^2-3^2)\,h^6} \\ &+ \ldots\ldots\ldots\ldots, \end{aligned}$$

qui, à son tour, dans le cas de

$$h = \frac{1}{n}$$

et n infiniment grand, devient

$$\begin{aligned} \int_0^1 u^2\,dx = \left(\int_0^1 u\,dx\right)^2 &+ \frac{3}{1^2}\left(\int_0^1 x\,(1-x)\,\frac{du}{dx}\,dx\right)^2 \\ &+ \frac{5}{1^2.\,2^2}\left(\int_0^1 x^2\,(1-x)^2\,\frac{d^2u}{dx^2}\,dx\right)^2 \\ &+ \frac{7}{1^2.\,2^2.\,3^2}\left(\int_0^1 x^3\,(1-x)^3\,\frac{d^3u}{dx^3}\,dx\right)^2 + \ldots. \end{aligned}$$

Notons encore que les fonctions

$$\Delta\,(x-h)\,(x-nh-h),$$

$$\Delta^2\,(x-h)\,(x-2h)\,(x-nh-h)\,(x-nh-2h),$$

$$\Delta^3\,(x-h)\,(x-2h)\,(x-3h)\,(x-nh-h)\,(x-nh-2h)\,(x-nh-3h),$$

$$\ldots\ldots\ldots\ldots\ldots\ldots\ldots\ldots$$

qui entrent dans notre série, sont très remarquables par des propriétés analogues à celles des fonctions de Legendre $X^{(n)}$.

Ces fonctions, en outre, fournissent des expressions approximatives de la somme

$$\sum_{1}^{n} F(ih)$$

qui jouissent de la même propriété importante que celles qui ont été données par Gauss pour les quadratures.

Dans un de nos Mémoires ultérieurs on verra tous les détails nécessaires sur la série que nous venons de donner et les fonctions remarquables dont ses termes sont composés.

17.

SUR L'INTERPOLATION

DANS LE CAS

D'UN GRAND NOMBRE DE DONNÉES

FOURNIES PAR LES OBSERVATIONS.

(Mémoires de l'Académie Impériale des sciences de St.-Pétersbourg. VIIe série.
T. I, 1859, № 5, p. 1—81.)

(Lu le 29 octobre 1858.)

Sur l'interpolation dans le cas d'un grand nombre de données fournies par les observations.

Quand le nombre des valeurs données surpasse celui des termes que l'on conserve dans leur expression, l'interpolation peut être exécutée par diverses méthodes. Mais ces méthodes, dans chaque cas particulier, sont loin d'être également avantageuses; elles diffèrent entre elles soit par la prolixité plus ou moins grande des calculs, soit par la grandeur de l'erreur moyenne à craindre, tant qu'il s'agit d'interpolation de valeurs fournies par les observations et conséquemment affectées d'erreurs. Comme on ne peut gagner au delà d'une certaine limite sous un de ces rapports sans perdre sous l'autre, il est impossible de donner une méthode d'interpolation qui soit en général préférable à toutes les autres; car, suivant les cas, on tient plus ou à la simplification des calculs, ou à la précision des résultats. Si l'on ne connait qu'un petit nombre des valeurs d'une fonction interpolée, il se présente peu de ressources pour atténuer l'influence de leurs erreurs sur le résultat cherché, et alors il est important de tirer des données d'interpolation tout le parti possible pour diminuer l'erreur moyenne à craindre, ce qu'on ne peut faire qu'à l'aide de *la méthode des moindres carrés.* Dans le cas contraire, le nombre considérable des données qu'on a à sa disposition, nous dispense de recourir à *la méthode des moindres carrés* qui exige des calculs trop longs. Alors, pour la simplification des opérations numériques, on peut bien sacrifier une partie plus ou moins considérable de ce que les valeurs données offrent pour apprécier le résultat cherché. Dans le Mémoire *Sur les fractions continues*, présenté à l'Académie en 1855, nous avons traité de l'interpolation parabolique d'après *la méthode des moindres carrés* *), et nous sommes parvenu à une série qui fournit directement les résultats d'une telle interpolation, indispensable, comme nous venons de le voir, si le nombre des valeurs connues de la fonction interpolée est assez petit.

---

*) La traduction française de ce Mémoire, dont je suis redevable à l'obligeance éclairée de M. Bienaymé, vient de paraître dans le Journal de M. Liouville, T. III, 2me Série.

Dans le présent Mémoire nous montrerons comment, d'après nos méthodes, on parvient à d'autres formules d'interpolation qui peuvent remplacer avec avantage celle dont nous venons de parler, en tant que son application, vu le grand nombre des valeurs données, cesse, d'une part, d'être importante, et de l'autre, devient peu praticable.

Des divers cas particuliers que peut présenter l'interpolation suivant le nombre plus ou moins grand des valeurs données, nous nous bornerons à considérer celui qui est la limite de tous les autres où le nombre des valeurs données est infini. Quoique, en réalité, ce nombre ne soit jamais infini, les formules qu'on trouve dans cette supposition peuvent être cependant d'une application utile; car elles présentent la limite vers laquelle convergent très rapidement les résultats d'interpolation, à mesure que ce nombre augmente, et il ne sera pas difficile de voir, dans chaque cas particulier, de quel degré d'approximation ces formules sont susceptibles d'après les valeurs données.

I.

§ 1. Nous commencerons par exposer la solution du problème qui servira de base à nos recherches.

Problème.

Etant donnée une suite de valeurs de $F(x) = A_0 + A_1 x + \ldots + A_n x^n$ *qui correspondent à des valeurs de* x *équidistantes et très rapprochées entr'elles, combiner les valeurs de* $F(x)$*, par la seule voie d'addition et de soustraction, de manière à ce que le résultat final ne contienne que le terme affecté du coefficient* A_l*, et que ce terme soit le plus grand possible.*

Solution.

Soient

$$F(x_1),\ F(x_2), \ldots . F(x_i) \tag{1}$$

les valeurs données de

$$F(x) = A_0 + A_1 x + \ldots . + A_n x^n. \tag{2}$$

En supposant que

$$\left\{\begin{array}{l} F(x_1),\ F(x_2), \ldots\ldots\ldots\ldots F(x_\sigma), \\ F(x_{\sigma+\sigma'+1}),\ F(x_{\sigma+\sigma'+2}), \ldots . F(x_{\sigma+\sigma'+\sigma''}), \\ \ldots\ldots\ldots\ldots\ldots\ldots\ldots\ldots \end{array}\right. \tag{3}$$

soient les valeurs de $F(x)$ prises avec le signe $+$, et

$$F(x_{\sigma+1}),\ F(x_{\sigma+2})\ \ldots\ldots\ldots\ldots F(x_{\sigma+\sigma'}),$$
$$F(x_{\sigma+\sigma'+\sigma''+1}),\ F(x_{\sigma+\sigma'+\sigma''+2}),\ldots F(x_{\sigma+\sigma'+\sigma''+\sigma'''}),$$
$$\ldots\ldots\ldots\ldots\ldots\ldots\ldots\ldots\ldots\ldots$$

celles qui auront le signe $-$, on trouve que la combinaison cherchée des valeurs

$$F(x_1),\ F(x_2),\ldots F(x_i)$$

s'exprime par la formule

$$\sum_{\mu=1}^{\mu=\sigma}F(x_\mu)-\sum_{\mu=\sigma+1}^{\mu=\sigma+\sigma'}F(x_\mu)+\sum_{\mu=\sigma+\sigma'+1}^{\mu=\sigma+\sigma'+\sigma''}F(x_\mu)-\sum_{\mu=\sigma+\sigma'+\sigma''+1}^{\mu=\sigma+\sigma'+\sigma''+\sigma'''}F(x_\mu)+\ldots.$$

Les valeurs

$$x_1,\ x_2,\ldots x_i$$

étant, par hypothèse, équidistantes, cette expression, à un facteur constant près et qui ne change en rien la solution cherchée, est égale à

$$\sum_{\mu=1}^{\mu=\sigma}F(x_\mu)(x_{\mu+1}-x_\mu)-\sum_{\mu=\sigma+1}^{\mu=\sigma+\sigma'}F(x_\mu)(x_{\mu+1}-x_\mu)+\sum_{\mu=\sigma+\sigma'+1}^{\mu=\sigma+\sigma'+\sigma''}F(x_\mu)(x_{\mu+1}-x_\mu)-\sum_{\mu=\sigma+\sigma'+\sigma''+1}^{\mu=\sigma+\sigma'+\sigma''+\sigma'''}F(x_\mu)(x_{\mu+1}-x_\mu)+\ldots,$$

ce qui se réduit à

$$\int_{x_1}^{x_\sigma}F(x)\,dx-\int_{x_\sigma}^{x_{\sigma+\sigma'}}F(x)\,dx+\int_{x_{\sigma+\sigma'}}^{x_{\sigma+\sigma'+\sigma''}}F(x)\,dx-\int_{x_{\sigma+\sigma'+\sigma''}}^{x_{\sigma+\sigma'+\sigma''+\sigma'''}}F(x)\,dx+\ldots,$$

les valeurs

$$x_1,\ x_2,\ldots x_i$$

étant très rapprochées entre elles.

Or, si l'on fait

$$x_\sigma=\eta_1,\ x_{\sigma+\sigma'}=\eta_2,\ x_{\sigma+\sigma'+\sigma''}=\eta_3,\ldots,$$

et que l'on désigne par a et b les valeurs extrêmes de x dans la suite

$$x_1,\ x_2,\ldots x_i,$$

et par ν le nombre des valeurs

$$x_\sigma,\ x_{\sigma+\sigma'},\ x_{\sigma+\sigma'+\sigma''},\ldots,$$

l'expression précédente peut être représentée ainsi:

$$\int_a^{\eta_1} F(x)\,dx - \int_{\eta_1}^{\eta_2} F(x)\,dx + \int_{\eta_2}^{\eta_3} F(x)\,dx - \ldots\ldots + (-1)^\nu \int_{\eta_\nu}^{b} F(x)\,dx.$$

A cause de quoi notre problème se réduit à la détermination des quantités

$$\eta_1,\ \eta_2, \ldots . \eta_\nu,$$

sous la condition que pour

$$F(x) = A_0 + A_1 x \ldots . + A_n x^n$$

on ait

$$(1)\ \int_a^{\eta_1} F(x)\,dx - \int_{\eta_1}^{\eta_2} F(x)\,dx + \int_{\eta_2}^{\eta_3} F(x)\,dx - \ldots\ldots + (-1)^\nu \int_{\eta_\nu}^{b} F(x)\,dx = s A_l,$$

et que le facteur s soit le plus grand possible, en supposant, bien entendu, que, conformément au sens du problème, les valeurs

$$a,\ \eta_1,\ \eta_2,\ \eta_3, \ldots . \eta_\nu,\ b$$

présentent une série croissante.

§ 2. Pour tirer de ce qui précède les équations relatives à η_1, η_2, $\eta_3, \ldots . \eta_\nu$ nous remarquerons que la formule (1), en prenant

$$F(x) = A_0 + A_1 x + \ldots . + A_n x^n,$$

devient

$$\begin{aligned}
& A_0\Big[-a + 2\eta_1 - 2\eta_2 + 2\eta_3 - \ldots\ldots\ldots - 2(-1)^\nu \eta_\nu + (-1)^\nu b\Big] \\
& + \tfrac{1}{2} A_1\Big[-a^2 + 2\eta_1^2 - 2\eta_2^2 + 2\eta_3^2 - \ldots\ldots - 2(-1)^\nu \eta_\nu^2 + (-1)^\nu b^2\Big] \\
& + \tfrac{1}{3} A_2\Big[-a^3 + 2\eta_1^3 - 2\eta_2^3 + 2\eta_3^3 + \ldots\ldots - 2(-1)^\nu \eta_\nu^3 + (-1)^\nu b^3\Big] \\
& \ldots\ldots\ldots\ldots\ldots\ldots\ldots\ldots\ldots\ldots\ldots\ldots \\
& + \tfrac{1}{l} A_{l-1}\Big[-a^l + 2\eta_1^l - 2\eta_2^l + 2\eta_3^l - \ldots\ldots - 2(-1)^\nu \eta_\nu^l + (-1)^\nu b^l\Big] \\
& + \tfrac{1}{l+1} A_l\Big[-a^{l+1} + 2\eta_1^{l+1} - 2\eta_2^{l+1} + 2\eta_3^{l+1} \ldots - 2(-1)^\nu \eta_\nu^{l+1} + (-1)^\nu b^{l+1}\Big] \\
& + \tfrac{1}{l+2} A_{l+1}\Big[-a^{l+2} + 2\eta_1^{l+2} - 2\eta_2^{l+2} + 2\eta_3^{l+2} \ldots - 2(-1)^\nu \eta_\nu^{l+2} + (-1)^\nu b^{l+2}\Big] \\
& \ldots\ldots\ldots\ldots\ldots\ldots\ldots\ldots\ldots\ldots\ldots\ldots \\
& + \tfrac{1}{n+1} A_n\Big[-a^{n+1} + 2\eta_1^{n+1} - 2\eta_2^{n+1} + 2\eta_3^{n+1} - \ldots - 2(-1)^\nu \eta_\nu^{n+1} + (-1)^\nu b^{n+1}\Big] \\
& = s A_l.
\end{aligned}$$

D'où résultent les équations

$$(2)\quad \begin{cases} a - 2\eta_1 + 2\eta_2 - \ldots\ldots\ldots\ldots + 2(-1)^\nu \eta_\nu - (-1)^\nu b = 0, \\ a^2 - 2\eta_1^2 + 2\eta_2^2 - \ldots\ldots\ldots\ldots + 2(-1)^\nu \eta_\nu^2 - (-1)^\nu b^2 = 0, \\ \ldots\ldots\ldots\ldots\ldots\ldots\ldots\ldots\ldots\ldots\ldots\ldots \\ a^l - 2\eta_1^l + 2\eta_2^l - \ldots\ldots\ldots\ldots + 2(-1)^\nu \eta_\nu^l - (-1)^\nu b^l = 0, \\ a^{l+2} - 2\eta_1^{l+2} + 2\eta_2^{l+2} - \ldots\ldots + 2(-1)^\nu \eta_\nu^{l+2} - (-1)^\nu b^{l+2} = 0, \\ \ldots\ldots\ldots\ldots\ldots\ldots\ldots\ldots\ldots\ldots\ldots\ldots \\ a^{n+1} - 2\eta_1^{n+1} + 2\eta_2^{n+1} - \ldots\ldots + 2(-1)^\nu \eta_\nu^{n+1} - (-1)^\nu b^{n+1} = 0, \end{cases}$$

avec la condition que la quantité

$$(3)\quad s = -\frac{1}{l+1}\left[a^{l+1} - 2\eta_1^{l+1} + 2\eta_2^{l+1} - \ldots\ldots + 2(-1)^\nu \eta_\nu^{l+1} - (-1)^\nu b^{l+1}\right]$$

ait la valeur la plus grande possible, et par suite la méthode usitée des *maxima* relatifs nous fournit ces équations:

$$\begin{aligned} \eta_1^l &= \lambda_0 + \lambda_1\, \eta_1 + \lambda_2\, \eta_1^2 + \ldots\ldots + \lambda_n \eta_1^n, \\ \eta_2^l &= \lambda_0 + \lambda_2\, \eta_2 + \lambda_2\, \eta_2^2 + \ldots\ldots + \lambda_n \eta_2^n, \\ &\ldots\ldots\ldots\ldots\ldots\ldots\ldots\ldots\ldots \\ \eta_\nu^l &= \lambda_0 + \lambda_1\, \eta_\nu + \lambda_2\, \eta_\nu^2 + \ldots\ldots + \lambda_n \eta_\nu^n, \end{aligned}$$

où $\lambda_0, \lambda_1, \lambda_2 \ldots . \lambda_n$ sont des inconnues auxiliaires.

Les dernières équations nous montrent que les quantités

$$\eta_1,\ \eta_2, \ldots . \eta_\nu$$

sont les racines de la même équation

$$\lambda_n \eta^n + \ldots . + \lambda_2 \eta^2 + \lambda_1 \eta + \lambda_0 - \eta^l = 0.$$

Comme cette équation est tout au plus de degré n, et que les quantités

$$\eta_1,\ \eta_2, \ldots . \eta_\nu$$

sont différentes entre elles, il en résulte que ν, nombre de ces quantités, ne peut surpasser n. Donc, relativement au nombre ν, il n'y a que ces $n+1$ hypothèses à faire:

$$\nu = n,\ \nu = n-1, \ldots \nu = 1,\ \nu = 0.$$

De plus, on reconnaît aisément que la première hypothèse comprend comme cas particulier toutes les autres, tant qu'on admet des solutions où quelques unes des quantités

$$\eta_n, \ \eta_{n-1}, \ \eta_{n-2}, \ldots .$$

sont égales à b. En effet, si l'on a

$$n = \nu, \ \eta_n = b, \ \eta_{n-1} = b, \ldots . \eta_{n-\rho+1} = b,$$

dans nos formules fondamentales (1), (2), (3), ρ termes s'éliminent, et le reste devient identique à ce qu'on trouverait en prenant

$$\nu = n - \rho,$$

au lieu de

$$n = \nu.$$

C'est pourquoi, dans les recherches de $\eta_1, \eta_2, \ldots . \eta_\nu$, nous nous bornerons à la première hypothèse sur le nombre ν, savoir: $\nu = n$.

Or, pour cette valeur de ν, les formules (2) et (3) nous donnent

$$(4) \quad \begin{cases} a - 2\eta_1 + 2\eta_2 - \ldots\ldots\ldots\ldots + 2(-1)^n \eta_n - (-1)^n b = 0, \\ a^2 - 2\eta_1^{\,2} + 2\eta_2^{\,2} - \ldots\ldots\ldots\ldots + 2(-1)^n \eta_n^{\,2} - (-1)^n b^2 = 0, \\ \ldots\ldots\ldots\ldots\ldots\ldots\ldots\ldots\ldots\ldots \\ a^l - 2\eta_1^{\,l} + 2\eta_2^{\,l} - \ldots\ldots\ldots\ldots + 2(-1)^n \eta_n^{\,l} - (-1)^n b^l = 0, \\ a^{l+2} - 2\eta_1^{\,l+2} + 2\eta_2^{\,l+2} - \ldots\ldots + 2(-1)^n \eta_n^{\,l+2} - (-1)^n b^{l+2} = 0, \\ \ldots\ldots\ldots\ldots\ldots\ldots\ldots\ldots\ldots\ldots \\ a^{n+1} - 2\eta_1^{\,n+1} + 2\eta_2^{\,n+1} - \ldots\ldots + 2(-1)^n \eta_n^{\,n+1} - (-1)^n b^{n+1} = 0, \end{cases}$$

$$(5) \quad s = -\frac{1}{l+1}\left[a^{l+1} - 2\eta_1^{\,l+1} + 2\eta_2^{\,l+1} - \ldots . + 2(-1)^n \eta_n^{\,l+1} - (-1)^n b^{l+1}\right].$$

Les équations (4) sont en nombre suffisant pour déterminer toutes les quantités $\eta_1, \eta_2, \ldots . \eta_n$. Ces équations pourront avoir plusieurs solutions, mais on distinguera facilement celle qui correspond à notre problème, en ayant égard à la valeur de

$$s = -\frac{1}{l+1}\left[a^{l+1} - 2\eta_1^{\,l+1} + 2\eta_2^{\,l+1} - \ldots . + 2(-1)^n \eta_n^{\,l+1} - (-1)^n b^{l+1}\right],$$

qu'on cherche à rendre aussi grande que possible. De plus, conformément à ce que nous avons vu, on rejetera toutes les solutions où les valeurs

$$a, \ \eta_1, \ \eta_2, \ldots . \eta_n, \ b$$

ne présentent pas une série croissante.

§ 3. Il serait très difficile de résoudre les équations (4) par les méthodes ordinaires d'Algèbre; mais on y parvient très aisément à l'aide d'une méthode particulière, dont nous nous sommes servi dans le Mémoire cité plus haut; c'est ce que nous allons montrer.

En développant l'expression

$$\frac{1}{x-a}-\frac{2}{x-\eta_1}+\frac{2}{x-\eta_2}-\ldots\ldots+\frac{2(-1)^n}{x-\eta_n}-\frac{(-1)^n}{x-b}$$

suivant les puissances décroissantes de x, on a

$$\frac{1}{x-a}-\frac{2}{x-\eta_1}+\frac{2}{x-\eta_2}-\ldots\ldots+\frac{2(-1)^n}{x-\eta_n}-\frac{(-1)^n}{x-b}=$$

$$\begin{aligned}
&\frac{1}{x^2}\left[a-2\eta_1+2\eta_2-\ldots\ldots\ldots\ldots+2(-1)^n\eta_n-(-1)^n b\right]\\
&+\frac{1}{x^3}\left[a^2-2\eta_1^{\,2}+2\eta_2^{\,2}-\ldots\ldots\ldots\ldots+2(-1)^n\eta_n^{\,2}-(-1)^n b^2\right]\\
&+\ldots\ldots\ldots\ldots\ldots\ldots\ldots\ldots\ldots\ldots\\
&+\frac{1}{x^{l+2}}\left[a^{l+1}-2\eta_1^{\,l+1}+2\eta_2^{\,l+1}-\ldots\ldots+2(-1)^n\eta_n^{\,l+1}-(-1)^n b^{l+1}\right]\\
&+\ldots\ldots\ldots\ldots\ldots\ldots\ldots\ldots\ldots\ldots\\
&+\frac{1}{x^{n+2}}\left[a^{n+1}-2\eta_1^{\,n+1}+2\eta_2^{\,n+1}-\ldots\ldots+2(-1)^n\eta_n^{\,n+1}-(-1)^n b^{n+1}\right]\\
&+\frac{1}{x^{n+3}}\left[a^{n+2}-2\eta_1^{\,n+2}+2\eta_2^{\,n+2}-\ldots\ldots+2(-1)^n\eta_n^{\,n+2}-(-1)^n b^{n+2}\right]\\
&+\frac{1}{x^{n+4}}\left[a^{n+3}-2\eta_1^{\,n+3}+2\eta_2^{\,n+3}-\ldots\ldots+2(-1)^n\eta_n^{\,n+3}-(-1)^n b^{n+3}\right]\\
&\ldots\ldots\ldots\ldots\ldots\ldots\ldots\ldots\ldots\ldots
\end{aligned}$$

D'où, en vertu des équations (4), (5), et en faisant, pour abréger

$$\begin{aligned}
s'&=a^{n+2}-2\eta_1^{\,n+2}+2\eta_2^{\,n+2}-\ldots\ldots+2(-1)^n\eta_n^{\,n+2}-(-1)^n b^{n+2},\\
s''&=a^{n+3}-2\eta_1^{\,n+3}+2\eta_2^{\,n+3}-\ldots\ldots+2(-1)^n\eta_n^{\,n+3}-(-1)^n b^{n+3},\\
&\ldots\ldots\ldots\ldots\ldots\ldots\ldots\ldots\ldots\ldots
\end{aligned}$$

nous obtenons

$$\frac{1}{x-a}-\frac{2}{x-\eta_1}+\frac{2}{x-\eta_2}-\ldots.+\frac{2(-1)^n}{x-\eta_n}-\frac{(-1)^n}{x-b}=-\frac{(l+1)s}{x^{l+2}}+\frac{s'}{x^{n+3}}+\frac{s''}{x^{n+4}}+\ldots.$$

D'autre part, en posant

$$(6)\qquad\left\{\begin{aligned}
&(x-\eta_1)(x-\eta_3)\ldots.=\varphi(x),\\
&(x-\eta_2)(x-\eta_4)\ldots.=\psi(x),
\end{aligned}\right.$$

nous trouvons

$$\frac{1}{x-\eta_1}+\frac{1}{x-\eta_3}+\ldots\ldots+=\frac{\varphi'(x)}{\varphi(x)},$$

$$\frac{1}{x-\eta_2}+\frac{1}{x-\eta_4}+\ldots\ldots+=\frac{\psi'(x)}{\psi(x)},$$

et par là l'équation précédente donne

$$\frac{1}{x-a}-\frac{2\varphi'(x)}{\varphi(x)}+\frac{2\psi'(x)}{\psi(x)}-\frac{(-1)^n}{x-b}=-\frac{(l+1)s}{x^{l+2}}+\frac{s'}{x^{n+3}}+\frac{s''}{x^{n+4}}+\ldots.$$

D'où, en intégrant,

$$\log(x-a)-2\log\varphi(x)+2\log\psi(x)-(-1)^n\log(x-b)=\log C+\frac{s}{x^{l+1}}-\frac{s'}{(n+2)x^{n+2}}-\frac{s''}{(n+3)x^{n+3}}-\ldots,$$

ou, ce qui revient au même,

$$\frac{(x-a)\,\psi^2(x)}{(x-b)^{(-1)^n}\varphi^2(x)}=Ce^{\frac{s}{x^{l+1}}-\frac{s'}{(n+2)x^{n+2}}-\frac{s''}{(n+3)x^{n+3}}-\ldots}$$

D'après la composition des fonctions $\varphi(x)$, $\psi(x)$, on voit que la plus haute puissance de x dans le développement de la fraction

$$\frac{(x-a)\,\psi^2(x)}{(x-b)^{(-1)^n}\varphi^2(x)}$$

aura pour coefficient 1, et comme le premier terme du développement de

$$Ce^{\frac{s}{x^{l+1}}-\frac{s'}{(n+2)x^{n+2}}-\frac{s''}{(n+3)x^{n+3}}-\ldots}$$

est C, l'équation précédente suppose

$$C=1,$$

et elle se réduit alors à celle-ci:

$$\frac{(x-a)\,\psi^2(x)}{(x-b)^{(-1)^n}\varphi^2(x)}=e^{\frac{s}{x^{l+1}}-\frac{s'}{(n+2)x^{n+2}}-\frac{s''}{(n+3)x^{n+2}}-\ldots}$$

ce qui nous donne

$$(7)\qquad \frac{\psi(x)}{\varphi(x)}=\sqrt{\frac{(x-b)^{(-1)^n}}{x-a}}\,e^{\frac{s}{2x^{l+1}}-\frac{s'}{2(n+2)x^{n+2}}-\frac{s''}{2(n+3)x^{n+3}}-\ldots}$$

C'est au moyen de cette formule que nous trouverons le coefficient s dans l'équation (1)

$$\int_a^{\eta_1} F(x)\,dx - \int_{\eta_1}^{\eta_2} F(x)\,dx + \int_{\eta_2}^{\eta_3} F(x)\,dx - \ldots + (-1)^{\nu}\int_{\eta_\nu}^{b} F(x)\,dx = s A_l$$

et les fonctions

$$\varphi(x),\ \psi(x)$$

qui, d'après (6), déterminent les quantités

$$\eta_1,\ \eta_2,\ \eta_3 \ldots$$

Mais pour y parvenir nous devons examiner séparément le cas de n pair et celui de n impair.

Le nombre n est pair.

§ 4. Dans le cas de n pair, l'équation (7) devient

$$\frac{\psi(x)}{\varphi(x)} = \sqrt{\frac{x-b}{x-a}}\, e^{\frac{s}{2x^{l+1}} - \frac{s'}{2(n+2)x^{n+2}} - \frac{s''}{2(n+3)x^{n+3}} - \ldots}$$

D'où il résulte

$$\frac{\psi(x)}{\varphi(x)} - \sqrt{\frac{x-b}{x-a}}\, e^{\frac{s}{2x^{l+1}}} = \sqrt{\frac{x-b}{x-a}}\, e^{\frac{s}{2x^{l+1}}}\left(e^{-\frac{s'}{2(n+2)x^{n+2}} - \frac{s''}{2(n+3)x^{n+3}} - \ldots} - 1\right),$$

et comme l'expression

$$e^{-\frac{s'}{2(n+2)x^{n+2}} - \frac{s''}{2(n+3)x^{n+3}} - \ldots} - 1,$$

développée en série, ne contient x que dans les degrés inférieurs à $-(n+1)$, il s'en suit que la fraction

$$\frac{\psi(x)}{\varphi(x)}$$

est la valeur de $\sqrt{\frac{x-b}{x-a}}\, e^{\frac{s}{2x^{l+1}}}$, exacte jusqu'à $\frac{1}{x^{n+2}}$. D'autre part, n étant un nombre pair, les fonctions $\varphi(x)$, $\psi(x)$, déterminées par les formules (6), sont du degré $\frac{n}{2}$, et dans ce cas la fraction $\frac{\psi(x)}{\varphi(x)}$ ne peut représenter la valeur de

$$\sqrt{\frac{x-b}{x-a}}\, e^{\frac{s}{2x^{l+1}}}$$

exactement jusqu'à $\frac{1}{x^{n+2}}$, à moins qu'elle ne soit égale à l'une des réduites de la fraction continue qui résulte du développement de $\sqrt{\frac{x-b}{x-a}}\, e^{\overline{2\, x^{l+1}}}$. De plus, comme cette réduite doit représenter $\sqrt{\frac{x-b}{x-a}}\, e^{\frac{s}{2\, x^{l+1}}}$ exactement jusqu'à $\frac{1}{x^{n+2}}$, et que son dénominateur ne sera pas de degré plus élevé que $\varphi(x)$ ou $x^{\frac{n}{2}}$, la réduite qui vient après elle doit avoir un dénominateur de degré supérieur à $\frac{n}{2}+1$. D'où l'on voit que parmi les réduites de la fraction continue, résultant de $\sqrt{\frac{x-b}{x-a}}\, e^{\frac{s}{2\, x^{l+1}}}$, celle qui détermine la valeur de $\frac{\psi(x)}{\varphi(x)}$ est la dernière avec un dénominateur de degré inférieur à $\frac{n}{2}+1$. D'après cela, dès qu'on connaîtra la valeur de s, on trouvera la fraction $\frac{\psi(x)}{\varphi(x)}$, et par là, les fonctions $\psi(x)$, $\varphi(x)$, dépourvues de leur commun diviseur. Mais en ayant égard à la composition des formules (1), (4), (5), (6), on voit que tous les facteurs communs des fonctions $\varphi(x)$, $\psi(x)$ ne donnent naissance qu'aux valeurs η_1, η_2, $\eta_3 \ldots$, égales deux à deux, et de telles valeurs de η_1, η_2, $\eta_3 \ldots$, dans les formules (1), (4), (5), ne produisent que des termes identiquement nuls.

Ainsi l'on s'assure qu'en dénotant par

$$\frac{P_{\frac{n}{2}}}{Q_{\frac{n}{2}}}$$

la dernière des réduites de $\sqrt{\frac{x-b}{x-a}}\, e^{\frac{s}{2\, x^{l+1}}}$ dont le dénominateur est de degré inférieur à $\frac{n}{2}+1$, et en faisant abstraction des facteurs communs des fonctions $\psi(x)$, $\varphi(x)$ qui n'ont aucune influence sur la composition de nos formules définitives, on aura

$$\psi(x) = C_0 P_{\frac{n}{2}}, \quad \varphi(x) = C_0 Q_{\frac{n}{2}},$$

où C_0 est une constante, et par là, en vertu de (6), les quantités

$$\eta_1, \ \eta_3, \ldots,$$
$$\eta_2, \ \eta_4, \ldots,$$

seront déterminées par la résolution des équations

$$Q_{\frac{n}{2}} = 0,$$
$$P_{\frac{n}{2}} = 0.$$

Comme les quantités

$$\eta_1,\ \eta_3, \ldots,$$
$$\eta_2,\ \eta_4, \ldots,$$

présentent une série croissante, en disposant les racines des équations

$$Q_{\frac{n}{2}} = 0,\ P_{\frac{n}{2}} = 0$$

par ordre de grandeur, on trouvera deux suites de termes respectivement égaux à

$$\eta_1,\ \eta_3, \ldots,$$
$$\eta_2,\ \eta_4, \ldots,$$

§ 5. D'après ce que nous avons montré, on trouvera facilement les quantités $\eta_1, \eta_2, \eta_3, \eta_4, \ldots,$ dès qu'on connaîtra la valeur de la constante s, qui entre dans l'expression $\sqrt{\frac{x-b}{x-a}}\, e^{\frac{s}{2x^{l+1}}}$. C'est la détermination de cette constante qui va nous occuper.

En dénotant par $\frac{P_{\frac{n}{2}+1}}{Q_{\frac{n}{2}+1}}$ celle des réduites de la fraction continue, résultant de $\sqrt{\frac{x-b}{x-a}}\, e^{\frac{s}{2x^{l+1}}}$, qui vient immédiatement après $\frac{P_{\frac{n}{2}}}{Q_{\frac{n}{2}}} = \frac{\psi(x)}{\varphi(x)}$, nous trouvons que la différence

$$\frac{\psi(x)}{\varphi(x)} - \sqrt{\frac{x-b}{x-a}}\, e^{\frac{s}{2x^{l+1}}} = \frac{P_{\frac{n}{2}}}{Q_{\frac{n}{2}}} - \sqrt{\frac{x-b}{x-a}}\, e^{\frac{s}{2x^{l+1}}}$$

est du même ordre que l'expression

$$\frac{1}{Q_{\frac{n}{2}} \cdot Q_{\frac{n}{2}+1}}.$$

Mais nous avons vu que la fraction $\frac{\psi(x)}{\varphi(x)}$ doit représenter la valeur de $\sqrt{\frac{x-b}{x-a}}\, e^{\frac{s}{2x^{l+1}}}$ avec l'exactitude jusqu'à $\frac{1}{x^{n+2}}$; donc cette expression ne peut être de degré supérieur à $-(n+2)$, et par conséquent, la fonction $Q_{\frac{n}{2}+1}$, dénominateur de la réduite qui vient après $\frac{P_{\frac{n}{2}}}{Q_{\frac{n}{2}}} = \frac{\psi(x)}{\varphi(x)}$, devra être d'un degré supérieur à celui de $\frac{x^{n+1}}{Q_{\frac{n}{2}}}$. Or, d'après cela, on peut toujours trouver toutes les valeurs de s satisfaisant à nos équations. En effet, le dénominateur de la fraction

$$\frac{P_{\frac{n}{2}}}{Q_{\frac{n}{2}}} = \frac{\psi(x)}{\varphi(x)},$$

étant tout au plus du degré $\frac{n}{2}$, l'expression $\frac{x^{n+2}}{Q_{\frac{n}{2}}}$ ne peut être que de degré supérieur à $\frac{n}{2}+1$. Donc, la réduite

$$\frac{P_{\frac{n}{2}}}{Q_{\frac{n}{2}}} = \frac{\psi(x)}{\varphi(x)},$$

avec un dénominateur de degré inférieur à $\frac{n}{2}+1$, sera immédiatement suivie de la fraction $\frac{P_{\frac{n}{2}+1}}{Q_{\frac{n}{2}+1}}$, où le dénominateur est de degré supérieur à $\frac{n}{2}+1$. D'où l'on voit que la fraction continue, résultant du développement de $\sqrt{\frac{x-b}{x-a}}\, e^{\frac{s}{2\,x^{l+1}}}$, n'aura pas de réduite avec un dénominateur du degré $\frac{n}{2}+1$. Mais si l'on trouve toutes les valeurs de s, avec lesquelles l'expression

$$\sqrt{\frac{x-b}{x-a}}\, e^{\frac{s}{2x^{l+1}}}$$

jouit de cette propriété*), en examinant chacune d'elles à part, on distinguera toutes celles qui, conformément à ce que nous avons vu sur la fraction $\frac{P_{\frac{n}{2}+1}}{Q_{\frac{n}{2}+1}}$, rendent le degré de $Q_{\frac{n}{2}+1}$ supérieur à celui de $\frac{x^{n+1}}{Q_{\frac{n}{2}}}$.

Ainsi on parviendra à déterminer les valeurs de s qui correspondent à toutes les solutions possibles de nos équations. Pour choisir parmi elles la valeur s qui résout notre problème, on exclura toutes celles qui conduisent à ses solutions impropres, c.-à-d., où les valeurs

$$-h,\ \eta_1,\ \eta_2,\ \eta_3,\ \eta_4, \ldots\ldots,\ +h,$$

contre le vrai sens du problème, ne sont pas toutes réelles ou bien ne présentent pas une série croissante. Après cela, la valeur de s, numériquement

*) Dans le Mémoire intitulé: *Sur les questions de minima qui se rattachent à la représentation approximative des fonctions*, nous avons montré la marche à suivre pour trouver les valeurs d'une constante, déterminée par une condition de ce genre.

la plus grande parmi celles qui restent, correspondra, évidemment, à la solution cherchée de notre problème, où il s'agit de rendre la quantité

$$s = -\frac{1}{l+1}\left[a^{l+1} - 2\,\eta_1^{\,l+1} + 2\,\eta_2^{\,l+1} - \ldots\ldots - (-1)^{\nu} b^{l+1}\right]$$

aussi grande que possible.

En suivant la marche indiquée, on finira toujours par trouver la valeur de s qui résout notre problème et qui détermine, comme nous l'avons vu, toutes les autres inconnues de la formule

$$\int_a^{\eta_1} F(x)\,dx - \int_{\eta_1}^{\eta_2} F(x)\,dx + \int_{\eta_2}^{\eta_3} F(x)\,dx - \ \ldots + (-1)^{\nu} \int_{\eta_\nu}^{b} F(x)\,dx = s\,A_l.$$

Mais dans plusieurs cas particuliers la détermination de s se simplifie notablement; car souvent la série des valeurs parmi lesquelles on cherchera celle qui résout notre problème, se réduira à un seul terme qui ne pourra être que la valeur cherchée de s. — Remarquons encore que dans toutes ces recherches on pourra faire abstraction des valeurs imaginaires de s qui ne sont pas conformes au sens du problème.

Le nombre n est impair.

§ 6. Dans ce cas la formule (7) devient

$$\frac{\psi(x)}{\varphi(x)} = \frac{1}{\sqrt{(x-a)(x-b)}}\, e^{\frac{s}{2x^{l+1}} - \frac{s'}{2(n+2)x^{n+2}} - \frac{s''}{2(n+3)x^{n+3}} + \ldots}$$

ce qui nous donne

$$\frac{\psi(x)}{\varphi(x)} - \frac{e^{\frac{s}{2x^{l+1}}}}{\sqrt{(x-a)(x-b)}} = \frac{e^{\frac{s}{2x^{l+1}}}}{\sqrt{(x-a)(x-b)}}\left(e^{-\frac{s'}{2(n+2)x^{n+2}} - \frac{s''}{2(n+3)x^{n+3}} - \ldots} - 1\right).$$

Cette formule prouve que la fraction

$$\frac{\psi(x)}{\varphi(x)}$$

ne diffère de l'expression

$$\frac{e^{\frac{s}{2x^{l+1}}}}{\sqrt{(x-a)(x-b)}}$$

que par des termes d'un ordre moins élevé que $\frac{1}{x^{n+2}}$, et comme d'après (6), pour n impair, on trouve que $\varphi(x)$, dénominateur de cette fraction, est du degré $\frac{n+1}{2}$, cela suppose qu'elle est égale à l'une des réduites de la fraction continue qu'on obtient par le développement de l'expression

$$\frac{e^{\overline{2x^{l+1}}}}{\sqrt{(x-a)(x-b)}}.$$

De plus, en dénotant par

$$\frac{P_{\frac{n+1}{2}}}{Q_{\frac{n+1}{2}}}$$

celle des réduites de la fraction continue, résultant de $\frac{e^{\overline{2x^{l+1}}}}{\sqrt{(x-a)(x-b)}}$, qui est égale à $\frac{\psi(x)}{\varphi(x)}$, et par

$$\frac{P_{\frac{n+3}{2}}}{Q_{\frac{n+3}{2}}}$$

la réduite qui vient immédiatement après $\frac{P_{\frac{n+1}{2}}}{Q_{\frac{n+1}{2}}}$, on trouve que la différence

$$\frac{\psi(x)}{\varphi(x)} - \frac{e^{\overline{2x^{l+1}}}}{\sqrt{(x-a)(x-b)}} = \frac{P_{\frac{n+1}{2}}}{Q_{\frac{n+1}{2}}} - \frac{e^{\overline{2x^{l+1}}}}{\sqrt{(x-a)(x-b)}}$$

est du même degré que

$$\frac{1}{Q_{\frac{n+1}{2}}\, Q_{\frac{n+3}{2}}}.$$

D'où, suivant ce que nous avons remarqué relativement à la différence

$$\frac{\psi(x)}{\varphi(x)} - \frac{e^{\overline{2x^{l+1}}}}{\sqrt{(x-a)(x-b)}},$$

il résulte que la fonction $Q_{\frac{n+3}{2}}$ doit être de degré plus élevé que $\frac{x^{n+2}}{Q_{\frac{n+1}{2}}}$. Mais comme $\frac{P_{\frac{n+1}{2}}}{Q_{\frac{n+1}{2}}}$ est égale à la fraction $\frac{\psi(x)}{\varphi(x)}$, mise sous la forme la plus simple, et que $\varphi(x)$ n'est que du degré $\frac{n+1}{2}$, cela nous prouve que $Q_{\frac{n+3}{2}}$ sera de degré supérieur à $\frac{n+3}{2}$. D'où l'on voit que la réduite

$$\frac{P_{\frac{n+1}{2}}}{Q_{\frac{n+1}{2}}}=\frac{\psi(x)}{\varphi(x)},$$

dont le dénominateur est de degré non supérieur à $\frac{n+1}{2}$, est suivie immédiatement de la réduite

$$\frac{P_{\frac{n+3}{2}}}{Q_{\frac{n+3}{2}}}$$

avec un dénominateur de degré plus élevé que $\frac{n+3}{2}$. Donc, parmi les réduites de la fraction continue résultant du développement de l'expression

$$\frac{e^{\frac{s}{2x^{l+1}}}}{\sqrt{(x-a)(x-b)}},$$

la fraction

$$\frac{P_{\frac{n+1}{2}}}{Q_{\frac{n+1}{2}}}=\frac{\psi(x)}{\varphi(x)}$$

sera la dernière avec un dénominateur de degré inférieur ou égal à $\frac{n+1}{2}$.

Or, d'après ce que nous venons de montrer sur les réduites

$$\frac{P_{\frac{n+1}{2}}}{Q_{\frac{n+1}{2}}},\quad \frac{P_{\frac{n+3}{2}}}{Q_{\frac{n+3}{2}}},$$

et en suivant la même marche que dans les §§ 4 et 5, on parvient, relativement à la détermination des quantités

$$\eta_1,\ \eta_2,\ \eta_3,\ \eta_4,\ldots,\ s,$$

dans le cas de n impair, à ces conclusions:

1) Les quantités

$$\eta_1,\ \eta_3,\ldots,$$

$$\eta_2,\ \eta_4,\ldots$$

sont les racines des équations

$$Q_{\frac{n+1}{2}}=0,\quad P_{\frac{n+1}{2}}=0,$$

26

où $P_{\frac{n+1}{2}}$, $Q_{\frac{n+1}{2}}$ désignent les termes de la dernière réduite de la fraction continue, résultant du développement de

$$\frac{e^{\frac{s}{2x^{l+1}}}}{\sqrt{(x-a)(x-b)}},$$

dont le dénominateur $Q_{\frac{n+1}{2}}$ est tout au plus du degré $\frac{n+1}{2}$.

2) On cherchera la valeur de s parmi celles qui ne donnent pas à la fraction continue, résultant du développement de l'expression

$$\frac{e^{\frac{s}{2x^{l+1}}}}{\sqrt{(x-a)(x-b)}},$$

de réduite dont le dénominateur serait du degré $\frac{n+3}{2}$. — Dans la série des valeurs de s qui jouissent de cette propriété on exclura, en premier lieu, toutes celles avec lesquelles la réduite $\frac{P_{\frac{n+3}{2}}}{Q_{\frac{n+3}{2}}}$, qui vient après $\frac{P_{\frac{n+1}{2}}}{Q_{\frac{n+1}{2}}} = \frac{\psi(x)}{\varphi(x)}$, a pour dénominateur une fonction moins élevée que $\frac{x^{n+3}}{Q_{\frac{n+1}{2}}}$, et de plus, toutes celles qui, d'après le № 1, donnent des valeurs

$$\eta_1,\ \eta_2,\ \eta_3,\ \eta_4, \ldots .$$

ne répondant pas à notre problème (Voyez le § 2). Parmi les valeurs restantes celle qui est numériquement la plus grande sera égale à la valeur cherchée de s. Dans tout cela on fera abstraction des valeurs imaginaires de s.

II.

§ 7. Pour montrer l'usage des méthodes exposées, nous allons chercher les coefficients de la fonction

$$F(x) = A_0 + A_1 x + \ldots . + A_n x^n$$

dans les cas de

$$n = 0,\ 1,\ 2,\ 3,\ 4,\ 5.$$

Pour simplifier les calculs, nous supposerons que les valeurs données de $F(x)$ sont comprises entre $x = -h$ et $x = +h$, ce qui revient à prendre dans nos formules

$$a = -h,\ b = +h.$$

Pour ces valeurs de a et b, et en supposant n pair, nous remarquerons (§§ 4, 5) que la détermination du coefficient A_0 se rattache au développement de l'expression

$$\sqrt{\frac{x-h}{x+h}}\, e^{\frac{s}{2x}}$$

en fraction continue. Or, au moyen de la méthode ordinaire, on trouve aisément que la fraction continue, résultant de cette expression, a la valeur suivante:

$$1+\cfrac{s-2h}{2x+h-\frac{1}{2}s+\cfrac{(s-2h)^3+32h^3}{24(s-2h)x+\cfrac{s^6-12hs^5+60h^2s^4-720h^4s^2-2880h^5s+2880h^6}{10\,[(s-2h)^3+32h^3]\,x+\text{etc.}}}}$$

En examinant la composition de cette fraction continue, on voit que ses trois premiers quotients ne cessent d'être du premier degré, et conséquemment, donnent des réduites avec des dénominateurs respectivement des degrés 0, 1, 2, 3, tant que les quantités

$$s-2h,$$
$$(s-2h)^3+32h^3,$$
$$s^6-12hs^5+60h^2s^4-720h^4s^2-2880h^5s+2880h^6$$

restent différentes de zéro.

Donc, pour que cela n'ait pas lieu, la quantité s doit vérifier au moins l'une de ces équations:

$$s-2h=0,$$
$$(s-2h)^3+32h^3=0,$$
$$s^6-12hs^5+60h^2s^4-720h^4s^2-2880h^5s+2880h^6=0.$$

D'autre part, en supposant consécutivement que la quantité s vérifie chacune de ces équations, on trouve que la fraction continue, résultant de $\sqrt{\frac{x-h}{x+h}}\, e^{\frac{s}{2x}}$, dans ces trois hypothèses sur s, devient respectivement

$$1+\frac{s^2(s-6h)}{48x^3+\text{etc.}},$$

$$1+\cfrac{s-2h}{2x+h-\frac{s}{2}+\cfrac{3s^5-30hs^4+80h^2s^3-240h^4s+480h^s}{1920(s-2h)x^3+\text{etc.}}},$$

$$1+\cfrac{s-2h}{2x+h-\frac{s}{2}+\cfrac{(s-2h)^3+32h^3}{24(s-2h)x+\cfrac{0}{x+\text{etc.}}}}$$

D'où, pour les réduites de $\sqrt{\frac{x-h}{x+h}}\, e^{\frac{s}{2x}}$, on obtient

$$(8) \quad \frac{1}{1},\ \frac{48x^3+\ldots.}{48x^3+\ldots.},\ldots\ldots\ldots\ldots\ldots,$$

$$(9) \quad \frac{1}{1},\ \frac{2x-h+\frac{1}{2}s}{2x+h-\frac{1}{2}s},\ \frac{3840\,(s-2h)\,x^4+\ldots.}{3840\,(s-2h)\,x^4+\ldots.},\ldots.,$$

$$(10) \quad \frac{1}{1},\ \frac{2x-h+\frac{1}{2}s}{2x+h-\frac{1}{2}s},\ \frac{48\,(s-2h)\,x^2+12\,(s-2h)^2\,x+(s-2h)^3+32h^3}{48\,(s-2h)\,x^2-12\,(s-2h)^2\,x+(s-2h)^3+32h^3},\ \frac{p_4}{q_4},\ \frac{p_5}{q_5},\ldots,$$

en désignant par $\frac{p_4}{q_4}, \frac{p_5}{q_5},\ldots.$ des réduites avec des dénominateurs de degrés supérieurs à 3.

Ainsi nous parvenons à trouver tous les cas, où la fraction continue, résultant de $\sqrt{\frac{x-h}{x+h}}\, e^{\frac{s}{2x}}$, n'a pas de réduites avec des dénominateurs des degrés 1, 2, 3. D'après cela, en suivant la marche indiquée dans les §§ 4, 5, il est aisé de trouver la solution de notre problème pour $n=0, 2, 4$. C'est ce dont nous allons nous occuper.

Cas de $n=0$.

§ 8. Dans ce cas on doit chercher la valeur de s parmi celles, avec lesquelles la fraction continue, résultant du développement de $\sqrt{\frac{x-h}{x+h}}\, e^{\frac{s}{2x}}$, n'a pas de réduite dont le dénominateur soit du degré $\frac{0}{2}+1=1$. Or, d'après ce que nous avons vu sur les réduites de $\sqrt{\frac{x-h}{x+h}}\, e^{\frac{s}{2x}}$, cela n'a lieu que dans le cas où

$$s-2h=0,$$

et comme cette équation ne donne qu'une valeur de s

$$s=2h,$$

nous concluons sur le champ que c'est elle qui résout notre problème.

Pour trouver les quantités

$$\eta_1,\ \eta_2,\ \eta_3,\ldots.,$$

nous chercherons parmi les réduites (8), obtenues dans l'hypothèse

$$s-2h=0,$$

celle qui est la dernière avec un dénominateur de degré inférieur à $\frac{0}{2}+1=1$. Comme cette fraction est $\frac{1}{1}$, il s'en suit

$$P_{\frac{n}{2}}=1, \quad Q_{\frac{n}{2}}=1,$$

et par là on reconnaît que le nombre des quantités

$$\eta_1, \eta_2, \eta_3, \ldots,$$

qui se déterminent par les équations

$$P_{\frac{n}{2}}=0, \quad Q_{\frac{n}{2}}=0,$$

se réduit à 0.

Or, en portant dans la formule (1) la valeur trouvée de s et en réduisant la série des valeurs

$$a, \eta_1, \eta_2, \eta_3, \ldots, b$$

à

$$-h, +h,$$

on obtient, pour $n=0$ et $l=0$,

$$\int_{-h}^{+h} F(x)\,dx = 2h A_0,$$

équation qui se vérifie aisément, en remarquant que dans le cas de $n=0$, la fonction

$$F(x)=A_0+A_1 x+\ldots+A_n x^n$$

devient égale à une constante.

Cas de $n=2$.

§ 9. Si $n=2$, on cherchera la valeur de s parmi celles avec lesquelles la fraction continue, résultant de l'expression

$$\sqrt{\frac{x-h}{x+h}}\, e^{\frac{s}{2x}},$$

n'a pas de réduite dont le dénominateur soit du degré $\frac{2}{2}+1=2$. Or, comme nous l'avons vu (§ 7), cela ne peut avoir lieu que dans les cas où l'une des équations

(11) $$s-2h=0, \quad (s-2h)^3+32h^3=0$$

est satisfaite. Pour choisir parmi les racines de ces équations celle qui résout notre problème, remarquons que dans le cas de

$$s - 2h = 0,$$

d'après (8), les réduites de la fraction continue, résultant du développement de $\sqrt{\frac{x-h}{x+h}}\, e^{\frac{s}{2x}}$, présentent cette série:

$$\frac{1}{1},\ \frac{48x^3 + \dots}{48x^3 + \dots}, \dots$$

Parmi ces fractions la dernière avec un dénominateur de degré inférieur à $\frac{2}{2} + 1 = 2$ étant $\frac{1}{1}$, on aura, d'après notre notation, dans la supposition de $s - 2h = 0$,

$$Q_{\frac{n}{2}} = 1, \quad Q_{\frac{n}{2}+1} = 48x^3 + \dots$$

Comme pour ces valeurs de $Q_{\frac{n}{2}}$, $Q_{\frac{n}{2}+1}$, le degré de $Q_{\frac{n}{2}+1}$ n'est pas supérieur à celui de $\frac{x^{2+1}}{Q_{\frac{n}{2}}}$, on conclut (§ 7) que l'équation

$$s - 2h = 0$$

ne donne pas la valeur de s qui résoudrait notre problème. D'après cela il ne reste qu'à chercher cette valeur parmi les racines de la dernière des équations (11), et comme cette équation n'a qu'une racine réelle

$$s = 2\,(1 - \sqrt[3]{4})\,h,$$

nous concluons sur le champ que c'est elle qui correspond à notre problème.

Pour trouver les quantités

$$\eta_1, \eta_2, \eta_3, \dots,$$

remarquons que, dans le cas de

$$(s - 2h)^3 + 32h^3 = 0,$$

les réduites de la fraction continue, résultant du développement de

$$\sqrt{\frac{x-h}{x+h}}\, e^{\frac{s}{2x}},$$

sont comme nous l'avons vu (9),

$$\frac{1}{1}, \quad \frac{2x - h + \frac{1}{2}s}{2x + h - \frac{1}{2}s}, \quad \frac{3840(s-2h)x^4 + \dots}{3840(s-2h)x^4 + \dots}, \dots$$

La fraction

$$\frac{2x - h + \frac{1}{2}s}{2x + h - \frac{1}{2}s}$$

étant la dernière parmi elles avec un dénominateur de degré au dessous de $\frac{2}{2} + 1 = 2$, nous concluons qu'on aura

$$P_{\frac{n}{2}} = 2x - h + \frac{1}{2}s, \quad Q_{\frac{n}{2}} = 2x + h - \frac{1}{2}s.$$

D'après cela, pour la détermination des quantités

$$\eta_1, \; \eta_3, \dots,$$

$$\eta_2, \; \eta_4, \dots,$$

nous obtenons les équations

$$Q_{\frac{n}{2}} = 2x + h - \frac{1}{2}s = 0,$$

$$P_{\frac{n}{2}} = 2x - h + \frac{1}{2}s = 0.$$

D'où il résulte

$$\eta_1 = -\frac{h}{2} + \frac{1}{4}s, \quad \eta_2 = \frac{h}{2} - \frac{1}{4}s,$$

et en portant ici la valeur trouvée de s, on a définitivement

$$\eta_1 = -h\sqrt[3]{\frac{1}{2}}, \quad \eta_2 = +h\sqrt[3]{\frac{1}{2}}.$$

En vertu de ces valeurs de

$$s, \; \eta_1, \; \eta_2,$$

et en remarquant que dans le cas actuel

$$l = 0, \; a = -h, \; b = +h,$$

la formule (1) nous donne

$$\int_{-h}^{-h\sqrt[3]{\frac{1}{2}}} F(x)\,dx - \int_{-h\sqrt[3]{\frac{1}{2}}}^{+h\sqrt[3]{\frac{1}{2}}} F(x)\,dx + \int_{h\sqrt[3]{\frac{1}{2}}}^{h} F(x)\,dx = 2(1 - \sqrt[3]{4})\,h\,A_0.$$

Cas de $n = 4$.

§ 10. Nous avons vu (§ 7) que la fraction continue, résultant du développement de l'expression

$$\sqrt{\frac{x-h}{x+h}}\, e^{\frac{s}{2x}},$$

n'a pas de réduite avec un dénominateur du degré 3 seulement dans le cas où s remplit l'une des équations

$$(s-2h)^3 + 32h^3 = 0,$$

$$s^6 - 12h s^5 + 60h^2 s^4 - 720h^4 s^2 - 2880h^5 s + 2880h^6 = 0.$$

D'après cela, comme le nombre $\frac{n}{2} + 1$, pour $n = 4$, devient 3, on cherchera, suivant le § 5, la valeur de s parmi les racines réelles de ces équations.

D'autre part, comme, dans la supposition

$$(s-2h)^3 + 32h^3 = 0,$$

nous avons trouvé que les fractions réduites sont

$$\frac{1}{1},\quad \frac{2x-h+\frac{1}{2}s}{2x+h-\frac{1}{2}s},\quad \frac{3840\,(s-2h)\,x^4+\ldots}{3840\,(s-2h)\,x^4+\ldots},\ \ldots,$$

et que la fraction

$$\frac{2x-h+\frac{1}{2}s}{2x+h-\frac{1}{2}s},$$

la dernière avec le dénominateur de degré inférieur à 3, est suivie de la fraction

$$\frac{3840\,(s-2h)\,x^4+\ldots}{3840\,(s-2h)\,x^4+\ldots},$$

dont le dénominateur n'est pas de degré supérieur à celui de

$$\frac{x^{4+1}}{2x+h-\frac{s}{2}},$$

nous concluons que l'équation

$$(s-2h)^3 + 32h^3 = 0$$

ne saurait donner la valeur cherchée de s, et par conséquent, qu'on doit la chercher parmi les racines réelles de l'équation

$$s^6 - 12h s^5 + 60h^2 s^4 - 720h^4 s^2 - 2880h^5 s + 2880h^6 = 0.$$

Or, en cherchant les racines réelles de cette équation, on trouve que l'une d'elles est comprise entre $s=6h$ et $s=7h$, et l'autre entre $s=0$ et $s=h$. Pour reconnaître parmi ces valeurs de s celle qui se rapporte à notre problème, nous passons aux valeurs de

$$\eta_1,\ \eta_2,\ \eta_3,\ldots$$

qui en résultent.

Comme dans le cas de

$$s^6-12hs^5+60h^2s^4-720h^4s^2-2880h^5s+2880h^6=0,$$

d'après (10), les réduites de la fraction continue qui résulte de

$$\sqrt{\frac{x-h}{x+h}}\,e^{\frac{s}{2x}}$$

sont

$$\frac{1}{1},\ \frac{2x-h+\frac{1}{2}s}{2x+h-\frac{1}{2}s},\ \frac{48(s-2h)x^2+12(s-2h)^2x+(s-2h)^3+32h^3}{48(s-2h)x^2-12(s-2h)^2x+(s-2h)^3+32h^3},\ \frac{p_4}{q_4},\ldots,$$

et que parmi elles la dernière avec le dénominateur de degré au dessous de $\frac{4}{2}+1=3$, est

$$\frac{48(s-2h)x^2+12(s-2h)^2x+(s-2h)^3+32h^3}{48(s-2h)x^2-12(s-2h)^2x+(s-2h)^3+32h^3},$$

nous trouvons, pour la détermination de

$$\eta_1,\ \eta_3,\ldots,$$

$$\eta_2,\ \eta_4,\ldots,$$

les équations

$$48(s-2h)x^2-12(s-2h)^2x+(s-2h)^3+32h^3=0,$$

$$48(s-2h)x^2+12(s-2h)^2x+(s-2h)^3+32h^3=0.$$

Or, on reconnaît que ces équations n'ont point de solution réelle, si s surpasse $2h$. D'où nous concluons que la racine de l'équation

$$s^6-12hs^5+60h^2s^4-720h^4s^2-2880h^5s+2880h^6=0,$$

comprise entre $s=6h$ et $s=7h$, ne donne pas de valeurs de

$$\eta_1,\ \eta_2,\ \eta_3,\ \eta_4,\ldots,$$

propres à la solution de notre problème, et, par conséquent, que c'est son autre racine, comprise entre $s=0$ et $s=h$, et dont la valeur approchée est $0,83446\,h$, qui correspondra à notre problème.

En portant cette valeur de s dans les équations que nous avons trouvées pour la détermination des quantités

$$\eta_1,\ \eta_3,\ldots,$$

$$\eta_2,\ \eta_4,\ldots,$$

on a

$$x^2+0,29138hx-0,54362h^2=0,$$

$$x^2-0,29138hx-0,54362h^2=0,$$

et comme les racines de ces équations, disposées par ordre de grandeur, sont

$$-0,89725h,\quad +0,60587h,$$

$$-0,60587h,\quad +0,89725h,$$

nous concluons qu'on aura

$$\eta_1=-0,89725h,\quad \eta_3=0,60587h,$$

$$\eta_2=-0,60587h,\quad \eta_4=0,89725h.$$

Ainsi nous trouvons les valeurs des quantités

$$s,\ \eta_1,\ \eta_2,\ \eta_3,\ \eta_4$$

pour $n=4$ et en prenant

$$l=0,\ a=-h,\ b=+h.$$

D'après cela la formule (1) nous donne

$$\int_{-h}^{-0,89725h} F(x)\,dx-\int_{-0,89725h}^{-0,60587h} F(x)\,dx+\int_{-0,60587h}^{0,60587h} F(x)\,dx-\int_{0,60587h}^{0,89725h} F(x)\,dx+\int_{0,89725h}^{h} F(x)\,dx=0,83446hA_0.$$

Cas de $n=1,\ 3,\ 5$.

§ 11. En cherchant pour ces valeurs de n la solution de notre problème, relatif à la détermination de A_0, et en prenant toujours

$$a=-h,\ b=+h,$$

on parvient définitivement aux formules identiques à celles que nous venons de trouver pour

$$n = 0,\ 2,\ 4,$$

respectivement; c'est ce qu'on pouvait prévoir, en remarquant que dans les formules

$$\int_{-h}^{h} F(x)\,dx = 2h\,A_0,$$

$$\int_{-h}^{-h\sqrt[3]{\frac{1}{2}}} F(x)\,dx - \int_{-h\sqrt[3]{\frac{1}{2}}}^{h\sqrt[3]{\frac{1}{2}}} F(x)\,dx + \int_{h\sqrt[3]{\frac{1}{2}}}^{h} F(x)\,dx = 2\,(1 - \sqrt[3]{4})\,h\,A_0,$$

$$\int_{-h}^{-0,89725h} F(x)\,dx - \int_{-0,89725h}^{-0,60587h} F(x)\,dx + \int_{-0,60587h}^{0,60587h} F(x)\,dx - \int_{0,60587h}^{0,89725h} F(x)\,dx + \int_{0,89725h}^{h} F(x)\,dx = 0,83446hA_0,$$

tous les termes de la fonction

$$F(x) = A_0 + A_1 x + \ldots . + A_n x^n$$

avec les puissances impaires de x s'évanouissent.

§ 12. En cherchant de la même manière la solution de notre problème pour

$$l = 1,\ n = 1,\ 2,\ 3,\ 4,\ 5,$$

et en supposant toujours

$$a = -h,\ b = +h,$$

nous parvenons définitivement à ces formules:

Cas de $n = 1$ ou 2.

$$\int_{-h}^{0} F(x)\,dx - \int_{0}^{h} F(x)\,dx = -h^2 A_1.$$

Cas de $n = 3$ ou 4.

$$\int_{-h}^{-h\sqrt[4]{\frac{1}{2}}} F(x)\,dx - \int_{-h\sqrt[4]{\frac{1}{2}}}^{0} F(x)\,dx + \int_{0}^{h\sqrt[4]{\frac{1}{2}}} F(x)\,dx - \int_{h\sqrt[4]{\frac{1}{2}}}^{h} F(x)\,dx = (\sqrt{2} - 1)\,h^2 A_1.$$

Cas de $n = 5$.

$$\int_{-h}^{-0{,}91682h} F(x)\,dx - \int_{-0{,}91682h}^{-0{,}67418h} F(x)\,dx + \int_{-0{,}67418h}^{0} F(x)\,dx - \int_{0}^{0{,}67418h} F(x)\,dx + \int_{0{,}67418h}^{0{,}91682h} F(x)\,dx - \int_{0{,}91682h}^{h} F(x)\,dx = -\,0{,}82277h^2 A_1.$$

De même pour $l = 2$ et en supposant successivement $n = 2, 3, 4, 5$, nous trouvons:

Cas de $n = 2$ **ou** 3.

$$\int_{-h}^{-\frac{1}{2}h} F(x)\,dx - \int_{-\frac{1}{2}h}^{+\frac{1}{2}h} F(x)\,dx + \int_{\frac{1}{2}h}^{h} F(x)\,dx = \frac{1}{2}h^3 A_2.$$

Cas de $n = 4$ **ou** 5.

$$\int_{-h}^{-0{,}87305h} F(x)\,dx - \int_{-0{,}87305h}^{-0{,}37305h} F(x)\,dx + \int_{-0{,}37305h}^{0{,}37305h} F(x)\,dx - \int_{0{,}37305h}^{0{,}87305h} F(x)\,dx + \int_{0{,}87305h}^{h} F(x)\,dx = -0{,}15139h^3 A_2.$$

En prenant $l = 3$ et $n = 3, 4, 5$, nous obtenons ces formules:

Cas de $n = 3$ **ou** 4.

$$\int_{-h}^{-\sqrt{\frac{1}{2}}h} F(x)\,dx - \int_{-\sqrt{\frac{1}{2}}h}^{0} F(x)\,dx + \int_{0}^{\sqrt{\frac{1}{2}}h} F(x)\,dx - \int_{\sqrt{\frac{1}{2}}h}^{h} F(x)\,dx = -\frac{1}{4}h^4 A_3.$$

Cas de $n = 5$.

$$\left.\begin{aligned} &\int_{-h}^{-0{,}89945h} F(x)\,dx - \int_{-0{,}89945h}^{-0{,}55589h} F(x)\,dx + \int_{-0{,}55589h}^{0} F(x)\,dx \\ -&\int_{0}^{0{,}55589h} F(x)\,dx + \int_{0{,}55589h}^{0{,}89945h} F(x)\,dx - \int_{0{,}89945h}^{h} F(x)\,dx \end{aligned}\right\} = 0{,}05901h^4 A_3.$$

Le cas de $l = 4$ et $n = 4$ ou 5 nous fournit l'équation

$$\int_{-h}^{-\frac{\sqrt{5}+1}{4}h} F(x)\,dx - \int_{-\frac{\sqrt{5}+1}{4}h}^{-\frac{\sqrt{5}-1}{4}h} F(x)\,dx + \int_{-\frac{\sqrt{5}-1}{4}h}^{\frac{\sqrt{5}-1}{4}h} F(x)\,dx - \int_{\frac{\sqrt{5}-1}{4}h}^{\frac{\sqrt{5}+1}{4}h} F(x)\,dx + \int_{\frac{\sqrt{5}+1}{4}h}^{h} F(x)\,dx = \frac{1}{8}h^5 A_4.$$

Enfin, pour le cas de $l=5$ et $n=5$, on obtient cette formule:

$$\int_{-h}^{-\frac{\sqrt{3}}{2}h} F(x)dx - \int_{-\frac{\sqrt{3}}{2}h}^{-\frac{1}{2}h} F(x)dx + \int_{-\frac{1}{2}h}^{0} F(x)dx - \int_{0}^{\frac{1}{2}h} F(x)dx + \int_{\frac{1}{2}h}^{\frac{\sqrt{3}}{2}h} F(x)dx - \int_{\frac{\sqrt{3}}{2}h}^{h} F(x)dx = -\frac{1}{16}h^6 A_5.$$

§ 13. D'après ce que nous venons de trouver il est facile de composer la table des valeurs de ν, s, η_1, η_2, η_3, η_4, ... dans les cas de

$$n=0,\ 1,\ 2,\ 3,\ 4,\ 5,$$

et en prenant pour limites de x les valeurs $-h$ et $+h$. Une telle table se trouve à la fin de notre Mémoire, et on verra dans la *Section* IV le parti qu'on peut en tirer pour l'interpolation. Il est désirable que cette table soit prolongée jusqu'à des valeurs de n plus considérables.

III.

§ 14. Dans les paragraphes précédents nous avons donné la méthode générale pour trouver, suivant notre problème, les quantités

$$s,\ \eta_1,\ \eta_2,\ \eta_3, \ldots.$$

dans la formule

$$\int_a^{\eta_1} F(x)\,dx - \int_{\eta_1}^{\eta_2} F(x)\,dx + \int_{\eta_2}^{\eta_3} F(x)\,dx - \ldots. + (-1)^\nu \int_{\eta_\nu}^{b} F(x)\,dx = s\,A_l,$$

quel que soit A_l, coefficient de la fonction

$$F(x) = A_0 + A_1 x + \ldots. + A_n x^n$$

que l'on cherche à déterminer. Nous allons montrer maintenant que cette méthode est susceptible d'une simplification notable dans le cas particulier, où il s'agit de la détermination de A_n, dernier coefficient de la fonction

$$F(x) = A_0 + A_1 x + \ldots. + A_n x^n.$$

Nous verrons que dans ce cas il est aisé de trouver directement les valeurs de

$$s,\ \eta_1,\ \eta_2,\ \eta_3, \ldots.,$$

quel que soit le nombre n, et nous montrerons plus tard comment on peut en tirer une nouvelle formule d'interpolation.

Nous supposerons toujours, pour simplifier nos formules,

$$a = -h,\ b = h,$$

et nous commencerons par le cas de n impair.

Cas de n impair.

§ 15. En faisant dans les formules du § 6

$$a = -h,\ b = +h,$$

nous trouvons que, dans le cas de n impair et $l = n$, les quantités

$$\eta_1,\ \eta_3, \ldots,$$
$$\eta_2,\ \eta_4, \ldots,$$

se déterminent par les équations

$$Q_{\frac{n+1}{2}} = 0, \quad P_{\frac{n+1}{2}} = 0,$$

où $P_{\frac{n+1}{2}}$, $Q_{\frac{n+1}{2}}$ sont les termes de la dernière réduite de

$$\frac{e^{\frac{s}{2x^{n+1}}}}{\sqrt{x^2 - h^2}},$$

dont le dénominateur $Q_{\frac{n+1}{2}}$ n'est pas de degré plus élevé que $\frac{n+1}{2}$. D'autre part, comme les expressions

$$\frac{e^{\frac{s}{2x^{n+1}}}}{\sqrt{x^2 - h^2}}, \quad \frac{1}{\sqrt{x^2 - h^2}}$$

ne diffèrent entre elles que par les termes de l'ordre $\frac{1}{x^{n+2}}$ ou moins élevés, et que des termes de ces ordres n'ont aucune influence sur les fractions réduites avec les dénominateurs de degrés inférieurs à $\frac{n+2}{2}$, il est clair que dans la détermination de

$$\frac{P_{\frac{n+1}{2}}}{Q_{\frac{n+1}{2}}},$$

suivant la méthode mentionnée, on peut prendre l'expression

$$\frac{1}{\sqrt{x^2-h^2}}$$

au lieu de

$$\frac{e^{\frac{s}{2x^{n+1}}}}{\sqrt{x^2-h^2}}.$$

Or, d'après cela il est aisé de trouver l'expression générale des fonctions $P_{\frac{n+1}{2}}$ et $Q_{\frac{n+1}{2}}$, et pour y parvenir nous allons chercher la loi de composition de la fraction continue qui résulte du développement de l'expression

$$\frac{1}{\sqrt{x^2-h^2}}.$$

§ 16. En remarquant que le produit des valeurs

$$x-\sqrt{x^2-h^2},\quad x+\sqrt{x^2-h^2}$$

se réduit à h^2, nous concluons qu'on aura

$$x-\sqrt{x^2-h^2}=\frac{h^2}{x+\sqrt{x^2-h^2}};$$

ou, ce qui revient au même,

$$\sqrt{x^2-h^2}-x=-\frac{h^2}{2x+(\sqrt{x^2-h^2}-x)},$$

et par là, au moyen des substitutions successives de

$$-\frac{h^2}{2x+(\sqrt{x^2-h^2}-x)}$$

à la place de

$$\sqrt{x^2-h^2}-x,$$

on trouve

$$\sqrt{x^2-h^2}-x=-\cfrac{h^2}{2x-\cfrac{h^2}{2x+(\sqrt{x^2-h^2}-x)}}$$

$$=-\cfrac{h^2}{2x-\cfrac{h^2}{2x-\cfrac{h^2}{2x-\cfrac{h^2}{2x+(\sqrt{x^2-h^2}-x)}}}}$$

. . . .

$$=-\cfrac{h^2}{2x-\cfrac{h^2}{2x-\ddots-\cfrac{h^2}{2x-\cfrac{h^2}{2x+(\sqrt{x^2-h^2}-x)}}}}.$$

D'où résulte ce développement de $\frac{1}{\sqrt{x^2 - h^2}}$ en fraction continue:

$$\frac{1}{\sqrt{x^2-h^2}} = \cfrac{1}{x - \cfrac{h^2}{2x - \cfrac{h^2}{2x - \cfrac{h^2}{2x - \cdots}}}}$$

Pour trouver la loi de composition des réduites de cette fraction continue, que nous désignerons par

$$\frac{P^{(0)}}{Q^{(0)}}, \quad \frac{P^{(1)}}{Q^{(1)}}, \quad \frac{P^{(2)}}{Q^{(2)}}, \ldots,$$

remarquons que leurs termes sont liés entre eux par les équations

$$P^{(m+2)} = 2x\, P^{(m+1)} - h^2 P^{(m)},$$

$$Q^{(m+2)} = 2x\, Q^{(m+1)} - h^2 Q^{(m)}.$$

Mais en traitant ces formules, comme les équations aux *différences finies*, on en tire

$$P^{(m)} = C\,(x + \sqrt{x^2 - h^2})^m + C_1\,(x - \sqrt{x^2 - h^2})^m,$$

$$Q^{(m)} = C_2\,(x + \sqrt{x^2 - h^2})^m + C_3\,(x - \sqrt{x^2 - h^2})^m,$$

où

$$C, \ C_1, \ C_2, \ C_3$$

sont des valeurs indépendantes du nombre m. Pour déterminer ces quantités nous remarquerons que les valeurs précédentes de $P^{(m)}$, $Q^{(m)}$, pour $m = 0$, $m = 1$, donnent

$$P^{(0)} = C + C_1, \quad P^{(1)} = C\,(x + \sqrt{x^2 - h^2}) + C_1\,(x - \sqrt{x^2 - h^2}),$$

$$Q^{(0)} = C_2 + C_3, \quad Q^{(1)} = C_2\,(x + \sqrt{x^2 - h^2}) + C_3\,(x - \sqrt{x^2 - h^2}),$$

et comme d'autre part, d'après le développement de $\frac{1}{\sqrt{x^2 - h^2}}$ en fraction continue

$$\cfrac{1}{x - \cfrac{h^2}{2x - \cfrac{h^2}{2x - \cdots}}},$$

on trouve

$$\frac{P^{(0)}}{Q^{(0)}} = \frac{0}{1}, \quad \frac{P^{(1)}}{Q^{(1)}} = \frac{1}{x},$$

il en résultent les équations

$$C + C_1 = 0,$$

$$C\left(x + \sqrt{x^2 - h^2}\right) + C_1\left(x - \sqrt{x^2 - h^2}\right) = 1,$$

$$C_2 + C_3 = 1,$$

$$C_2\left(x + \sqrt{x^2 - h^2}\right) + C_3\left(x - \sqrt{x^2 - h^2}\right) = x.$$

Ces équations, étant résolues relativement à C, C_1, C_2, C_3, nous donnent

$$C = \frac{1}{2\sqrt{x^2 - h^2}}, \quad C_1 = -\frac{1}{2\sqrt{x^2 - h^2}},$$

$$C_2 = \frac{1}{2}, \quad C_3 = \frac{1}{2},$$

et en portant ces valeurs de C, C_1, C_2, C_3 dans les expressions de $P^{(m)}$, $Q^{(m)}$, on trouve définitivement

$$P^{(m)} = \frac{\left(x + \sqrt{x^2 - h^2}\right)^m - \left(x - \sqrt{x^2 - h^2}\right)^m}{2\sqrt{x^2 - h^2}}$$

$$Q^{(m)} = \frac{\left(x + \sqrt{x^2 - h^2}\right)^m + \left(x - \sqrt{x^2 - h^2}\right)^m}{2}.$$

Telles sont les valeurs des termes dans les réduites

$$\frac{P^{(0)}}{Q^{(0)}}, \quad \frac{P^{(1)}}{Q^{(1)}}, \quad \frac{P^{(2)}}{Q^{(2)}}, \ldots \frac{P^{(m)}}{Q^{(m)}}, \ldots$$

de la fraction continue

$$\cfrac{1}{x - \cfrac{h^2}{2x - \cfrac{h^2}{2x - \ldots}}}$$

qui résulte du développement de $\frac{1}{\sqrt{x^2 - h^2}}$.

§ 17. D'après cela on voit que la dernière de ces réduites, dont le dénominateur n'est pas de degré plus élevé que $\frac{n+1}{2}$, a pour termes les fonctions

$$\frac{\left(x + \sqrt{x^2 - h^2}\right)^{\frac{n+1}{2}} - \left(x - \sqrt{x^2 - h^2}\right)^{\frac{n+1}{2}}}{2\sqrt{x^2 - h^2}},$$

$$\frac{\left(x + \sqrt{x^2 - h^2}\right)^{\frac{n+1}{2}} + \left(x - \sqrt{x^2 - h^2}\right)^{\frac{n+1}{2}}}{2}.$$

D'où, en vertu de ce que nous avons vu sur la détermination de

$$\eta_1,\ \eta_3,\ldots\ldots,$$
$$\eta_2,\ \eta_4,\ldots\ldots,$$

il suit que ces quantités sont les racines des équations

$$(12)\qquad \begin{cases} \dfrac{(x+\sqrt{x^2-h^2})^{\frac{n+1}{2}}+(x-\sqrt{x^2-h^2})^{\frac{n+1}{2}}}{2}=0, \\[2ex] \dfrac{(x+\sqrt{x^2-h^2})^{\frac{n+1}{2}}-(x-\sqrt{x^2-h^2})^{\frac{n+1}{2}}}{2\sqrt{x^2-h^2}}=0. \end{cases}$$

Quant à la résolution de ces équations, on y parvient très aisément, en remarquant que, si l'on fait

$$\frac{x}{h}=\cos\varphi,$$

elles deviennent

$$\cos\frac{n+1}{2}\varphi=0,\quad \frac{\sin\frac{n+1}{2}\varphi}{\sin\varphi}=0,$$

ce qu'on vérifie en général, en prenant

$$\varphi=\frac{(2k+1)\pi}{n+1},\quad \varphi=\frac{2l\pi}{n+1},$$

où k et l sont des nombres entiers, dont le dernier ne doit pas être divisible par $\frac{n+1}{2}$. D'après cela, en faisant successivement

$$k=\frac{n-1}{2},\ k=\frac{n-3}{2},\ldots.k=2,\ k=1,\ k=0,$$
$$l=\frac{n-1}{2},\ l=\frac{n-3}{2},\ldots.l=2,\ l=1,$$

on trouve pour les racines des équations (12), disposées suivant leur grandeur, et, par conséquent, pour les quantités cherchées

$$\eta_1,\ \eta_3,\ldots\ldots,$$
$$\eta_2,\ \eta_4,\ldots\ldots,$$

les expressions suivantes:

$$\eta_1=h\cos\frac{n}{n+1}\pi,\ \eta_3=h\cos\frac{n-2}{n+1}\pi,\ldots.\eta_{n-2}=h\cos\frac{3\pi}{n+1},\ \eta_n=h\cos\frac{\pi}{n+1},$$
$$\eta_2=h\cos\frac{n-1}{n+1}\pi,\ \eta_4=h\cos\frac{n-3}{n+1}\pi,\ldots.\eta_{n-1}=h\cos\frac{2\pi}{n+1}.$$

§ 18. En passant à la détermination de la quantité s, remarquons que, d'après le § 6, on doit chercher sa valeur parmi celles avec lesquelles l'expression

$$\frac{e^{\frac{s}{2x^{n+1}}}}{\sqrt{x^2-h^2}}$$

ne diffère de la réduite

$$\frac{P_{\frac{n+1}{2}}}{Q_{\frac{n+1}{2}}},$$

que par les termes de l'ordre inférieur à $-(n+2)$, ce qui suppose l'équation

$$lim.\left[\left(\frac{e^{\frac{s}{2x^{n+1}}}}{\sqrt{x^2-h^2}}-\frac{P_{\frac{n+1}{2}}}{Q_{\frac{n+1}{2}}}\right)x^{n+2}\right]_{x=\infty}=0.$$

Mais comme nous avons trouvé

$$P_{\frac{n+1}{2}}=\frac{(x+\sqrt{x^2-h^2})^{\frac{n+1}{2}}-(x-\sqrt{x^2-h^2})^{\frac{n+1}{2}}}{2\sqrt{x^2-h^2}},$$

$$Q_{\frac{n+1}{2}}=\frac{(x+\sqrt{x^2-h^2})^{\frac{n+1}{2}}+(x-\sqrt{x^2-h^2})^{\frac{n+1}{2}}}{2},$$

et que

$$e^{\frac{s}{2x^{n+1}}}=1+\frac{s}{2x^{n+1}}+\frac{s^2}{8x^{2n+2}}+\ldots,$$

cette équation devient

$$lim.\left[\left(1+\frac{s}{2x^{n+1}}+\frac{s^2}{8x^{2n+2}}+\ldots-\frac{(x+\sqrt{x^2-h^2})^{\frac{n+1}{2}}-(x-\sqrt{x^2-h^2})^{\frac{n+1}{2}}}{(x+\sqrt{x^2-h^2})^{\frac{n+1}{2}}+(x-\sqrt{x^2-h^2})^{\frac{n+1}{2}}}\right)\frac{x^{n+2}}{\sqrt{x^2-h^2}}\right]_{x=\infty}=0.$$

D'où, en remarquant que

$$1-\frac{(x+\sqrt{x^2-h^2})^{\frac{n+1}{2}}-(x-\sqrt{x^2-h^2})^{\frac{n+1}{2}}}{(x+\sqrt{x^2-h^2})^{\frac{n+1}{2}}+(x-\sqrt{x^2-h^2})^{\frac{n+1}{2}}}=\frac{2h^{n+1}}{(x+\sqrt{x^2-h^2})^{n+1}+h^{n+1}},$$

$$lim.\left[\left(\frac{s^2}{8x^{2n+2}}+\ldots\right)\frac{x^{n+2}}{\sqrt{x^2-h^2}}\right]_{x=\infty}=0,$$

$$lim.\left[\frac{s}{2x^{n+1}}\;\frac{x^{n+2}}{\sqrt{x^2-h^2}}\right]_{x=\infty}=\frac{s}{2},$$

on obtient

$$\frac{s}{2} + lim.\left(\frac{2h^{n+1}}{(x+\sqrt{x^2-h^2})^{n+1}+h^{n+1}}\cdot\frac{x^{n+2}}{\sqrt{x^2-h^2}}\right)_{x=\infty} = 0,$$

et comme l'expression

$$\frac{2h^{n+1}}{(x+\sqrt{x^2-h^2})^{n+1}+h^{n+1}}\cdot\frac{x^{n+2}}{\sqrt{x^2-h^2}},$$

pour $x=\infty$, se réduit à $\frac{h^{n+1}}{2^n}$, il en résulte cette valeur de s:

$$s = -\frac{h^{n+1}}{2^{n-1}}.$$

Ainsi dans le cas de n impair et en prenant

$$a = -h,\ b = h,\ l = n,$$

on parvient directement aux valeurs des quantités

$$s,\ \eta_1,\ \eta_2, \ldots . \eta_n,$$

qui, d'après la formule (1), nous donnent

$$\int_{-h}^{\eta_1} F(x)\,dx - \int_{\eta_1}^{\eta_2} F(x)\,dx + \ldots . + (-1)^n \int_{\eta_n}^{h} F(x)\,dx = sA_n.$$

Cas de n pair.

§ 19. Dans ce cas, en cherchant la valeur de

$$\frac{P_{\frac{n}{2}}}{Q_{\frac{n}{2}}},$$

dernière réduite de la fraction continue, résultant de $\sqrt{\frac{x-h}{x+h}}\, e^{\frac{s}{2x^{n+1}}}$, avec le dénominateur $Q_{\frac{n}{2}}$ de degré inférieur à $\frac{n}{2}+1$, on peut prendre l'expression

$$\sqrt{\frac{x-h}{x+h}}$$

au lieu de

$$\sqrt{\frac{x-h}{x+h}}\, e^{\frac{s}{2x^{n+1}}}$$

qui n'en diffère que par les puissances de x, inférieures à $\frac{1}{x^n}$, et comme les termes des réduites de la fraction continue, résultant du développement de

$$\sqrt{\frac{x-h}{x+h}},$$

s'exprimment*) par les formules

$$\frac{\left(\sqrt{\frac{x+h}{2}}+\sqrt{\frac{x-h}{2}}\right)^{2\lambda+1}+\left(\sqrt{\frac{x+h}{2}}-\sqrt{\frac{x-h}{2}}\right)^{2\lambda+1}}{2\sqrt{\frac{x+h}{2}}},$$

$$\frac{\left(\sqrt{\frac{x+h}{2}}+\sqrt{\frac{x-h}{2}}\right)^{2\lambda+1}-\left(\sqrt{\frac{x+h}{2}}-\sqrt{\frac{x-h}{2}}\right)^{2\lambda+1}}{2\sqrt{\frac{x-h}{2}}},$$

il en résulte pour $P_{\frac{n}{2}}$, $Q_{\frac{n}{2}}$ les valeurs suivantes:

$$P_{\frac{n}{2}}=\frac{\left(\sqrt{\frac{x+h}{2}}+\sqrt{\frac{x-h}{2}}\right)^{n+1}+\left(\sqrt{\frac{x+h}{2}}-\sqrt{\frac{x-h}{2}}\right)^{n+1}}{2\sqrt{\frac{x+h}{2}}},$$

$$Q_{\frac{n}{2}}=\frac{\left(\sqrt{\frac{x+h}{2}}+\sqrt{\frac{x-h}{2}}\right)^{n+1}-\left(\sqrt{\frac{x+h}{2}}-\sqrt{\frac{x-h}{2}}\right)^{n+1}}{2\sqrt{\frac{x-h}{2}}}.$$

En vertu de ces valeurs de $P_{\frac{n}{2}}$, $Q_{\frac{n}{2}}$, nous concluons, suivant le § 4, que les quantités cherchées

$$\eta_1,\ \eta_3,\ldots,$$

$$\eta_2,\ \eta_4,\ldots,$$

sont les racines des équations

$$\frac{\left(\sqrt{\frac{x+h}{2}}+\sqrt{\frac{x-h}{2}}\right)^{n+1}-\left(\sqrt{\frac{x+h}{2}}-\sqrt{\frac{x-h}{2}}\right)^{n+1}}{2\sqrt{\frac{x-h}{2}}}=0,$$

$$\frac{\left(\sqrt{\frac{x+h}{2}}+\sqrt{\frac{x-h}{2}}\right)^{n+1}+\left(\sqrt{\frac{x+h}{2}}-\sqrt{\frac{x-h}{2}}\right)^{n+1}}{2\sqrt{\frac{x+h}{2}}}=0,$$

Pour résoudre ces équations, on fera, comme dans le cas précédent,

$$\frac{x}{h}=\cos\varphi,$$

*) Voyez notre Mémoire *Sur les questions de minima qui se rattachent à la représentation approximative des fonctions* (§ 57).

d'après quoi elles deviennent

$$\frac{\sin\frac{n+1}{2}\varphi}{\sqrt{1-\cos\varphi}}=0, \quad \frac{\cos\frac{n+1}{2}\varphi}{\sqrt{1+\cos\varphi}}=0,$$

ce qu'on vérifie, en prenant respectivement

$$\varphi=\frac{2l\pi}{n+1}, \quad \varphi=\frac{(2k+1)\pi}{n+1},$$

où les nombres entiers l, $2k+1$ ne dovient pas être divisibles par $n+1$.

Les racines des équations que nous avons obtenues pour la détermination des quantités

$$\eta_1, \eta_3, \ldots\ldots,$$

$$\eta_2, \eta_4, \ldots\ldots,$$

s'expriment donc ainsi:

$$h\cos\frac{n\pi}{n+1}, \quad h\cos\frac{(n-2)\pi}{n+1}, \ldots\ldots, \quad h\cos\frac{2\pi}{n+1},$$

$$h\cos\frac{(n-1)\pi}{n+1}, \quad h\cos\frac{(n-3)\pi}{n+1}, \ldots\ldots, \quad h\cos\frac{\pi}{n+1},$$

et comme ces racines sont disposées par ordre de grandeur, elles sont respectivement égales à

$$\eta_1, \eta_3, \ldots\ldots,$$

$$\eta_2, \eta_4, \ldots\ldots.$$

D'où l'on voit que les quantités

$$\eta_1, \eta_2, \eta_3, \eta_4, \ldots\ldots$$

s'expriment par les mêmes formules que dans le cas de n impair.

§ 20. Pour trouver la quantité s nous remarquerons que, d'après le § 5, elle doit remplir cette condition

$$lim. \left[\left(\sqrt{\frac{x-h}{x+h}}\, e^{\frac{s}{2x^{n+1}}} - \frac{P_{\frac{n}{2}}}{Q_{\frac{n}{2}}}\right) x^{n+1}\right]_{x=\infty} = 0.$$

Or, en substituant les valeurs trouvées de $P_{\frac{n}{2}}$, $Q_{\frac{n}{2}}$ et en développant $e^{\frac{s}{2x^{n+1}}}$ en série, on a

$$lim. \left[\sqrt{\frac{x-h}{x+h}} \left\{ \begin{array}{l} 1+\frac{s}{2x^{n+1}}+\frac{s^2}{8x^{2n+2}}+\ldots\ldots\ldots\ldots\ldots\ldots \\ -\frac{\left(\sqrt{\frac{x+h}{2}}+\sqrt{\frac{x-h}{2}}\right)^{n+1}+\left(\sqrt{\frac{x+h}{2}}-\sqrt{\frac{x-h}{2}}\right)^{n+1}}{\left(\sqrt{\frac{x+h}{2}}+\sqrt{\frac{x-h}{2}}\right)^{n+1}-\left(\sqrt{\frac{x+h}{2}}-\sqrt{\frac{x-h}{2}}\right)^{n+1}} \end{array} \right\} x^{n+1}\right]_{x=\infty} = 0,$$

et comme

$$\lim.\left[\sqrt{\frac{x-h}{x+h}}\left(1-\frac{\left(\sqrt{\frac{x+h}{2}}+\sqrt{\frac{x-h}{2}}\right)^{n+1}+\left(\sqrt{\frac{x+h}{2}}-\sqrt{\frac{x-h}{2}}\right)^{n+1}}{\left(\sqrt{\frac{x+h}{2}}+\sqrt{\frac{x-h}{2}}\right)^{n+1}-\left(\sqrt{\frac{x+h}{2}}-\sqrt{\frac{x-h}{2}}\right)^{n+1}}\right)x^{n+1}\right]_{x=\infty}=-\frac{h^{n+1}}{2^n},$$

$$\lim.\left[\sqrt{\frac{x-h}{x+h}}\cdot\frac{s}{2x^{n+1}}x^{n+1}\right]_{x=\infty}=\frac{s}{2},$$

$$\lim.\left[\sqrt{\frac{x-h}{x+h}}\left(\frac{s^2}{8x^{2n+2}}+\dots\right)x^{n+1}\right]_{x=\infty}=0,$$

il en résulte

$$s=\frac{h^{n+1}}{2^{n-1}}.$$

Cette expression de s ne diffère de celle du cas de n impair que par son signe. Or il est aisé de remarquer qu'on embrassera ces deux cas, en introduisant dans la valeur de s le facteur $(-1)^n$ qui se réduit à $+1$ ou -1, suivant que n est pair ou impair. Ainsi on obtient pour s cette expression:

$$s=(-1)^n\frac{h^{n+1}}{2^{n-1}},$$

qui subsistera pour toutes les valeurs de n.

IV.

§ 21. Bien que le problème actuel ne se présente point dans la pratique, où les valeurs connues de la fonction cherchée ne sont jamais en nombre infini, les formules que nous avons trouvées, en partant de cette hypothèse, sont d'une application utile, comme nous allons le montrer.

Tant qu'on connait la fonction

$$F(x)=A_0+A_1x+\dots+A_nx^n,$$

pour toutes les valeurs de x, depuis $x=x_1$ jusqu'à $x=x_i$, et qu'on les considère comme équidistantes et infiniment rapprochées, on parvient à tirer, par la seule voie d'addition et de soustraction, les valeurs des coefficients A_0, A_1, ... A_n, pourvus de facteurs aussi grands que possible. Ces expressions qui déterminent les coefficients

$$A_0,\ A_1,\dots A_n$$

seront représentées, comme nous l'avons vu (§ 1), par la formule

$$\int_{x_1}^{\eta_1} F(x)\,dx - \int_{\eta_1}^{\eta_2} F(x)\,dx + \ldots\ldots + (-1)^{\nu} \int_{\eta_\nu}^{x_i} F(x)\,dx.$$

D'après cela toute la difficulté de la détermination des coefficients

$$A_0,\ A_1, \ldots . A_n$$

se réduit à l'évaluation des intégrales

$$\int_{x_1}^{\eta_1} F(x)\,dx,\ \int_{\eta_1}^{\eta_2} F(x)\,dx, \ldots . \int_{\eta_\nu}^{x_i} F(x)\,dx.$$

Or, comme ces intégrales, avec une approximation plus on moins grande, peuvent être évaluées au moyen d'un nombre limité des valeurs de $F(x)$, il est facile de comprendre qu'on peut bien profiter de ces expressions déterminant les coefficients de

$$F(x) = A_0 + A_1 x + \ldots . + A_n x^n,$$

tant qu'on a un nombre suffisant de valeurs de $F(x)$, à l'aide desquelles les intégrales

$$\int_{x_1}^{\eta_1} F(x)\,dx,\ \int_{\eta_1}^{\eta_2} F(x)\,dx, \ldots . \int_{\eta_\nu}^{x_i} F(x)\,dx$$

sont évaluables avec une approximation suffisante.

§ 22. Quant à l'évaluation des intégrales

$$\int_{x_1}^{\eta_1} F(x)\,dx,\ \int_{\eta_1}^{\eta_2} F(x)\,dx, \ldots . \int_{\eta_\nu}^{x_i} F(x)\,dx,$$

qu'on aura à faire dans les applications de nos formules, cela ne présente aucune difficulté.

Pour y parvenir plus aisément, on n'a qu'à remarquer que les intégrales

$$\int_{x_1}^{\eta_1} F(x)\,dx,\ \int_{\eta_1}^{\eta_2} F(x)\,dx, \ldots . \int_{\eta_\nu}^{x_i} F(x)\,dx$$

désignent respectivement les aires de la courbe

$$y = F(x),$$

comprises entre $x = x_1$ et $x = \eta_1$, $x = \eta_1$ et $x = \eta_2, \ldots . x = \eta_\nu$ et $x = x_i$, et que chacune des valeurs données de $F(x)$ détermine l'un des points de cette courbe. Ainsi l'évaluation des intégrales en question se réduit à ce problème de géométrie:

Etant donnée une suite de points, déterminer pour la courbe, passant par ces points, les aires comprises entre des limites données.

Or, un tel problème est susceptible d'une solution approchée, qu'on trouve aisément. Si l'on a la représentation graphique de la courbe

$$y = F(x),$$

construite d'après les valeurs connues de $F(x)$, on trouvera ces aires directement à l'aide du planimètre. Dans le cas contraire, on pourra trouver ces aires à l'aide d'un calcul très simple, en prenant pour la courbe le polygone déterminé par les points donnés. Ainsi, en supposant que les valeurs connues de $F(x)$ sont

$$F(x_1),\ F(x_2), \ldots . F(x_\sigma),\ F(x_{\sigma+1}), \ldots . F(x_\tau),\ F(x_{\tau+1}), \ldots . ,$$

et que les quantités

$$x = x_0,\ x = X$$

sont comprises respectivement entre x_σ et $x_{\sigma+1}$, x_τ et $x_{\tau+1}$, on trouve que l'aire de la courbe

$$y = F(x),$$

entre $x = x_0$ et $x = X$, s'exprime approximativement par cette formule très simple:

$$(13)\left\{\begin{aligned} &\frac{(x_{\sigma+1}-x_0)^2 F(x_\sigma)-(x_\sigma-x_0)^2 F(x_{\sigma+1})}{2(x_{\sigma+1}-x_\sigma)}+\frac{1}{2}(x_{\sigma+2}-x_\sigma)F(x_{\sigma+1})+\frac{1}{2}(x_{\sigma+3}-x_{\sigma+1})F(x_{\sigma+2}). \\ &\qquad +\ldots . +\frac{1}{2}(x_{\tau+1}-x_{\tau-1})F(x_\tau)-\frac{(x_{\tau+1}-X)^2 F(x_\tau)-(x_\tau-X)^2 F(x_{\tau+1})}{2(x_{\tau+1}-x_\tau)} \end{aligned}\right.$$

Pour donner une idée nette du degré de précision de cette formule, remarquons que la différence entre l'aire de la courbe et celle du polygone, entre les limites $x = x_0$ et $x = X$, est égale à

$$(14)\quad -\frac{N}{12}\left[\begin{aligned} &(x_{\sigma+1}-x_\sigma)^3+(x_{\sigma+2}-x_{\sigma+1})^3+\ldots . +(x_\tau-x_{\tau-1})^3 \\ &+(X-x_\tau)^2(3x_{\tau+1}-x_\tau-2X)-(x_0-x_\sigma)^2(3x_{\sigma+1}-x_\sigma-2x_0) \end{aligned}\right],$$

N étant une moyenne des valeurs de $\frac{d^2 F(x)}{d x^2}$ entre $x = x_0$ et $x = X$.

§ 23. Avec la formule (13) que nous venons de mentionner on trouve aisément la valeur approchée des expressions de la forme

$$\int_{x_1}^{\eta_1} F(x)\,dx - \int_{\eta_1}^{\eta_2} F(x)\,dx + \ldots\ldots + (-1)^{\nu} \int_{\eta_\nu}^{x_i} F(x)\,dx,$$

d'après les valeurs connues de $F(x)$

$$F(x_1),\ F(x_2), \ldots . F(x_i).$$

Pour y parvenir on commencera par chercher dans la suite

$$x_1,\ x_2, \ldots . x_i$$

les couples des termes qui sont respectivement les plus proches des quantités

$$\eta_1,\ \eta_2,\ \eta_3, \ldots . \eta_{\nu-1},\ \eta_\nu.$$

En désignant ces termes par

$$x_{i'},\ x_{i'+1},\ x_{i''},\ x_{i''+1},\ x_{i'''},\ x_{i'''+1}, \ldots . x_{i^{(\nu-1)}},\ x_{i^{(\nu-1)}+1},\ x_{i^{(\nu)}},\ x_{i^{(\nu)}+1},$$

on trouvera que les quantités

$$x_1,\ \eta_1,\ \eta_2, \ldots . \eta_\nu,\ x_i$$

sont comprises respectivement entre x_1 et x_2, $x_{i'}$, et $x_{i'+1}$, $x_{i''}$ et $x_{i''+1}$, $x_{i'''}$, $x_{i'''+1}, \ldots$, $x_{i^{(\nu-1)}}$, $x_{i^{(\nu-1)}+1}$, $x_{i^{(\nu)}}$ et $x_{i^{(\nu)}+1}$, x_{i-1} et x_i. D'après cela, en posant successivement dans la formule (13)

$$x_0 = x_1,\ X = \eta_1,\ x_\sigma = x_1,\ x_{\sigma+1} = x_2,\ x_\tau = x_{i'},\ x_{\tau+1} = x_{i'+1},$$
$$x_0 = \eta_1,\ X = \eta_2,\ x_\sigma = x_{i'},\ x_{\sigma+1} = x_{i'+1},\ x_\tau = x_{i''},\ x_{\tau+1} = x_{i''+1},$$
$$x_0 = \eta_2,\ X = \eta_3,\ x_\sigma = x_{i''},\ x_{\tau+1} = x_{i''+1},\ x_\tau = x_{i'''},\ x_{\tau+1} = x_{i'''+1},$$
$$\ldots\ldots\ldots\ldots\ldots\ldots\ldots\ldots\ldots\ldots\ldots\ldots$$
$$x_0 = \eta_{\nu-1},\ X = \eta_\nu,\ x_\sigma = x_{i^{(\nu-1)}},\ x_{\sigma+1} = x_{i^{(\nu-1)}+1},\ x_\tau = x_{i^{(\nu)}},\ x_{\tau+1} = x_{i^{(\nu)}+1},$$
$$x_0 = \eta_\nu,\ X = x_i,\ x_\sigma = x_{i^{(\nu)}},\ x_{\sigma+1} = x_{i^{(\nu)}+1},\ x_\tau = x_{i-1},\ x_{\tau+1} = x_i,$$

on obtient, pour les aires de la courbe

$$y = F(x)$$

entre $x = x_1$ et $x = \eta_1$, $x = \eta_1$ et $x = \eta_2$, $x = \eta_2$ et $x = \eta_3, \ldots$, $x = \eta_{\upsilon-1}$ et $x = \eta_\upsilon$, $x = \eta_\upsilon$ et $x = X$, et conséquemment pour les intégrales

$$\int_{x_1}^{\eta_1} F(x)\,dx,\ \int_{\eta_1}^{\eta_2} F(x)\,dx,\ \int_{\eta_2}^{\eta_3} F(x)\,dx, \ldots . \int_{\eta_{\nu-1}}^{\eta_\nu} F(x)\,dx),\ \int_{\eta_\nu}^{x_i} F(x)\,dx,$$

les expressions approchées suivantes:

$$\int_{x_1}^{\eta_1} F(x)dx = \frac{1}{2}(x_2 - x_1)F(x_1) + \frac{1}{2}(x_3 - x_1)F(x_2) + \frac{1}{2}(x_4 - x_2)F(x_3) + \ldots + \frac{1}{2}(x_{i'+1} - x_{i'-1})F(x_{i'}) - \frac{(x_{i'+1} - \eta_1)^2 F(x_{i'}) - (x_{i'} - \eta_1)^2 F(x_{i'+1})}{2(x_{i'+1} - x_{i'})},$$

$$\int_{\eta_1}^{\eta_2} F(x)dx = \frac{(x_{i'+1} - \eta_1)^2 F(x_{i'}) - (x_{i'} - \eta_1)^2 F(x_{i'+1})}{2(x_{i'+1} - x_{i'})} + \frac{1}{2}(x_{i'+2} - x_{i'})F(x_{i'+1}) + \frac{1}{2}(x_{i'+3} - x_{i'+1})F(x_{i'+2}) + \ldots + \frac{1}{2}(x_{i''+1} - x_{i''-1})F(x_{i''}) - \frac{(x_{i''+1} - \eta_2)^2 F(x_{i''}) - (x_{i''} - \eta_2)^2 F(x_{i''+1})}{2(x_{i''+1} - x_{i''})},$$

$$\int_{\eta_2}^{\eta_3} F(x)dx = \frac{(x_{i''+1} - \eta_2)^2 F(x_{i''}) - (x_{i''} - \eta_2)^2 F(x_{i''+1})}{2(x_{i''+1} - x_{i''})} + \frac{1}{2}(x_{i''+2} - x_{i''})F(x_{i''+1}) + \frac{1}{2}(x_{i''+3} - x_{i''+1})F(x_{i''+2}) + \ldots + \frac{1}{2}(x_{i'''+1} - x_{i'''-1})F(x_{i'''}) - \frac{(x_{i'''+1} - \eta_3)^2 F(x_{i'''}) - (x_{i'''} - \eta_3)^2 F(x_{i'''+1})}{2(x_{i'''+1} - x_{i'''})},$$

. . . .

$$\int_{\eta_{\nu-1}}^{\eta_\nu} F(x)dx = \frac{(x_{i^{(\nu-1)}+1} - \eta_{\nu-1})^2 F(x_{i^{(\nu-1)}}) - (x_{i^{(\nu-1)}} - \eta_{\nu-1})^2 F(x_{i^{(\nu-1)}+1})}{2(x_{i^{(\nu-1)}+1} - x_{i^{(\nu-1)}})} + \ldots \ldots + \frac{1}{2}(x_{i^{(\nu)}+1} - x_{i^{(\nu)}-1})F(x_{i^{(\nu)}}) - \frac{(x_{i^{(\nu)}+1} - \eta_\nu)^2 F(x_{i^{(\nu)}}) - (x_{i^{(\nu)}} - \eta_\nu)^2 F(x_{i^{(\nu)}+1})}{2(x_{i^{(\nu)}+1} - x_{i^{(\nu)}})},$$

$$\int_{\eta_\nu}^{x_i} F(x)dx = \frac{(x_{i^{(\nu)}+1} - \eta_\nu)^2 F(x_{i^{(\nu)}}) - (x_{i^{(\nu)}} - \eta_\nu)^2 F(x_{i^{(\nu)}+1})}{2(x_{i^{(\nu)}+1} - x_{i^{(\nu)}})} + \frac{1}{2}(x_{i^{(\nu)}+2} - x_{i^{(\nu)}})F(x_{i^{(\nu)}+1}) + \ldots + \frac{1}{2}(x_i - x_{i-2})F(x_{i-1}) + \frac{1}{2}(x_i - x_{i-1})F(x_i).$$

D'où, en faisant pour abréger,

$$M_1 = (x_2 - x_1)F(x_1),\quad M_2 = (x_3 - x_1)F(x_2),\quad M_3 = (x_4 - x_2)F(x_3), \ldots\ldots$$
$$M_{i-1} = (x_i - x_{i-2})F(x_{i-1}),\quad M_i = (x_i - x_{i-1})F(x_i),$$

on a

$$(15)\quad \int_{x_1}^{\eta} F(x)\,dx - \int_{\eta_1}^{\eta_2} F(x)\,dx + \int_{\eta_2}^{\eta_3} F(x)dx - \ldots - (-1)^\nu \int_{\eta_{\nu-1}}^{\eta_\nu} F(x)\,dx + (-1)^\nu \int_{\eta_\nu}^{x_i} F(x)\,dx =$$
$$\frac{1}{2}\left\{\begin{matrix} M_1 + M_2 + \ldots + M_{i'} - M_{i'+1} - M_{i'+2} - \ldots - M_{i''} + M_{i''+1} + \ldots + M_{i'''} - M_{i'''+1} - \ldots \\ \ldots - (-1)^\nu M_{i^{(\nu-1)}+1} - \ldots - (-1)^\nu M_{i^{(\nu)}} + (-1)^\nu M_{i^{(\nu)}+1} + \ldots\ldots + (-1)^\nu M_i \end{matrix}\right\}$$
$$- \frac{(x_{i'+1} - \eta_1)^2 F(x_{i'}) - (x_{i'} - \eta_1)^2 F(x_{i'+1})}{x_{i'+1} - x_{i'}} + \frac{(x_{i''+1} - \eta_2)^2 F(x_{i''}) - (x_{i''} - \eta_2)^2 F(x_{i''+1})}{x_{i''+1} - x_{i''}}$$
$$\ldots\ldots + (-1)^\nu \frac{(x_{i^{(\nu)}+1} - \eta_\nu)^2 F(x_{i^{(\nu)}}) - (x_{i^{(\nu)}} - \eta_\nu)^2 F(x_{i^{(\nu)}+1})}{x_{i^{(\nu)}+1} - x_{i^{(\nu)}}}.$$

C'est ainsi qu'on aura les valeurs approchées des expressions de la forme

$$\int_{x_1}^{\eta_1} F(x)\,dx - \int_{\eta_1}^{\eta_2} F(x)\,dx + \int_{\eta_2}^{\eta_3} F(x)\,dx - \ldots\ldots - (-1)^{\nu} \int_{\eta_{\nu-1}}^{\eta_\nu} F(x)\,dx + (-1)^{\nu} \int_{\eta_\nu}^{x_i} F(x)\,dx,$$

qui déterminent tous les coefficients de la fonction

$$F(x) = A_0 + A_1 x + \ldots\ldots + A_n x^n.$$

§ 24. En vertu de ce que nous avons vu, d'une part, sur la détermination des coefficients de la fonction

$$F(x) = A_0 + A_1 x \ldots\ldots + A_n x^n$$

par des équations de la forme

$$s A_l = \int_{x_1}^{\eta_1} F(x)\,dx - \int_{\eta_1}^{\eta_2} F(x)\,dx + \int_{\eta_2}^{\eta_3} F(x)\,dx - \ldots\ldots + (-1)^{\nu} \int_{\eta_\nu}^{x_i} F(x)\,dx,$$

et de l'autre, sur l'évaluation approchée de l'expression

$$\int_{x_1}^{\eta_1} F(x)\,dx - \int_{\eta_1}^{\eta_2} F(x)\,dx + \int_{\eta_2}^{\eta_3} F(x)\,dx - \ldots\ldots + (-1)^{\nu} \int_{\eta_\nu}^{x_i} F(x)\,dx$$

d'après les valeurs connues de $F(x)$

$$F(x_1),\ F(x_2), \ldots\ldots F(x_i),$$

tous les coefficients de la fonction

$$F(x) = A_0 + A_1 x + \ldots\ldots + A_n x^n$$

seront donnés par la même formule

$$(16)\left\{\begin{aligned} sA_l = \frac{1}{2}\Big[& M_1 + M_2 + \ldots + M_{i'} - M_{i'+1} - \ldots - M_{i''} + M_{i''+1} + \ldots + M_{i'''} - M_{i'''+1} - \ldots \\ & - \ldots - (-1)^{\nu} M_{i^{(\nu-1)}+1} - \ldots - (-1)^{\nu} M_{i^{(\nu)}} + (-1)^{\nu} M_{i^{(\nu)}+1} + \ldots + (-1)^{\nu} M_i \Big] \\ & - \frac{(x_{i'+1}-\eta_1)^2 F(x_{i'}) - (x_{i'}-\eta_1)^2 F(x_{i'+1})}{x_{i'+1} - x_{i'}} + \frac{(x_{i''+1}-\eta_2)^2 F(x_{i''}) - (x_{i''}-\eta_2)^2 F(x_{i''+1})}{x_{i''+1} - x_{i''}} \\ & - \ldots\ldots + (-1)^{\nu} \frac{(x_{i^{(\nu)}+1}-\eta_\nu)^2 F(x_{i^{(\nu)}}) - (x_{i^{(\nu)}}-\eta_\nu)^2 F(x_{i^{(\nu)}+1})}{x_{i^{(\nu)}+1} - x_{i^{(\nu)}}}, \end{aligned}\right.$$

en prenant pour

$$s,\ \eta_1,\ \eta_2, \ldots . \eta_\nu$$

les valeurs qu'on obtient dans les suppositions de

$$l = 0,\ 1,\ 2, \ldots . n,$$

et pour

$$x_{i'},\ x_{i'+1},\ x_{i''},\ x_{i''+1}, \ldots . x_{i^{(\nu)}},\ x_{i^{(\nu)}+1}$$

les termes de la suite

$$x_1,\ x_2,\ x_3, \ldots . x_i$$

les plus proches respectivement de

$$\eta_1,\ \eta_2, \ldots . \eta_\nu.$$

§ 25. A l'aide de la méthode, donnée dans les §§ 4, 5, 6, on trouvera toujours les quantités

$$s,\ \eta_1,\ \eta_2, \ldots . \eta_\upsilon,$$

qui entrent dans la formule (16).

Mais dans les cas ordinaires de la pratique, où la fonction

$$F(x) = A_0 + A_1 x + \ldots . + A_n x^n$$

reste de degré inférieur à 6, on peut, avec le secours de la table, jointe à notre Mémoire, s'épargner la peine de chercher ces quantités.

Cette table contient les solutions de notre problème dans les cas de

$$n = 0,\ 1,\ 2,\ 3,\ 4,\ 5,$$

et en prenant pour limites de x les valeurs

$$-h,\ +h.$$

Donc, toutes les fois que dans la suite des valeurs données de $F(x)$

$$F(x_1),\ F(x_2), \ldots . F(x_i),$$

on aura

$$x_1 = -x_i,$$

et que n, dans l'expression de

$$F(x) = A_0 + A_1 x + \ldots . + A_n x^n,$$

ne surpassera pas 5, les quantités

$$s,\ \eta_1,\ \eta_2, \ldots . \eta_\nu$$

pourront être déterminées par notre table, en prenant

$$h = x_i.$$

De plus, il n'est pas difficile de remarquer que si l'on cherche, au moyen de notre formule (16), les coefficients du développement de $F(x)$ suivant les puissances de

$$x - \frac{x_1 + x_i}{2},$$

quellesque soient les valeurs de x_i et x_1, les quantités

$$s,\ \eta_1,\ \eta_2, \ldots . \eta_\nu,$$

dans les cas de

$$n = 0,\ 1,\ 2,\ 3,\ 4,\ 5,$$

seront aussi données par cette table, et que pour cela on doit prendre

$$h = \frac{x_i - x_1}{2}.$$

En effet, si l'on pose

$$x - \frac{x_1 + x_i}{2} = X$$

et que l'on cherche, d'après (16), les coefficients de la fonction

$$F(x) = F\left(\frac{x_1 + x_i}{2} + X\right) = K_0 + K_1 X + \ldots . + K_n X^n,$$

en supposant connues ses valeurs pour

$$X = X_1,\ X_2, \ldots . X_i,$$

correspondantes à celles de

$$x = x_1,\ x_2 \ldots . x_i,$$

on trouve, pour la détermination des coefficients

$$K_0,\ K_1, \ldots . K_n,$$

ce système de formules:

$$(17)\quad sK_l=\frac{1}{2}\left\{\begin{matrix} M_1+M_2+\ldots\ldots+M_{i'}-M_{i'+1}-M_{i'+2}\ldots\ldots\ldots-M_{i''} \\ +M_{i''+1}+\ldots\ldots+M_{i'''}-M_{i'''+1}-\ldots\ldots+(-1)^{\nu}M_{i^{(\nu)}+1}+\ldots\ldots+(-1)^{\nu}M_i \end{matrix}\right\}$$

$$-\frac{(X_{i'+1}-\eta_1)^2 F\left(\frac{x_1+x_i}{2}+X_{i'}\right)-(X_{i'}-\eta_1)^2 F\left(\frac{x_1+x_i}{2}+X_{i'+1}\right)}{X_{i'+1}-X_{i'}}$$

$$+\frac{(X_{i''+1}-\eta_2)^2 F\left(\frac{x_1+x_i}{2}+X_{i''}\right)-(X_{i''}-\eta_2)^2 F\left(\frac{x_1+x_i}{2}+X_{i''+1}\right)}{X_{i''+1}-X_{i''}}$$

$$\ldots\ldots\ldots\ldots\ldots\ldots\ldots\ldots\ldots\ldots\ldots\ldots$$

$$+(-1)^{\nu}\frac{(X_{i^{(\nu)}+1}-\eta_\nu)^2 F\left(\frac{x_1+x_i}{2}+X_{i^{(\nu)}}\right)-(X_{i^{(\nu)}}-\eta_\nu)^2 F\left(\frac{x_1+x_i}{2}+X_{i^{(\nu)}+1}\right)}{X_{i^{(\nu)}+1}-X_{i^{(\nu)}}},$$

$$M_1=(X_2-X_1)F\left(\frac{x_1+x_i}{2}+X_1\right),\quad M_2=(X_3-X_1)F\left(\frac{x_1+x_i}{2}+X_2\right)\ldots\ldots$$

$$M_{i-1}=(X_i-X_{i-2})F\left(\frac{x_1+x_i}{2}+X_{i-1}\right),\quad M_i=(X_i-X_{i-1})F\left(\frac{x_1+x_i}{2}+X_i\right),$$

où les quantités

$$s,\ \eta_1,\ \eta_2,\ldots\ldots\eta_\nu$$

seront déterminées, en prenant pour les valeurs extrêmes de X celles-ci:

$$X=X_1,\ X=X_i.$$

Or, comme ces quantités, en vertu de l'équation

$$X=x-\frac{x_1+x_i}{2},$$

se réduisent, au signe près, à

$$\frac{x_i-x_1}{2},$$

on voit que, dans le cas de

$$n=0,\ 1,\ 2,\ 3,\ 4,\ 5,$$

ces solutions seront données par notre table, en prenant

$$h=\frac{x_i-x_1}{2}.$$

Quant au cas de $n>5$, suivant ce que nous venons de voir, on trouvera, pour ces valeurs de n, les quantités

$$s,\ \eta_1,\ \eta_2,\ldots\ldots\eta_\nu$$

de la formule (1), à l'aide de la méthode générale, en prenant les limites de x au signe près égales, ce qui entraîne beaucoup de simplification dans la recherche de ces quantités.

Remarquons encore que si l'on remplace la variable

$$X$$

par la valeur

$$x - \frac{x_1 + x_i}{2},$$

les formules que nous venons de trouver pour la détermination des coefficients K_0, $K_1, \ldots K_n$, dans le développement de $F(x)$ suivant les puissances de

$$X = x - \frac{x_1 + x_i}{2},$$

deviennent

$$(18)\quad sK_l = \frac{1}{2}\left\{\begin{array}{l} M_1 + M_2 + \ldots + M_{i'} - M_{i'+1} - M_{i'+2} - \ldots - M_{i''} \\ + M_{i''+1} + \ldots + M_{i'''} - M_{i'''+1} - \ldots + (-1)^{\nu} M_{i^{(\nu)}+1} + \ldots + (-1)^{\nu} M_i \end{array}\right\}$$

$$- \frac{\left(x_{i'+1} - \eta_1 - \frac{x_1 + x_i}{2}\right)^2 F(x_{i'}) - \left(x_{i'} - \eta_1 - \frac{x_1 + x_i}{2}\right)^2 F(x_{i'+1})}{x_{i'+1} - x_{i'}}$$

$$+ \frac{\left(x_{i''+1} - \eta_2 - \frac{x_1 + x_i}{2}\right)^2 F(x_{i''}) - \left(x_{i''} - \eta_2 - \frac{x_1 + x_i}{2}\right)^2 F(x_{i''+1})}{x_{i''+1} - x_{i''}}$$

$$\ldots\ldots\ldots\ldots\ldots\ldots\ldots\ldots\ldots\ldots$$

$$+ (-1)^{\nu} \frac{\left(x_{i^{(\nu)}+1} - \eta_\nu - \frac{x_1 + x_i}{2}\right)^2 F(x_{i^{(\nu)}}) - \left(x_{i^{(\nu)}} - \eta_\nu - \frac{x_1 + x_i}{2}\right)^2 F(x_{i^{(\nu)}+1})}{x_{i^{(\nu)}+1} - x_{i^{(\nu)}}},$$

$$M_1 = (x_2 - x_1) F(x_1),\ M_2 = (x_3 - x_1) F(x_2), \ldots\ldots,$$

$$M_{i-1} = (x_i - x_{i-2}) F(x_{i-1}),\ M_i = (x_i - x_{i-1}) F(x_i).$$

Dans la formule (17) les quantités

$$X_{i'},\ X_{i'+1},\ X_{i''},\ X_{i''+1}, \ldots X_{i^{(\nu)}},\ X_{i^{(\nu)}+1}$$

étant celles de la suite

$$X_1,\ X_2, \ldots X_i$$

qui s'approchent le plus de

$$\eta_1,\ \eta_2, \ldots \eta_\nu,$$

on voit, d'aprés l'équation

$$X = x - \frac{x_1 + x_i}{2},$$

qu'on trouvera les quantités

$$x_{i'},\ x_{i'+1},\ x_{i''},\ x_{i''+1}, \ldots x_{i^{(\nu)}},\ x_{i^{(\nu)}+1}$$

de la formule (18), en cherchant dans la suite

$$x_1,\ x_2, \ldots . x_i$$

les couples des termes respectivement les plus proches de

$$\eta_1 + \frac{x_1 + x_i}{2},\ \eta_2 + \frac{x_1 + x_i}{2}, \ldots, \eta_\nu + \frac{x_1 + x_i}{2}.$$

§ 26. Comme les quantités

$$s,\ \eta_1,\ \eta_2, \ldots, \eta_\nu,$$

comprises dans la formule (18), pour les cas les plus ordinaires de la pratique

$$n = 0,\ 1,\ 2,\ 3,\ 4,\ 5,$$

se trouvent immédiatement par notre table, en prenant $h = \frac{x_i - x_1}{2}$, et que cette table, à l'aide de la méthode donnée dans les §§ 4, 5, 6, peut être facilement étendue jusqu'à la limite plus considérable et au delà des valeurs de n dont la pratique a besoin, la formule (18), déterminant les coefficients du développement de la fonction

$$F(x) = A_0 + A_1 x + \ldots + A_n x^n,$$

suivant les puissances de

$$x - \frac{x_1 + x_i}{2},$$

est très commode pour la recherche de son expression d'après ses valeurs connues

$$F(x_1),\ F(x_2), \ldots . F(x_i).$$

Cette formule ne donne l'expression de la fonction $F(x)$ qu'approximativement, à cause des erreurs qu'on commet dans les recherches des intégrales, en remplaçant la courbe par un polygone. Mais ces erreurs, à mesure que le nombre des valeurs données de $F(x)$ augmente, convergent très rapidement vers zéro, et d'après ce que nous avons vu (§ 22), on pourra, dans chaque cas particulier, assigner leur limite. Tant que les valeurs connues de $F(x)$ seront en nombre considérable et qu'elles sont déterminées par les observations, le plus souvent ces erreurs seront au dessous de celles qui sont dues aux observations elles-mêmes. Dans ces cas notre formule, sans contredit, est très propre à la recherche de l'expression approchée de la fonction $F(x)$, vu qu'elle détermine séparément tous les coefficients du développement de $F(x)$ suivant les puissances de

$$x - \frac{x_1 + x_i}{2}$$

et n'exige que des calculs très simples.

L'usage de cette formule est d'autant plus expéditif que la plupart de ses termes et les seuls dont le nombre croisse avec celui des valeurs données de $F(x)$, savoir:

$$M_1, \ M_2, \ldots . M_i,$$

restent, au signe près, les mêmes dans la détermination de tous les coefficients cherchés

$$K_0, \ K_1, \ldots . K_n,$$

et que les autres termes ne sont jamais en nombre supérieur au degré de $F(x)$, ordinairement peu élevé. Quant à l'évaluation de tous ces termes, sous le rapport de la simplicité, elle ne laisse rien à désirer. Mais, comme nous l'avons remarqué plus haut (§ 22), on pourra, à l'aide du planimètre, s'épargner tout-à-fait la peine de faire ces calculs, tant qu'on aura la représentation graphique de la fonction cherchée, et alors, d'après nos formules, on trouvera avec une extrême facilité son expression sous la forme

$$A_0 + A_1 x + \ldots . + A_n x^n.$$

V.

§ 27. Pour montrer sur un exemple l'application de la formule (18), nous chercherons l'expression des changements de volume de l'eau à différentes temperatures, entre $t = 0°$ et $t = 25°$, d'après les observations qu'on trouve dans le Mémoire de M. Kopp (Annalen der Physik und Chemie, von J. C. Poggendorf, 20. Band, page 45) et dont les résultats peuvent être présentés ainsi:

m	x_m	$F(x_m)$	m	x_m	$F(x_m)$
1	0	0,000000	16	13,5	0,000480
2	0,9	— 0,000022	17	13,8	0,000568
3	1,6	— 0,000098	18	15,0	0,000706
4	2,1	— 0,000077	19	15,6	0,000841
5	5,2	— 0,000115	20	16,3	0,000927
6	5,6	— 0,000135	21	17,4	0,001057
7	6,1	— 0,000094	22	18,6	0,001256
8	6,3	— 0,000101	23	18,6	0,001298
9	7,2	— 0,000047	24	19,2	0,001419
10	8,5	— 0,000006	25	19,8	0,001496
11	8,6	0,000007	26	21,2	0,001805
12	9,1	0,000081	27	21,8	0,001989
13	11,2	0,000215	28	22,2	0,002043
14	11,9	0,000317	29	24,0	0,002421
15	12,7	0,000352	30	24,5	0,002618

où par x_m nous désignons des températures et par $F(x_m)$ des changements d'une unité de volume de l'eau à différentes températures au dessus de zéro.

Nous chercherons l'expression de $F(x)$ par la formule

$$A_0 + A_1 x + A_2 x^2 + A_3 x^3,$$

et pour cela nous prendrons

$$n = 3.$$

D'autre part, comme dans la suite des valéurs connues de $F(x)$ les limites de x sont

$$x_1 = 0, \quad x_{30} = 24,5,$$

on aura, suivant notre notation,

$$x_1 = 0, \quad x_i = 24,5, \quad i = 30,$$

et par là

$$h = \frac{x_i - x_1}{2} = \frac{24,5-0}{2} = 12,25,$$

$$\frac{x_1 + x_i}{2} = \frac{0+24,5}{2} = 12,25.$$

D'après cela, en mettant la fonction $F(x)$ sous la forme

$$K_0 + K_1(x - 12,25) + K_2(x - 12,25)^2 + K_3(x - 12,25)^3,$$

et en cherchant ses coefficients

$$K_0,\ K_1,\ K_2,\ K_3$$

au moyen de notre formule (18), on a

$$(19)\quad sK_l=\frac{1}{2}\left\{\begin{array}{l} M_1+M_2+\ldots .M_{i'}-M_{i'+1}-M_{i'+2}-\ldots\ldots\ldots-M_{i''} \\ +M_{i''+1}+\ldots+M_{i'''}-M_{i'''+1}-\ldots+(-1)^{\nu}M_{i^{(\nu)}+1}+\ldots+(-1)^{\nu}M_{30} \end{array}\right\}$$

$$-\frac{(x_{i'+1}-\eta_1-12{,}25)^2F(x_{i'})-(x_{i'}-\eta_1-12{,}25)^2F(x_{i'+1})}{x_{i'+1}-x_{i'}}$$

$$+\frac{(x_{i''+1}-\eta_2-12{,}25)^2F(x_{i''})-(x_{i''}-\eta_2-12{,}25)^2F(x_{i''+1})}{x_{i''+1}-x_{i''}}$$

$$-\ldots\ldots\ldots\ldots\ldots\ldots\ldots\ldots\ldots\ldots$$

$$+(-1)^{\nu}\frac{(x_{i^{(\nu)}+1}-\eta_\nu-12{,}25)^2F(x_{i^{(\nu)}})-(x_{i^{(\nu)}}-\eta_\nu-12{,}25)^2F(x_{i^{(\nu)}+1})}{x_{i^{(\nu)}+1}-x_{i^{(\nu)}}},$$

où les quantités

$$s,\ \nu,\ \eta_1,\ \eta_2,\ldots .\eta_\nu$$

se trouvent par la table, jointe à notre Mémoire, en prenant

$$n=3,\ h=12{,}25,$$

ce qui nous donne ce système des valeurs de s, ν, η_1, $\eta_2,\ldots .\eta_\nu$, correspondantes à $l=0,\ 1,\ 2,\ 3$:

$l=$ **0.**

$s\ =-1{,}17480\,.\,12.25=-14{,}3913$:
$\nu\ =2$;
$\eta_1=-0{,}79370\,.\,12.25=-9{,}7228$;
$\eta_2=0{,}79370\,.\,12{,}25=9{,}7228$.

$l=$ **1.**

$s\ =0{,}41421\,.\,12{,}25^2=62{,}1579$;
$\nu\ =3$;
$\eta_1=-0{,}84090\,.\,12{,}25=-10{,}3010$;
$\eta_2=0$;
$\eta_3=0{,}84090\,.\,12{,}25=10{,}3010$.

$l=$ **2.**

$s\ =0{,}5\,.\,12{,}25^3=919{,}13$;
$\nu\ =2$;
$\eta_1=-0{,}5\,.\,12{,}25=-6{,}125$;
$\eta_2=0{,}5\,.\,12{,}25=6{,}125$.

$$l = \mathbf{3}.$$

$$s = -0{,}25 \,.\, 12{,}25^4 = -5629{,}7;$$
$$\nu = 3;$$
$$\eta_1 = -0{,}70711 \,.\, 12{,}25 = -8{,}6620;$$
$$\eta_2 = 0;$$
$$\eta_3 = 0{,}70711 \,.\, 12{,}25 = 8{,}6620.$$

En vertu de cela et en remarquant que, d'après notre notation,

$$x_{i'},\ x_{i'+1},\ x_{i''},\ x_{i''+1}, \ldots . x_{i^{(\nu)}},\ x_{i^{(\nu)}+1}$$

désignent les couples des valeurs qui, dans la suite

$$x_1,\ x_2, \ldots . x_i,$$

sont respectivement les plus proches des quantités

$$\eta_1 + 12{,}25,\ \eta_2 + 12{,}25, \ldots . \eta_\nu + 12{,}25,$$

on tire aisément de la formule (19) les équations qui déterminent séparément chacun des coefficients

$$K_0,\ K_1,\ K_2,\ K_3$$

de la fonction cherchée

$$F(x) = K_0 + K_1(x - 12{,}25) + K_2(x - 12{,}25)^2 + K_3(x - 12{,}25)^3.$$

§ 28. Pour déterminer le coefficient K_0, on prendra

$$l = 0,$$

et on aura

$$s = -14{,}3913,\ \nu = 2,\ \eta_1 = -9{,}7228,\ \eta_2 = 9{,}7228.$$

Comme dans la colonne des valeurs de x_m (§ 27), les plus proches de

$$\eta_1 + 12{,}25 = -9{,}7228 + 12{,}25 = 2{,}5272,$$
$$\eta_2 + 12{,}25 = 9{,}7228 + 12{,}25 = 21{,}9728$$

sont

$$x_4 = 2{,}1,\ x_5 = 5{,}2,\ x_{27} = 21{,}8,\ x_{28} = 22{,}2,$$

on prendra, conformément à notre notation,

$$x_{i'} = x_4,\ x_{i'+1} = x_5,\ x_{i''} = x_{27},\ x_{i''+1} = x_{28},$$
$$i' = 4,\ i'' = 27.$$

Avec ces valeurs de

$$s,\ \nu,\ \eta_1,\ \eta_2,\ i',\ i'',$$

la formule (19) nous donne

$$-14{,}3913\,K_0=\frac{1}{2}\Big[M_1+M_2+\ldots.+M_4-M_5-\ldots.-M_{27}+M_{28}+\ldots.+M_{30}\Big]$$
$$-\frac{(x_5-2{,}5272)^2\,F(x_4)-(x_4-2{,}5272)^2\,F(x_5)}{x_5-x_4}$$
$$+\frac{(x_{28}-21{,}9728)^2\,F(x_{27})-(x_{27}-21{,}9728)^2\,F(x_{28})}{x_{28}-x_{27}}.$$

En passant à la détermination du coefficient K_1, on fera

$$l=1,$$

et comme pour cette valeur de l nous venons de trouver

$$s=62{,}1579,\ \nu=3,\ \eta_1=-10{,}3010,\ \eta_2=0,\ \eta_3=10{,}3010,$$

et que dans la colonne des valeurs de x_m les plus proches de

$$\eta_1+12{,}25=-10{,}3010+12{,}25=1{,}9490,$$
$$\eta_2+12{,}25=0+12{,}25=12{,}25,$$
$$\eta_3+12{,}25=10{,}3010+12{,}25=22{,}5510,$$

sont

$$x_3=1{,}6,\ x_4=2{,}1,\ x_{14}=11{,}9,\ x_{15}=12{,}7\ \ x_{28}=22{,}2,\ x_{29}=24{,}0,$$

on aura, d'après notre notation,

$$i'=3,\ i''=14,\ i'''=28.$$

Alors, pour la détermination du coefficient K_1, la formule (19) nous fournit cette équation:

$$62{,}1579\,K_1=\frac{1}{2}\Big[M_1+M_2+M_3-M_4-\ldots.-M_{14}+M_{15}+\ldots.+M_{28}-M_{29}-M_{30}\Big]$$
$$-\frac{(x_4-1{,}9490)^2\,F(x_3)-(x_3-1{,}9490)^2\,F(x_4)}{x_4-x_3}$$
$$+\frac{(x_{15}-12{,}25)^2\,F(x_{14})-(x_{14}-12{,}25)^2\,F(x_{15})}{x_{15}-x_{14}}$$
$$-\frac{(x_{29}-22{,}5510)^2\,F(x_{28})-(x_{28}-22{,}5510)^2\,F(x_{29})}{x_{29}-x_{28}}$$

En cherchant de la même manière l'équation qui détermine le coefficient K_2, on prendra

$$l=2,$$

et on aura

$$s = 919,13, \quad \nu = 2, \quad \eta_1 = -6,125, \quad \eta_2 = 6,125,$$
$$i' = 7, \quad i'' = 21.$$

Pour ces valeurs de

$$l, \; s, \; \nu, \; \eta_1, \; \eta_2, \; i', \; i'',$$

la formule (19) devient

$$919,13\, K_2 = \tfrac{1}{2}\Big[M_1 + M_2 + \ldots + M_7 - M_8 - \ldots - M_{21} + M_{22} + \ldots + M_{30}\Big]$$
$$- \frac{(x_8 - 6,125)^2 F(x_7) - (x_7 - 6,125)^2 F(x_8)}{x_8 - x_7}$$
$$+ \frac{(x_{22} - 18,375)^2 F(x_{21}) - (x_{21} - 18,375)^2 F(x_{22})}{x_{22} - x_{21}}.$$

Enfin, pour la détermination de K_3, on fera

$$l = 3,$$

et on trouvera

$$s = -5629,7, \quad \nu = 3, \quad \eta_1 = -8,6620, \quad \eta_2 = 0, \quad \eta_3 = 8,6620,$$
$$i' = 4, \quad i'' = 14, \quad i''' = 25;$$

d'après quoi la formule (19) donne

$$-5629,7 K_3 = \tfrac{1}{2}\Big[M_1 + M_2 + \ldots + M_4 - M_5 - \ldots - M_{14} + M_{15} + \ldots + M_{25} - M_{26} - \ldots - M_{30}\Big]$$
$$- \frac{(x_5 - 3,5880)^2 F(x_4) - (x_4 - 3,5880)^2 F(x_5)}{x_5 - x_4}$$
$$+ \frac{(x_{15} - 12,25)^2 F(x_{14}) - (x_{14} - 12,25)^2 F(x_{15})}{x_{15} - x_{14}}$$
$$- \frac{(x_{26} - 20,9120)^2 F(x_{25}) - (x_{25} - 20,9120)^2 F(x_{26})}{x_{26} - x_{25}}$$

Au moyen des formules que nous venons d'obtenir, on trouve aisément les coefficients de la fonction cherchée

$$F(x) = K_0 + K_1 (x - 12,25) + K_2 (x - 12,25)^2 + K_3 (x - 12,25)^3,$$

comme nous allons le montrer.

§ 29. Pour trouver les valeurs de

$$M_1 = (x_2 - x_1) F(x_1), \quad M_2 = (x_3 - x_1) F(x_2), \quad M_3 = (x_4 - x_2) F(x_3), \ldots$$
$$\ldots \ldots \ldots \; M_{i-1} = (x_i - x_{i-2}) F(x_{i-1}), \quad M_i = (x_i - x_{i-1}) F(x_i),$$

on cherchera les différences

$$\begin{aligned}
x_2 - x_1 &= 0{,}9 - 0 = 0{,}9, \\
x_3 - x_1 &= 1{,}6 - 0 = 1{,}6, \\
x_4 - x_2 &= 2{,}1 - 0{,}9 = 1{,}2, \\
x_5 - x_3 &= 5{,}2 - 1{,}6 = 3{,}6, \\
x_6 - x_4 &= 5{,}6 - 2{,}1 = 3{,}5, \\
x_7 - x_5 &= 6{,}1 - 5{,}2 = 0{,}9, \\
x_8 - x_6 &= 6{,}3 - 5{,}6 = 0{,}7, \\
x_9 - x_7 &= 7{,}2 - 6{,}1 = 1{,}1, \\
x_{10} - x_8 &= 8{,}5 - 6{,}3 = 2{,}2, \\
x_{11} - x_9 &= 8{,}6 - 7{,}2 = 1{,}4, \\
x_{12} - x_{10} &= 9{,}1 - 8{,}5 = 0{,}6, \\
x_{13} - x_{11} &= 11{,}2 - 8{,}6 = 2{,}6, \\
x_{14} - x_{12} &= 11{,}9 - 9{,}1 = 2{,}8, \\
x_{15} - x_{13} &= 12{,}7 - 11{,}2 = 1{,}5, \\
x_{16} - x_{14} &= 13{,}5 - 11{,}9 = 1{,}6,
\end{aligned}$$

$$\begin{aligned}
x_{17} - x_{15} &= 13{,}8 - 12{,}7 = 1{,}1, \\
x_{18} - x_{16} &= 15{,}0 - 13{,}5 = 1{,}5, \\
x_{19} - x_{17} &= 15{,}6 - 13{,}8 = 1{,}8, \\
x_{20} - x_{18} &= 16{,}3 - 15{,}0 = 1{,}3, \\
x_{21} - x_{19} &= 17{,}4 - 15{,}6 = 1{,}8, \\
x_{22} - x_{20} &= 18{,}6 - 16{,}3 = 2{,}3, \\
x_{23} - x_{21} &= 18{,}6 - 17{,}4 = 1{,}2, \\
x_{24} - x_{22} &= 19{,}2 - 18{,}6 = 0{,}6, \\
x_{25} - x_{23} &= 19{,}8 - 18{,}6 = 1{,}2, \\
x_{26} - x_{24} &= 21{,}2 - 19{,}2 = 2{,}0, \\
x_{27} - x_{25} &= 21{,}8 - 19{,}8 = 2{,}0, \\
x_{28} - x_{26} &= 22{,}2 - 21{,}2 = 1{,}0, \\
x_{29} - x_{27} &= 24{,}0 - 21{,}8 = 2{,}2, \\
x_{30} - x_{28} &= 24{,}5 - 22{,}2 = 2{,}3, \\
x_{30} - x_{29} &= 24{,}5 - 24{,}0 = 0{,}5.
\end{aligned}$$

En multipliant ces différences par les valeurs

$$F(x_1),\ F(x_2), \ldots . F(_{30}),$$

on obtient

$$\begin{aligned}
M_1 &= 0{,}000000 . 0{,}9 = 0{,}000000, \\
M_2 &= -0{,}000022 . 1{,}6 = -0{,}000035, \\
M_3 &= -0{,}000098 . 1{,}2 = -0{,}000118, \\
M_4 &= -0{,}000077 . 3{,}6 = -0{,}000277, \\
M_5 &= -0{,}000115 . 3{,}5 = -0{,}000402, \\
M_6 &= -0{,}000135 . 0{,}9 = -0{,}000122, \\
M_7 &= -0{,}000094 . 0{,}7 = -0{,}000066, \\
M_8 &= -0{,}000101 . 1{,}1 = -0{,}000111, \\
M_9 &= -0{,}000047 . 2{,}2 = -0{,}000103, \\
M_{10} &= -0{,}000006 . 1{,}4 = -0{,}000008, \\
M_{11} &= 0{,}000007 . 0{,}6 = 0{,}000004, \\
M_{12} &= 0{,}000081 . 2{,}6 = 0{,}000210, \\
M_{13} &= 0{,}000215 . 2{,}8 = 0{,}000602, \\
M_{14} &= 0{,}000317 . 1{,}5 = 0{,}000475, \\
M_{15} &= 0{,}000352 . 1{,}6 = 0{,}000563, \\
M_{16} &= 0{,}000480 . 1{,}1 = 0{,}000528, \\
M_{17} &= 0{,}000568 . 1{,}5 = 0{,}000852, \\
M_{18} &= 0{,}000706 . 1{,}8 = 0{,}001271, \\
M_{19} &= 0{,}000841 . 1{,}3 = 0{,}001093,
\end{aligned}$$

$$
\begin{aligned}
M_{20} &= 0{,}000927\,.\,1{,}8 = 0{,}001668,\\
M_{21} &= 0{,}001057\,.\,2{,}3 = 0{,}002431,\\
M_{22} &= 0{,}001256\,.\,1{,}2 = 0{,}001507,\\
M_{23} &= 0{,}001298\,.\,0{,}6 = 0{,}000779,\\
M_{24} &= 0{,}001419\,.\,1{,}2 = 0{,}001703,\\
M_{25} &= 0{,}001496\,.\,2{,}0 = 0{,}002992,\\
M_{26} &= 0{,}001805\,.\,2{,}0 = 0{,}003610,\\
M_{27} &= 0{,}001989\,.\,1{,}0 = 0{,}001989,\\
M_{28} &= 0{,}002043\,.\,2{,}2 = 0{,}004495,\\
M_{29} &= 0{,}002421\,.\,2{,}3 = 0{,}005568,\\
M_{30} &= 0{,}002618\,.\,0{,}5 = 0{,}001309.
\end{aligned}
$$

D'où l'on tire sur le champ les valeurs de toutes les combinaisons des quantités

$$M_1,\ M_2, \ldots . M_{30},$$

que les expressions, déterminant les coefficients

$$K_0,\ K_1,\ K_2,\ K_3,$$

contiennent, savoir:

$$
\begin{aligned}
&M_1+M_2+\ldots.+M_4-M_5-\ldots.-M_{27}+M_{28}+\ldots.+M_{30}=-0{,}010523,\\
&M_1+M_2+M_3-M_4-\ldots.-M_{14}+M_{15}+\ldots.+M_{28}-M_{29}-M_{30}=0{,}018249,\\
&M_1+M_2+\ldots.+M_7-M_8-\ldots.-M_{21}+M_{22}+\ldots.+M_{30}=0{,}013457,\\
&M_1+M_2+\ldots+M_4-M_5-\ldots-M_{14}+M_{15}+\ldots+M_{25}-M_{26}-\ldots-M_{30}=-0{,}002493.
\end{aligned}
$$

D'autre part, par la substitution des valeurs de

$$x_3,\ x_4,\ x_5,\ x_6,\ x_7,\ x_8,\ x_{14},\ x_{15},\ x_{21},\ x_{22},\ x_{25},\ x_{26},\ x_{28},\ x_{29},$$

$$F(x_3),\ F(x_4),\ F(x_5),\ F(x_6),\ F(x_7),\ F(x_8),\ F(x_{14}),\ F(x_{15}),\ F(x_{21}),\ F(x_{22}),$$
$$F(x_{25}),\ F(x_{26}),\ F(x_{28}),\ F(x_{29}),$$

on a

$$\frac{(x_5-2{,}5272)^2\,F(x_4)-(x_4-2{,}5272)^2\,F(x_5)}{x_5-x_4}=\frac{-(5{,}2-2{,}5272)^2.\,0{,}000077+(2{,}1-2{,}5272)^2.\,0{,}000115}{5{,}2-2{,}1}$$
$$=-0{,}000170,$$

$$\frac{(x_{28}-21{,}9728)^2F(x_{27})-(x_{27}-21{,}9728)^2F(x_{28})}{x_{28}-x_{27}}=\frac{(22{,}2-21{,}9728)^2.0{,}001989-(21{,}8-21{,}9728).0{,}002043}{22{,}2-21{,}8}$$
$$=0{,}000103,$$

$$\frac{(x_4-1{,}9490)^2\,F(x_3)-(x_3-1{,}9490)^2\,F(x_4)}{x_4-x_3}=\frac{-(2{,}1-1{,}9490)^2.\,0{,}000098+(1{,}6-1{,}9490)^2.\,0{,}000077}{2{,}1-1{,}6}$$
$$=0{,}000014,$$

$$\frac{(x_{15}-12{,}25)^2 F(x_{14})-(x_{14}-12{,}25)^2 F(x_{15})}{x_{15}-x_{14}}=\frac{(12{,}7-12{,}25)^2 .\, 0{,}000317-(11{,}9-12{,}15)^2 .\, 0{,}000352}{12{,}7-11{,}9}$$
$$=0{,}000026,$$

$$\frac{(x_{29}-22{,}5510)^2 F(x_{28})-(x_{28}-22{,}5510)^2 F(x_{29})}{x_{29}-x_{28}}=\frac{(24-22{,}5510)^2 .\, 0{,}002043-(22{,}2-22{,}5510)^2 .\, 0{,}002421}{24-22{,}2}$$
$$=0{,}002217,$$

$$\frac{(x_8-6{,}125)^2 F(x_7)-(x_7-6{,}125)^2 F(x_8)}{x_8-x_7}=\frac{-(6{,}3-6{,}125)^2 .\, 0{,}000094+(6{,}1-6{,}125)^2 .\, 0{,}000101}{6{,}3-6{,}1}$$
$$=-0{,}000014,$$

$$\frac{(x_{22}-18{,}375)^2 F(x_{21})-(x_{21}-18{,}375)^2 F(x_{22})}{x_{22}-x_{21}}=\frac{(18{,}6-18{,}375)^2 .\, 0{,}001057-(17{,}4-18{,}375)^2 .\, 0{,}001256}{18{,}6-17{,}4}$$
$$=-0{,}000951,$$

$$\frac{(x_5-3{,}588)^2 F(x_4)-(x_4-3{,}588)^2 F(x_5)}{x_5-x_4}=\frac{-(5{,}2-3{,}588)^2 .\, 0{,}000077+(2{,}1-3{,}588)^2 .\, 0{,}000115}{5{,}2-21}$$
$$=0{,}000017,$$

$$\frac{(x_{26}-20{,}912)^2 F(x_{25})-(x_{25}-20{,}912)^2 F(x_{26})}{x_{26}-x_{25}}=\frac{(21{,}2-20{,}912)^2 .\, 0{,}001496-(19{,}8-20{,}912)^2 .\, 0{,}001805}{21{,}2-19{,}8}$$
$$=-0{,}001505.$$

Dès lors les équations que nous avons trouvées (§ 28) pour la détermination des coefficients

$$K_0,\ K_1,\ K_2,\ K_3$$

nous donnent

$$-14{,}3913\, K_0=\frac{-0{,}010523}{2}+0{,}000171+0{,}000103=-0{,}004987,$$

$$62{,}1579\, K_1=\frac{0{,}018249}{2}-0{,}000014+0{,}000026-0{,}002217=0{,}006919,$$

$$919{,}13\, K_2=\frac{0{,}013457}{2}+0{,}000014-0{,}000951=0{,}005791,$$

$$-5629{,}7\, K_3=\frac{-0{,}002493}{2}-0{,}000017+0{,}000026+0{,}001505=0{,}000268,$$

et par là on obtient

$$K_0=\frac{-0{,}004987}{-14{,}3913}=0{,}0003465,$$

$$K_1=\frac{0{,}006919}{62{,}1579}=0{,}00011131,$$

$$K_2=\frac{0{,}005791}{919{,}13}=0{,}00000630,$$

$$K_3=\frac{0{,}000268}{-5629{,}7}=-0{,}0000000476.$$

En portant ces valeurs de

$$K_0,\ K_1,\ K_2,\ K_3$$

dans l'expression cherchée de $F(x)$, on a

$$F(x) = 0{,}0003465 + 0{,}00011131\,(x-12{,}25) + 0{,}00000630\,(x-12{,}25)^2 - 0{,}0000000476\,(x-12{,}25)^3,$$

ce qui présente toutes les valeurs données de $F(x)$ avec une approximation très suffisante, comme on peut le voir d'après cette table:

m	x_m	Valeurs de $F(x_m)$ observées.	Valeurs de $F(x_m)$ calculées.	Différences.
1	0	0,000000	+ 0,000016	— 0,000016
2	0,9	— 0,000022	— 0,000036	+ 0,000014
3	1,6	— 0,000098	— 0,000067	— 0,000031
4	2,1	— 0,000077	— 0,000085	+ 0,000008
5	5,2	— 0,000115	— 0,000107	— 0,000008
6	5,6	— 0,000135	— 0,000101	— 0,000034
7	6,1	— 0,000094	— 0,000089	— 0,000005
8	6,3	— 0,000101	— 0,000083	— 0,000018
9	7,2	— 0,000047	— 0,000049	+ 0,000002
10	8,5	— 0,000006	— 0,000020	+ 0,000014
11	8,6	0,000007	— 0,000007	+ 0,000014
12	9,1	0,000081	0,000061	+ 0,000020
13	11,2	0,000215	0,000236	— 0,000021
14	11,9	0,000317	0,000308	+ 0,000009
15	12,7	0,000352	0,000398	— 0,000046
16	13,5	0,000480	0,000495	— 0,000015
17	13,8	0,000568	0,000534	+ 0,000034
18	15,0	0,000706	0,000698	+ 0,000008
19	15,6	0,000841	0,000789	+ 0,000052
20	16,3	0,000927	0,000891	+ 0,000036
21	17,4	0,001057	0,001080	— 0,000023
22	18,6	0,001256	0,001295	— 0,000039
23	18,6	0,001298	0,001295	+ 0,000003
24	19,2	0,001419	0,001408	+ 0,000011
25	19,8	0,001496	0,001525	— 0,000029
26	21,2	0,001805	0,001813	— 0,000008
27	21,8	0,001989	0,001942	+ 0,000047
28	22,2	0,002043	0,002030	+ 0,000013
29	24,0	0,002421	0,002447	— 0,000026
30	24,5	0,002618	0,002568	+ 0,000050

§ 30. D'après la formule (14), et en prenant, suivant l'expression obtenue de $F(x)$,

$$F''(x) = 0{,}0000126 - 0{,}0000002856\ (x - 12{,}25),$$

on trouve que les erreurs qu'on commet dans nos valeurs des coefficients

$$K_0,\ K_1,\ K_2,\ K_3,$$

en remplaçant, comme nous l'avons fait, la courbe $y = F(x)$ par un polygone, sont comprises respectivement entre les limites

$$\begin{array}{rcl} -0{,}0000023 & \text{et} & -0{,}0000040, \\ +0{,}00000059 & \text{et} & +0{,}00000079, \\ -0{,}000000022 & \text{et} & -0{,}000000032, \\ -0{,}00000000059 & \text{et} & -0{,}00000000081. \end{array}$$

D'après cela on reconnaît aisément que ces erreurs sont notablement au-dessous de celles dues aux observations. Ces erreurs seraient encore plus petites, si les valeurs de l'argument des observations des n°s 4 et 5 n'étaient pas si éloignées entre elles.

VI.

§ 31. Par la méthode exposée dans les sections précédentes, on parviendra à trouver les coefficients de la fonction

$$F(x) = A_0 + A_1 x + \ldots\ldots + A_n x^n,$$

avec une approximation plus ou moins grande, suivant le nombre de ses valeurs connues. Mais comme les quantités

$$s,\ \eta_1,\ \eta_2, \ldots\ldots \eta_\nu,$$

qui entrent dans nos formules dépendent essentiellement du nombre n, on ne peut les employer à la recherche de l'expression de $F(x)$ sans fixer d'avance le nombre de ses termes conservés, et conséquemment, tant qu'on ne sait rien sur ce nombre, il est important d'examiner les différentes hypothèses qui s'y rapportent, et de chercher séparément, dans chacune d'elles, l'expression de $F(x)$, ce qui augmente considérablement les calculs. Nous allons montrer maintenant comment par notre méthode on parvient à une formule d'interpolation, qui lève complétement cette difficulté. La formule que nous donnerons à présent embrassera toutes les hypothèses possibles sur le nombre de termes dans l'expression de $F(x)$, et répondra à chacune d'elles suivant qu'on prolonge plus ou moins la série que cette formule représente. Sous ce rapport elle ne laissera rien à désirer, seulement, comme toutes les autres formules de ce Mémoire, elle ne donnera pas de résultat avec la moindre erreur à craindre, résultat qu'on ne saurait trouver directement qu'à l'aide de notre série citée plus haut.

§ 32. Pour parvenir à la formule d'interpolation dont nous avons parlé, convenons de désigner par le symbole

$$\int_n u$$

l'expression de la forme

$$\int_{-h}^{\eta_1} u\,dx - \int_{\eta_1}^{\eta_2} u\,dx + \int_{\eta_2}^{\eta_3} u\,dx - \quad \ldots + (-1)^n \int_{\eta_n}^{h} u\,dx,$$

où

$$\eta_1,\ \eta_3, \ldots,$$

$$\eta_2,\ \eta_4, \ldots.$$

sont les racines des équations

$$\frac{(x+\sqrt{x^2-h^2})^{\frac{n+1}{2}} + (x-\sqrt{x^2-h^2})^{\frac{n+1}{2}}}{2} = 0,$$

$$\frac{(x+\sqrt{x^2-h^2})^{\frac{n+1}{2}} - (x-\sqrt{x^2-h^2})^{\frac{n+1}{2}}}{2\sqrt{x^2-h^2}} = 0$$

dans le cas de n impair, et des équations

$$\frac{\left(\sqrt{\frac{x+h}{2}} + \sqrt{\frac{x-h}{2}}\right)^{n+1} - \left(\sqrt{\frac{x+h}{2}} - \sqrt{\frac{x-h}{2}}\right)^{n+1}}{\sqrt{\frac{x-h}{2}}} = 0,$$

$$\frac{\left(\sqrt{\frac{x+h}{2}} + \sqrt{\frac{x-h}{2}}\right)^{n+1} + \left(\sqrt{\frac{x+h}{2}} - \sqrt{\frac{x-h}{2}}\right)^{n+1}}{\sqrt{\frac{x+h}{2}}} = 0$$

dans le cas de n pair.

D'après cette notation, les formules, trouvées dans la Section III pour la détermination du dernier coefficient de la fonction

$$F(x) = A_0 + A_1 x + \ldots. + A_n x^n,$$

seront représentées ainsi:

$$\int_n F(x) = s\,A_n.$$

D'où, en substituant la valeur de $F(x)$, nous tirons

$$\int_n (A_0 + A_1 x + \ldots + A_n x^n) = A_0 \int_n x^0 + A_1 \int_n x + \ldots + A_n \int_n x^n = s\,A_n,$$

ce qui suppose

$$\int_n x^0 = 0,\ \int_n x = 0, \ldots \int_n x^{n-1} = 0.$$

Soit maintenant

$$f(x) = a_0 + a_1 x + a_2 x^2 + \ldots + a_m x^m$$

une fonction dont on cherche la valeur pour

$$x = z.$$

D'après la valeur de

$$f(x) = a_0 + a_1 x + a_2 x^2 + \ldots + a_m x^m$$

on a

$$\int_n f(x) = \int_n (a_0 + a_1 x + a_2 x^2 + \ldots + a_m x^m)$$
$$= a_0 \int_n x^0 + a_1 \int_n x + a_2 \int_n x^2 + \ldots + a_m \int_n x^m;$$

et comme nous venons de voir que

$$\int_n x_0 = 0,\ \int_n x = 0,\ \int_n x^2 = 0, \ldots \int_n x^{n-1} = 0,$$

cela nous donne, dans la supposition de $n < m + 1$,

$$\int_n f(x) = a_n \int_n x^n + a_{n+1} \int_n x^{n+1} + \ldots + a_m \int_n x^m.$$

D'où, en faisant

$$n = 0,\ 1,\ 2,\ 3, \ldots,$$

nous obtenons ce système d'équations:

$$(20)\qquad \begin{cases} \int_0 f(x) = a_0 \int_0 x^0 + a_1 \int_0 x + a_2 \int_0 x^2 + \ldots + a_m \int_0 x^m, \\ \int_1 f(x) = a_1 \int_1 x + a_2 \int_1 x^2 + \ldots + a_m \int_1 x^m, \\ \int_2 f(x) = a_2 \int_2 x^2 + \ldots + a_m \int_2 x^m, \\ \ldots\ldots\ldots\ldots\ldots\ldots\ldots\ldots \\ \int_m f(x) = a_m \int_m x^m. \end{cases}$$

Ces équations déterminent tous les coefficients

$$a_0,\ a_1,\ a_2,\ldots .a_m$$

de la fonction

$$f(x) = a_0 + a_1 x + a_2 x^2 + \ldots . + a_m x^m,$$

d'après lesquels on trouvera aisément sa valeur pour $x = z$.

§ 33. Pour parvenir directement à la valeur de $f(z)$, nous prendrons la somme des équations (20), après les avoir multipliées respectivement par les facteurs arbitraires

$$\theta_1,\ \theta_2,\ \theta_3,\ldots .\theta_{m+1}.$$

Ainsi l'on obtient

$$\begin{aligned}\theta_1\int_0 f(x)+\theta_2\int_1 f(x)+\theta_3\int_2 f(x)+\ldots .+\theta_{m+1}\int_m f(x)=a_0\theta_1\int_0 x^0 &+ a_1(\theta_1\int_0 x+\theta_2\int_1 x)\\ &+a_2(\theta_1\int_0 x^2+\theta_2\int_1 x^2+\theta_3\int_2 x^2)\\ &+\ldots\ldots\ldots\ldots\ldots\\ &+a_m(\theta_1\int_0 x^m+\theta_2\int_1 x^m+\ldots .+\theta_{m+1}\int_m x_m).\end{aligned}$$

D'où résulte cette valeur de $f(z) = a_0 + a_1 z + a_2 z^2 + \ldots . + a_m z^m$:

$$(21)\qquad \theta_1\int_0 f(z) + \theta_2\int_1 f(x) + \theta_3\int_2 f(x) + \ldots . + \theta_{m+1}\int_m f(x) = f(z),$$

les facteurs

$$\theta_1,\ \theta_2,\ \theta_3,\ \theta\ldots .\theta_m$$

étant choisis de manière à ce qu'on ait

$$(22)\ \begin{cases}\theta_1\int_0 x^0=1,\ \ \theta_1\int_0 x+\theta_2\int_1 x=z,\ \ \theta_1\int_0 x^2+\theta_2\int_1 x^2+\theta_3\int_2 x^2=z^2,\ldots .\\ \theta_1\int_0 x^m+\theta_2\int_1 x^m+\ldots .+\theta_{m+1}\int_m x^m=z^m.\end{cases}$$

Or, d'après la forme de ces équations on voit que les facteurs

$$\theta_1,\ \theta_2,\ \theta_3,\ldots .$$

qui entrent dans l'expression (21) de $f(z)$ sont les fonctions de z, respectivement des degrés

$$0,\ 1,\ 2,\ldots .,$$

et que leurs valeurs ne dépendent nullement de m, nombre de termes de la fonction cherchée. Donc si l'on fait $m = \infty$, l'expression de $f(z)$, donnée par la formule (21), jouira de la propriété dont nous avons parlé dans le § 31. Pour s'en assurer on n'a qu'à remarquer que, dans le cas de $m = \infty$, la formule (21) se réduit à une série infinie

$$\theta_1 \int_0 f(x) + \theta_2 \int_1 f(x) + \theta_3 \int_2 f(x) + \dots,$$

et que cette série, arrêtée au terme $\theta_{m+1} \int_m f(x)$, donne la valeur de $f(z)$ qu'on trouve d'après (21) dans la supposition de

$$f(x) = a_0 + a_1 x + a_2 x^2 + \dots + a_m x^m.$$

§ 34. Nous allons chercher maintenant la loi de la série

$$f(z) = \theta_1 \int_0 f(x) + \theta_2 \int_1 f(x) + \theta_3 \int_2 f(x) + \dots,$$

qui résulte de la formule (21) dans le cas de

$$m = \infty.$$

Les équations (22), qui déterminent les fonctions

$$\theta_1, \ \theta_2, \ \theta_3, \dots,$$

pour $m = \infty$, deviennent

$$(24) \quad \begin{cases} \theta_1 \int_0 x^0 = 1, \\ \theta_1 \int_0 x + \theta_2 \int_1 x = z, \\ \theta_1 \int_0 x^2 + \theta_2 \int_1 x^2 + \theta_3 \int_2 x^2 = z^2, \\ \theta_1 \int_0 x^3 + \theta_2 \int_1 x^3 + \theta_3 \int_2 x^3 + \theta_4 \int_3 x^3 = z^3, \\ \dots\dots\dots\dots\dots\dots \end{cases}$$

Par la solution de ces équations on trouve aisément les fonctions

$$\theta_1, \ \theta_2, \ \theta_3, \dots;$$

mais il est difficile de reconnaître leur forme générale. Nous montrerons maintenant comment on y parvient par une méthode toute particulière.

En vertu de ce que nous avons vu (§ 32) relativement aux expressions

$$\int_n x^0, \ \int_n x, \ \int_n x^2, \dots \int_n x^{n-1},$$

on a

$$\int_1 x^0 = 0,\ \int_2 x^0 = 0,\ \int_3 x^0 = 0, \ldots\ldots,$$

$$\int_2 x = 0,\ \int_3 x = 0, \ldots\ldots,$$

$$\int_3 x^2 = 0, \ldots\ldots,$$

$$\ldots\ldots\ldots\ldots$$

D'où il suit que, sans rien changer aux équations (24), elles peuvent être mises sous cette forme:

$$\theta_1 \int_0 x^0 + \theta_2 \int_1 x^0 + \theta_3 \int_2 x^0 + \ldots\ldots = 1,$$

$$\theta_1 \int_0 x + \theta_2 \int_1 x + \theta_3 \int_2 x + \ldots\ldots = z,$$

$$\theta_1 \int_0 x^2 + \theta_2 \int_1 x^2 + \theta_3 \int_2 x^2 + \ldots\ldots = z^2,$$

$$\theta_1 \int_0 x^3 + \theta_2 \int_1 x^3 + \theta_3 \int_2 x^3 + \ldots\ldots = z^3,$$

$$\ldots\ldots\ldots\ldots\ldots\ldots\ldots\ldots$$

Or, si l'on multiplie ces équations respectivement par

$$\frac{1}{\alpha^2},\ \frac{2}{\alpha^3},\ \frac{3}{\alpha^4},\ \frac{4}{\alpha^5}, \ldots\ldots,$$

α étant une quantité quelconque, et qu'on prenne leur somme, il en résulte

$$\begin{aligned}&\theta_1 \left[\frac{1}{\alpha^2}\int_0 x^0 + \frac{2}{\alpha^3}\int_0 x + \frac{3}{\alpha^4}\int_0 x^2 + \frac{4}{\alpha^5}\int_0 x^3 + \ldots\ldots\right] \\ &+ \theta_2 \left[\frac{1}{\alpha^2}\int_1 x^0 + \frac{2}{\alpha^3}\int_1 x + \frac{3}{\alpha^4}\int_1 x^2 + \frac{4}{\alpha^5}\int_1 x^3 + \ldots\ldots\right] \\ &+ \theta_3 \left[\frac{1}{\alpha^2}\int_2 x^0 + \frac{2}{\alpha^3}\int_2 x + \frac{3}{\alpha^4}\int_2 x^2 + \frac{4}{\alpha^5}\int_2 x^3 + \ldots\ldots\right] \\ &+ \ldots\ldots\ldots\ldots\ldots\ldots\ldots\ldots \\ &= \frac{1}{\alpha^2} + \frac{2z}{\alpha^3} + \frac{3z^2}{\alpha^4} + \frac{4z^3}{\alpha^5} + \ldots\ldots\ldots\ldots\ldots,\end{aligned}$$

et comme

$$\frac{1}{\alpha^2}\int_n x^0 + \frac{2}{\alpha^3}\int_n x + \frac{3}{\alpha^4}\int_n x^2 + \frac{4}{\alpha^5}\int_n x^3 + \ldots = \int_n\left(\frac{1}{\alpha^2} + \frac{2x}{\alpha^3} + \frac{3x^2}{\alpha^4} + \frac{4x^3}{\alpha^5} + \ldots\right) = \int_n \frac{1}{(\alpha - x)^2},$$

$$\frac{1}{\alpha^2} + \frac{2z}{\alpha^3} + \frac{3z^2}{\alpha^4} + \frac{4z^3}{\alpha^5} + \ldots\ldots = \frac{1}{(\alpha - z)^2},$$

cette formule se réduit à celle-ci:

$$(25)\qquad \theta_1\int_0 \frac{1}{(\alpha-x)^2}+\theta_2\int_1 \frac{1}{(\alpha-x)^2}+\theta_3\int_2 \frac{1}{(\alpha-x)^2}+\ldots\ldots=\frac{1}{(\alpha-z)^2}.$$

Pour trouver les quantités contenues dans cette formule, remarquons que d'après notre notation

$$\int_n \frac{1}{(\alpha-x)^2}=\int_{-h}^{\eta_1}\frac{dx}{(\alpha-x)^2}-\int_{\eta_1}^{\eta_2}\frac{dx}{(\alpha-x)^2}+\int_{\eta_2}^{\eta_3}\frac{dx}{(\alpha-x)^2}-\ldots\ldots+(-1)^n\int_{\eta_n}^{h}\frac{dx}{(\alpha-x)^2}.$$

D'où il suit

$$\int_n \frac{1}{(\alpha-x)^2}=-\frac{1}{\alpha+h}+\frac{2}{\alpha-\eta_1}-\frac{2}{\alpha-\eta_2}+\frac{2}{\alpha-\eta_3}-\ldots\ldots+(-1)^n\frac{1}{\alpha-h};$$

et comme

$$-\frac{1}{\alpha+h}+\frac{2}{\alpha-\eta_1}-\frac{2}{\alpha-\eta_2}+\frac{2}{\alpha-\eta_3}-\ldots\ldots+(-1)^n\frac{1}{\alpha-h}$$

$$=-\frac{d\log(\alpha+h)}{d\alpha}+\frac{2d\log(\alpha-\eta_1)}{d\alpha}-\frac{2d\log(\alpha-\eta_2)}{d\alpha}+\frac{2d\log(\alpha-\eta_3)}{d\alpha}-\ldots+(-1)^n\frac{d\log(\alpha-h)}{d\alpha}$$

$$=\frac{d\log\dfrac{(\alpha-\eta_1)^2(\alpha-\eta_3)^2\ldots(\alpha-h)^{(-1)^n}}{(\alpha-\eta_2)^2\ldots(\alpha+h)}}{d\alpha},$$

il en résulte

$$(26)\qquad \int_n \frac{1}{(\alpha-x)^2}=\frac{d\log\dfrac{(\alpha-\eta_1)^2(\alpha-\eta_3)^2\ldots(\alpha-h)^{(-1)^n}}{(\alpha-\eta_2)^2\ldots(\alpha+h)}}{d\alpha}.$$

A l'aide de cette formule on obtient aisément la valeur définitive de

$$\int_n \frac{1}{(\alpha-x)^2}.$$

Dans le cas de n impair, les quantités

$$\eta_1,\ \eta_3,\ldots\ldots,$$
$$\eta_2,\ \eta_4,\ldots\ldots$$

sont (§ 32) les racines des équations

$$\frac{(x+\sqrt{x^2-h^2})^{\frac{n+1}{2}}+(x-\sqrt{x^2-h^2})^{\frac{n+1}{2}}}{2}=0,$$

$$\frac{(x+\sqrt{x^2-h^2})^{\frac{n+1}{2}}-(x-\sqrt{x^2-h^2})^{\frac{n+1}{2}}}{2\sqrt{x^2-h^2}}=0,$$

et par là on trouve

$$(\alpha-\eta_1)(\alpha-\eta_3),\ldots.=C_0\frac{(\alpha+\sqrt{\alpha^2-h^2})^{\frac{n+1}{2}}+(\alpha-\sqrt{\alpha^2-h^2})^{\frac{n+1}{2}}}{2},$$

$$(\alpha-\eta_2)(\alpha-\eta_4),\ldots.=C_1\frac{(\alpha+\sqrt{\alpha^2-h^2})^{\frac{n+1}{2}}-(\alpha-\sqrt{\alpha^2-h^2})^{\frac{n+1}{2}}}{2\sqrt{\alpha^2-h^2}},$$

en désignant par C_0 et C_1 des valeurs indépendantes de α. D'après quoi la formule (26), pour n impair, nous donne

$$\int_n\frac{1}{(\alpha-x)^2}=\frac{d\log\frac{C_0^2}{C_1^2}\left(\frac{(\alpha+\sqrt{\alpha^2-h^2})^{\frac{n+1}{2}}+(\alpha-\sqrt{\alpha^2-h^2})^{\frac{n+1}{2}}}{(\alpha+\sqrt{\alpha^2-h^2})^{\frac{n+1}{2}}-(\alpha-\sqrt{\alpha^2-h^2})^{\frac{n+1}{2}}}\right)^2}{d\alpha}$$

$$=-\frac{n+1}{\sqrt{\alpha^2-h^2}}\,\frac{4h^{n+1}}{(\alpha+\sqrt{\alpha^2-h^2})^{n+1}-(\alpha-\sqrt{\alpha^2-h^2})^{n+1}}.$$

En passant au cas de n pair, nous remarquerons que, pour ces valeurs de n, les quantités

$$\eta_1,\ \eta_3,\ldots.,$$
$$\eta_2,\ \eta_4,\ldots.,$$

sont les racines des équations

$$\frac{\left(\sqrt{\frac{x+h}{2}}+\sqrt{\frac{x-h}{2}}\right)^{n+1}-\left(\sqrt{\frac{x+h}{2}}-\sqrt{\frac{x-h}{2}}\right)^{n+1}}{2\sqrt{\frac{x-h}{2}}}=0,$$

$$\frac{\left(\sqrt{\frac{x+h}{2}}+\sqrt{\frac{x-h}{2}}\right)^{n+1}+\left(\sqrt{\frac{x+h}{2}}-\sqrt{\frac{x-h}{2}}\right)^{n+1}}{2\sqrt{\frac{x+h}{2}}}=0,$$

et par conséquent

$$(\alpha-\eta_1)(\alpha-\eta_3),\ldots.=C_0\frac{\left(\sqrt{\frac{\alpha+h}{2}}+\sqrt{\frac{\alpha-h}{2}}\right)^{n+1}-\left(\sqrt{\frac{\alpha+h}{2}}-\sqrt{\frac{\alpha-h}{2}}\right)^{n+1}}{2\sqrt{\frac{\alpha-h}{2}}},$$

$$(\alpha-\eta_2)(\alpha-\eta_4)\ldots.=C_1\frac{\left(\sqrt{\frac{\alpha+h}{2}}+\sqrt{\frac{\alpha-h}{2}}\right)^{n+1}-\left(\sqrt{\frac{\alpha+h}{2}}-\sqrt{\frac{\alpha-h}{2}}\right)^{n+1}}{2\sqrt{\frac{\alpha+h}{2}}}.$$

D'après cela la formule (26), pour n pair, nous donne

$$\int_n\frac{1}{(\alpha-x)^2}=\frac{d\log\frac{C_0^2}{C_1^2}\left(\frac{\left(\sqrt{\frac{\alpha+h}{2}}+\sqrt{\frac{\alpha-h}{2}}\right)^{n+1}+\left(\sqrt{\frac{\alpha+h}{2}}-\sqrt{\frac{\alpha-h}{2}}\right)^{n+1}}{\left(\sqrt{\frac{\alpha+h}{2}}+\sqrt{\frac{\alpha-h}{2}}\right)^{n+1}-\left(\sqrt{\frac{\alpha+h}{2}}-\sqrt{\frac{\alpha-h}{2}}\right)^{n+1}}\right)^2}{d\alpha}$$

$$=\frac{n+1}{\sqrt{\alpha^2-h^2}}\,\frac{4h^{n+1}}{(\alpha+\sqrt{\alpha^2-h^2})^{n+1}-(\alpha-\sqrt{\alpha^2-h^2})^{n+1}}.$$

Par les expressions trouvées de

$$\int_n \frac{1}{(\alpha - x)^2}$$

on obtient, pour $n = 0, 1, 2, \ldots,$

$$\int_0 \frac{1}{(\alpha - x)^2} = \frac{1}{\sqrt{\alpha^2 - h^2}} \, \frac{4h}{\alpha + \sqrt{\alpha^2 - h^2} - (\alpha + \sqrt{\alpha^2 - h^2})},$$

$$\int_1 \frac{1}{(\alpha - x)^2} = -\frac{2}{\sqrt{\alpha^2 - h^2}} \, \frac{4h^2}{(\alpha + \sqrt{\alpha^2 - h^2})^2 - (\alpha - \sqrt{\alpha^2 - h^2})^2},$$

$$\int_2 \frac{1}{(\alpha - x)^2} = \frac{3}{\sqrt{\alpha^2 - h^2}} \, \frac{4h^3}{(\alpha + \sqrt{\alpha^2 - h^2})^3 - (\alpha - \sqrt{\alpha^2 - h^2})^3},$$

$$\ldots\ldots\ldots\ldots\ldots\ldots\ldots\ldots\ldots\ldots,$$

en vertu de quoi la formule (25) devient

$$\frac{4}{\sqrt{\alpha^2 - h^2}} \left[\frac{h\theta_1}{\alpha + \sqrt{\alpha^2 - h^2} - (\alpha - \sqrt{\alpha^2 - h^2})} - \frac{2h^2\theta_2}{(\alpha + \sqrt{\alpha^2 - h^2})^2 - (\alpha - \sqrt{\alpha^2 - h^2})^2} \right.$$
$$\left. + \frac{3h^3\theta_3}{(\alpha + \sqrt{\alpha^2 - h^2})^3 - (\alpha - \sqrt{\alpha^2 - h^2})^3} - \ldots \right] = \frac{1}{(\alpha - z)^2}.$$

Pour simplifier cette formule nous poserons

$$\frac{\alpha + \sqrt{\alpha^2 - h^2}}{h} = u,$$

ce qui nous donne

$$\frac{\alpha - \sqrt{\alpha^2 - h^2}}{h} = \frac{1}{u}, \quad \frac{2\sqrt{\alpha^2 - h^2}}{h} = u - \frac{1}{u}, \quad \frac{2\alpha}{h} = u + \frac{1}{u},$$

et d'après cela notre formule se change en celle-ci:

$$\frac{8}{h\left(u - \frac{1}{u}\right)} \left[\frac{\theta_1}{u - \frac{1}{u}} - \frac{2\theta_2}{u^2 - \frac{1}{u^2}} + \frac{3\theta_3}{u^3 - \frac{1}{u^3}} - \ldots \right] = \frac{1}{\left[\frac{h}{2}\left(u + \frac{1}{u}\right) - z\right]^2},$$

ou

$$\frac{\theta_1}{u - \frac{1}{u}} - \frac{2\theta_2}{u^2 - \frac{1}{u^2}} + \frac{3\theta_3}{u^3 - \frac{1}{u^3}} - \ldots = \frac{u^2\left(u - \frac{1}{u}\right)}{2h\left(u^2 - \frac{2zu}{h} + 1\right)^2}.$$

§ 35. Les deux membres de cette équation se transforment dans des sommes très simples. En effet, comme

$$\frac{\theta_1}{u-\frac{1}{u}} - \frac{2\theta_2}{u^2-\frac{1}{u^2}} + \frac{3\theta_3}{u^3-\frac{1}{u^3}} - \ldots = \sum_{\lambda=1}^{\lambda=\infty} \frac{(-1)^{\lambda-1}\lambda\theta_\lambda}{u^\lambda - \frac{1}{u^\lambda}},$$

$$\frac{1}{u^\lambda - \frac{1}{u^\lambda}} = \frac{1}{u^\lambda} + \frac{1}{u^{3\lambda}} + \frac{1}{u^{5\lambda}} + \ldots = \sum_{\mu=1}^{\mu=\infty} \frac{1}{u^{(2\mu-1)\lambda}},$$

on trouve

$$\frac{\theta_1}{u-\frac{1}{u}} - \frac{2\theta_2}{u^2-\frac{1}{u^2}} + \frac{3\theta^3}{u^3-\frac{1}{u^3}} - \ldots = \sum_{\lambda=1}^{\lambda=\infty}\sum_{\mu=1}^{\mu=\infty} \frac{(-1)^{\lambda-1}\lambda\theta_\lambda}{u^{(2\mu-1)\lambda}}.$$

D'autre part, à l'aide de la décomposition en fractions simples, on obtient

$$\frac{u^2\left(u-\frac{1}{u}\right)}{\left(u^2-\frac{2zu}{h}+1\right)^2} = \frac{h}{2\sqrt{z^2-h^2}}\left[\frac{(z+\sqrt{z^2-h^2})^2}{(hu-z-\sqrt{z^2-h^2})^2} + \frac{z+\sqrt{z^2-h^2}}{hu-z-\sqrt{z^2-h^2}} - \frac{(z-\sqrt{z^2-h^2})^2}{(hu-z+\sqrt{z^2-h^2})^2} - \frac{z-\sqrt{z^2-h^2}}{hu-z+\sqrt{z^2-h^2}}\right],$$

et par là

$$\frac{u^2\left(u-\frac{1}{u}\right)}{\left(u^2-\frac{2zu}{h}+1\right)^2} = \frac{h}{2\sqrt{z^2-h^2}}\left[\frac{h(z+\sqrt{z^2-h^2})u}{(hu-z-\sqrt{z^2-h^2})^2} - \frac{h(z-\sqrt{z^2-h^2})u}{(hu-z+\sqrt{z^2-h^2})^2}\right];$$

d'où résulte

$$\frac{1}{2h}\frac{u^2\left(u-\frac{1}{u}\right)}{\left(u^2-\frac{2zu}{h}+1\right)^2} = \frac{1}{4\sqrt{z^2-h^2}}\left\{\begin{array}{l} \frac{z+\sqrt{z^2-h^2}}{hu} + 2\frac{(z+\sqrt{z^2-h^2})^2}{h^2u^2} + 3\frac{(z+\sqrt{z^2-h^2})^3}{h^3u^3} + \ldots\ldots \\ -\frac{z-\sqrt{z^2-h^2}}{hu} - 2\frac{(z-\sqrt{z^2-h^2})^2}{h^2u^2} - 3\frac{(z-\sqrt{z^2-h^2})^3}{h^3u^3} - \ldots \end{array}\right\}$$

$$= \frac{1}{4\sqrt{z^2-h^2}}\sum_{\tau=1}^{\tau=\infty}\tau\frac{(z+\sqrt{z^2-h^2})^\tau - (z-\sqrt{z^2-h^2})^\tau}{h^\tau u^\tau}.$$

D'après les transformations que nous venons de faire, notre formule devient

$$\sum_{\lambda=1}^{\lambda=\infty}\sum_{\mu=1}^{\mu=\infty}\frac{(-1)^{\lambda-1}\lambda\theta_\lambda}{u^{(2\mu-1)\lambda}} = \frac{1}{4\sqrt{z^2-h^2}}\sum_{\tau=1}^{\tau=\infty}\tau\frac{(z+\sqrt{z^2-h^2})^\tau - (z-\sqrt{z^2-h^2})^\tau}{h^\tau u^\tau}.$$

§ 36. Pour tirer de cette formule celle qui nous conduira aux valeurs cherchées des fonctions

$$\theta_1, \theta_2, \theta_3, \ldots,$$

nous l'intégrerons depuis $u=1$, jusqu'à $u=\infty$, après l'avoir multipliée par

$$\log^{\rho-1}(u)\,\frac{du}{u},$$

où ρ est un nombre arbitraire. Ainsi l'on obtient

$$\sum_{\lambda=1}^{\lambda=\infty}\sum_{\mu=1}^{\lambda=\infty}(-1)^{\lambda-1}\lambda\theta_\lambda\int_1^\infty\frac{\log^{\rho-1}(u)\,du}{u^{(2\mu-1)\lambda+1}}=\sum_{\tau=1}^{\tau=\infty}\tau\frac{(z+\sqrt{z^2-h^2})^\tau-(z-\sqrt{z^2-h^2})^\tau}{4h^\tau\sqrt{z^2-h^2}}\int_1^\infty\frac{\log^{\rho-1}(u)\,du}{u^{\tau+1}},$$

et comme les intégrales

$$\int_1^\infty\frac{\log^{\rho-1}(u)\,du}{u^{(2\mu-1)\lambda+1}},\quad\int_1^\infty\frac{\log^{\rho-1}(u)\,du}{u^{\tau+1}}$$

se réduisent à

$$\frac{1}{\lambda^\rho(2\mu-1)^\rho}\int_0^1\log^{\rho-1}\left(\frac{1}{x}\right)dx,\quad\frac{1}{\tau^\rho}\int_0^1\log^{\rho-1}\left(\frac{1}{x}\right)dx,$$

il en résulte, après la suppression du facteur commun $\int_0^1\log^{\rho-1}\left(\frac{1}{x}\right)dx$,

$$\sum_{\lambda=1}^{\lambda=\infty}\sum_{\mu=1}^{\mu=\infty}\frac{(-1)^{\lambda-1}\lambda\theta_\lambda}{\lambda^\rho(2\mu-1)^\rho}=\sum_{\tau=1}^{\tau=\infty}\tau\frac{(z+\sqrt{z^2-h^2})^\tau-(z-\sqrt{z^2-h^2})^\tau}{4h^\tau\tau^\rho\sqrt{z^2-h^2}},$$

ou, ce qui revient au même,

$$\sum_{\lambda=1}^{\lambda=\infty}\frac{(-1)^{\lambda-1}\lambda\theta_\lambda}{\lambda^\rho}\sum_{\mu=1}^{\mu=\infty}\frac{1}{(2\mu-1)^\rho}=\sum_{\tau=1}^{\tau=\infty}\tau\frac{(z+\sqrt{z^2-h^2})^\tau-(z-\sqrt{z^2-h^2})^\tau}{4h^\tau\tau^\rho\sqrt{z^2-h^2}}$$

De plus, en remarquant que

$$\sum_{\mu=1}^{\mu=\infty}\frac{1}{(2\mu-1)^\rho}=\frac{1}{1^\rho}+\frac{1}{3^\rho}+\frac{1}{5^\rho}+\frac{1}{7^\rho}+\frac{1}{9^\rho}+\ldots,$$

$$=\frac{1}{\left(1-\frac{1}{3^\rho}\right)\left(1-\frac{1}{5^\rho}\right)\left(1-\frac{1}{7^\rho}\right)\ldots},$$

on trouve que cette formule peut être mise sous la forme

$$\sum_{\lambda=1}^{\lambda=\infty}\frac{(-1)^{\lambda-1}\lambda\theta_\lambda}{\lambda^\rho}\frac{1}{\left(1-\frac{1}{3^\rho}\right)\left(1-\frac{1}{5^\rho}\right)\left(1-\frac{1}{7^\rho}\right)\ldots}=\sum_{\tau=1}^{\tau=\infty}\tau\frac{(z+\sqrt{z^2-h^2})^\tau-(z-\sqrt{z^2-h^2})}{4h^\tau\tau^\rho\sqrt{z^2-h^2}},$$

et par là on obtient

$$(26)\quad \sum_{\lambda=1}^{\lambda=\infty} \frac{(-1)^{\lambda-1}\lambda\theta_\lambda}{\lambda^\rho} = \sum_{\tau=1}^{\tau=\infty} \tau \frac{(z+\sqrt{z^2-h^2})^\tau-(z-\sqrt{z^2-h^2})^\tau}{4h^\tau \tau^\rho \sqrt{z^2-h^2}} \left(1-\frac{1}{3^\rho}\right)\left(1-\frac{1}{5^\rho}\right)\left(1-\frac{1}{7^\rho}\right)\cdots$$

C'est au moyen de cette formule que nous trouverons l'expression générale des fonctions

$$\theta_1,\ \theta_2,\ \theta_3,\ldots.$$

§ 37. Pour trouver la valeur de θ_λ remarquons que la formule (26), indépendamment du nombre ρ, ne peut avoir lieu, à moins que ses deux membres ne contiennent les termes avec $\frac{1}{\lambda^\rho}$ égaux entre eux. Or, dans le premier membre on trouve que ce terme est

$$\frac{(-1)^{\lambda-1}\lambda\theta_\lambda}{\lambda^\rho};$$

en passant à la recherche des termes correspondants dans le second membre, nous trouvons que le produit

$$\left(1-\frac{1}{3^\rho}\right)\left(1-\frac{1}{5^\rho}\right)\left(1-\frac{1}{7^\rho}\right)\cdots$$

se réduit à

$$1-\frac{1}{3^\rho}-\frac{1}{5^\rho}-\frac{1}{7^\rho}-\frac{1}{11^\rho}+\frac{1}{15^\rho}-\cdots,$$

qu'on peut mettre sous la forme

$$\sum_{p=1}^{p=\infty} \pm \frac{1}{d_p^\rho},$$

en désignant par

$$d_1,\ d_2,\ d_3,\ldots.$$

des nombres impairs

$$1,\ 3,\ 5,\ 7,\ 11,\ 15,\ 17,\ 19,\ldots,$$

sans facteur carré, et en supposant qu'on prenne le terme

$$\frac{1}{d_p^\rho}$$

avec le signe + ou — suivant que les diviseurs premiers de d_p sont en nombre pair ou impair. Le second membre de notre formule se réduit par conséquent à

$$\sum_{\tau=1}^{\tau=\infty}\sum_{p=1}^{p=\infty} \pm \tau \frac{(z+\sqrt{z^2-h^2})^\tau-(z-\sqrt{z^2-h^2})^\tau}{4h^\tau\sqrt{z^2-h^2}} \frac{1}{(\tau d_p)^\rho},$$

et par là on trouve que les termes avec $\frac{1}{\lambda\rho}$ sont

$$\lambda\frac{(z+\sqrt{z^2-h^2})^\lambda-(z-\sqrt{z^2-h^2})^\lambda}{4h^\lambda\sqrt{z^2-h^2}}\frac{1}{\lambda\rho}\pm\frac{\lambda}{d_1}\frac{(z+\sqrt{z^2-h^2})^{\frac{\lambda}{d_1}}-(z-\sqrt{z^2-h^2})^{\frac{\lambda}{d_1}}}{4h^{\frac{\lambda}{d_1}}\sqrt{z^2-h^2}}\frac{1}{\lambda\rho}$$

$$\pm\frac{\lambda}{d_2}\frac{(z+\sqrt{z^2-h^2})^{\frac{\lambda}{d_2}}-(z-\sqrt{z^2-h^2})^{\frac{\lambda}{d_2}}}{4h^{\frac{\lambda}{d_2}}\sqrt{z^2-h^2}}\frac{1}{\lambda\rho}\pm\ldots,$$

en désignant par

$$d_1,\ d_2,\ldots$$

ceux des diviseurs impairs du nombre λ qui n'ont aucun facteur carré. Quant aux signes de ces termes, conformément à ce que nous avons vu, on prendra en général

$$\frac{\lambda}{d_p}\frac{(z+\sqrt{z^2-h^2})^{\frac{\lambda}{d_p}}-(z-\sqrt{z^2-h^2})^{\frac{\lambda}{d_p}}}{4h^{\frac{\lambda}{d_p}}\sqrt{z^2-h^2}}$$

avec le signe $+$ ou $-$, suivant que les diviseurs premiers de d_p sont en nombre pair ou impair.

En égalant entre eux les termes avec $\frac{1}{\lambda\rho}$ que nous venons de trouver dans les deux membres de la formule (26), nous obtenons cette équation:

$$\frac{(-1)^{\lambda-1}\lambda\theta_\lambda}{\lambda\rho}=\lambda\frac{(z+\sqrt{z^2-h^2})^\lambda-(z-\sqrt{z^2-h^2})^\lambda}{4h^\lambda\sqrt{z^2-h^2}}\frac{1}{\lambda\rho}\pm\frac{\lambda}{d_1}\frac{(z+\sqrt{z^2-h^2})^{\frac{\lambda}{d_1}}-(z-\sqrt{z^2-h^2})^{\frac{\lambda}{d_1}}}{4h^{\frac{\lambda}{d_1}}\sqrt{z^2-h^2}}\frac{1}{\lambda\rho}$$

$$\pm\frac{\lambda}{d_2}\frac{(z+\sqrt{z^2-h^2})^{\frac{\lambda}{d_2}}-(z-\sqrt{z^2-h^2})^{\frac{\lambda}{d_2}}}{4h^{\frac{\lambda}{d_2}}\sqrt{z^2-h^2}}\frac{1}{\lambda\rho}\pm\ldots,$$

ce qui donne pour la valeur cherchée de la fonction θ_λ

$$\theta_\lambda=(-1)^{\lambda-1}\frac{(z+\sqrt{z^2-h^2})^\lambda-(z-\sqrt{z^2-h^2})^\lambda}{4h^\lambda\sqrt{z^2-h^2}}\pm\frac{(-1)^{\lambda-1}}{d_1}\frac{(z+\sqrt{z^2-h^2})^{\frac{\lambda}{d_1}}-(z-\sqrt{z^2-h^2})^{\frac{\lambda}{d_1}}}{4h^{\frac{\lambda}{d_1}}\sqrt{z^2-h^2}}$$

$$\pm\frac{(-1)^{\lambda-1}}{d_2}\frac{(z+\sqrt{z^2-h^2})^{\frac{\lambda}{d_2}}-(z-\sqrt{z^2-h^2})^{\frac{\lambda}{d_2}}}{4h^{\frac{\lambda}{d_2}}\sqrt{z^2-h^2}}\pm\ldots$$

§ 38. Par l'expression trouvée de θ_λ on obtient aisément toutes les fonctions

$$\theta_1,\ \theta_2,\ \theta_3,\ \theta_4, \ldots\ldots,$$

suivant lesquelles est ordonnée notre formule (23). Ainsi, en remarquant que dans les cas de

$$\lambda = 1,\ 2,\ 4,$$

le nombre λ n'a point de diviseur qui soit impair et en même temps sans facteur carré, nous trouvons pour θ_1, θ_2, θ_4 ces valeurs:

$$\theta_1 = \frac{z+\sqrt{z^2-h^2} - z + \sqrt{z^2-h^2}}{4h\sqrt{z^2-h^2}} = \frac{1}{2h},$$

$$\theta_2 = -\frac{(z+\sqrt{z^2-h^2})^2-(z-\sqrt{z^2-h^2})^2}{4h^2\sqrt{z^2-h^2}} = -\frac{z}{h^2},$$

$$\theta_4 = -\frac{(z+\sqrt{z^2-h^2})^4-(z-\sqrt{z^2-h^2})^4}{4h^4\sqrt{z^2-h^2}} = -\frac{4z^3-2h^2z}{h^4}.$$

Dans les cas de

$$\lambda = 3,\ 5,\ 6,$$

les diviseurs impairs de λ et sans facteurs carrés étant

$$d_1 = 3,\ d_1 = 5,\ d_1 = 3,$$

l'expression trouvée de θ_λ nous donne

$$\theta_3 = \frac{(z+\sqrt{z^2-h^2})^3-(z-\sqrt{z^2-h^2})^3}{4h^3\sqrt{z^2-h^2}} - \frac{1}{3}\,\frac{z+\sqrt{z^2-h^2}-z+\sqrt{z^2-h^2}}{4h\sqrt{z^2-h^2}} = \frac{2z^2-\frac{2}{3}h^2}{h^3},$$

$$\theta_5 = \frac{(z+\sqrt{z^2-h^2})^5-(z-\sqrt{z^2-h^2})^5}{4h^5\sqrt{z^2-h^2}} - \frac{1}{5}\,\frac{z+\sqrt{z^2-h^2}-z+\sqrt{z^2-h^2}}{4h\sqrt{z^2-h^2}} = \frac{8z^4-6h^2z^2+\frac{2}{5}h^4}{h^6},$$

$$\theta_6 = -\frac{(z+\sqrt{z^2-h^2})^6-(z-\sqrt{z^2-h^2})^6}{4h^6\sqrt{z^2-h^2}} + \frac{1}{3}\,\frac{(z+\sqrt{z^2-h^2})^2-(z-\sqrt{z^2-h^2})^2}{4h^2\sqrt{z^2-h^2}} = -\frac{16z^5-16h^2z^3+\frac{8}{3}h^4z}{h^5}.$$

Quant aux quantités

$$\int_0,\ \int_1,\ \int_2,\ \int_3, \ldots\ldots,$$

contenues dans notre formule (23), remarquons que, d'après le § 32,

$$\int_n f(x) = \int_{-h}^{\eta_1} f(x)\,dx - \int_{\eta_1}^{\eta_2} f(x)\,dx + \int_{\eta_2}^{\eta_3} f(x)\,dx - \ldots\ldots + (-1)^n \int_{\eta_n}^{h} f(x)\,dx,$$

et d'après les §§ 17, 19,

$$\eta_1 = h \cos \frac{n\pi}{n+1}, \qquad \eta_3 = h \cos \frac{(n-2)\pi}{n+1}, \ldots,$$

$$\eta_2 = h \cos \frac{(n-1)\pi}{n+1}, \quad \eta_4 = h \cos \frac{(n-3)\pi}{n+1}, \ldots,$$

ce qui nous donne

$$\int_n f(x) = \int_{-h}^{h\cos\frac{n\pi}{n+1}} f(x)\,dx - \int_{h\cos\frac{n\pi}{n+1}}^{h\cos\frac{(n-1)\pi}{n+1}} f(x)\,dx + \int_{h\cos\frac{(n-1)\pi}{n+1}}^{h\cos\frac{(n-2)\pi}{n+1}} f(x)\,dx - \ldots + (-1)^n \int_{h\cos\frac{\pi}{n+1}}^{h} f(x)\,dx.$$

D'où, en faisant

$$n = 0,\ 1,\ 2,\ 3,\ 4,\ 5, \ldots,$$

on obtient

$$\int_0 f(x) = \int_{-h}^{h} f(x)\,dx,$$

$$\int_1 f(x) = \int_{-h}^{0} f(x)\,dx - \int_{0}^{h} f(x)\,dx,$$

$$\int_2 f(x) = \int_{-h}^{-\frac{1}{2}h} f(x)\,dx - \int_{-\frac{1}{2}h}^{\frac{1}{2}h} f(x)\,dx + \int_{\frac{1}{2}h}^{h} f(x)\,dx,$$

$$\int_3 f(x) = \int_{-h}^{-\frac{1}{\sqrt{2}}h} f(x)\,dx - \int_{-\frac{1}{\sqrt{2}}h}^{0} f(x)\,dx + \int_{0}^{\frac{1}{\sqrt{2}}h} f(x)\,dx - \int_{\frac{1}{\sqrt{2}}h}^{h} f(x)\,dx,$$

$$\int_4 f(x) = \int_{h}^{-\frac{\sqrt{5}+1}{4}h} f(x)\,dx - \int_{-\frac{\sqrt{5}+1}{4}h}^{-\frac{\sqrt{5}-1}{4}h} f(x)\,dx + \int_{-\frac{\sqrt{5}-1}{4}h}^{\frac{\sqrt{5}-1}{4}h} f(x)\,dx - \int_{\frac{\sqrt{5}-1}{4}h}^{\frac{\sqrt{5}+1}{4}h} f(x)\,dx + \int_{\frac{\sqrt{5}+1}{4}h}^{h} f(x)dx,$$

$$\int_5 f(x) = \int_{-h}^{-\frac{\sqrt{3}}{2}h} f(x)dx - \int_{-\frac{\sqrt{3}}{2}h}^{-\frac{1}{2}h} f(x)dx + \int_{-\frac{1}{2}h}^{0} f(x)dx - \int_{0}^{\frac{1}{2}h} f(x)\,dx + \int_{\frac{\sqrt{3}}{2}h}^{\frac{1}{2}h} f(x)dx - \int_{\frac{1}{2}h}^{h} f(x)\,dx,$$

. . . .

En vertu des valeurs trouvées de

$$\theta_1,\ \theta_2,\ \theta_3,\ \theta_4, \ldots,$$
$$\int_0,\ \int_1,\ \int_2,\ \int_3, \ldots\ldots,$$

notre formule (23) se réduit à ce développement de la fonction $f(z)$:

$$(27)\quad f(z) = \frac{1}{2h}\int_{-h}^{h} f(x)\,dx - \left[\int_{-h}^{0} f(x)\,dx - \int_{0}^{h} f(x)\,dx - \right]\frac{z}{h^2} + \left[\int_{h}^{-\frac{1}{2}h} f(x)\,dx - \int_{-\frac{1}{2}h}^{+\frac{1}{2}h} f(x)\,dx + \int_{\frac{1}{2}h}^{h} f(x)\,dx\right]\frac{2z^2 - \frac{2}{3}h^2}{h^3}$$

$$- \left[\int_{-h}^{-\frac{1}{\sqrt{2}}h} f(x)\,dx - \int_{-\frac{1}{\sqrt{2}}h}^{0} f(x)\,dx + \int_{0}^{\frac{1}{\sqrt{2}}h} f(x)\,dx - \int_{\frac{1}{\sqrt{2}}h}^{h} f(x)\,dx\right]\frac{4z^3 - 2h^2 z}{h^4}$$

$$+ \left[\int_{-h}^{-\frac{\sqrt{5}+1}{4}h} f(x)\,dx - \int_{-\frac{\sqrt{5}+1}{4}h}^{-\frac{\sqrt{5}-1}{4}h} f(x)\,dx + \int_{-\frac{\sqrt{5}-1}{4}h}^{\frac{\sqrt{5}-1}{4}h} f(x)\,dx - \int_{\frac{\sqrt{5}-1}{4}h}^{\frac{\sqrt{5}+1}{4}h} f(x)\,dx + \int_{\frac{\sqrt{5}+1}{4}h}^{h} f(x)\,dx\right]\frac{8z^4 - 6h^2z^2 + \frac{2}{5}h^4}{h^5}$$

$$- \left[\int_{-h}^{-\frac{\sqrt{3}}{2}h} f(x)\,dx - \int_{-\frac{\sqrt{3}}{2}h}^{-\frac{1}{2}h} f(x)\,dx + \int_{-\frac{1}{2}h}^{0} f(x)\,dx - \int_{0}^{\frac{1}{2}h} f(x)\,dx + \int_{\frac{1}{2}h}^{\frac{\sqrt{3}}{2}h} f(x)\,dx - \int_{\frac{\sqrt{3}}{2}h}^{h} f(x)\,dx\right]\frac{16z^5 - 16h^2z^3 + \frac{8}{3}h^4 z}{h^6}$$

$$+ \ldots\ldots\ldots\ldots\ldots\ldots\ldots\ldots\ldots\ldots$$

qui, suivant le nombre de termes qu'on y conserve, donne l'expression $f(z)$ sous la forme d'un polynome de degré plus ou moins élevé.

Quant à l'évaluation approximative des expressions

$$\int_{-h}^{h} f(x)\,dx,$$

$$\int_{-h}^{0} f(x)\,dx - \int_{0}^{h} f(x)\,dx,$$

$$\int_{-h}^{\frac{1}{2}h} f(x)\,dx - \int_{-\frac{1}{2}h}^{\frac{1}{2}h} f(x)\,dx + \int_{\frac{1}{2}h}^{h} f(x)\,dx,$$

$$\ldots\ldots\ldots\ldots\ldots\ldots\ldots\ldots$$

d'après les valeurs données de $f(z)$

$$f(z_1),\ f(z_2),\ f(z_3),\ldots .f(z_i),$$

on y parviendra, comme nous l'avons montré dans le § 22, à l'aide du planimètre, si l'on a la représentation graphique de la courbe

$$y = f(x);$$

dans le cas contraire on les cherchera à l'aide de la formule (15) qui, par le changement de x en z, $F(x)$ en $f(z)$, devient

$$(28)\quad \int_{z_1}^{\eta_1} f(z)\,dz - \int_{\eta_1}^{\eta_2} f(z)\,dz + \int_{\eta_2}^{\eta_3} f(z)\,dz - \ldots . + (-1)^{\nu} \int_{\eta_\nu}^{z_i} f(z)\,dz =$$

$$\frac{1}{2}\left[\begin{matrix} M_1 + M_2 + \ldots . + M_{i'} - M_{i'+1} - M_{i'+2} - \ldots . - M_{i''} + M_{i''+1} + \ldots . + M_{i'''} - M_{i'''+1} \\ - M_{i'''+2} - \ldots - (-1)^{\nu} M_{i^{(\nu-1)}+1} - \ldots - (-1)^{\nu} M_{i^{(\nu)}} + (-1)^{\nu} M_{i^{(\nu)}+1} + \ldots + (-1)^{\nu} M_i \end{matrix}\right]$$

$$- \frac{(z_{i'+1} - \eta_1)^2 f(z_{i'}) - (z_{i'} - \eta_1)^2 f(z_{i'+1})}{z_{i'+1} - z_{i'}} + \frac{(z_{i''+1} - \eta_2)^2 f(z_{i''}) - (z_{i''} - \eta_2)^2 f(z_{i''+1})}{z_{i''+1} - z_{i''}}$$

$$- \ldots \ldots + (-1)^{\nu} \frac{(z_{i^{(\nu)}+1} - \eta_\nu)^2 f(z_{i^{(\nu)}}) - (z_{i^{(\nu)}} - \eta_\nu)^2 f(z_{i^{(\nu)}+1})}{z_{i^{(\nu)}+1} - z_{i^{(\nu)}}},$$

où

$$z_{i'},\ z_{i'+1};$$
$$z_{i''},\ z_{i''+1},$$
$$\ldots\ldots\ldots$$
$$z_{i^{(\nu)}}\ z_{i^{(\nu)}+1}$$

sont les couples de termes dans la suite

$$z_1,\ z_2,\ z_3,\ldots .z_i$$

respectivement les plus proches des quantités

$$\eta_1,\ \eta_2,\ldots .\eta_\nu,$$

et

$$M_1 = (z_2 - z_1)\, f(z_1),\ M_2 = (z_3 - z_1)\, f(z_2),\ldots .,$$
$$M_{i-1} = (z_i - z_{i-2})\, f(z_{i-1}),\ M_i = (z_i - z_{i-1})\, f(z_i)$$

Dans la formule (27) les limites de la variable sont $-h$ et $+h$, ce qui suppose que dans la suite des valeurs données de $f(z)$

$$f(z_1),\ f(z_2),\ldots .f(z_i)$$

les quantités z_1 et z_i sont, au signe près, égales. Or, tant que cela n'a pas lieu, on y parvient très aisément par le seul changement de la variable, savoir, en prenant pour la nouvelle variable z la différence $z - \frac{z_1 + z_i}{2}$.

§ 39. Pour montrer l'usage de la formule (27) nous allons l'appliquer au même exemple que nous avons traité plus haut (III). Dans cet exemple les valeurs limites de la variable sont $x_1 = 0$, $x_i = 24,5$. Donc, conformément à ce que nous avons dit, on prendra pour la nouvelle variable, que nous désignerons par z, la différence

$$x - \frac{0 + 24,5}{2} = x - 12,25.$$

D'après cela, la table des données que nous avons eue dans le § 27 se change en celle-ci:

m	z_m	$f(z_m)$	m	z_m	$f(z_m)$
1	— 12,25	0,000000	16	1,25	0,000480
2	— 11,35	— 0,000022	17	1,55	0,000568
3	— 10,65	— 0,000098	18	2,75	0,000706
4	— 10,15	— 0,000077	19	3,35	0,000841
5	— 7,05	— 0,000115	20	4,05	0,000927
6	— 6,65	— 0,000134	21	5,15	0,001057
7	— 6,15	— 0,000094	22	6,35	0,001256
8	— 5,95	— 0,000101	23	6,35	0,001298
9	— 5,05	— 0,000047	24	6,95	0,001419
10	— 3,75	— 0,000006	25	7,55	0,001496
11	— 3,65	0,000007	26	8,95	0,001805
12	— 3,15	0,000081	27	9,55	0,001989
13	— 1,05	0,000215	28	9,95	0,002043
14	— 0,35	0,000317	29	11,75	0,002421
15	0,45	0,000352	30	12,25	0,002618

Comme dans cette table les valeurs limites de z sont

$$z_1 = -12,25, \quad z_{30} = 12,25,$$

on prendra

$$h = 12,25,$$

et pour cette valeur de h on aura, d'après la formule (27), ce développement de la fonction $f(z)$:

$$(29)\qquad f(z)=\frac{1}{24,5}\int_{-12,25}^{12,25} f(z)\,dz-\left[\int_{-12,25}^{0} f(z)\,dz-\int_{0}^{12,25} f(z)\,dz\right]\frac{z}{150,06}$$

$$+\left[\int_{-12,25}^{-6,125} f(z)\,dz-\int_{-6,125}^{6,125} f(z)\,dz+\int_{6,125}^{12,25} f(z)\,dz\right]\frac{2z^2-100,04}{1838,26}$$

$$-\left[\int_{-12,25}^{-8,662} f(z)\,dz-\int_{-8,662}^{0} f(z)\,dz+\int_{0}^{8,662} f(z)\,dz-\int_{8,662}^{12,25} f(z)\,dz\right]\frac{4z^3-300,18\,z}{22519}$$

$$+\ldots\ldots\ldots\ldots\ldots\ldots\ldots$$

§ 40. Pour évaluer les expressions

$$\int_{-12,25}^{12,25} f(z)\,dz,$$

$$\int_{-12,25}^{0} f(z)\,dz-\int_{0}^{12,25} f(z)\,dz,$$

$$\int_{-12,25}^{-6,125} f(z)\,dz-\int_{-6,125}^{6,125} f(z)\,dz+\int_{6,125}^{12,25} f(z)\,dz,$$

$$\int_{-12,25}^{-8,662} f(z)\,dz-\int_{-8,662}^{0} f(z)\,dz+\int_{0}^{8,662} f(z)\,dz-\int_{8,662}^{12,25} f(z)\,dz,$$

$$\ldots\ldots\ldots\ldots\ldots\ldots\ldots$$

on cherchera préalablement les valeurs de M_1, M_2,.... M_{30} d'après les formules

$$M_1=(z_2-z_1)\,f(z_1),\quad M_2=(z_3-z_1)\,f(z_2),\quad M_3=(z_4-z_2)\,f(z_3),$$

$$\ldots\ldots\ldots\ldots M_{29}=(z_{30}-z_{28})\,f(z_{29}),\quad M_{30}=(z_{30}-z_{29})\,f(z_{30}).$$

L'on obtient ainsi

$M_1=-0,000000$, $\quad M_{11}=0,000004$, $\quad M_{21}=0,002431$,
$M_2=-0,000035$, $\quad M_{12}=0,000210$, $\quad M_{22}=0,001507$,
$M_3=-0,000118$, $\quad M_{13}=0,000602$, $\quad M_{23}=0,000779$,
$M_4=-0,000277$, $\quad M_{14}=0,000475$, $\quad M_{24}=0,001703$,
$M_5=-0,000402$, $\quad M_{15}=0,000563$, $\quad M_{25}=0,002992$,
$M_6=-0,000122$, $\quad M_{16}=0,000528$, $\quad M_{26}=0.003610$,
$M_7=-0,000066$, $\quad M_{17}=0,000852$, $\quad M_{27}=0,001989$,
$M_8=-0,000111$, $\quad M_{18}=0,001271$, $\quad M_{28}=0,004495$,
$M_9=-0,000103$, $\quad M_{19}=0,001093$, $\quad M_{29}=0,005568$,
$M_{10}=-0,000008$, $\quad M_{20}=0,001668$, $\quad M_{30}=0,001309$.

Ces valeurs étant déterminées, l'évaluation des expressions précédentes au moyen de la formule (28) devient très expéditive.

Pour trouver l'intégrale

$$\int_{-12,25}^{12,25} f(z)\,dz,$$

on prendra dans la formule (28)

$$i = 30,\ \nu = 0,\ z_1 = -12,25,\ z_i = 12,25,$$

et par là on aura

$$\int_{-12,25}^{12,25} f(z)\,dz = \frac{1}{2}(M_1 + M_2 + \ldots\ldots + M_{30}),$$

d'où, en vertu des valeurs trouvées de M_1, $M_2, \ldots\ldots M_{30}$, il résulte

$$\int_{-12,25}^{12,25} f(z)\,dz = \frac{1}{2}.\,0,032407 = 0,016203.$$

Pour trouver la valeur de l'expression

$$\int_{-12,25}^{0} f(z)\,dz - \int_{0}^{12,25} f(z)\,dz,$$

on fera dans la formule (28)

$$i = 30,\ \nu = 1,\ z_1 = -12,25,\ z_i = 12,25,\ \eta_1 = 0,$$

ce qui nous donne

$$\int_{-12,25}^{0} f(z)dz - \int_{0}^{12,25} f(z)dz = \frac{1}{2}\,M_1 + M_2 + \ldots + M_{i'} - M_{i'+1} - \ldots - M_{30}) - \frac{z^2{}_{i'+1} f(z_{i'}) - z^2{}_{i'} f(z_{i'+1})}{z_{i'+1} - z_{i'}},$$

où, suivant notre notation, $z_{i'}$, $z_{i'+1}$ désignent la couple des valeurs de z_m les plus proches de 0. — Comme dans la colonne des valeurs de z_m (§ 39) celles les plus proches de 0 sont

$$z_{14} = -0,35,\ z_{15} = 0,45,$$

et que, d'après la table des valeurs de M_1, $M_2, \ldots\ldots M_{30}$,

$$M_1 + M_2 + \ldots\ldots + M_{14} = 0,000049,$$

$$M_{15} + M_{16} + \ldots\ldots + M_{30} = 0,032358,$$

la formule précédente se réduit à celle-ci:

$$\int_{-12,25}^{0} f(z)\,dz - \int_{0}^{12,25} f(z)\,dz = \frac{1}{2}(0,000049 - 0,032358) - \frac{0,45^2 f(-0,35) - 0,35^2 f(0,40)}{0,45 + 0,35}.$$

D'où, en ayant égard aux valeurs de

$$f(-0,35) = 0,000317, \quad f(0,45) = 0,000352,$$

on obtient

$$\int_{-12,25}^{0} f(z)dz - \int_{0}^{12,25} f(z)dz = \frac{1}{2}(0,000049 - 0,032358) - \frac{0,45^2 . 0,000317 - 0,35^2 . 0,000352}{0,45 + 0,35}$$
$$= -0,016180.$$

En posant dans la formule (28)

$$i = 30, \ \nu = 2, \ z_1 = -12,25, \ z_i = 12,25,$$
$$\eta_1 = -6,125, \ \eta_2 = 6,125,$$

on a, pour la détermination de la valeur de

$$\int_{-12,25}^{-6,125} f(z)\,dz - \int_{-6,125}^{6,125} f(z)\,dz + \int_{6,125}^{12,25} f(z)\,dz,$$

$$\int_{-12,25}^{-6,125} f(z)\,dz - \int_{-6,125}^{6,125} f(z)\,dz + \int_{6,125}^{12,25} f(z)dz = \frac{1}{2}\begin{bmatrix} M_1 + M_2 + \ldots + M_{i'} - M_{i'+1} - \ldots \\ - M_{i''} + M_{i''+1} + \ldots\ldots + M_{30} \end{bmatrix}$$
$$- \frac{(z_{i'+1} + 6,125)^2 f(z_{i'}) - (z_{i'} + 6,125)^2 f(z_{i'+1})}{z_{i'+1} - z_{i'}}$$
$$+ \frac{(z_{i''+1} - 6,125)^2 f(z_{i''}) - (z_{i''} - 6,125)^2 f(z_{i''+1})}{z_{i''+1} - z_{i''}},$$

où

$$z_{i'}, \ z_{i'+1}, \ z_{i''}, \ z_{i''+1}$$

désignent les couples des valeurs de z_m qui sont respectivement les plus proches des quantités

$$-6,125, \quad 6,125.$$

Comme dans la suite des valeurs de z_m les termes le plus proches de

$$-6,125, \quad 6,125$$

sont

$$z_7 = -6,15, \quad z_8 = -5,95,$$
$$z_{21} = 5,15, \quad z_{22} = 6,35,$$

cette formule nous donne

$$\int_{-12,25}^{-6,125} f(z)dz - \int_{-6,125}^{6,125} f(z)dz + \int_{6,125}^{12,25} f(z)dz = \frac{1}{2}\left[M_1 + M_2 + \ldots + M_7 - M_8 - \ldots - M_{21} + M_{22} + \ldots + M_{30}\right]$$
$$- \frac{(z_8 + 6,125)^2 f(z_7) - (z_7 + 6,125)^2 f(z_8)}{z_8 - z_7}$$
$$+ \frac{(z_{22} - 6,125)^2 f(z_{21}) - (z_{21} - 6,125)^2 f(z_{22})}{z_{22} - z_{21}},$$

et par là, en substituant les valeurs de

$$z_7,\ z_8,\ z_{21},\ z_{22},\ f(z_7),\ f(z_8),\ f(z_{21}),\ f(z_{22}),$$
$$M_1,\ M_2, \ldots\ldots\ldots\ldots\ldots\ldots\ldots\ldots M_{30},$$

on obtient

$$\int_{-12,25}^{-6,125} f(z)\,dz + \int_{-6,125}^{6,125} f(z)\,dz + \int_{6,125}^{12,25} f(z)\,dz = \frac{1}{2}\,0,013457 + 0,000014 - 0,000951$$
$$= 0,005791.$$

En cherchant de la même manière la valeur de

$$\int_{-12,25}^{-8,662} f(z)\,dz - \int_{-8,662}^{0} f(z)\,dz + \int_{0}^{8,662} f(z)\,dz - \int_{8,662}^{12,25} f(z)\,dz,$$

on prendra dans la formule (28)

$$i = 30,\ z_1 = -12,25,\ z_i = 12,25,$$
$$\nu = 3,\ \eta_1 = -8,662,\ \eta_2 = 0,\ \eta_3 = 8,662,$$
$$i' = 4,\ i'' = 14,\ i''' = 25,$$

en vertu de quoi elle devient

$$\int_{-12,25}^{-8,662} f(z)dz - \int_{-8,662}^{0} f(z)dz + \int_{0}^{8,662} f(z)dz - \int_{8,662}^{12,25} f(z)dz = \frac{1}{2}\left[\begin{matrix} M_1 + M_2 + \ldots + M_4 - M_5 - \ldots - M_{14} \\ + M_{15} + \ldots + M_{25} - M_{26} - \ldots - M_{30} \end{matrix}\right]$$
$$- \frac{(z_5 + 8,662)^2 f(z_4) - (z_4 + 8,662)^2 f(z_5)}{z_5 - z_4}$$
$$+ \frac{z_{15}^2 f(z_{14}) - z_{14}^2 f(z_{15})}{z_{15} - z_{14}}$$
$$- \frac{(z_{26} - 8,662)^2 f(z_{25}) - (z_{25} - 8,662)^2 f(z_{26})}{z_{26} - z_{25}}.$$

D'où, par la substitution des valeurs de

$$f(z_4),\ f(z_5),\ f(z_{14}),\ f(z_{15}),\ f(z_{25}),\ f(z_{26}),$$
$$M_1,\ M_2, \ldots\ldots\ldots\ldots\ldots\ldots M_{30},$$
$$z_4,\ z_5,\ z_{14},\ z_{15},\ z_{25},\ z_{26},$$

on tire

$$\int_{-12,25}^{-8,662} f(z)\,dz - \int_{-8,662}^{0} f(z)\,dz + \int_{0}^{8,662} f(z)\,dz - \int_{8,662}^{12,25} f(z)\,dz = 0,000268.$$

D'après cela on trouve par la formule (29) ce développement de la fonction cherchée:

$$f(z) = \frac{0,016203}{24,5} + \frac{0,016180}{150,06}z + \frac{0,005791}{1838,26}(2z^2 - 100,04) - \frac{0,000268}{22519}(4z^3 - 300,12z) + \ldots.$$

qui donne son expression sous la forme d'un polynome de degré plus ou moins élevé, suivant le nombre de termes qu'on conserve dans cette série. Ainsi, en s'arrêtant au quatrième terme, on trouve, pour son expression sous la forme d'un polynome du troisième degré, cette formule:

$$\frac{0,016203}{24,5} + \frac{0,016180}{150,06}z + \frac{0,005791}{1838,26}(2z^2 - 100,04) - \frac{0,000268}{22519}(4z^3 - 300,12z)$$
$$= 0,0003463 + 0,00011139z + 0,00000630z^2 - 0,0000000475z^3,$$

ce qui ne diffère de l'expression, obtenue dans la section V, que par des quantités tout-à-fait négligeables.

TABLE

des solutions de l'équation

$$\int_{-h}^{\eta_1} F(x)\,dx - \int_{\eta_1}^{\eta_2} F(x)\,dx + \int_{\eta_2}^{\eta_3} F(x)\,dx - \ldots + (-1)^{\nu}\int_{\eta_\nu}^{h} F(x)\,dx = s A_l$$

qui correspondent à la plus grande valeur du facteur s, $F(x)$ représentant le polynome $A_0 + A_1 x + \ldots + A_n x^n$.

$n = 0.$

$l = 0.$	$\nu = 0.$ $s = 2h.$

$n = 1.$

$l = 0.$	$\nu = 0.$ $s = 2h.$
$l = 1.$	$\nu = 1.$ $\eta_1 = 0.$ $s = -h^2.$

$n = 2.$

$l = 0.$	$\nu = 2.$ $\eta_1 = -0{,}79370\,h,\ \eta_2 = 0{,}79370\,h.$ $s = -1{,}17480\,h.$
$l = 1.$	$\nu = 1.$ $\eta_1 = 0.$ $s = -h^2.$
$l = 2.$	$\nu = 2.$ $\eta_1 = -0{,}5\,h,\ \eta_2 = 0{,}5\,h.$ $s = 0{,}5\,h^3.$

$n = 3.$

$l = 0.$	$\nu = 2.$ $\eta_1 = -0{,}79370h,\ \eta_2 = 0{,}79370h.$ $s = -1{,}17480h.$
$l = 1.$	$\nu = 3.$ $\eta_1 = -0{,}84090h,\ \eta_2 = 0,\ \eta_3 = 0{,}84090h.$ $s = 0{,}41421h^2.$
$l = 2.$	$\nu = 2.$ $\eta_1 = -0{,}5h,\ \eta_2 = 0{,}5h.$ $s = 0{,}5h^3.$
$l = 3.$	$\nu = 3.$ $\eta_1 = -0{,}70711h,\ \eta_2 = 0,\ \eta_3 = 0{,}70711h.$ $s = -0{,}25h^4.$

$n = 4.$

$l = 0.$	$\nu = 4.$ $\eta_1 = -0{,}89725h,\ \eta_2 = -0{,}60587h,\ \eta_3 = 0{,}60587h,\ \eta_4 = 0{,}89725h.$ $s = 0{,}83446h.$
$l = 1.$	$\nu = 3.$ $\eta_1 = -0{,}84090h,\ \eta_2 = 0,\ \eta_3 = 0{,}84090h.$ $s = 0{,}41421h^2.$
$l = 2.$	$\nu = 4.$ $\eta_1 = -0{,}87305h,\ \eta_2 = -0{,}37305h,\ \eta_3 = 0{,}37305h,\ \eta_4 = 0{,}87305h.$ $s = -0{,}15139h^3.$
$l = 3.$	$\nu = 3.$ $\eta_1 = -0{,}70711h,\ \eta_2 = 0,\ \eta_3 = 0{,}70711h.$ $s = -0{,}25h^4.$
$l = 4.$	$\nu = 4.$ $\eta_1 = -0{,}80902h,\ \eta_2 = -0{,}30902h,\ \eta_3 = 0{,}30902h,\ \eta_4 = 0{,}80902h.$ $s = 0{,}125h^5.$

$n = 5.$

$l = 0.$	$\nu = 4.$ $\eta_1 = -0{,}89725h,\ \eta_2 = -0{,}60587h,\ \eta_3 = 0{,}60587h,\ \eta_4 = 0{,}89725h.$ $s = 0{,}83446h.$
$l = 1.$	$\nu = 5.$ $\eta_1 = -0{,}91682h,\ \eta_2 = -0{,}67418h,\ \eta_3 = 0,\ \eta_4 = 0{,}67418h,\ \eta_5 = 0{,}91682h.$ $s = -0{,}22772h^2.$
$l = 2.$	$\nu = 4.$ $\eta_1 = -0{,}87305h,\ \eta_2 = -0{,}37305h,\ \eta_3 = 0{,}37305h,\ \eta_4 = 0{,}87305h.$ $s = -0{,}15139h^3.$
$l = 3.$	$\nu = 5.$ $\eta_1 = -0{,}89945h,\ \eta_2 = -0{,}55589h,\ \eta_3 = 0,\ \eta_4 = 0{,}55589h,\ \eta_5 = 0{,}89945h.$ $s = 0{,}05901h^4.$
$l = 4.$	$\nu = 4.$ $\eta_1 = -0{,}80902h,\ \eta_2 = -0{,}30902h,\ \eta_3 = 0{,}30902h,\ \eta_4 = 0{,}80902h.$ $s = 0{,}125h^5.$
$l = 5.$	$\nu = 5.$ $\eta_1 = -0{,}86602h,\ \eta_2 = -0{,}5h,\ \eta_3 = 0,\ \eta_4 = 0{,}5h,\ \eta_5 = 0{,}86602h.$ $s = -0{,}0625h^6.$

18.

SUR L'INTERPOLATION

PAR LA MÉTHODE

DES MOINDRES CARRÉS.

(Mémoires de l'Académie Impériale des sciences de St.-Pétersbourg. VIIe série.
T. I, 1859, № 15, p. 1—24.)

(Lu le 29 avril 1859.)

Sur l'interpolation par la méthode des moindres carrés.

Dans le Mémoire *Sur les fractions continues* j'ai donné la série qui présente le résultat définitif de l'interpolation parabolique par la méthode des *moindres carrés*. Comme cette série fournit directement l'expression de la fonction interpolée sous la forme d'un polynome avec les coefficients les plus probables, et sans qu'on fixe d'avance le nombre de ses termes, on conçoit que, sous le rapport théorique, elle ne laisse rien à désirer pour l'interpolation parabolique. Mais pour rendre son usage tout-à-fait praticable, il restait à indiquer la marche commode à suivre dans l'évaluation de ses termes. C'est ce que nous avons fait pour le cas le plus simple où les valeurs de la variable, correspondantes aux valeurs connues de la fonction interpolée, sont équidistantes. En traitant ce cas particulier dans la note *Sur une nouvelle formule*, nous avons indiqué une réduction de notre série à la formule que voici, très propre à l'application:

$$u = \frac{1}{n}\sum u_i . \varphi_0(z) + \frac{3}{n(n^2-1^2)}\sum \frac{i}{1}\frac{n-i}{1}\Delta u_i . \varphi_1(z)$$
$$+ \frac{5}{n(n^2-1^2)(n^2-2^2)}\sum \frac{i(i+1)}{1.2}\frac{(n-i)(n-i-1)}{1.2}\Delta^2 u_i . \varphi_2(z)$$
$$+ \frac{7}{n(n^2-1^2)(n^2-2^2)(n^2-3^2)}\sum \frac{i(i+1)(i+2)}{1.2.3}\frac{(n-i)(n-i-1)(n-i-2)}{1.2.3}\Delta^3 u_i . \varphi_3(z)$$
$$+ \text{etc.},$$

en désignant par

$$u_1,\ u_2,\ u_3, \ldots . u_n$$

les valeurs données de u qui correspondent aux valeurs équidistantes de x

$$x = x_1,\ x_2,\ x_3, \ldots . x_n,$$

et en faisant, pour abréger,

$$z = \frac{x - \frac{1}{2}(x_1 + x_n)}{x_2 - x_1}.$$

Dans cette série les signes de sommation s'étendent à toutes les valeurs de i, depuis $i = 1$, jusqu'à $i = n$, et

$$\varphi_0(z), \quad \varphi_1(z), \quad \varphi_2(z), \quad \varphi_3(z), \ldots .$$

sont des fonctions entières de z qu'on tire de la formule

$$\Delta^l\left(z + \frac{n-1}{2}\right)\left(z + \frac{n-3}{2}\right)\ldots\left(z + \frac{n-2l+1}{2}\right)\left(z - \frac{n+1}{2}\right)\left(z - \frac{n+3}{2}\right)\ldots\left(z - \frac{n+2l-1}{2}\right),$$

en adoptant pour l les valeurs

$$0, \; 1, \; 2, \; 3, \ldots .$$

Comme ces fonctions sont liées entre elles par l'équation

$$\varphi_l(z) = 2\,(2l - 1)\,z\varphi_{l-1}(z) - (l-1)^2\left[n^2 - (l-1)^2\right]\varphi_{l-2}(z),$$

et que

$$\varphi_0(z) = \Delta^0\,1 = 1,$$

$$\varphi_1(z) = \Delta\left(z + \frac{n-1}{2}\right)\left(z - \frac{n+1}{2}\right) = 2z,$$

on trouve sur le champ

$$\varphi_2(z) = 12\,z^2 - (n^2 - 1),$$

$$\varphi_3(z) = 120\,z^3 - 6\,(3\,n^2 - 7)\,z,$$

$$\varphi_4(z) = 1680\,z^4 - 120\,(3\,n^2 - 13)\,z^2 + 9\,(n^2 - 1)\,(n^2 - 9),$$

$$\varphi_5(z) = 30240\,z^5 - 8400\,(n^2 - 7)\,z^3 + 30\,(15\,n^4 - 230\,n^2 + 407)\,z,$$

. . . .

Ce développement de u qui résulte de notre série, tant que les valeurs

$$x_1, \; x_2, \; x_3, \ldots . x_n$$

sont équidistantes, est très commode pour l'évaluation de l'expression de u, vu que ses termes, comme ceux de la formule d'interpolation de Newton, contiennent les différences

$$\Delta u_i, \; \Delta^2 u_i, \; \Delta^3 u_i, \ldots ,$$

dont les ordres vont en croissant, et que ces différences, sous les signes de sommation, ne sont accompagnées que des facteurs

$$\frac{i}{1}, \quad \frac{n-i}{1},$$

$$\frac{i(i+1)}{1.2}, \quad \frac{(n-i)(n-i-1)}{1.2},$$

$$\frac{i(i+1)(i+2)}{1.2.3}, \quad \frac{(n-i)(n-i-1)(n-i-2)}{1.2.3},$$

. . . .

qui d'après la propriété connue des nombres polygonaux, s'évaluent aisément par seule voie d'addition. Et comme cette série nous fournit l'expression de u avec les coefficients les plus probables, on conçoit qu'elle ne laisse rien à désirer pour l'interpolation dans le cas particulier où les valeurs de la variable qui correspondent aux valeurs connues de la fonction sont équidistantes.

Mais ce n'est pas le seul parti qu'on puisse tirer de notre série pour l'application; son usage est aussi très utile dans tous les autres cas d'interpolation parabolique, comme nous allons le montrer à présent, en indiquant la marche qui conduit aisément à la détermination successive de ses termes. On verra, d'après cela, que notre série procure un moyen très propre pour évaluer, terme par terme, l'expression de la fonction interpolée u, et qu'elle donne, en même temps, la somme des carrés des différences entre ses valeurs connues

$$u_1, \; u_2, \; u_3, \ldots . u_n,$$

et celles qui résultent de l'ensemble des termes trouvés pour son expression. D'après quoi on aura, sur le champ, l'erreur moyenne avec laquelle les termes trouvés de u représentent ses valeurs données, et par là on reconnaîtra tout de suite celui auquel on peut s'arrêter. Ainsi, au moyen de notre série on trouvera tout à la fois et le nombre de termes de u qui sont importants pour l'interpolation et leurs coefficients déterminés par la méthode des moindres carrés. Pour faire comprendre la supériorité de cette méthode d'interpolation sur celles dont on se sert ordinairement, remarquons qu'elle donnera précisément, en général plus aisément, les mêmes résultats, que ceux que l'on trouve par la résolution des équations fournies par la méthode des *moindres carrés* qui suppose que le nombre des termes dans l'expression de u soit fixé d'avance. D'autre part, en déterminant et le nombre de termes de u que l'on doit calculer et leurs valeurs prescrites par la méthode des moindres carrés, elle sera, si ce n'est dans certains cas exceptionnels, plus expéditive que la méthode d'interpolation de Cauchy qui est loin de donner les résultats les plus probables découlant de la méthode des moindres carrés.

§ I.

D'après ce que nous avons montré dans le Mémoire cité plus haut, si les valeurs données de la fonction u

$$u_1,\ u_2,\ u_3, \ldots . u_n$$

qui correspondent à

$$x = x_1,\ x_2,\ x_3, \ldots . x_n$$

sont affectées d'erreurs de la même nature, et que l'on cherche son expression, par la méthode des *moindres carrés*, sous la forme d'un polynome de degré quelconque, on aura *)

$$u = K_0 \psi_0(x) + K_1 \psi_1(x) + K_2 \psi_2(x) + \ldots . ,$$

où

$$K_0,\ K_1,\ K_2, \ldots .$$

sont des coefficients constants, et

$$\psi_0(x),\ \psi_1(x),\ \psi_2(x), \ldots .$$

les dénominateurs des réduites de la somme

$$\sum \frac{1}{x - x_i} = \frac{1}{x - x_1} + \frac{1}{x - x_2} + \frac{1}{x - x_3} + \ldots . + \frac{1}{x - x_n},$$

qu'on trouve par son développement en fraction continue

$$\frac{\alpha_1}{q_1} + \frac{\alpha_2}{q_2} + \frac{\alpha_3}{q_3} + \ldots .$$

Dans cette fraction les constantes

$$\alpha_1,\ \alpha_2,\ \alpha_3, \ldots .$$

peuvent être choisies arbitrairement. Pour fixer les idées, nous supposerons

*) Nous n'emprunterons de notre Mémoire antérieur que la forme de cette série; mais tout ce qui est important pour son application sera donné dans ce qui suit.

qu'elles sont choisies de manière à ce que les coefficients de x dans les quotients

$$q_1,\ q_2,\ q_3,\dots$$

soient égaux à 1, et nous désignerons par

$$a_1,\ -a_2,\ -a_3,\dots$$

les valeurs de

$$\alpha_1,\ \alpha_2,\ \alpha_3,\dots$$

qui remplissent cette condition. D'après cela, et en remarquant que les dénominateurs

$$q_1,\ q_2,\ q_3,\dots$$

seront des fonctions du premier degré, on aura, pour la détermination des fonctions

$$\psi_0(x),\ \psi_1(x),\ \psi_2(x),\dots$$

ce développement de

$$\sum\frac{1}{x-x_i}$$

en fraction continue:

$$\sum\frac{1}{x-x_i}=\cfrac{a_1}{x-b_1-\cfrac{a_2}{x-b_2-\cfrac{a_3}{x-b_3-\dots}}}$$

D'où l'on tire, pour l'évaluation de ses réduites

$$\frac{\varphi_0(x)}{\psi_0(x)},\ \frac{\varphi_1(x)}{\psi_1(x)},\ \frac{\varphi_2(x)}{\psi_2(x)},\dots\frac{\varphi_\lambda(x)}{\psi_\lambda(x)},\dots,$$

les formules suivantes:

$$(1)\left\{\begin{array}{ll}
\psi_0(x)=1, & \varphi_0(x)=0,\\
\psi_1(x)=x-b_1, & \varphi_1(x)=a_1,\\
\psi_2(x)=(x-b_2)\,\psi_1(x)-a_2\psi_0(x), & \varphi_2(x)=(x-b_2)\,\varphi_1(x)-a_2\,\varphi_0(x),\\
\dots\dots\dots & \dots\dots\dots\\
\psi_\lambda(x)=(x-b_\lambda)\,\psi_{\lambda-1}(x)-a_\lambda\,\psi_{\lambda-2}(x), & \varphi_\lambda(x)=(x-b_\lambda)\,\varphi_{\lambda-1}(x)-a_\lambda\,\varphi_{\lambda-2}(x),
\end{array}\right.$$

et par là, en faisant

$$(2)\quad \begin{cases} \psi_0(x)\sum\frac{1}{x-x_i}-\varphi_0(x)=R_0, \\ \psi_1(x)\sum\frac{1}{x-x_i}-\varphi_1(x)=R_1, \\ \psi_2(x)\sum\frac{1}{x-x_i}-\varphi_2(x)=R_2, \\ \dots\dots\dots\dots\dots\dots \\ \psi_\lambda(x)\sum\frac{1}{x-x_i}-\varphi_\lambda(x)=R_\lambda, \end{cases}$$

on obtient, relativement aux fonctions

$$R_0,\ R_1,\ R_2,\dots R_\lambda,$$

cette suite d'équations:

$$(3)\quad \begin{cases} R_0=\sum\frac{1}{x-x_i}, \\ R_1=(x-b_1)\,R_0-a_1, \\ R_2=(x-b_2)\,R_1-a_2\,R_0, \\ \dots\dots\dots\dots\dots\dots \\ R_\lambda=(x-b_\lambda)\,R_{\lambda-1}-a_\lambda\,R_{\lambda-2}. \end{cases}$$

C'est au moyen de ces formules que nous parviendrons à déterminer toutes les quantités qui sont importantes pour l'évaluation des termes de notre série.

§ II.

Comme les réduites

$$\frac{\varphi_0(x)}{\psi_0(x)},\ \frac{\varphi_1(x)}{\psi_1(x)},\ \frac{\varphi_2(x)}{\psi_2(x)},\dots\frac{\varphi_\mu(x)}{\psi_\mu(x)},\ \frac{\varphi_{\mu+1}(x)}{\psi_{\mu+1}(x)},\dots$$

de la fraction continue

$$\cfrac{a_1}{x-b_1-\cfrac{a_2}{x-b_2-\cfrac{a_3}{x-b_3-\dots}}},$$

qui résulte du développement de

$$\sum\frac{1}{x-x_i},$$

ont pour dénominateurs les fonctions

$$\psi_0(x),\ \psi_1(x),\ \psi_2(x),\ldots\psi_\mu(x),\ \psi_{\mu+1}(x),\ldots,$$

respectivement des degrés

$$0,\ 1,\ 2,\ldots\mu,\ \mu+1,\ldots,$$

la fraction

$$\frac{\varphi_\mu(x)}{\psi_\mu(x)}$$

représentera la valeur de

$$\sum\frac{1}{x-x_i}$$

exactement jusqu'à $\frac{1}{x^{2\mu}}$, et, par conséquent, la différence

$$\sum\frac{1}{x-x_i}-\frac{\varphi_\mu(x)}{\psi_\mu(x)}$$

sera de degré inférieur à -2μ. Mais la fonction $\psi_\mu(x)$ étant du degré μ, cela suppose que l'expression

$$R_\mu=\psi_\mu(x)\sum\frac{1}{x-x_i}-\varphi_\mu(x),$$

est d'un degré inférieur à $-\mu$, et de là on conclura que son développement ne peut contenir les termes avec des puissances de x supérieures à $x^{-\mu-1}$. Donc, on aura

$$R_\mu=\frac{(\mu,\mu)}{x^{\mu+1}}+\frac{(\mu,\mu+1)}{x^{\mu+2}}+\frac{(\mu,\mu+2)}{x^{\mu+3}}+\ldots,$$

en désignant par

$$(\mu,\mu),\ (\mu,\mu+1),\ (\mu,\mu+2),\ldots$$

les coefficients de

$$\frac{1}{x^{\mu+1}},\ \frac{1}{x^{\mu+2}},\ \frac{1}{x^{\mu+3}},\ldots$$

dans le développement de R_μ.

D'après cela, en adoptant pour l'indice μ les valeurs

$$0,\ 1,\ 2,\ldots\lambda-2,\ \lambda-1,\ \lambda,$$

on trouve pour les fonctions

$$R_0,\ R_1,\ R_2,\ldots R_{\lambda-1},\ R_{\lambda-2},\ R_\lambda$$

les développements suivants:

$$(4)\quad \begin{cases} R_0 = \frac{(0,0)}{x} + \frac{(0,1)}{x^2} + \frac{(0,2)}{x^3} + \ldots, \\ R_1 = \frac{(1,1)}{x^2} + \frac{(1,2)}{x^3} + \frac{(1,3)}{x^4} + \ldots; \\ R_2 = \frac{(2,2)}{x^3} + \frac{(2,3)}{x^4} + \frac{(2,4)}{x^5} + \ldots; \\ \ldots\ldots\ldots\ldots\ldots\ldots \\ R_{\lambda-2} = \frac{(\lambda-2,\lambda-2)}{x^{\lambda-1}} + \frac{(\lambda-2,\lambda-1)}{x^{\lambda}} + \frac{(\lambda-2,\lambda)}{x^{\lambda+1}} + \ldots, \\ R_{\lambda-1} = \frac{(\lambda-1,\lambda-1)}{x^{\lambda}} + \frac{(\lambda-1,\lambda)}{x^{\lambda+1}} + \frac{(\lambda-1,\lambda+1)}{x^{\lambda+2}} + \ldots, \\ R_\lambda = \frac{(\lambda,\lambda)}{x^{\lambda+1}} + \frac{(\lambda,\lambda+1)}{x^{\lambda+2}} + \frac{(\lambda,\lambda+2)}{x^{\lambda+3}} + \ldots\ldots\ldots\ldots \end{cases}$$

où

$$\begin{array}{l} (0,0),\ (0,1),\ (0,2),\ldots, \\ (1,1),\ (1,2),\ (1,3),\ldots, \\ (2,2),\ (2,3),\ (2,4),\ldots, \\ \ldots\ldots\ldots\ldots\ldots\ldots \\ (\lambda-2,\ \lambda-2),\ (\lambda-2,\ \lambda-1),\ (\lambda-2,\ \lambda),\ldots, \\ (\lambda-1,\ \lambda-1),\ (\lambda-1,\ \lambda),\ (\lambda-1,\ \lambda+1),\ldots, \\ (\lambda,\ \lambda),\ (\lambda,\ \lambda+1),\ (\lambda,\ \lambda+2),\ldots\ldots\ldots\ldots, \end{array}$$

sont des valeurs constantes qui se présentent comme quantités auxiliaires.

§ III.

En portant dans les formules (3) les développements de

$$R_0,\ R_1,\ R_2,\ldots R_{\lambda-2},\ R_{\lambda-1},\ R_\lambda,$$

d'après (4), on obtiendra cette suite de formules:

$$\sum \frac{1}{x - x_i} = \frac{(0,0)}{x} + \frac{(0,1)}{x^2} + \frac{(0,2)}{x^3} + \ldots,$$

$$\frac{(1,1)}{x^2} + \frac{(1,2)}{x^3} + \frac{(1,3)}{x^4} + \ldots\ldots = (x - b_1)\left[\frac{(0,0)}{x} + \frac{(0,1)}{x^2} + \frac{(0,2)}{x^3} + \ldots\right] - a_1,$$

$$\frac{(2,2)}{x^3} + \frac{(2,3)}{x^4} + \frac{(2,4)}{x^5} + \ldots\ldots = (x - b_2)\left[\frac{(1,1)}{x^2} + \frac{(1,2)}{x^3} + \frac{(1,3)}{x^4} + \ldots\right] - a_2\left[\frac{(0,0)}{x} + \frac{(0,1)}{x^2} + \frac{(0,2)}{x^3} + \ldots\right],$$

. . . .

$$\frac{(\lambda,\lambda)}{x^{\lambda+1}} + \frac{(\lambda,\lambda+1)}{x^{\lambda+2}} + \frac{(\lambda,\lambda+2)}{x^{\lambda+3}} + \ldots = (x - b_\lambda)\left[\frac{(\lambda-1,\lambda-1)}{x^\lambda} + \frac{(\lambda-1,\lambda)}{x^{\lambda+1}} + \frac{(\lambda-1,\lambda+1)}{x^{\lambda+2}} + \ldots\right] - a_\lambda\left[\frac{(\lambda-2,\lambda-2)}{x^{\lambda-1}} + \frac{(\lambda-2,\lambda-1)}{x^\lambda} + \frac{(\lambda-2,\lambda)}{x^{\lambda+1}} + \ldots\right].$$

La première de ces formules, d'après le développement de

$$\sum \frac{1}{x - x_i}$$

en série

$$\frac{\Sigma x_i^0}{x} + \frac{\Sigma x_i}{x^2} + \frac{\Sigma x_i^2}{x^3} + \ldots,$$

nous donne

$$\frac{\Sigma x_i^0}{x} + \frac{\Sigma x_i}{x^2} + \frac{\Sigma x_i^2}{x^3} + \ldots = \frac{(0,0)}{x} + \frac{(0,1)}{x^2} + \frac{(0,2)}{x^3} + \ldots$$

D'où il suit

$$(0,0) = \Sigma x_i^0,\ (0,1) = \Sigma x_i,\ (0,2) = \Sigma x_i^2, \ldots$$

Par la seconde on obtient, en égalant entre eux les coefficients des mêmes puissances de x,

$$0 = (0,0) - a_1,\ 0 = (0,1) - b_1(0,0),\ (1,1) = (0,2) - b_1(0,1),$$
$$(1,2) = (0,3) - b_1(0,2),\ (1,3) = (0,4) - b_1(0,3), \ldots\ldots,$$

ce qui nous donne

$$a_1 = (0,0),\ b_1 = \frac{(0,1)}{(0,0)},$$

$$(1,1) = (0,2) - b_1(0,1),\ (1,2) = (0,3) - b_1(0,2),\ (1,3) = (0,4) - b_1(0,3), \ldots$$

31

En traitant de la même manière toutes les autres formules on reconnaîtra qu'en général, dans le cas de $\lambda > 1$, les quantités a_λ et b_λ se déterminent ainsi:

$$a_\lambda = \frac{(\lambda-1, \lambda-1)}{(\lambda-2, \lambda-2)}, \quad b_\lambda = \frac{(\lambda-1, \lambda)}{(\lambda-1, \lambda-1)} - \frac{(\lambda-2, \lambda-1)}{(\lambda-2, \lambda-2)},$$

et que toutes les quantités

$$(\lambda, \lambda), \ (\lambda, \lambda+1), \ (\lambda, \lambda+2), \ldots,$$

en fonction de

$$(\lambda-2, \lambda-2), \ (\lambda-2, \lambda-1), \ (\lambda-2, \lambda) \ldots,$$

$$(\lambda-1, \lambda-1), \ (\lambda-1, \lambda), \ (\lambda-1, \lambda+1), \ldots,$$

se trouvent par cette formule:

$$(\lambda, \mu) = (\lambda-1, \mu+1) - b_\lambda (\lambda-1, \mu) - a_\lambda (\lambda-2, \mu).$$

On trouvera ainsi successivement les quantités

$$a_1, \ b_1,$$

$$a_2, \ b_2,$$

$$a_3, \ b_3,$$

$$\ldots\ldots$$

et avec ces quantités, d'après (1), on obtiendra aisément les fonctions

$$\psi_0(x), \ \psi_1(x), \ \psi_2(x), \ldots$$

qui entrent dans la composition des termes de notre série.

§ IV.

En passant à la détermination des coefficients de notre série, nous montrerons qu'en vertu des formules (2) et (4) on aura

$$\Sigma x_i^\mu \psi_\lambda(x_i) = 0, \tag{5}$$

si $\mu < \lambda$, et

$$\Sigma x_i^\mu \psi_\lambda(x_i) = (\lambda, \mu), \tag{6}$$

si $\mu =$ ou $> \lambda$.

Pour y parvenir, remarquons que d'après (2)

$$R_\lambda = \sum \frac{\psi_\lambda(x)}{x - x_i} - \varphi_\lambda(x),$$

et comme le reste de la division de $\psi_\lambda(x)$ par $x - x_i$ est égal à $\psi_\lambda(x_i)$, cette formule se réduit à celle-ci:

$$R_\lambda = \sum \left[F(x, x_i) + \frac{\psi_\lambda(x_i)}{x - x_i} \right] - \varphi_\lambda(x),$$

où $F(x, x_i)$ est une fonction entière qu'on trouve en quotient dans la division de $\psi_\lambda(x)$ par $x - x_i$. Or si l'on décompose la somme

$$\sum \left[F(x, x_i) + \frac{\psi_\lambda(x_i)}{x - x_i} \right]$$

en deux parties

$$\sum F(x, x_i), \quad \sum \frac{\psi_\lambda(x_i)}{x - x_i},$$

et que l'on développe, dans la somme

$$\sum \frac{\psi_\lambda(x_i)}{x - x_i},$$

la fraction

$$\frac{1}{x - x_i}$$

en série

$$\frac{1}{x} + \frac{x_i}{x^2} + \frac{x_i^2}{x^3} + \ldots.,$$

cette formule nous donnera

$$R_\lambda = \sum F(x, x_i) - \varphi_\lambda(x) + \frac{\Sigma \psi_\lambda(x_i)}{x} + \frac{\Sigma x_i \psi_\lambda(x_i)}{x^2} + \frac{\Sigma x_i^2 \psi_\lambda(x_i)}{x^3} \ldots.,$$

ce qui suppose, d'après (5), l'identité de ces deux suites:

$$\sum F(x, x_i) - \varphi_\lambda(x) + \frac{\Sigma \psi_\lambda(x_i)}{x} + \frac{\Sigma x_i \psi_\lambda(x_i)}{x^2} + \frac{\Sigma x_i^2 \psi_\lambda(x_i)}{x^3} + \ldots.,$$

$$\frac{(\lambda, \lambda)}{x^{\lambda+1}} + \frac{(\lambda, \lambda+1)}{x^{\lambda+2}} + \frac{(\lambda, \lambda+2)}{x^{\lambda+3}} + \ldots.$$

Mais comme

$$\Sigma F(x, x_i), \quad \varphi_\lambda(x)$$

sont des fonctions entières, cela ne peut avoir lieu à moins que les termes avec les dénominateurs

$$x, \; x^2, \; x^3, \ldots. x^\lambda, \; x^{\lambda+1}, \; x^{\lambda+2}, \ldots.,$$

dans ces deux suites, ne soient respectivement égaux. Donc

$$\Sigma\psi_\lambda(x_i)=0,\ \Sigma x_i\psi_\lambda(x_i)=0,\ \Sigma x_i^2\psi_\lambda(x_i)=0,\ldots\ \Sigma x_i^{\lambda-1}\psi_\lambda(x_i)=0,$$
$$\Sigma x_i^\lambda\psi_\lambda(x_i)=(\lambda,\lambda),\ \Sigma x_i^{\lambda+1}\psi_\lambda(x_i)=(\lambda,\lambda+1),\ldots,$$

ce qui prouve les équations (5) et (6).

D'après cela il est aisé de déterminer les coefficients

$$K_0,\ K_1,\ K_2,\ldots$$

de la série

$$u=K_0\psi_0(x)+K_1\psi_1(x)+K_2\psi_2(x)+\ldots$$

Pour cela multiplions la série par x_i^μ, où μ est un nombre quelconque, et sommons ses termes pour toutes les valeurs de

$$x=x_1,\ x_2,\ x_3,\ldots x_n.$$

Nous obtiendrons ainsi

$$\Sigma x_i^\mu u_i=K_0\Sigma x_i^\mu\psi_0(x_i)+K_1\Sigma x_i^\mu\psi_1(x_i)+K_2\Sigma x_i^\mu\psi_2(x_i)+\ldots,$$

où par u_i nous désignons la valeur de u qui correspond à $x=x_i$, et comme, en vertu de (5) et (6), on aura

$$\Sigma x_i^\mu\psi_0(x)=(0,\mu),\ \Sigma x_i^\mu\psi_1(x_i)=(1,\mu),\ldots\ \Sigma x_i^\mu\psi_\mu(x_i)=(\mu,\mu),$$
$$\Sigma x_i^\mu\psi_{\mu+1}(x_i)=0,\ \Sigma x_i^\mu\psi_{\mu+2}(x_i)=0,\ \Sigma x_i^\mu\psi_{\mu+3}(x_i)=0,\ldots,$$

il en résulte

$$\Sigma x_i^\mu u_i=(0,\mu)\,K_0+(1,\mu)\,K_1+\ldots+(\mu-1,\mu)\,K_{\mu-1}+(\mu,\mu)K_\mu.$$

D'où, pour la détermination du coefficient K_μ, en fonction des coefficients K_0, $K_1,\ldots K_{\mu-1}$, on tire cette formule très simple:

$$K_\mu=\frac{\Sigma x_i^\mu u_i-(0,\mu)\,K_0-(1,\mu)\,K_1-\ldots-(\mu-1,\mu)\,K_{\mu-1}}{(\mu,\mu)}.$$

En adoptant ici pour l'indice μ les valeurs 0, 1, 2, 3,...., on obtient, pour la détermination successive des coefficients

$$K_0,\ K_1,\ K_2,\ K_3,\ldots,$$

cette suite d'équations:

$$K_0 = \frac{\Sigma u_i}{(0, 0)},$$

$$K_1 = \frac{\Sigma x_i u_i - (0, 1) K_0}{(1, 1)},$$

$$K_2 = \frac{\Sigma x_i^2 u_i - (0, 2) K_0 - (1, 2) K_1}{(2, 2)},$$

$$K_3 = \frac{\Sigma x_i^3 u_i - (0, 3) K_0 - (1, 3) K_1 - (2, 3) K_2}{(3, 3)},$$

. . . .

§ V.

Il nous reste à montrer comment on parviendra d'une manière facile à trouver la somme des carrés des différences entre les valeurs données de u

$$u_1, \ u_2, \ u_3, \ldots . u_n,$$

correspondantes à

$$x = x_1, \ x_2, \ x_3, \ldots . x_n,$$

et celles qui, pour les mêmes valeurs de x, résultent de notre série arrêtée au terme $K_\lambda \, \psi_\lambda (x)$, λ étant un nombre quelconque.

Pour y parvenir, nous allons montrer qu'on aura

$$(7) \qquad \Sigma \psi_\mu (x_i) \, \psi_\nu (x_i) = 0,$$

tant que $\nu < \mu$, et

$$(8) \qquad \Sigma \psi_\mu (x_i) \, \psi_\nu (x_i) = (\mu, \mu),$$

dans le cas de $\mu = \nu$.

En effet, d'après (1), la fonction $\psi_\nu (x)$ sera de la forme

$$x^\nu + A_1 x^{\nu - 1} + A_2 x^{\nu - 2} + \ldots . ,$$

et par conséquent on aura

$$(9) \quad \Sigma \psi_\mu (x_i) \, \psi_\nu (x_i) = \Sigma x_i^\nu \psi_\mu (x_i) + A_1 \Sigma x_i^{\nu - 1} \psi_\mu (x_i) + A_2 \Sigma x_i^{\nu - 2} \psi_\mu (x_i) + \ldots .$$

Mais en vertu de (5), dans le cas de $\nu < \mu$, toutes les sommes

$$\Sigma x_i^\nu \psi_\mu (x_i), \ \Sigma x_i^{\nu - 1} \psi_\mu (x_i), \ \Sigma x_i^{\nu - 2} \psi_\mu (x_i), \ldots .$$

se réduisent à zéro, et par là, d'après la formule précédente, on trouvera

$$\Sigma \psi_\mu(x_i)\,\psi_\nu(x_i) = 0,$$

ce qui prouve l'équation (7).

De même, dans le cas de

$$\mu = \nu,$$

on trouve, d'après (5) et (6), que la somme

$$\Sigma x_i^{\nu}\,\psi_\mu(x_i)$$

est égale à (μ, μ), et que les sommes

$$\Sigma x_i^{\nu-1}\,\psi_\mu(x_i),\ \ \Sigma x_i^{\nu-2}\,\psi_\mu(x_i), \ldots .$$

s'annulent. En vertu de quoi, pour $\mu = \nu$, la formule (9) nous donne l'équation (8)

$$\Sigma \psi_\mu(x_i)\,\psi_\nu(x_i) = (\mu, \mu).$$

Au moyen des équations (7) et (8), que nous venons de prouver, il est aisé de montrer qu'on aura toujours

$$\Sigma u_i\,\psi_\mu(x_i) = (\mu, \mu)\,K_\mu. \tag{10}$$

Pour s'en assurer, observons que notre série

$$u = K_0\psi_0(x) + K_1\psi_1(x) + K_2\psi_2(x) + \ldots ,$$

prolongée jusqu'au dernier terme, représente exactement toutes les valeurs données de u

$$u_1,\ u_2,\ u_3, \ldots u_n,$$

et par là on aura

$$\Sigma u_i\,\psi_\mu(x_i) = K_0\,\Sigma\psi_0(x_i)\,\psi_\mu(x_i) + K_1\,\Sigma\psi_1(x_i)\,\psi_\mu(x_i) + K_2\,\Sigma\psi_2(x_i)\,\psi_\mu(x_i) + \ldots$$

Mais d'après (7) les sommes

$$\Sigma\psi_0(x_i)\,\psi_\mu(x_i),\ \Sigma\psi_1(x_i)\,\psi_\mu(x_i), \ldots \Sigma\psi_{\mu-1}(x_i)\,\psi_\mu(x_i),\ \Sigma\psi_{\mu+1}(x_i)\,\psi_\mu(x_i), \ldots .$$

s'annulent, et d'après (8) on trouve

$$\Sigma \psi_\mu(x_i)\,\psi_\mu(x_i) = (\mu, \mu).$$

Donc le développement précédent de $\Sigma u_i \psi(x_i)$ se réduira à un terme

$$(\mu, \mu) K_\mu,$$

ce qui nous donne l'équation (10).

En vertu des équations démontrées, il est aisé de trouver la somme

$$\Sigma \left[u_i - K_0 \psi_0(x_i) - K_1 \psi_1(x_i) - \ldots - K_\lambda \psi_\lambda(x_i)\right]^2,$$

où

$$u_i,$$

pour $i = 1, 2, 3, \ldots n$, désigne les valeurs données de u

$$u_1, u_2, u_3, \ldots u_n,$$

et l'expression

$$K_0 \psi_0(x_i) + K_1 \psi_1(x_i) + K_2 \psi_2(x_i) + \ldots + K_\lambda \psi_\lambda(x_i)$$

leurs valeurs approchées, obtenues par notre série, arrêtée au terme $K_\lambda \psi_\lambda(x)$.

Pour cela mettons le carré

$$\left[u_i - K_0 \psi_0(x_i) - K_1 \psi_1(x_i) - K_2 \psi_2(x_i) - \ldots - K_\lambda \psi_\lambda(x_i)\right]^2$$

sous la forme

$$\begin{aligned}
&u_i^2 - 2u_i\left[K_0 \psi_0(x_i) + K_1 \psi_1(x_i) + K_2 \psi_2(x_i) + \ldots + K_\lambda \psi_\lambda(x_i)\right] \\
&+ K_0 \psi_0(x_i)\left[K_0 \psi_0(x_i) + K_1 \psi_1(x_i) + K_2 \psi_2(x_i) + \ldots + K_\lambda \psi_\lambda(x_i)\right] \\
&+ K_1 \psi_1(x_i)\left[K_0 \psi_0(x_i) + K_1 \psi_1(x_i) + K_2 \psi_2(x_i) + \ldots + K_\lambda \psi_\lambda(x_i)\right] \\
&+ \ldots\ldots\ldots\ldots\ldots\ldots\ldots\ldots\ldots\ldots \\
&+ K_\lambda \psi_\lambda(x_i)\left[K_0 \psi_0(x_i) + K_1 \psi_1(x_i) + K_2 \psi_2(x_i) + \ldots + K_\lambda \psi_\lambda(x_i)\right],
\end{aligned}$$

ce qui nous donne

$$\begin{aligned}
&\Sigma\left[u_i - K_0 \psi_0(x_i) - K_1 \psi_1(x_i) - K_2 \psi_2(x_i) - \ldots - K_\lambda \psi_\lambda(x_i)\right]^2 \\
&= \Sigma u_i^2 - 2K_0 \Sigma u_i \psi_0(x_i) - 2K_1 \Sigma u_i \psi_1(x_i) - 2K_2 \Sigma u_i \psi_2(x_i) - \ldots - 2K_\lambda \Sigma u_i \psi_\lambda(x_i) \\
&+ K_0^2 \Sigma \psi_0(x_i)\psi_0(x_i) + K_0 K_1 \Sigma \psi_0(x_i)\psi_1(x_i) + K_0 K_2 \Sigma \psi_0(x_i)\psi_2(x_i) + \ldots + K_0 K_\lambda \Sigma \psi_0(x_i)\psi_\lambda(x_i) \\
&+ K_1 K_0 \Sigma \psi_1(x_i)\psi_0(x_i) + K_1^2 \Sigma \psi_1(x_i)\psi_1(x_i) + K_1 K_2 \Sigma \psi_1(x_i)\psi_2(x_i) + \ldots + K_1 K_\lambda \Sigma \psi_1(x_i)\psi_\lambda(x_i) \\
&+ \ldots\ldots\ldots\ldots\ldots\ldots\ldots\ldots\ldots\ldots \\
&+ K_\lambda K_0 \Sigma \psi_\lambda(x_i)\psi_0(x_i) + K_\lambda K_1 \Sigma \psi_\lambda(x_i)\psi_1(x_i) + K_\lambda K_2 \Sigma \psi_\lambda(x_i)\psi_2(x_i) + \ldots + K_\lambda^2 \Sigma \psi_\lambda(x_i)\psi_\lambda(x_i)
\end{aligned}$$

Mais d'après (10) nous aurons

$$\Sigma u_i \psi_0(x_i) = (0,0) K_0, \ \Sigma u_i \psi_1(x_i) = (1,1) K_1, \ \Sigma u_i \psi_2(x_i) = (2,2) K_2, \ldots,$$

et d'après (8) et (9)

$$\Sigma \psi_0(x_i)\psi_0(x_i) = (0,0), \ \Sigma \psi_1(x_i)\psi_1(x_i) = (1,1), \ \Sigma \psi_2(x_i)\psi_2(x_i) = (2,2), \ldots,$$

$$\Sigma \psi_1(x_i)\psi_0(x_i) = 0, \quad \Sigma \psi_2(x_i)\psi_0(x_i) = 0, \ldots,$$

$$\Sigma \psi_0(x_i)\psi_1(x_i) = 0, \quad \Sigma \psi_2(x_i)\psi_1(x_i) = 0, \ldots,$$

$$\Sigma \psi_0(x_i)\psi_2(x_i) = 0, \quad \Sigma \psi_1(x_i)\psi_2(x_i) = 0, \ldots,$$

$$\ldots\ldots\ldots\ldots\ldots\ldots$$

En vertu de quoi la formule précedénte devient

$$\begin{aligned}\Sigma[u_i - K_0\psi_0(x_i) - K_1\psi_1(x_i) - K_2\psi_2(x_i) - \ldots\ldots - K_\lambda \psi_\lambda(x_i)]^2 \\ = \Sigma u_i^2 - 2(0,0)K_0^2 - 2(1,1)K_1^2 - 2(2,2)K_2^2 - \ldots - 2(\lambda,\lambda)K_\lambda^2 \\ + (0,0)K_0^2 + (1,1)K_1^2 + (2,2)K_2^2 + \ldots\ldots + (\lambda,\lambda)K_\lambda^2,\end{aligned}$$

et se réduit à celle-ci:

$$\begin{aligned}\Sigma[u_i - K_0\psi_0(x_i) - K_1\psi_1(x_i) - K_2\psi_2(x_i) - \ldots - K_\lambda \psi_\lambda(x_i)]^2 \\ = \Sigma u_i^2 - (0,0)K_0^2 - (1,1)K_1^2 - (2,2)K_2^2 - \ldots - (\lambda,\lambda)K_\lambda^2.\end{aligned}$$

Telle est la formule donnant la somme des carrés des différences qui existent entre les valeurs données de u et leurs représentations par la série

$$u = K_0\psi_0(x) + K_1\psi_1(x) + K_2\psi_2(x) + \ldots,$$

arrêtée au terme $K_\lambda \psi_\lambda(x)$. En désignant, pour abréger, cette somme par

$$\Sigma d_\lambda^2,$$

nous aurons

$$\Sigma d_\lambda^2 = \Sigma u_i^2 - (0,0)K_0^2 - (1,1)K_1^2 - (2,2)K_2^2 - \ldots - (\lambda,\lambda)K_\lambda^2.$$

D'où, pour la détermination successive des sommes

$$\Sigma d_0^2, \ \Sigma d_1^2, \ \Sigma d_2^2, \ldots$$

qui correspondent respectivement aux cas où notre série est arrêtée aux termes 1, 2, 3, ..., résulte cette suite d'équations:

$$\Sigma d_0^2 = \Sigma u_1^2 - (0,0) K_0^2,$$
$$\Sigma d_1^2 = \Sigma d_0^2 - (1,1) K_1^2,$$
$$\Sigma d_2^2 = \Sigma d_1^2 - (2,2) K_2^2,$$
. . . .

§ VI.

Nous allons maintenant résumer les formules définitives par lesquelles on parviendra à calculer, terme par terme, l'expression de u d'après la série

$$u = K_0 \psi_0(x) + K_1 \psi_1(x) + K_2 \psi_2(x) + \ldots,$$

et on connaîtra, en même temps, la somme des carrés des erreurs commises dans la représentation des valeurs données de u, en s'arrêtant aux termes 1, 2, 3, ... λ.

Dans ces formules, suivant la notation employée, les valeurs données de la fonction u et de la variable x sont représentées par

$$u_1,\ u_2,\ u_3, \ldots . u_n,$$
$$x_1,\ x_2,\ x_3, \ldots . x_n.$$

Les sommations s'étendent à toutes les valeurs de l'indice i, depuis $i=1$, jusqu'à $i=n$, et Σd_λ^2 désigne la somme des carrés des erreurs dans la représentation des valeurs données de u par notre série, arrêtée au terme $K_\lambda \psi_\lambda(x)$, somme d'après laquelle on trouvera l'erreur moyenne par la formule

$$E = \sqrt{\frac{1}{n} \sum d_\lambda^2}.$$

Formules relatives à la détermination du terme $K_0 \psi_0(x)$.

$$(0,0) = \Sigma x_i^0 = n,$$
$$K_0 = \frac{\Sigma u_i}{(0,0)},$$
$$\psi_0(x) = 1,$$
$$\Sigma d_0^2 = \Sigma u_i^2 - (0,0) K_0^2.$$

Formules relatives à la détermination du terme $K_1\psi_1(x)$.

$$(0,1)=\Sigma x_i, \qquad (0,2)=\Sigma x_i^2,$$

$$a_1=(0,0)$$

$$b_1=\frac{(0,1)}{(0,0)}, \qquad (1,1)=(0,2)-b_1(0,1),$$

$$K_1=\frac{\Sigma x_i u_i-(0,1)K_0}{(1,1)},$$

$$\psi_1(x)=x-b_1,$$

$$\Sigma d_1^2=\Sigma d_0^2-(1,1)K_1^2.$$

Formules relatives à la détermination du terme $K_2\psi_2(x)$.

$$(0,3)=\Sigma x_i^3, \qquad (0,4)=\Sigma x_i^4,$$

$$(1,2)=(0,3)-b_1(0,2), \qquad (1,3)=(0,4)-b_1(0,3),$$

$$a_2=\frac{(1,1)}{(0,0)},$$

$$b_2=\frac{(1,2)}{(1,1)}-\frac{(0,1)}{(0,0)}, \qquad (2,2)=(1,3)-b_2(1,2)-a_2(0,2),$$

$$K_2=\frac{\Sigma x_i^2 u_i-(0,2)K_0-(1,2)K_1}{(2,2)},$$

$$\psi_2(x)=(x-b_2)\psi_1(x)-a_2\psi_0(x),$$

$$\Sigma d_2^2=\Sigma d_1^2-(2,2)K_2^2.$$

. . . .

. . . .

Formules relatives à la détermination du terme $K_\lambda\psi_\lambda(x)$.

$$(0,2\lambda-1)=\Sigma x_i^{2\lambda-1}, \qquad (0,2\lambda)=\Sigma x_i^{2\lambda},$$

$$(1,2\lambda-2)=(0,2\lambda-1)-b_1(0,2\lambda-2), \quad (1,2\lambda-1)=(0,2\lambda)-b_1(0,2\lambda-1),$$

$$(2,2\lambda-3)=(1,2\lambda-2)-b_2(1,2\lambda-3)-a_2(0,2\lambda-3), \quad (2,2\lambda-2)=(1,2\lambda-1)-b_2(1,2\lambda-2)-a_2(0,2\lambda-2),$$

$$(3,2\lambda-4)=(2,2\lambda-3)-b_3(2,2\lambda-4)-a_3(1,2\lambda-4), \quad (3,2\lambda-3)=(2,2\lambda-2)-b_3(2,2\lambda-3)-a_3(1,2\lambda-3),$$

. . . .

$$(\lambda-1,\lambda)=(\lambda-2,\lambda+1)-b_{\lambda-1}(\lambda-2,\lambda)-a_{\lambda-1}(\lambda-3,\lambda),$$

$$(\lambda-1,\lambda+1)=(\lambda-2,\lambda+2)-b_{\lambda-1}(\lambda-2,\lambda+1)-a_{\lambda-1}(\lambda-3,\lambda+1),$$

$$a_\lambda=\frac{(\lambda-1,\lambda-1)}{(\lambda-2,\lambda-2)},$$

$$b_\lambda=\frac{(\lambda-1,\lambda)}{(\lambda-1,\lambda-1)}-\frac{(\lambda-2,\lambda-1)}{(\lambda-2,\lambda-2)},\ (\lambda,\lambda)=(\lambda-1,\lambda+1)-b_\lambda(\lambda-1,\lambda)-a_\lambda(\lambda-2,\lambda),$$

$$K_\lambda=\frac{\Sigma x_i^\lambda u_i-(0,\lambda)K_0-(1,\lambda)K_1-(2,\lambda)K_2-\ldots-(\lambda-1,\lambda)K_{\lambda-1}}{(\lambda,\lambda)},$$

$$\psi_\lambda(x)=(x-b_\lambda)\psi_{\lambda-1}(x)-a_\lambda\psi_{\lambda-2}(x),$$

$$\Sigma d_\lambda^2=\Sigma d^2_{\lambda-1}-(\lambda,\lambda)K_\lambda^2.$$

§ VII.

Les formules que nous venons de donner pour déterminer successivement les termes

$$K_0\psi_0(x),\ K_1\psi_1(x),\ K_2\psi_2(x),\ldots\ K_\lambda\psi_\lambda(x)$$

dans le développement de u d'après notre série, et pour évaluer, en même temps, la somme des carrés des erreurs avec lesquelles les termes trouvés de u représentent toutes ses valeurs données, nous fournissent une méthode d'interpolation parabolique, importante sous plus d'un rapport. En vertu de la propriété remarquable de notre série, cette méthode donne l'expression de u sous forme d'un polynome avec les coefficients les plus probables. Sans fixer d'avance le nombre de ses termes, par cette méthode, on les trouvera successivement l'un après l'autre, et on reconnaîtra tout de suite celui auquel on peut s'arrêter d'après la somme des carrés des erreurs avec lesquelles les termes trouvés de u représentent ses valeurs données, somme qui donne sur le champ l'erreur moyenne de leur représentation. De plus, il est aisé de voir par la composition de nos formules que lorsque le nombre des valeurs données de u et celui des termes de son expression sont considérables, dans notre méthode d'interpolation les calculs sont moins prolixes que dans celles maintenant en usage.

Cette prolixité des calculs est due presque entièrement aux différentes *multiplications* et *divisions* dont le nombre s'accroît plus ou moins rapidement, avec ceux des valeurs données de u et des termes dans son expression. C'est sous ce rapport que nous allons montrer l'avantage de notre méthode d'interpolation, en laissant de côté les *additions* et les *soustractions* qui, dans le travail de ces calculs, n'entrent que pour bien peu de chose, et pour lesquelles on peut aussi bien manifester l'avantage de notre méthode.

Pour trouver par nos formules l'expression de u avec $\lambda + 1$ termes, on devra évaluer $3\lambda + 1$ sommes

$$\Sigma x_i,\ \Sigma x_i^2,\ \Sigma x_i^3, \ldots \ \Sigma x_i^{2\lambda},$$
$$\Sigma u_i,\ \Sigma x_i u_i,\ \Sigma x_i^2 u_i, \ldots \ \Sigma x_i^{\lambda} u_i,$$

et au moyen de ces sommes, en cherchant les termes

$$K_0 \psi_0(x),\ K_1 \psi_1(x),\ K_2 \psi_2(x), \ldots \ K_\lambda \psi_\lambda(x),$$

par ce que nous avons vu, et en les réduisant à la forme définitive

$$A + Bx + Cx^2 + \ldots,$$

on n'aura à faire des *multiplications* ou *divisions* qu'en nombre $4\lambda^2 + 2$.

Mais si l'on cherche cette expression de u, à l'ordinaire, par la méthode des *moindres carrés*, on est porté à calculer les mêmes sommes

$$\Sigma x_i,\ \Sigma x_i^2,\ \Sigma x_i^3, \ldots \ \Sigma x_i^{2\lambda},$$
$$\Sigma u_i,\ \Sigma x_i u_i,\ \Sigma x_i^2 u_i, \ldots \ \Sigma x_i^{\lambda} u_i$$

pour la composition des équations déterminant $\lambda + 1$ coefficients de u, et en résolvant ces équations à $\lambda + 1$ inconnues, on tombe sur les *multiplications* et les *divisions* dont le nombre, avec l'accroissement de λ, croît, comme on le sait, bien plus rapidement que $4\lambda^2 + 2$.

D'après la méthode de Cauchy, en cherchant, dans le développement de u, les termes

$$A + Bx + Cx^2 + \ldots + Hx^{\lambda},$$

on doit, pour $x = x_1, x_2, x_3, \ldots x_n$, évaluer plusieurs fonctions, dont les degrés montent jusqu'à λ, et composer par leur moyen les sommes qu'on nomme *subordonnées*. Or cela exige, évidemment, bien plus de *multiplications* qu'il n'en faut pour calculer les sommes

$$\Sigma x_i,\ \Sigma x_i^2,\ \Sigma x_i^3, \ldots \ \Sigma x_i^{2\lambda},$$
$$\Sigma u_i,\ \Sigma x_i u_i,\ \Sigma x_i^2 u_i, \ldots \ \Sigma x_i^{\lambda} u_i,$$

qui se présentent dans l'évaluation de $\lambda + 1$ termes de notre série, et aussi pour trouver celle-ci:

$$\Sigma u_i^2,$$

qui entre dans la détermination des sommes

$$\Sigma d_0^2,\ \Sigma d_1^2,\ \Sigma d_2^2, \ldots,$$

par lesquelles,, dans notre méthode, on reconnaîtra le nombre des termes importants pour l'interpolation.

D'autre part, pour trouver les fonctions, comprises dans les sommes *subordonnées*, et pour évaluer par elles les coefficients A, B, $C, \ldots . H$ de l'expression de

$$u = A + Bx + Cx^2 + \ldots . + Hx^\lambda,$$

dans la méthode de Cauchy, il est important de faire plusieurs *multiplications* et *divisions* dont le nombre total, avec l'accroissement de λ, croît plus rapidement que $4\lambda^2 + \lambda + 3$, nombre des mêmes opérations qui se présentent quand, par notre méthode, d'après les valeurs de

$$\Sigma x_i,\ \Sigma x_i^2,\ \Sigma x_i^3, \ldots . \ \Sigma x_i^{2\lambda},$$
$$\Sigma u_i,\ \Sigma x_i u_i,\ \Sigma x_i^2 u_i, \ldots . \ \Sigma x_i^\lambda u_i,\ \Sigma u_i^2,$$

on cherche $\lambda + 1$ termes et on détermine successivement les sommes

$$\Sigma d_0^2,\ \Sigma d_1^2,\ \Sigma d_2^2, \ldots . \ \Sigma d_\lambda^2.$$

Par là il est certain que, à cause du nombre de ses opérations, la méthode de Cauchy est loin d'être aussi simple que celle qui résulte de notre série. Mais comme plusieurs de ces opérations, dans la méthode de Cauchy, se simplifient de plus en plus à mesure que la convergence de la série

$$u = A + Bx + Cx^2 + \ldots . + Hx^\lambda,$$

s'accroît, il n'y a aucun doute qu'on ne rencontre des cas particuliers où elle devient plus expéditive que la nôtre.

§ VIII.

Pour montrer sur un exemple l'usage de notre méthode d'interpolation, nous allons l'appliquer à cette suite des valeurs de x et u *):

$x_1 = 0{,}15411$	$u_1 = 19{,}47$
$x_2 = 0{,}19516$	$u_2 = 21{,}83$
$x_3 = 0{,}22143$	$u_3 = 23{,}11$
$x_4 = 0{,}28802$	$u_4 = 26{,}11$
$x_5 = 0{,}32808$	$u_5 = 27{,}60$
$x_6 = 0{,}38183$	$u_6 = 28{,}89$
$x_7 = 0{,}45517$	$u_7 = 33{,}17$
$x_8 = 0{,}57012$	$u_8 = 33{,}38$
$x_9 = 0{,}75930$	$u_9 = 32{,}31$
$x_{10} = 0{,}91075$	$u_{10} = 31{,}88$
$x_{11} = 1{,}13895$	$u_{11} = 25{,}46.$

*) Ces valeurs représentent les résultats de la première série des observations de M. Marie Davy sur la résistance au changement de conducteur qu'il donne dans son Mémoire, intitulé: *Recherches expérimentales sur l'électricité voltaïque* (Annales de chimie et de physique, série III, tome 19).— Par x nous désignons l'inverse de l'intensité du courant, réduite à sa centième partie, et par u la résistance.

En cherchant à exprimer u par un seul terme

$$K_0\psi_0(x),$$

on prendra

$$
\begin{aligned}
(0,0)=\Sigma x_i^0 = 11,\quad u_1 &= 19,47\\
u_2 &= 21,83\\
u_3 &= 23,11\\
u_4 &= 26,11\\
u_5 &= 27,60\\
u_6 &= 28,89\\
u_7 &= 33,17\\
u_8 &= 33,38\\
u_9 &= 32,31\\
u_{10} &= 31,88\\
u_{11} &= 25,46\\
\hline
\Sigma u_i &= 303,21
\end{aligned}
$$

$$K_0=\frac{\Sigma u_i}{(0,0)}= 27,5645,$$

$$\psi_0(x)=1,$$

ce qui donne, exactement jusqu'à 0,001,

$$K_0\psi_0(x)=27,564.$$

Pour trouver la somme des carrés des erreurs avec lesquelles le terme trouvé représente les valeurs données, on fera les calculs suivants:

$$
\begin{aligned}
u_1^2 &= 379,08\\
u_2^2 &= 476,55\\
u_3^2 &= 534,07\\
u_4^2 &= 681,73\\
u_5^2 &= 761,76\\
u_6^2 &= 834,63\\
u_7^2 &= 1100,25\\
u_8^2 &= 1114,22\\
u_9^2 &= 1043,94\\
u_{10}^2 &= 1016,33\\
u_{11}^2 &= 648,21\\
\hline
\Sigma u_i^2 &= 8590,77\\
-(0,0)K_0^2 &= -8357,84\\
\hline
\Sigma d_0^2 = \Sigma u_i^2-(0,0)K_0^2 &= 232,93
\end{aligned}
$$

ce qui donne pour l'erreur moyenne

$$E = \sqrt{\frac{1}{n} \Sigma d_0^2} = \sqrt{\frac{232,93}{11}} = 4,6.$$

En remarquant d'après cela l'insuffisance de l'expression de u par un seul terme

$$K_0 \psi_0(x),$$

on cherchera le second terme

$$K_1 \psi_1(x),$$

et pour cela on calculera successivement

$$(0,1) = \Sigma x_i, \ (0,2) = \Sigma x_i^2,$$

$$a_1 = (0,0), \ b_1 = \frac{(0,1)}{(0,0)},$$

$$(1,1) = (0,2) - b_1 (0,1),$$

$$\Sigma x_i u_i, \ \Sigma x_i u_i - (0,1) K_0,$$

$$K_1 = \frac{\Sigma x_i u_i - (0,1) K_0}{(1,1)}, \psi_1(x)$$

ainsi qu'il suit:

$x_1 = 0,15411$	$x_1^2 = 0,02375$
$x_2 = 0,19516$	$x_2^2 = 0,03809$
$x_3 = 0,22143$	$x_3^2 = 0,04903$
$x_4 = 0,28802$	$x_4^2 = 0,08295$
$x_5 = 0,32808$	$x_5^2 = 0,10764$
$x_6 = 0,38183$	$x_6^2 = 0,14579$
$x_7 = 0,45517$	$x_7^2 = 0,20718$
$x_8 = 0,57012$	$x_8^2 = 0,32504$
$x_9 = 0,75930$	$x_9^2 = 0,57654$
$x_{10} = 0,91075$	$x_{10}^2 = 0,82947$
$x_{11} = 1,13895$	$x_{11}^2 = 1,29721$
$(0,1) = \Sigma x_i = 5,40292$	$(0,2) = \Sigma x_i^2 = 3,68269$
$a_1 = (0,0) = 11$	$-b_1(0,1) = -2,65378$
$b_1 = \frac{(0,1)}{(0,0)} = 0,49117$	$(1,1) = (0,2) - b_1(0,1) = 1,02891$

$$
\begin{aligned}
x_1\, u_1 &= 3{,}00052\\
x_2\, u_2 &= 4{,}26034\\
x_3\, u_3 &= 5{,}11725\\
x_4\, u_4 &= 7{,}52020\\
x_5\, u_5 &= 9{,}05501\\
x_6\, u_6 &= 11{,}03105\\
x_7\, u_7 &= 15{,}09799\\
x_8\, u_8 &= 19{,}03060\\
x_9\, u_9 &= 24{,}53298\\
x_{10} u_{10} &= 29{,}03471\\
x_{11} u_{11} &= 28{,}99767\\
\hline
\Sigma x_i u_i &= 156{,}67832\\
-(0,1)\, K_0 &= -\,148{,}92903\\
\hline
\Sigma x_i\, u_i - (0,1) K_0 &= 7{,}74929\\
K_1 = \frac{\Sigma x_i u_i - (0,1) K_0}{(1,1)} &= 7{,}5315,\\
\psi_1(x) = x - b_1 &= x - 0{,}49117.
\end{aligned}
$$

Donc,

$$K_1\, \psi_1(x) = 7{,}5315\, (x - 0{,}49117) = 7{,}532\, x - 3{,}699.$$

En passant à la détermination de Σd_1^2, on prendra

$$
\begin{aligned}
\Sigma d_0^2 &= 232{,}93\\
-(1,1)\, K_1^2 &= -\quad 58{,}37\\
\hline
\Sigma d_1^2 = \Sigma d_0^2 - (1,1)\, K_1^2 &= 174{,}58,
\end{aligned}
$$

d'où, pour l'erreur moyenne de la représentation des valeurs données de u par ses deux termes trouvés, résulte

$$E = \sqrt{\frac{1}{n}\,\Sigma d_1^2} = \sqrt{\frac{174{,}56}{11}} = 3{,}98.$$

Une erreur moyenne aussi considérable n'étant pas admisible, on cherchera le troisième terme

$$K_2\, \psi_2(x),$$

et pour cela on déterminera successivement les quantités

$$
\begin{gathered}
(0,3) = \Sigma x_i^3, \quad (0,4) = \Sigma x_i^4,\\
(1,2) = (0,3) - b_1(0,2), \quad (1,3) = (0,4) - b_1(0,3),\\
a_2 = \frac{(1,1)}{(0,0)}, \quad b_2 = \frac{(1,2)}{(1,1)} - \frac{(0,1)}{(0,0)},\\
(2,2) = (1,3) - b_2(1,2) - a_2(0,2),\\
\Sigma x_i^2 u_i, \quad \Sigma x_i^2 u_i - (0,2)\, K_0 - (1,2)\, K_1,\\
K_2 = \frac{\Sigma x_i^2\, u_i - (0,2)\, K_0 - (1,2)\, K_1}{(2,2)}
\end{gathered}
$$

et la fonction $\psi_2(x)$ de la manière suivante:

$$
\begin{aligned}
x_1^3 &= 0,00367 \\
x_2^3 &= 0,00743 \\
x_3^3 &= 0,01086 \\
x_4^3 &= 0,02389 \\
x_5^3 &= 0,03531 \\
x_6^3 &= 0,05567 \\
x_7^3 &= 0,09430 \\
x_8^3 &= 0,18531 \\
x_9^3 &= 0,43776 \\
x_{10}^3 &= 0,75544 \\
x_{11}^3 &= 1,47745 \\
\hline
(0,3) = \Sigma x_i^3 &= 3,08709 \\
-b_1(0,2) &= -1,80884 \\
\hline
(1,2) = (0,3) - b_1(0,2) &= 1,27825 \\
a_2 = \frac{(1,1)}{(0,0)} &= 0,09354 \\
\frac{(1,2)}{(1,1)} &= 1,24235 \\
-\frac{(0,1)}{(0,0)} &= -0,49117 \\
\hline
b_2 = \frac{(1,2)}{(1,1)} - \frac{(0,1)}{(0,0)} &= 0,75118
\end{aligned}
$$

$$
\begin{aligned}
x_1^4 &= 0,00056 \\
x_2^4 &= 0,00145 \\
x_3^4 &= 0,00240 \\
x_4^4 &= 0,00688 \\
x_5^4 &= 0,01158 \\
x_6^4 &= 0,02126 \\
x_7^4 &= 0,04292 \\
x_8^4 &= 0,10565 \\
x_9^4 &= 0,33240 \\
x_{10}^4 &= 0,68801 \\
x_{11}^4 &= 1,68275 \\
\hline
(0,4) = \Sigma x_i^4 &= 2,89586 \\
-b_1(0,3) &= -1,51630 \\
\hline
(1,3) = (0,4) - b_1(0,3) &= 1,37956 \\
-b_2(1,2) &= -0,96020 \\
-a_2(0,2) &= -0,34446 \\
\hline
(2,2) = (1,3) - b_2(1,2) - a_2(0,2) &= 0,07490
\end{aligned}
$$

$$
\begin{aligned}
x_1^2 u_1 &= 0,46241 \\
x_2^2 u_2 &= 0,83145 \\
x_3^2 u_3 &= 1,13311 \\
x_4^2 u_4 &= 2,16596 \\
x_5^2 u_5 &= 2,97075 \\
x_6^2 u_6 &= 4,21199 \\
x_7^2 u_7 &= 6,87215 \\
x_8^2 u_8 &= 10,84949 \\
x_9^2 u_9 &= 18,62790 \\
x_{10}^2 u_{10} &= 26,44337 \\
x_{11}^2 u_{11} &= 33,02691 \\
\hline
\Sigma x_i^2 u_i &= 107,59549 \\
-(0,2) K_0 &= -101,51151 \\
-(1,2) K_1 &= -9,62778 \\
\hline
\Sigma x_i^2 u_i - (0,2) K_0 - (1,2) K_1 &= -3,54380 \\
K_2 = \frac{\Sigma x_i^2 u_i - (0,2) K_0 - (1,2) K_1}{(2,2)} &= -47,313,
\end{aligned}
$$

$$
\begin{aligned}
\psi_2(x) = (x - b_2)\psi_1(x) - a_2 &= (x - 0,75118)(x - 0,49117) - 0,09354 \\
&= x^2 - 1,24235\, x + 0,27542.
\end{aligned}
$$

D'où il suit

$$K_2\psi_2(x) = -47{,}313\,(x^2 - 1{,}24235\,x + 0{,}27542)$$
$$= -47{,}313\,x^2 + 58{,}779\,x - 13{,}031;$$

et comme

$$\begin{array}{r}
\Sigma d_1^2 = \quad 174{,}56, \\
-(2{,}2)\,K_2^2 = -167{,}64, \\
\hline
\Sigma d_2^2 = \Sigma d_1^2 - (2{,}2)\,K_2^2 = \quad 6{,}92,
\end{array}$$

on trouve pour l'erreur moyenne

$$E = \sqrt{\frac{1}{n}\,\Sigma d_2^2} = \sqrt{\frac{6{,}92}{11}} = 0{,}79.$$

En procédant ainsi, on obtiendra l'expression de u terme par terme, et par là l'erreur moyenne dans la représentation des valeurs données de u s'approchera de plus en plus de zéro. Mais si l'on trouve suffisant de réduire cette erreur à 0,79, on s'arrêtera aux termes trouvés

$$K_0\psi_0(x) = \quad 27{,}564$$
$$K_1\psi_1(x) = \quad 7{,}532\,x - 3{,}699$$
$$K_2\psi_2(x) = -47{,}313\,x^2 + 58{,}779\,x - 13{,}031,$$

et par là, pour l'expression cherchée de u, on aura

$$\begin{array}{rl}
 & +27{,}564 \\
 & -3{,}699 + 7{,}532\,x \\
 & -13{,}031 + 58{,}779\,x - 47{,}313\,x^2 \\
\hline
u = & 10{,}834 + 66{,}311\,x - 47{,}313\,x^2.
\end{array}$$

19.

SUR

LE DÉVELOPPEMENT DES FONCTIONS

À UNE SEULE VARIABLE.

(Bulletin physico-mathématique de l'Académie Impériale des sciences de St.-Pétersbourg. T. I, p. 193—200.)

(Lu le 14 octobre 1859.)

Sur le développement des fonctions à une seule variable.

§ 1. Dans mon Mémoire *Sur les fractions continues* j'ai montré que si l'on cherche, d'après les valeurs données de la fonction $F(x)$

$$F(x_1),\ F(x_2), \ldots\ F(x_n),$$

son expression approximative sous la forme d'un polynome de degré quelconque, avec des coefficients indiqués par la *méthode des moindres carrés*, on parvient au développement de $F(x)$ en séries analogues à celles de Fourier, et qui sont ordonnées suivant les dénominateurs des réduites de la fraction continue résultant du développement de l'expression

$$\sum \frac{\theta^2(x_i)}{x - x_i},$$

les erreurs probables des valeurs données de $F(x)$

$$F(x_1),\ F(x_2), \ldots\ F(x_n)$$

étant proportionnelles à

$$\frac{1}{\theta(x_1)},\ \frac{1}{\theta(x_2)}, \ldots\ \frac{1}{\theta(x_n)}.$$

D'après cela, en faisant des hypothèses particulières sur la suite des valeurs

$$x_1,\ x_2, \ldots\ x_n$$

et la forme de la fonction $\theta(x)$, on obtient, pour le développement des fonctions, plusieurs séries plus ou moins remarquables.

Si l'on suppose les valeurs

$$x_1,\ x_2, \ldots\ x_n$$

équidistantes, infiniment proches entre elles, et que l'on fasse

$$x_1 = -1, \quad x_n = +1,$$

$$\theta^2(x) = \frac{x_2 - x_1}{\sqrt{1 - x^2}},$$

l'expression

$$\sum \frac{\theta^2(x_i)}{x - x_i}$$

se réduira à

$$\int_{-1}^{+1} \frac{1}{x - u} \frac{du}{\sqrt{1 - u^2}} = \frac{\pi}{\sqrt{x^2 - 1}}.$$

La fraction continue qui résulte de cette expression étant

$$\cfrac{\pi}{x - \cfrac{1}{2x - \cfrac{1}{2x - \cdots}}}$$

on reconnaît aisément que ses réduites ont pour dénominateurs des fonctions entières de x qui peuvent être représentées ainsi:

$$\cos\varphi, \ \cos 2\varphi, \ \cos 3\varphi, \ldots.$$

où

$$\varphi = \operatorname{arc}\cos x.$$

En vertu de ce que nous venons de dire, on est conduit au développement connu de Fourier de $f(x)$ en série ordonnée suivant les *cosinus* des arcs multiples.

En faisant la même hypothèse sur les valeurs de

$$x_1, \ x_2, \ldots . \ x_n$$

et en supposant que $\theta^2(x)$ se réduit à une constante

$$x_2 - x_1,$$

on trouve que l'expression

$$\sum \frac{\theta^2(x_i)}{x - x_i}$$

devient

$$\int_{-1}^{+1} \frac{du}{x - u} = \log \frac{x + 1}{x - 1},$$

et comme les réduites de cette expression ont pour dénominateurs les fonctions désignées par $X^{(n)}$, il en résulte la série connue, ordonnée suivant les valeurs de ces fonctions.

Dans une note lue à l'Académie en 1858 j'ai indiqué l'expression très simple des dénominateurs des réduites de

$$\sum \frac{\theta^2(x_i)}{x - x_i},$$

quand on a

$$\theta(x) = 1,$$

et que les valeurs

$$x_1, \; x_2, \ldots \; x_n$$

sont équidistantes. Ceci nous a fourni une nouvelle série pour le développement des fonctions, série d'autant plus remarquable qu'elle ne laisse rien à desirer pour l'interpolation parabolique dans un des cas les plus ordinaires de la pratique.

Nous allons indiquer à présent encore deux cas, où les dénominateurs des réduites de l'expression

$$\sum \frac{\theta^2(x_i)}{x - x_i},$$

ont une forme remarquable, ce qui, en vertu de nos recherches antérieures, donne encore lieu à deux nouvelles séries pour le développement des fonctions, séries qui, dans certaines circonstances, fourniront les résultats avec la moindre erreur à craindre.

§ 2. Si, depuis $-\infty$ jusqu'à $+\infty$, les différentes valeurs de la variable x ont la probabilité $\sqrt{\frac{k}{\pi}}e^{-kx^2}$, et que l'on cherche pour toutes ces valeurs de x l'expression approximative de $F(x)$, sous la forme d'un polynome, avec la moindre erreur à craindre, on aura, d'après notre Mémoire cité plus haut, cette formule pour la détermination de l'expression cherchée de $f(x)$:

$$F(x) = \frac{\int_{-\infty}^{+\infty} \sqrt{\frac{k}{\pi}}\, e^{-kx^2} \psi_0(x) F(x)\, dx}{\int_{-\infty}^{+\infty} \sqrt{\frac{k}{\pi}}\, e^{-kx^2} \psi_0^2(x)\, dx} \psi_0(x) + \frac{\int_{-\infty}^{+\infty} \sqrt{\frac{k}{\pi}}\, e^{-kx^2} \psi_1(x) F(x)\, dx}{\int_{-\infty}^{+\infty} \sqrt{\frac{k}{\pi}}\, e^{-kx^2} \psi_1^2(x)\, dx} \psi_1(x)$$
$$+ \ldots\ldots\ldots\ldots\ldots\ldots,$$

où

$$\psi_0(x), \; \psi_1(x), \ldots,$$

sont les dénominateurs des réduites de la fraction continue qui résulte de

$$\int_{-\infty}^{+\infty} \frac{\sqrt{\frac{k}{\pi}}\, e^{-ku^2}}{x-u}\, du.$$

Or, ce développement de $F(x)$ se réduit à une forme très remarquable, toutes les fonctions

$$\psi_0(x),\ \psi_1(x), \ldots.\ \psi_l(x), \ldots.$$

comme il est aisé de s'en assurer, étant exprimables de cette manière très simple:

$$(1)\quad \psi_0(x) = e^{kx^2}.e^{-kx^2},\ \psi_1(x) = e^{kx^2}.\frac{d\,e^{-kx^2}}{dx}, \ldots.\ \psi_l(x) = e^{kx^2}.\frac{d^l e^{-kx^2}}{dx^l}.$$

En effet, d'après ces valeurs des fonctions

$$\psi_0(x),\ \psi_1(x), \ldots.,$$

on trouve en général

$$\int_{-\infty}^{+\infty} \sqrt{\frac{k}{\pi}}\, e^{-kx^2}\psi_l(x)F(x)dx = \sqrt{\frac{k}{\pi}}\int_{-\infty}^{+\infty} \frac{d^l e^{-kx^2}}{dx^l}\, F(x)dx = (-1)^l \sqrt{\frac{k}{\pi}}\int_{-\infty}^{+\infty} e^{-kx^2} F^{(l)}(x)\, dx,$$

$$\int_{-\infty}^{+\infty} \sqrt{\frac{k}{\pi}}\, e^{-kx^2}\, \psi_l^{\,2}(x)\, dx = \sqrt{\frac{k}{\pi}}\int_{-\infty}^{+\infty} \frac{d^l e^{-kx^2}}{dx^l}\, \psi_l(x)dx = (-1)^l \sqrt{\frac{k}{\pi}}\int_{-\infty}^{+\infty} e^{-kx^2}\psi_l^{(l)}(x)\, dx$$

$$= 1.2.3\ldots.l\,(2k)^l,$$

en vertu de quoi la formule précédente devient

$$(2)\quad \left\{\begin{aligned} F(x) = {} & \sqrt{\frac{k}{\pi}}\int_{-\infty}^{+\infty} e^{-kx^2} F(x)\, dx\,.\,\psi_0(x) - \frac{\sqrt{\frac{k}{\pi}}}{2k}\int_{-\infty}^{+\infty} e^{-kx^2} F'(x)\, dx\,.\,\psi_1(x) \\ & + \frac{\sqrt{\frac{k}{\pi}}}{2.4k^2}\int_{-\infty}^{+\infty} e^{-kx^2} F''(x) dx\,.\,\psi_2(x) - \frac{\sqrt{\frac{k}{\pi}}}{2.4.6k^3}\int_{-\infty}^{+\infty} e^{-kx^2} F'''(x)\, dx\,.\,\psi_3(x) \\ & + \ldots\ldots\ldots\ldots\ldots\ldots \end{aligned}\right.$$

où

$$\psi_0(x),\ \psi_1(x),\ \psi_2(x),\ \psi_3(x), \ldots.$$

sont des fonctions entières de x qui, d'après (1), ont les valeurs suivantes:

$$\psi_0(x) = e^{kx^2}.e^{-kx^2} = 1,$$

$$\psi_1(x) = e^{kx^2}\frac{de^{-kx^2}}{dx} = -2kx,$$

$$\psi_2(x) = e^{kx^2}\frac{d^2e^{-kx^2}}{dx^2} = 4k^2x^2 - 2k,$$

$$\psi_3(x) = e^{kx^2}\frac{d^3e^{-kx^2}}{dx^3} = -8k^3x^3 + 12k^2x,$$

. . . .

Cela nous donne en définitive cette série remarquable:

$$F(x) = \sqrt{\frac{k}{\pi}}\int_{-\infty}^{+\infty} e^{-kx^2}F(x)\,dx + \sqrt{\frac{k}{\pi}}\int_{-\infty}^{+\infty} e^{-kx^2}F'(x)\,dx.\frac{x}{1}$$

$$+ \sqrt{\frac{k}{\pi}}\int_{-\infty}^{+\infty} e^{-kx^2}F''(x)\,dx.\frac{x^2-\frac{1}{2k}}{1.2} + \sqrt{\frac{k}{\pi}}\int_{-\infty}^{+\infty} e^{-kx^2}F'''(x)\,dx.\frac{x^3-\frac{3}{2k}x}{1.2.3}$$

$$+ \text{etc.}$$

qui, sous forme de polynome, fournit les expressions approximatives de $F(x)$ avec la moindre erreur à craindre pour toutes les valeurs de x, entre $x = -\infty$ et $x = +\infty$, tant que leurs probabilités s'expriment par la formule $\sqrt{\frac{k}{\pi}}e^{-kx^2}$. Si l'on fait $k = \infty$, cette série se réduit à celle de Maclaurin qui donne l'expression de $F(x)$ avec la moindre erreur, tant qu'il ne s'agit que des valeurs de x dans le voisinage de $x = 0$. Or c'est ce qu'on pouvait prévoir, vu que la fonction $\sqrt{\frac{k}{\pi}}e^{-kx^2}$, que nous avons prise pour exprimer les probabilités des différentes valeurs de x, dans le cas de $k = \infty$, cesse de s'évanouir seulement pour x égal à zéro.

D'après le développement de $F(x)$ que nous venons d'obtenir, on trouve plusieurs identités intéressantes. Ainsi, en cherchant, d'après (2), la valeur de l'intégrale

$$\int_{-\infty}^{+\infty} e^{-kx^2}F^2(x)\,dx,$$

on parvient à cette formule:

$$\sqrt{\frac{\pi}{k}}\int_{-\infty}^{+\infty} e^{-kx^2}F^2(x)\,dx = \left(\int_{-\infty}^{+\infty} e^{-kx^2}F(x)\,dx\right)^2 + \frac{1}{2k}\left(\int_{-\infty}^{+\infty} e^{-kx^2}F'(x)\,dx\right)^2$$

$$+ \frac{1}{2.4.k^2}\left(\int_{-\infty}^{+\infty} e^{-kx^2}F''(x)\,dx\right)^2 + \frac{1}{2.4.6.k^3}\left(\int_{-\infty}^{+\infty} e^{-kx^2}F'''(x)\,dx\right)^2$$

$$+ \ldots\ldots\ldots\ldots\ldots\ldots\ldots\ldots\ldots\ldots$$

D'autre part, en ayant égard aux valeurs (1) des fonctions

$$\psi_0(x),\ \psi_1(x),\ \psi_2(x),\ldots,$$

on trouve qu'elles sont liées entre elles par l'équation

$$\psi_l(x) = -2\,kx\,\psi_{l-1}(x) - 2\,(l-1)\,k\psi_{l-2}(x).$$

De là l'on tire aisément les valeurs de ces fonctions, et l'on trouve sur le champ ce développement de l'intégrale

$$\int_{-\infty}^{+\infty} \frac{e^{-ku^2}}{x-u}\,du$$

en fraction continue:

$$\int_{-\infty}^{+\infty} \frac{e^{-ku^2}}{x-u}\,du = \cfrac{-2\sqrt{k\pi}}{-2\,kx - \cfrac{2\,k}{-2\,kx - \cfrac{4\,k}{-2\,kx - \cfrac{6\,k}{2\,kx - \ldots}}}}$$

$$= \cfrac{\sqrt{2\pi}}{\sqrt{2\,k}.x - \cfrac{1}{\sqrt{2\,k}.x - \cfrac{2}{\sqrt{2\,k}.x - \cfrac{3}{\sqrt{2\,k}\,x - \ldots}}}}$$

§ 3. En passant à l'autre cas, nous supposerons que les valeurs de x sont comprises entre 0 et $+\infty$, et que ke^{-kx} désigne la loi de leur probabilité. En cherchant, dans cette supposition, et sous forme d'un polynome, l'expression de $F(x)$ avec la moindre erreur à craindre, on aura, conformément à ce que nous avons montré dans le Mémoire cité,

$$F(x) = \frac{\int_0^\infty ke^{-kx}\,\psi_0(x)\,F(x)\,dx}{\int_0^\infty ke^{-kx}\,\psi_0^2(x)\,dx}\,\psi_0(x) + \frac{\int_0^\infty ke^{-kx}\,\psi_1(x)\,F(x)\,dx}{\int_0^\infty ke^{-kx}\,\psi_1^2(x)\,dx}\,\psi_1(x) + \ldots,$$

où

$$\psi_0(x),\ \psi_1(x),\ldots$$

sont les dénominateurs des réduites de la fraction continue qui résulte du développement de la formule

$$\int_0^\infty \frac{ke^{-ku}}{x-u}\,du.$$

Dans ce nouveau cas on trouve aussi les expressions très simples des fonctions $\psi_0(x)$, $\psi_1(x), \ldots,$ que voici:

$$(3) \qquad \psi_0(x) = e^{kx} . e^{-kx}, \ \psi_1(x) = e^{kx} . \frac{dxe^{-kx}}{dx}, \ldots \ \psi_l(x) = e^{kx} . \frac{d^l x^l e^{-kx}}{dx^l},$$

D'où il suit en général:

$$\int_0^\infty ke^{-kx}\psi_l(x)\,F(x)\,dx = \int_0^\infty k\frac{d^l x^l e^{-kx}}{dx^l}\,F(x)\,dx$$
$$= (-1)^l k \int_0^\infty x^l e^{-kx} F^{(l)}(x)dx,$$
$$\int_0^\infty ke^{-kx}\psi_l^2(x)\,dx = \int_0^\infty k\frac{d^l x^l e^{-kx}}{dx^l}\,\psi_l(x)\,dx$$
$$= (-1)^l k \int_0^\infty x^l e^{-kx}\psi_l^{(l)}(x)\,dx$$
$$= 1^2 . 2^2 . \ldots . l^2.$$

La série précédente prendra donc cette forme:

$$F(x) = \int_0^\infty ke^{-kx} F(x)\,dx . \psi_0(x) - \frac{1}{1^2}\int_0^\infty k\,xe^{-kx} F'(x)\,dx . \psi_1(x)$$
$$+ \frac{1}{1^2 . 2^2}\int_0^\infty kx^2 e^{-kx} F''(x)\,dx . \psi_2(x) - \frac{1}{1^2 . 2^2 . 3^2}\int_0^\infty kx^3 e^{-kx} F'''(x)\,dx . \psi_3(x)$$
$$+ \ldots\ldots\ldots\ldots\ldots\ldots\ldots\ldots\ldots\ldots;$$

où l'on aura, d'après (3),

$$\psi_0(x) = e^{kx} . e^{-kx} = 1,$$
$$\psi_1(x) = e^{kx} . \frac{dx\,e^{-kx}}{dx} = -kx + 1,$$
$$\psi_2(x) = e^{kx} . \frac{d^2\,x^2\,e^{-kx}}{dx^2} = k^2x^2 - 4\,kx + 2,$$
$$\psi_3(x) = e^{kx} . \frac{d^3\,x^3\,e^{-kx}}{dx^3} = -k^3x^3 + 9\,k^2x^2 - 18\,kx + 6,$$
$$\ldots\ldots\ldots\ldots\ldots\ldots\ldots\ldots\ldots\ldots$$

Cette nouvelle série comprend aussi celle de Maclaurin comme cas particulier, correspondant à $k = \infty$. En cherchant, d'après cette série, la valeur de

$$\int_0^\infty e^{-kx} F^2(x)\,dx,$$

on obtient cette identité:

$$\frac{1}{k}\int_0^\infty e^{-kx} F^2(x)\,dx = \left(\int_0^\infty e^{-kx} F(x)\,dx\right)^2 + \frac{1}{1^2}\left(\int_0^\infty x e^{-kx} F'(x)\,dx\right)^2$$

$$+ \frac{1}{1^2.2^2}\left(\int_0^\infty x^2 e^{-kx} F''(x)\,dx\right)^2 + \frac{1}{1^2.2^2.3^2}\left(\int_0^\infty x^3 e^{-kx} F'''(x)\,dx\right)^2$$

$$+ \ldots\ldots\ldots\ldots\ldots\ldots$$

et, d'après les formules (3), on trouve que les fonctions

$$\psi_0(x),\ \psi_1(x),\ \psi_2(x), \ldots .$$

sont liées entre elles par l'équation

$$\psi_l(x) = -(kx - 2l + 1)\,\psi_{l-1}(x) - (l-1)^2\psi_{l-2}(x).$$

de là résulte ce développement de l'intégrale

$$\int_0^\infty \frac{e^{-ku}}{x-u}\,du$$

en fraction continue:

$$\int_0^\infty \frac{e^{-ku}}{x-u}\,du = \cfrac{1}{kx - 1 - \cfrac{1^2}{kx - 3 - \cfrac{2^2}{kx - 5 - \cfrac{3^2}{kx - 7 - \ldots}}}}$$

20.

SUR L'INTÉGRATION DES DIFFÉRENTIELLES IRRATIONNELLES.

(Comptes rendus hebdomadaires des séances de l'Académie des sciences. T. LI, 1860, p. 46–48. Journal de mathématiques pures et appliquées. II série, T. IX, 1864, p. 242—247.)

Sur l'intégration des différentielles irrationnelles.

En vertu de ce que nous avons montré dans le Mémoire «sur l'intégration des différentielles qui contiennent une racine carrée d'un polynôme du troisième ou du quatrième degré» (*Journal de Mathématiques pures et appliquées* de M. Liouville, 1857), l'intégration de la différentielle

$$\frac{f(x)}{F(x)} \frac{dx}{\sqrt{\alpha x^4 + \beta x^3 + \gamma x^2 + \delta x + \lambda}},$$

en termes finis, quelles que soient les fonctions entières $f(x)$ et $F(x)$, se réduit définitivement à l'évaluation des intégrales de la forme

$$\int \frac{x + L}{\sqrt{x^4 + lx^3 + mx^2 + nx + p}} dx,$$

où l, m, n, p sont des valeurs connues et L une constante qui se détermine par la condition que ces intégrales soient exprimables en termes finis. Tant que cette condition peut être remplie, on trouve l'intégrale

$$\int \frac{x + L}{\sqrt{x^4 + lx^3 + mx^2 + nx + p}} dx,$$

d'après la méthode d'Abel, en développant en fraction continue l'expression

$$\sqrt{x^4 + lx^3 + mx^2 + nx + p},$$

et en poussant ce développement jusqu'à des dénominateurs où se manifeste leur périodicité. Mais comme cette périodicité n'a pas lieu dans le cas où l'intégrale

$$\int \frac{x + L}{\sqrt{x^4 + lx^3 + mx^2 + nx + p}} dx$$

pour toutes les valeurs de L, est impossible en termes finis, on conçoit que cette méthode conduit à une série d'opérations qui peut aller à l'infini sans donner aucun résultat décisif. Cette difficulté ne saura être levée par la considération des intégrales qui déterminent la nature de la fonction

$$\int \frac{x+L}{\sqrt{x^4+lx^3+mx^2+nx+p}}\,dx$$

et par lesquelles on peut reconnaître s'il y a lieu de chercher son expression en termes finis, car pour cela il est indispensable d'avoir la valeur exacte de ces intégrales, tandis qu'elles ne peuvent être évaluées qu'approximativement. Pour l'intégration en question, on doit avoir un moyen qui, d'après la nature des quantités l, m, n, p, et à l'aide des seules opérations algébriques en nombre limité, puisse manifester si l'intégrale

$$\int \frac{x+L}{\sqrt{x^4+lx^3+mx^2+nx+p}}\,dx$$

est possible ou non en termes finis. C'est ce que nous avons cherché à faire, et nous y sommes parvenu, en tant que les quantités l, m, n, p sont rationnelles et le polynôme

$$x^4+lx^3+mx^2+nx+p$$

indécomposable en facteurs linéaires à l'aide des seuls radicaux carrés. Au moyen de la méthode que nous avons trouvée pour l'intégration des différentielles de ce cas, on parvient, par une série d'opérations identiques, ou à s'assurer que cette intégration est impossible en termes finis, ou bien à l'exécuter complétement. En tous cas le procédé se termine, et chaque fois on peut assigner la limite du nombre des opérations qu'on aura à faire. En remettant l'exposé de cette méthode à un Mémoire détaillé sur ce sujet, nous nous bornerons pour le moment à observer que, pour le cas que nous avons résolu, la méthode en question fournit un moyen infaillible d'assigner la limite où, en cherchant l'intégrale par la méthode d'Abel, on peut toujours arrêter le développement en fraction continue.

Cela posé, et en admettant, pour plus de simplicité, que la différentielle $\frac{x+L}{\sqrt{x^4+lx^3+mx^2+nx+p}}\,dx$ est réduite à la forme

$$\frac{x+A}{\sqrt{x^4+px^2+qx+r}}\,dx,$$

p, q, r désignant des nombres entiers, la méthode d'Abel relative au cas en question peut être complétée ainsi qu'il suit:

Si dans la différentielle

$$\frac{x + A}{\sqrt{x^4 + px^2 + qx + r}}\, dx$$

le polynôme

$$x^4 + px^2 + qx + r$$

ayant pour coefficients des nombres entiers, n'est pas décomposable en facteurs linéaires à l'aide des seuls radicaux carrés, cette différentielle, quelle que soit la valeur de A, ne pourra être intégrée en termes finis, tant que dans la fraction continue résultant du développement de

$$\sqrt{x^4 + px^2 + qx + r},$$

aucun des $2N - 1$ premiers dénominateurs n'est du deuxième degré, N étant le nombre des solutions entières des équations

$$y^2 - 3xz = p^2 + 12r,$$

$$z^2[4x^3z - x^2y^2 - 18xyz + 4y^3 + 27z^2] = (4p^3 + 27q^2)q^2 - 16[(p^2 - 4r)^2 + 9pq^2]r.$$

Dans le cas contraire, pour une certaine valeur de A, la différentielle

$$\frac{x + A}{\sqrt{x^4 + px^2 + qx + r}}\, dx$$

s'intègre en termes finis, et l'on trouve son intégrale par la formule

$$\frac{1}{2\lambda} \log \frac{\varphi(x) + \sqrt{x^4 + px^2 + qx + r}}{\varphi(x) - \sqrt{x^4 + px^2 + qx + r}},$$

où $\varphi(x)$ est la réduite qu'on obtient en s'arrêtant dans le développement de

$$\sqrt{x^4 + px^2 + qx + r}$$

en fraction continue au premier dénominateur du second degré, et λ le degré du numérateur de cette réduite.

La méthode d'Abel ainsi complétée donne tout ce qui est nécessaire pour l'intégration des différentielles en question, vu qu'on peut toujours déterminer le nombre N qui désigne combien les équations

$$y^2 - 3xz = p^2 + 12r,$$

$$z^2[4x^3z - x^2y^2 - 18xyz + 4y^3 + 27z^2] = (4p^3 + 27q^2)q^2 - 16[(p^2 - 4r)^2 + 9pq^2]r,$$

ont de solutions entières.

En effet, la dernière de ces équations suppose que le carré de z divise le nombre

$$(4p^3 + 27q^2)q^2 - 16\left[(p^2 - 4r)^2 + 9pq^2\right]r.$$

Donc, en cherchant les diviseurs carrés de ce nombre, on parviendra à assigner toutes les valeurs que peut avoir l'inconnue z. D'autre part, en prenant pour z chacune de ces valeurs, avec le signe $+$ ou $-$, on aura pour obtenir x et y deux équations qui déterminent complétement ces inconnues, et qui, d'après la forme de ces égalités, ne peuvent avoir plus de six solutions. Il sera donc facile d'énumérer les solutions entières de ces équations, et on voit que leur totalité ne surpassera jamais le produit du nombre des diviseurs carrés de

$$(4p^3 + 27q^2)q^2 - 16\left[(p^2 - 4r)^2 + 9pq^2\right]r.$$

par 12.

21.

SUR

L'INTÉGRATION DE LA DIFFÉRENTIELLE

$$\frac{x + A}{\sqrt{x^4 + \alpha x^3 + \beta x^2 + \gamma x + \delta}}\, dx.$$

(Bulletin de l'Académie Impériale des sciences de St.-Pétersbourg. T. III, 1861, p. 1—12.)

(Lu le 19 octobre 1860.)

Sur l'intégration de la différentielle

$$\frac{x+A}{\sqrt{x^4+\alpha x^3+\beta x^2+\gamma x+\delta}}\,dx.$$

L'intégration de la différentielle

$$\frac{x+A}{\sqrt{x^4+\alpha x^3+\beta x^2+\gamma x+\delta}}\,dx$$

ne présente aucune difficulté, si la fonction

$$x^4+\alpha x^3+\beta x^2+\gamma x+\delta$$

a des facteurs égaux. En faisant donc abstraction de ce cas, nous supposerons dans tout ce qui suit que les facteurs de la fonction

$$x^4+\alpha x^3+\beta x^2+\gamma x+\delta$$

sont tous différents entre eux. Dans cette hypothèse, comme l'on sait, l'intégration de

$$\frac{dx}{\sqrt{x^4+\alpha x^3+\beta x^2+\gamma x+\delta}},$$

en termes finis est impossible; de là on conclut que l'intégrale

$$\int\frac{x+A}{\sqrt{x^4+\alpha x^3+\beta x^2+\gamma x+\delta}}\,dx$$

ne peut être exprimée en termes finis que dans le cas où l'on donne à la constante A une valeur convenablement choisie. En effet, si l'on admettait que l'intégration de

$$\frac{x+A}{\sqrt{x^4+\alpha x^3+\beta x^2+\gamma x+\delta}}\,dx$$

en termes finis fut possible dans le cas de $A = C$ aussi bien que dans celui de $A = C_1$, on trouverait que la même chose aurait lieu relativement à la différentielle

$$\frac{dx}{\sqrt{x^4 + \alpha x^3 + \beta x^2 + \gamma x + \delta}},$$

qu'on obtient en retranchant les différentielles

$$\frac{x + C}{\sqrt{x^4 + \alpha x^3 + \beta x^2 + \gamma x + \delta}} dx, \quad \frac{x + C_1}{\sqrt{x^4 + \alpha x^3 + \beta x^2 + \gamma x + \delta}} dx$$

l'une de l'autre, et en divisant leur différence par $C - C_1$, ce qui est inadmissible. D'après cela les différentielles de la forme

$$\frac{x + A}{\sqrt{x^4 + \alpha x^3 + \beta x^2 + \gamma x + \delta}} dx$$

présentent l'un des deux cas: ou, pour une certaine valeur de A, l'intégrale

$$\int \frac{x + A}{\sqrt{x^4 + \alpha x^3 + \beta x^2 + \beta x + \gamma}} dx$$

s'exprime en termes finis, ou bien, pour toutes les valeurs de A, une telle expression de

$$\int \frac{x + A}{\sqrt{x^4 + \alpha x^3 + \beta x^2 + \gamma x + \delta}} dx$$

est impossible. La discussion de la différentielle

$$\frac{x + A}{\sqrt{x^4 + \alpha x^3 + \beta x^2 + \gamma x + \delta}} dx$$

sous ce rapport est d'une très grande importance. C'est à cela que se réduit, en définitive, l'intégration des différentielles qui contiennent la racine carrée d'un polynome du 3me ou du 4me degré, comme nous l'avons montré dans le Mémoire sur ces différentielles, et c'est par là seulement qu'on peut reconnaître, si la fonction elliptique donnée de la troisième espèce est réductible ou non à celle de la première. Ces questions importantes surpassent les moyens que possède l'Analyse dans son état actuel, faute d'un critérium infaillible par lequel, d'après les valeurs des coefficients α, β, γ, δ, on puisse reconnaître si l'intégration de

$$\frac{x + A}{\sqrt{x^4 + \alpha x^3 + \beta x^2 + \gamma x + \delta}} dx,$$

pour toutes les valeurs de A, est impossible en termes finis ou non. D'après ce qu'Abel a donné dans son ingénieux Mémoire sur l'intégration de la différentielle $\frac{\rho\,dx}{\sqrt{R}}$, l'intégrale

$$\int \frac{x+A}{\sqrt{x^4+\alpha x^3+\beta x^2+\gamma x+\delta}}\,dx$$

pour toutes les valeurs de A, n'est impossible en termes finis que dans le cas où la fraction continue, résultant du développement de

$$\sqrt{x^4+\alpha x^3+\beta x^2+\gamma x+\delta},$$

est dépourvue de périodicité. Mais c'est ce dont on ne peut s'assurer aussi loin que soit prolongé le développement de

$$\sqrt{x^4+\alpha x^3+\beta x^2+\gamma x+\delta},$$

vû que le nombrs de termes dans une période reste arbitraire. De même on ne peut tirer, par rapport à cette question, aucun parti de la considération de certaines intégrales définies, d'après lesquelles on peut assigner analytiquement tous les cas des différentielles de la forme

$$\frac{x+A}{\sqrt{x^4+\alpha x^3+\beta x^2+\gamma x+\delta}}\,dx$$

qui s'intègrent en termes finis; car, pour reconnaître par là que la différentielle donnée, pour toutes les valeurs de A, n'admet pas une telle intégration, il est indispensable d'avoir les valeurs exactes de ces intégrales, tandis qu'elles ne peuvent être évaluées, d'après les coefficients α, β, γ, δ, qu'avec une approximation plus ou moins grande.

Pour la solution complète des questions importantes que nous venons de mentionner, on doit trouver un procédé qui, d'après les coefficients α, β, γ, δ et à l'aide d'une série d'opérations algébriques en nombre limité, conduirait à reconnaître que par le choix convenable de A il est possible ou non de rendre l'intégrale

$$\int \frac{x+A}{\sqrt{x^4+\alpha x^3+\beta x^2+\gamma x+\delta}}\,dx$$

exprimable en termes finis. C'est ce que nous avons cherché à faire pour le cas de α, β, γ, δ rationnels, et, pour ce cas, nous avons trouvé une méthode qui, au moyen des opérations algébriques et en nombre limité, conduit ou à trouver l'expression de l'intégrale

$$\int \frac{x+A}{\sqrt{x^4+\alpha x^3+\beta x^2+\gamma x+\delta}}\,dx,$$

avec une certaine valeur de A, ou à reconnaître que pour aucune valeur de A cette intégrale n'est possible en termes finis.

Cette méthode d'intégration de la différentielle

$$\frac{x+A}{\sqrt{x^4+\alpha x^3+\beta x^2+\gamma x+\delta}}\,dx,$$

où

$$\alpha,\ \beta,\ \gamma,\ \delta$$

sont rationnels, consiste en ce qui suit:

1) On réduira l'intégrale

$$\int\frac{x+A}{\sqrt{x^4+\alpha x^3+\beta x^2+\gamma x+\delta}}\,dx$$

à la forme

$$\int\frac{z+B}{\sqrt{z^4+lz^3+mz^2+nz}}\,dz,$$

où l, m, n sont des nombres entiers, ce qu'on peut toujours faire par la substitution linéaire

$$x=a_0\,z+b_0,$$

si la fonction

$$x^4+\alpha x^3+\beta x^2+\gamma x+\delta$$

a un facteur rationnel du premier degré. Dans le cas contraire on réduira préalablement l'intégrale

$$\int\frac{x+A}{\sqrt{x^4+\alpha x^3+\beta x^2+\gamma x+\delta}}\,dx,$$

en posant

$$\frac{\frac{1}{16}\alpha^3-\frac{1}{4}\alpha\beta+\frac{1}{2}\gamma}{\sqrt{x^4+\alpha x^3+\beta x^2+\gamma x+\delta}-x^2-\frac{1}{2}\alpha x-\frac{4\beta-\alpha^2}{8}}=z,$$

d'après quoi, en faisant

$$\frac{-3\alpha^4+16\alpha^2\beta-16\alpha\gamma-16\beta^2+64\delta}{2\alpha^3-8\alpha\beta+16\gamma}=a,$$

$$\frac{3}{4}\alpha^2-2\beta=b,$$

$$-\frac{1}{8}\alpha^3+\frac{1}{2}\alpha\beta-\gamma=c,$$

on obtiendra

$$\int\frac{x+A}{\sqrt{x^4+\alpha x^3+\beta x^2+\gamma x+\delta}}\,dx=\frac{1}{2}\int\frac{z+2A-\frac{1}{2}\alpha}{\sqrt{z^4+az^3+bz^2+cz}}\,dz+\frac{1}{2}\log z,$$

où la nouvelle intégrale contient sous le signe du radical un polynome doué du facteur rationnel z.

2) On examinera si la fonction

$$z^4 + lz^3 + mz^2 + nz$$

est décomposable en deux facteurs rationnels du second degré

$$(z^2 + pz)\,(z^2 + rz + s)$$

dont les coefficients p, r, s vérifient l'équation

$$(1) \qquad s\,(p^2 - pr + s) = \textit{nombre carré},$$

et au moins l'une de ces deux inégalités:

$$(2) \qquad pr - 2\,s > 0, \text{ ou } 4\,s - r^2 > 0.$$

Dans le cas où il est possible de décomposer la fonction

$$z^4 + lz^3 + mz^2 + nz$$

en deux facteurs

$$(z^2 + pz), \quad (z^2 + rz + s),$$

qui remplissent ces conditions, et que p n'est pas égal à r, on réduira l'intégrale

$$\int \frac{z + B}{\sqrt{z^4 + lz^3 + mz^2 + nz}}\, dz,$$

en posant

$$\frac{(p - r)^2\,(z^2 + pz)}{(r - p)\,z + s} = z_1,$$

ce qui donne

$$\int \frac{z + B}{\sqrt{z^4 + lz^3 + mz^2 + nz}}\, dz = \frac{1}{2} \int \frac{z_1 + (r - p)\,(2\,B - p)}{\sqrt{z_1\,[z_1 + (p - r)^2]\,[(z_1 + p^2 - pr)^2 + 4\,sz_1]}}\, dz_1$$

$$+ \frac{1}{2} \log \frac{\sqrt{z_1} + \sqrt{z_1 + (p - r)^2}}{\sqrt{z_1} - \sqrt{z_1 + (p - r)^2}}.$$

La nouvelle intégrale

$$\int \frac{z_1 + (r - p)\,(2\,B - p)}{\sqrt{z_1\,[z_1 + (p - r)^2]\,[(z_1 + p^2 - pr)^2 + 4\,sz_1]}}\, dz_1$$

se réduira de la même manière, en tant que la fonction

$$z_1\left[z_1+(p-r)^2\right]\left[(z_1+p^2-pr)^2+4sz_1\right]$$

est décomposable en deux facteurs rationnels

$$(z_1^2+p_1z_1)(z_1^2+rz_1+s_1)$$

qui remplissent les conditions

$$s_1(p_1^2-p_1r_1+s_1)=\textit{nombre carré},$$

$$p_1r_1-2s_1>0,\ \text{ou}\ 4s_1-r_1^2>0,$$

p_1 n'étant pas égal à r_1. Et ainsi de suite.— Si, dans ces réductions, on rencontre une intégrale

$$\int\frac{z_i+B_i}{\sqrt{z_i^4+l_iz_i^3+m_iz_i^2+n_iz_i}}\,dz_i,$$

dans laquelle la fonction

$$z_i^4+l_iz_i^3+m_iz_i^2+n_iz_i$$

se décompose en deux facteurs

$$(z_i^2+p_iz_i)(z_i^2+r_iz_i+s_i)$$

dont les coefficients p_i, r_i sont egaux, on trouvera immédiatement l'expression de cette intégrale, d'après la formule

$$\int\frac{z_i+\frac{1}{2}p_i}{\sqrt{(z_i^2+p_iz_i)(z_i^2+p_iz_i+s_i)}}\,dz_i=\frac{1}{2}\log\frac{\sqrt{z_i^2+p_iz_i}+\sqrt{z_i^2+p_iz_i+s_i}}{\sqrt{z_i^2+p_iz_i}-\sqrt{z_i^2+p_iz_i+s_i}},$$

en prenant

$$B_i=\frac{1}{2}p_i.$$

Dans le cas contraire on répétera ces réductions jusqu'à ce que l'on parvienne à l'intégrale

$$\int\frac{z_\lambda+B_\lambda}{\sqrt{z_\lambda^4+l_\lambda z_\lambda^3+m_\lambda z_\lambda^2+n_\lambda z_\lambda}}\,dz_\lambda,$$

dans laquelle la fonction

$$z^4_\lambda+l_\lambda z^3_\lambda+m_\lambda z^2_\lambda+n_\lambda z_\lambda$$

n'est plus décomposable en deux facteurs rationnels du second degré

$$(z^2_\lambda+p_\lambda z_\lambda)(z^2_\lambda+r_\lambda z_\lambda+s_\lambda),$$

qui remplissent les conditions

$$s_\lambda (p^2_\lambda - p_\lambda r_\lambda + s_\lambda) = \textit{nombre carré},$$

$$p_\lambda r_\lambda - 2 s_\lambda > 0, \text{ ou } 4 s_\lambda - r^2_\lambda > 0,$$

et on traitera cette intégrale par un procédé que nous allons exposer tout de suite.

3) Ayant à intégrer la différentielle

$$\frac{z + B}{\sqrt{z^4 + lz^3 + mz^2 + nz}} dz,$$

où la fonction

$$z^4 + lz^3 + mz^2 + nz$$

n'est pas décomposable en deux facteurs rationnels

$$(z^2 + pz)(z^2 + rz + s)$$

qui remplissent les conditions

$$s(p^2 - pr + s) = \textit{nombre carré},$$

$$pr - 2s > 0, \text{ ou } 4s - r^2 > 0,$$

on calculera, d'après les formules

$$(3) \qquad \left\{ \begin{aligned} & l_{i+1} = - l_i - \frac{(l_i^2 - 4 m_i)^2}{2 l_i^3 - 8 l_i m_i + 16 n_i}, \\ & m_{i+1} = - 2 m_i + \frac{3}{4} l_i^2, \\ & n_{i+1} = - n_i + \frac{1}{2} l_i m_i - \frac{1}{8} l_i^3, \\ & l_0 = l, \; m_0 = m, \; n_0 = n, \end{aligned} \right.$$

les nombres

$$\begin{array}{l} l_0, \; m_0, \; n_0, \\ l_1, \; m_1, \; n_1, \\ l_2, \; m_2, \; n_2, \\ \cdots\cdots \\ \cdots\cdots \end{array}$$

en poussant le calcul jusqu'à ce que l'on rencontre dans cette suite une valeur fractionnaire, ou que l'on trouve deux systèmes de nombres

$$l_\mu,\ m_\mu,\ n_\mu,$$
$$l_{\mu+\nu},\ m_{\mu+\nu},\ n_{\mu+\nu}$$

qui soient respectivement égaux. Dans le premier cas on conclura que l'intégrale

$$\int \frac{z+B}{\sqrt{z^4+lz^3+mz^2+nz}}\,dz,$$

pour aucune valeur de B, n'est exprimable en termes finis. Dans le second cas il sera certain que cette intégrale, pour une certaine valeur de B, est exprimable en termes finis, et son expression sera donnée par cette formule:

$$(4)\qquad \left\{\begin{aligned} \int \frac{z+B}{\sqrt{z^4+lz^3+mz^2+nz}}\,dz &= \log\left\{\sqrt[2]{z_1}\,\sqrt[2^2]{z_2}\ldots\sqrt[2^\mu]{z_\mu}\right\}+ \\ &\frac{2^\nu}{2^\nu-1}\log\left\{\sqrt[2^{\mu+1}]{z_{\mu+1}}\,\sqrt[2^{\mu+2}]{z_{\mu+2}}\ldots\sqrt[2^{\mu+\nu}]{z_{\mu+\nu}}\right\}, \end{aligned}\right.$$

où

$$z_1,\ z_2,\ z_3,\ldots,\ z_{\mu+\nu}$$

sont des fonctions algébriques de z qui se déterminent ainsi:

$$(5)\qquad \left\{\begin{aligned} z_1 &= \frac{\frac{1}{16}l_0^3-\frac{1}{4}l_0m_0+\frac{1}{2}n_0}{\sqrt{z^4+l_0z^3+m_0z^2+n_0z}-z^2-\frac{1}{2}l_0z-\frac{4m_0-l_0^2}{8}}, \\ z_2 &= \frac{\frac{1}{16}l_1^3-\frac{1}{4}l_1m_1+\frac{1}{2}n_1}{\sqrt{z_1^4+l_1z_1^3+m_1z_1^2+n_1z_1}-z_1^2-\frac{1}{2}l_1z_1-\frac{4m_1-l_1^2}{8}}, \\ &\ldots\ldots\ldots\ldots\ldots\ldots \\ z_{i+1} &= \frac{\frac{1}{16}l_i^3-\frac{1}{4}l_im_i+\frac{1}{2}n_i}{\sqrt{z_i^4+l_iz_i^3+m_iz_i^2+n_iz_i}-z_i^2-\frac{1}{2}l_iz_i-\frac{4m_i-l_i^2}{8}}. \end{aligned}\right.$$

Quant à la valeur de B, elle sera donnée par cette formule:

$$(6)\qquad \left\{\begin{aligned} B &= \frac{1}{4}\left(l_0+\frac{1}{2}l_1+\frac{1}{2^2}l_2+\ldots+\frac{1}{2^{\mu-1}}l_{\mu-1}\right)+ \\ &\frac{1}{4}\,\frac{2^\nu}{2^\nu-1}\left(\frac{1}{2^\mu}l_\mu+\frac{1}{2^{\mu+1}}l_{\mu+1}+\ldots+\frac{1}{2^{\mu+\nu-1}}l_{\mu+\nu-1}\right). \end{aligned}\right.$$

Le nombre des opérations qu'on aura à faire par cette méthode d'intégration sera toujours limité. Les réductions à exécuter, d'après le № 2, sur l'intégrale

$$\int \frac{z+B}{\sqrt{z^4+lz^3+mz^2+nz}}\, dz,$$

dans le cas où la fonction

$$z^4+lz^3+mz^2+nz$$

se décompose en deux facteurs

$$(z^2+pz)\ (z^2+rz+s),$$

qui vérifient les conditions (1) et (2), seront en nombre inférieur au plus petit exposant des facteurs premiers dont se composent les termes de la fraction

$$\frac{pr-2s+2\sqrt{s(p^2-pr+s)}}{\sqrt{s(p^2-pr+s)}},$$

réduite à sa forme la plus simple. Le nombre des systèmes

$$\begin{array}{l} l_0,\ m_0,\ n_0, \\ l_1,\ m_1,\ n_1, \\ \cdots\cdots\cdots \\ \cdots\cdots\cdots \end{array}$$

qu'on aura à calculer, d'après le № 3, en traitant l'intégrale

$$\int \frac{z+B}{\sqrt{z^4+lz^3+mz^2+nz}}\, dz,$$

où la fonction

$$z^4+lz^3+mz^2+nz$$

ne se décompose pas en deux facteurs

$$(z^2+pz)\ (z^2+rz+s),$$

vérifiant les conditions (1, 2), ne surpassera pas celui des solutions entières des équations

$$Y^2-3\,XZ=m^2-3\,ln,$$

$$Z^2(4\,X^3Z-X^2Y^2-18\,XYZ+4\,Y^3+27\,Z^2)$$
$$=n^2(4\,l^3n-l^2m^2-18\,lmn+4\,m^3+27\,n^2),$$

qui ne peuvent être qu'en nombre limité; en effet, d'après la dernière équation, le carré de l'inconnue Z doit être diviseur de

$$n^2(4l^3n - l^2m^2 - 18lmn + 4m^3 + 27n^2),$$

et tant qu'on fixe la valeur de Z, les deux autres inconnues se déterminent complétement par ces équations.

Pour montrer sur des exemples l'usage de cette méthode, nous allons chercher, en premier lieu, l'intégrale

$$\int \frac{x + A}{\sqrt{x^4 + x^2 + x + \frac{1}{4}}}\, dx.$$

Comme la fonction

$$x^4 + x^2 + x + \frac{1}{4}$$

n'a pas de facteur rationnel du premier degré, on réduira cette intégrale, d'après le № 1, en posant

$$\frac{\frac{1}{2}}{\sqrt{x^4 + x^2 + x + \frac{1}{4}} - x^2 - \frac{1}{2}} = z.$$

De cette façon on obtient

$$(7) \qquad \int \frac{x + A}{\sqrt{x^4 + x^2 + x + \frac{1}{4}}}\, dx = \frac{1}{2}\int \frac{z + 2A}{\sqrt{z^4 - 2z^2 - z}}\, dz + \frac{1}{2}\log z.$$

En remarquant que la fonction

$$z^4 - 2z^2 - z$$

ne se décompose en deux facteurs rationnels du second degré

$$(z^2 + pz)(z^2 + rz + s)$$

qu'en prenant

$$p = 1,\ r = -1,\ s = -1,$$

et que ces valeurs ne vérifient pas la condition

$$s(p^2 - pr + s) = \textit{nombre carré},$$

on passera immédiatement à la recherche de l'intégrale

$$\int \frac{z + 2A}{\sqrt{z^4 - 2z^2 - z}}\, dz,$$

suivant le № 3. Pour cela on calculera les nombres

$$l_0, \; m_0, \; n_0,$$
$$l_1, \; m_1, \; n_1,$$
$$\cdots\cdots\cdots$$

d'après les formules (3), en prenant

$$l = 0, \; m = -2, \; n = -1.$$

L'on obtiendra de cette manière

$$\begin{aligned} l_0 &= 0, & m_0 &= -2, & n_0 &= -1, \\ l_1 &= 4, & m_1 &= 4, & n_1 &= 1, \\ l_2 &= -4, & m_2 &= 4, & n_2 &= -1, \\ l_3 &= 4, & m_3 &= 4, & n_3 &= 1. \end{aligned}$$

En remarquant que le dernier système des nombres

$$l_3, \; m_3, \; n_3$$

est identique au second

$$l_1, \; m_1, \; n_1,$$

on s'y arrêtera, et on conclura tout de suite que l'intégrale

$$\int \frac{z + 2A}{\sqrt{z^4 - 2z^2 - z}} \, dz,$$

pour une valeur de $2A$, convenablement choisie, est exprimable en termes finis. Comme dans ce cas

$$\mu = 1, \; \nu = 2,$$

on aura, d'après (4),

$$\int \frac{z + 2A}{\sqrt{z^4 - 2z^2 - z}} \, dz = \log\left(\sqrt{z_1}\right) + \frac{4}{3} \log\left(\sqrt[2^2]{z_2}\,\sqrt[2^3]{z_3}\right),$$

où les fonctions

$$z_1, \; z_2, \; z_3,$$

en vertu de (5), se déterminent ainsi:

$$\begin{aligned} z_1 &= \frac{\frac{1}{16} l_0^3 - \frac{1}{4} l_0 m_0 + \frac{1}{2} n_0}{\sqrt{z^4 + l_0 z^3 + m_0 z^2 + n_0 z} - z^2 - \frac{1}{2} l_0 z - \dfrac{4 m_0 - l_0^2}{8}} \\ &= \frac{-\frac{1}{2}}{\sqrt{z^4 - 2z^2 - z} - z^2 + 1}, \end{aligned}$$

$$z_2 = \frac{\frac{1}{16} l_1^3 - \frac{1}{4} l_1 m_1 + \frac{1}{2} n_1}{\sqrt{z_1^4 + l_1 z_1^3 + m_1 z_1^2 + n_1 z_1} - z_1^2 - \frac{1}{2} l_1 z_1 - \frac{4 m_1 - l_1^2}{8}}$$

$$= \frac{\frac{1}{2}}{\sqrt{z_1^4 + 4 z_1^3 + 4 z_1^2 + z_1} - z_1^2 - 2 z_1} = z + 1,$$

$$z_3 = \frac{\frac{1}{16} l_2^3 - \frac{1}{4} l_2 m_2 + \frac{1}{2} n_2}{\sqrt{z_2^4 + l_2 z_2^3 + m_2 z_2^2 + n_2 z_2} - z_2^2 - \frac{1}{2} l_2 z_2 - \frac{4 m_2 - l_2^2}{8}}$$

$$= \frac{-\frac{1}{2}}{\sqrt{z_2^4 - 4 z_2^3 + 4 z_2^2 - z_2} - z_2^2 + 2 z_2} = \frac{-\frac{1}{2}}{\sqrt{z^4 - 2 z^2 - z} - z^2 + 1},$$

D'après cela on trouve

$$\int \frac{z + 2A}{\sqrt{z^4 - 2 z^2 - z}} \, dz = \log\left(\sqrt{z_1}\right) + \frac{4}{3} \log\left(\sqrt[2^2]{z_2} \sqrt[2^3]{z_3}\right)$$
$$= \frac{1}{6} \log\left[\left(\frac{-\frac{1}{2}}{\sqrt{z^4 - 2 z^2 - z} - z^2 + 1}\right)^4 (z + 1)^2\right].$$

D'autre part, comme on a

$$\mu = 1, \ \nu = 2, \ l_0 = 0, \ l_1 = 4, \ l_2 = -4,$$

on obtient, d'après (6), pour la constante $2A$ cette valeur:

$$\frac{1}{4} \cdot 0 + \frac{1}{4} \cdot \frac{4}{3} \left(\frac{4}{2} - \frac{4}{4}\right) = \frac{1}{3}.$$

D'où il suit que

$$A = \frac{1}{6}.$$

D'après ces valeurs de l'intégrale

$$\int \frac{z + 2A}{\sqrt{z^4 - 2 z^2 - z}} \, dz$$

et de la constante A, la formule (7) nous donne

$$\int \frac{x + \frac{1}{6}}{\sqrt{x^4 + x^2 + x + \frac{1}{4}}} \, dx = \frac{1}{6} \log\left[\left(\frac{-\frac{1}{2}}{\sqrt{z^4 - 2 z^2 - z} - z^2 + 1}\right)^4 (z + 1)^2\right] + \frac{1}{2} \log z,$$

où

$$z = \frac{\frac{1}{2}}{\sqrt{x^4 + x^2 + x + \frac{1}{4}} - x^2 - \frac{1}{2}}.$$

En portant cette valeur de z dans l'expression précédente de l'intégrale

$$\int \frac{x + \frac{1}{6}}{\sqrt{x^4 + x^2 + x + \frac{1}{4}}} \, dx,$$

on obtient en définitive

$$\int \frac{x + \frac{1}{6}}{\sqrt{x^4 + x^2 + x + \frac{1}{4}}}\, dx =$$

$$= \frac{1}{6} \log \frac{\left(x^2 - \frac{1}{2} + \sqrt{x^4 + x^2 + x + \frac{1}{4}}\right)^2}{\left(x^2 - \sqrt{x^4 + x^2 + x + \frac{1}{4}}\right)\left(x^2 + \frac{1}{2} - \sqrt{x^4 + x^2 + x + \frac{1}{4}}\right)^2}$$

$$= \frac{1}{12} \log \frac{x^2 + \sqrt{R}}{x^2 - \sqrt{R}} + \frac{1}{6} \log \frac{x^2 - \frac{1}{2} + \sqrt{R}}{x^2 - \frac{1}{2} - \sqrt{R}} + \frac{1}{6} \log \frac{x^2 + \frac{1}{2} + \sqrt{R}}{x^2 + \frac{1}{2} - \sqrt{R}},$$

où

$$R = x^4 + x^2 + x + \frac{1}{4}.$$

Prenons encore pour exemple l'intégrale

$$\int \frac{z + B}{\sqrt{z^4 + 5\,z^3 + 3\,z^2 - z}}\, dz.$$

Comme la fonction

$$z^4 + 5\,z^3 + 3\,z^2 - z$$

se décompose en deux facteurs rationnels

$$(z^2 + pz)\,(z^2 + rz + s),$$

en prenant

$$p = 1,\ r = 4,\ s = -1,$$

et que ces valeurs vérifient la condition

$$s\,(p^2 - pr + s) = \textit{nombre carré}$$

et l'inégalité

$$pr - 2\,s > 0,$$

on réduira, d'après le № 2, l'intégrale

$$\int \frac{z + B}{\sqrt{z^4 + 5\,z^3 + 3\,z^2 - z}}\, dz$$

en posant

$$\frac{(p - r)^2\,(z^2 + pz)}{(r - p)\,z + s} = \frac{9\,(z^2 + z)}{3\,z - 1} = z_1.$$

On obtiendra de cette manière

$$\int \frac{z + B}{\sqrt{z^4 + 5\,z^3 + 3\,z^2 - z}}\, dz = \frac{1}{2} \int \frac{z_1 + 6\,B - 3}{\sqrt{z_1^4 - z_1^3 - 81\,z_1^2 + 81\,z_1}}\, dz_1$$

$$+ \frac{1}{2} \log \frac{\sqrt{z_1} + \sqrt{z_1 + 9}}{\sqrt{z_1} - \sqrt{z_1 + 9}}.$$

La fonction

$$z_1^4 - z_1^3 - 81\,z_1^2 + 81\,z_1,$$

étant composée de quatre facteurs rationnels du premier degré

$$z_1,\ z_1 - 9,\ z_1 - 1,\ z_1 + 9,$$

on trouve, pour sa décomposition en deux facteurs rationnels du second degré

$$(z^2 + pz)\,(z^2 + rz + s),$$

trois systèmes de valeurs pour p, r, s, savoir:

$$\begin{aligned} p &= -9,\ r = 8,\ s = -9,\\ p &= -1,\ r = 0,\ s = -81;\\ p &= 9,\ r = -10,\ s = 9. \end{aligned}$$

Or, comme aucun de ces systèmes ne rend la quantité $s\,(p^2 - pr + s)$ égale à un carré parfait, on cherchera l'intégrale

$$\int \frac{z_1 + 6B - 3}{\sqrt{z_1^4 - z_1^3 - 81 z_1^2 + 81 z_1}}\, dz,$$

par le № 3. Mais, en passant à la détermination des nombres

$$\begin{aligned} &l_0,\ m_0,\ n_0,\\ &l_1,\ m_1,\ n_1,\\ &\ldots\ldots, \end{aligned}$$

d'après les formules (3), on devra s'arrêter sur l_1, en remarquant qu'il résulte pour lui une valeur fractionnaire

$$1 - \frac{(1 + 4.81)^2}{-2 - 8.1.81 + 16.81} = -\frac{104979}{646};$$

de là on conclura tout de suite que l'intégrale

$$\int \frac{z_1 + 6B - 3}{\sqrt{z_1^4 - z_1^3 - 81 z_1^2 + 81 z_1}}\, dz_1,$$

et conséquemment celle en question

$$\int \frac{z + B}{\sqrt{z^4 + 5z^3 + 3z^2 - z}}\, dz,$$

est inexprimable en termes finis, quelle que soit la valeur de la constante B.

22

SUR UNE MODIFICATION

U PARALLÉLOGRAMME ARTICULÉ DE WATT.

(Bulletin physico-mathématique de l'Académie Impériale des sciences de St.-Pétersbourg.
T. IV, p. 433—438.)

(Lu le 18 octobre 1861.)

Sur une modification du parallélogramme articulé de Watt.

Le mécanisme connu sous le nom du parallélogramme articulé de Watt présente une solution de cette question importante pour la pratique dans certains cas:

Par une combinaison des mouvements circulaires produire, avec une approximation suffisante, le mouvement rectiligne.

Tout avantageux que soit ce mécanisme dans la pratique, on conçoit que, sous le rapport de la précision de son jeu et vû sa complication, il laisse encore beaucoup à désirer. Pour s'en assurer on n'a qu'à remarquer que le parallélogramme de Watt produit le même mouvement que le mécanisme *à fléau*, quoique dans sa composition il contienne deux verges de plus, et que dans les mécanismes de ce genre chaque nouvel élément apporte, évidemment, de nouvelles ressources pour donner plus de précision à leur jeu. En cherchant à reproduire le plus exactement possible le mouvement rectiligne, soit au moyen du mécanisme *à fléau*, soit au moyen du parallélogramme de Watt, on n'atteint que le mouvement ovale qui s'approche du rectiligne cherché seulement au point d'avoir avec lui, tout au plus, cinq éléments communs. Or, un tel degré d'approximation est sans doute bien peu de chose pour un mécanisme aussi compliqué que le parallélogramme de Watt, qui se compose de quatre pièces dont on est maître de disposer, et dont chacune, dans la composition du mécanisme, présente deux paramètres arbitraires, savoir: la longueur et la direction. En ayant égard à ce que les paramètres arbitraires sont ici au nombre de 8, on voit qu'il y a lieu de chercher à composer un mécanisme de même complexité que le parallélogramme de Watt, capable de fournir un mouvement qui soit bien plus proche du mouvement rectiligne cherché, et qui ait, nommément, au lieu de cinq, huit éléments communs avec celui-ci.

C'est ce que nous avons cherché à faire, et nous avons reconnu qu'on y parvient, en articulant entre elles et avec le balancier les quatre verges du parallélogramme de Watt de la manière suivante:

Fig. 1.

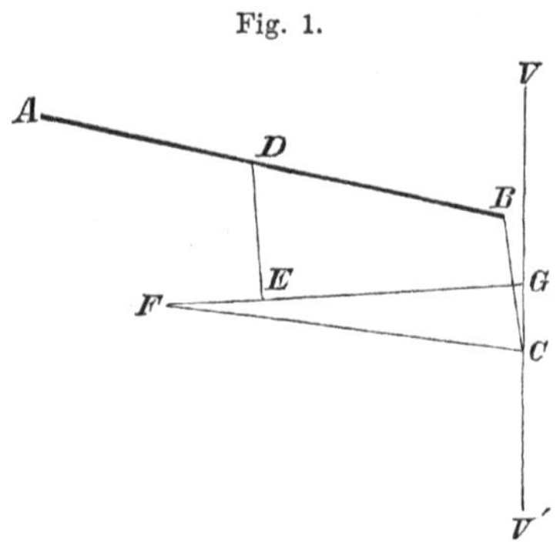

Dans cette figure AB est le demi-balancier sur lequel il s'agit de construire un mécanisme qui produise sensiblement un mouvement rectiligne suivant la verticale VV' passant par l'extrémité B du balancier dans sa position horizontale; BC, DE, CF, FG sont quatre verges qui composent ce mécanisme, C est le point qui fournit le mouvement en question, G l'axe immobile de la verge FG présentant, comme dans le parallélogramme de Watt, un contre-balancier. Toutes ces verges sont articulées avec le balancier et entre elles de la même manière que dans le parallélogramme de Watt, avec cette seule différence que les verges DE et FC ne sont plus liées entre elles, mais assemblées à charnière avec le contre-balancier FG dans deux différents points E et F. En composant ce mécanisme, on fera les verges CF et FG égales à $\frac{\sqrt{5}+1}{4}AB$, et les distances BD et EG égales à $\frac{\sqrt{5}-1}{2}AB$, en vertu de quoi la ligne BD représentera une moyenne proportionnelle entre toute la ligne AB et sa partie AD, et la ligne EF sera la moitié de AD. Aux verges BC et DE on donnera une même longueur qui peut être choisie arbitrairement, pourvu qu'elle ne surpasse pas sensiblement la demi-course du point C. Quant au point G, centre d'oscillation du contre-balancier FG, on le placera de manière que, dans la position horizontale du balancier, les verges BC et DE soient verticales, et les verges CF et FG prennent la même direction horizontale, comme on le voit sur la figure 2.

Fig. 2.

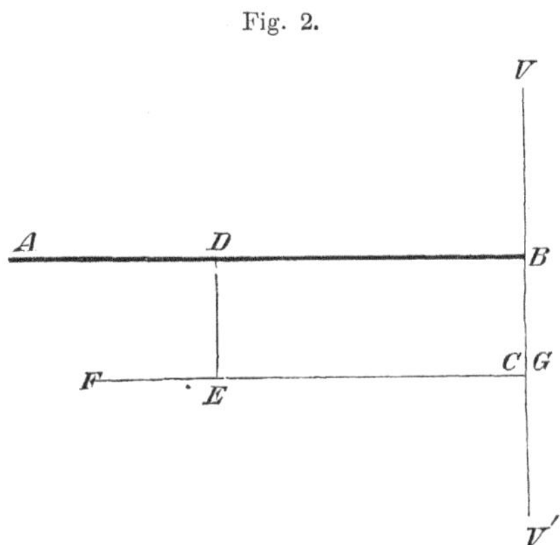

Telle est la composition du mécanisme qui, avec les mêmes pièces que le parallélogramme de Watt, donnera un mouvement qui s'approchera du rectiligne au point d'avoir avec lui huit éléments communs. C'est ce dont on s'assure très aisément, en déterminant les distances du point C de la verticale VV' (fig. 1) en fonction de l'inclinaison du balancier*); car par là on voit sur le champ que la courbe décrite par le point C, dans le point

*) Ces distances, comme il est facile de le voir, s'expriment par la formule

$$\frac{\sqrt{5}+1}{4} AB (\cos\psi - \cos\varphi),$$

où φ, ψ sont des angles qui, en fonction de α, inclinaison du balancier, se déterminent par ces deux équations:

$$\left(1 - \frac{3-\sqrt{5}}{2}\cos\alpha - \frac{\sqrt{5}-1}{2}\cos\varphi\right)^2 + \left(\frac{BC}{AB} - \frac{3-\sqrt{5}}{2}\sin\alpha + \frac{\sqrt{5}-1}{2}\sin\varphi\right)^2 = \frac{BC^2}{AB^2},$$

$$\left(1 - \cos\alpha + \frac{\sqrt{5}+1}{4}\cos\varphi - \frac{\sqrt{5}+1}{4}\cos\psi\right)^2 + \left(\frac{BC}{AB} - \sin\alpha + \frac{\sqrt{5}+1}{4}\sin\varphi + \frac{\sqrt{5}+1}{4}\sin\psi\right)^2 = \frac{BC^2}{AB^2}.$$

D'où, pour l'expression approximative de ces distances, on tire cette série:

$$\frac{7-3\sqrt{5}}{32}\frac{AB^2}{BC}\alpha^7 + \frac{\sqrt{5}-2}{16}\frac{AB^3}{BC^2}\alpha^8 + \ldots.$$

correspondant à la position horizontale du balancier, a pour tangente la verticale VV' avec laquelle elle a, dans le voisinage de ce point, 7 éléments communs, et que cette courbe coupe la même verticale à une distance de G moindre que BC, ce qui entraine encore un élément commun entre ces lignes dans l'étendue de la course du point C.

D'après cela on voit aussi avec quelle extrême rapidité les déviations du point C de la verticale VV' (fig. 1) diminuent à mesure que l'amplitude d'oscillation du balancier diminue, vû que ces distances, par rapport à l'inclinaison du balancier sont du 7me ordre. Quant aux cas ordinaires de la pratique où l'inclinaison du balancier ne présente jamais des angles d'une valeur considérable, on trouve que le jeu de ce mécanisme, sous le rapport de la précision, l'emporterait très notablement sur le parallélogramme de Watt. Ainsi, par exemple, si l'on considère le cas traité par Prony dans sa Note connue: *Sur le parallélogramme du balancier de la machine à feu* (Annales des mines, tome XII), où la longueur du demi-balancier AB est 2,515 mètres, la verge BC est 0,762 de mètre et la limite de l'inclinaison du balancier est $17° 35' 30''$, on trouve que, dans ces circonstances, le mécanisme dont il s'agit ne présenterait que des déviations de la verticale inférieures à 0,05 de millimètre. Mais dans ce cas, suivant Prony, le parallélogramme de Watt présente les déviations qui vont jusqu'à une valeur 40 fois plus grande, savoir 2 millimètres, et qui est loin d'être négligeable dans le jeu d'un pareil mécanisme.

Jusqu'à présent, en cherchant à s'approcher le plus près possible du mouvement vertical, nous n'avons pris en considération que le nombre des éléments communs entre la verticale et la courbe décrite par le point C, tandis que le rapprochement de ces lignes et conséquemment la précision du jeu du mécanisme dont il s'agit dépend notablement de la position de ces éléments. Cette question a été l'objet de nos recherches dans la 1re partie du Mémoire sous le titre: *Théorie des mécanismes connus sous le nom des parallélogrammes*, où nous avons proposé des méthodes pour rendre un tel rapprochement le plus parfait possible. Or, si l'on applique ces méthodes à notre cas actuel, on pourra trouver les petits changements qu'on doit faire dans les valeurs des paramètres du mécanisme pour rendre son jeu le plus précis possible. Au moyen de ces corrections, les déviations du point C de la ligne verticale seront réduites à peu près en proportion de 1 à 2^7 (§ 5 du Mémoire cité), et comme nous venons de voir que, dans les cas ordinaires de la pratique, ces déviations elles mêmes présentent des valeurs très petites, nommément, des centièmes parties du millimètre, on conçoit que, dans ces cas, par les corrections des éléments, la précision du jeu du mécanisme pourra être portée jusqu'à une limite inaccessible aux moyens techniques de la construction des mécanismes. On est donc certain qu'il n'y a aucune raison, pour les cas ordinaires de la pratique, de rechercher un mécanisme qui serait capable de donner le mouvement rectiligne avec une précision encore plus grande. Et comme, conformément à ce que nous venons de montrer, on parvient à ce degré de précision par un mécanisme composé des mêmes pièces que le parallélogramme de Watt, usité maintenant, et dont les defauts du jeu se font souvent sentir dans la pratique, on conçoit que notre mécanisme modifié est digne d'une attention particulière.

Remarquons encore que si dans les valeurs données plus haut des éléments de ce mécanisme on change le signe du radical $\sqrt{5}$, on parvient à cette nouvelle forme:

Fig. 3.

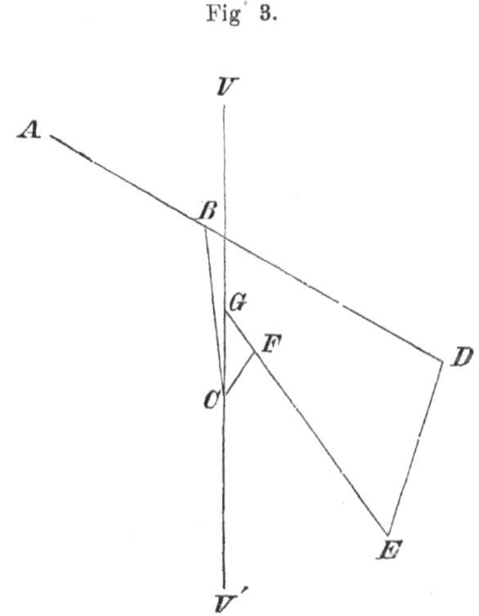

où

$$CF = FG = \frac{\sqrt{5}-1}{4} AB,$$

$$BD = EG = \frac{\sqrt{5}+1}{2} AB.$$

Pour cette nouvelle forme le degré de précision du jeu de ce mécanisme reste le même; seulement, pour sa construction, on sera obligé de prolonger le balancier au delà du point B d'une longueur égale à

$$BD = \frac{\sqrt{5}+1}{2} AB,$$

ce qui présente de grands inconvénients pratiques.

23.

SUR L'INTERPOLATION.

TRADUIT PAR C. A. POSSÉ.

Объ интерполированіи.

(Приложеніе къ IV-му тому Записокъ Императорской Академіи Наукъ, № 5, 1864 г.)

Sur l'interpolation.

§ 1. Dans le mémoire sous le titre «Sur les fractions continues» j'ai donné une formule d'interpolation par la méthode *des moindres carrés*, quelles que soient les valeurs données de la fonction à interpoler. Maintenant je vais montrer les simplifications dont cette formule est susceptible dans le cas particulièrement remarquable où les valeurs connues de la fonction sont prises pour des valeurs équidistantes de la variable. Dans ce cas, la formule générale d'interpolation, correspondant à la formule de Lagrange, se réduit à une série, correspondant à la formule d'interpolation de Newton, contenant comme celle-ci dans ses termes les différences finies d'ordres successifs 1, 2, 3,. . . . etc., ce qui offre, comme on le sait, un grand avantage dans les applications. Cette série donne l'expression des quantités à interpoler sous la forme des polynômes de différents degrés selon le nombre de termes qu'on y retient, les coefficients de ces polynômes étant les mêmes qu'on obtient par la méthode des *moindres carrés* en résolvant tout un système d'équations dont la forme change quand on passe d'une supposition particulière sur le degré de l'expression cherchée à une autre. Il est facile de voir combien la recherche de telles expressions se simplifie par l'emploi de notre série d'où elles découlent directement et successivement de tous les degrés à partir du degré 0. Mais cette circonstance n'est pas le seul avantage qu'on puisse tirer en employant cette série pour l'interpolation; elle est encore très appropriée pour faire voir à combien de termes, ou, ce qui revient au même, à quel degré dans l'expression cherchée pouvons nous nous restreindre. Dans les procédés ordinaires de l'interpolation par la méthode des *moindres carrés* il nous faut refaire chaque fois le calcul de toutes les valeurs données à l'aide d'une formule particulière pour chaque supposition sur le degré de cette formule. Cela est d'autant plus pénible que ces calculs doivent être répétés plusieurs fois jusqu'à ce qu'on parvient à une expression représentant les données avec un degré suffisant d'approximation, car il est difficile de deviner d'avance le degré d'une telle expression.

Sous ce rapport, notre formule offre cet avantage important qu'en ajoutant successivement un terme après l'autre dans l'expression à interpoler, nous pouvons en même temps voir comment diminue successivement la somme des carrés des erreurs qu'on commet en déterminant à l'aide de cette expression toutes les valeurs données, d'où il est aisé de déduire aussi la *moyenne quadratique* de ces erreurs, d'après laquelle on peut juger de la suffisance du nombre de termes retenus dans l'expression cherchée.

§ 2. Soit

$$u_0,\ u_1,\ u_2, \ldots \ u_{n-1}$$

la série des valeurs données de la fonction u, qui correspondent aux valeurs suivantes de la variable x:

$$x = 0,\ 1,\ 2, \ldots \ n-1.$$

En appliquant dans ce cas la formule générale d'interpolation*), nous trouvons pour l'expression de u sous la forme d'un polynôme d'un certain dégré à coefficients déterminés par la régle des *moindres carrés*, la série suivante:

$$(1) \qquad u = \frac{\sum_0^n \psi_0(i)\, u_i}{\sum_0^n \psi_0^2(i)} \psi_0(x) + \frac{\sum_0^n \psi_1(i)\, u_i}{\sum_0^n \psi_1^2(i)} \psi_1(x) + \frac{\sum_0^n \psi_2(i)\, u_i}{\sum_0^n \psi_2^2(i)} \psi_2(x) + \ldots,$$

où

$$\psi_0(x),\ \psi_1(x),\ \psi_2(x), \ldots$$

désignent les dénominateurs des fractions réduites dans le développement de la somme

$$\frac{1}{x} + \frac{1}{x-1} + \frac{1}{x-2} + \ldots + \frac{1}{x-n+1}$$

en fraction continue de la forme

$$q_0 + \cfrac{L_1}{q_1 + \cfrac{L_2}{q_2 + \ddots}} \quad ;$$

L_1, L_2, L_3, ... étant des constantes. Dans le cas particulier que nous considérons, les fonctions

$$\psi_0(x),\ \psi_1(x),\ \psi_2(x), \ldots$$

*) Formule (6) du Mémoire mentionné.

s'obtiennent facilement sans qu'il soit nécessaire de recourir au développement de la somme

$$\frac{1}{x}+\frac{1}{x-1}+\frac{1}{x-2}+\ldots\ldots+\frac{1}{x-n+1}$$

en fraction continue; on découvre en même temps, comme nous allons le voir, la loi très remarquable de leur formation en vertu de laquelle la série (1) prend cette forme, commode pour les appliquations, dont on a parlé dans le paragraphe précédent.

§ 3. Pour obtenir les fonctions

$$\psi_0(x),\ \psi_1(x),\ \psi_2(x),\ldots\ldots,$$

sans recourir au développement de la somme

$$\frac{1}{x}+\frac{1}{x-1}+\frac{1}{x-2}+\ldots\ldots+\frac{1}{x-n+1}$$

en fraction continue, remarquons que, d'après ce qui est démontré dans le Mémoire cité, ces fonctions, d'une part, sont des degrés

$$0,\ 1,\ 2,\ldots\ldots,$$

et d'autre part, elles satisfont aux équations

$$\sum_0^n \psi_0(i)\psi_\lambda(i)=0,\ \sum_0^n \psi_1(i)\psi_\lambda(i)=0,\ldots\ldots\ \sum_0^n \psi_{\lambda-1}(i)\psi_\lambda(i)=0,$$

ou ce qui revient au même,

$$\sum_0^n \psi_\mu(i)\psi_\lambda(i)=0, \tag{2}$$

pour $\mu<\lambda$.

Ces propriétés, comme il est facile de s'en convaincre, déterminent complètement les fonctions

$$\psi_0(x),\ \psi_1(x),\ \psi_2(x),\ldots\ldots$$

en faisant abstraction des facteurs constants qui restent tout à fait arbitraires tant qu'on ne fasse aucune supposition particulière sur les constantes L_1, L_2, $L_3,\ldots\ldots$dans la fraction continue

$$q_0+\cfrac{L_1}{q_1+\cfrac{L_2}{q_2+\ldots\ldots}}$$

provenant du développement de la somme

$$\frac{1}{x}+\frac{1}{x-1}+\frac{1}{x-2}+\ldots\ldots+\frac{1}{x-n+1},$$

et qui se suppriment évidemment dans la formule (1).

Pour faire voir que les propriétés énoncées des fonctions $\psi_0(x)$, $\psi_1(x)$, $\psi_2(x),\ldots\ldots$, les déterminent à des facteurs constants près, soit

$$f(x)$$

une fonction entière étant comme $\psi_\lambda(x)$ de degré λ et satisfaisant comme celle-ci aux équations

$$\sum_0^n \psi_0(i) f(i)=0,\quad \sum_0^n \psi_1(i) f(i)=0,\ldots\ldots \sum_0^n \psi_{\lambda-1}(i) f(i)=0.$$

Or,

$$\psi_0(x),\ \psi_1(x),\ \psi_2(x),\ldots\ldots\ \psi_{\lambda-1}(x),\ \psi_\lambda(x)$$

représentent une série de fonctions entières respectivement des degrés

$$0,\ 1,\ 2,\ldots\ldots\ \lambda-1,\ \lambda;$$

donc, la fonction entière $f(x)$ de degré λ peut être représentée par la somme

$$A_0\psi_0(x)+A_1\psi_1(x)+\ldots\ldots+A_{\lambda-1}\psi_{\lambda-1}(x)+A_\lambda\psi_\lambda(x),$$

où

$$A_0,\ A_1,\ldots\ldots\ A_{\lambda-1},\ A_\lambda$$

étant des constantes.

En portant cette expression de $f(x)$ dans les équations précédentes, on trouve

$$\sum_0^n \psi_0(i) f(i)=A_0\sum_0^n \psi_0^2(i)+A_1\sum_0^n \psi_0(i)\psi_1(i)+\ldots\ldots+A_\lambda\sum_0^n \psi_0(i)\psi_\lambda(i)=0,$$

$$\sum_0^n \psi_1(i) f(i)=A_0\sum_0^n \psi_0(i)\psi_1(i)+A_1\sum_0^n \psi_1^2(i)+\ldots\ldots+A_\lambda\sum_0^n \psi_1(i)\psi_\lambda(i)=0,$$

. . . .

$$\sum_0^n \psi_{\lambda-1}(i) f(i)=A_0\sum_0^n \psi_{\lambda-1}(i)\psi_0(i)+\ldots\ldots+A_{\lambda-1}\sum_0^n \psi_{\lambda-1}^2(i)+A_\lambda\sum_0^n \psi_{\lambda-1}(i)\psi_\lambda(i)=0,$$

d'où l'on tire, en vertu de (2) les égalités suivantes:

$$A_0\sum_0^n \psi_0^2(i)=0,\quad A_1\sum_0^n \psi_1^2(i)=0,\ldots\ldots\ A_{\lambda-1}\sum_0^n \psi^2_{\lambda-1}(i)=0.$$

Cela suppose

$$A_0 = 0,\ A_1 = 0, \ldots .\ A_{\lambda-1} = 0,$$

car les sommes des carrés

$$\sum_0^n \psi_0^2(i),\ \sum_0^n \psi_1^2(i), \ldots .\ \sum_0^n \psi^2_{\lambda-1}(i),$$

composées des valeurs des fonctions réelles $\psi_0(x)$, $\psi_1(x), \ldots . \psi_{\lambda-1}(x)$, ne peuvent pas s'annuler. Or, les coefficients

$$A_0,\ A_1, \ldots .\ A_{\lambda-1}$$

dans la formule

$$f(x) = A_0\psi_0(x) + A_1\psi_1(x) + \ldots . + A_{\lambda-1}\psi_{\lambda-1}(x) + A_\lambda\psi_\lambda(x)$$

étant nuls, on voit que la fonction $f(x)$, satisfaisant comme $\psi_\lambda(x)$ aux équations mentionnées ci-dessus, est égale à

$$A_\lambda\psi_\lambda(x),$$

A_λ désignant un coefficient constant; donc, ce n'est que par un tel coefficient qu'elle diffère de $\psi_\lambda(x)$, ce qu'il fallait démontrer.

§ 4. D'après ce que nous avons démontré, la détermination des fonctions

$$\psi_0(x),\ \psi_1(x),\ \psi_2(x), \ldots .,$$

à un facteur constant près, se réduit généralement à la recherche d'une fonction entière de degré λ, susceptible à satisfaire à l'équation

(3) $$\sum_0^n \psi_\mu(i) f(i) = 0,$$

$\psi_\mu(x)$ étant une fonction entière de degré μ, et μ un nombre entier variant de 0 à $\lambda - 1$ inclusivement.

Pour faciliter la recherche de la fonction $f(i)$ d'après cette condition, nous allons la considérer comme la différence finie d'ordre λ d'une certaine fonction $F(i)$. Cela posé, mettant pour $f(i)$ son expression

(4) $$f(i) = \Delta^\lambda F(i),$$

dans l'équation précédente, nous la réduirons à la forme suivante

$$\Sigma\,\psi_\mu(i)\,\Delta^\lambda F(i) = 0.$$

Or en remarquant que chaque somme de la forme $\Sigma\, U_i \Delta^\lambda V_i$ peut être transformée comme il suit:

$$(5) \quad \Sigma\, U_i \Delta^\lambda V_i = U_{i-1} \Delta^{\lambda-1} V_i - \Delta U_{i-2} \Delta^{\lambda-2} V_i + \ldots . - (-1)^\lambda \Delta^{\lambda-1} U_{i-\lambda} . V_i + (-1)^\lambda \Sigma \Delta^\lambda U_{i-\lambda} . V_i + C,$$

(ce qu'on vérifie aisément en prenant les différences finies des deux membres de cette égalité), nous trouvons d'après cette formule

$$\Sigma \psi_\mu(i) \Delta^\lambda F(i) = \psi_\mu(i-1) \Delta^{\lambda-1} F(i) - \Delta \psi_\mu(i-2) \Delta^{\lambda-2} F(i) + \ldots . - (-1)^\lambda \Delta^{\lambda-1} \psi_\mu(i-\lambda) . F(i) + (-1)^\lambda \Sigma \Delta^\lambda \psi_\mu(i-\lambda) . F(i) + C.$$

D'ailleurs, $\psi_\mu(x)$ étant une fonction entière de degré moindre que λ, la différence $\Delta^\lambda \psi_\mu(i-\lambda)$ se réduit à zéro et l'expression précédente de la somme $\Sigma \psi_\mu(i) \Delta^\lambda F(i)$ devient

$$\Sigma \psi_\mu(i) \Delta^\lambda F(i) = \psi_\mu(i-1) \Delta^{\lambda-1} F(i) - \Delta \psi_\mu(i-2) \Delta^{\lambda-2} F(i) + \ldots . - (-1)^\lambda \Delta^{\lambda-1} \psi_\mu(i-\lambda) . F(i) + C.$$

D'où l'on voit que l'équation

$$\sum_0^n \psi_\mu(i) \Delta^\lambda F(i) = 0$$

sera satisfaite, si pour les limites

$$i = 0, \quad i = n$$

les fonctions

$$\Delta^{\lambda-1} F(i), \quad \Delta^{\lambda-2} F(i), \ldots . \; F(i)$$

se réduisent à zéro, ou, ce qui revient au même, si pour les mêmes valeurs de i, les expressions

$$F(i), \quad F(i+1), \quad F(i+2), \ldots . \; F(i+\lambda-1)$$

sont égales à zéro, car dans ce cas la fonction $F(i)$ et ses $\lambda - 1$ différences finies s'annulent pour $i = 0$ et $i = n$.

Or l'annihilation des fonctions

$$F(i), \quad F(i+1), \quad F(i+2), \ldots . \; F(i+\lambda-1),$$

pour $i = 0$ et $i = n$, suppose que la fonction $F(i)$ s'annule pour

$$i = 0, \; 1, \; 2, \ldots . \; \lambda - 1$$

et pour

$$i = n,\ n+1,\ n+2, \ldots\ n+\lambda-1,$$

et contient par conséquent dans son expression les facteurs

$$i,\ i-1,\ i-2, \ldots\ i-\lambda+1,$$

$$i-n,\ i-n-1,\ i-n-2, \ldots\ i-n-\lambda+1.$$

Donc, l'équation (3) sera satisfaite si, en posant

$$f(i) = \Delta^\lambda F(i),$$

nous prendrons pour $F(i)$ une fonction contenant comme facteur le produit

$$i(i-1)(i-2)\ldots(i-\lambda+1)(i-n)(i-n-1)(i-n-2)\ldots(i-n-\lambda+1).$$

D'autre part, pour que la fonction cherchée $f(i)$ soit de degré λ, la fonction $F(i)$ dans la formule

$$f(i) = \Delta^\lambda F(i),$$

doit être évidemment de degré 2λ et par conséquent du même degré que le produit

$$i(i-1)(i-2)\ldots(i-\lambda+1)(i-n)(i-n-1)(i-n-2)\ldots(i-n-\lambda+1).$$

D'où il suit que la fonction $f(i)$ de degré λ, susceptible à satisfaire à l'équation (3) est donnée par la formule

$$f(i) = \Delta^\lambda F(i),$$

en prenant

$$F(i) = i(i-1)(i-2)\ldots(i-\lambda+1)(i-n)(i-n-1)\ldots(i-n-\lambda+1),$$

Par conséquent, en vertu de ce qui a été démontré dans le paragraphe précédent à l'égard des fonctions

$$\psi_0(x),\ \psi_1(x),\ \psi_2(x), \ldots,$$

elles seront représentées généralement par la formule

$$(6)\quad \psi_\lambda(x) = C_\lambda \Delta^\lambda x(x-1)\ldots(x-\lambda+1)(x-n)(x-n-1)\ldots(x-n-\lambda+1),$$

C_λ étant un coefficient constant.

§ 5. A l'aide de l'expression trouvée des fonctious

$$\psi_0(x),\ \psi_1(x),\ \psi_2(x), \ldots\ldots,$$

la détermination des sommes contenues dans notre formule

$$u = \frac{\sum_0^n \psi_0(i)\, u_i}{\sum_0^n \psi_0^2(i)} \psi_0(x) + \frac{\sum_0^n \psi_1(i)\, u_i}{\sum_0^n \psi_1^2(i)} \psi_1(x) + \frac{\sum_0^n \psi_2(i)\, u_i}{\sum_0^n \psi_2^2(i)} \psi_2(x) + \ldots\ldots,$$

est considérablement simplifiée.

Nous allons montrer maintenant que les sommes

$$\sum_0^n \psi_0(i)\, u_i,\ \sum_0^n \psi_1(i)\, u_i,\ \sum_0^n \psi_2(i)\, u_i, \ldots\ldots,$$

contenant les quantités u_0, u_1, $u_2, \ldots\ldots,$ se réduisent à des sommes, composées des différences finies de ces quantités d'ordres 0, 1, $2, \ldots\ldots,$ et commodement calculables; quant aux sommes

$$\sum_0^n \psi^2_0(i),\ \sum_0^n \psi^2_1(i),\ \sum_0^n \psi^2_2(i), \ldots\ldots,$$

qui ne contiennent pas ces quantités, elles se déterminent définitivement.

Pour transformer les sommes du premier genre, remarquons que leur forme générale est

$$\sum_0^n \psi_\lambda(i)\, u_i,$$

qui se réduit, après la substitution de l'expression (6) de $\psi_\lambda(x)$, à la suivante:

$$(7)\quad C_\lambda \sum_0^n u_i\, \Delta^\lambda i(i-1)\ldots\ldots(i-\lambda+1)(i-n)(i-n-1)\ldots\ldots(i-n-\lambda+1).$$

Or, en vertu de la formule

$$\Sigma\, U_i \Delta^\lambda V_i = U_{i-1}\, \Delta^{\lambda-1} V_i - \Delta U_{i-2}\, \Delta^{\lambda-2} V_i + \ldots\ldots - (-1)^\lambda \Delta^{\lambda-1} U_{i-\lambda} V_i + (-1)^\lambda\, \Sigma\, \Delta^\lambda U_{i-\lambda} V_i + C,$$

mentionnée ci-dessus (5), en y posant

$$U_i = u_i,$$

$$V_i = i(i-1)\ldots\ldots(i-\lambda+1)(i-n)(i-n-1)\ldots\ldots(i-n-\lambda+1),$$

et remarquant qu'alors la fonction V_i et ses différences ΔV_i, $\Delta^2 V_i, \ldots \Delta^{\lambda-1} V_i$ s'annulent pour $i=0$ et $i=n$, nous trouverons

$$\sum_0^n u_i \Delta^\lambda i(i-1)\ldots(i-\lambda+1)(i-n)(i-n-1)\ldots(i-n-\lambda+1)=$$
$$(-1)^\lambda \sum_0^n i(i-1)\ldots(i-\lambda+1)(i-n)(i-n-1)\ldots(i-n-\lambda+1)\Delta^\lambda u_{i-\lambda},$$

ce qu'on peut représenter sous une forme encore plus simple, remplaçant dans la seconde somme i par $i+\lambda$, ce qui donne

$$\sum_0^n u_i \Delta^\lambda i(i-1)\ldots(i-\lambda+1)(i-n)(i-n-1)\ldots(i-n-\lambda+1)=$$
$$(-1)^\lambda \sum_{-\lambda}^{n-\lambda}(i+\lambda)(i+\lambda-1)\ldots(i+1)(i+\lambda-n)(i+\lambda-n-1)\ldots(i-n+1)\Delta^\lambda u_i,$$

ou, ce qui revient au même,

$$\sum_0^n u_i \Delta^\lambda i(i-1)\ldots(i-\lambda+1)(i-n)(i-n-1)\ldots(i-n-\lambda+1)=$$
$$\sum_{-\lambda}^{n-\lambda}(i+1)(i+2)\ldots(i+\lambda)(n-i-1)(n-i-2)\ldots(n-i-\lambda)\Delta^\lambda u_i.$$

Or comme dans la dernière somme à partir de $i=-\lambda$ à $i=-1$, et de $i=n-\lambda$ à $i=n-1$, la fonction se réduit à zéro, on pourra y remplacer les limites

$$i=-\lambda,\ i=n-\lambda,$$

par les suivantes:

$$i=0,\ i=n,$$

sans en altérer la valeur et d'après la formule trouvée, on aura

$$\sum_0^n u_i \Delta^\lambda i(i-1)\ldots(i-\lambda+1)(i-n)(i-n-1)\ldots(i-n-\lambda+1)=$$
$$\sum_0^n (i+1)(i+2)\ldots(i+\lambda)(n-i-1)(n-i-2)\ldots(n-i-\lambda)\Delta^\lambda u_i,$$

ce qui donne, en vertu de (7), la formule suivante pour l'évaluation des sommes

$$\sum_0^n \psi_0(i)u_i, \sum_0^n \psi_1(i)u_i,\ \sum_0^n \psi_2(i)u_i, \ldots:$$

(8)
$$\sum_0^n \psi_\lambda(i)u_i=$$
$$C_\lambda \sum_0^n (i+1)(i+2)\ldots(i+\lambda)(n-i-1)(n-i-2)\ldots(n-i-\lambda)\Delta^\lambda u_i.$$

§ 6. Passant au calcul des sommes

$$\sum_0^n \psi_0^2(i), \quad \sum_0^n \psi_1^2(i), \quad \sum_0^n \psi_2^2(i), \ldots,$$

remarquons que l'équation (8), pour

$$u_i = \psi_\lambda(i),$$

donne, à l'égard de ces sommes, la formule générale

$$\sum_0^n \psi_\lambda^2(i) =$$
$$C_\lambda \sum_0^n (i+1)(i+2)\ldots(i+\lambda)(n-i-1)(n-i-2)\ldots(n-i-\lambda)\,\Delta^\lambda \psi_\lambda(i).$$

En vertu de la formule (6), on trouve

$$\Delta^\lambda \psi_\lambda(i) =$$
$$C_\lambda \Delta^{2\lambda} i(i-1)\ldots(i-\lambda+1)(i-n)(i-n-1)\ldots(i-n-\lambda+1),$$

ce qui nous donne

$$\Delta^\lambda \psi_\lambda(i) = 1.2.3\ldots 2\lambda\, C_\lambda,$$

et par suite l'expression précédente de la somme

$$\sum_0^n \psi_\lambda^2(i)$$

se réduit à la suivante

(9)
$$\sum_0^n \psi_\lambda^2(i) =$$
$$1.2\ldots 2\lambda.\, C_\lambda^2 \sum_0^n \left[\begin{matrix}(i+1)(i+2)\ldots\ldots(i+\lambda)\times \\ (n-i-1)(n-i-2)\ldots(n-i-\lambda)\end{matrix}\right].$$

Pour faciliter la transformation ultérieure de cette formule, remarquons que

$$\Delta^\lambda (i+\lambda)(i+\lambda-1)\ldots(i-\lambda+1) =$$
$$2\lambda(2\lambda-1)\ldots(\lambda+1)(i+\lambda)(i+\lambda-1)\ldots(i+1);$$

en vertu de quoi la formule (9) peut être représentée sous la forme

$$\sum_0^n \psi_\lambda^2(i) = 1.2\ldots\lambda.\, C_\lambda^2 \sum_0^n \left[\begin{matrix}(n-i-1)(n-i-2)\ldots(n-i-\lambda)\times \\ \Delta^\lambda (i+\lambda)(i+\lambda-1)\ldots\ldots(i-\lambda+1)\end{matrix}\right].$$

Appliquant à la somme

$$\sum_0^n (n-i-1)(n-i-2)\ldots(n-i-\lambda)\,\Delta^\lambda (i+\lambda)(i+\lambda-1)\ldots(i-\lambda+1)$$

la formule (5) qui donne généralement

$$\Sigma\, U_i \Delta^\lambda V_i = U_{i-1}\Delta^{\lambda-1} V_i - \Delta U_{i-2}\Delta^{\lambda-2} V_i + \ldots - (-1)^\lambda \Delta^{\lambda-1} U_{i-\lambda}.V_i$$
$$+ (-1)^\lambda \Sigma\, \Delta^\lambda U_{i-\lambda}.V_i + C,$$

nous devons poser

$$U_i = (n-i-1)(n-i-2)\ldots(n-i-\lambda),$$
$$V_i = (i+\lambda)(i+\lambda-1)\ldots(i-\lambda+1).$$

Or dans ce cas, les fonctions

$$\Delta^{\lambda-1} V_i,\ \Delta^{\lambda-2} V_i, \ldots \Delta V_i,\ V_i$$

s'annulent pour $i=0$, et les fonctions

$$U_{i-1},\ \Delta U_{i-2}, \ldots \Delta^{\lambda-1} U_{i-\lambda}$$

pour $i=n$; donc en appliquant cette formule à notre somme, les termes

$$U_{i-1}\Delta^{\lambda-1} V_i - \Delta U_{i-2}\Delta^{\lambda-2} V_i + \ldots - (-1)^\lambda \Delta^{\lambda-1} U_{i-\lambda}.V_i$$

se détruisent et la somme se réduit à

$$(-1)^\lambda \sum_0^n \Delta^\lambda U_{i-\lambda}.V_i.$$

D'après la valeur mentionée ci-dessus de la fonction U_i, nous trouverons

$$\Delta^\lambda U_{i-\lambda} = \Delta^\lambda (n-i+\lambda-1)(n-i+\lambda-2)\ldots(n-i)$$
$$= (-1)^\lambda.1.2.3\ldots\lambda,$$

et remarquant que

$$V_i = (i+\lambda)(i+\lambda-1)\ldots(i-\lambda+1),$$

nous réduirons ainsi la somme

$$\sum_0^n (n-i-1)(n-i-2)\ldots(n-i-\lambda)\,\Delta^\lambda (i+\lambda)(i+\lambda-1)\ldots(i-\lambda+1)$$

à la forme suivante:

$$1.2.3\ldots\lambda \sum_0^n (i+\lambda)(i+\lambda-1)\ldots(i-\lambda+1).$$

Quant à la recherche de cette dérnière, elle se fait facilement à l'aide des procédés connus du *calcul inverse des différences.*

Ainsi, sachant que

$$\Sigma (i+\lambda)(i+\lambda-1)\ldots(i-\lambda+1) = \frac{1}{2\lambda+1}(i+\lambda)(i+\lambda-1)\ldots(i-\lambda)+C,$$

et remarquant que l'expression

$$\frac{1}{2\lambda+1}(i+\lambda)(i+\lambda-1)\ldots(i-\lambda)$$

se réduit à 0 pour $i=0$ et prend la valeur

$$\frac{1}{2\lambda+1}(n+\lambda)(n+\lambda-1)\ldots(n-\lambda)$$

ou

$$\frac{1}{2\lambda+1}n(n^2-1^2)(n^2-2^2)\ldots(n^2-\lambda^2),$$

pour $i=n$, nous obtenons

$$\sum_0^n (i+\lambda)(i+\lambda-1)\ldots(i-\lambda+1) = \frac{1}{2\lambda+1}n(n^2-1^2)(n^2-2^2)\ldots(n^2-\lambda^2).$$

En vertu de cela, nous trouvons d'après la formule précédente que la somme

$$\sum_0^n (n-i-1)(n-i-2)\ldots(n-i-\lambda)\,\Delta^\lambda (i+\lambda)(i+\lambda-1)\ldots(i-\lambda+1)$$

est égale au produit

$$1.2.3\ldots\lambda.\frac{1}{2\lambda+1}n(n^2-1^2)(n^2-2^2)\ldots(n^2-\lambda^2);$$

ce qui, étant substitué dans l'expression trouvée de la somme $\sum\limits_0^n \psi_\lambda{}^2(i)$, donne la formule

$$(10)\qquad \sum_0^n \psi_\lambda{}^2(i) = \frac{1^2.2^2\ldots\lambda^2.n(n^2-1^2)(n^2-2^2)\ldots(n^2-\lambda^2)}{2\lambda+1}C_\lambda^2.$$

§ 7. En vertu de ce que nous avons montré par rapport aux valeurs des fonctions $\psi_0(x)$, $\psi_1(x)$, $\psi_2(x)$, ..., renfermées dans la formule

$$u = \frac{\sum\limits_0^n \psi_0(i)u_i}{\sum\limits_0^n \psi_0{}^2(i)}\psi_0(x) + \frac{\sum\limits_0^n \psi_1(i)u_i}{\sum\limits_0^n \psi_1{}^2(i)}\psi_1(x) + \frac{\sum\limits_0^n \psi_2(i)u_i}{\sum\limits_0^n \psi_2{}^2(i)}\psi_2(x) + \ldots,$$

et aux sommes de la forme

$$\sum_0^n \psi_\lambda(i)u_i,\quad \sum_0^n \psi_\lambda{}^2(i),$$

cette formule se réduit à la série suivante:

$$(11)\qquad u = \frac{\sum\limits_0^n u_i}{n} + \frac{3\sum\limits_0^n (i+1)(n-i-1)\Delta u_i}{1^2.n(n^2-1^2)}\Delta x(x-n) +$$

$$\frac{5\sum\limits_0^n (i+1)(i+2)(n-i-1)(n-i-2)\Delta^2 u_i}{1^2.2^2.n(n^2-1^2)(n^2-2^2)}\Delta^2 x(x-1)(x-n)(x-n-1) +$$

$$\frac{7\sum\limits_0^n (i+1)(i+2)(i+3)(n-i-1)(n-i-2)(n-i-3)\Delta^3 u_i}{1^2.2^2.3^2.n(n^2-1^2)(n^2-2^2)(n^2-3^2)}\Delta^3\left[\begin{matrix} x(x-1)(x-2)\times \\ (x-n)(x-n-1)(x-n-2)\end{matrix}\right]$$

$$+ \ldots\ldots\ldots\ldots\ldots\ldots\ldots\ldots\ldots\ldots;$$

l'expression du terme général étant:

$$\frac{(2\lambda+1)\sum\limits_0^n (i+1)\ldots(i+\lambda)(n-i-1)\ldots(n-i-\lambda)\Delta^\lambda u_i}{1^2.2^2\ldots\lambda^2.n(n^2-1^2)\ldots(n^2-\lambda^2)}\Delta^\lambda\left[\begin{matrix} x(x-1)\ldots(x-\lambda+1)\times \\ (x-n)(x-n-1)\ldots(x-n-\lambda+1)\end{matrix}\right].$$

Quant aux valeurs des fonctions

$$\Delta x(x-n),$$
$$\Delta^2 x(x-1)(x-n)(x-n-1),$$
$$\Delta^3 x(x-1)(x-2)(x-n)(x-n-1)(x-n-2),$$
$$\ldots\ldots\ldots\ldots\ldots\ldots\ldots\ldots,$$

dont dépendent les termes de cette série et que nous désignerons, pour abréger, de la manière suivante

$$\Delta(x),\ \Delta^2(x),\ \Delta^3(x),\ldots.,$$

elles se déterminent facilement par les procédés ordinaires du calcul des différences finies. On peut d'ailleurs déduire sans peine plusieurs formules pour leur évaluation. Ainsi, en vertu de l'égalité connue

$$\Delta^\lambda U_x V_x = V_{x+\lambda}\Delta^\lambda U_x + \frac{\lambda}{1}\Delta V_{x+\lambda-1}.\Delta^{\lambda-1}U_x + \frac{\lambda(\lambda-1)}{1.2}\Delta^2 V_{x+\lambda-2}\Delta^{\lambda-2}U_x\ldots,$$

qui détermine la différence Δ^λ d'un produit de deux fonctions, en y posant

$$U_x = x(x-1)\ldots(x-\lambda+1),$$
$$V_x = (x-n)(x-n-1)\ldots(x-n-\lambda+1),$$

nous trouvons l'expression suivante de $\Delta^\lambda(x)$:

$$1.2\ldots\lambda(x+\lambda-n)(x+\lambda-n-1)\ldots(x-n+1)+$$

$$\frac{\lambda}{1}.2.3\ldots\lambda.\lambda(x+\lambda-n-1)(x+\lambda-n-2)\ldots(x-n+1)x+$$

$$\frac{\lambda(\lambda-1)}{1.2}.3.4\ldots\lambda.\lambda(\lambda-1)(x+\lambda-n-2)\ldots(x-n+1)x(x-1)+$$

$$\ldots\ldots\ldots\ldots\ldots,$$

qu'on peut écrire d'une manière plus abrégée sous la forme:

$$\Delta^\lambda(x)=1.2\ldots\lambda\left[\begin{array}{l}(x+\lambda-n)(x+\lambda-n-1)\ldots(x-n+1)\\ +\frac{\lambda^2}{1^2}(x+\lambda-n-1)\ldots(x-n+1)x\\ +\frac{\lambda^2(\lambda-1)^2}{1^2.2^2}(x+\lambda-n-2)\ldots(x-n+1)x(x-1)\\ +\ldots\ldots\ldots\ldots\end{array}\right]$$

Une autre formule plus commode pour le calcul de $\Delta^\lambda(x)$ se trouve au moyen de la formule connue

$$f(x)=f(\lambda)+\frac{x-\lambda}{1}\Delta f(\lambda)+\frac{(x-\lambda)(x-\lambda-1)}{1.2}\Delta^2 f(\lambda)+\ldots,$$

en l'appliquant au développement du produit

$$(x-n)(x-n-1)\ldots(x-n-\lambda+1)$$

sous le signe Δ^λ dans l'expression

$$\Delta^\lambda(x)=\Delta^\lambda x(x-1)\ldots(x-\lambda+1)(x-n)(x-n-1)\ldots(x-n-\lambda+1),$$

ce qui nous donne

$$(12)\quad \Delta^\lambda(x)=1.2\ldots\lambda(\lambda-n)(\lambda-n-1)\ldots(1-n)$$
$$+\frac{x}{1}.2.3\ldots(\lambda+1).\frac{\lambda}{1}(\lambda-n)(\lambda-n-1)\ldots(2-n)$$
$$+\frac{x}{1}.\frac{x-1}{2}.3\ldots(\lambda+2).\frac{\lambda}{1}\frac{\lambda-1}{2}(\lambda-n)(\lambda-n-1)\ldots(3-n)$$
$$+\ldots\ldots\ldots\ldots$$

$$=\left[\begin{array}{c}(-1)^\lambda 1.2\ldots\lambda\times\\ (n-1)(n-2)\ldots(n-\lambda)\end{array}\right].\left[\begin{array}{c}1-\frac{\lambda(\lambda+1)}{n-1}\frac{x}{1^2}+\\ \frac{(\lambda-1)\lambda(\lambda+1)(\lambda+2)}{(n-1)(n-2)}\frac{x(x-1)}{1^2.2^2}-\\ \frac{(\lambda-2)(\lambda-1)\ldots(\lambda+3)}{(n-1)(n-2)(n-3)}\frac{x(x-1)(x-2)}{1^2.2^2.3^2}+\ldots\end{array}\right]$$

On peut trouver en outre une équation pour la détermination successive des fonctions

$$\Delta^1(x),\ \Delta^2(x),\ \Delta^3(x),\ldots.$$

Remarquons dans ce but que les fonctions

$$\psi_{\lambda+1}(x),\ \psi_\lambda(x),\ \psi_{\lambda-1}(x),$$

qui, d'après ce qui précède, s'expriment comme il suit:

$$\psi_{\lambda+1}(x)=C_{\lambda+1}\Delta^{\lambda+1}(x),$$
$$\psi_\lambda(x)=C_\lambda\Delta^\lambda(x),$$
$$\psi_{\lambda-1}(x)=C_{\lambda-1}\Delta^{\lambda-1}(x),$$

doivent être liées par l'équation

$$\psi_{\lambda+1}(x)=q_{\lambda+1}\psi_\lambda(x)+L_{\lambda+1}\psi_{\lambda-1}(x);$$

car les fonctions

$$\psi_0(x),\ \psi_1(x),\ \psi_2(x),\ldots.\psi_{\lambda-1}(x),\ \psi_\lambda(x),\ \psi_{\lambda+1}(x),\ldots.$$

désignent les dénominateurs des réduites de la fraction continue

$$q_0+\cfrac{L_1}{q_1+\cdots\cdots+\cfrac{L_\lambda}{q_\lambda+\cfrac{L_{\lambda+1}}{q_{\lambda+1}+\cdots}}}$$

En même temps la fonction

$$q_{\lambda+1}$$

doit être linéaire, c'est à dire de la forme

$$Ax+B;$$

car, comme nous le savons, les fonctions $\psi_{\lambda+1}(x)$, $\psi_\lambda(x)$, $\psi_{\lambda-1}(x)$ sont de degrés $\lambda+1$, λ, $\lambda-1$, ce qui suppose, en vertu de l'équation précédente, que $q_{\lambda+1}$ est du premier degré. Mettant $Ax+B$ à la place de $q_{\lambda+1}$ dans cette équation et substituant les valeurs trouvées ci dessus des fonctions $\psi_{\lambda+1}(x)$, $\psi_\lambda(x)$, $\psi_{\lambda-1}(x)$, nous trouvons:

$$C_{\lambda+1}\Delta^{\lambda+1}(x)=(Ax+B)\,C_\lambda\Delta^\lambda(x)+L_{\lambda+1}C_{\lambda-1}\Delta^{\lambda-1}(x),$$

ce qu'on peut écrire, après avoir divisé par $C_{\lambda+1}$, comme il suit:

$$\Delta^{\lambda+1}(x)=(Mx+N)\,\Delta^\lambda(x)+P\Delta^{\lambda-1}(x),$$

en posant

$$M = \frac{A C_\lambda}{C_{\lambda+1}}, \quad N = \frac{B C_\lambda}{C_{\lambda+1}}, \quad P = \frac{L_{\lambda+1} C_{\lambda-1}}{C_{\lambda+1}}.$$

Après avoir trouvé ainsi la forme de l'équation qui lie les fonctions

$$\Delta^{\lambda+1}(x), \; \Delta^{\lambda}(x), \; \Delta^{\lambda-1}(x),$$

nous trouverons facilement les constantes M, N, P qu'elle contient; on n'a que d'y substituer les valeurs des fonctions

$$\Delta^{\lambda+1}(x), \; \Delta^{\lambda}(x), \; \Delta^{\lambda-1}(x),$$

pour trois valeurs distinctes de x et chercher pour quelles valeurs des constantes M, N, P les équations ainsi obtenues se trouvent vérifiées. Ainsi, faisant successivement $x=0$, $x=1$, $x=2$, nous trouvons pour déterminer les constantes

$$M, \; N, \; P,$$

les trois équations suivantes:

$$\Delta^{\lambda+1}(0) = N\Delta^{\lambda}(0) + P\Delta^{\lambda-1}(0),$$
$$\Delta^{\lambda+1}(1) = (M+N)\Delta^{\lambda}(1) + P\Delta^{\lambda-1}(1),$$
$$\Delta^{\lambda+1}(2) = (2M+N)\Delta^{\lambda}(2) + P\Delta^{\lambda-1}(2),$$

d'où l'on tire pour M, N, P les valeurs que voici:

$$P = \frac{\frac{\Delta^{\lambda+1}(2)}{\Delta^{\lambda}(2)} - 2\frac{\Delta^{\lambda+1}(1)}{\Delta^{\lambda}(1)} + \frac{\Delta^{\lambda+1}(0)}{\Delta^{\lambda}(0)}}{\frac{\Delta^{\lambda-1}(2)}{\Delta^{\lambda}(2)} - 2\frac{\Delta^{\lambda-1}(1)}{\Delta^{\lambda}(1)} + \frac{\Delta^{\lambda-1}(0)}{\Delta^{\lambda}(0)}},$$

$$N = \frac{\Delta^{\lambda+1}(0)}{\Delta^{\lambda}(0)} - P.\frac{\Delta^{\lambda-1}(0)}{\Delta^{\lambda}(0)},$$

$$M = \frac{\Delta^{\lambda+1}(1)}{\Delta^{\lambda}(1)} - \frac{\Delta^{\lambda+1}(0)}{\Delta^{\lambda}(0)} - P\left(\frac{\Delta^{\lambda-1}(1)}{\Delta^{\lambda}(1)} - \frac{\Delta^{\lambda-1}(0)}{\Delta^{\lambda}(0)}\right),$$

ce qui donne, après la substitution des valeurs de

$$\begin{array}{lll} \Delta^{\lambda-1}(0), & \Delta^{\lambda-1}(1), & \Delta^{\lambda-1}(2), \\ \Delta^{\lambda}(0), & \Delta^{\lambda}(1), & \Delta^{\lambda}(2), \\ \Delta^{\lambda+1}(0), & \Delta^{\lambda+1}(1), & \Delta^{\lambda+1}(2), \end{array}$$

tirées des expressions trouvées ci-dessus de la fonction $\Delta^{\lambda}(x)$,

$$P = -\lambda^2 (n^2 - \lambda^2),$$
$$N = -(2\lambda + 1)(n - 1),$$
$$M = 2(2\lambda + 1),$$

et par conséquent, d'après ce qui précède, on obtient l'équation suivante entre les fonctions $\Delta^{\lambda+1}(x)$, $\Delta^{\lambda}(x)$, $\Delta^{\lambda-1}(x)$:

$$\Delta^{\lambda+1}(x) = (2\lambda + 1)(2x - n + 1)\Delta^{\lambda}(x) - \lambda^2 (n^2 - \lambda^2)\Delta^{\lambda-1}(x).$$

En vertu de cette équation et observant que

$$\Delta^0(x) = 1,$$
$$\Delta^1(x) = 2x - n + 1,$$

nous trouvons successivement

$$\Delta^2(x) = 3(2x - n + 1)^2 - n^2 + 1,$$
$$\Delta^3(x) = 15(2x - n + 1)^3 - 3(3n^2 - 7)(2x - n + 1),$$
$$\Delta^4(x) = 105(2x - n + 1)^4 - 30(3n^2 - 13)(2x - n + 1)^2 + 9(n^2 - 1)(n^2 - 9),$$
$$\Delta^5(x) = 945(2x - n + 1)^5 - 1050(n^2 - 7)(2x - n + 1)^3$$
$$+ 15(15n^4 - 230n^2 + 407)(2x - n + 1),$$

etc. *).

§ 8. En développant u à l'aide de la formule obtenue au § 7 et en y retenant un nombre plus ou moins grand de termes, nous obtiendrons les expressions de u sous la forme des polynômes de degrés plus ou moins élevés, représentant la fonction u avec une approximation respectivement plus ou moins grande. A l'aide de ces expressions approchées de u, on obtiendra ses valeurs

$$u_0,\ u_1,\ u_2, \ldots \ u_{n-1}$$

avec des erreurs plus ou moins considérables; nous allons nous occuper

*) Ces fonctions, comme il est facile de voir, satisfont à l'équation suivante aux différences finies:

$$(x + 2)(x + 2 - n)\Delta^2 Y + (2x + 3 - n - \lambda^2 - \lambda)\Delta Y - \lambda(\lambda + 1) Y = 0,$$

λ désignant le degré de Y.

maintenant de la détermination de la somme des carrés des erreurs dans les valeurs de

$$u_0,\ u_1,\ u_2, \ldots\ u_{n-1},$$

qu'on obtient de cette manière, en retenant un certain nombre donné de termes dans le développement de u.

En prolongeant le développement de u d'après la formule (1) jusqu'au dernier terme, nous trouvons:

$$(13)\qquad u = \frac{\sum\limits_0^n \psi_0(i)\, u_i}{\sum\limits_0^n \psi_0^2(i)}\, \psi_0(x) + \frac{\sum\limits_0^n \psi_1(i)\, u_i}{\sum\limits_0^n \psi_1^2(i)}\, \psi_1(x) + \ldots + \frac{\sum\limits_0^n \psi_n(i)\, u_i}{\sum\limits_0^n \psi_n^2(i)}\, \psi_n(x),$$

ce qui donne, comme il a été dit dans le Mémoire mentionné, tout à fait exactement toutes les n valeurs de la fonction u,

$$u_0,\ u_1,\ u_2, \ldots\ u_{n-1}.$$

Elevant au carré les deux membres de cette formule et sommant pour toutes les valeurs entières de x depuis $x = 0$ jusqu'à $x = n$, nous aurons pour déterminer la somme

$$\sum_0^n u_i^2,$$

l'expression

$$\sum_0^n \left[\frac{\sum\limits_0^n \psi_0(i)\, u_i}{\sum\limits_0^n \psi_0^2(i)}\, \psi_0(i) + \frac{\sum\limits_0^n \psi_1(i)\, u_i}{\sum\limits_0^n \psi_1^2(i)}\, \psi_1(i) + \ldots + \frac{\sum\limits_0^n \psi_n(i)\, u_i}{\sum\limits_0^n \psi_n^2(i)}\, \psi_n(i) \right]^2$$

Or (§ 2), comme en vertu de la propriété des fonctions $\psi_0(x)$, $\psi_1(x)$, $\psi_2(x), \ldots$ la somme

$$\sum_0^n \psi_\mu(i)\, \psi_\nu(i),$$

s'annule pour des valeurs inégales de μ et ν, l'expression précédente se réduit à celle-ci:

$$\left[\frac{\sum\limits_0^n \psi_0(i)\, u_i}{\sum\limits_0^n \psi_0^2(i)} \right]^2 \sum_0^n \psi_0^2(i) + \left[\frac{\sum\limits_0^n \psi_1(i)\, u_i}{\sum\limits_0^n \psi_1^2(i)} \right]^2 \sum_0^n \psi_1^2(i) + \ldots + \left[\frac{\sum\limits_0^n \psi_n(i)\, u_i}{\sum\limits_0^n \psi_n^2(i)} \right]^2 \sum_0^n \psi_n^2(i),$$

qui donne, après une réduction, l'expression suivante de la somme $\sum\limits_0^n u_i^2$:

$$\sum_0^n u_i^2 = \frac{\left(\sum\limits_0^n \psi_0(i)\, u_i\right)^2}{\sum\limits_0^n \psi_0^2(i)} + \frac{\left(\sum\limits_0^n \psi_1(i)\, u_i\right)^2}{\sum\limits_0^n \psi_1^2(i)} + \ldots + \frac{\left(\sum\limits_0^n \psi_n(i)\, u_i\right)^2}{\sum\limits_0^n \psi_n^2(i)}.$$

D'autre part, en faisant passer dans la formule (13) $\lambda + 1$ termes du second membre au premier, élevant au carré et sommant depuis $x = 0$ jusqu'à $x = n$, nous obtenons d'une manière analogue pour déterminer la somme

$$\sum_0^n \left[u_i - \frac{\sum_0^n \psi_0(i) u_i}{\sum_0^n \psi_0^2(i)} \psi_0(i) - \ldots - \frac{\sum_0^n \psi_\lambda(i) u_i}{\sum_0^n \psi_\lambda^2(i)} \psi_\lambda(i) \right]^2$$

l'expression suivante

$$\frac{\left(\sum_0^n \psi_{\lambda+1}(i) u_i\right)^2}{\sum_0^n \psi_{\lambda+1}^2(i)} + \frac{\left(\sum_0^n \psi_{\lambda+2}(i) u_i\right)^2}{\sum_0^n \psi_{\lambda+2}^2(i)} + \ldots + \frac{\left(\sum_0^n \psi_n(i) u_i\right)^2}{\sum_0^n \psi_n^2(i)}.$$

Or, d'aprés la composition de cette somme, on voit qu'elle représente la somme des carrés des erreurs dans les valeurs

$$u_0,\ u_1,\ u_2,\ \ldots\ u_{n-1},$$

calculées à l'aide du développement de u en série

$$u = \frac{\sum_0^n \psi_0(i) u_i}{\sum_0^n \psi_0^2(i)} \psi_0(x) + \frac{\sum_0^n \psi_1(i) u_i}{\sum_0^n \psi_1^2(i)} \psi_1(x) + \ldots,$$

lorsqu'on l'arrête au $(\lambda + 1)^{me}$ terme

$$\frac{\sum_0^n \psi_\lambda(i) u_i}{\sum_0^n \psi_\lambda^2(i)} \psi_\lambda(x).$$

Donc en représentant, pour abréger, la somme de telles erreurs par

$$\Sigma d_\lambda^2,$$

nous aurons, par ce qui précède

$$\Sigma d_\lambda^2 = \frac{\left(\sum_0^n \psi_{\lambda+1}(i) u_i\right)^2}{\sum_0^n \psi_{\lambda+1}^2(i)} + \frac{\left(\sum_0^n \psi_{\lambda+2}(i) u_i\right)^2}{\sum_0^n \psi_{\lambda+2}^2(i)} + \ldots + \frac{\left(\sum_0^n \psi_n(i) u_i\right)^2}{\sum_0^n \psi_n^2(i)}.$$

En comparant cette expression de la somme Σd_λ^2 à l'expression trouvée ci-dessus de la somme $\sum_0^n u_i^2$, nous remarquons entre elles la relation que voici:

$$\Sigma d_\lambda^2 = \sum_0^n u_i^2 - \frac{\left(\sum_0^n \psi_0(i)\, u_i\right)^2}{\sum_0^n \psi_0^2(i)} - \frac{\left(\sum_0^n \psi_1(i)\, u_i\right)}{\sum_0^n \psi_1^2(i)} - \ldots - \frac{\left(\sum_0^n \psi_\lambda(i)\, u_i\right)^2}{\sum_0^n \psi_\lambda^2(i)},$$

qui nous servira pour la calcul de Σd_λ^2.

Quant aux valeurs des termes qui figurent dans cette formule, remarquons qu'en vertu de (8) et de (10), on a généralement pour toute valeur de λ

$$\frac{\left(\sum_0^n \psi_\lambda(i)\, u_i\right)^2}{\sum_0^n \psi_\lambda^2(i)} = \frac{(2\lambda+1)\left(\sum_0^n (i+1)(i+2)\ldots(i+\lambda)(n-i-1)(n-i-2)\ldots(n-i-\lambda)\,\Delta^\lambda u_i\right)^2}{1^2.2^2\ldots\lambda^2.n(n^2-1^2)(n^2-2^2)\ldots(n^2-\lambda^2)},$$

par conséquent cette formule prend la forme

$$\Sigma d_\lambda^2 = \sum_0^n u^2_i - \frac{\left(\sum_0^n u_i\right)^2}{n} - \frac{3\left(\sum_0^n (i+1)(n-i-1)\,\Delta u_i\right)^2}{1^2.n(n^2-1^2)} - \ldots$$
$$- \frac{(2\lambda+1)\left(\sum_0^n (i+1)(i+2)\ldots(i+\lambda)(n-i-1)(n-i-2)\ldots(n-i-\lambda)\,\Delta^\lambda u_i\right)^2}{1^2.2^2\ldots\lambda^2.n(n^2-1^2)(n^2-2^2)\ldots(n^2-\lambda^2)},$$

et donne la relation suivante entre les sommes Σd_λ^2, $\Sigma d_{\lambda-1}^2$:

$$\Sigma d_\lambda^2 = \Sigma d_{\lambda-1}^2 - \frac{(2\lambda+1)\left(\sum_0^n (i+1)(i+2)\ldots(i+\lambda)(n-i-1)(n-i-2)\ldots(n-i-\lambda)\,\Delta^\lambda u_i\right)^2}{1^2.2^2\ldots\lambda^2.n(n^2-1^2)(n^2-2^2)\ldots(n^2-\lambda^2)},$$

d'après laquelle il est facile de calculer successivement les sommes

$$\Sigma d_0^2,\ \Sigma d_1^2,\ \Sigma d_2^2, \ldots$$

et de voir comment elles diminuent à mesure que le nombre de termes retenus dans le développement de u augmente.

Quant à la première somme Σd_0^2, il est facile de voir d'après les formules précédentes, qu'elle est égale à la somme des carrés des différences entre les quantités

$$u_0,\ u_1,\ u_2, \ldots\ u_{n-1}$$

et leur *moyenne arithmétique*

$$\frac{\sum_0^n u_i}{n},$$

parce que cette *moyenne* représente le premier terme du développement de u (11).

24.

SUR

L'INTÉGRATION DES DIFFÉRENTIELLES

QUI CONTIENNENT

UNE RACINE CUBIQUE.

(TRADUIT PAR I. L. PTASCHITZKY.)

Объ интегрированіи дифференціаловъ

содержащихъ кубическій корень.

(Приложеніе къ VII-му тому Записокъ Императорской Академіи Наукъ, № 5, 1865 г.)

(Lu le 16 février 1865.)

Sur l'intégration des différentielles qui contiennent une racine cubique.

§ 1. Dans le Mémoire sous le titre *Sur l'intégration des différentielles irrationnelles* j'ai montré comment on trouve, dans l'intégration sous forme finie des différentielles contenant une racine quelconque, le terme algébrique ainsi que les équations qui déterminent séparément chaque terme logarithmique. Pour résoudre complètement la question sur l'intégration sous forme finie de ces différentielles, il reste à donner le procédé pour calculer les termes logarithmiques d'après les équations qui les déterminent. Jusqu'à présent un tel procédé n'a été donné que pour les cas les plus simples.

Dans le Mémoire connu d'Abel sur l'intégration de la différentielle $\frac{\rho\, dx}{\sqrt{R}}$ (Oeuvres compl., t. I, p. 65) nous trouvons un tel procédé pour le cas du radical carré, ρ étant une fonction entière et R une fonction sans facteurs multiples. Dans le Mémoire sous le titre *Sur l'intégration des différentielles qui contiennent une racine carrée d'un polynôme du troisième ou du quatrième degré* j'ai montré que par le même procédé on peut déterminer les termes logarithmiques de l'intégrale $\int \frac{\rho}{\sqrt{R}}\, dx$ dans le cas même de ρ fractionnaire, pourvu que le degré du polynôme R ne dépasse 4. Ce procédé de la détermination des termes logarithmiques dans l'expression de l'intégrale $\int \frac{\rho}{\sqrt{R}}\, dx$ consiste, comme on le sait, dans le développement du radical $\sqrt{R}$ en fraction continue de la forme

$$r_0 + \cfrac{1}{r_1 + \cfrac{1}{r_2 + \ldots}} \quad ;$$

les fractions *réduites*, que l'on obtient en développant l'expression $\sqrt{R}$, donnent les deux fonctions inconnues qui figurent dans le terme logarithmique de l'intégrale $\int \frac{\rho}{\sqrt{R}} dx$ pour les cas considérés. On peut démontrer que ce procédé de la détermination des termes logarithmiques s'étend à tous les autres cas de l'intégration des différentielles contenant une racine *carrée* et qu'il ne faut pour cela que prendre le devéloppement du radical $\sqrt{R}$ en fraction continue de la forme plus générale, savoir:

$$r_0 + \cfrac{s_1}{r_1 + \cfrac{s_2}{r_2 + \cfrac{s_3}{r_3 + \ldots}}},$$

où $s_1, s_2, s_3, \ldots.$ sont certaines fonctions de x. Mais si le cas des radicaux carrés peut être résolu toujours à l'aide des fractions continues, il n'est pas difficile à remarquer que les cas des radicaux des degrés supérieurs exigent une autre méthode: dans ces cas la détermination du terme logarithmique se réduit à la recherche des fonctions inconnues au nombre dépassant deux; tandis qu'à l'aide de fractions continues on ne résout que les questions à deux fonctions inconnues. Afin de montrer en quoi consiste la méthode remplaçant, dans le cas des radicaux de degrés supérieurs, le développement en fraction continue qui donne les termes logarithmiques dans l'expression de l'intégrale $\int \frac{\rho}{\sqrt{R}} dx$ dépendant du radical carré, je montrerai dans le présent Mémoire l'intégration sous forme fini de la différentielle $\frac{\rho dx}{\sqrt[3]{R}}$ dépendant d'un radical cubique $\sqrt[3]{R}$, en supposant (comme l'a fait Abel dans le Mémoire cité ci-dessus, par rapport aux différentielles dépendant du radical carré) que ρ est une fonction entière et $\sqrt[3]{R}$ n'a pas de diviseur rationnel.

§ 2. Comme la détermination du terme algébrique dans l'expression des intégrales en question ne présente, comme on l'a remarqué, aucune difficulté, nous supposerons que ce terme a été préalablement éloigné de l'expression de l'intégrale $\int \frac{\rho}{\sqrt[3]{R}} dx$. Cela posé, d'après le § III du Mémoire cité sur l'intégration des différentielles irrationnelles, le degré de l'expresion

$$\frac{\rho}{\sqrt[3]{R}}$$

ne dépassera pas -1, et, d'après le § VIII du même Mémoire, le degré de l'expression

$$\frac{\rho}{\sqrt[3]{R}}$$

ne peut être inférieur à —1; car autrement le nombre de termes dans l'intégrale $\int \frac{\rho}{\sqrt[3]{R}}dx$ serait égal à 0. Donc l'expression $\frac{\rho}{\sqrt[3]{R}}$ doit être du degré — 1, ce qui suppose l'égalité des degrés des fonctions $\sqrt[3]{R}$, $\frac{\rho}{x}$. En appelant λ le nombre entier désignant le degré de la fonction rationnelle $\frac{\rho}{x}$, nous trouvons donc que la fonction R doit être du degré 3λ, c'est à dire de degré multiple de 3. D'autre part, comme, d'après l'hypothèse, le radical $\sqrt[3]{R}$ n'a pas de facteur rationnel, la fonction R ne doit pas avoir de facteurs linéaires avec l'exposant supérieur à deux, et par suite elle sera, en général, de la forme

$$R = R_1 . R_2^2,$$

où R_1, R_2 sont composés de facteurs linéaires distincts.

Après ces remarques préliminaires nous passons maintenant à la détermination de l'intégrale $\int \frac{\rho}{\sqrt[3]{R}}dx$. Puisque ici, par supposition, ρ est une fonction entière et le radical $\sqrt[3]{R}$ n'a pas de facteur rationnel, l'expression de cette intégrale par logarithmes sera, d'après le premier théorème du Mémoire cité ci-dessus, de la forme suivante:

$$(1) \qquad \int \frac{\rho}{\sqrt[3]{R}}dx = K \log \left[\varphi(\sqrt[3]{R}) . \varphi^{\alpha}(\alpha \sqrt[3]{R}) . \varphi^{\alpha^2}(\alpha^2 \sqrt[3]{R})\right],$$

où $\varphi(\sqrt[3]{R})$ est une fonction entière de la variable x et du radical $\sqrt[3]{R}$, K— une constante, α — une racine primitive de l'équation binôme

$$\alpha^3 - 1 = 0.$$

Comme $\varphi(\sqrt[3]{R})$ est une fonction entière de x et de $\sqrt[3]{R}$, elle sera en général de la forme

$$X + Y\sqrt[3]{R} + Z(\sqrt[3]{R})^2,$$

où X, Y, Z sont fonctions entières de x, ce qui, en remplaçant R par $R_1 R^2_2$, se réduit à

$$X + Y\sqrt[3]{R_1 R_2^2} + Z R_2 \sqrt[3]{R_1^2 R_2},$$

où les radicaux $\sqrt[3]{R_1 R_2^2}$, $\sqrt[3]{R_1^2 R_2}$ se déterminent l'un par l'autre comme il suit:

$$(\sqrt[3]{R_1 R_2^2})^2 = R_2 \sqrt[3]{R_1^2 R_2}.$$

D'après cela, en mettant dans la formule précédente simplement Z à la place de ZR_2, nous concluons que la fonction $\varphi(\sqrt[3]{R})$ figurant dans l'expression ci-dessus de l'intégrale

$$\int \frac{\rho}{\sqrt[3]{R}} dx$$

sera en général de la forme:

$$X + Y\sqrt[3]{R_1 R_2^2} + Z\sqrt[3]{R_1^2 R_2},$$

où X, Y, Z sont fonctions entières, le radical $\sqrt[3]{R_1 R_2^2}$ est identique à $\sqrt[3]{R}$ et le radical $\sqrt[3]{R_1 R_2^2}$ se détermine ainsi:

$$R_2 \sqrt[3]{R_1^2 R_2} = (\sqrt[3]{R_1 R_2^2})^2 = (\sqrt[3]{R})^2.$$

Il n'est pas difficile à remarquer que dans cette expression de $\varphi(\sqrt[3]{R})$ les polynômes X, Y, Z peuvent être censés délivrés de leur commun diviseur; car cela est équivalent à la supression dans le produit

$$\varphi(\sqrt[3]{R}) . \varphi^{\alpha}(\alpha\sqrt[3]{R}) . \varphi^{\alpha^2}(\alpha^2\sqrt[3]{R})$$

de ce facteur élevé à la puissance $1 + \alpha + \alpha^2$, et la somme $1 + \alpha + \alpha^2$ se réduit à zéro, d'après la propriété des racines primitives de l'équation $\alpha^3 - 1 = 0$. D'après cela nous supposerons toujours que dans l'expression de la fonction $\varphi(\sqrt[3]{R})$ par la formule

$$\varphi(\sqrt[3]{R}) = X + Y\sqrt[3]{R_1 R_2^2} + Z\sqrt[3]{R_1^2 R_2}$$

les polynômes X, Y, Z n'ont pas de diviseur commun.

De plus, il est facile à voir que l'expression de l'intégrale par la formule (1) peut être présentée de sorte que les fonctions $\varphi(\sqrt[3]{R})$, $\varphi(\alpha\sqrt[3]{R})$, $\varphi(\alpha^2\sqrt[3]{R})$, s'annulant pour une valeur quelconque $x = x_1$, ont pour facteurs des puissances entières (et non fractionnaires) de $x - x_1$. En effet, cette formule peut être représentée ainsi:

$$\int \frac{\rho}{\sqrt[3]{R}} dx = \frac{1}{3} K \log\left[\varphi^3(\sqrt[3]{R}) . \varphi^{3\alpha}(\alpha\sqrt[3]{R}) . \varphi^{3\alpha^2}(\alpha^2\sqrt[3]{R})\right]$$

ou

$$\int \frac{\rho}{\sqrt[3]{R}} dx = K_0 \log\left[\varphi_0(\sqrt[3]{R}) . \varphi_0^{\alpha}(\alpha\sqrt[3]{R}) . \varphi^{\alpha^2}(\alpha^2\sqrt[3]{R})\right],$$

où

$$K_0 = \tfrac{1}{3} K, \quad \varphi_0(\sqrt[3]{R}) = \varphi^3(\sqrt[3]{R}).$$

La fonction $\varphi_0(\sqrt[3]{R})$ a evidemment la même forme que celle de $(\varphi\sqrt[3]{R})$, c'est à dire $X + Z\sqrt[3]{R_1 R_2^2} + Z\sqrt[3]{R_1^2 R_2}$; or, d'après son expression par la fonction $\varphi(\sqrt[3]{R})$, on voit que si $\varphi_0(\alpha^\mu \sqrt[3]{R})$ s'annule pour $x = x_1$ et contient en facteur la puissance n de $x - x_1$, la fonction $\varphi(\alpha^\mu \sqrt[3]{R})$ doit s'annuler de même pour $x - x_1$ et contenir en facteur la puissance $\frac{n}{3}$ de $x - x_1$, ce qui suppose n entier, car $\varphi(\sqrt[3]{R})$, étant une fonction entière de x et du radical cubique $\sqrt[3]{R}$, ne peut contenir en facteur la puissance fractionnaire de $x - x_1$ autre que celle qui a 3 pour dénominateur.

Nous supposerons toujours que l'expression de notre intégrale est réduite à la forme dans laquelle les fonctions $\varphi(\sqrt[3]{R})$, $\varphi(\alpha\sqrt[3]{R})$, $\varphi(\alpha^2\sqrt[3]{R})$, s'annulant pour une valeur quelconque $x = x_1$, ont pour facteurs des puissances entières de $x - x_1$, et que les polynômes

$$X,\ Y,\ Z,$$

qui figurent dans la fonction $\varphi(\sqrt[3]{R})$, n'ont pas de diviseur commun. Cela posé, il n'est pas difficile à voir que pour aucune valeur de x toutes les trois fonctions

$$\varphi(\sqrt[3]{R}),\ \varphi(\alpha\sqrt[3]{R}),\ \varphi(\alpha^2\sqrt[3]{R})$$

ne peuvent s'annuler simultanément. En effet, nous avons

$$\varphi(\sqrt[3]{R}) = X + Y\sqrt[3]{R_1 R_2^2} + Z\sqrt[3]{R_1^2 R_2},$$

ce qui donne pour la détermination des expressions:

$$\varphi(\alpha\sqrt[3]{R}) = X + \alpha Y\sqrt[3]{R_1 R_2^2} + \alpha^2 Z\sqrt[3]{R_1^2 R_2}$$
$$\varphi(\alpha^2\sqrt[3]{R}) = X + \alpha^2 Y\sqrt[3]{R_1 R_2^2} + \alpha^4 Z\sqrt[3]{R_1^2 R_2};$$

d'où il suit, en vertu de la propriété des racines de l'équation $\alpha^3 - 1 = 0$:

$$\varphi(\sqrt[3]{R}) + \varphi(\alpha\sqrt[3]{R}) + \varphi(\alpha^2\sqrt[3]{R}) = 3X,$$
$$\varphi(\sqrt[3]{R}) + \alpha\varphi(\alpha\sqrt[3]{R}) + \alpha^2\varphi(\alpha^2\sqrt[3]{R}) = 3Z\sqrt[3]{R_1^2 R_2},$$
$$\varphi(\sqrt[3]{R}) + \alpha^2\varphi(\alpha\sqrt[3]{R}) + \alpha^4\varphi(\alpha^2\sqrt[3]{R}) = 3Y\sqrt[3]{R_1 R_2^2}.$$

Or, on voit de ces équations que si toutes les trois fonctions

$$\varphi(\sqrt[3]{R}),\ \varphi(\alpha\sqrt[3]{R}),\ \varphi(\alpha^2\sqrt[3]{R})$$

s'annulent pour une valeur quelconque $x = x_1$, et, par suite, sont divisibles, d'après ce qu'on a démontré, par des puissances entières de $x - x_1$, il en sera de même à l'égard des fonctions

$$X, \; Z\sqrt[3]{R_1^2 R_2}, \; Y\sqrt[3]{R_1 R_2^2};$$

et comme d'autre part les fonctions R_1, R_2 sont composées de facteurs linéaires distincts et, par suite, les radicaux

$$\sqrt[3]{R_1^2 R_2}, \; \sqrt[3]{R_1 R_2^2}$$

ne peuvent contenir en facteur une puissance supérieure à $\frac{2}{3}$ de $x - x_1$, cela suppose que les fonctions

$$X, \; Y, \; Z$$

contiennent le facteur $x - x_1$, par conséquent qu'elles admettent le diviseur commun; ce qui est contraire à notre supposition.

§ 3. Comme ρ dans la différentielle en question

$$\frac{\rho}{\sqrt[3]{R}}\,dx$$

est une fonction entière, nous parvenons, en vertu du § IX du Mémoire mentionné à la proposition suivante concernant la détermination de la fonction $\varphi(\sqrt[3]{R})$ qui figure dans l'expression de l'intégrale

$$\int \frac{\rho}{\sqrt[3]{R}}\,dx$$

par la formule

$$K \log \left[\varphi(\sqrt[3]{R}) \cdot \varphi^{\alpha}(\alpha\sqrt[3]{R}) \cdot \varphi^{\alpha^2}(\alpha^2\sqrt[3]{R})\right],$$

L'expression

$$\varphi(\sqrt[3]{R}) \cdot \varphi^{\alpha}(\alpha\sqrt[3]{R}) \cdot \varphi^{\alpha^2}(\alpha^2\sqrt[3]{R})$$

reste finie pour toutes les valeurs finies de la variable.

D'après cela il n'est pas difficile à démontres que les fonctions

$$\varphi(\sqrt[3]{R}), \; \varphi(\alpha\sqrt[3]{R}), \; \varphi(\alpha^2\sqrt[3]{R})$$

ne s'annulent pour aucune valeur finie de la variable. En effet, en supposant qu'une valeur quelconque $x = x_1$ annule une ou plusieurs de ces fonctions et désignant par μ_0, μ_1, μ_2 les exposants du facteur $x - x_1$ dans ces fonctions, nous trouvons que le degré du facteur $x - x_1$ dans le produit

$$\varphi(\sqrt[3]{R}) \cdot \varphi^{\alpha}(\alpha \sqrt[3]{R}) \cdot \varphi^{\alpha^2}(\alpha^2 \sqrt[3]{R})$$

doit être égal à

$$\mu_0 + \mu_1 \alpha + \mu_2 \alpha^2;$$

et comme, d'aprés la propriété énoncée, ce produit reste fini pour $x = x_1$, la somme $\mu + \mu_1 \alpha + \mu_2 \alpha^2$ doit se réduire à zéro. Mais, d'aprés la propriété des racines primitives de l'équation $\alpha^3 - 1 = 0$, l'égalité

$$\mu_0 + \mu_1 \alpha + \mu_2 \alpha^2 = 0,$$

où μ_0, μ_1, μ_2 sont, comme on l'a vu dans le § précédent, des nombres entiers, ne peut subsister que pour

$$\mu_0 = \mu_1 = \mu_2,$$

ce qui ne peut avoir lieu, car cela suppose que toutes les trois fonctions

$$\varphi(\sqrt[3]{R}), \quad \varphi(\alpha \sqrt[3]{R}), \quad \varphi(\alpha^2 \sqrt[3]{R})$$

s'annulent pour $x = x_1$.

Après avoir démontré qu'aucune de ces fonctions ne se réduira pas à 0 pour une valeur finie de x, nous remarquons qu'il en sera de même à l'égard du produit

$$\varphi(\sqrt[3]{R}) \cdot \varphi(\alpha \sqrt[3]{R}) \cdot \varphi(\alpha^2 \sqrt[3]{R});$$

et comme ce produit présente évidemment une fonction rationnelle et entière qui ne peut rester différente de zéro pour toutes les valeurs finies de la variable que dans le cas où elle se réduit à une *constante*, nous en concluons que

$$(2) \qquad \varphi(\sqrt[3]{R}) \cdot \varphi(\alpha \sqrt[3]{R}) \cdot \varphi(\alpha^2 \sqrt[3]{R}) = C,$$

où C désigne une quantité constante.

§ 4. En vertu de la proprosition du § précédent nous voyons que la possibilité d'exprimer l'intégrale

$$\int \frac{\rho}{\sqrt[3]{R}} dx$$

par la formule (1) suppose la possibilité de satisfaire à l'équation (2) par la fonction $\varphi\,(\sqrt[3]{R})$ de la forme

$$X + Y\sqrt[3]{R_1 R_2^2} + Z\sqrt[3]{R_1^2 R_2},$$

où X, Y, Z sont des fonctions entières de x, et $R_1\, R_2^2$ est la décomposition du polynôme R en produit de facteurs simples et doubles.

Réciproquement, en supposant que la fonction

$$\varphi(\sqrt[3]{R}) = X + Y\sqrt[3]{R_1 R_2^2} + Z\sqrt[3]{R_1^2 R_2}$$

satisfait à cette équation, on prouvera par différentiation que l'expression

$$K \log\left[\varphi(\sqrt[3]{R}) \,.\, \varphi^{\alpha}(\alpha\sqrt[3]{R}) \,.\, \varphi^{\alpha^2}(\alpha^2\sqrt[3]{R})\right],$$

sera la valeur de l'intégrale:

$$\int \frac{\rho_0}{\sqrt[3]{R}}\, dx,$$

où ρ_0 est une fonction entière. En appliquant à cette intégrale ce qu'on a dit dans le § 2 relativement à l'intégrale

$$\int \frac{\rho}{\sqrt[3]{R}}\, dx,$$

nous remarquons que l'expression $\frac{\rho_0}{\sqrt[3]{R}}$ sera aussi du degré -1.

Outre cela, il est facile à voir que les intégrales de la forme

$$\int \frac{\rho}{\sqrt[3]{R}}\, dx$$

obtenues au moyen des solutions de l'équation (2), seront égales à un facteur constant près.

En effet, soient

$$\int \frac{\rho_0}{\sqrt[3]{R}}\, dx, \quad \int \frac{\rho_1}{\sqrt[3]{R}}\, dx$$

deux intégrales qu'on obtient au moyen du procédé indiqué ci-dessus en prenant pour $\varphi\,(\sqrt[3]{R})$ deux solutions différentes de l'équation (2); ces intégrales s'exprimeront seulement à l'aide des logarithmes, donc il en sera de même par rapport à l'intégrale

$$\int \frac{C_0\,\rho_0 - C_1\,\rho_1}{\sqrt[3]{R}}\, dx,$$

quelles que soient les valeurs des coefficients constants C_0 et C_1. Or, en choisissant convenablement les coefficients C_0, C_1, on peut réduire l'expression

$$\frac{C_0\rho_0 - C_1\rho_1}{\sqrt[3]{R}} = C_0\frac{\rho_0}{\sqrt[3]{R}} - C_1\frac{\rho_1}{\sqrt[3]{R}}$$

à celle de degré inférieur à -1, puisque d'après la remarque ci-dessus, les expressions

$$\frac{\rho_0}{\sqrt[3]{R}}, \quad \frac{\rho_1}{\sqrt[3]{R}}$$

seront de degré -1; mais dans ce cas (§ 2) le nombre de termes dans l'expression de l'intégrale

$$\int \frac{C_0\rho_0 - C_1\rho_1}{\sqrt[3]{R}}\,dx$$

se réduit à 0 et, par suite, sa valeur est *une constante*, ce qui suppose l'égalité

$$\frac{C_0\rho_0 - C_1\rho_1}{\sqrt[3]{R}} = 0.$$

D'où il suit que les intégrales

$$\int \frac{\rho_0}{\sqrt[3]{R}}\,dx, \quad \int \frac{\rho_1}{\sqrt[3]{R}}\,dx,$$

déduites des différentes solutions de l'équation, ne diffèrent que par des facteurs constants.

Donc, il est clair qu'afin d'obtenir toutes les intégrales de la forme

$$\int \frac{\rho}{\sqrt[3]{R}}\,dx,$$

exprimables par la formule (1), il suffit de trouver une solution de l'équation (2), et qu'à l'aide de cette solution nous trouverons toutes les valeurs de la différentielle $\frac{\rho}{\sqrt[3]{R}}\,dx$, intégrables par une telle formule, en différentiant l'expression

$$K \log\left[\varphi(\sqrt[3]{R}) \cdot \varphi^{\alpha}(\alpha\sqrt[3]{R}) \cdot \varphi^{\alpha^2}(\alpha^2\sqrt[3]{R})\right],$$

où la fonction $\varphi(\sqrt[3]{R})$ satisfait à l'équation (2) et K est un coefficient arbitraire. Dans le cas, où il est impossible de satisfaire à l'équation (2) pour une certaine valeur de R, aucune intégrale de la forme $\int \frac{\rho}{\sqrt[3]{R}}\,dx$ ne s'exprimera par la formule (1).

Notre problème de l'intégration de la différentielle de la forme

$$\frac{\rho}{\sqrt[3]{R}}dx$$

se réduit ainsi à la recherche de la solution de l'équation

$$\varphi(\sqrt[3]{R}) . \varphi(\alpha\sqrt[3]{R}) . \varphi(\alpha^2\sqrt[3]{R}) = C,$$

où

$$\varphi(\sqrt[3]{R}) = X + Y\sqrt[3]{R_1 R_2^2} + Z\sqrt[3]{R_1^2 R_2}$$

et

$$R_1 R_2^2 = R,$$

c'est ce qui nous occupera dans les paragraphes suivants.

Indiquons encore ici le lien qui existe entre la question sur l'intégration de la différentielle

$$\frac{\rho}{\sqrt[3]{R}}dx,$$

dont il s'agit, où $R = R_1 R_2^2$, et la même question à l'égard de l'intégrale $\int \frac{\rho^{(0)}}{\sqrt[3]{R_0}}dx$, où $R_0 = R_1^2 R_2$. En appliquant à la dernière intégrale ce qu'on a déduit relativement à la première, nous trouvons que l'expression de la nouvelle intégrale par l'expression de la forme (1) sera la suivante:

$$\int \frac{\rho^{(0)}}{\sqrt[3]{R_0}}dx = K_0 \log\left[\varphi_0(\sqrt[3]{R_0}) . \varphi_0^{\alpha}(\alpha\sqrt[3]{R_0}) . \varphi_0^{\alpha^2}(\alpha^2\sqrt[3]{R_0})\right],$$

où la fonction

$$\varphi_0(\sqrt[3]{R_0}) = X_0 + Y_0\sqrt[3]{R_1^2 R_2} + Z_0\sqrt[3]{R_1 R_2^2}$$

représente la solution de l'équation

$$\varphi_0(\sqrt[3]{R_0}) . \varphi_0(\alpha\sqrt[3]{R_0}) . \varphi_0(\alpha^2\sqrt[3]{R_0}) = C.$$

En comparant la forme des fonctions

$$\varphi_0(\sqrt[3]{R_0}) = X_0 + Y_0\sqrt[3]{R_1^2 R_2} + Z_0\sqrt[3]{R_1 R_2^2},$$

$$\varphi_0(\alpha\sqrt[3]{R_0}) = X_0 + \alpha Y_0\sqrt[3]{R_1^2 R_2} + \alpha^2 Z_0\sqrt[3]{R_1 R_2^2},$$

$$\varphi_0(\alpha^2\sqrt[3]{R_0}) = X_0 + \alpha^2 Y_0\sqrt[3]{R_1^2 R_2} + \alpha Z_0\sqrt[3]{R_1 R_2^2},$$

qui y figurent, avec celle des fonctions

$$\varphi(\sqrt[3]{R}) = X + Y\sqrt[3]{R_1 R_2^2} + Z\sqrt[3]{R_1^2 R_2},$$

$$\varphi(\alpha\sqrt[3]{R}) = X + \alpha\, Y\sqrt[3]{R_1 R_2^2} + \alpha^2 Z\sqrt[3]{R_1^2 R_2},$$

$$\varphi(\alpha^2\sqrt[3]{R}) = X + \alpha^2\, Y\sqrt[3]{R_1 R_2^2} + \alpha Z\sqrt[3]{R_1^2 R_2},$$

qui déterminent la valeur de l'intégrale

$$\int \frac{\rho}{\sqrt[3]{R}}\, dx,$$

pour $R = R_1 R_2^2$, nous remarquons, d'après la forme de ces fonctions, qu'on peut poser

$$\varphi_0(\sqrt[3]{R_0}) = \varphi(\sqrt[3]{R}),$$

$$\varphi_0(\alpha\sqrt[3]{R_0}) = \varphi(\alpha^2\sqrt[3]{R}),$$

$$\varphi_0(\alpha^2\sqrt[3]{R_0}) = \varphi(\alpha\sqrt[3]{R}).$$

Comme pour ces valeurs des

$$\varphi_0(\sqrt[3]{R_0}),\quad \varphi_0(\alpha\sqrt[3]{R_0}),\quad \varphi_0(\alpha^2\sqrt[3]{R_0})$$

l'équation

$$\varphi_0(\sqrt[3]{R_0}) \cdot \varphi_0(\alpha\sqrt[3]{R_0}) \cdot \varphi_0(\alpha^2\sqrt[3]{R_0}) = C$$

se réduit à l'équation

$$\varphi(\sqrt[3]{R}) \cdot \varphi(\alpha\sqrt[3]{R}) \cdot \varphi(\alpha^2\sqrt[3]{R}) = C,$$

à laquelle satisfait la fonction $\varphi(\sqrt[3]{R})$, il n'est pas douteux que ces valeurs des fonctions $\varphi_0(\sqrt[3]{R})$, $\varphi_0(\alpha\sqrt[3]{R})$, $\varphi_0(\alpha^2\sqrt[3]{R})$ correspondent complètement aux conditions de la formule ci-dessus qui donne la valeur de la nouvelle intégrale

$$\int \frac{\rho^{(0)}}{\sqrt[3]{R_0}}\, dx;$$

donc, nous trouvons d'après cette formule

$$\int \frac{\rho^{(0)}}{\sqrt[3]{R_0}}\, dx = K_0 \log\left[\varphi(\sqrt[3]{R}) \cdot \varphi^{\alpha}(\alpha^2\sqrt[3]{R}) \cdot \varphi^{\alpha^2}(\alpha\sqrt[3]{R})\right].$$

Ainsi la fonction $\varphi(\sqrt[3]{R})$, que l'on obtient en résolvant l'équation

$$\varphi(\sqrt[3]{R}) \cdot \varphi(\alpha\sqrt[3]{R}) \cdot \varphi(\alpha^2\sqrt[3]{R}) = C,$$

va nous servir à déterminer l'intégrale

$$\int \frac{\rho}{\sqrt[3]{R}} dx$$

aussi bien dans l'hypothèse de

$$R = R_1 R_2^2,$$

comme dans celle de

$$R = R_1^2 R_2:$$

dans le premier cas l'expression de cette intégrale sera donnée par la formule

$$K \log \left[\varphi(\sqrt[3]{R}) . \varphi^{\alpha}(\alpha \sqrt[3]{R}) . \varphi^{\alpha^2}(\alpha^2 \sqrt[3]{R})\right],$$

et dans le second cas par la formule

$$K \log \left[\varphi(\sqrt[3]{R}) . \varphi^{\alpha}(\alpha^2 \sqrt[3]{R}) . \varphi^{\alpha^2}(\alpha \sqrt[3]{R})\right].$$

§ 5. Quant aux solutions de l'équation

$$\varphi(\sqrt[3]{R}) . \varphi(\alpha \sqrt[3]{R}) . \varphi(\alpha^2 \sqrt[3]{R}) = C,$$

où la fonction $\varphi(\sqrt[3]{R})$ est de la forme

$$X + Y \sqrt[3]{R_1 R_2^2} + Z \sqrt[3]{R_1^2 R_2},$$

il est facile à voir qu'au moyen d'une seule de ces solutions on peut en trouver d'autres en nombre infini. En effet, si l'on satisfait à cette équation en posant

$$\varphi(\sqrt[3]{R}) = \varphi_0(\sqrt[3]{R}),$$

où $\varphi_0(\sqrt[3]{R})$ est une fonction de la forme

$$X + Y \sqrt[3]{R_1 R_2^2} + Z \sqrt[3]{R_1^2 R_2},$$

cette équation sera satisfaite aussi par

$$\varphi(\sqrt[3]{R}) = \varphi_0^{\mu}(\sqrt[3]{R}) . \varphi_0^{\mu_1}(\alpha \sqrt[3]{R}) . \varphi_0^{\mu_2}(\alpha^2 \sqrt[3]{R}),$$

où μ, μ_1, μ_2 sont des nombres entiers positifs quelconques; car la fonction $\varphi(\sqrt[3]{R})$ donnée par cette formule sera aussi de la forme

$$X + Y \sqrt[3]{R_1 R_2^2} + Z \sqrt[3]{R_1^2 R_2},$$

et l'équation dont il s'agit se réduit pour cette valeur de $\varphi(\sqrt[3]{R})$ à l'égalité

$$[\varphi_0(\sqrt[3]{R}).\varphi_0(\alpha\sqrt[3]{R}).\varphi_0(\alpha^2\sqrt[3]{R})]^{\mu+\mu_1+\mu_2}=C,$$

qui aura lieu si la fonction $\varphi_0(\sqrt[3]{R})$ vérifie notre équation.

En vertu de cela il n'est pas difficile à montrer que pour chaque équation résoluble

$$\varphi(\sqrt[3]{R}).\varphi(\alpha\sqrt[3]{R}).\varphi(\alpha^2\sqrt[3]{R})=C,$$

on peut trouver une telle solution, dans laquelle la fonction $\varphi(\sqrt[3]{R})$ est du degré négatif et les fonctions $\varphi(\alpha\sqrt[3]{R})$ et $\varphi(\alpha^2\sqrt[3]{R})$ sont de degrés positifs égaux entre eux.

En effet, soit

$$\varphi(\sqrt[3]{R})=\varphi_0(\sqrt[3]{R})$$

une solution quelconque de notre équation; n_0, n_1, n_2 les degrés des fonctions

$$\varphi_0(\sqrt[3]{R}),\quad \varphi_0(\alpha\sqrt[3]{R}),\quad \varphi_0(\alpha^2\sqrt[3]{R})$$

et N le plus grand des nombres n_0, n_1, n_2. En posant dans la formule ci-dessus qui détermine les solutions de notre équation d'après l'une d'elles

$$\mu=N-n_0,\quad \mu_1=N-n_1,\quad \mu_2=N-n_2,$$

nous trouvons

$$\varphi(\sqrt[3]{R})=\varphi_0^{N-n_0}(\sqrt[3]{R}).\varphi_0^{N-n_1}(\alpha\sqrt[3]{R}).\varphi_0^{N-n_2}(\alpha^2\sqrt[3]{R}).$$

En remarquant que, d'après l'hypothèse, les fonctions $\varphi_0(\sqrt[3]{R})$, $\varphi_0(\alpha\sqrt[3]{R})$, $\varphi_0(\alpha^2\sqrt[3]{R})$ sont des degrés n_0, n_1, n_2, nous trouvons d'après cette formule que les degrés des fonctions

$$\varphi(\sqrt[3]{R})=\varphi_0^{N-n_0}(\sqrt[3]{R}).\varphi_0^{N-n_1}(\alpha\sqrt[3]{R}).\varphi_0^{N-n_2}(\alpha^2\sqrt[3]{R}),$$

$$\varphi(\alpha\sqrt[3]{R})=\varphi_0^{N-n_0}(\alpha\sqrt[3]{R}).\varphi_0^{N-n_1}(\alpha^2\sqrt[3]{R}).\varphi_0^{N-n_2}(\sqrt[3]{R}),$$

$$\varphi(\alpha^2\sqrt[3]{R})=\varphi_0^{N-n_0}(\alpha^2\sqrt[3]{R}).\varphi_0^{N-n_1}(\sqrt[3]{R}).\varphi_0^{N-n_2}(\alpha\sqrt[3]{R})$$

ont les valeurs suivantes:

$$N(n_0+n_1+n_2)-n_0^2-n_1^2-n_2^2,$$

$$N(n_0+n_1+n_2)-n_0n_1-n_1n_2-n_2n_0,$$

$$N(n_0+n_1+n_2)-n_0n_2-n_1n_0-n_2n_1.$$

Or la somme $n_0 + n_1 + n_2$ désignant le degré du produit

$$\varphi_0(\sqrt[3]{R})\ \varphi_0(\alpha \sqrt[3]{R}) . \varphi_0(\alpha^2 \sqrt[3]{R}),$$

qui, d'après notre équation, se réduit à une quantité *constante*, cette somme doit être égale à 0; et, par suite, les valeurs ci-dessus des degrés des fonctions

$$\varphi(\sqrt[3]{R}),\quad \varphi(\alpha \sqrt[3]{R}),\quad \varphi(\alpha^2 \sqrt[3]{R})$$

se réduisent à celles-ci

$$-n_0^2 - n_1^2 - n_2^2,\quad -n_0 n_1 - n_1 n_2 - n_0 n_2,\quad -n_0 n_2 - n_0 n_1 - n_2 n_1,$$

Il en résulte que la première de ces fonctions est du degré négatif et les deux autres sont du même degré, et comme la somme de tous ces degrés se réduit à $-(n_0 + n_1 + n_2)^2 = 0$, on s'assure que les deux degrés égaux doivent être positifs.

Après avoir démontré que parmi les solutions de notre équation il se trouve toujours une telle, dans laquelle l'expression $\varphi(\sqrt[3]{R})$ est du degré négatif et les expressions $\varphi(\alpha \sqrt[3]{R})$, $\varphi(\alpha^2 \sqrt[3]{R})$ sont du même degré positif, nous allons nous occuper maintenant de la recherche de cette solution. En appelant n le nombre désignant le degré des fonctions $\varphi(\alpha \sqrt[3]{R})$, $\varphi(\alpha^2 \sqrt[3]{R})$ dans cette solution et remarquant que, d'après notre équation, la somme des degrés des fonctions $\varphi(\sqrt[3]{R})$, $\varphi(\alpha \sqrt[3]{R})$, $\varphi(\alpha^2 \sqrt[3]{R})$ est 0, nous trouvons que le degré de la fonction $\varphi(\sqrt[3]{R})$ sera égal à $-2n$. Réciproquement, il est facile à voir que notre équation sera vérifiée toujours si, le degré de $\varphi(\sqrt[3]{R})$ ne dépasse $-2n$, et les degrés des fonctions $\varphi(\alpha \sqrt[3]{R})$, $\varphi(\alpha^2 \sqrt[3]{R})$ ne dépassent n, où n est un nombre quelconque; car alors le degré du produit

$$\varphi(\sqrt[3]{R}) . \varphi(\alpha \sqrt[3]{R}) . \varphi(\alpha^2 \sqrt[3]{R})$$

ne dépasse 0. Or il est clair d'après la composition de ce produit qu'il se réduit à une fonction rationnelle et entière et une telle fonction, étant du degré zéro, sera égale à une quantité constante, ce qui suppose l'égalité

$$\varphi(\sqrt[3]{R}) . \varphi(\alpha \sqrt[3]{R}) . \varphi(\alpha^2 \sqrt[3]{R}) = C.$$

Il en résulte que la détermination de la solution cherchée de l'équation (2) se ramène à la détermination de la fonction $\varphi(\sqrt[3]{R})$ de la forme

$$X + Y \sqrt[3]{R_1 R_2^2} + Z \sqrt[3]{R_1^2 R_2},$$

telle que son degré ne dépasse $-2n$ et les degrés des expressions $\varphi(\alpha \sqrt[3]{R})$, $\varphi(\alpha^2 \sqrt[3]{R})$ ne dépassent n, où n est un nombre quelconque entier et positif.

D'autre part, d'après la formule

$$\varphi(\sqrt[3]{R}) = X + Y\sqrt[3]{R_1 R_2^2} + Z\sqrt[3]{R_1^2 R_2},$$

nous trouvons, comme on l'a vu dans le § 2,

$$3X = \varphi(\sqrt[3]{R}) + \varphi(\alpha\sqrt[3]{R}) + \varphi(\alpha^2\sqrt[3]{R}),$$
$$3Y\sqrt[3]{R_1 R_2^2} = \varphi(\sqrt[3]{R}) + \alpha^2\varphi(\alpha\sqrt[3]{R}) + \alpha\varphi(\alpha^2\sqrt[3]{R}),$$
$$3Z\sqrt[3]{R_1^2 R_2} = \varphi(\sqrt[3]{R}) + \alpha\varphi(\alpha\sqrt[3]{R}) + \alpha^2\varphi(\alpha^2\sqrt[3]{R});$$

d'où l'on voit, que dans la solution cherchée de l'équation (2) les termes

$$X,\ Y\sqrt[3]{R_1 R_2^2},\ Z\sqrt[3]{R_1^2 R_2}$$

seront de degré ne dépassant ceux des fonctions

$$\varphi(\sqrt[3]{R}),\ \varphi(\alpha\sqrt[3]{R}),\ \varphi(\alpha^2\sqrt[3]{R}),$$

et, par conséquent, les degrés de ces termes ne dépasseront la limite n.

Réciproquement, il est clair de la formule

$$\varphi(\sqrt[3]{R}) = X + Y\sqrt[3]{R_1 R_2^2} + Z\sqrt[3]{R_1^2 R_2}$$

que les fonctions

$$\varphi(\alpha\sqrt[3]{R}),\ \varphi(\alpha^2\sqrt[3]{R})$$

seront de degrés ne dépassant n, si cela a lieu par rapport à chacun des termes

$$X,\ Y\sqrt[3]{R_1 R_2^2},\ Z\sqrt[3]{R_1^2 R_2}.$$

Donc, en vertu de la remarque précédente concernant la solution cherchée de l'équation (2), la détermination de cette solution se ramène à la recherche des trois polynomes X, Y, Z, pour lesquelles tous les termes de l'expression

$$\varphi(\sqrt[3]{R}) = X + Y\sqrt[3]{R_1 R_2^2} + Z\sqrt[3]{R_1^2 R_2}$$

seraient de degrés ne dépassant n et le degré de cette expression elle-même ne dépasserait $-2n$, où n est un nombre entier positif quelconque. C'est de la détermination des polynomes

$$X,\ Y,\ Z$$

dans la formule

$$\varphi(\sqrt[3]{R}) = X + Y\sqrt[3]{R_1 R_2^2} + Z\sqrt[3]{R_1^2 R_2},$$

d'après ces conditions, que nous nous occuperons maintenant.

§ 6. En attribuant à n une valeur quelconque, nous trouverons, dans cette hypothèse particulière par rapport à n, la limite supérieure des degrés des polynomes X, Y, Z, d'après la condition que les expressions

$$X, \quad Y\sqrt[3]{R_1 R_2^2}, \quad Z\sqrt[3]{R_1^2 R_2}$$

doivent être de degré non supérieur à n; et pour déterminer les coefficients de ces polynomes nous remarquons que, d'après nos conditions, l'expression

$$X + Y\sqrt[3]{R_1 R_2^2} + Z\sqrt[3]{R_1^2 R_2}$$

doit être de degré ne dépassant $-2n$ et, par conséquent, dans son développement suivant les puissances descendantes de x, tous les termes jusqu'à celui en $\frac{1}{x^{2n}}$ doivent disparaître. On en tire le système d'équations qui doivent être vérifiées par les coefficients des polynomes X, Y, Z et qui seront linéaires par rapport à ces coefficients. Si ces équations seront compatibles, leur solution va nous fournir les coefficients des polynomes X, Y, Z; dans le cas contraire il sera évident que la valeur considérée de n n'est pas admissible. Le nombre n étant inconnu, comme on le voit, une pareille détermination des polynomes X, Y, Z exige à éprouver les diverses valeurs du nombre n, jusqu'à ce qu'on ne parvienne aux équations qui admettent des solutions. De telles épreuves de diverses valeurs de n sont d'autant plus pénibles que, pour chaque valeur particulière du nombre n, il faudra former de nouvelles équations, et ces équations, avec l'augmentation de n, deviennent de plus en plus compliquées. Une pareille difficulté se présente dans la résolution du problème que nous considérons aussi bien dans le cas du radical carré, mais dans ce cas on l'écarte à l'aide de fractions continues, car alors on n'a que deux polynomes à trouver et les conditions qui les déterminent se réduisent à ce que les expressions X, $Y\sqrt{R}$ soient de degré ne dépassant une certaine limite n et que la différence $X - Y\sqrt{R}$ soit en même temps de degré ne dépassant $-n$; ce qui démontre immédiatement l'identité du rapport $\frac{X}{Y}$ avec l'une des fractions réduites obtenues en développant le radical $\sqrt{R}$ en fraction continue. Dans le cas que nous étudions ici, où l'on a trois polynomes à trouver, il est évident que les fractions continues ne peuvent être appliquées; le procédé, remplaçant ici le développement en fraction continue, sera l'objet des paragraphes suivants.

§ 7. L'expression

$$\varphi(\sqrt[3]{R}) = X + Y\sqrt[3]{R_1 R_2^2} + Z\sqrt[3]{R_1^2 R_2}$$

ne peut être de degré inférieur à $-2n$, si ses termes

$$X,\ Y\sqrt[3]{R_1 R_2^2},\ Z\sqrt[3]{R_1^2 R_2}$$

et, par conséquent, les expressions

$$\varphi(\alpha\sqrt[3]{R}) = X + \alpha Y\sqrt[3]{R_1 R_2^2} + \alpha^2 Z\sqrt[3]{R_1^2 R_2},$$

$$\varphi(\alpha^2\sqrt[3]{R}) = X + \alpha^2 Y\sqrt[3]{R_1 R_2^2} + \alpha Z\sqrt[3]{R_1^2 R_2}$$

sont de degré non supérieur à n; car autrement le degré du produit

$$\varphi(\sqrt[3]{R}).\varphi(\alpha\sqrt[3]{R}).\varphi(\alpha^2\sqrt[3]{R})$$

serait négatif, ce qui est impossible, par ce que ce produit se réduit à une fonction rationnelle et entière. On voit de là que les polynomes cherchés X, Y, Z, pour lesquelles l'expression

$$\varphi(\sqrt[3]{R}) = X + Y\sqrt[3]{R_1 R_2^2} + Z\sqrt[3]{R_1^2 R_2}$$

est de degré ne dépassant $-2n$ et dont chaque terme est de degré ne dépassant n, réduisent cette expression à celle d'un degré le plus petit possible, au quel elle peut être abaissée dans le cas où les degrés de ses termes ne dépassent pas la limite n. Il est clair de là que ces polynomes, pour une certaine valeur de $N = n$, fournissent la solution du problème suivant:

Parmi les expressions de la forme

$$X + Y\sqrt[3]{R_1 R_2^2} + Z\sqrt[3]{R_1^2 R_2},$$

dont les degrés des termes X, $Y\sqrt[3]{R_1 R_2^2}$, $Z\sqrt[3]{R_1^2 R_2}$ *ne dépassent pas* N, *trouver celle du degré le plus petit.*

D'après cela, nos polynomes (si seulement l'équation est résoluble) se trouveront parmi les systèmes de valeurs des X, Y, Z que l'on obtient en résolvant notre problème dans l'hypothèse de $N = 1, 2, 3, \ldots$. Parmi ces systèmes de valeurs des X, Y, Z nous reconnaîtrons aisément celui qui donne les polynomes cherchés; car pour ces valeurs des X, Y, Z le degré de $X + Y\sqrt[3]{R_1 R_2^2} + Z\sqrt[3]{R_1^2 R_2}$ ne dépassera $-2n$, où n est la limite des degrés des X, $Y\sqrt[3]{R_1 R_2^2}$, $Z\sqrt[3]{R_1^2 R}$; pour toutes les autres valeurs des X, Y, Z le degré de l'expression

$$X + Y\sqrt[3]{R_1 R_2^2} + Z\sqrt[3]{R_1^2 R_2},$$

sera plus élevé, comparativement à ceux des termes X, $Y\sqrt[3]{R_1 R_2^2}$, $Z\sqrt[3]{R_1^2 R_2}$. Ainsi toute la difficulté dans la recherche de nos polynomes se réduit à la détermination des solutions du problème énoncé qui correspondent aux diverses valeurs de N. C'est de cela que nous nous occuperons maintenant.

En abordant ce sujet nous remarquons que pour toutes valeurs de N inférieures aux degrés de $\sqrt[3]{R_1 R_2^2}$ et de $\sqrt[3]{R_1^2 R_2}$ l'expression

$$X + Y\sqrt[3]{R_1 R_2^2} + Z\sqrt[3]{R_1^2 R_2}$$

dans notre problème ne doit contenir de termes

$$Y\sqrt[3]{R_1 R_2^2},\quad Z\sqrt[3]{R_1^2 R_2};$$

puisque leurs degrés, pour ces valeurs de N, seront toujours supérieurs à N. Par conséquent, pour ces valeurs de N, l'expression

$$X + Y\sqrt[3]{R_1 R_2^2} + Z\sqrt[3]{R_1^2 R_2}$$

se réduira au seul terme X; et comme le moindre degré de X est 0 et ce degré correspond à la réduction de cette expression à une quantité constante, le problème considéré, pour toutes les valeurs indiquées de N, aura pour solution

$$\varphi(\sqrt[3]{R}) = X + Y\sqrt[3]{R_1 R_2^2} + Z\sqrt[3]{R_1^2 R_2} = C.$$

Pour les valeurs de N qui, n'étant inférieures au degré de $\sqrt[3]{R_1 R_2^2}$, sont inférieures au degré de $\sqrt[3]{R_1^2 R_2}$ ou, au contraire, n'étant inférieures au degré de $\sqrt[3]{R_1^2 R_2}$, sont inférieures à celui de $\sqrt[3]{R_1 R_2^2}$, l'expression

$$\varphi(\sqrt[3]{R}) = X + Y\sqrt[3]{R_1 R_2^2} + Z\sqrt[3]{R_1^2 R_2}$$

considerée dans notre problème n'aura que les deux termes:

ou

$$X + Y\sqrt[3]{R_1 R_2^2},$$

ou

$$X + Z\sqrt[3]{R_1^2 R_2},$$

suivant que le nombre N sera inférieur au degré de la fonction $\sqrt[3]{R_1^2 R_2}$ ou à celui de la fonction $\sqrt[3]{R_1 R_2^2}$. Dans l'un et l'autre cas, comme il est aisé à voir, notre problème se résout à l'aide de fractions continues; sans nous arrêter à ces cas particuliers, nous nous occuperons maintenant de la résolution générale de notre problème dans l'hypothèse où la fonction

$$\varphi(\sqrt[3]{R}) = X + Y\sqrt[3]{R_1 R_2^2} + Z\sqrt[3]{R_1^2 R_2}$$

peut contenir tous les trois termes.

§ 8. Comme l'expression

$$\varphi(\sqrt[3]{R}) = X + Y\sqrt[3]{R_1 R_2^2} + Z\sqrt[3]{R_1^2 R_2}$$

et chacun de ses termes ne changent pas leurs degrés après la multiplication des trois polynomes X, Y, Z par une quantité constante, nous ferons abstraction de facteurs constants communs à tous ces polynomes et compterons pour une solution toutes celles qui ne diffèrent que par de tels facteurs. Cela posé, nous allons maintenant montrer que pour chaque valeur donnée de N notre problème n'aura qu'une seule solution. Pour le démontrer supposons le contraire et soient

$$X = X',\ Y = Y',\ Z = Z',$$
$$X = X'',\ Y = Y'',\ Z = Z''$$

les deux solutions de notre problème, m le degré de l'expression

$$X + Y\sqrt[3]{R_1 R_2^2} + Z\sqrt[3]{R_1^2 R_2},$$

réduit au minimum pour ces polynomes, K et K' les coefficients respectifs de x^m. Nos solutions étant supposées différentes, les rapports $\frac{X'}{X''}$, $\frac{Y'}{Y''}$, $\frac{Z'}{Z''}$ ne peuvent se réduire à une quantité constante et, par conséquent, les trois différences:

$$K'X'' - K''X',\ K'Y'' - K''Y',\ K'Z'' - K''Z'$$

ne peuvent disparaitre à la fois. En prenant ces différences pour les valeurs des polynomes X, Y, Z dans l'expression

$$X + Y\sqrt[3]{R_1 R_2^2} + Z\sqrt[3]{R_1^2 R_2},$$

nous remarquons qu'elle se réduit à la différence

$$K'\left[X''+Y''\sqrt[3]{R_1R_2^2}+Z''\sqrt[3]{R_1^2R_2}\right]-K''\left[X'+Y'\sqrt[3]{R_1R_2^2}+Z'\sqrt[3]{R_1^2R_2}\right],$$

où, d'après la remarque précédente concernant les coefficients de x^m dans les développements

$$X'+Y'\sqrt[3]{R_1R_2^2}+Z'\sqrt[3]{R_1^2R_2},\quad X''+Y''\sqrt[3]{R_1R_2^2}+Z''\sqrt[3]{R_1^2R_2},$$

le terme en x^m disparaît et, par suite, le degré sera inférieur à m, ce qui, contrairement à l'hypothèse, fait voir qu'on peut abaisser le degré de l'expression

$$X+Y\sqrt[3]{R_1R_2^2}+Z\sqrt[3]{R_1^2R_2}$$

au dessous de m, tout en laissant ses termes, conformement aux conditions du problème, de degré ne dépassant N; car il est clair que la limite de ces degrés sera la même pour les deux solutions de notre problème

$$X=X',\ Y=Y',\ Z=Z',$$
$$X=X'',\ Y=Y'',\ Z=Z'',$$

comme pour les polynomes X, Y, Z déterminés par les formules

$$X=K'X''-K''X',\ Y=K'Y''-K''Y',\ Z=K'Z''-K''Z'.$$

Après s'être convaincu que pour chaque valeur donnée de N notre problème n'a qu'une solution, nous passons maintenant à l'étude de la relation, qui existe entre ses solutions pour les diverses valeurs de N.

Nous avons vu que pour toutes valeurs de N, inférieures au degré de $\sqrt[3]{R_1R_2^2}$ et à celui de $\sqrt[3]{R_1^2R_2}$, notre problème a la solution suivante:

$$\varphi(\sqrt[3]{R})=X+Y\sqrt[3]{R_1R_2^2}+Z\sqrt[3]{R_1^2R_2}=C,$$

ou, en supprimant, conformement à la remarque précédente, le facteur constant C,

$$\varphi(\sqrt[3]{R})=1.$$

Donc, en désignant par n_0 le plus petit des degrés des fonctions $\sqrt[3]{R_1R_2^2}$, $\sqrt[3]{R_1^2R_2}$, nous aurons pour toutes les valeurs de N, depuis $N=0$ jusqu'à $N=n_0$ exclusivement,

$$\varphi(\sqrt[3]{R})=1.$$

En passant aux plus grandes valeurs de N, désignons par

$$\varphi_0(\sqrt[3]{R}) = X_0 + Y_0\sqrt[3]{R_1 R_2^2} + Z_0\sqrt[3]{R_1^2 R_2},$$
$$\varphi_1(\sqrt[3]{R}) = X_1 + Y_1\sqrt[3]{R_1 R_2^2} + Z_1\sqrt[3]{R_1^2 R_2},$$
$$\dots\dots\dots\dots\dots\dots\dots\dots\dots\dots$$
$$\varphi_\rho(\sqrt[3]{R}) = X_\rho + Y_\rho\sqrt[3]{R_1 R_2^2} + Z_\rho\sqrt[3]{R_1^2 R_2},$$
$$\dots\dots\dots\dots\dots\dots\dots\dots\dots\dots$$

la suite de diverses valeurs de la fonction

$$\varphi(\sqrt[3]{R}) = X + Y\sqrt[3]{R_1 R_2^2} + Z\sqrt[3]{R_1^2 R_2},$$

obtenues en résolvant notre problème quand on prend pour N successivement

$$n_0,\ n_0 + 1,\ n_0 + 2, \dots.$$

Comme le même système des polynomes X, Y, Z et, par suite, la même valeur de la fonction $\varphi(\sqrt[3]{R})$ peut se présenter dans les diverses hypothèses concernant le nombre N, nous supposerons pour plus de généralité que

$$\varphi(\sqrt[3]{R}) = \varphi_0(\sqrt[3]{R})$$

correspond aux valeurs de N depuis $N = n_0$ jusqu'à $N = n_1$ exclusivement, que

$$\varphi(\sqrt[3]{R}) = \varphi_1(\sqrt[3]{R})$$

correspond aux valeurs de N depuis $N = n_1$ jusqu'à $N = n_2$ exclusivement, etc., en général que

$$\varphi(\sqrt[3]{R}) = \varphi_\rho(\sqrt[3]{R})$$

représente la solution du problème depuis $N = n_\rho$ jusqu'à $N = n_{\rho+1}$ exclusivement.

§ 9. En abordant l'étude de la suite des fonctions

$$\varphi_0(\sqrt[3]{R}),\ \varphi_1(\sqrt[3]{R}), \dots\ \varphi_\rho(\sqrt[3]{R}), \dots,$$

que l'on obtient, comme nous venons de voir, en résolvant notre problème pour les diverses valeurs de N, nous allons considérer en premier lieu comment on détermine les solutions de notre problème. En désignant les degrés des fonctions $\sqrt[3]{R_1 R_2^2}$, $\sqrt[3]{R_1^2 R_2}$ par λ, λ', et remarquant que, d'après les conditions du problème, les degrés des termes de l'expression

$$\varphi(\sqrt[3]{R}) = X + Y\sqrt[3]{R_1 R_2^2} + Z\sqrt[3]{R_1^2 R_2}$$

ne doivent dépasser N, nous en concluons que les polynomes X, Y, Z doivent être de la forme suivante:

$$X = L_1 x^N + L_2 x^{N-1} + \dots + L_N x + L_{N+1},$$
$$Y = M_1 x^{N-\lambda} + M_2 x^{N-\lambda-1} + \dots + M_{N-\lambda} x + M_{N-\lambda+1},$$
$$Z = P_1 x^{N-\lambda'} + P_2 x^{N-\lambda'-1} + \dots + P_{N-\lambda'} x + P_{N-\lambda'+1},$$

où

$$L_1,\ L_2, \dots\ L_N,\ L_{N+1},$$
$$M_1,\ M_2, \dots\ M_{N-\lambda},\ M_{N-\lambda+1},$$
$$P_1,\ P_2, \dots\ P_{N-\lambda'},\ P_{N-\lambda'+1}$$

sont des coefficients constants au nombre $3N - \lambda - \lambda' + 3$. En substituant ces expressions des polynomes X, Y, Z dans la formule

$$\varphi(\sqrt[3]{R}) = X + Y\sqrt[3]{R_1 R_2^2} + Z\sqrt[3]{R_1^2 R_2}$$

et remplaçant les radicaux

$$\sqrt[3]{R_1 R_2^2},\quad \sqrt[3]{R_1^2 R_2}$$

par leurs développements suivant les puissances descendantes de x, nous trouverons pour la fonction $\varphi(\sqrt[3]{R})$ un développement de la forme suivante:

$$K_1 x^N + K_2 x^{N-1} + \dots + K_{N-m} x^{m+1} + K_{N-m+1} x^m + \dots,$$

où les coefficients

$$K_1,\ K_2,\ K_3, \dots$$

sont des fonctions connues, linéaires par rapport aux $3N - \lambda - \lambda' + 3$ coefficients des polynomes X, Y, Z. En passant au cas où les polynomes considérés présentent la solution de notre problème et désignant par m le degré jusqu'au quel peut s'abaisser le degré de l'expression $\varphi(\sqrt[3]{R})$ par ces polynomes, nous voyons que dans ce cas les polynomes X, Y, Z doivent satisfaire aux équations

$$K_1 = 0,\ K_2 = 0, \dots\ K_{N-m} = 0,\ K_{N-m+1} = C,$$

où C est une quantité différente de 0 (elle sera calculée à l'aide des coefficients des polynomes X, Y, Z dans la solution considérée de notre problème). On voit de là que les équations

$$K_1 = 0,\ K_2 = 0, \dots\ K_{N-m} = 0,\ K_{N-m+1} = C,$$

ne peuvent se trouver *incompatibles* lorsqu'on les résout par rapport au quantités

$$L_1,\ L_2,\ldots\ L_{N+1},$$
$$M_1,\ M_2,\ldots\ M_{N-\lambda+1},$$
$$P_1,\ P_2,\ldots\ P_{N-\lambda'+1}$$

D'autre part, il est facile à voir que ces équations ne peuvent avoir plus d'une seule solution. En effet en admettant le contraire et supposant que

$$X',\ Y',\ Z';\ X'',\ Y'',\ Z''$$

représentent les deux systèmes des polynomes X, Y, Z dont les coefficients vérifient ces équations, nous en déduirons que l'expression

$$\varphi(\sqrt[3]{R}) = X + Y\sqrt[3]{R_1 R_2^2} + Z\sqrt[3]{R_1^2 R_2},$$

pour

$$X = X' - X'',\ Y = Y' - Y'',\ Z = Z' - Z'',$$

se réduisant à la différence

$$X + Y'\sqrt[3]{R_1 R_2^2} + Z'\sqrt[3]{R_1^2 R_2} - \left(X'' + Y''\sqrt[3]{R_1 R_2^2} + Z''\sqrt[3]{R_1^2 R_2}\right),$$

sera de degré inférieur à m, ce qui est contraire à l'hypothèse que m est la limite inférieure du degré de l'expression $X + Y\sqrt[3]{R_1 R_2^2} + Z\sqrt[3]{R_1^2 R_2}$ dans notre cas.

En vertu de ce qu'on vient de voir, nous concluons que les équations

$$K_1 = 0,\ K_2 = 0,\ldots\ K_{N-m} = 0,\ K_{N-m+1} = C,$$

ne peuvent se trouver ni *incompatibles*, ni *indéterminées*, lorsqu'on les résout par rapport aux quantités

$$L_1,\ L_2,\ldots\ L_{N+1},$$
$$M_1,\ M_2,\ldots\ M_{N-\lambda+1},$$
$$P_1,\ P_2,\ldots\ P_{N-\lambda'+1},$$

et cela suppose, comme on le sait, que le nombre d'équations n'est pas inférieur à celui des quantités inconnues; donc:

$$N - m + 1 \geqq 3N - \lambda - \lambda' + 3,$$

ce qui donne

$$m \overline{\overline{<}} -(2N - \lambda - \lambda' + 2).$$

Cette formule est déduite dans l'hypothèse de N non inférieur aux nombres λ et λ', degrés des fonctions $\sqrt[3]{R_1 R_2^2}$ et $\sqrt[3]{R_1^2 R_2}$; dans le cas contraire, l'expression

$$\varphi(\sqrt[3]{R}) = X + Y\sqrt[3]{R_1 R_2^2} + Z\sqrt[3]{R_1^2 R_2}$$

ne peut contenir tous les trois termes; mais il n'est pas difficile à montrer que même dans ce cas la formule

$$m \overline{\overline{<}} -(2N - \lambda - \lambda' + 2),$$

peut servir à déterminer la limite du degré de $\varphi(\sqrt[3]{R})$.

En effet, si $N < \lambda'$ et $\overline{\overline{>}} \lambda$ la fonction sera, d'après le § 7, de la forme

$$X + Y\sqrt[3]{R_1 R_2^2},$$

et le problème se résout, dans ce cas, à l'aide de fractions continues comme il suit: $\frac{X}{Y}$ sera trouvé dans la suite des fractions réduites obtenues en développant $-\sqrt[3]{R_1 R_2^2}$ en fraction continue et cette fraction sera la dernière dans la suite avec le dénominateur de degré ne dépassant $N - \lambda$. En remarquant que, d'après la propriété des fractions continues, la fraction $\frac{X}{Y}$ ainsi obtenue donne la valeur de

$$-\sqrt[3]{R_1 R_2^2}$$

rigoureuse jusqu'aux termes de degré de

$$\frac{1}{Yx^{N-\lambda+1}},$$

nous en concluons que l'expression

$$\frac{X}{Y} + \sqrt[3]{R_1 R_2^2}$$

sera de degré ne dépassant celui de

$$\frac{1}{Yx^{N-\lambda+1}},$$

et, par conséquent, le degré de l'expression

$$X + Y\sqrt[3]{R_1 R_2^2}$$

ne dépassera $-(N-\lambda+1)$, comme cela suppose la formule

$$m \overline{\overline{<}} -(2N-\lambda-\lambda'+2),$$

pour $\lambda' > N$.

Nous trouverons le même pour $N < \lambda$ et $\geqq \lambda'$.

Quant aux valeurs de N qui sont inférieures à λ et à λ', dans ce cas, notre problème, comme on l'a vu, a pour solution

$$\varphi(\sqrt[3]{R}) = 1,$$

et, par conséquent, on a ici $m = 0$, ce qui est encore conforme avec la formule générale pour m, qui pour $\lambda > N$, $\lambda' > N$ donne

$$m \overline{\overline{<}} 0.$$

Nous voyons donc que, pour toutes valeurs de N, la fonction $\varphi(\sqrt[3]{R})$ obtenue par la résolution de notre problème sera de degré ne dépassant $-(2N-\lambda-\lambda'+2)$. En prenant $N = n_{\rho+1}-1$ et remarquant que, d'après notre notation, la fonction $\varphi(\sqrt[3]{R})$ qui resout notre problème pour $N = n_{\rho+1}-1$ est

$$\varphi_\rho(\sqrt[3]{R}),$$

nous en concluons que le degré de cette fonction ne dépasse pas $-(2n_{\rho+1}-\lambda-\lambda')$ ou, ce qui revient au même, ne dépasse pas le degré de $\frac{R_1 R_2}{x^{2n_{\rho+1}}}$, car $R_1 R_2$, d'après notre notation, est de degré $\lambda+\lambda'$. Cela nous donne le théorème suivant concernant la suite des fonctions

$$\varphi_0(\sqrt[3]{R}),\ \varphi_1(\sqrt[3]{R}),\ \varphi_2(\sqrt[3]{R}), \ldots .\ \varphi_\rho(\sqrt[3]{R}),\ \varphi_{\rho+1}(\sqrt[3]{R}), \ldots . :$$

Théorème.

Le degré de l'expression $\varphi_\rho(\sqrt[3]{R})$ n'est pas supérieur à celui de $\frac{R_1 R_2}{x^{2n_{\rho+1}}}$, où $n_{\rho+1}$ est la limite des degrés des termes de la fonction $\varphi_{\rho+1}(\sqrt[3]{R})$.

§ 10. En vertu de ce qu'on vient de démontrer, le calcul des fonctions

$$\varphi_0(\sqrt[3]{R}),\ \varphi_1(\sqrt[3]{R}),\ \varphi_2(\sqrt[3]{R}), \ldots .$$

peut être réduit à la détermination des fonctions plus simples, dont les termes sont de degrés inférieurs à celui de $R_1 R_2$, tandis que les degrés des termes des fonctions $\varphi_\rho(\sqrt[3]{R})$, quand ρ grandit, deviennent de plus en plus élevés. Ces nouvelles fonctions s'expriment à l'aide des fonctions

$$\varphi_0(\sqrt[3]{R}),\ \varphi_1(\sqrt[3]{R}),\ \varphi_2(\sqrt[3]{R}),\dots,$$

comme il suit:

$$(3)\qquad \begin{cases} v_0 = \varphi_0(\sqrt[3]{R})\,.\,\varphi_0(\alpha\sqrt[3]{R})\,.\,\varphi_0(\alpha^2\sqrt[3]{R}), \\ v_1 = \varphi_1(\sqrt[3]{R})\,.\,\varphi_1(\alpha\sqrt[3]{R})\,.\,\varphi_1(\alpha^2\sqrt[3]{R}), \\ v_2 = \varphi_2(\sqrt[3]{R})\,.\,\varphi_2(\alpha\sqrt[3]{R})\,.\,\varphi_2(\alpha^2\sqrt[3]{R}), \\ \dots\dots\dots\dots\dots\dots \\ v_\rho = \varphi_\rho(\sqrt[3]{R})\,.\,\varphi_\rho(\alpha\sqrt[3]{R})\,.\,\varphi_\rho(\alpha^2\sqrt[3]{R}), \end{cases}$$

$$(4)\qquad \begin{cases} \psi_0(\sqrt[3]{R}) = \varphi_0(\sqrt[3]{R}), \\ \psi_1(\sqrt[3]{R}) = \varphi_1(\sqrt[3]{R})\,.\,\varphi_0(\alpha\sqrt[3]{R})\,.\,\varphi_0(\alpha^2\sqrt[3]{R}), \\ \psi_2(\sqrt[3]{R}) = \varphi_2(\sqrt[3]{R})\,.\,\varphi_1(\alpha\sqrt[3]{R})\,.\,\varphi_1(\alpha^2\sqrt[3]{R}), \\ \dots\dots\dots\dots\dots\dots \\ \psi_\rho(\sqrt[3]{R}) = \varphi_\rho(\sqrt[3]{R})\,.\,\varphi_{\rho-1}(\alpha\sqrt[3]{R})\,\varphi_{\rho-1}(\alpha^2\sqrt[3]{R}). \end{cases}$$

Dans les formules qui déterminent les fonctions

$$v_0,\ v_1,\ v_2,\dots,$$

le radical disparaît évidemment et, par conséquent, ces fonctions sont des polynomes; tandis que dans les expressions des fonctions

$$\psi_0(\sqrt[3]{R}),\ \psi_1(\sqrt[3]{R}),\ \psi_2(\sqrt[3]{R}),\dots$$

le radical $\sqrt[3]{R}$ reste, et par suite, ces fonctions seront de la même forme que les fonctions

$$\varphi_0(\sqrt[3]{R}),\ \varphi_1(\sqrt[3]{R}),\ \varphi_2(\sqrt[3]{R}),\dots,$$

c'est à dire de la forme

$$X + Y\sqrt[3]{R_1 R_2^2} + Z\sqrt[3]{R_1^2 R_2}.$$

Mais ici tous les termes, comme nous allons le prouver, seront de degrés inférieurs à celui de $R_1 R_2$ et il en est de même à l'égard des fonctions $v_0,\ v_1,\ v_2,\dots$

Pour s'en convaincre nous remarquons que, d'après le § 8, tous les termes de l'expression $\varphi_{\rho-1}(\sqrt[3]{R})$ et, par suite, les expressions $\varphi_{\rho-1}(\alpha\sqrt[3]{R})$, $\varphi_{\rho-1}(\alpha^2\sqrt[3]{R})$ elles-mêmes seront de degrés non supérieurs à celui de

$$x^{n_{\rho-1}},$$

et l'expression $\varphi_\rho(\sqrt[3]{R})$, d'après le théorème du § 9, sera de degré non supérieur à celui de $\frac{R_1 R_2}{x^{2n_{\rho+1}}}$; d'où l'on voit que la fonction

$$\psi_\rho(\sqrt[3]{R}) = \varphi_\rho(\sqrt[3]{R}) \cdot \varphi_{\rho-1}(\alpha\sqrt[3]{R}) \cdot \varphi_{\rho-1}(\alpha^2\sqrt[3]{R})$$

sera de degré ne dépassant celui de

$$\frac{R_1 R_2}{x^{2n_{\rho+1}}} \cdot x^{n_{\rho-1}} \cdot x^{n_{\rho-1}} = \frac{R_1 R_2}{x^{2(n_{\rho+1}-n_{\rho-1})}}.$$

Or, la suite

$$n_0,\ n_1,\ n_2, \ldots .$$

étant composée, d'après notre notation (§ 8), des nombres entiers croissants, le nombre $n_{\rho+1} - n_{\rho-1}$ ne sera pas inférieur à 2; donc nous concluons, en vertu du précédent, que la fonction $\psi_\rho(\sqrt[3]{R})$ sera de degré non supérieur à celui de $\frac{R_1 R_2}{x^4}$.

En examinant pareillement les expressions des fonctions

$$\psi_\rho(\alpha\sqrt[3]{R}),\ \psi_\rho(\alpha^2\sqrt[3]{R}),$$

pour lesquelles la formule précédente donne

$$\psi_\rho(\alpha\sqrt[3]{R}) = \varphi_\rho(\alpha\sqrt[3]{R}) \cdot \varphi_{\rho-1}(\alpha^2\sqrt[3]{R}) \cdot \varphi_{\rho-1}(\sqrt[3]{R}),$$
$$\psi_\rho(\alpha^2\sqrt[3]{R}) = \varphi_\rho(\alpha^2\sqrt[3]{R}) \cdot \varphi_{\rho-1}(\sqrt[3]{R}) \cdot \varphi_{\rho-1}(\alpha\sqrt[3]{R}),$$

nous concluons que ces fonctions seront de degrés ne dépassant celui de

$$x^{n_\rho} \cdot x^{n_{\rho-1}} \frac{R_1 R_2}{x^{2n_\rho}} = \frac{R_1 R_2}{x^{n_\rho - n_{\rho-1}}},$$

et, par suite, celui de

$$\frac{R_1 R_2}{x},$$

car, d'après notre notation, $n_{\rho-1}$, n_ρ sont des nombres entiers dont le premier est plus petit que le suivant.

Etant ainsi convaincu que toutes les trois expressions

$$\psi_\rho(\sqrt[3]{R}),\ \psi_\rho(\alpha\sqrt[3]{R}),\ \psi_\rho(\alpha^2\sqrt[3]{R})$$

seront de degré non supérieur à celui de $\frac{R_1 R_2}{x}$, nous en concluons qu'il en sera de même par rapport à leurs termes.

En abordant l'examen du degré de la fonction v_ρ, nous remarquons que, d'après le théorème du § précédent, l'expression $\varphi_\rho(\sqrt[3]{R})$ sera de degré non supérieur à celui de $\frac{R_1 R_2}{x^{2n_{\rho+1}}}$, et, d'après notre notation, tous les termes des expressions

$$\varphi_\rho(\alpha\sqrt[3]{R}),\ \varphi_\rho(\alpha^2\sqrt[3]{R})$$

sont de degré ne dépassant n_ρ; donc, en vertu de la formule

$$v_\rho = \varphi_\rho(\sqrt[3]{R}).\varphi_\rho(\alpha\sqrt[3]{R}).\varphi_\rho(\alpha^2\sqrt[3]{R}),$$

la fonction v_ρ ne peut être de degré supérieur à celui de

$$\frac{R_1 R_2}{x^{2n_{\rho+1}}}.x^{n_\rho}.x^{n_\rho} = \frac{R_1 R_2}{x^{2(n_{\rho+1}-n_\rho)}},$$

et, par suite, à celui de

$$\frac{R_1 R_2}{x^2};$$

car, $n_{\rho+1}$, n_ρ étant des nombres entiers et $n_{\rho+1} > n_\rho$, la différence $n_{\rho+1}-n_\rho$ ne peut être inférieure à 1.

Après avoir déterminé ainsi la limite supérieure des degrés de nos nouvelles fonctions

$$v_0,\ v_1,\ v_2,\ldots,$$
$$\psi_0(\sqrt[3]{R}),\ \psi_1(\sqrt[3]{R}),\ \psi_2(\sqrt[3]{R}),\ldots,$$

nous allons maintenant donner les expressions des fonctions cherchées

$$\varphi_0(\sqrt[3]{R}),\ \varphi_1(\sqrt[3]{R}),\ \varphi_2(\sqrt[3]{R}),\ldots,$$

qui fournissent la solution de notre problème, à l'aide de ces fonctions plus simples et ensuite nous nous occuperons de la détermination de celles-ci.

D'après (4) nous avons l'égalité

$$\psi_\rho(\sqrt[3]{R}) = \varphi_\rho(\sqrt[3]{R}).\varphi_{\rho-1}(\alpha\sqrt[3]{R}).\varphi_{\rho-1}(\alpha^2\sqrt[3]{R}),$$

qui, étant multipliée par $\varphi_{\rho-1}(\sqrt[3]{R})$, donne

$$\psi_0(\sqrt[3]{R}).\varphi_{\rho-1}(\sqrt[3]{R}) = \varphi_\rho(\sqrt[3]{R}).\varphi_{\rho-1}(\sqrt[3]{R}).\varphi_{\rho-1}(\alpha\sqrt[3]{R}).\varphi_{\rho-1}(\alpha^2\sqrt[3]{R}).$$

Or, d'après les formules (3), qui déterminent la valeur des fonctions

$$v_0,\ v_1,\ v_2,\ldots.,$$

nous avons

$$\varphi_{\rho-1}(\sqrt[3]{R}).\varphi_{\rho-1}(\alpha\sqrt[3]{R}).\varphi_{\rho-1}(\alpha^2\sqrt[3]{R}) = v_{\rho-1};$$

nous trouverons donc

$$\psi_\rho(\sqrt[3]{R}).\varphi_{\rho-1}(\sqrt[3]{R}) = \varphi_\rho(\sqrt[3]{R}).v_{\rho-1},$$

d'où l'on obtient la formule suivante, qui sert à déterminer $\varphi_\rho(\sqrt[3]{R})$ d'après $\varphi_{\rho-1}(\sqrt[3]{R})$:

$$\varphi_\rho(\sqrt[3]{R}) = \frac{\varphi_{\rho-1}(\sqrt[3]{R}).\psi_\rho(\sqrt[3]{R})}{v_{\rho-1}}. \tag{5}$$

En remplaçant ici ρ par $\rho-1$, $\rho-2$,.... 3, 2, 1 et remarquant que, d'après (4), $\varphi_0(\sqrt[3]{R}) = \psi_0(\sqrt[3]{R})$, nous obtenons une suite d'équations qui, étant multipliées membre à membre, donnent après la réduction

$$\varphi_\rho(\sqrt[3]{R}) = \frac{\psi_0(\sqrt[3]{R}).\psi_1(\sqrt[3]{R})\ldots.\psi_{\rho-1}(\sqrt[3]{R}).\psi_\rho(\sqrt[3]{R})}{v_0.v_1\ldots.v_{\rho-2}.v_{\rho-1}}. \tag{6}$$

C'est ainsi qu'on exprime la fonction $\varphi_\rho(\sqrt[3]{R})$ à l'aide des fonctions plus simples

$$v_0,\ v_1,\ v_2,\ldots.,$$

$$\psi_0(\sqrt[3]{R}),\ \psi_1(\sqrt[3]{R}),\ \psi_2(\sqrt[3]{R}),\ldots.$$

§ 11. En passant à la détermination des fonctions

$$v_0,\ v_1,\ v_2,\ldots.,$$

$$\psi_0(\sqrt[3]{R}),\ \psi_1(\sqrt[3]{R}),\ \psi_2(\sqrt[3]{R}),\ldots.,$$

nous trouvons, en vertu des formules (4),

$$\psi_\rho(\sqrt[3]{R}).\psi_\rho(\alpha\sqrt[3]{R}).\psi_\rho(\alpha^2\sqrt[3]{R}) =$$

$$\varphi_\rho(\sqrt[3]{R}).\varphi_\rho(\alpha\sqrt[3]{R}).\varphi_\rho(\alpha^2\sqrt[3]{R}).\varphi^2_{\rho-1}(\sqrt[3]{R}).\varphi^2_{\rho-1}(\alpha\sqrt[3]{R}).\varphi^2_{\rho-1}(\alpha^2\sqrt[3]{R}),$$

ce qui, d'après (3), donne l'égalité suivante

$$\psi_\rho(\sqrt[3]{R}).\psi_\rho(\alpha\sqrt[3]{R}).\psi_\rho(\alpha^2\sqrt[3]{R}) = v_\rho . v^2_{\rho-1};$$

d'où il suit

$$v_\rho = \frac{1}{v^2_{\rho-1}}\psi_\rho(\sqrt[3]{R}).\psi_\rho(\alpha\sqrt[3]{R}).\psi_\rho(\alpha^2\sqrt[3]{R}). \tag{7}$$

Cette formule va nous servir à calculer v_ρ d'après $v_{\rho-1}$, lorsqu'on connaîtra la fonction $\psi_\rho(\sqrt[3]{R})$.

En abordant la détermination de la fonction $\psi_\rho(\sqrt[3]{R})$, nous remarquons que dans les équations

$$v_{\rho-1} = 0,\ v_{\rho-2} = 0,$$

ainsi que dans les équations

$$\varphi_{\rho-1}(\alpha\sqrt[3]{R}) = 0,\ \varphi_{\rho-1}(\alpha^2\sqrt[3]{R}) = 0,$$

peuvent se trouver des racines communes, ce qui, comme nous le verrons, complique considérablement la recherche de la fonction $\psi_\rho(\sqrt[3]{R})$. Nous examinerons ces cas singuliers après, et maintenant nous allons nous occuper de la détermination de la fonction $\psi_\rho(\sqrt[3]{R})$ dans le cas général, quand ni les équations

$$v_{\rho-1} = 0,\ v_{\rho-2} = 0,$$

ni les équations

$$\varphi_{\rho-1}(\alpha\sqrt[3]{R}) = 0,\ \varphi_{\rho-1}(\alpha^2\sqrt[3]{R}) = 0$$

n'ont de racines communes.

D'après (4) nous avons

$$\psi_\rho(\sqrt[3]{R}) = \varphi_\rho(\sqrt[3]{R}).\varphi_{\rho-1}(\alpha\sqrt[3]{R}).\varphi_{\rho-1}(\alpha^2\sqrt[3]{R}),$$

$$\psi_{\rho-1}(\sqrt[3]{R}) = \varphi_{\rho-1}(\sqrt[3]{R}).\varphi_{\rho-2}(\alpha\sqrt[3]{R}).\varphi_{\rho-2}(\alpha^2\sqrt[3]{R}).$$

En déterminant à l'aide de la seconde de ces formules les valeurs des fonctions

$$\varphi_{\rho-1}(\alpha\sqrt[3]{R}),\ \varphi_{\rho-1}(\alpha^2\sqrt[3]{R})$$

et les substituant dans la première formule, nous trouvons

$$\psi_\rho(\sqrt[3]{R}) = \frac{\psi_{\rho-1}(\alpha\sqrt[3]{R}).\psi_{\rho-1}(\alpha^2\sqrt[3]{R}).\varphi_\rho(\sqrt[3]{R})}{\varphi^2_{\rho-2}(\sqrt[3]{R}).\varphi_{\rho-2}(\alpha\sqrt[3]{R}).\varphi_{\rho-2}(\alpha^2\sqrt[3]{R})},$$

ce qui, en vertu de l'égalité

$$\varphi_{\rho-2}(\sqrt[3]{R}).\varphi_{\rho-2}(\alpha\sqrt[3]{R}).\varphi_{\rho-2}(\alpha^2\sqrt[3]{R})=v_{\rho-2},$$

se réduit à ce qui suit

$$\psi_\rho(\sqrt[3]{R})=\frac{\psi_{\rho-1}(\alpha\sqrt[3]{R}).\psi_{\rho-1}(\alpha^2\sqrt[3]{R}).\varphi_\rho(\sqrt[3]{R}).\varphi_{\rho-2}(\alpha\sqrt[3]{R}).\varphi_{\rho-2}(\alpha^2\sqrt[3]{R})}{v^2_{\rho-2}}.$$

Comme l'équation

$$v_{\rho-2}=0,$$

par l'hypothèse, n'a pas de racines communes avec l'équation

$$v_{\rho-1}=0,$$

la fraction

$$\frac{\varphi_\rho(\sqrt[3]{R}).\varphi_{\rho-2}(\alpha\sqrt[3]{R}).\varphi_{\rho-2}(\alpha^2\sqrt[3]{R})}{v^2_{\rho-2}}$$

ne peut devenir infinie pour aucune racine de l'équation,

$$v_{\rho-1}=0,$$

et dans ce cas, comme on le sait, on peut trouver toujours une fonction entière, de degré inférieur à celui de $v_{\rho-1}$, qui pour toutes les racines de l'équation

$$v_{\rho-1}=0$$

aura la même valeur que la fraction

$$\frac{\varphi_\rho(\sqrt[3]{R}).\varphi_{\rho-2}(\alpha\sqrt[3]{R}).\varphi_{\rho-2}(\alpha^2\sqrt[3]{R})}{v^2_{\rho-2}}$$

pour l'une quelconque des trois déterminations du radical $\sqrt[3]{R}$. Dans le cas présent nous déterminerons la valeur du radical $\sqrt[3]{R}$ de la manière suivante: d'après l'égalité

$$\varphi_{\rho-1}(\sqrt[3]{R}).\varphi_{\rho-1}(\alpha\sqrt[3]{R}).\varphi_{\rho-1}(\alpha^2\sqrt[3]{R})=v_{\rho-1},$$

chacune des racines de l'équation

$$v_{\rho-1}=0$$

doit annuler la fonction $\varphi_{\rho-1}(\sqrt[3]{R})$ au moins pour l'une des trois déterminations du radical qui se distinguent par les facteurs α^0, α, α^2; et comme, par l'hypothèse, les équations

$$\varphi_{\rho-1}(\alpha\sqrt[3]{R})=0,\ \varphi_{\rho-1}(\alpha^2\sqrt[3]{R})=0$$

n'ont de racine commune, l'égalité

$$\varphi_{\rho-1}(\sqrt[3]{R}) = 0,$$

pour chaque racine de l'équation

$$v_{\rho-1} = 0,$$

n'aura lieu que pour une seule détermination du radical. C'est avec cette valeur du radical que nous considérerons la fraction

$$\frac{\varphi_\rho(\sqrt[3]{R}) \cdot \varphi_{\rho-2}(\alpha \sqrt[3]{R}) \; \varphi_{\rho-2}(\alpha^2 \sqrt[3]{R})}{v^2_{\rho-2}},$$

et soit, dans cette hypothèse, L la fonction entière de degré inférieur à celui de $v_{\rho-1}$ qui pour toutes les racines de l'équation

$$v_{\rho-1} = 0$$

(supposées d'abord distinctes) a des valeurs égales à celles de la fraction. Pour cette fonction L, comme il est aisé à voir, la différence

$$\psi_{\rho-1}(\alpha \sqrt[3]{R}) \cdot \psi_{\rho-1}(\alpha^2 \sqrt[3]{R}) \cdot L - \psi_\rho(\sqrt[3]{R})$$

s'annulera pour toutes les racines de l'équation

$$v_{\rho-1} = 0$$

et pour chacune des trois déterminations du radical $\sqrt[3]{R}$.

En effet, en vertu de l'expression ci-dessus de la fonction $\psi_\rho(\sqrt[3]{R})$, cette différence se représente ainsi

$$\psi_{\rho-1}(\alpha \sqrt[3]{R}) \cdot \psi_{\rho-1}(\alpha^2 \sqrt[3]{R}) \left[L - \frac{\varphi_\rho(\sqrt[3]{R}) \cdot \varphi_{\rho-2}(\alpha \sqrt[3]{R}) \; \varphi_{\rho-2}(\alpha^2 \sqrt[3]{R})}{v^2_{\rho-2}}\right],$$

ce qui après la substitution des valeurs des fonctions

$$\psi_{\rho-1}(\alpha \sqrt[3]{R}), \; \psi_{\rho-1}(\alpha^2 \sqrt[3]{R}),$$

selon (4), et après le remplacement du produit

$$\varphi_{\rho-2}(\sqrt[3]{R}) \cdot \varphi_{\rho-2}(\alpha \sqrt[3]{R}) \cdot \varphi_{\rho-2}(\alpha^2 \sqrt[3]{R})$$

par $v_{\rho-2}$, d'après (3), se réduira à ce qui suit

$$\varphi_{\rho-1}(\alpha \sqrt[3]{R}) \cdot \varphi_{\rho-1}(\alpha^2 \sqrt[3]{R}) \; \varphi_{\rho-2}(\sqrt[3]{R}) \cdot v_{\rho-2} \cdot D,$$

ou

$$D = L - \frac{\varphi_\rho(\sqrt[3]{R}) \cdot \varphi_{\rho-2}(\alpha\sqrt[3]{R})\ \varphi_{\rho-2}(\alpha^2\sqrt[3]{R})}{v^2_{\rho-2}}.$$

En examinant cette expression de la différence

$$\psi_{\rho-1}(\alpha\sqrt[3]{R}) \cdot \psi_{\rho-1}(\alpha^2\sqrt[3]{R}) \cdot L - \psi_\rho(\sqrt[3]{R}),$$

nous remarquons que, pour les racines de l'equation

$$\varphi_{\rho-1}(\sqrt[3]{R}) \cdot \varphi_{\rho-1}(\alpha\sqrt[3]{R}) \cdot \varphi_{\rho-1}(\alpha^2\sqrt[3]{R}) = v_{\rho-1} = 0,$$

l'un de ces facteurs, à savoir

$$\varphi_{\rho-1}(\alpha\sqrt[3]{R}) \cdot \varphi_{\rho-1}(\alpha^2\sqrt[3]{R}),$$

s'annule si l'on attribue au radical $\sqrt[3]{R}$ celle de ses valeurs pour laquelle l'équation

$$\varphi_{\rho-1}(\sqrt[3]{R}) = 0$$

n'est pas vérifiée; dans le cas contraire, en vertu de la propriété de la fonction L, s'annule son dernier facteur D. On voit donc que, pour chacune des trois déterminations du radical $\sqrt[3]{R}$, la différence

$$\psi_{\rho-1}(\alpha\sqrt[3]{R}) \cdot \psi_{\rho-1}(\alpha^2\sqrt[3]{R}) \cdot L - \psi_\rho(\sqrt[3]{R})$$

s'annule pour les racines de l'équation

$$v_{\rho-1} = 0.$$

En vertu de cela il n'est pas difficile à voir que notre différence, étant réduite à la forme $X + Y\sqrt[3]{R_1 R_2^2} + Z\sqrt[3]{R_1^2 R_2} = \varphi(\sqrt[3]{R})$, contiendra tous les trois polynomes X, Y, Z divisibles par la fonction $v_{\rho-1}$. En effet, d'après le § 2, les polynomes X, Y, Z qui figurent dans l'expression

$$X + Y\sqrt[3]{R_1 R_2^2} + Z\sqrt[3]{R_1^2 R_2} = \varphi(\sqrt[3]{R})$$

doivent être divisibles par $x - x_1$, si $x - x_1$, annulant les expressions $\varphi(\sqrt[3]{R})$, $\varphi(\alpha\sqrt[3]{R})$, $\varphi(\alpha^2\sqrt[3]{R})$, ne réduit R à 0, ce qui aura lieu pour toutes les racines de l'équation $v_{\rho-1} = 0$ (car autrement, les équations $\varphi_{\rho-1}(\alpha\sqrt[3]{R}) = 0$, $\varphi_{\rho-1}(\alpha^2\sqrt[3]{R}) = 0$, contrairement à l'hypothèse, auraient une racine commune). Donc, d'après ce que nous venons de démontrér à l'égard de la différence

$$\psi_{\rho-1}(\alpha\sqrt[3]{R}) \cdot \psi_{\rho-1}(\alpha^2\sqrt[3]{R})\ L - \psi_\rho(\sqrt[3]{R}),$$

les polynomes X, Y, Z qui figurent dans son expression par la formule

$$X + Y\sqrt[3]{R_1 R_2^2} + Z\sqrt[3]{R_1^2 R_2}$$

doivent être divisibles par chaque facteur linéaire de la fonction $v_{\rho-1}$ et, par suite, les racines de l'équation $v_{\rho-1} = 0$ étant supposées inégales, par cette fonction elle-même. En posant

$$\frac{X}{v_{\rho-1}} = M, \quad \frac{Y}{v_{\rho-1}} = N, \quad \frac{Z}{v_{\rho-1}} = P,$$

nous parvenons ainsi à l'égalité

$$\psi_{\rho-1}(\alpha\sqrt[3]{R}).\psi_{\rho-1}(\alpha^2\sqrt[3]{R}).L - \psi_\rho(\sqrt[3]{R}) = Mv_{\rho-1} + Nv_{\rho-1}\sqrt[3]{R_1R_2^2} + Pv_{\rho-1}\sqrt[3]{R_1^2R_2},$$

qui donne l'expression suivante de la fonction cherchée $\psi_\rho(\sqrt[3]{R})$:

$$(8)\ \psi_\rho(\sqrt[3]{R}) = \psi_{\rho-1}(\alpha\sqrt[3]{R}).\psi_{\rho-1}(\alpha^2\sqrt[3]{R}).L - \left(M + N\sqrt[3]{R_1R_2^2} + P\sqrt[3]{R_1^2R_2}\right)v_{\rho-1},$$

où L, M, N, P sont certaines polynomes dont le premier, comme on l'a vu, est de degré inférieur à celui de $v_{\rho-1}$.

Nous avons trouvé cette expression de la fonction $\psi_\rho(\sqrt[3]{R})$ en supposant inégales entre elles toutes les racines de l'équation

$$v_{\rho-1} = 0;$$

mais il n'est pas difficile à voir que tout cela, par le passage à la limite, s'étend au cas de racines égales. Quant à notre hypothèse concernant les équations

$$v_{\rho-1} = 0, \ v_{\rho-2} = 0, \ \varphi_{\rho-1}(\alpha\sqrt[3]{R}) = 0, \ \varphi_{\rho-1}(\alpha^2\sqrt[3]{R}) = 0,$$

d'après laquelle ni les équations

$$v_{\rho-1} = 0, \ v_{\rho-2} = 0,$$

ni celles-ci

$$\varphi_{\rho-1}(\alpha\sqrt[3]{R}) = 0, \ \varphi_{\rho-1}(\alpha^2\sqrt[3]{R}) = 0,$$

ne doivent avoir de racines communes, il est aisé à montrer qu'elle aura toujours lieu, si le produit

$$\psi_{\rho-1}(\alpha\sqrt[3]{R}).\psi_{\rho-1}(\alpha^2\sqrt[3]{R})$$

figurant dans l'expression trouvée pour $\psi_\rho(\sqrt[3]{R})$, n'a pas de facteur commun avec la fonction $v_{\rho-1}$, qui evidemment appartiendrait aussi à la fonction $\psi_\rho(\sqrt[3]{R})$.

En effet, nous avons d'après (4)

$$\psi_{\rho-1}(\alpha \sqrt[3]{R}) . \psi_{\rho-1}(\alpha^2 \sqrt[3]{R}) =$$
$$= \varphi_{\rho-1}(\alpha \sqrt[3]{R}) . \varphi_{\rho-1}(\alpha^2 \sqrt[3]{R}) . \varphi^2_{\rho-2}(\sqrt[3]{R}) . \varphi_{\rho-2}(\alpha \sqrt[3]{R}) . \varphi_{\rho-2}(\alpha^2 \sqrt[3]{R}),$$

et, en remplaçant, d'après (3), le produit

$$\varphi_{\rho-2}(\sqrt[3]{R}) . \varphi_{\rho-2}(\alpha \sqrt[3]{R}) . \varphi_{\rho-2}(\alpha^2 \sqrt[3]{R})$$

par $v_{\rho-1}$, nous obtenons

$$\psi_{\rho-1}(\alpha \sqrt[3]{R}) . \psi_{\rho-1}(\alpha^2 \sqrt[3]{R}) = \varphi_{\rho-1}(\alpha \sqrt[3]{R}) . \varphi_{\rho-1}(\alpha^2 \sqrt[3]{R}) . \varphi_{\rho-2}(\sqrt[3]{R}) . v_{\rho-2};$$

d'où il est clair que le produit

$$\psi_{\rho-1}(\alpha \sqrt[3]{R}) . \psi_{\rho-1}(\alpha^2 \sqrt[3]{R})$$

et la fonction $v_{\rho-1}$ auront le facteur commun $x - x_1$, si $x = x_1$ est une racine commune des équations

$$v_{\rho-1} = 0, \ v_{\rho-2} = 0.$$

Il en est de même, si $x = x_1$ est une racine commune des équations

$$\varphi_{\rho-1}(\alpha \sqrt[3]{R}) = 0, \ \varphi_{\rho-1}(\alpha^2 \sqrt[3]{R}) = 0.$$

Pour s'en convaincre remarquons que, Δ désignant la détermination du radical $\sqrt[3]{R}$ avec laquelle ces équations ont lieu pour $x = x_1$, nous pouvons les présenter ainsi:

$$\varphi_{\rho-1}(\alpha \Delta) = 0, \ \varphi_{\rho-1}(\alpha^2 \Delta) = 0.$$

D'où il est clair, que le produit

$$\psi_{\rho-1}(\alpha \sqrt[3]{R}) . \psi_{\rho-1}(\alpha^2 \sqrt[3]{R}),$$

qui est égal, comme nous l'avons vu, à

$$\varphi_{\rho-1}(\alpha \sqrt[3]{R}) . \varphi_{\rho-1}(\alpha^2 \sqrt[3]{R}) . \varphi_{\rho-2}(\sqrt[3]{R}) . v_{\rho-2},$$

s'annulera pour $x = x_1$ et pour toutes les déterminations du radical $\sqrt[3]{R}$

$$\sqrt[3]{R} = \Delta, \ \alpha \Delta, \ \alpha^2 \Delta;$$

ce qui (§ 2) suppose que cette expression contient en facteur une certaine puissance de $x - x_1$. D'autre part, on voit par la formule

$$\varphi_{\rho-1}(\sqrt[3]{R}) \cdot \varphi_{\rho-1}(\alpha \sqrt[3]{R}) \cdot \varphi_{\rho-1}(\alpha^2 \sqrt[3]{R}) = v_{\rho-1}$$

que la réduction à zéro de la fonction $\varphi_{\rho-1}(\sqrt[3]{R})$ pour $x = x_1$ entraîne la divisibilité de la fonction entière $v_{\rho-1}$ par la même différence $x - x_1$.

§ 12. En vertu de ce qu'on vient de démontrer nous concluons que l'expression de la fonction $\psi_\rho(\sqrt[3]{R})$ par la formule

$$\psi_{\rho-1}(\alpha \sqrt[3]{R}) \cdot \psi_{\rho-1}(\alpha^2 \sqrt[3]{R}) \cdot L - \left(M + N \sqrt[3]{R_1 R_2^2} + P \sqrt[3]{R_1^2 R_2}\right) v_{\rho-1}$$

aura toujours lieu, si le produit

$$\psi_{\rho-1}(\alpha \sqrt[3]{R}) \cdot \psi_{\rho-1}(\alpha^2 \sqrt[3]{R})$$

qui y figure n'a pas de diviseur commun avec la fonction $v_{\rho-1}$.

D'autre part, d'après la proposition du § 10, la fonction $\psi_\rho(\sqrt[3]{R})$, après avoir été réduite à la forme

$$X + Y \sqrt[3]{R_1 R_2^2} + Z \sqrt[3]{R_1^2 R_2},$$

doit avoir tous les termes

$$X, \; Y \sqrt[3]{R_1 R_2^2}, \; Z \sqrt[3]{R_1^2 R_2}$$

de degré ne dépassant celui de $\frac{R_1 R_2}{x}$ et présenter elle-même l'expression de degré ne dépassant celui de $\frac{R_1 R_2}{x^4}$. Si cela aura lieu pour un seul système des polynomes L, M, N, P qui figurent dans la formule

$$\psi_\rho(\sqrt[3]{R}) = \psi_{\rho-1}(\alpha \sqrt[3]{R}) \cdot \psi_{\rho-1}(\alpha^2 \sqrt[3]{R}) L - \left(M + N \sqrt[3]{R_1 R_2^2} + P \sqrt[3]{R_1^2 R_2}\right) v_{\rho-1}$$

(en comptant identiques ceux qui ne diffèrent que par un facteur constant) la fonction $\psi_\rho(\sqrt[3]{R})$ sera donnée immédiatement en calculant ce système des polynomes L, M, N, P. Mais si cela aura lieu pour les divers systèmes des polynomes L, M, N, P, il faudra choisir parmi eux le système convenable. Les moyens nécessaires pour y parvenir seront indiqués plus bas, mais quant à présent nous allons montrer qu'une pareille complication dans la détermination de la fonction $\psi_\rho(\sqrt[3]{R})$ par la formule

$$\psi_\rho(\sqrt[3]{R}) = \psi_{\rho-1}(\alpha \sqrt[3]{R}) \cdot \psi_{\rho-1}(\alpha^2 \sqrt[3]{R}) \; L - \left(M + N \sqrt[3]{R_1 R_2^2} + P \sqrt[3]{R_1^2 R_2}\right) v_{\rho-1}$$

ne se présentera que dans des cas exceptionnels.

A cet effet nous remarquons que, d'après § 8, les termes de l'expression

$$\varphi_{\rho-1}(\sqrt[3]{R}) = X + Y\sqrt[3]{R_1 R_2^2} + Z\sqrt[3]{R_1^2 R_2}$$

seront de degré ne dépassant $n_{\rho-1}$ et, par suite, la fonction $\varphi_{\rho-1}(\sqrt[3]{R})$ sera représentée par la formule suivante:

$$(9) \quad \begin{aligned} \varphi_{\rho-1}(\sqrt[3]{R}) = {} & A_0 x^{n_{\rho-1}} + A_1 x^{n_{\rho-1}-1} + \ldots\ldots + A_{n_{\rho-1}} \\ & + (B_0 x^{n_{\rho-1}-\lambda} + B_1 x^{n_{\rho-1}-\lambda-1} \ldots + B_{n_{\rho-1}-\lambda})\sqrt[3]{R_1 R_2^2} \\ & + (C_0 x^{n_{\rho-1}-\lambda'} + C_1 x^{n_{\rho-1}-\lambda'-1} \ldots + C_{n_{\rho-1}-\lambda'})\sqrt[3]{R_1^2 R_2}, \end{aligned}$$

où, d'après § 9, λ, λ' désignent les degrés des expressions $\sqrt[3]{R_1 R_2^2}$, $\sqrt[3]{R_1^2 R_2}$. Or, comme la fonction $\varphi_{\rho-1}(\sqrt[3]{R})$ peut être (§ 8) divisée par chaque facteur constant, l'un des $3n_{\rho-1} - \lambda - \lambda' + 3$ coefficients

$$\begin{gathered} A_0,\ A_1, \ldots . A_{n_{\rho-1}}, \\ B_0,\ B_1, \ldots . B_{n_{\rho-1}-\lambda}, \\ C_0,\ C_1, \ldots . C_{n_{\rho-1}-\lambda'} \end{gathered}$$

peut être égalé à 1 et, par suite, dans l'expression de la fonction $\varphi_{\rho-1}(\sqrt[3]{R})$ il ne restera que $3n_{\rho-1} - \lambda - \lambda' + 2$ coefficients inconnus.

D'autre part, en portant dans la formule

$$\varphi_{\rho-1}(\sqrt[3]{R}) . \varphi_{\rho-1}(\alpha\sqrt[3]{R}) . \varphi_{\rho-1}(\alpha^2\sqrt[3]{R}) = v_{\rho-1}$$

les valeurs des fonctions $\varphi_{\rho-1}(\sqrt[3]{R})$, $\varphi_{\rho-1}(\alpha\sqrt[3]{R})$, $\varphi_{\rho-1}(\alpha^2\sqrt[3]{R})$ tirées de (9) et développant en série les radicaux $\sqrt[3]{R_1 R_2^2}$, $\sqrt[3]{R_1^2 R_2}$, nous trouvons pour la fonction $v_{\rho-1}$ l'expression de la forme

$$\begin{aligned} v_{\rho-1} = K_1 x^{3n_{\rho-1}} + K_2 x^{3n_{\rho-1}-1} + \ldots\ldots + K_{3n_{\rho-1}-\lambda-\lambda'+2}\, x^{\lambda+\lambda'-1} \\ + K_{3n_{\rho-1}-\lambda-\lambda'+3}\, x^{\lambda+\lambda'-2} + \ldots\ldots, \end{aligned}$$

où K_1, K_2, K_3, ... sont fonctions des coefficients qui figurent dans l'expression (9) de $\varphi_{\rho-1}(\sqrt[3]{R})$. Mais d'après § 10 la fonction $v_{\rho-1}$ doit être de degré ne dépassant celui de $\frac{R_1 R_2}{x^2}$ ou celui de $x^{\lambda+\lambda'-2}$, par conséquent nous aurons:

$$K_1 = 0,\ K_2 = 0, \ldots . K_{3n_{\rho-1}-\lambda-\lambda'+2} = 0,$$

ce qui présente autant d'équations qu'il y a de coefficients à trouver, d'après la remarque ci-dessus, pour déterminer la fonction $\varphi_{\rho-1}(\sqrt[3]{R})$; et alors cette expression de $v_{\rho-1}$ se réduit à la forme:

$$v_{\rho-1} = K_{3n_{\rho-1}-\lambda-\lambda'+3}\, x^{\lambda'+\lambda-2} + \ldots .$$

D'où l'on voit que la fonction $v_{\rho-1}$ sera en général du degré $\lambda+\lambda'-2$ et que son degré ne peut s'abaisser au-dessous de cette limite que dans ce cas particulier, où l'équation

$$K_{3n_{\rho-1}-\lambda-\lambda'+3} = 0$$

se vérifie en même temps que les équations

$$K_1 = 0,\ K_2 = 0, \ldots .\ K_{3n_{\rho-1}-\lambda-\lambda'+2} = 0.$$

En passant à la détermination de la fonction

$$\psi_\rho(\sqrt[3]{R}) = X + Y\sqrt[3]{R_1 R_2^2} + Z\sqrt[3]{R_1^2 R_2},$$

nous remarquons que d'après le § 10 tous ses termes, pris séparément, doivent être de degré ne dépassant celui de $\frac{R_1 R_2}{x}$ ou de $x^{\lambda+\lambda'-1}$; et cette fonction elle-même doit présenter l'expression de degré ne dépassant celui de $\frac{R_1 R_2}{x^4}$ ou de $x^{\lambda+\lambda'-4}$.

D'où l'on voit, d'une part, que les polynomes X, Y, Z sont de degrés non supérieurs à $\lambda+\lambda'-1$, $\lambda'-1$, $\lambda-1$ (les degrés des expression $\sqrt[3]{R_1 R_2^2}$, $\sqrt[3]{R_1^2 R_2}$ étant λ, λ') et, par conséquent, contiennent au plus $\lambda+\lambda'+\lambda+\lambda' = 2\lambda+2\lambda'$ coefficients, et, d'autre part, que ces coefficients doivent vérifier les trois équations que l'on trouve en égalant à zèro les coefficients de $x^{\lambda+\lambda'-1}$, $x^{\lambda+\lambda'-2}$, $x^{\lambda+\lambda'-3}$ dans le développement de $\psi_\rho(\sqrt[3]{R})$. Comme dans la fonction $\varphi_\rho(\sqrt[3]{R})$ et, par suite, dans la fonction $\psi_\rho(\sqrt[3]{R})$ on peut supprimer un facteur constant, l'un des $2\lambda+2\lambda'$ coefficients de la fonction $\psi_\rho(\sqrt[3]{R})$ peut être égalé à 1, et alors pour déterminer les $2\lambda+2\lambda'-1$ coefficients restants nous avons besoin, outre les trois équations mentionnées plus haut, de $2\lambda+2\lambda'-4$ équations. Or ce nombre d'équations entre les coefficients de la fonction $\psi_\rho(\sqrt[3]{R})$, comme il est aisé à voir, va nous fournir la formule

$$\psi_\rho(\sqrt[3]{R}) = \psi_{\rho-1}(\alpha\sqrt[3]{R}).\psi_{\rho-1}(\alpha^2\sqrt[3]{R}).L - \left(M + N\sqrt[3]{R_1R_2^2} + P\sqrt[3]{R_1^2R_2}\right)v_{\rho-1},$$

pourvu que la fonction $v_{\rho-1}$ reste du degré $\lambda+\lambda'-2$. En effet, d'après cette formule la différence

$$\psi_\rho(\sqrt[3]{R}) - \psi_{\rho-1}(\alpha\sqrt[3]{R}).\psi_{\rho-1}(\alpha^2\sqrt[3]{R}).L,$$

où L est un polynome de degré inférieur à celui de $v_{\rho-1}$ ou de $x^{\lambda+\lambda_1-2}$, et, par conséquent, de la forme $A_1 x^{\lambda+\lambda'-3} + A_2 x^{\lambda+\lambda'-4} + \ldots\ldots + A_{\lambda+\lambda'-2}$, doit être divisible par $v_{\rho-1}$; et cela suppose que cette différence, censée réduite à la forme

$$X + Y\sqrt[3]{R_1 R_2^2} + Z\sqrt[3]{R_1^2 R_2},$$

contient les polynomes X, Y, Z divisibles par $v_{\rho-1}$; d'où l'on tire, comme il est aisé à voir, $3(\lambda+\lambda'-2)$ équations entre les coefficients de $\varphi(\sqrt[3]{R})$ et L; en y éliminant les $\lambda+\lambda'-2$ coefficients de la fonction

$$L = A_1 x^{\lambda+\lambda'-3} + A_2 x^{\lambda+\lambda'-4} + \ldots\ldots + A_{\lambda+\lambda'-2}$$

on obtient $3(\lambda+\lambda'-2)-(\lambda+\lambda'-2)=2\lambda+2\lambda'-4$ équations qui manquaient justement pour la détermination des coefficients de la fonction $\psi_\rho(\sqrt[3]{R})$.

§ 13. Pour embrasser tous les cas possibles qui peuvent se présenter dans la détermination de la fonction $\psi_\rho(\sqrt[3]{R})$, il nous reste à montrer comment se trouvera cette fonction si elle n'est pas déterminée complètement par la formule (8) ou si cette formule, comme on l'a remarqué ci-dessus, n'a pas lieu.

Dans le premier cas, après avoir formé d'après la formule (8) et le § 10 les diverses équations auxquelles doivent satisfaire les coefficients de $\psi_\rho(\sqrt[3]{R})$, nous trouvons leur solution *générale*, ce qui n'est pas difficile à faire, vu que ces équations sont du premier degré. Les valeurs des coefficients de la fonction $\psi_\rho(\sqrt[3]{R})$ ainsi obtenues contiendront une ou plusieurs quantités indéterminées; mais les valeurs de ces indéterminées se trouveront aisément en s'appuyant sur ce que la fonction $\varphi_\rho(\sqrt[3]{R})$ donnée par la formule (6)

$$\frac{\psi_0(\sqrt[3]{R})\cdot\psi_1(\sqrt[3]{R})\ldots\psi_{\rho-1}(\sqrt[3]{R})\cdot\psi_\rho(\sqrt[3]{R})}{v_0\cdot v_1\ldots v_{\rho-2}\cdot v_{\rho-1}},$$

doit être, d'après les conditions du problème, de degré le plus petit possible.

En passant au cas où la formule (8) n'a pas lieu, nous allons montrer qu'à la place de cette formule on peut former, pour la détermination des coefficients de la fonction $\psi_\rho(\sqrt[3]{R})$, à l'aide des fonctions

$$v_{\rho-1},\ v_{\rho-2},\ldots,$$
$$\psi_{\rho-1}(\sqrt[3]{R}),\ \psi_{\rho-2}(\sqrt[3]{R}),\ldots$$

une suite d'équations dont le nombre sera deux fois plus grand que celui des racines de l'équation

$$v_{\rho-1} = 0,$$

comme cela a lieu quand on tire ces équations de la formule (8).

Désignons par x_1 une racine quelconque de l'équation

$$v_{\rho-1}=0$$

et supposons que dans la suite d'équations

$$v_{\rho-2}=0,\ v_{\rho-3}=0,\ldots.$$

la première qui ne se vérifie pas pour $x=x_1$ est

$$v_{\rho-\sigma}=0.$$

Dans cette hypothèse, en posant $x=x_1$ et attribuant au radical $\sqrt[3]{R}$ celle de ses valeurs pour laquelle on a

$$\varphi_{\rho-1}(\sqrt[3]{R})=0,$$

nous trouvons d'après (4)

$$\psi_\rho(\alpha\sqrt[3]{R})=0,\ \psi_\rho(\alpha^2\sqrt[3]{R})=0.$$

Comme la fonction $\varphi_{\rho-1}(\sqrt[3]{R})$, d'après (5), peut être présentée sous forme

$$\frac{\psi_{\rho-1}(\sqrt[3]{R}).\psi_{\rho-2}(\sqrt[3]{R})\ldots\psi_{\rho-\sigma+1}(\sqrt[3]{R}).\varphi_{\rho-\sigma}(\sqrt[3]{R})}{v_{\rho-2}.v_{\rho-3}\ldots v_{\rho-\sigma+1}.v_{\rho-\sigma}},$$

pour préciser la valeur du radical avec laquelle ces équations doivent être vérifiées pour $x=x_1$, nous pouvons prendre à la place de l'équation

$$\varphi_{\rho-1}(\sqrt[3]{R})=0$$

celle-ci

$$\frac{\psi_{\rho-1}(\sqrt[3]{R})\ \psi_{\rho-2}(\sqrt[3]{R})\ldots\psi_{\rho-\sigma+1}(\sqrt[3]{R}).\varphi_{\rho-\sigma}(\sqrt[3]{R})}{v_{\rho-2}.v_{\rho-3}\ldots v_{\rho-\sigma+1}.v_{\rho-\sigma}}=0.$$

En remarquant que, d'après l'hypothèse, la fonction

$$v_{\rho-\sigma}=\varphi_{\rho-\sigma}(\sqrt[3]{R}).\varphi_{\rho-\sigma}(\alpha\sqrt[3]{R})\ \varphi_{\rho-\sigma}(\alpha^2\sqrt[3]{R})$$

ne s'annule pas pour $x=x_1$, nous pouvons diviser cette équation par $\frac{\varphi_{\rho-\sigma}(\sqrt[3]{R})}{v_{\rho-\sigma}}$ et par cela, pour préciser la valeur du radical avec laquelle pour $x=x_1$ les deux égalités

$$\psi_\rho(\alpha\sqrt[3]{R})=0,\ \psi_\rho(\alpha^2\sqrt[3]{R})=0,$$

ont lieu, nous obtenons l'équation ne contenant que les fonctions

$$\psi_{\rho-1}(\sqrt[3]{R}),\ \psi_{\rho-2}(\sqrt[3]{R}), \ldots \psi_{\rho-\sigma+1}(\sqrt[3]{R}),$$

$$v_{\rho-2},\ v_{\rho-3}, \ldots v_{\rho-\sigma+1}.$$

En répétant le même raisonnement pour chaque racine de l'équation

$$v_{\rho-1} = 0,$$

nous déduirons relativement à la fonction $\psi_\rho(\sqrt[3]{R})$ une suite d'équations dont le nombre sera en général deux fois plus grand que celui des racines de cette équation.

Nous ne trouvons pas nécessaire d'entrer dans de plus amples détails concernant les cas singuliers quand la formule (8) ne suffit pas pour calculer la fonction $\psi_\rho(\sqrt[3]{R})$ ou quand cette formule n'est pas applicable; car ces cas présentent peu d'intérêt sous le rapport théorique et ils ne se trouvent point dans les applications que nous avons en vue.

§ 14. En excluant les cas singuliers mentionnés dans le paragraphe précédent, nous avons, d'après les §§ 11 et 12, pour le calcul successif des fonctions

$$\psi_0(\sqrt[3]{R}),\ \psi_1(\sqrt[3]{R}),\ \psi_2(\sqrt[3]{R}), \ldots,$$

$$v_0,\ v_1,\ v_2, \ldots$$

les formules suivantes

$$\psi_\rho(\sqrt[3]{R}) = \psi_{\rho-1}(\alpha\sqrt[3]{R})\cdot\psi_{\rho-1}(\alpha^2\sqrt[3]{R})\ L - \left(M + N\sqrt[3]{R_1R_2^2} + P\sqrt[3]{R_1^2R_2}\right)v_{\rho-1},$$

$$v_\rho = \frac{1}{v^2_{\rho-1}}\psi_\rho(\sqrt[3]{R})\cdot\psi_\rho(\alpha\sqrt[3]{R})\cdot\psi_\rho(\alpha^2\sqrt[3]{R}),$$

assujeties à la condition que les termes de la fonction $\psi_\rho(\sqrt[3]{R})$ soient de degré inférieur à celui de $R_1 R_2$ et que cette fonction elle-même se réduit à l'expression de degré ne dépassant celui de $\frac{R_1 R_2}{x^4}$. Les polynomes L, M, N, P y entrent comme inconnues auxiliaires et le premier est, d'après le § 11, de degré inférieur à celui de $v_{\rho-1}$.

Quant aux fonctions primitives

$$\psi_0(\sqrt[3]{R}),\ v_0,$$

elles se déterminent d'après le § 10 comme il suit:

$$\psi_0(\sqrt[3]{R}) = \varphi_0(\sqrt[3]{R}),$$

$$v_0 = \varphi_0(\sqrt[3]{R})\cdot\varphi_0(\alpha\sqrt[3]{R})\cdot\varphi_0(\alpha^2\sqrt[3]{R}),$$

où $\varphi_0(\sqrt[3]{R})$, d'après le § 8, désigne la solution de notre problème pour la plus petite valeur de N pour laquelle l'expression

$$\varphi\,(\sqrt[3]{R}) = X + Y\sqrt[3]{R_1 R_2^2} + Z\sqrt[3]{R_1^2 R_2}$$

a des termes à radicaux. Si l'expression $\sqrt[3]{R_1 R_2^2}$ est de degré inférieur à celui de $\sqrt[3]{R_1^2 R_2}$, le degré de cette expression sera égal à la valeur de N pour laquelle on obtient la fonction $\varphi_0(\sqrt[3]{R})$ présentant la solution de notre problème. En remarquant que pour cette valeur de N, d'après les conditions de notre problème, le terme $Z\sqrt[3]{R_1^2 R_2}$ ne peut figurer dans l'expression

$$\varphi\,(\sqrt[3]{R}) = X + Y\sqrt[3]{R_1 R_2^2} + Z\sqrt[3]{R_1^2 R_2}$$

et le polynome Y doit être une quantité constante qui peut être supposée égale à -1 (car on peut diviser la fonction $\varphi_0(\sqrt[3]{R})$, d'après le § 8, par un facteur constant) nous trouvons que $\varphi_0(\sqrt[3]{R})$ se réduira, dans le cas considéré, à la forme

$$X - \sqrt[3]{R_1 R_2^2}.$$

Mais afin que cette expression, conformement aux conditions de notre problème, soit de degré le plus petit possible, il faut prendre pour X la fonction entière obtenue en extrayant la racine $\sqrt[3]{R_1 R_2^2}$, car c'est la seule fonction entière qui ne diffère de l'expression $\sqrt[3]{R_1 R_2^2}$ par des termes de degré positif ou nul. Ainsi, pour le calcul de la fonction $\varphi_0(\sqrt[3]{R})$, dans le cas où le degré de $\sqrt[3]{R_1 R_2^2}$ est inférieur à celui de $\sqrt[3]{R_1^2 R_2}$, nous obtenons la formule suivante

$$\varphi_0\,(\sqrt[3]{R}) = r_1 - \sqrt[3]{R_1 R_2^2},$$

où r_1 désigne la fonction entière obtenue en extrayant la racine $\sqrt[3]{R_1 R_2^2}$.

Pareillement, en désignant par r_2 la fonction entière obtenue en extrayant la racine $\sqrt[3]{R_1^2 R_2}$, nous trouvons que lorsque le degré de $\sqrt[3]{R_1^2 R_2}$ est inférieur à celui de $\sqrt[3]{R_1 R_2^2}$, la fonction $\varphi_0(\sqrt[3]{R})$ aura pour valeur

$$\varphi_0\,(\sqrt[3]{R}) = r_2 - \sqrt[3]{R_1^2 R_2}.$$

En dernier lieu, si les degrés des expressions $\sqrt[3]{R_1 R_2^2}$ et $\sqrt[3]{R_1^2 R_2}$ sont égaux, le nombre N, dans le calcul de la fonction $\varphi_0(\sqrt[3]{R})$, sera égal à ce degré et pour cette valeur de N, conformement aux conditions de notre problème, la fonction $\varphi_0(\sqrt[3]{R})$ sera donnée par la formule

$$\varphi_0\,(\sqrt[3]{R}) = X + \alpha\sqrt[3]{R_1 R_2^2} + \beta\sqrt[3]{R_1^2 R_2},$$

où α, β sont des quantités constantes. Pour trouver les valeurs du polynome X et des constantes α, β qui figurent dans cette formule, nous remarquons qu'elle peut être présentée ainsi:

$$\varphi_0(\sqrt[3]{R}) = X + \alpha r_1 + \beta r_2 + \alpha\left(\sqrt[3]{R_1 R_2^2} - r_1\right) + \beta\left(\sqrt[3]{R_1^2 R_2} - r_2\right).$$

En réduisant cette expression de la fonction $\varphi_0(\sqrt[3]{R})$, conformement aux conditions de notre problème, au plus petit degré possible, nous remarquons que pour l'abaisser jusqu'au degré négatif, il faut poser

$$X + \alpha r_1 + \beta r_2 = 0,$$

et pour l'abaissement ultérieur il faut choisir ensuite les constantes α, β de façon que la puissance la plus élevée de x provenant des développements des différences

$$\sqrt[3]{R_1 R_2^2} - r_1, \quad \sqrt[3]{R_1^2 R_2} - r_2$$

disparaît dans l'expression de la fonction $\varphi_0(\sqrt[3]{R})$ à l'aide de la formule

$$\varphi_0(\sqrt[3]{R}) = \alpha\left(\sqrt[3]{R_1 R_2^2} - r_1\right) + \beta\left(\sqrt[3]{R_1^2 R_2} - r_2\right)$$

On voit qu'alors une des constantes α, β reste arbitraire; et par conséquent on peut la prendre égale à l'unité d'après le § 8.

§ 15. Nous avons expliqué (§ 14), comment on peut déterminer les fonctions

$$\psi_0(\sqrt[3]{R}), \ v_0$$

et calculer successivement les fonctions

$$\psi_1(\sqrt[3]{R}), \ \psi_2(\sqrt[3]{R}), \ \psi_3(\sqrt[3]{R}), \ldots,$$
$$v_1, \ v_2, \ v_3, \ldots.$$

Ces fonctions, d'après le § 10, servent à exprimer les fonctions plus compliquées

$$\varphi_0(\sqrt[3]{R}), \ \varphi_1(\sqrt[3]{R}), \ \varphi_2(\sqrt[3]{R}), \ldots,$$

qui sont introduites (§ 7) afin de parvenir à leur aide à la solution de l'équation

$$\varphi(\sqrt[3]{R}).\varphi(\alpha\sqrt[3]{R}).\varphi(\alpha^2\sqrt[3]{R}) = C,$$

si cela est possible. Or la solution de cette équation détermine la fonction $\varphi(\sqrt[3]{R})$ qui, au moyen de la formule

$$\int \frac{\rho}{\sqrt[3]{R}} dx = K \log\left[\varphi(\sqrt[3]{R}).\varphi^{\alpha}(\alpha\sqrt[3]{R}).\varphi^{\alpha^2}(\alpha^2\sqrt[3]{R})\right]$$

donne toutes les intégrales de la forme

$$\int \frac{\rho}{\sqrt[3]{R}} dx,$$

exprimables en termes finis.

Comme la solution cherchée de l'équation

$$\varphi(\sqrt[3]{R}).\varphi(\alpha\sqrt[3]{R}).\varphi(\alpha^2\sqrt[3]{R}) = C,$$

doit, d'après le § 7, se trouver dans la suite des fonctions

$$\varphi_0(\sqrt[3]{R}),\ \varphi_1(\sqrt[3]{R}),\ \varphi_2(\sqrt[3]{R}), \ldots,$$

l'une d'elles doit nous donner la solution de l'équation, si celle-ci est possible. En désignant par

$$\varphi_\mu(\sqrt[3]{R})$$

celle des fonctions de la suite qui donne la valeur de $\varphi(\sqrt[3]{R})$ satisfaisant à notre équation, nous voyons que cela suppose l'égalité

$$\varphi_\mu(\sqrt[3]{R}).\varphi_\mu(\alpha\sqrt[3]{R}).\varphi_\mu(\alpha^2\sqrt[3]{R}) = C,$$

et comme, d'après notre notation (§ 10), le produit

$$\varphi_\mu(\sqrt[3]{R}).\varphi_\mu(\alpha\sqrt[3]{R}).\varphi_\mu(\alpha^2\sqrt[3]{R})$$

est égal à v_μ, la fonction v_μ doit se réduire à une constante.

En vertu de cela il est facile à reconnaître dans la suite des fonctions

$$v_0,\ v_1,\ v_2, \ldots$$

celle qui correspond à la fonction $\varphi_\mu(\sqrt[3]{R})$ fournissant la solution de notre équation: *cette fonction v_μ aura une valeur constante.*

Après avoir trouvé cette fonction dans la suite

$$v_0,\ v_1,\ v_2, \ldots,$$

nous trouvons, d'après (6), en posant $\rho = \mu$ l'expression suivante

$$\frac{\psi_0(\sqrt[3]{R}).\psi_1(\sqrt[3]{R})\ldots\psi_{\mu-1}(\sqrt[3]{R}).\psi_\mu(\sqrt[3]{R})}{v_0.v_1\ldots v_{\mu-1}}$$

pour la valeur de la fonction $\varphi_\mu(\sqrt[3]{R})$ qui corresponde à v_μ; ce sera justement l'expression de la fonction $\varphi(\sqrt[3]{R})$ vérifiant l'équation

$$\varphi(\sqrt[3]{R}).\varphi(\alpha\sqrt[3]{R}).\varphi(\alpha^2\sqrt[3]{R}) = C$$

et donnant, au moyen de la formule

$$\int \frac{\rho}{\sqrt[3]{R}}\, dx = K \log \left[\varphi\,(\sqrt[3]{R}).\varphi^{\alpha}\,(\alpha\sqrt[3]{R}).\varphi^{\alpha^2}\,(\alpha^2\sqrt[3]{R})\right],$$

toutes les intégrales de la forme

$$\int \frac{\rho}{\sqrt[3]{R}}\, dx$$

exprimables en termes finis.

Nous avons vu (§ 2) que dans l'expression de cette intégrale les facteurs rationnels de la fonction $\varphi(\sqrt[3]{R})$ disparaissent et, par suite, dans l'évaluation de cette intégrale, on peut prendre à la place de l'expression précédente de la fonction $\varphi(\sqrt[3]{R})$ celle qui suit:

$$\varphi\,(\sqrt[3]{R}) = \psi_0\,(\sqrt[3]{R}).\psi_1\,(\sqrt[3]{R})\ldots.\psi_{\mu-1}\,(\sqrt[3]{R}).\psi_{\mu}\,(\sqrt[3]{R}).$$

De plus, il n'est pas difficile à montrer que, dans l'évaluation de cette intégrale, on peut s'arrêter aux fonctions $\psi_{\mu}(\sqrt[3]{R})$ et v_{μ}, si v_{μ} n'est composé que de facteurs figurant dans la fonction $R_1\, R_2$.

En effet, si D est le diviseur commun à tous les termes de l'expression $\varphi_{\mu}(\sqrt[3]{R})$, nous trouvons, en posant

$$\varphi\,(\sqrt[3]{R}) = \frac{\varphi_{\mu}{}^3\,(\sqrt[3]{R})}{D}, \tag{10}$$

que $\varphi(\sqrt[3]{R})$ satisfait à l'équation

$$\varphi\,(\sqrt[3]{R}).\varphi\,(\alpha\sqrt[3]{R}).\varphi\,(\alpha^2\sqrt[3]{R}) = C.$$

Pour le démontrer nous remarquons que, d'après (3), nous avons

$$\varphi_{\mu}\,(\sqrt[3]{R}).\varphi_{\mu}\,(\alpha\sqrt[3]{R}).\varphi_{\mu}\,(\alpha^2\sqrt[3]{R}) = v_{\mu};$$

et, comme, d'après l'hypothèse, v_{μ} ne contient pas de facteurs différents de ceux de la fonction $R_1\, R_2$, il suit de cette équation, qu'aucune des expressions

$$\varphi_{\mu}\,(\sqrt[3]{R}),\quad \varphi_{\mu}\,(\alpha\sqrt[3]{R}),\quad \varphi_{\mu}\,(\alpha^2\sqrt[3]{R})$$

ne se réduira à 0 pour les valeurs de x autres que les racines de l'équation

$$R_1\, R_2 = 0,$$

et, en vertu de (10), il en sera de même à l'égard des fonctions

$$\varphi\,(\sqrt[3]{R}),\quad \varphi\,(\alpha\sqrt[3]{R}),\quad \varphi\,(\alpha^2\sqrt[3]{R}).$$

Quant aux racines de l'équation

$$R_1 R_2 = 0,$$

elles ne peuvent, comme on le voit par la forme de la fonction

$$\varphi(\sqrt[3]{R}) = X + Y\sqrt[3]{R_1 R_2^2} + Z\sqrt[3]{R_1^2 R_2},$$

annuler une des expressions

$$\varphi(\sqrt[3]{R}),\ \ \varphi(\alpha\sqrt[3]{R}),\ \ \varphi(\alpha^2\sqrt[3]{R}),$$

sans annuler les deux autres; or, aucune valeur de x ne peut annuler à la fois toutes les trois expressions, d'après ce que nous avons démontré dans le § 2 à l'égard de la fonction déterminée par la formule (10). On voit de là que la fonction $\varphi(\sqrt[3]{R})$ dont il s'agit ne s'annulera pour aucune valeur de x, quelle que soit la détermination du radical, et, par conséquent, elle satisfaira à l'équation

$$\varphi(\sqrt[3]{R}).\varphi(\alpha\sqrt[3]{R}).\varphi(\alpha^2\sqrt[3]{R}) = C,$$

et en même temps elle donnera l'expression de notre intégrale par la formule

$$\int\frac{\rho}{\sqrt[3]{R}}dx = K\log\left[\varphi(\sqrt[3]{R}).\varphi^{\alpha}(\alpha\sqrt[3]{R}).\varphi^{\alpha^2}(\alpha^2\sqrt[3]{R})\right].$$

Or, en portant ici la valeur de la fonction $\varphi(\sqrt[3]{R})$ d'après (10) et remarquant que $1+\alpha+\alpha^2=0$ et que D disparaît, nous trouvons que cette intégrale s'exprimera à l'aide de la fonction $\varphi_\mu(\sqrt[3]{R})$ comme il suit:

$$\int\frac{\rho}{\sqrt[3]{R}}dx = 3K\log\left[\varphi_\mu(\sqrt[3]{R}).\varphi_\mu^{\ \alpha}(\alpha\sqrt[3]{R}).\varphi_\mu^{\ \alpha^2}(\alpha^2\sqrt[3]{R})\right].$$

D'où il est clair que dans l'évaluation de cette intégrale on peut poser $\varphi(\sqrt[3]{R})$ égal à $\varphi_\mu(\sqrt[3]{R})$, si v_μ ne contient pas de facteurs autres que ceux des fonctions R_1 et R_2; et, par suite, dans le calcul de la fonction $\varphi(\sqrt[3]{R})$ à l'aide de nos formules on peut même s'arrêter à la valeur v_μ qui contient la variable x; il suffit que cette fonction ne contienne de facteurs autres que ceux des fonctions R_1 et R_2.

25.

SUR LES FRACTIONS CONTINUES ALGÉBRIQUES.

Lettre adressée à M. Braschmann et lue le 18/30 septembre 1865 dans la séance de la Société Mathématique de Moscou.

(Математическій Сборникъ, томъ I, 1866 г., стр. 291—296. Journal de mathématiques pures et appliquées. Deuxième série, X, 1865, p. 353—358.)

Sur les fractions continues algébriques.

Le 13 septembre 1865.

Monsieur,

Parmi les diverses applications des fractions continues algébriques qu'on a faites jusqu'à présent, celle que l'on rencontre dans l'*interpolation d'après la méthode des moindres carrés* se distingue par un caractère tout particulier: dans ce cas les fractions continues servent à déterminer les termes dans certains développements de la fonction en série. Cette interpolation et toutes les séries qui en résultent n'embrassent encore qu'une partie minime du champ d'un tel usage des fractions continues, et qui est peut-être aussi vaste que celui d'usage ordinaire de ces fractions dans l'analyse. En effet, à l'ordinaire elles servent à trouver les systèmes des polynômes X, Y, qui rendent la différence $uX - Y$ la plus proche possible de zéro, en supposant bien entendu que la fonction u soit développable en série ordonnée suivant les puissances entières et décroissantes de la variable, et que le degré d'approchement se détermine par sa plus haute puissance dans le reste. Pour résoudre la question concernant l'*interpolation d'après la méthode des moindres carrés* (*Journal de Mathématiques pures et appliquées* de M. Liouville, 2e série, t. III, p. 235), il s'agissait de faire tendre le plus possible la différence de la forme $uX - Y$, non pas vers zéro, mais vers une certaine fonction (vers $\frac{1}{x - \text{X}}$, d'après la notation du passage cité), et c'est ainsi qu'on est arrivé à un nouvel usage des fractions continues algébriques. Or ce cas particulier d'approchement de l'expression $uX - Y$ à une fonction donnée n'est pas le seul qui se présente dans l'analyse et qui demande un nouvel usage des fractions continues algébriques: quelle que soit la fonction donnée v, la détermination des polynômes X, Y, qui rendent l'expression $uX - Y$ la plus proche de v, se résout aussi à l'aide des fractions continues, et par des formules analogues à celles que l'on trouve dans *l'interpolation d'après la méthode des moindres carrés*. Cette question sur la

39*

détermination des polynômes X, Y dans l'expression $uX - Y$ est d'autant plus intéressante, que par sa simplicité elle se place immédiatement après celle que l'on résout ordinairement au moyen des fractions continues algébriques, c'est-à-dire où il s'agit seulement de rendre l'expression $uX - Y$ aussi proche de zéro qu'il est possible.

Soit

$$q_0 + \cfrac{1}{q_1 + \cfrac{1}{q_2 + \dots}}$$

la fraction continue qui résulte du développement de la fonction u, et

$$\frac{P_1}{Q_1} = \frac{q_0}{1}, \quad \frac{P_2}{Q_2} = \frac{q_0 q_1 + 1}{q_1}, \quad \frac{P_3}{Q_3} = \frac{P_2 q_2 + P_1}{Q_2 q_2 + Q_1}, \dots$$

ses fractions convergentes. Si l'on convient de désigner par E la partie entière d'une fonction, les polynômes X, Y, qui rendent la différence $uX - Y$ la plus proche de la fonction v, seront donnés par les séries suivantes:

$$X = \qquad (Eq_1 Q_1 v - q_1 EQ_1 v)\, Q_1 - (Eq_2 Q_2 v - q_2 EQ_2 v)\, Q_2 + \dots,$$
$$Y = -Ev + (Eq_1 Q_1 v - q_1 EQ_1 v)\, P_1 - (Eq_2 Q_2 v - q_2 EQ_2 v)\, P_2 + \dots;$$

Ces séries sont finies ou infinies en même temps que la série des fractions convergentes

$$\frac{P_1}{Q_1}, \ \frac{P_2}{Q_2}, \ \frac{P_3}{Q_3}, \dots$$

et leurs termes, comme il n'est pas difficile de le remarquer, présentent des polynômes dont les degrés vont en croissant. Arrêtées aux termes convenables, ces séries fournissent pour X, Y des valeurs entières et de degrés plus ou moins élevés, suivant le nombre de termes que l'on prend, et en tout cas *ces valeurs de X et Y sont celles qui rendent la différence $uX - Y$ aussi proche de v que cela est possible avec des fonctions entières de mêmes degrés que X et Y, et aussi avec des fonctions de degrés plus élevés, mais inférieurs aux degrés des fonctions que l'on obtient en prenant dans les expressions de X et Y un terme de plus.*

Les valeurs de X et Y qui jouissent de cette propriété remarquable résultent du développement de la fonction v suivant les valeurs des fonctions

$$R_1 = u Q_1 - P_1, \ R_2 = u Q_2 - P_2, \ R_3 = u Q_3 - P_3, \dots$$

dont les degrés sont au-dessous de zéro et vont en décroissant. Un tel développement de la fonction v est facile à obtenir. Si l'on ôte de v sa partie entière Ev, et que l'on divise le reste par R_1, le nouveau reste par R_2, et ainsi de suite, il est clair que les quotients de ces divisions, multipliés respectivement par R_1, R_2, ..., et ajoutés à Ev, donneront la valeur même de la fonction v exacte au dernier reste près. Or le développement de v que l'on trouve de cette manière présente, comme il est facile de s'en assurer, la série suivante:

$$v = Ev + (Eq_1 Q_1 v - q_1 EQ_1 v) R_1 - (Eq_2 Q_2 v - q_2 EQ_2 v) R_2 + \ldots .$$

où les termes sont certaines fonctions dont les degrés vont en décroissant.

Dans le cas le plus ordinaire, où les dénominateurs q_1, q_2, q_3, ... de la fraction continue

$$q_0 + \cfrac{1}{q_1 + \cfrac{1}{q_2 + \ldots .}}$$

sont tous du premier degré, cette série se simplifie beaucoup; tous les facteurs qui accompagnent les fonctions R_1, R_2, R_3, ... deviennent constants, et leurs valeurs se déterminent très-aisément : ces facteurs se réduisent aux produits

$$A_1 L_1,\ A_2 L_2,\ A_3 L_3, \ldots .,$$

où A_1, A_2, A_3, ... désignent les coefficients de x dans les dénominateurs q_1, q_2, q_3, ... et L_1, L_2, L_3, ... les coefficients de $\frac{1}{x}$ dans les produits

$$Q_1 v,\ Q_2 v,\ Q_3 v, \ldots .$$

D'où résulte dans le cas en question la série suivante, pour le développement de la fonction v:

$$v = Ev + A_1 L_1 R_1 - A_2 L_2 R_2 + \ldots .,$$

et ces valeurs de X et Y, pour rapprocher la différence $uX - Y$ le plus possible de v:

$$X = \qquad A_1 L_1 Q_1 - A_2 L_2 Q_2 + \ldots .,$$
$$Y = -Ev + A_1 L_1 P_1 - A_2 L_2 P_2 + \ldots .$$

Dans le cas où la fonction v peut être représentée par la somme

$$\Phi(x) + \frac{K_1}{x - x_1} + \frac{K_2}{x - x_2} + \frac{K_3}{x - x_3} + \ldots .,$$

$\Phi(x)$ étant une fonction entière, et K_1, K_2, K_3, ..., x_1, x_2, x_3, ... des constantes, on trouve, en posant $Q_1 = \psi_1(x)$, $Q_2 = \psi_2(x)$, $Q_3 = \psi_3(x)$. . . . , les expressions suivantes des quantités L_1, L_2, L_3, ...:

$$L_1 = K_1 \psi_1(x_1) + K_2 \psi_1(x_2) + K_3 \psi_1(x_3) + \ldots . = \Sigma K_i \psi_1(x_i),$$
$$L_2 = K_1 \psi_2(x_1) + K_2 \psi_2(x_2) + K_3 \psi_2(x_3) + \ldots . = \Sigma K_i \psi_2(x_i),$$
$$L_3 = K_1 \psi_3(x_1) + K_2 \psi_3(x_2) + K_3 \psi_3(x_3) + \ldots . = \Sigma K_i \psi_3(x_i),$$

. . . .

Pour ces valeurs de L_1, L_2, L_3, ... les séries précédentes deviennent

$$v = Ev + A_1 \Sigma K_i \psi_1(x_i) R_1 - A_2 \Sigma K_i \psi_2(x_i) R_2 + A_3 \Sigma K_i \psi_3(x_i) R_3 - \dots,$$
$$X = A_1 \Sigma K_i \psi_1(x_i) Q_1 - A_2 \Sigma K_i \psi_2(x_i) Q_2 + A_3 \Sigma K_i \psi_3(x_i) Q_3 - \dots,$$
$$Y = -Ev + A_1 \Sigma K_i \psi_1(x_i) P_1 - A_2 \Sigma K_i \psi_2(x_i) P_2 + A_3 \Sigma K_i \psi_3(x_i) P_3 - \dots,$$

où l'on a

$$\psi_1(x) = Q_1, \ \psi_2(x) = Q_2, \ \psi_3(x) = Q_3, \dots.$$

Dans le cas particulier où la fonction v se réduit à un seul terme $\frac{1}{x-a}$ on trouve, d'après la première de ces formules, le développement suivant de $\frac{1}{x-a}$,

$$\frac{1}{x-a} = A_1 \psi_1(a) R_1 - A_2 \psi_2(a) R_2 + A_3 \psi_3(a) R_3 - \dots,$$

où chaque terme présente le produit d'une fonction de a par une fonction de x, comme cela a lieu dans la série qui résulte du développement de $(x-a)^{-1}$ d'après la formule de Newton.

En faisant dans les formules précédentes

$$u = \frac{1}{x-x_1} + \frac{1}{x-x_2} + \dots + \frac{1}{x-x_n} = \sum \frac{1}{x-x_i},$$
$$v = \frac{F(x_1)}{x-x_1} + \frac{F(x_2)}{x-x_2} + \dots + \frac{F(x_n)}{x-x_n} = \sum \frac{F(x_i)}{x-x_i},$$

on trouve les valeurs des polynômes X et Y par lesquelles la différence

$$\sum \frac{1}{x-x_i} \cdot X - Y$$

s'approche le plus possible de $\sum \frac{F(x_i)}{x-x_i}$, et comme un tel rapprochement constitue la condition nécessaire et suffisante pour que le polynôme X réduise au *minimum* la somme

$$\sum \left(X - F(x_i)\right)^2$$

(ce qui n'est pas difficile à montrer), il s'ensuit que l'expressiou de X, déterminée de cette manière, présente la formule d'*interpolation d'après la méthode des moindres carrés.*

Je n'insisterai plus sur le parti qu'on peut tirer du développement en série suivant les fonctions déterminées par le moyen des fractions continues algébriques; ce que je viens de dire suffit pour faire voir tout l'intérêt que présente le sujet vers lequel m'ont porté vos leçons et vos précieux entretiens.

Agréez l'assurance d'une estime profonde, etc.

P. Tchébicheff.

26.

SUR LE DÉVELOPPEMENT DES FONCTIONS EN SÉRIES À L'AIDE DES FRACTIONS CONTINUES.

TRADUIT PAR C. A. POSSÉ.

О разложеніи функцій въ ряды при помощи непрерывныхъ дробей.

(Приложеніе къ IX-му тому Записокъ Императорской Академіи Наукъ, № 1, 1866 г.)

Sur le développement des fonctions en séries à l'aide des fractions continues.

§ 1. Soit

$$q_0 + \cfrac{1}{q_1 + \cfrac{1}{q_2 + \dots}}$$

une fraction continue algébrique, les dénominateurs

$$q_1,\ q_2,\ q_3, \dots$$

étant des fonctions entières de la variable x, u la valeur exacte de cette fraction et

$$\frac{P_1}{Q_1},\ \frac{P_2}{Q_2},\ \frac{P_3}{Q_3}, \dots$$

ses *réduites,* qu'on obtient en arrêtant le développement

$$u = q_0 + \cfrac{1}{q_1 + \cfrac{1}{q_2 + \dots}}$$

successivement à $q_0, q_1, q_2, \dots$. D'après les propriétés des *réduites*, pour déterminer les valeurs des différences

$$u - \frac{P_1}{Q_1},\ u - \frac{P_2}{Q_2},\ u - \frac{P_3}{Q_3}, \dots,$$

on a la formule

$$u - \frac{P_n}{Q_n} = \frac{(-1)^{n-1}}{Q_n\,[Q_{n+1} + \varepsilon_n Q_n]},$$

ε_n désignant la valeur de la fraction continue

$$\cfrac{1}{q_{n+1} + \cfrac{1}{q_{n+2} + \cfrac{1}{q_{n+3} + \dots}}}$$

et représentant, par conséquent, une fonction de degré négatif.

On voit par cette formule que les fonctions

$$uQ_1 - P_1,\ uQ_2 - P_2,\ uQ_3 - P_3, \ldots .,$$

qu'on obtient en multipliant les différences

$$u - \frac{P_1}{Q_1},\ u - \frac{P_2}{Q_2},\ u - \frac{P_3}{Q_3}, \ldots .$$

par

$$Q_1,\ Q_2,\ Q_3, \ldots .,$$

satisferont à l'égalité suivante:

$$(1) \qquad uQ_n - P_n = \frac{(-1)^{n-1}}{Q_{n+1} + \varepsilon_n Q_n}.$$

Nous allons nous occuper maintenant des séries formées à l'aide de ces fonctions. Pour abréger, nous représenterons ces fonctions par

$$R_1,\ R_2,\ R_3, \ldots .,$$

en posant

$$uQ_1 - P_1 = R_1,\ uQ_2 - P_2 = R_2,\ uQ_3 - P_3 = R_3, \ldots .$$

§ 2. A l'égard des fonctions R_1, R_2, $R_3, \ldots .$ en vertu de (1), on aura d'abord l'égalité

$$(2) \qquad R_n = \frac{(-1)^{n-1}}{Q_{n+1} + \varepsilon_n Q_n}.$$

D'ailleurs, Q_1, Q_2, $Q_3, \ldots .$, les dénominateurs des *réduites*

$$\frac{P_1}{Q_1},\ \frac{P_2}{Q_2},\ \frac{P_3}{Q_3}, \ldots .,$$

représentent une série des fonctions de degrés croissants; donc, il est clair que dans la série

$$R_1,\ R_2,\ R_3, \ldots .$$

toutes les fonctions seront de degrés négatifs, qui vont en décroissant. D'après cela, ayant une certaine fonction v, développable en série procédant suivant les puissances entières décroissantes de x, nous pouvons obtenir, pour représenter la fonction v avec une approximation plus ou moins grande, une série dont les termes seront composés des fonctions entières de x multipliées par les facteurs R_1, R_2, $R_3, \ldots .$

En effet, si nous convenons de représenter généralement par le signe E la partie entière des fonctions, la différence $v - \mathrm{E}v$ représentera une fonction de degré négatif. En la divisant par R_1 nous obtenons une fonction entière ω_1 comme quotient et un reste r_1 de degré inférieur à celui de R_1. En divisant r_1 par R_2 nous obtiendrons aussi une fonction entière ω_2 au quotient, et le reste r_2 obtenu ainsi sera d'un degré inférieur à celui de R_2. En continuant de cette manière les divisions des restes successifs par $R_1, R_2, \ldots.$ nous trouverons une série de quotients

$$\omega_1, \omega_2, \omega_3, \ldots.,$$

représentant des fonctions entières, et une série des restes

$$r_1, r_2, r_3, \ldots.$$

dont les degrés seront inférieurs à ceux de $R_1, R_2, R_3, \ldots.,$ et toutes ces fonctions seront liées par les équations

$$\begin{aligned} v - \mathrm{E}v &= \omega_1 R_1 + r_1, \\ r_1 &= \omega_2 R_2 + r_2, \\ r_2 &= \omega_3 R_3 + r_3, \\ &\ldots\ldots\ldots\ldots \\ r_{n-1} &= \omega_n R_n + r_n. \end{aligned}$$

Or ces équations, après l'élimination de $r_1, r_2, \ldots. r_{n-1}$, donnent la formule suivante pour la représentation de la fonction v

$$v = \mathrm{E}v + \omega_1 R_1 + \omega_2 R_2 + \omega_3 R_3 + \ldots. + \omega_n R_n + r_n. \tag{3}$$

Le degré de r_n étant, d'après ce qui précède, inférieur à celui de R_n, cette formule donnera, pour la représentation de v exacte aux termes d'ordre de R_n, l'expression suivante:

$$v = \mathrm{E}v + \omega_1 R_1 + \omega_2 R_2 + \omega_3 R_3 + \ldots. + \omega_n R_n,$$

$\omega_1, \omega_2, \omega_3, \ldots.$ désignant des fonctions entières.

Toutes les fois que la fraction continue

$$u = q_0 + \cfrac{1}{q_1 + \cfrac{1}{q_2 + \ldots}}$$

sera illimitée, la série des fonctions

$$R_1, R_2, R_3, \ldots.,$$

déterminées par ses *réduites*, le sera aussi et par conséquent on pourra augmenter indéfiniment le nombre n dans l'expression de v, trouvée ci-dessus, ce qui nous conduit à la série infinie suivante pour le développement de v:

$$v = \mathrm{E}v + \omega_1 R_1 + \omega_2 R_2 + \omega_3 R_3 + \ldots.$$

§ 3. Dans chaque cas particulier, les fonctions $\omega_1, \omega_2, \omega_3, \ldots,$ comme on a vu, peuvent être déterminées à l'aide des divisions successives; nous allons donner maintenant leur expression générale d'après laquelle chacune d'elles se détermine immédiatement.

Pour cela, nous allons démontrer d'abord que les degrés des fonctions

$$\omega_1, \omega_2, \omega_3, \ldots$$

sont respectivement inférieurs à ceux de $q_1, q_2, q_3, \ldots,$ qui figurent dans la fraction continue

$$u = q_0 + \cfrac{1}{q_1 + \cfrac{1}{q_2 + \ddots}}$$

En effet, d'après le § 2, ces fonctions représentent les quotients dans les divisions de

$$v - \mathrm{E}v,\ r_1,\ r_2, \ldots$$

par

$$R_1,\ R_2,\ R_3, \ldots;$$

or, d'après ce qu'on a remarqué à l'endroit cité, $v - \mathrm{E}v$ est de degré moindre que 0, et $r_1, r_2, \ldots$ sont de degrés inférieurs à ceux de $R_1, R_2, \ldots$; donc, il est clair que les fonctions

$$\omega_1, \omega_2, \omega_3, \ldots$$

seront de degrés inférieurs à ceux des expressions

$$\frac{1}{R_1}, \frac{R_1}{R_2}, \frac{R_2}{R_3}, \ldots$$

D'ailleurs, en vertu de (2), on trouve que les degrés de

$$R_1,\ R_2,\ R_3, \ldots$$

sont égaux à ceux des fonctions

$$\frac{1}{Q_2}, \frac{1}{Q_3}, \frac{1}{Q_4}, \ldots;$$

par conséquent les degrés de

$$\frac{1}{R_1}, \frac{R_1}{R_2}, \frac{R_2}{R_3}, \ldots$$

seront égaux à ceux de

$$Q_2, \frac{Q_3}{Q_2}, \frac{Q_4}{Q_3}, \ldots .$$

Or, en remarquant que Q_2, Q_3, $Q_4, \ldots$ désignent les dénominateurs des fractions *réduites*

$$\frac{P_2}{Q_2}, \frac{P_3}{Q_3}, \frac{P_4}{Q_4}, \ldots,$$

qu'on obtient en arrêtant le développement

$$u = q_0 + \cfrac{1}{q_1 + \cfrac{1}{q_2 + \cfrac{1}{q_3 + \ldots}}}$$

successivement aux dénominateurs q_1, q_2, $q_3, \ldots$, nous trouvons que

$$Q_2 = q_1, \quad \frac{Q_3}{Q_2} = q_2 + \frac{Q_1}{Q_2}, \quad \frac{Q_4}{Q_3} = q_3 + \frac{Q_2}{Q_3}, \ldots .$$

Il s'en suit que les fonctions

$$Q_2, \frac{Q_3}{Q_2}, \frac{Q_4}{Q_3}, \ldots,$$

et par conséquent

$$\frac{1}{R_1}, \frac{R_1}{R_2}, \frac{R_2}{R_3}, \ldots .$$

seront de degrés égaux à ceux des dénominateurs q_1, q_2, $q_3, \ldots$; donc, les fonctions

$$\omega_1, \omega_2, \omega_3, \ldots .$$

seront des degrés moindres que celles-là.

§ 4. Passant à la détermination des fonctions

$$\omega_1, \omega_2, \omega_3, \ldots,$$

remarquons que la formule (3), après la multiplication par Q_n, donne

$$Q_n v = Q_n \,\mathrm{E} v + \omega_1 R_1 Q_n + \omega_2 R_2 Q_n + \ldots + \omega_n R_n Q_n + r_n Q_n .$$

Le degré de r_n étant moindre que celui de R_n, et ce dernier, en vertu de (2), égal à celui de $\frac{1}{Q_{n+1}}$, le terme $r_n Q_n$ ne contient pas de partie entière; quant au terme $Q_n \,\mathrm{E} v$, il représente évidemment une fonction entière. Il en suit qu'en déterminant la valeur de $\mathrm{E} Q_n v$, d'après la formule précédente, on trouvera:

$$\mathrm{E} Q_n v = Q_n \,\mathrm{E} v + \mathrm{E} \omega_1 R_1 Q_n + \mathrm{E} \omega_2 R_2 Q_n + \ldots + \mathrm{E} \omega_n R_n Q_n,$$

et retranchant cette formule de la précédente, on aura

$$Q_n v - \mathrm{E} Q_n v = \omega_1 R_1 Q_n - \mathrm{E}\omega_1 R_1 Q_n + \omega_2 R_2 Q_n - \mathrm{E}\omega_2 R_2 Q_n + \ldots.$$
$$+ \omega_n R_n Q_n - \mathrm{E}\omega_n R_n Q_n + r_n Q_n.$$

En multipliant cette formule par q_n pour en tirer la valeur de $\mathrm{E} q_n \left(Q_n v - \mathrm{E} Q_n v\right)$, nous arrivons à l'égalité suivante:

$$(4)\quad \mathrm{E} q_n\left(Q_n v - \mathrm{E} Q_n v\right) = \mathrm{E} q_n\left(\omega_1 R_1 Q_n - \mathrm{E}\omega_1 R_1 Q_n\right) + \mathrm{E} q_n\left(\omega_2 R_2 Q_n - \mathrm{E}\omega_2 R_2 Q_n\right)$$
$$+ \ldots\ldots\ldots + \mathrm{E} q_n\left(\omega_n R_n Q_n - \mathrm{E}\omega_n R_n Q_n\right).$$

Quant au terme $\mathrm{E} q_n r_n Q_n$, on voit de suite qu'il se réduit à zéro; car r_n est de degré moindre que R_n, et R_n en vertu de (2) de degré égal à celui de $\frac{1}{Q_{n+1}}$; donc, le degré de $q_n\, r_n\, Q_n$ sera moindre que celui de $q_n\, Q_n\, \frac{1}{Q_{n+1}}$ et par conséquent négatif, par ce que $q_n\, Q_n\, \frac{1}{Q_{n+1}}$, où $Q_{n+1} = Q_n\, q_n + Q_{n+1}$, représente une expression du degré zéro.

§ 5. Pour déduire de l'égalité obtenue (4) une formule servant à la détermination de la fonction ω_n, nous allons calculer les valeurs des termes qui figurent dans le second membre de cette égalite. Remarquons dans ce but que d'après (1)

$$uQ_n = P_n + \frac{(-1)^{n-1}}{Q_{n+1} + \varepsilon_n Q_n}.$$

Multipliant par Q_m, m étant l'un des nombres 1, 2, 3, ... $(n-1)$, n, nous aurons

$$uQ_n\, Q_m = P_n\, Q_m + \frac{(-1)^{n-1} Q_m}{Q_{n+1} + \varepsilon_n Q_n}.$$

D'ailleurs, remarquant qu'en vertu de notre notation

$$R_m = uQ_m - P_m,$$

nous trouverons

$$uQ_m = R_m + P_m.$$

Substituant la valeur de uQ_m tirée de là, dans la formule précédente, nous avons

$$R_m\, Q_n + P_m\, Q_n = P_n\, Q_m + \frac{(-1)^{n-1} Q_m}{Q_{n+1} + \varepsilon_n Q_n},$$

d'où découle la valeur suivante du produit $R_m\, Q_n$:

$$(5)\qquad R_m\, Q_n = P_n\, Q_m - P_m\, Q_n + \frac{(-1)^{n-1} Q_m}{Q_{n+1} + \varepsilon_n Q_n}.$$

Déterminant à l'aide de cette formule la valeur de $\mathbf{E}\omega_m R_m Q_n$ et remarquant que $\omega_m (P_n Q_m - P_m Q_n)$ est une fonction entière, nous obtenons

$$\mathbf{E}\omega_m R_m Q_n = \omega_m (P_n Q_m - P_m Q_n) + \mathbf{E}\frac{(-1)^{n-1}\omega_m Q_m}{Q_{n+1} + \varepsilon_n Q_n}.$$

Or en considérant la fraction

$$\frac{(-1)^{n-1}\omega_m Q_m}{Q_{n+1} + \varepsilon_n Q_n},$$

où le degré du facteur ω_m, d'après le § 3, est moindre que celui de q_m, nous remarquons que le degré du numérateur y est inférieur au degré de $q_m Q_m$ et par conséquent à celui de Q_{m+1}, par ce que $Q_{m+1} = Q_m q_m + Q_{m-1}$. Donc, cette fraction représente une expression dont le degré est moindre que celui de

$$\frac{Q_{m+1}}{Q_{n+1}},$$

et par conséquent, dans notre cas où m ne surpasse pas n, le degré de cette expression sera négatif, car pour $m =$ ou $< n$, le degré de la fonction Q_{m+1} ne surpasse pas celui de Q_{n+1}. D'après cela, dans l'expression trouvée ci-dessus de $\mathbf{E}\omega_m R_m Q_n$ le terme

$$\mathbf{E}\frac{(-1)^{n-1}\omega_m Q_m}{Q_{n+1} + \varepsilon_n Q_n}$$

s'annule et elle se réduit à la suivante:

$$\mathbf{E}\omega_m R_m Q_n = \omega_m (P_n Q_m - P_m Q_n).$$

Or en vertu de (5)

$$\omega_m R_m Q_n = \omega_m (P_n Q_m - P_m Q_n) + \frac{(-1)^{n-1}\omega_m Q_m}{Q_{n+1} + \varepsilon_n Q_n};$$

donc, d'après ce qu'on a trouvé ci-dessus

$$\omega_m R_m Q_n - \mathbf{E}\omega_m R_m Q_n = \frac{(-1)^{n-1}\omega_m Q_m}{Q_{n+1} + \varepsilon_n Q_n};$$

d'où l'on aura pour déterminer la valeur de

$$\mathbf{E}q_n \left(\omega_m R_m Q_n - \mathbf{E}\omega_m R_m Q_n\right)$$

la formule suivante:

$$\mathbf{E}q_n \left(\omega_m R_m Q_n - \mathbf{E}\omega_m R_m Q_n\right) = \mathbf{E}\frac{(-1)^{n-1} q_n \omega_m Q_m}{Q_{n+1} + \varepsilon_n Q_n}. \tag{6}$$

C'est à l'aide de cette formule que nous trouverons les valeurs des termes du second membre de l'égalité (4), ce qui va nous servir pour la détermination de l'expression de la fonction ω_m.

§ 6. Nous avons vu (§ 5) que la fraction

$$\frac{(-1)^{n-1}\,\omega_m\,Q_m}{Q_{n+1}+\varepsilon_n\,Q_n}$$

représente une expression, dont le degré est inférieur à celui de $\frac{Q_{m+1}}{Q_{n+1}}$; donc, la fraction

$$\frac{(-1)^{n-1}\,\omega_m\,Q_m\,q_n}{Q_{n+1}+\varepsilon_n\,Q_n}$$

sera de degré moindre que

$$\frac{q_n\,Q_{m+1}}{Q_{n+1}},$$

ou

$$\frac{q_n\,Q_{m+1}}{Q_n\,q_n+Q_{n-1}}=\frac{Q_{m+1}}{Q_n+\frac{1}{q_n}\,Q_{n-1}}.$$

D'où il suit évidemment que le degré de cette fraction, à partir de $m=1$ à $m=n-1$, sera négatif. Donc, pour toutes ces valeurs de m

$$\mathrm{E}\frac{(-1)^{n-1}\,q_n\,\omega_m\,Q_m}{Q_{n+1}+\varepsilon_n\,Q_n}=0,$$

et en vertu de l'expression trouvée ci-dessus de

$$\mathrm{E}q_n\left(\omega_m\,R_m\,Q_n-\mathrm{E}\omega_m\,R_m\,Q_n\right)$$

nous tirons cette conséquence que pour

$$m=1,\ 2,\ldots.\ n-1$$

on aura

$$\mathrm{E}q_n\left(\omega_m\,R_m\,Q_n-\mathrm{E}\omega_m\,R_m\,Q_n\right)=0.$$

D'ailleurs, en faisant dans la formule (6)

$$m=n,$$

nous aurons

$$\mathrm{E}q_n\left(\omega_n\,R_n\,Q_n-\mathrm{E}\omega_n\,R_n\,Q_n\right)=\mathrm{E}\frac{(-1)^{n-1}\,q_n\,\omega_n\,Q_n}{Q_{n+1}+\varepsilon_n\,Q_n}.$$

Pour en tirer la valeur de

$$\mathrm{E}q_n\left(\omega_n\,R_n\,Q_n-\mathrm{E}\omega_n\,R_n\,Q_n\right),$$

nous remarquons que l'expression

$$\mathrm{E}\frac{(-1)^{n-1}\,q_n\,\omega_n\,Q_n}{Q_{n+1}+\varepsilon_n\,Q_n},$$

après la substitution de $Q_n q_n + Q_{n-1}$ au lieu de Q_{n+1}, se réduit à

$$\mathbf{E}\frac{(-1)^{n-1} q_n \omega_n Q_n}{Q_n q_n + Q_{n-1} + \varepsilon_n Q_n},$$

ce qu'on peut aussi écrire de la manière suivante:

$$\mathbf{E}\left((-1)^{n-1}\omega_n - (-1)^{n-1}\frac{\varepsilon_n + \frac{Q_{n-1}}{Q_n}}{q_n + \varepsilon_n + \frac{Q_{n-1}}{Q_n}}\omega_n\right),$$

Quant à cette dernière, elle se réduit évidemment à $(-1)^{n-1}\omega_n$: car le degré du second terme de l'expression sous le signe $\mathbf{E}$ est négatif, vu que ω_n est de degré inférieur à celui de q_n, le degré de Q_{n-1} moindre que le degré de Q_n et celui de ε_n négatif.

En vertu de ce qui précède nous concluons que l'expression

$$\mathbf{E}q_n\left(\omega_m R_m Q_n - \mathbf{E}\omega_m R_m Q_n\right)$$

se réduit à zéro pour $m = 1, 2, 3, \ldots (n-1)$ et devient égale à

$$(-1)^{n-1}\omega_n$$

pour $m = n$; donc la formule (4) se réduit à l'égalité suivante

$$\mathbf{E}q_n\left(Q_n v - \mathbf{E}Q_n v\right) = (-1)^{n-1}\omega_n,$$

qui donne pour la détermination de ω_n la formule

$$\omega_n = (-1)^{n-1}\mathbf{E}q_n\left(Q_n v - \mathbf{E}Q_n v\right) \tag{7}$$

En y faisant

$$n = 1, 2, 3, \ldots,$$

nous trouverons les expressions de tous les facteurs

$$\omega_1, \omega_2, \omega_3, \ldots$$

qui figurent dans le développement de v d'après la formule

$$v = \mathbf{E}v + \omega_1 R_1 + \omega_2 R_2 + \omega_3 R_3 + \ldots$$

La différence

$$Q_n v - \mathbf{E}Q_n v$$

représentant la partie fractionnaire du produit $Q_n v$, la détermination de ω_n

à l'aide de la formule (7) se ramène à la recherche de la partie entière dans le produit de q_n par la partie fractionnaire de $Q_n v$.

D'autre part, en exécutant le calcul dans la formule (7) on aura

$$\omega_n = (-1)^{n-1} \left[\mathrm{E} q_n \, Q_n v - \mathrm{E} \left(q_n \, \mathrm{E} Q_n v \right) \right],$$

et, q_n étant une fonction entière, on obtient

$$\mathrm{E} \left(q_n \, \mathrm{E} Q_n v \right) = q_n \, \mathrm{E} Q_n v,$$

l'expression précédente de ω_n se réduit ainsi à la forme suivante:

$$\omega_n = (-1)^{n-1} \left[\mathrm{E} q_n \, Q_n v - q_n \, \mathrm{E} Q_n v \right].$$

Remarquant encore que ω_n est une fonction entière de degré moindre que q_n et que le terme $q_n \, \mathrm{E} Q_n v$ est le produit de q_n par une fonction entière, nous tirons de la formule précédente cette conclusion que ω_n, affecté du signe $+$ ou $-$, représente le reste de la division par q_n de la fonction $\mathrm{E} q_n \, Q_n v$, c'est à dire, de la partie entière du produit $q_n \, Q_n v$.

§ 7. Le développement de v à l'aide de la formule

$$v = \mathrm{E} v + \omega_1 R_1 + \omega_2 R_2 + \omega_3 R_3 + \ldots .$$

que nous avons indiqué, mérite surtout notre attention parce qu'il fournit la solution de la question suivante:

«*Déterminer les polynômes X, Y pour lesquels la différence $uX - Y$ représente la fonction donnée v avec le plus grand degré d'exactitude qu'on puisse atteindre, lorsque le degré du polynôme X ne surpasse pas une limite donnée.*

Les polynômes X et Y, pour lesquels la différence $uX - Y$ s'approche le plus de zéro, s'obtiennent, comme on sait, immédiatement à l'aide du développement de u en fraction continue et c'est en vertu de cela que les fractions continues algébriques donnent le moyen de résoudre diverses questions de l'Analyse. Les polynômes X et Y, pour lesquels la différence $uX - Y$ s'approche le plus non pas de zéro mais d'une certaine fonction donnée, ne s'obtiennent pas immédiatement par le développement de u en fraction continue, mais, comme on va voir, se déterminent par des séries d'un genre particulier, dont les termes peuvent être trouvés à l'aide du développement de u en fraction continue, ce qui ouvre pour les fractions continues algébriques un nouveau champ d'applications, dont on peut voir un exemple dans notre Mémoire *sur les fractions continues*, contenant une formule d'interpolation par la méthode *des moindres carrés*.

Soit m la limite du degré d'un polynôme X qu'on cherche à déterminer, en même temps que le polynôme Y, sous la condition que la différence $uX - Y$ s'approche le plus d'une fonction donnée v, et soit Q_n, dans la série des dénominateurs

$$Q_1,\ Q_2,\ Q_3, \ldots .$$

des *réduites*

$$\frac{P_1}{Q_1},\ \frac{P_2}{Q_2},\ \frac{P_3}{Q_3}, \ldots ,$$

le dernier de ceux, dont le degré ne surpasse pas m. Dans cette supposition le polynôme X sera de degré inférieur à celui de Q_{n+1}. Désignant par F_n et ρ_n le quotient et le reste de la division de X par Q_n, par F_{n-1} et ρ_{n-1} le quotient et le reste de la division de ρ_n par Q_{n-1} etc. et remarquant que le reste de la division par $Q_1 = 1$ est zéro, nous aurons la série suivante d'équations:

$$X = F_n\, Q_n + \rho_n,$$
$$\rho_n = F_{n-1}\, Q_{n-1} + \rho_{n-1},$$
$$\ldots\ldots\ldots\ldots\ldots\ldots$$
$$\rho_3 = F_2\, Q_2 + \rho_2,$$
$$\rho_2 = F_1\, Q_1,$$

donnant par l'élimination de

$$\rho_n,\ \rho_{n-1}, \ldots\ \rho_2,$$

l'expression suivante du polynôme cherché X:

$$X = F_1\, Q_1 + F_2\, Q_2 + \ldots + F_{n-1}\, Q_{n-1} + F_n\, Q_n, \tag{8}$$

où

$$F_1,\ F_2, \ldots\ F_{n-1},\ F_n$$

sont des fonctions entières inconnues.

Ces fonctions étant les quotients des divisions des fonctions

$$\rho_2,\ \rho_3, \ldots\ \rho_n,\ X$$

par

$$Q_1,\ Q_2, \ldots\ Q_{n-1},\ Q_n,$$

leurs degrés seront respectivement égaux à ceux des expressions

$$\frac{\rho_2}{Q_1},\ \frac{\rho_3}{Q_2}, \ldots\ \frac{\rho_n}{Q_{n-1}},\ \frac{X}{Q_n}.$$

Or les fonctions

$$\rho_2, \rho_3, \ldots . \rho_n,$$

étant les restes des divisions par

$$Q_2, Q_3, \ldots . Q_n,$$

leurs degrés seront moindres que ceux des

$$Q_2, Q_3, \ldots . Q_n;$$

d'ailleurs le degré de X est moindre que celui de Q_{n+1}, d'après ce qu'on a remarqué ci-dessus; donc, les degrés de

$$\frac{\rho_2}{Q_1}, \frac{\rho_3}{Q_2}, \ldots . \frac{\rho_n}{Q_{n-1}}, \frac{X}{Q_n}$$

seront moindres que ceux de

$$\frac{Q_2}{Q_1}, \frac{Q_3}{Q_2}, \ldots . \frac{Q_n}{Q_{n-1}}, \frac{Q_{n+1}}{Q_n},$$

et par suite moindres que les degrés de

$$q_1, q_2, \ldots . q_{n-1}, q_n,$$

parce que, d'après les propriétés des *réduites*, on a:

$$\frac{Q_2}{Q_1} = q_1; \ \frac{Q_3}{Q_2} = q_2 + \frac{Q_1}{Q_2}; \ldots . \frac{Q_n}{Q_{n-1}} = q_{n-1} + \frac{Q_{n-2}}{Q_{n-1}}; \ \frac{Q_{n+1}}{Q_n} = q_n + \frac{Q_{n-1}}{Q_n}.$$

On voit de là que dans le développement (8) du polynôme inconnu X les facteurs

$$F_1, F_2, \ldots . F_{n-1}, F_n$$

seront des fonctions dont les degrés sont respectivement inférieurs à ceux des dénominateurs

$$q_1, q_2, \ldots . q_{n-1}, q_n.$$

§ 8. Pour déterminer les fonctions

$$F_1, F_2, \ldots . F_{n-1}, F_n,$$

dans l'expression du polynôme cherché X, donnée par la formule

$$X = F_1 Q_1 + F_2 Q_2 + \ldots . + F_{n-1} Q_{n-1} + F_n Q_n,$$

ainsi que le second polynôme inconnu Y, nous remarquons que d'après les conditions du problème la différence

$$uX - Y$$

doit représenter le plus près possible la fonction donnée v, ce qui exige que l'expression

$$uX - Y - v$$

s'approche le plus de zéro et par conséquent que le polynôme Y représente le plus près possible la valeur de la fonction $uX - v$.

Il en résulte que ce polynôme doit être égal à la partie entière de l'expression $uX - v$ et par conséquent, d'après nos notations, nous aurons l'égalité suivante pour déterminer le polynôme Y:

$$Y = \mathrm{E}\,(uX - v). \tag{9}$$

D'autre part, en tirant de cette égalité que

$$uX - Y - v = uX - v - \mathrm{E}\,(uX - v),$$

nous concluons que le degré d'exactitude avec laquelle la différence

$$uX - Y$$

donne l'expression de la fonction v est déterminé par le degré de la différence

$$uX - v - \mathrm{E}\,(uX - v),$$

ou, ce qui revient au même, par le degré de la partie fractionnaire de l'expression $uX - v$.

Donc, pour satisfaire aux conditions du problème, le degré de la partie fractionnaire de l'expression

$$uX - v$$

doit être rendu le plus petit possible.

En vertu de cela, ayant le développement de la fonction v d'après la formule

$$v = \mathrm{E}v + \omega_1\, R_1 + \omega_2\, R_2 + \dots,$$

nous pourrons facilement trouver les facteurs

$$F_1,\ F_2, \dots\ F_{n-1},\ F_n$$

dans l'expression du polynôme X, donnée par la formule

$$X = F_1\, Q_1 + F_2\, Q_2 + \dots + F_{n-1}\, Q_{n-1} + F_n\, Q_n,$$

ainsi que le second polynôme inconnu Y.

Mettons pour cela dans l'expression

$$uX - v$$

les développements de X et de v, indiqués ci-dessus, ce qui donne:

$$uX - v = F_1 Q_1 u + F_2 Q_2 u + \dots + F_{n-1} Q_{n-1} u + F_n Q_n u$$
$$- \mathrm{E}v - \omega_1 R_1 - \omega_2 R_2 - \dots - \omega_n R_n - \omega_{n+1} R_{n+1} - \dots$$

Or d'après nos notations

$$R_1 = Q_1 u - P_1, \ R_2 = Q_2 u - P_2, \dots \ R_n = Q_n u - P_n.$$

Substituant les valeurs des produits

$$Q_1 u, \ Q_2 u, \dots \ Q_n u,$$

qui en résultent, dans la formule précédente, nous aurons

$$uX - v = - \mathrm{E}v + F_1 P_1 + F_2 P_2 + \dots + F_n P_n$$
$$+ (F_1 - \omega_1) R_1 + (F_2 - \omega_2) R_2 + \dots + (F_n - \omega_n) R_n$$
$$- \omega_{n+1} R_{n+1} - \dots$$

En considérant cette expression de la différence $uX - v$, nous remarquons, que les termes

$$- \mathrm{E}v + F_1 P_1 + F_2 P_2 + \dots + F_n P_n$$

constituent une fonction entière, tandis que les autres représentent des fonctions de degrés négatifs, comme cela résulte de ce que les degrés des facteurs

$$R_1, \ R_2, \ R_3, \dots,$$

d'après le § 2, sont égaux à ceux des expressions

$$\frac{1}{Q_2} = \frac{1}{Q_1 q_1}, \ \frac{1}{Q_3} = \frac{1}{Q_2 q_2 + Q_1}, \dots \ \frac{1}{Q_{n+1}} = \frac{1}{Q_n q_n + Q_{n-1}},$$

et les facteurs

$$F_1 - \omega_1, \ F_2 - \omega_2, \dots \ F_n - \omega_n, \ \omega_{n+1}, \dots$$

sont composés des fonctions

$$F_1, \ F_2, \dots \ F_n,$$
$$\omega_1, \ \omega_2, \dots \ \omega_n, \ \omega_{n+1}, \dots,$$

dont les degrés (§ 3, § 7) sont moindres que ceux de q_1, q_2,.... q_n, q_{n+1},.... En vertu de cela on trouve pour la partie entière de $uX - v$, l'expression

$$-\mathrm{E}v + F_1 P_1 + F_2 P_2 + \ldots + F_n P_n,$$

et pour la partie fractionnaire

$$(F_1 - \omega_1) R_1 + (F_2 - \omega_2) R_2 + \ldots + (F_n - \omega_n) R_n - \omega_{n+1} R_{n+1} - \ldots;$$

la première nous donne d'après (9) l'expression suivante du polynôme Y:

$$Y = -\mathrm{E}v + F_1 P_1 + F_2 P_2 + \ldots + F_n P_n,$$

la seconde va nous donner le moyen de déterminer les facteurs

$$F_1,\ F_n \ldots F_n,$$

qui figurent dans les expressions des polynômes cherchés X et Y.

§ 9. En examinant la composition des termes dans la partie fractionnaire indiquée ci-dessus de la fonction

$$uX - v,$$

nous remarquons que les degrés des facteurs

$$R_1,\ R_2, \ldots R_n,\ R_{n+1}, \ldots$$

sont égaux à ceux des expressions

$$\frac{1}{Q_2} = \frac{1}{Q_1 q_1},\ \frac{1}{Q_3} = \frac{1}{Q_2 q_2 + Q_1}, \ldots$$
$$\frac{1}{Q_{n+1}} = \frac{1}{Q_n q_n + Q_{n-1}},\ \frac{1}{Q_{n+2}} = \frac{1}{Q_{n+1} q_{n+1} + Q_n}, \ldots,$$

et les degrés des facteurs

$$F_1 - \omega_1,\ F_2 - \omega_2, \ldots F_n - \omega_n,\ \omega_{n+1}, \ldots$$

sont inférieurs à ceux de

$$q_1,\ q_2, \ldots q_n,\ q_{n+1}, \ldots,$$

mais pas plus petits que zéro, parce que ces facteurs représentent des fonctions entières. Par suite nous trouvons que le degré du terme

$$(F_1 - \omega_1) R_1$$

sera moindre que celui de

$$\frac{q_1}{Q_2} = \frac{q_1}{Q_1 q_1} = \frac{1}{Q_1}$$

mais pas plus petit que le degré de

$$\frac{x^0}{Q_2} = \frac{1}{Q_2};$$

le degré du terme

$$(F_2 - \omega_2)\, R_2$$

sera inférieur au degré de

$$\frac{q_2}{Q_3} = \frac{q_2}{Q_2 q_2 + Q_1} = \frac{1}{Q_2 + \frac{Q_1}{q_2}}$$

mais pas plus petit que celui de

$$\frac{x^0}{Q_3} = \frac{1}{Q_3},$$

etc. Or on voit d'après ces limites des degrés des termes dans la série

$$(F_1 - \omega_1)\, R_1 + (F_2 - \omega_2)\, R_2 + \ldots\ldots + (F_n - \omega_n)\, R_n - \omega_{n+1}\, R_{n+1} - \ldots\ldots$$

que les degrés des termes y vont en diminuant constamment et par conséquent le degré de la partie fractionnaire de l'expression

$$uX - v,$$

donnée par cette série sera d'autant plus petit qu'il sera plus grand le nombre des termes qui évanouissent à partir du premier.

Cela posé, il n'est pas difficile de trouver les valeurs des facteurs

$$F_1,\ F_2,\ \ldots\ldots\ F_n,$$

qui donnent la solution de notre problême. D'après les conditions de ce problême, le degré du polynôme X, représenté par la formule

$$X = F_1\, Q_1 + F_2\, Q_2 + \ldots\ldots + F_n\, Q_n,$$

ne doit pas surpasser la limite donnée m, ce qui suppose, en vertu du § 7, que le degré de F_n ne surpasse pas celui de $\frac{x^m}{Q_n}$ et, d'après le § 8, ce polynôme doit rendre le degré de la partie fractionnaire de l'expression

$$uX - v$$

aussi petit que possible, ce qui exige, comme nous venons de voir, l'évanouissement du plus grand nombre possible de termes à partir du premier dans la série

$$(F_1 - \omega_1)\, R_1 + (F_2 - \omega_2)\, R_2 + \ldots\ldots + (F_n - \omega_n)\, R_n - \omega_{n+1}\, R_{n+1} - \ldots\ldots$$

Or les $n - 1$ premiers termes disparaissent quand on suppose

$$F_1 = \omega_1,\ F_2 = \omega_2,\ \ldots\ldots\ F_{n-1} = \omega_{n-1};$$

ces valeurs des facteurs $F_1, F_2, \ldots . F_{n-1}$, dont les degrés sont respectivement moindres que ceux de

$$q_1, q_2, \ldots . q_{n-1},$$

d'après le § 7, étant possibles, nous trouvons pour la solution de notre problême

$$F_1 = \omega_1, \ F_2 = \omega_2, \ \ldots . \ F_{n-1} = \omega_{n-1}.$$

Pour ces valeurs des facteurs $F_1, F_2, \ldots . F_{n-1}$ la partie fractionnaire de $uX - v$ se réduit à

$$(F_n - \omega_n) R_n - \omega_{n+1} R_{n+1} - \ldots .,$$

où le premier terme peut être annulé par un choix convenable du facteur F_n seulement dans le cas où le degré de

$$F_n = \omega_n$$

ne surpasse pas celui de $\frac{x^m}{Q_n}$, ou, ce qui revient au même, quand le degré de $\omega_n Q_n$ ne surpasse pas le nombre m, qui est la limite du degré du polynôme X. Dans le cas contraire, d'après les conditions du problême, le facteur F_n doit être de degré moindre que ω_n, donc sa valeur n'influera sur le degré de l'expression

$$(F_n - \omega_n) R_n - \omega_{n+1} R_{n+1} - \ldots .$$

Ainsi, lorsque le degré de $\omega_n Q_n$ est supérieur à m, on peut prendre pour F_n toute fonction entière pour laquelle le degré du produit $F_n Q_n$ ne surpasse pas m, limite du degré du polynôme X. De toutes les valeurs de F_n satisfaisant à cette condition, la valeur *égale à zéro* mérite une attention particulière, car elle fournit les expressions les plus simples des polynômes X et Y, qui donnent la solution de notre problême.

En vertu de ce que nous avons montré par rapport aux facteurs

$$F_1, F_2, \ldots . F_n$$

dans les formules

$$X = \qquad F_1 Q_1 + F_2 Q_2 + \ldots . + F_n Q_n,$$
$$Y = -\mathrm{E}v + F_1 P_1 + F_2 P_2 + \ldots . + F_n P_n,$$

on voit que la série

$$\omega_1 Q_1 + \omega_2 Q_2 + \omega_3 Q_3 + \ldots .,$$

arrêtée au dernier des termes dont le degré ne surpasse pas m, donne la valeur du polynôme X dans la solution de nôtre problême et que la série

$$-\mathrm{E}v + \omega_1 P_1 + \omega_2 P_2 + \ldots .,$$

arrêtée au terme correspondant, donne la valeur du polynôme Y dans la même solution. Cette solution sera la seule possible, si le premier des termes rejetés dans la série

$$\omega_1 Q_1 + \omega_2 Q_2 + \omega_3 Q_3 + \dots$$

contient le facteur Q_n de degré supérieur à m, limite du degré de X. Dans le cas contraire ce sera la plus simple de toutes les solutions en nombre infini de notre problême, qui toutes donnent l'expression de v avec le même degré d'exactitude et peuvent être obtenues de la solution la plus simple en y ajoutant aux polynômes X et Y les termes

$$FQ_n, \quad FP_n,$$

où F est une fonction entière quelconque qui, étant multipliée par Q_n, donne un produit de degré ne surpassant pas m, limite du degré du polynôme X.

Telle est la solution de notre problême sous la forme générale.

§ 10. Les facteurs

$$\omega_1, \ \omega_2, \ \omega_3, \dots,$$

contenus dans le développement de la fonction v d'après la formule

$$v = \mathrm{E}v + \omega_1 R_1 + \omega_2 R_2 + \dots$$

et dans les séries

$$X = \qquad \omega_1 Q_1 + \omega_2 Q_2 + \omega_3 Q_3 + \dots,$$
$$Y = -\mathrm{E}v + \omega_1 P_1 + \omega_2 P_2 + \omega_3 P_3 + \dots,$$

qui déterminent les valeurs des polynômes X et Y pour lesquels la différence $uX - Y$ exprime le plus près la fonction v, s'obtiennent, comme on l'a vu (§ 6), à l'aide de la formule

$$\omega_n = (-1)^{n-1} \mathrm{E}q_n \left(Q_n v - \mathrm{E}Q_n v\right),$$

ou

$$\omega_n = (-1)^{n-1} \left[\mathrm{E}q_n Q_n v - q_n \mathrm{E}Q_n v\right].$$

Dans le cas qui se présente ordinairement, où les dénominateurs $q_1, q_2, q_3, \dots$ dans la fraction continue

$$u = q_0 + \cfrac{1}{q_1 + \cfrac{1}{q_2 + \cfrac{1}{q_3 + \dots}}}$$

sont tous des fonctions du premier degré, les facteurs

$$\omega_1, \ \omega_2, \ \omega_3, \dots$$

se réduisent à des constantes dont les valeurs se déterminent aisément.

En effet, si

$$q_1 = A_1 x + B_1, \; q_2 = A_2 x + B_2, \; \dots \; q_n = A_n x + B_n, \; \dots$$

la première des expressions indiquées ci-dessus du facteur ω_n donne

$$\omega_n = (-1)^{n-1} \mathrm{E}\left(A_n x + B_n\right)\left(Q_n v - \mathrm{E} Q_n v\right).$$

D'ailleurs, remarquant que la différence

$$Q_n v - \mathrm{E} Q_n v$$

ne contient dans son développement de termes ni de degré 0, ni de degrés positifs, nous concluons que le développement de cette différence aura la forme

$$\frac{L_n}{x} + \frac{M_n}{x^2} + \frac{N_n}{x^3} + \dots$$

Or, étant multipliée par $A_n x + B_n$, la série précédente donne

$$A_n L_n + \frac{A_n M_n + L_n B_n}{x} + \dots;$$

donc, en y rejetant la partie fractionnaire, nous aurons d'après la formule indiquée pour la détermination de ω_n:

$$\omega_n = (-1)^{n-1} A_n L_n,$$

A_n étant, comme on l'a vu, le coefficient de x dans le dénominateur q_n, et L_n — le coefficient de $\frac{1}{x}$ dans la différence $Q_n v - \mathrm{E} Q_n v$ ou, ce qui revient au même, dans l'expression $Q_n v$, le terme $\mathrm{E} Q_n v$ ne contenant point des degrés négatifs de x.

En tirant de cette formule les valeurs des facteurs

$$\omega_1, \; \omega_2, \; \omega_3, \; \dots,$$

nous obtenons, en vertu du développement mentionné de la fonction v, la série suivante:

$$v = \mathrm{E} v + A_1 L_1 R_1 - A_2 L_2 R_2 + A_3 L_3 R_3 - \dots,$$

et pour l'évaluation des polynômes X et Y, avec lesquels la différence $uX - Y$ représente la fonction v le plus près possible, nous aurons les séries

$$X = \qquad A_1 L_1 Q_1 - A_2 L_2 Q_2 + A_3 L_3 Q_3 - \dots,$$
$$Y = -\mathrm{E} v + A_1 L_1 P_1 - A_2 L_2 P_2 + A_3 L_3 P_3 - \dots;$$

où

$$A_1, \; A_2, \; A_3, \; \dots$$

désignent les coefficients de x dans les dénominateurs de la fraction continue

$$u = q_0 + \cfrac{1}{A_1 x + B_1 + \cfrac{1}{A_2 x + B_2 + \cfrac{1}{A_3 x + B_3 + \dotsb}}},$$

et

$$L_1,\ L_2,\ L_3,\ \dots$$

les coefficients de $\frac{1}{x}$ dans les développements des produits

$$Q_1 v,\ Q_2 v,\ Q_3 v,\ \dots$$

suivant les puissances descendantes de la variable x.

27.

SUR UNE QUESTION ARITHMÉTIQUE.

(TRADUIT PAR D. SÉLIVANOFF.)

Объ одномъ ариѳметическомъ вопросѣ.

(Приложеніе къ X-му тому Записокъ Императорской Академіи Наукъ, № 4, 1866 г.)

Sur une question arithmétique.

§ I.

Etant donné le degré d'approximation de la différence $y - ax$ vers zéro, on détermine facilement les moindres nombres x et y pour lesquelles cette approximation a lieu, en développant la quantité a en fraction continue. La question plus compliquée consiste à déterminer les nombres x et y de manière que la différence $y - ax$ s'approche vers b avec le degré d'approximation donné, b étant une grandeur donnée différente de zéro. Cette question peut être résolue aussi au moyen des fractions continues, comme nous allons le faire voir.

Nous envisagerons la question sous deux aspects, selon qu'on cherche les nombres x, y de manière que la différence $y - ax$ donne la valeur approchée de b par excès ou par défaut. Dans le premier cas la différence $y - ax$ devant être supérieure à b, si l'on suppose que le degré d'approximation, que l'on a en vue, ne laisse faire une erreur égale à 1, cette différence doit dépasser b d'une valeur moindre que 1, par conséquent en ce cas la quantité

$$y - ax - b = y - (ax + b)$$

est contenue entre 0 et 1; le nombre inconnu y est donc égal au plus grand des deux nombres entiers entre lesquels est contenue la quantité $ax + b$. En dénotant en général par le symbole EA le nombre entier inférieur à A et le plus proche de A, nous remarquons que la quantité $ax + b$ sera contenue entre les deux nombres

$$\mathrm{E}\,(ax + b), \quad \mathrm{E}\,(ax + b) + 1,$$

et par conséquent l'inconnu y aura pour valeur

$$y = \mathrm{E}\,(ax + b) + 1.$$

Pour cette valeur de y nous obtenons

$$y - (ax + b) = \mathrm{E}\,(ax + b) + 1 - (ax + b).$$

De cette manière on détermine le degré d'approximation de la différence $y - ax$ vers b dans le cas où cette différence est plus grande que b.

En discutant de la même manière le cas, où $y - ax$ donne une valeur approchée de b par défaut, nous concluons que y doit être égal au plus petit des deux nombres entiers

$$\mathrm{E}\,(ax + b),\quad \mathrm{E}\,(ax + b) + 1,$$

qui comprennent la quantité $ax + b$, par conséquent

$$y = \mathrm{E}\,(ax + b),$$

et

$$\begin{aligned} y - ax - b &= \mathrm{E}\,(ax + b) - (ax + b) \\ &= -\{ax + b - \mathrm{E}\,(ax + b)\}. \end{aligned}$$

Il en résulte que notre question se réduit à la détermination de la moindre valeur du nombre entier x satisfaisant à la condition que

$$\mathrm{E}\,(ax + b) + 1 - (ax + b)$$

ou

$$ax + b - \mathrm{E}\,(ax + b)$$

soit inférieure à une quantité donnée, qui détermine le degré d'approximation de la différence $y - ax$ vers b.

§ II.

En abordant cette question, désignons pour abréger

$$(1)\qquad \begin{cases} \mathrm{E}\,(ax + b) + 1 - (ax + b) = \varphi(x), \\ ax + b - \mathrm{E}\,(ax + b) = \psi(x); \end{cases}$$

calculons les valeurs

$$\varphi(0),\ \varphi(1),\ \varphi(2),\ \varphi(3), \ldots,$$

$$\psi(0),\ \psi(1),\ \psi(2),\ \psi(3), \ldots,$$

et dans chacune de ces suites de valeurs chassons tous les termes égaux ou supérieurs aux termes qui leurs précèdent.

En désignant par

$$\varphi(N_0),\ \varphi(N_1),\ \varphi(N_2),\ldots\ \varphi(N_\sigma),\ \varphi(N_{\sigma+1})\ldots,$$
$$\psi(M_0),\ \psi(M_1),\ (M_2),\ldots\ \psi(M_\rho),\ \psi(M_{\rho+1})\ldots$$

les termes qui restent après cette opération, il est facile de remarquer qu'en général le terme

$$\varphi(N_\sigma)$$

aura la plus petite valeur que peut prendre l'expression $\varphi(x)$ pour $x < N_{\sigma+1}$. En effet, on voit, d'après ce que nous avons dit sur la réduction des termes de la série

$$\varphi(0),\ \varphi(1),\ \varphi(2),\ \varphi(3),\ldots$$

que le terme $\varphi(N_\sigma)$ ne peut rester que dans le cas, où l'on a

$$\varphi(0) > \varphi(N_\sigma),$$
$$\varphi(1) > \varphi(N_\sigma),$$
$$\ldots\ldots\ldots\ldots$$
$$\varphi(N_\sigma - 1) > \varphi(N_\sigma).$$

D'autre part pour qu'aucun des termes

$$\varphi(N_\sigma + 1),\ \varphi(N_\sigma + 2),\ldots\ \varphi(N_{\sigma+1} - 1)$$

ne reste après cette réduction, le moindre de ces termes ne doit être inférieur à $\varphi(N_\sigma)$, qui est le moindre des termes

$$\varphi(0),\ \varphi(1),\ \varphi(2),\ldots\ \varphi(N_\sigma);$$

car autrement ce terme serait moindre que ceux qui le précèdent, et par conséquent ne pourrait pas être chassé de la suite

$$\varphi(0),\ \varphi(1),\ \varphi(2),\ldots$$

La suite

$$\psi(M_0),\ \psi(M_1),\ \psi(M_2)\ldots\ \psi(M_\rho),\ \psi(M_{\rho+1}),\ldots,$$

jouit de la même propriété, le terme

$$\psi(M_\rho)$$

ayant la moindre valeur que puisse prendre $\psi(x)$ pour les valeurs de x depuis $x = 0$ jusqu'à $x = M_{\rho+1} - 1$.

Il en résulte que les suites

$$\varphi(N_0),\ \varphi(N_1),\ \varphi(N_2), \ldots \varphi(N_\sigma),\ \varphi(N_{\sigma+1}), \ldots,$$
$$\psi(M_0),\ \psi(M_1),\ \psi(M_2), \ldots \psi(M_\rho),\ \psi(M_{\rho+1}), \ldots,$$

obtenues par la réduction énoncée ci-dessus des termes des suites

$$\varphi(0),\ \varphi(1),\ \varphi(2),\ \varphi(3), \ldots,$$
$$\psi(0),\ \psi(1),\ \psi(2),\ \psi(3), \ldots,$$

font voir le degré de petitesse que puissent atteindre les expressions $\varphi(x)$, $\psi(x)$ pour les différentes valeurs de x. Pour cette raison ces suites peuvent servir à la résolution de notre problème.

Soit p. ex. $\varphi(N_\sigma)$ le premier terme de la suite

$$\varphi(N_0),\ \varphi(N_1),\ \varphi(N_2), \ldots \varphi(N_{\sigma-1}),\ \varphi(N_\sigma), \ldots$$

ne surpassant pas une certaine limite ε. Le moindre nombre x pour lequel la différence $y - ax$, étant supérieure à b, exprime b à ε près sera $x = N_\sigma$.

La même chose s'obtient au moyen de la suite

$$\psi(M_0),\ \psi(M_1),\ \psi(M_2), \ldots \psi(M_\rho),\ \psi(M_{\rho+1}), \ldots$$

si l'on suppose $y - ax$ moindre que b.

La résolution de notre problème est ainsi réduite à la formation des suites

$$\varphi(N_0),\ \varphi(N_1),\ \varphi(N_2), \ldots \varphi(N_\sigma),\ \varphi(N_{\sigma+1}), \ldots,$$
$$\psi(M_0),\ \psi(M_1),\ \psi(M_2), \ldots \psi(M_\rho),\ \psi(M_{\rho+1}), \ldots$$

On calcule aisément les termes de ces suites, comme nous allons voir, au moyen des nombres x et y, pour lesquelles la différence $y - ax$ s'approche le plus de zéro. On obtient ces valeurs de x et y, comme on sait, à l'aide des fractions continues de la manière suivante.

Après avoir développé a en fraction continue

$$q_0 + \cfrac{1}{q_1 + \cfrac{1}{q_2 + \ddots}},$$

on calcule *les réduites principales*

$$\frac{P_0}{Q_0},\ \frac{P_1}{Q_1},\ \frac{P_2}{Q_2}, \ldots$$

et *les réduites intermédiaires*

$$\frac{P_1'}{Q_1'}, \frac{P_1''}{Q_1''}, \ldots \frac{P_1^{(q_1-1)}}{Q_1^{(q_1-1)}},$$
$$\frac{P_2'}{Q_2'}, \frac{P_2''}{Q_2''}, \ldots \frac{P_2^{(q_2-1)}}{Q_2^{(q_2-1)}},$$
$$\ldots\ldots\ldots\ldots$$

où

$$\frac{P_0}{Q_0}=\frac{1}{0}, \frac{P_1}{Q_1}=\frac{q_0}{1},$$

et en général

$$\frac{P_{e+1}}{Q_{e+1}}=\frac{P_e q_e + P_{e-1}}{Q_e q_e + Q_{e-1}}, \quad \frac{P_e^{(f)}}{Q_e^{(f)}}=\frac{P_e f + P_{e-1}}{Q_e f + Q_{e-1}}.$$

Les nombres x et y pour lesquelles la différence $y-ax$, tout en restant positive, s'approche le plus possible de zéro sont

$$x=Q_1', \; Q_1'', \ldots \; Q_1^{(q_1-1)}, \; Q_2, \; Q_3', \; Q_3'', \ldots,$$
$$y=P_1', \; P_1'', \ldots \; P_1^{(q_1-1)}, \; P_2, \; P_3', \; P_3'', \ldots$$

tandis que les nombres x et y pour lesquelles la différence reste negative et s'approche le plus possible de zéro sont

$$x=Q_1, \; Q_2', \; Q_2'', \ldots \; Q_2^{(q_2-1)}, \; Q_3, \; Q_4', \ldots,$$
$$y=P_1, \; P_2', \; P_2'' \ldots \; P_2^{(q_2-1)}, \; P_3, \; P_4', \ldots$$

Ces systèmes des valeurs de x et y jouissent, comme on sait, de la propriété que chacun d'eux réduit la valeur absolue de la différence $y-ax$ à un tel degré de petitesse que l'on peut atteindre dans la supposition de $y-ax>0$ ou $y-ax<0$, en laissant x invariable ou bien en le diminuant. Ainsi p. ex. en posant $x=Q_1'$, $y=P_1'$ on obtient la plus petite valeur possible de la différence $y-ax$ pour $x=$ ou $<Q_1'$ et $y-ax>0$.

Par cette raison, en désignant par

$$\varphi_0(1), \; \varphi_0(2), \; \varphi_0(3), \ldots$$

les plus petites valeurs qu'obtient la différence $y-ax$ pour $x=1, 2, 3, \ldots$ lorsque $y-ax>0$, on conclut que dans la suite

$$\varphi_0(1), \; \varphi_0(2), \; \varphi_0(3), \ldots$$

chacun des termes

$$\varphi_0(Q_1'), \; \varphi_0(Q_1''), \ldots \; \varphi_0(Q_1^{(q_1-1)}), \; \varphi_0(Q_2), \; \varphi_0(Q_3'), \ldots$$

sera inférieur à tous ceux qui le précèdent. De même, en désignant par

$$-\psi_0(1), \; -\psi_0(2), \; -\psi_0(3), \ldots$$

les valeurs de la différence $y - ax$ les plus approchées de zéro pour

$$x = 1,\ 2,\ 3,\ \ldots,$$

lorsque

$$y - ax < 0,$$

nous remarquons que chacun des termes

$$\psi_0(Q_1),\ \psi_0(Q_2'),\ \psi_0(Q_2''),\ \ldots\ \psi_0(Q_2^{(q_2-1)}),\ \psi_0(Q_3),\ \ldots$$

de la suite

$$\psi_0(1),\ \psi_0(2),\ \psi_0(3),\ \ldots,$$

sera inférieur à tous ceux qui le précèdent.

On voit de là que les suites

$$\varphi_0(Q_1'),\ \varphi_0(Q_1''),\ \ldots\ \varphi_0(Q_1^{(q_1-1)}),\ \varphi_0(Q_2),\ \varphi_0(Q_3'),\ \ldots,$$
$$\psi_0(Q_1),\ \psi_0(Q_2'),\ \psi_0(Q_2''),\ \ldots\ \psi_0(Q_2^{(q_2-1)}),\ \psi_0(Q_3),\ \ldots,$$

jouent le même rôle par rapport aux suites

$$\varphi_0(1),\ \varphi_0(2),\ \varphi_0(3),\ \ldots,$$
$$\psi_0(1),\ \psi_0(2),\ \psi_0(3),\ \ldots,$$

que les suites considérées plus haut

$$\varphi(N_0),\ \varphi(N_1),\ \varphi(N_2),\ \ldots\ \varphi(N_\sigma),\ \varphi(N_{\sigma+1})\ \ldots,$$
$$\psi(M_0),\ \psi(M_1),\ \psi(M_2),\ \ldots\ \psi(M_\rho),\ \psi(M_{\rho+1})\ \ldots,$$

par rapport aux suites

$$\varphi(0),\ \varphi(1),\ \varphi(2),\ \ldots,$$
$$\psi(0),\ \psi(1),\ \psi(2),\ \ldots.$$

Pour abréger nous dénoterons les nombres

$$Q_1',\ Q_1'',\ \ldots\ Q_1^{(q_1-1)},\ Q_2,\ Q_3',\ \ldots,$$
$$Q_1,\ Q_2',\ Q_2'',\ \ldots\ Q_2^{(q_2-1)},\ Q_3,\ \ldots.$$

par

$$n_0,\ n_1,\ n_2,\ \ldots,$$
$$m_0,\ m_1,\ m_2,\ \ldots;$$

en vertu de quoi les suites

$$\varphi_0(Q_1'),\ \varphi_0(Q_1''),\ \ldots\ \varphi_0(Q_1^{(q_1-1)}),\ \varphi_0(Q_2),\ \varphi_0(Q_3'),\ \ldots,$$
$$\psi_0(Q_1),\ \psi_0(Q_2'),\ \psi_0(Q_2''),\ \ldots\ \psi_0(Q_2^{(q_2-1)}),\ \psi_0(Q_3),\ \ldots.$$

seront représentées ainsi:

$$\varphi_0(n_0),\quad \varphi_0(n_1),\quad \varphi_0(n_2),\ \ldots\ldots,$$
$$\psi_0(m_0),\quad \psi_0(m_1),\quad \psi_0(m_2),\ \ldots\ldots$$

Les expressions

$$\varphi_0(x),\quad \psi_0(x),$$

comme il est facile de s'en convaincre, s'obtiennent des expressions

$$\varphi(x) = \mathrm{E}\,(ax + b) + 1 - (ax + b),$$
$$\psi(x) = ax + b - \mathrm{E}\,(ax + b),$$

quand on suppose b égale à zéro. En effet, pour que la différence $y - ax$ s'approche le plus possible de zéro pour la valeur donnée de x, le nombre inconnu y doit s'approcher le plus possible de la quantité ax et, par conséquent, doit être égal à un des nombres entiers qui comprennent la quantité ax. Mais puisque ces nombres sont

$$\mathrm{E}\,(ax) + 1,\quad \mathrm{E}\,(ax),$$

les valeurs de $y - ax$ les plus approchées de zéro seront

$$\mathrm{E}\,(ax) + 1 - ax,\quad \mathrm{E}\,(ax) - ax.$$

La première de ces valeurs étant positive et la seconde négative, nous concluons en vertu de nos notations, que celle-là se représentera par $\varphi_0(x)$ et celle-ci par $\psi_0(x)$ de sorte qu'on aura

$$(2)\qquad \begin{cases} \varphi_0(x) = \mathrm{E}\,(ax) + 1 - ax, \\ \psi_0(x) = ax - \mathrm{E}\,(ax). \end{cases}$$

§ III.

Pour parvenir à la détermination des termes

$$\varphi(N_0),\ \varphi(N_1),\ \varphi(N_2),\ \ldots\ldots\ \varphi(N_\sigma),\ \varphi(N_{\sigma+1}),\ \ldots\ldots,$$
$$\psi(M_0),\ \psi(M_1),\ \psi(M_2),\ \ldots\ldots\ \psi(M_\rho),\ \psi(M_{\rho+1}),\ \ldots\ldots,$$

nous cherchons d'après les formules (1) l'expression de la différence

$$\varphi(N_\sigma) - \varphi(N_\sigma + L),$$

L étant un nombre positif quelconque. Nous obtenons

$$\varphi(N_\sigma) - \varphi(N_\sigma + L) = \mathrm{E}\,(aN_\sigma + b) + 1 - (aN_\sigma + b)$$
$$- \mathrm{E}\,(aN_\sigma + aL + b) - 1 + aN_\sigma + aL + b,$$

ou, après la réduction,

$$\varphi(N_\sigma) - \varphi(N_\sigma + L) = aL - \left[\mathrm{E}\,(aN_\sigma + aL + b) - \mathrm{E}\,(aN_\sigma + b)\right].$$

Mais il est facile de voir que pour $A > B$ la différence

$$\mathrm{E}A - \mathrm{E}B,$$

est égale à

$$\mathrm{E}\,(A - B),$$

ou à

$$\mathrm{E}\,(A - B) + 1,$$

ce qu'on peut évidemment exprimer par l'égalité suivante

$$\mathrm{E}A - \mathrm{E}B = \mathrm{E}\,(A - B) + \frac{1 \pm 1}{2},$$

en supposant que dans l'expression

$$\frac{1 \pm 1}{2}$$

on choisit convenablement l'un des deux signes $\pm$.

Par cette raison l'expression trouvée ci-dessus de la différence

$$\varphi(N_\sigma) - \varphi(N_\sigma + L)$$

prend la forme

$$\varphi(N_\sigma) - \varphi(N_\sigma + L) = aL - \mathrm{E}\,(aL) - \frac{1 \pm 1}{2};$$

donc, en remarquant que d'après (2)

$$aL - \mathrm{E}\,(aL) = \psi_0(L),$$

nous en concluons, qu'on aura

$$\varphi(N_\sigma) - \varphi(N_\sigma + L) = \psi_0(L) - \frac{1 \pm 1}{2},$$

où il faut choisir convenablement le signe dans l'expression $\frac{1 \pm 1}{2}$.

Dans le cas particulier, où l'on a

$$L = N_{\sigma+1} - N_\sigma,$$

cette formule nous donne

$$\varphi(N_\sigma) - \varphi(N_{\sigma+1}) = \psi_0(N_{\sigma+1} - N_\sigma) - \frac{1 \pm 1}{2}.$$

Pour déterminer le signe qu'il faut y choisir, remarquons que le premier membre de cette égalité est positif, car les termes de la série

$$\varphi(N_0),\ \varphi(N_1),\ \varphi(N_2), \ldots .\ \varphi(N_\sigma),\ \varphi(N_{\sigma+1}), \ldots .$$

vont en diminuant; et que le premier terme du second membre $\psi_0(N_{\sigma+1} - N_\sigma)$ d'après (2) est inférieur à un. La formule ne peut donc avoir lieu que dans le cas où

$$\frac{1 \pm 1}{2} < 1;$$

d'où il résulte évidemment que dans l'expression $\frac{1 \pm 1}{2}$ on doit prendre le signe inférieur. En choisissant ce signe nous obtenons

$$(3) \qquad \varphi(N_\sigma) - \varphi(N_{\sigma+1}) = \psi_0(N_{\sigma+1} - N_\sigma).$$

Il en résulte que

$$(4) \qquad \psi_0(N_{\sigma+1} - N_\sigma) \leqq \varphi(N_\sigma).$$

D'autre part il est facile de voir que pour

$$L < N_{\sigma+1} - N_\sigma$$

aura lieu toujours l'inégalité

$$\psi_0(L) > \varphi(N_\sigma).$$

Pour le démontrer, supposons que L soit un nombre pour lequel cette inégalité n'a pas lieu; nous allons voir que pour telle valeur de L l'inégalité

$$L < N_{\sigma+1} - N_\sigma$$

est impossible.

En effet, si l'on avait

$$\psi_0(L) \text{ non } > \varphi(N_\sigma),$$

la formule précédente

$$\varphi(N_\sigma) - \varphi(N_\sigma + L) = \psi_0(L) - \frac{1 \pm 1}{2},$$

ne peut être satisfaite que pour

$$\varphi(N_\sigma + L) \gtreqless \frac{1 \pm 1}{2}.$$

Mais comme $\varphi(N_\sigma + L)$, d'après le § II, est inférieur à 1, cette inégalité n'aura lieu que pour le signe inférieur $\pm$, ce qui réduit la formule précédente à celle-ci

$$\varphi(N_\sigma) - \varphi(N_\sigma + L) = \psi_0(L),$$

qui exige

$$\varphi(N_\sigma + L) < \varphi(N_\sigma).$$

Mais d'après le § précédent aucune des valeurs

$$\varphi(N_\sigma + 1),\ \varphi(N_\sigma + 2), \ldots \ \varphi(N_{\sigma+1} - 1)$$

ne peut être inférieure à $\varphi(N_\sigma)$. Par conséquent cette inégalité est impossible, si $N_\sigma + L$ est égal à un des nombres

$$N_\sigma + 1,\ N_\sigma + 2, \ldots \ N_{\sigma+1} - 1$$

ou, ce qui est la même chose, si

$$L < N_{\sigma+1} - N_\sigma.$$

Donc pour toutes les valeurs de L inférieures à la différence $N_{\sigma+1} - N_\sigma$ on aura

$$\psi_0(L) > \varphi(N_\sigma),$$

d'où il suit d'après (4)

$$\psi_0(L) > \psi_0(N_{\sigma+1} - N_\sigma). \tag{5}$$

On voit de là que dans la suite

$$\psi_0(1),\ \psi_0(2),\ \psi_0(3), \ldots \ \psi_0(N_{\sigma+1} - N_\sigma), \ldots$$

le terme

$$\psi_0(N_{\sigma+1} - N_\sigma)$$

est plus petit que tous ceux qui le précèdent, et par conséquent on trouvera ce terme dans la série

$$\psi_0(m_0),\ \psi_0(m_1),\ \psi_0(m_2), \ldots,$$

conformement à ce que nous avons dit (§ II) sur la formation de cette série.

En désignant par

$$\psi_0(m_{\mu_\sigma})$$

celui des termes de la série

$$\psi_0(m_0),\ \psi_0(m_1),\ \psi_0(m_2), \ldots,$$

qui est égal à

$$\psi_0(N_{\sigma+1} - N_\sigma),$$

nous trouvons

$$N_{\sigma+1} - N_\sigma = m_{\mu_\sigma},$$

et d'après (3)

$$\varphi(N_\sigma) - \varphi(N_{\sigma+1}) = \psi_0(m_{\mu_\sigma}).$$

Ainsi pour déterminer $N_{\sigma+1}$ et $\varphi(N_{\sigma+1})$ au moyen des valeurs N_σ et $\varphi(N_\sigma)$ on aura les formules suivantes

$$(6) \qquad \begin{cases} N_{\sigma+1} = N_\sigma + m_{\mu_\sigma}, \\ \varphi(N_{\sigma+1}) = \varphi(N_\sigma) - \psi_0(m_{\mu_\sigma}). \end{cases}$$

Quant au choix du terme $\psi_0(m_{\mu_\sigma})$ de la série

$$\psi_0(m_0),\ \psi_0(m_1),\ \psi_0(m_2), \ldots.$$

qui sert d'après (6) pour déterminer les valeurs de $N_{\sigma+1}$ et $\varphi(N_{\sigma+1})$ au moyen de N_σ et $\varphi(N_0)$, il est aisé de le faire. D'après la formule (4) le terme

$$\psi_0(N_{\sigma+1} - N_\sigma) = \psi_0(m_{\mu_\sigma})$$

ne surpasse pas la valeur

$$\varphi(N_\sigma);$$

mais tous les termes

$$\psi_0(m_0),\ \psi_0(m_1),\ \psi_0(m_2), \ldots,$$

qui le précèdent, d'après (5), sont supérieurs à $\varphi(N_\sigma)$; donc le terme

$$\psi_0(m_{\mu_\sigma})$$

de cette série sera le premier, et, par conséquent, le plus grand des termes qui ne surpassent pas $\varphi(N_\sigma)$.

En considérant de la même manière la différence

$$\psi(M_\rho) - \psi(M_\rho + L)$$

pour $L = M_{\rho+1} - M_\rho$ et pour $L < M_{\rho+1} - M_\rho$ on obtient

$$(7) \qquad \begin{cases} M_{\rho+1} = M_\rho + n_{\nu_\rho}, \\ \psi(M_{\rho+1}) = \psi(M_\rho) - \varphi_0(n_{\nu_\rho}), \end{cases}$$

$\varphi_0(n_{\nu_\rho})$ étant le plus grand des termes de la série

$$\varphi_0(n_0),\ \ \varphi_0(n_1),\ \ \varphi(n_2), \ldots\ldots;$$

qui ne surpassent pas $\psi(M_\rho)$.

§ IV.

D'après les résultats obtenus dans le paragraphe précédent tous les termes des séries

$$\varphi(N_0),\ \ \varphi(N_1),\ \ \varphi(N_2), \ldots\ldots,$$
$$\psi(M_0),\ \psi(M_1),\ \psi(M_2), \ldots\ldots$$

peuvent être calculés au moyen des premiers termes $\varphi(N_0)$, $\psi(M_0)$.

Ainsi, en posant dans les formules (6)

$$\sigma = 0,\ 1,\ 2, \ldots\ldots \lambda - 1,$$

on trouve

$$N_1 = N_0 + m_{\mu_0},\ \ \varphi(N_1) = \varphi(N_0) - \psi_0(m_{\mu_0}),$$
$$N_2 = N_1 + m_{\mu_1},\ \ \varphi(N_2) = \varphi(N_1) - \psi_0(m_{\mu_1}),$$
$$\ldots\ldots\ldots\ldots\ldots\ldots\ldots\ldots\ldots\ldots\ldots$$
$$N_\lambda = N_{\lambda-1} + m_{\mu_{\lambda-1}},\ \ \varphi(N_\lambda) = \varphi(N_{\lambda-1}) - \psi_0(m_{\mu_{\lambda-1}}),$$

ce qui nous donne, en éliminant $N_1, N_2, \ldots, N_{\lambda-1}$, $\varphi(N_1), \varphi(N_2), \ldots, \varphi(N_{\lambda-1})$,

$$(8)\quad \begin{cases} N_\lambda = N_0 + m_{\mu_0} + m_{\mu_1} + \ldots\ldots + m_{\mu_{\lambda-1}}, \\ \varphi(N_\lambda) = \varphi(N_0) - \psi_0(m_{\mu_0}) - \psi_0(m_{\mu_1}) - \ldots\ldots - \psi_0(m_{\mu_{\lambda-1}}); \end{cases}$$

d'où il suit

$$(9)\quad \varphi(N_0) = \psi_0(m_{\mu_0}) + \psi_0(m_{\mu_1}) + \ldots\ldots + \psi_0(m_{\mu_{\lambda-1}}) + \varphi(N_\lambda).$$

D'après ce que nous avons dit au § III,

$$\psi_0(m_{\mu_0})$$

sera le plus grand des termes

$$\psi_0(m_0),\ \ \psi_0(m_1),\ \ \psi_0(m_2), \ldots\ldots,$$

qui ne surpassent pas $\varphi(N_0)$, $\psi_0(m_{\mu_1})$ sera le plus grand de ceux qui ne surpassent pas $\varphi(N_1) = \varphi(N_0) - \psi_0(m_{\mu_0})$, $\psi_0(m_{\mu_2})$ sera le plus grand de ceux qui ne surpassent pas $\varphi(N_2) = \varphi(N_1) - \psi_0(m_{\mu_1}) = \varphi(N_0) - \psi_0(m_{\mu_0}) - \psi_0(m_{\mu_1})$, etc.

Donc la série

$$\psi_0(m_{\mu_0}) + \psi_0(m_{\mu_1}) + \ldots . + \psi_0(m_{\mu_{\lambda-1}}),$$

qui, d'après la formule (9), donne la valeur de $\varphi(N_0)$ à $\varphi(N_\lambda)$ près, peut être obtenue quand on développe la quantité $\varphi(N_0)$ en une somme de termes de la forme

$$\psi_0(m_0), \quad \psi_0(m_1), \quad \psi_0(m_2), \ldots .,$$

en détachant successivement de la quantité $\varphi(N_0)$ les plus grands termes possibles de la série

$$\psi_0(m_0), \quad \psi_0(m_1), \quad \psi_0(m_2), \ldots .$$

ou, ce qui est la même chose, quand dans le développement de $\varphi(N_0)$ en série

$$\psi_0(m_{\mu_0}) + \psi_0(m_{\mu_1}) + \ldots . + \psi_0(m_{\mu_{\lambda-1}}) + \varphi(N_\lambda)$$

on a en vue que la série arrêtée à un terme quelconque ait une valeur moindre que $\varphi(N_0)$ et la plus rapprochée à $\varphi(N_0)$.

En supposant que ce développement de la quantité $\varphi(N_0)$ prolongé indéfiniment conduit à la série

$$\psi_0(m_{\mu_0}) + \psi_0(m_{\mu_1}) + \psi_0(m_{\mu_2}) + \ldots .,$$

on conclut que cette série plus ou moins prolongée sert à déterminer d'après les formules (8) les différents termes de la série

$$\varphi(N_1), \quad \varphi(N_2), \quad \varphi(N_3), \ldots .$$

et les nombres correspondants

$$N_1, \quad N_2, \quad N_3, \ldots .$$

En s'arrêtant au terme $\psi_0(m_{\mu_{\lambda-1}})$ de la série

$$\psi_0(m_{\mu_0}) + \psi_0(m_{\mu_1}) + \psi_0(m_{\mu_2}) + \ldots .,$$

on obtient d'après la formule (9) la valeur de $\varphi(N_0)$ avec l'erreur $\varphi(N_\lambda)$. Donc pour déterminer le premier terme de la série

$$\varphi(N_0), \quad \varphi(N_1), \quad \varphi(N_2), \quad \varphi(N_3), \ldots .$$

ne surpassant pas la limite ε (ainsi qu'exige notre problème), il faut prolonger la série

$$\psi_0(m_{\mu_0}) + \psi_0(m_{\mu_1}) + \psi_0(m_{\mu_2}) + \ldots .$$

jusqu'à ce qu'on obtienne $\varphi(N_0)$ à ε près. Si l'on doit retenir pour cela λ termes

$$\psi_0(m_{\mu_0}) + \psi_0(m_{\mu_1}) + \ldots + \psi_0(m_{\mu_{\lambda-1}}),$$

le premier terme de la série

$$\varphi(N_1),\ \varphi(N_2),\ \varphi(N_3), \ldots,$$

ne surpassant pas ε, d'après (8), sera

$$\varphi(N) = \varphi(N_0) - \psi_0(m_{\mu_0}) - \psi_0(m_{\mu_1}) - \ldots - \psi_0(m_{\mu_{\lambda-1}}),$$

et le nombre N correspondant aura la valeur

$$N = N_0 + m_{\mu_0} + m_{\mu_1} + \ldots + m_{\mu_{\lambda-1}}.$$

Ces expressions des quantités $\varphi(N)$ et du nombre N peuvent avoir des termes égaux entre eux. Pour trouver ce qu'on obtient en réunissant ces termes égaux remarquons que dans la série

$$\psi_0(m_{\mu_0}) + \psi_0(m_{\mu_1}) + \psi_0(m_{\mu_2}) + \ldots,$$

d'après ce que nous avons dit à l'égard de sa composition, chaque terme ne sera pas inférieur à celui qui le suit. Par conséquent la série considérée se réduit à

$$k_0\psi_0(m_0) + k_1\psi_0(m_1) + k_2\psi_0(m_2) + \ldots + k_i\psi_0(m_i) + \ldots,$$

où

$$k_0,\ k_1,\ k_2, \ldots\ k_i, \ldots$$

désignent les nombres des termes égaux à

$$\psi_0(m_0),\ \psi_0(m_1),\ \psi_0(m_2), \ldots\ \psi_0(m_i), \ldots$$

En comparant la série

$$\psi_0(m_{\mu_0}) + \psi_0(m_{\mu_1}) + \psi(m_{\mu_2}) + \ldots$$

indéfiniment prolongée avec la série

$$\psi_0(m_{\mu_0}) + \psi_0(m_{\mu_1}) + \ldots + \psi_0(m_{\mu_{\lambda-1}}),$$

arrêtée au terme $\psi_0(m_{\mu_{\lambda-1}})$ nous remarquons que dans les deux séries les termes

$$\psi_0(m_0),\ \psi_0(m_1),\ \psi_0(m_2), \ldots$$

jusqu'aux termes égaux à

$$\psi_0(m_{\mu_{\lambda-1}})$$

entrent un nombre égal de fois. Mais les termes égaux à

$$\psi_0(m_{\mu_{\lambda-1}})$$

entrent en général dans la série

$$\psi_0(m_{\mu_0}) + \psi_0(m_{\mu_1}) + \psi_0(m_{\mu_2}) + \ldots,$$

indéfiniment prolongée un nombre de fois plus grand de l unités, l désignant combien la série

$$m_{\mu_0},\ m_{\mu_1},\ m_{\mu_2}, \ldots$$

contient de termes qui suivent $m_{\mu_{\lambda-1}}$ et qui lui sont égaux.

La série

$$\psi_0(m_{\mu_0}) + \psi_0(m_{\mu_1}) + \psi_0(m_{\mu_2}) + \ldots,$$

arrêtée au terme

$$\psi_0(m_{\mu_{\lambda-1}}),$$

se réduit donc à

$$k_0\psi_0(m_0) + k_1\psi_0(m_1) + \ldots + (k_{\mu_{\lambda-1}} - l)\psi_0(m_{\mu_{\lambda-1}}),$$

et la somme correspondante

$$m_{\mu_0} + m_{\mu_1} + \ldots + m_{\mu_{\lambda-1}},$$

par la même raison, prend la forme

$$k_0 m_0 + k_1 m_1 + \ldots + (k_{\mu_{\lambda-1}} - l) m_{\mu_{\lambda-1}}.$$

En portant ces expressions des sommes

$$\psi_0(m_{\mu_0}) + \psi_0(m_{\mu_1}) + \ldots + \psi_0(m_{\mu_{\lambda-1}}),$$
$$m_{\mu_0} + m_{\mu_1} + \ldots + m_{\mu_{\lambda-1}}$$

dans les formules précédemment obtenues pour $\varphi(N)$ et N, on trouve

$$(10)\quad \begin{cases} \varphi(N) = \varphi(N_0) - k_0\psi_0(m_0) - k_1\psi_1(m_1) - \ldots - (k_{\mu_{\lambda-1}} - l)\psi(m_{\mu_{\lambda-1}}), \\ N = N_0 + k_0 m_0 + k_1 m_1 + \ldots + (k_{\mu_{\lambda-1}} - l) m_{\mu_{\lambda-1}}. \end{cases}$$

Le nombre l, d'après sa signification, aura une des valeurs suivantes

$$0,\ 1,\ 2,\ldots\ k_{\mu_{\lambda-1}}-1;$$

quant aux nombres

$$k_0,\ k_1,\ k_2,\ldots,$$

il est aisé de voir qu'ils sont les quotients de la division de $\varphi(N_0)$ par $\psi_0(m_0)$, du premier reste par $\psi_0(m_1)$, du second reste par $\psi_0(m_2)$ et ainsi de suite. En effet, d'après ce que nous avons dit sur les séries

$$\psi_0(m_{\mu_0})+\psi(m_{\mu_1})+\psi(m_{\mu_2})+\ldots,$$
$$k_0\,\psi_0(m_0)+k_1\,\psi_0(m_1)+k_2\,\psi_0(m_2)+\ldots,$$

on voit qu'après les k_0 termes égaux à $\psi_0(m_0)$, k_1 termes égaux à $\psi_0(m_1),\ldots, k_i$ termes égaux à $\psi_0(m_i)$, il n'y aura plus de termes égaux à $\psi_0(m_i)$ que dans le cas où

$$\varphi(N_0)-k_0\,\psi_0(m_0)-k_1\,\psi_0(m_1)-\ldots-k_i\,\psi_0(m_i)<\psi_0(m_i);$$

mais comme ces séries arrêtées à un terme quelconque ont une valeur moindre que $\varphi(N_0)$, on a

$$\varphi(N_0)-k_0\,\psi_0(m_0)-k_1\,\psi_0(m_1)-\ldots-k_i\,\psi_0(m_i)>0.$$

Or pour

$$i=0,\ 1,\ 2,\ldots$$

ces inégalités donnent

$$\varphi(N_0)-k_0\,\psi_0(m_0)<\psi_0(m_0)\ \text{mais}\ >0,$$
$$\varphi(N_0)-k_0\,\psi_0(m_0)-k_1\,\psi_0(m_1)<\psi_0(m_1)\ \text{mais}\ >0,$$
$$\varphi(N_0)-k_0\,\psi_0(m_0)-k_1\,\psi_0(m_1)-k_2\,\psi_0(m_2)<\psi_0(m_2)\ \text{mais}\ >0,$$

et ainsi de suite. Il est clair de là que k_0 est le quotient de la division de $\varphi(N_0)$ par $\psi_0(m_0)$, le reste de cette division étant $\varphi(N_0)-k_0\,\psi_0(m_0)$, que k_1 est le quotient de la division de ce reste par $\psi_0(m_1)$, le reste de cette division étant $\varphi_0(N_0)-k_0\,\psi_0(m_0)-k_1\,\psi_0(m_1)$, k_2 est le quotient de la division de ce reste par $\psi_0(m_2)$ et ainsi de suite.

Quant au choix du terme

$$\psi_0(m_{\mu_{\lambda-1}})$$

et du nombre l pour lesquels les formules (10) expriment le premier des termes de la série

$$\varphi(N_0),\ \varphi(N_1),\ \varphi(N_2),\ldots,$$

qui ne surpassent pas la limite donnée ε, il est facile de le faire.

Nous avons vu que l'expression

$$k_0 \psi_0(m_0) + k_1 \psi_0(m_1) + \ldots\ldots + (k_{\mu_{\lambda-1}} - l)\, \psi_0(m_{\mu_{\lambda-1}})$$

résulte de la somme

$$\psi_0(m_{\mu_0}) + \psi_0(m_{\mu_1}) + \ldots\ldots + \psi_0(m_{\mu_{\lambda-1}})$$

par la réunion des termes égaux. Mais cette somme est la série

$$\psi_0(m_{\mu_0}) + \psi_0(m_{\mu_1}) + \psi_0(m_{\mu_2}) + \ldots\ldots,$$

arrêtée au premier terme avec lequel on obtient la valeur de $\varphi(N_0)$ à ε près. Il en résulte que le terme

$$\psi_0(m_{\mu_{\lambda-1}})$$

de la série

$$\psi_0(m_{\mu_0}) + \psi_0(m_{\mu_1}) + \psi_0(m_{\mu_2}) + \ldots\ldots,$$

et par conséquent le terme

$$k_{\mu_{\lambda-1}} \psi_0(m_{\mu_{\lambda-1}})$$

de la série

$$k_0 \psi_0(m_0) + k_1 \psi_0(m_1) + k_2 \psi_0(m_2) + \ldots\ldots,$$

sont les premiers termes avec lesquels ces séries donnent la valeur de $\varphi(N_0)$ à ε près et que l est le plus grand des nombres

$$0,\ 1,\ 2, \ldots\ldots k_{\mu_{\lambda-1}} - 1,$$

pour lesquels l'expression

$$k_0 \psi_0(m_0) + k_1 \psi_0(m_1) + \ldots\ldots + (k_{\mu_{\lambda-1}} - l)\, \psi_0(m_{\mu_{\lambda-1}})$$

représente la valeur de $\varphi(N_0)$ à ε près.

En considérant de la même manière la détermination des termes

$$\psi(M_1),\ \psi(M_2),\ \psi(M_3), \ldots\ldots,$$

nous trouvons qu'on les obtient en développant la quantité $\psi(M_0)$ en série

$$k_0 \varphi_0(n_0) + k_1 \varphi_0(n_1) + k_2 \varphi_0(n_2) + \ldots\ldots,$$

les nombres k_0, k_1, $k_2, \ldots\ldots$ étant les quotients de la division de $\psi(M_0)$ par $\varphi_0(n_0)$, du premier reste par $\varphi_0(n_1)$, du second reste par $\varphi_0(n_2)$, et ainsi de suite.

Supposons que pour obtenir la valeur de $\psi(M_0)$ à ε près, il faut s'arrêter au terme

$$k_{\nu_{\rho-1}}\varphi_0(n_{\nu_{\rho-1}}),$$

et que l soit le plus grand des nombres

$$0,\ 1,\ 2,\ldots .\ k_{\nu_{\rho-1}}-l,$$

pour lesquels la somme

$$k_0\varphi_0(n_0)+k_1\varphi_0(n_1)+\ldots .+(k_{\nu_{\rho-1}}-l)\ \varphi_0(n_{\nu_{\rho-1}})$$

donne la valeur de $\psi(M_0)$ à ε près. Pour déterminer le premier terme de la série

$$\psi(M_0),\ \psi(M_1),\ \psi(M_2),\ \ldots .,$$

ne surpassant pas ε et le nombre correspondant M on obtient les formules suivantes:

$$(11)\ \left\{\begin{aligned}\psi(M)&=\psi(M_0)-k_0\varphi_0(n_0)-k_1\varphi_0(n_1)-\ldots .-(k_{\nu_{\rho-1}}-l)\ \varphi_0(n_{\nu_{\rho-1}}),\\ M&=M_0+k_0n_0+k_1n_1+\ldots .+(k_{\nu_{\rho-1}}-l)\ n_{\nu_{\rho-1}}.\end{aligned}\right.$$

Notre question est ainsi complètement résolue; il reste encore à indiquer le calcul des différentes quantités qui entrent dans les formules (10) et (11).

§ V.

D'après le § II la série

$$n_0,\ n_1,\ n_2,\ n_3,\ldots .$$

sera composée des nombres

$$Q_1',\ Q_1'',\ldots .\ Q_1^{(q_1-1)},\ Q_2,\ Q_3',\ldots .,$$

qui sont les dénominateurs de telles réduites principales et intermédiaires de la quantité a, dont la valeur est plus grande que a; la série

$$\varphi_0(n_0),\ \varphi_0(n_1),\ \varphi_0(n_2),\ \ldots .$$

est composée des valeurs de la différence $y-ax$ pour x et y égales aux termes de ces réduites, à savoir

pour
$$\begin{aligned}x&=Q_1',\ Q_1'',\ldots .\ Q_1^{(q_1-1)},\ Q_2,\ Q_3',\ldots .,\\ y&=P_1',\ P_1'',\ldots .\ P_1^{(q_1-1)},\ P_2,\ P_3',\ldots ..\end{aligned}$$

Posant pour abréger

$$(12)\qquad \begin{cases} P_e - aQ_e = (-1)^e D_e, \\ P_e^{(f)} - aQ_e^{(f)} = -(-1)^e D_e^{(f)} \end{cases}$$

(les quantités D_e et $D_e^{(f)}$ étant toujours positives d'après la propriété des réduites principales et intermédiaires) nous concluons que la série

$$\varphi_0(n_0),\ \varphi_0(n_1),\ \varphi_0(n_2),\ \ldots .$$

est composée des termes

$$D_1',\ D_1'',\ \ldots .\ D_1^{(q_1-1)},\ D_2,\ D_3',\ \ldots .,$$

$D_e^{(f)}$ désignant

$$\varphi_0(Q_e^{(f)}),$$

ou, en d'autres termes, la valeur de la différence $y - ax$ pour

$$x = Q_e^{(f)},\ y = P_e^{(f)}.$$

D'après les relations

$$(13)\qquad \begin{cases} P_{e+1} = P_e q_e + P_{e-1},\ P_e^{(f)} = P_e f + P_{e-1}, \\ Q_{e+1} = Q_e q_e + Q_{e-1},\ Q_e^{(f)} = Q_e f + Q_{e-1}, \end{cases}$$

qui existent entre les termes *des réduites principales et intermédiaires*, on trouve que les quantités

$$D_0,\ D_1,\ D_1',\ D_1'',\ \ldots .\ D_1^{(q_1-1)},\ D_2,\ \ldots .$$

sont liées par les égalités suivantes

$$(14)\qquad \begin{cases} D_{e+1} = D_{e-1} - q_e D_e, \\ D_e^{(f)} = D_{e-1} - f D_e. \end{cases}$$

En posant dans la première de ces égalités $e = 1$ et remarquant que

$$D_0 = P_0 - aQ_0 = 1 - a.0 = 1,$$

on trouve

$$D_2 = 1 - q_1 D_1;$$

d'où il résulte

(15) $$D_2 + q_1 D_1 = 1.$$

Or les équations (14), après l'élimination de D_{e-1}, nous donnent

(16) $$D_e^{(f)} = D_{e+1} + (q_e - f) D_e.$$

En procédant au calcul de la série

$$k_0 \varphi_0(n_0) + k_1 \varphi_0(n_1) + k_2 \varphi_0(n_2) + \ldots.,$$

remarquons qu'après l'introduction des valeurs obtenues pour

$$\varphi_0(n_0),\ \varphi_0(n_1),\ \varphi_0(n_2),\ \ldots.,$$

cette série prend la forme suivante

$$k_0 D_1' + k_1 D_1'' + \ldots. + k_{q_1-2} D_1^{(q_1-1)} + k_{q_1-1} D_2 + k_{q_1} D_3' + k_{q_1+1} D_3'' + \ldots.,$$

les coefficients

$$k_0,\ k_1,\ k_2,\ \ldots.$$

d'après le § IV étant les quotients de la division de $\psi(M_0)$ par $\varphi_0(n_0) = D_1'$, du premier reste par $\varphi_0(n_1) = D_1''$, du second reste par $\varphi_0(n_2) = D_1'''$, et ainsi de suite. En remarquant que (d'après le § II) le dividende $\psi(M_0)$ est inférieur à un, que le premier reste est inférieur au premier diviseur D_1' et ainsi de suite, nous concluons que

$$k_0 < \frac{1}{D_1'};\ k_1 < \frac{D_1'}{D_1''};\ \ldots.\ k_{q_1-2} < \frac{D_1^{(q_1-2)}}{D_1^{(q_1-1)}},$$

et par conséquent

$$k_0 - 2 < \frac{1-2D_1'}{D_1'},\ k_1 - 2 < \frac{D_1' - 2D_1''}{D_1''};\ \ldots.\ k_{q_1-2} - 2 < \frac{D_1^{(q_1-2)} - 2D_1^{(q_1-1)}}{D_1^{(q_1-1)}}.$$

En y portant $D_2 + q_1 D_1$ à la place de un d'après (15) et remplaçant les quantités

$$D_1',\ D_1'',\ \ldots.\ D_1^{(q_1-1)}$$

par leurs valeurs (16) on obtient après la réduction

$$k_0 - 2 < -\frac{D_2 + (q_1 - 2) D_1}{D_2 + (q_1 - 1) D_1},$$

$$k_1 - 2 < -\frac{D_2 + (q_1 - 3) D_1}{D_2 + (q_1 - 2) D_1},$$

$$\ldots\ldots\ldots\ldots\ldots\ldots$$

$$k_{q_1-2} - 2 < -\frac{D_2}{D_2 + D_1}.$$

Tous les coefficients

$$k_0,\ k_1,\ \ldots\ldots\ k_{q_1-2}$$

sont donc inférieurs à 2; mais, puisque ces coefficients sont des nombres entiers et positifs (§ IV), ils ne peuvent avoir qu'une des valeurs: 0 ou 1.

Désignons par k_g le premier des coefficients

$$k_0,\ k_1,\ k_2,\ \ldots\ldots\ k_{q_1-2}$$

différent de zéro; on aura dans cette supposition

$$k_0 = 0,\ k_1 = 0,\ \ldots\ldots\ k_{g-1} = 0,\ k_g = 1.$$

D'après ce que nous avons dit sur la détermination de ces coefficients, nous concluons que le quotient de la division de $\psi(M_0)$ par

$$D_1',\ D_1'',\ \ldots\ldots\ D_1^{(g)}$$

doit être égal à zéro, mais en divisant par

$$D_1^{(g+1)}$$

on obtient le quotient un, ce qui n'a lieu que pour

$$\psi(M_0) < D_1^{(g)},\quad \psi(M_0) \geqq D_1^{(g+1)}.$$

En y portant les valeurs de $D_1^{(g)}$, $D_1^{(g+1)}$ d'après (16) on trouve

$$\psi(M_0) < D_2 + (q_1 - g)\, D_1,$$

$$\psi(M_0) \geqq D_2 + (q_1 - g - 1)\, D_1,$$

ce qui nous donne

$$(17)\qquad \begin{cases} \psi(M_0) - (D_1 + D_2) < (q_1 - g - 1)\, D_1, \\ \psi(M_0) - (D_1 + D_2) \geqq (q_1 - g - 2)\, D_1. \end{cases}$$

Comme g désigne un des nombres

$$0,\ 1,\ 2,\ 3, \ldots\ldots\ q_1 - 2,$$

la dernière inégalité suppose que

$$\psi(M_0) \geqq D_1 + D_2.$$

Cette inégalité a toujours lieu quand la série

$$k_0,\ k_1,\ k_2, \ldots .\ k_{q_1-2}$$

contient un coefficient k_g différent de zéro. Par conséquent, si la condition

$$\psi(M_0) \geqq D_1 + D_2,$$

n'est pas satisfaite, tous les coefficients

$$k_0,\ k_1,\ k_2, \ldots .\ k_{q_1-2}$$

sont égaux à zèro. Mais si cette condition est remplie il est facile de déterminer g d'après (17). Remarquons pour cela que d'après (17) le rapport

$$\frac{\psi(M_0) - (D_1 + D_2)}{D_1}$$

est compris entre les nombres

$$q_1 - g - 1,\ q_1 - g - 2;$$

par conséquent le moindre de ces nombres $q_1 - g - 2$ est le quotient de la division de

$$\psi(M_0) - (D_1 + D_2)$$

par D_1. En désignant ce quotient par α_1 nous aurons

$$q_1 - g - 2 = \alpha_1;$$

d'où résulte la valeur de g:

$$g = q_1 - \alpha_1 - 2.$$

De cette manière on détermine g, l'indice du premier des coefficients

$$k_0,\ k_1,\ k_2, \ldots .\ k_{q_1-2},$$

différent de zéro et égal à un. Tous les coefficients suivants

$$k_{g+1},\ k_{g+2}, \ldots .\ k_{q_1-2},$$

s'annulent, comme il est facile de s'en convaincre.

En effet, d'après ce que nous avons dit sur la détermination des coefficients de la série

$$k_0 D_1' + k_1 D_1'' + \ldots . + k_{q_1-2} D_1^{(q_1-1)} + k_{q_1-1} D_2 + \ldots .,$$

les coefficients

$$k_{g+1},\ k_{g+2},\ldots.\ k_{q_1-2},$$

dans le cas où

$$k_0=0,\ k_1=0,\ldots.\ k_{g-1}=0,\ k_g=1,$$

sont égaux aux quotients de la division de la différence $\psi(M_0)-D_1^{(g+1)}$ par $D_1^{(g+2)}$, du premier reste par $D_1^{(g+3)}$, du second reste par $D_1^{(g+4)}$ et ainsi de suite.

Les quotients de toutes ces divisions sont zéros, car la différence

$$\psi(M_0)-D_1^{(g+1)},$$

d'après (17) est inférieure à

$$D_1+D_2+(q_1-g-1)\,D_1-D_1^{(g+1)},$$

ce qui se réduit, en y introduisant la valeur de $D_1^{(g+1)}$ donnée par la formule (16), à D_1 qui, d'après (16), est inférieure à tous les diviseurs

$$D_1^{(g+2)},\ D_1^{(g+3)},\ldots.\ D_1^{(q_1-1)}.$$

Il en résulte que la série

$$k_0 D_1'+k_1 D_1''+\ldots.+k_{q_1-2}D_1^{(q_1-1)}+k_{q_1-1}D_2+\ldots.$$

ne contient aucun des termes

$$k_0 D_1',\ k_1 D_1'',\ldots.\ k_{q_1-2}D_1^{(q_1-1)}$$

ou n'en contient qu'un seul dont le coefficient sera égal à 1.

Le premier cas a lieu quand

$$\psi(M_0)<D_1+D_2;$$

le second cas quand

$$\psi(M_0)\geqq D_1+D_2,$$

et dans le dernier cas un tel terme est

$$k_g D_1^{(g+1)}=D_1^{(q_1-\alpha_1-1)};$$

α_1 étant le quotient de la division de la différence

$$\psi(M_0)-(D_1+D_2)$$

par D_1. Par cette raison la somme des termes de cette série jusqu'au terme $k_{q_1-1}D_2$ se réduit à zéro ou à $D_1^{(q_1-\alpha_1-1)}$ et par conséquent se représente en général par l'expression

$$\frac{1\pm1}{2}D_1^{(q_1-\alpha_1-1)}$$

avec un des deux signes $\pm$. Le signe supérieur avec lequel cette expression se réduit à

$$D_1^{(q_1-\alpha_1-1)},$$

a lieu sous la condition

$$\psi(M_0) \geqq D_1 + D_2;$$

le signe inférieur avec lequel l'expression devient nulle a lieu quand

$$\psi(M_0) < D_1 + D_2.$$

Ainsi notre série se réduit à la suivante

$$\frac{1 \pm 1}{2} D_1^{(q_1-\alpha_1-1)} + k_{q_1-1} D_2 + k_{q_1} D_3' + \ldots,$$

et le coefficient k_{q_1-1} d'après le § IV est égal au quotient de la division de

$$\psi(M_0) - \frac{1 \pm 1}{2} D_1^{(q_1-\alpha_1-1)}$$

par D_2. En désignant ce quotient par α_2 nous aurons

$$k_{q_1-1} = \alpha_2.$$

En passant à la détermination des coefficients postérieurs

$$k_{q_1}, \; k_{q_1+1}, \ldots,$$

remarquons qu'on les trouvera de la même manière que les précédents

$$k_0, \; k_1, \; k_2, \ldots \; k_{q_1-2},$$

et que tous les termes de la forme

$$k_{q_1} D_3', \; k_{q_1+1} D_3'', \ldots, \; k_{q_1+q_3-2} D_3^{(q_3-1)}$$

se réduisent à

$$\frac{1 \pm 1}{2} D_3^{(q_3-\alpha_3-1)},$$

en y conservant le signe inférieur ou supérieur selon que la différence

$$\psi(M_0) - \frac{1 \pm 1}{2} D_1^{(q_1-\alpha_1-1)} - \alpha_2 D_2$$

soit inférieure à $D_3 + D_4$ ou non, le nombre α_3 étant le quotient de la division de

$$\psi(M_0) - \frac{1 \pm 1}{2} D_1^{(q_1-\alpha_1-1)} - \alpha_2 D_2 - (D_3 + D_4)$$

par D_3.

En continuant de cette manière nous trouverons pour évaluation de la série, dont il s'agit, la formule suivante

$$(18)\qquad \frac{1\pm 1}{2} D_1^{(q_1-\alpha_1-1)} + \alpha_2 D_2 + \frac{1\pm 1}{2} D_3^{(q_3-\alpha_3-1)} + \alpha_4 D_4 + \ldots .$$

§ VI.

Les nombres

$$\alpha_2,\ \alpha_4, \ldots ,$$

c'est à dire, les coefficients de

$$D_2,\ D_4, \ldots ,$$

dans la série (18), sont les quotients de la division de la différence

$$\psi(M_0) - \frac{1\pm 1}{2} D_1^{(q_1-\alpha_1-1)}$$

par D_2, de la différence

$$\psi(M_0) - \frac{1\pm 1}{2} D_1^{(q_1-\alpha_1-1)} - \alpha_2 D_2 - \frac{1\pm 1}{2} D_3^{(q_3-\alpha_3-1)}$$

par D_4 et ainsi de suite. Par conséquent on aura les inégalités suivantes

$$(19)\quad 0 \leqq \psi(M_0) - \frac{1\pm 1}{2} D_1^{(q_1-\alpha_1-1)} - \alpha_2 D_2 - \frac{1\pm 1}{2} D_3^{(q_3-\alpha_3-1)} - \ldots - \alpha_{2\lambda} D_{2\lambda} < D_{2\lambda},$$

qui font voir que la somme de la série (18) arrêtée au terme

$$\alpha_{2\lambda}\ D_{2\lambda},$$

ne surpasse pas $\psi(M_0)$ et n'en diffère que d'une valeur moindre que $D_{2\lambda}$.

Quant à la valeur qu'on obtient en s'arrêtant au terme de la forme

$$\frac{1\pm 1}{2} D_{2\lambda+1}^{(q_{2\lambda+1}-\alpha_{2\lambda+1}-1)},$$

on devra distinguer deux cas que nous discuterons successivement.

Premier cas. Le terme $\frac{1\pm 1}{2} D_{2\lambda+1}^{(q_{2\lambda+1}-\alpha_{2\lambda+1}-1)}$ *diffère de zéro.*

Cela arrive quand des deux signes $\pm$ on retient le signe supérieur; ce terme devient alors

$$D_{2\lambda+1}^{(q_{2\lambda+1}-\alpha_{2\lambda+1}-1)},$$

et le nombre $\alpha_{2\lambda+1}$, comme nous le savons, est le quotient de la division de la différence

$$\psi(M_0)-\frac{1\pm1}{2}D_1^{(q_1-\alpha_1-1)}-\alpha_2 D_2-\frac{1\pm1}{2}D_3^{(q_3-\alpha_3-1)}-\ldots-\alpha_{2\lambda}D_{2\lambda}-(D_{2\lambda+1}+D_{2\lambda+2})$$

par $D_{2\lambda+1}$, ce qui suppose les inégalités

$$\left.\begin{array}{l}\psi(M_0)-\frac{1\pm1}{2}D_1^{(q_1-\alpha_1-1)}-\alpha_2 D_2-\ldots\ldots\\ -\alpha_{2\lambda}D_{2\lambda}-(D_{2\lambda+1}+D_{2\lambda+2})-\alpha_{2\lambda+1}D_{2\lambda+1}\end{array}\right\}\begin{array}{l}<D_{2\lambda+1}\\ \geqq 0.\end{array}$$

Mais comme d'après (16)

$$D_{2\lambda+1}^{(q_{2\lambda+1}-\alpha_{2\lambda+1}-1)}=D_{2\lambda+2}+(\alpha_{2\lambda+1}+1)D_{2\lambda+1},$$

on aura

$$(20)\quad 0\leqq\psi(M_0)-\frac{1\pm1}{2}D_1^{(q_1-\alpha_1-1)}-\alpha_2 D_2-\ldots-\alpha_{2\lambda}D_{2\lambda}-D_{2\lambda+1}^{(q_{2\lambda+1}-\alpha_{2\lambda+1}-1)}<D_{2\lambda+1}.$$

On voit de là que la somme de la série (18) arrêtée au terme

$$\frac{1\pm1}{2}D_{2\lambda+1}^{(q_{2\lambda+1}-\alpha_{2\lambda+1}-1)},$$

ne surpasse pas $\psi(M_0)$ et n'en diffère que d'une valeur moindre que $D_{2\lambda+1}$, si ce terme ne disparait pas.

Second cas. Le terme $\frac{1\pm1}{2}D_{2\lambda+1}^{(q_{2\lambda+1}-\alpha_{2\lambda+1}-1)}$ *disparait.*

Cela arrive quand des deux signes $\pm$ on retient le signe inférieur, ce qui a lieu, comme nous l'avons vu, sous la condition

$$(21)\quad \psi(M_0)-\frac{1\pm1}{2}D_1^{(q_1-\alpha_1-1)}-\alpha_2 D_2-\ldots-\alpha_{2\lambda}D_{2\lambda}<D_{2\lambda+1}+D_{2\lambda+2}.$$

Cette inégalité avec l'inégalité (19) fait voir que la somme de la série (18) arrêtée au terme

$$\frac{1\pm1}{2}D_{2\lambda+1}^{(q_{2\lambda+1}-\alpha_{2\lambda+1}-1)},$$

(dans le cas où ce terme disparait) ne surpasse pas $\psi(M_0)$ et n'en diffère que d'une valeur moindre que $D_{2\lambda+1}+D_{2\lambda+2}$.

En se fondant sur les inégalités (19), (20), (21) il est facile de démontrer, que dans la série (18) les nombres α_1, α_2, α_3, ... et les facteurs

$\frac{1 \pm 1}{2}$ ont de telles valeurs, pour lesquelles cette série arrêtée à un terme quelconque donne la valeur la plus grande possible ne surpassant pas $\psi(M_0)$. En effet, d'après (19) on voit directement que la somme de cette série arrêtée au terme

$$\alpha_{2\lambda} \; D_{2\lambda}$$

aurait une valeur plus grande que $\psi(M_0)$, si même le coefficient de $D_{2\lambda}$ était augmenté d'une unité. Remarquons de même, que, d'après (16), si l'on augmente d'une unité le nombre $\alpha_{2\lambda+1}$ la valeur de $D_{2\lambda+1}^{(q_{2\lambda+1}-\alpha_{2\lambda+1}-1)}$ augmentera de $D_{2\lambda+1}$. Par conséquent pour une valeur plus grande de $\alpha_{2\lambda+1}$ la somme de la série (18) arrêtée au terme

$$\frac{1 \pm 1}{2} D_{2\lambda+1}^{(q_{2\lambda+1}-\alpha_{2\lambda+1}-1)},$$

avec le facteur $\frac{1 \pm 1}{2} = 1$ aurait la valeur plus grande que $\psi(M_0)$ d'après les formules (20). Dans le cas, où le facteur $\frac{1 \pm 1}{2}$ de ce terme se réduit à zéro, on aurait l'inégalité (21). A cause de cette inégalité, la somme de la série (18) arrêtée au terme

$$\frac{1 \pm 1}{2} D_{2\lambda+1}^{(q_{2\lambda+1}-\alpha_{2\lambda+1}-1)},$$

aurait la valeur supérieure à $\psi(M_0)$, si on prenait le facteur $\frac{1 \pm 1}{2}$ égal à un; car avec cette valeur du facteur $\frac{1 \pm 1}{2}$ ce terme se réduirait à

$$D_{2\lambda+1}^{(q_{2\lambda+1}-\alpha_{2\lambda+1}-1)},$$

ce qui, d'après (16), n'est pas inférieur à $D_{2\lambda+2} + D_{2\lambda+1}$, mais d'après (21) la somme

$$\frac{1 \pm 1}{2} D_1^{(q_1-\alpha_1-1)} + \alpha_2 D_2 + \ldots . + \alpha_{2\lambda} D_{2\lambda} + D_{2\lambda+1} + D_{2\lambda+2}$$

surpassera

$$\psi(M_0).$$

Donc les valeurs des nombres

$$\alpha_1, \; \alpha_2, \; \alpha_3, \ldots .$$

et des facteurs de la forme

$$\frac{1 \pm 1}{2}$$

dans la série (18) sont déterminées par la condition que cette série arrêtée à un terme quelconque donne la valeur la plus grande possible ne surpassant pas $\psi(M_0)$.

Il n'est pas difficile de démontrer que dans cette série le coefficient α_{2i} du terme

$$\alpha_{2i} D_{2i}$$

n'est pas supérieur à $q_{2i} - 1$, si le terme précédent

$$\frac{1 \pm 1}{2} D_{2i-1}^{(q_{2i-1} - \alpha_{2i-1} - 1)}$$

est différent de zèro; dans le cas contraire le coefficient α_{2i} ne surpasse pas q_{2i}.

En effet, le coefficient α_{2i}, comme nous avons vu, résulte de la division de la différence

$$\psi(M_0) - \frac{1 \pm 1}{2} D^{(q_1 - \alpha_1 - 1)} - \alpha_2 D_2 - \frac{1 \pm 1}{1} D_3^{(q_3 - \alpha_3 - 1)} - \ldots - \frac{1 \pm 1}{2} D_{2i-1}^{(q_{2i-1} - \alpha_{2i-1} - 1)}$$

par D_{2i}. Or cette différence, d'après (21), est inférieure à

$$D_{2i-1} + D_{2i},$$

si son dernier terme disparait, et d'après (20) est inférieure à

$$D_{2i-1},$$

si ce terme ne disparait pas. Par conséquent dans le premier cas

$$\alpha_{2i} < \frac{D_{2i-1} + D_{2i}}{D_{2i}},$$

et dans le second

$$\alpha_{2i} < \frac{D_{2i-1}}{D_{2i}}.$$

Mais en remplaçant d'après (14) D_{2i-1} par $D_{2i+1} + q_{2i} D_{2i}$ on obtient

$$\alpha_{2i} < \frac{D_{2i+1} + q_{2i} D_{2i} + D_{2i}}{D_{2i}},$$

$$\alpha_{2i} < \frac{D_{2i+1} + q_{2i} D_{2i}}{D_{2i}};$$

d'où

$$\alpha_{2i} < q_{2i} + 1 + \frac{D_{2i+1}}{D_{2i}},$$

$$\alpha_{2i} < q_{2i} + \frac{D_{2i+1}}{D_{2i}}.$$

Or, D_{2i+1} étant moindre que D_{2i}, on a

$$\frac{D_{2i+1}}{D_{2i}} < 1;$$

par conséquent pour les valeurs entiers de α_{2i}, q_{2i} la première inégalité ne peut subsister que quand le nombre α_{2i} ne surpasse pas $q_{2i} + 1$; mais la seconde inégalité exige que α_{2i} ne soit pas supérieur à q_{2i}.

En déterminant les termes de la série

$$k_0 \psi_0(m_0) + k_1 \psi_0(m_1) + k_2 \psi_0(m_2) + \ldots,$$

conformément aux §§ III et V, on trouve que cette série se réduit à la suivante

$$\beta_1 D_1 + \frac{1 \pm 1}{2} D_2^{(q_2-\beta_2-1)} + \beta_3 D_3 + \ldots,$$

les nombres β_1, β_2, β_3, ... étant entiers et positifs. Après avoir répété les mêmes raisonnements que nous avons faits par rapport à la série (18), nous arriverons aux conclusions suivantes: 1) on détermine les nombres $\beta_1, \beta_2, \beta_3, \ldots$ et les facteurs $\frac{1 \pm 1}{2}$ de manière que la somme de cette série arrêtée a un terme quelconque ait la plus grande valeur possible ne surpassant pas $\varphi(N_0)$; 2) le coefficient β_{2i+1} du terme $\beta_{2i+1} D_{2i+1}$ ne surpasse pas $q_{2i+1} + 1$, si le terme précédent $\frac{1 \pm 1}{2} D_{2i}^{(q_{2i}-\beta_{2i}-1)}$ disparait; dans le cas contraire ce coefficient ne surpasse pas q_{2i+1}; 3) la somme de cette série arrêtée au terme $\beta_{2\lambda+1} D_{2\lambda+1}$ a la valeur ne surpassant pas $\varphi(N_0)$ et ne différant de $\varphi(N_0)$ que d'une valeur moindre que $D_{2\lambda+1}$; mais en s'arrêtant au terme $\frac{1 \pm 1}{2} D_{2\lambda}^{(q_{2\lambda}-\beta_{2\lambda}-1)}$ on obtient une valeur ne surpassant pas $\varphi(N_0)$ et n'en différant que d'une valeur moindre que $D_{2\lambda} + D_{2\lambda+1}$ ou $D_{2\lambda}$ suivant que ce terme disparait ou non.

§ VII.

Après avoir indiqué le calcul des séries

$$k_0 \varphi_0(n_0) + k_1 \varphi_0(n_1) + k_2 \varphi_0(n_2) + \ldots,$$
$$k_0 \psi_0(m_0) + k_1 \psi_0(m_1) + k_2 \psi_0(m_2) + \ldots,$$

nous passons à leur emploi pour déterminer, d'après les formules du § IV, le premier terme des séries

$$\psi(M_0),\ \psi(M_1),\ \psi(M_2), \ldots.$$

et

$$\varphi(N_0),\ \varphi(N_1),\ \varphi(N_2), \ldots,$$

ne surpassant pas la limite donnée ε. Nous avons vu (§ IV) qu'un tel terme $\psi(M)$ et le nombre correspondant M se déterminent au moyen des formules

$$\psi(M) = \psi(M_0) - k_0\,\varphi_0(n_0) - k_1\,\varphi_0(n_1) - \ldots - (k_{\nu_{\rho-1}} - l)\,\varphi_0(n_{\nu_{\rho-1}}),$$
$$M = M_0 + k_0 n_0 + k_1 n_1 + \ldots + (k_{\nu_{\rho-1}} - l)\, n_{\nu_{\rho-1}},$$

où

$$k_{\nu_{\rho-1}}\ \varphi_0(n_{\nu_{\rho-1}})$$

est le premier terme, auquel doit être arrêtée la série

$$k_0\,\varphi_0(n_0) + k_1\,\varphi_0(n_1) + k_2\,\varphi_0(n_2) + \ldots$$

pour fournir la valeur $\psi(M_0)$ à ε près, et l le plus grand des nombres

$$0,\ 1,\ 2,\ 3, \ldots\ k_{\nu_{\rho-1}} - 1,$$

avec lequel l'expression

$$k_0\,\varphi_0(n_0) + k_1\,\varphi_0(n_1) + \ldots + (k_{\nu_{\rho-1}} - l)\ \varphi_0(n_{\nu_{\rho-1}})$$

a la valeur $\psi(M_0)$ à ε près. En calculant cette série nous avons obtenu (§ V) la formule

$$\frac{1\pm 1}{2}\, D_1^{(q_1-\alpha_1-1)} + \alpha_2\, D_2 + \frac{1\pm 1}{2}\, D_3^{(q_3-\alpha_3-1)} + \ldots,$$

où d'après notre notation (§ V)

$$\begin{aligned} D_1^{(q_1-\alpha_1-1)} &= \varphi_0\ (Q_1^{(q_1-\alpha_1-1)}), \\ D_2 &= \varphi_0\ (Q_2), \\ D_3^{(q_3-\alpha_3-1)} &= \varphi_0\ (Q_3^{(q_3-\alpha_3-1)}), \\ &\ldots\ldots\ldots\ldots \end{aligned}$$

Il en résulte que les expressions des quantités $\psi(M)$ et M prennent la forme

$$\psi(M) = \psi(M_0) - \frac{1\pm 1}{2}\, D_1^{(q_1-\alpha_1-1)} - \alpha_2\, D_2 - \frac{1\pm 1}{2}\, D_3^{(q_3-\alpha_3-1)} - \ldots$$
$$- \frac{1\pm 1}{2}\, D_{2i-1}^{(q_{2i-1}-\alpha_{2i-1}-1)} - (\alpha_{2i} - l)\, D_{2i},$$
$$M = M_0 + \frac{1\pm 1}{2}\, Q_1^{(q_1-\alpha_1-1)} + \alpha_2\, Q_2 + \frac{1\pm 1}{2}\, Q_3^{(q_3-\alpha_3-1)} + \ldots$$
$$+ \frac{1\pm 1}{2}\, Q_{2i-1}^{(q_{2i-1}-\alpha_{2i-1}-1)} + (\alpha_{2i} - l)\, Q_{2i},$$

ou bien

$$\psi(M)=\psi(M_0)-\frac{1\pm1}{2}D_1^{(q_1-\alpha_1-1)}-\alpha_2 D_2-\frac{1\pm1}{2}D_3^{(q_3-\alpha_3-1)}-\ldots\ldots$$
$$-\left(\frac{1\pm1}{2}-l\right)D_{2i-1}^{(q_{2i-1}-\alpha_{2i-1}-1)},$$

$$M=M_0+\frac{1\pm1}{2}Q_1^{(q_1-\alpha_1-1)}+\alpha_2 Q_2+\frac{1\pm1}{2}Q_3^{(q_3-\alpha_3-1)}+\ldots\ldots$$
$$+\left(\frac{1\pm1}{2}-l\right)Q_{2i-1}^{(q_{2i-1}-\alpha_{2i-1}-1)},$$

suivant que

$$\alpha_{2i}\ D_{2i}$$

ou

$$\frac{1\pm1}{2}D_{2i-1}^{(q_{2i-1}-\alpha_{2i-1}-1)}$$

sera le premier terme, auquel doit être arrêtée la série

$$\frac{1\pm1}{2}D_1^{(q_1-\alpha_1-1)}+\alpha_2 D_2+\frac{1\pm1}{2}D_3^{(q_3-\alpha_3-1)}+\ldots\ldots$$

pour avoir la valeur $\psi(M_0)$ à ε près. Dans le dernier cas, d'après ce que nous avons dit plus haut, le nombre l doit être inférieur à $\frac{1\pm1}{2}$ et par conséquent ne peut être différent de zéro. Mais pour $l=0$ les dernières expressions de $\psi(M)$ et M ont les mêmes valeurs que les premières pour $l=\alpha_{2i}$. Donc les premières expressions de $\psi(M)$ et M comprennent les deux cas en y admettant la valeur $l=\alpha_{2i}$. On pourra alors sans s'arrêter aux termes de la forme

$$\frac{1\pm1}{2}D_{2i-1}^{(q_{2i-1}-\alpha_{2i-1}-1)},$$

continuer la série jusqu'au terme de la forme

$$\alpha_{2i}\ D_{2i},$$

avec lequel on obtient la valeur $\psi(M_0)$ à ε près.

Par conséquent pour déterminer $\psi(M)$ et M on a un seul système de formules

$$\psi(M)=\psi(M_0)-\frac{1\pm1}{2}D_1^{(q_1-\alpha_1-1)}-\alpha_2 D_2-\frac{1\pm1}{2}D_3^{(q_3-\alpha_3-1)}-\ldots\ldots$$
$$-\frac{1\pm1}{2}D_{2i-1}^{(q_{2i-1}-\alpha_{2i-1}-1)}-(\alpha_{2i}-l)\,D_{2i},$$

$$M=M_0+\frac{1\pm1}{2}Q_1^{(q_1-\alpha_1-1)}+\alpha_2 Q_2+\frac{1\pm1}{2}Q_3^{(q_3-\alpha_3-1)}+\ldots\ldots$$
$$+\frac{1\pm1}{2}Q_{2i-1}^{(q_{2i-1}-\alpha_{2i-1}-1)}+(\alpha_{2i}-l)\,Q_{2i},$$

en désignant par

$$\alpha_{2i}\, D_{2i}$$

le premier des termes

$$\alpha_2 D_2,\ \alpha_4 D_4, \ldots,$$

avec lequel la série

$$\frac{1 \pm 1}{2} D_1^{(q_1-\alpha_1-1)} + \alpha_2 D_2 + \frac{1 \pm 1}{2} D_3^{(q_3-\alpha_3-1)} + \ldots,$$

a la valeur $\psi(M_0)$ à ε près, l étant le plus grand des nombres

$$0,\ 1,\ 2,\ 3, \ldots\ \alpha_{2i},$$

avec lequel l'expression

$$\frac{1 \pm 1}{2} D_1^{(q_1-\alpha_1-1)} + \alpha_2 D_2 + \frac{1 \pm 1}{2} D_3^{(q_3-\alpha_3-1)} + \ldots + (\alpha_{2i} - l)\, D_{2i}$$

donne $\psi(M_0)$ à ε près.

Le nombre M ainsi déterminé est d'après le § II la plus petite valeur de x pour laquelle la différence $y - ax$, en restant inférieure à b, représente b à ε près; la quantité $\psi(M)$, d'après les §§ I et II, sera égale à la valeur de

$$-(y - ax - b),$$

la plus rapprochée de zéro pour $x = M$ et $y - ax < b$.

Pour obtenir la valeur de y correspondant à

$$x = M,$$

$$-(y - ax - b) = \psi(M),$$

remarquons que ces égalités après l'élimination de x donnent

$$y = b - \psi(M) + aM.$$

Or, en y introduisant les valeurs obtenues de M et $\psi(M)$ et remplaçant d'après (12) les quantités

$$D_1^{(q_1-\alpha_1-1)},\ D_2,\ D_3^{(q_3-\alpha_3-1)},\ D_4 \ldots$$

par

$$P_1^{(q_1-\alpha_1-1)} - aQ_1^{(q_1-\alpha_1-1)},\ P_2 - aQ_2,\ P_3^{(q_3-\alpha_3-1)} - aQ_3^{(q_3-\alpha_3-1)},\ P_4 - aQ_4, \ldots,$$

on obtient après les réductions

$$y = b + aM_0 - \psi(M_0) + \frac{1 \pm 1}{2} P_1^{(q_1-\alpha_1-1)} + \alpha_2 P_2 + \frac{1 \pm 1}{2} P_3^{(q_3-\alpha_3-1)} + \ldots$$
$$+ \frac{1 \pm 1}{2} P_{2i-1}^{(q_{2i-1}-\alpha_{2i-1}-1)} + (\alpha_{2i} - l)\, P_{2i}.$$

Afin de déterminer $\psi(M_0)$ et M_0 remarquons que d'après le § II les séries

$$\psi(0),\ \psi(1),\ \psi(2),\ldots.$$

et

$$\psi(M_0),\ \psi(M_1),\ \psi(M_2),$$

commencent avec le même terme, par conséquent

$$M_0 = 0,$$

$$\psi(M_0) = \psi(0);$$

mais d'après les formules (1)

$$\psi(0) = b - \mathrm{E}b;$$

donc

$$\psi(M_0) = b - \mathrm{E}b.$$

En portant ces valeurs de M_0 et $\psi(M_0)$ dans les expressions ci-dessus obtenues de $x = M$ et y on trouve

$$x = \frac{1\pm1}{2}Q_1^{(q_1-\alpha_1-1)} + \alpha_2 Q_2 + \frac{1\pm1}{2}Q_3^{(q_3-\alpha_3-1)} + \ldots.$$
$$+ \frac{1\pm1}{2}Q_{2i-1}^{(q_{2i-1}-\alpha_{2i-1}-1)} + (\alpha_{2i} - l)\,Q_{2i},$$

$$y = \mathrm{E}b + \frac{1\pm1}{2}P_1^{(q_1-\alpha_1-1)} + \alpha_2 P_2 + \frac{1\pm1}{2}P_3^{(q_3-\alpha_3-1)} + \ldots.$$
$$+ \frac{1\pm1}{2}P_{2i-1}^{(q_{2i-1}-\alpha_{2i-1}-1)} + (\alpha_{2i} - l)\,P_{2i}.$$

Ces expressions de x et y déterminent les moindres valeurs entières de x et y pour lesquelles la différence $y - ax$, en restant moindre que b, représente b à ε près.

En comparant ces expressions de x, y avec l'expression de $\psi(M_0) = b - \mathrm{E}b$ donnée par la formule

$$\frac{1\pm1}{2}D_1^{(q_1-\alpha_1-1)} + \alpha_2 D_2 + \frac{1\pm1}{2}D_3^{(q_3-\alpha_3-1)} + \ldots. + (\alpha_{2i} - l)\,D_{2i},$$

et remarquant que d'après (16) et (13)

$$D_1^{(q_1-\alpha_1-1)} = D_1 + \alpha_1 D_1 + D_2,\ D_3^{(q_3-\alpha_3-1)} = D_3 + \alpha_3 D_3 + D_4, \ldots.,$$
$$Q_1^{(q_1-\alpha_1-1)} = -Q_1 - \alpha_1 Q_1 + Q_2,\ Q_3^{(q_3-\alpha_3-1)} = -Q_3 - \alpha_3 Q_3 + Q_4, \ldots.,$$
$$P_1^{(q_1-\alpha_1-1)} = -P_1 - \alpha_1 P_1 + P_2,\ P_3^{(q_3-\alpha_3-1)} = -P_3 - \alpha_3 P_3 + P_4, \ldots.,$$

nous arrivons à la solution suivante de notre problème sur la détermination des moindres valeurs de x et y, pour lesquelles la différence $y - ax$, en restant inférieure à b, donne b à ε près.

Développons la quantité a en fraction continue

$$q_0 + \cfrac{1}{q_1 + \cfrac{1}{q_2 + \dots}},$$

calculons les réduites

$$\frac{P_0}{Q_0} = \frac{1}{0}, \quad \frac{P_1}{Q_1} = \frac{q_0}{1}, \dots \frac{P_{e+1}}{Q_{e+1}} = \frac{P_e q_e + P_{e-1}}{Q_e q_e + Q_{e-1}}$$

et les quantités

$$D_0, \; D_1, \; D_2, \dots,$$

déterminées par les formules

$$D_0 = 1, \; D_1 = a - q_0; \dots \; D_{e+1} = D_{e-1} - D_e q_e.$$

Développons la quantité $b - \mathrm{E}b$ *en une série de la forme*

$$\frac{1 \pm 1}{2}(D_1 + \alpha_1 D_1 + D_2) + \alpha_2 D_2 + \frac{1 \pm 1}{2}(D_3 + \alpha_3 D_3 + D_4) + \dots,$$

les nombres entièrs et positifs $\alpha_1, \alpha_2, \alpha_3, \dots$ *et les signes dans les facteurs de la forme* $\frac{1 \pm 1}{2}$ *étant choisis de manière que la série arrêtée à un terme quelconque ait la plus grande valeur possible ne surpassant pas* $b - \mathrm{E}b$. *Au moyen de ce développement de la quantité* $b - \mathrm{E}b$ *on détermine de la manière suivante les plus petites valeurs* x, y *pour lesquelles la différence* $y - ax$, *en restant inférieure à* b, *donne* b *à* ε *près:*

Arrêtons la série

$$\frac{1 \pm 1}{2}(D_1 + \alpha_1 D_1 + D_2) + \alpha_2 D_2 + \frac{1 \pm 1}{2}(D_3 + \alpha_3 D_3 + D_4) + \dots$$

au premier terme de la forme $\alpha_2 D_2$, $\alpha_4 D_4, \dots$ *avec lequel la série donne* $b - \mathrm{E}b$ *à* ε *près, et dans cette expression de* $b - \mathrm{E}b$ *approchons de zéro le dernier coefficient autant qu'il soit possible en le laissant entier, sans augmenter par cela l'erreur au delà de* ε. *En remplaçant dans l'expression approchée ainsi obtenue de la valeur* $b - \mathrm{E}b$ *les quantités*

$$D_1, \; D_2, \; D_3, \; D_4,$$

par les nombres

$$-Q_1, \; +Q_2, \; -Q_3, \; +Q_4, \dots,$$

on obtient la valeur de l'inconnu x; et en remplaçant les mêmes quantités par les nombres

$$-P_1, \ +P_2, \ -P_3, \ +P_4, \dots$$

et en ajoutant $\mathrm{E}b$ *on trouve* y.

De même, en développant la quantité $\varphi(N_0)$ en série

$$\beta_1 D_1 + \frac{1 \pm 1}{2} D_2^{(q_2-\beta_2-1)} + \beta_3 D_3 + \dots,$$

on obtient la solution de notre problème pour le cas

$$y - ax > b.$$

D'ailleurs les valeurs des quantités

$$D_1, \ D_2, \ D_3, \dots$$

et des nombres

$$P_1, \ P_2, \ P_3, \dots,$$
$$Q_1, \ Q_2, \ Q_3, \dots$$

restent les mêmes, mais la quantité

$$\psi(M_0) = b - \mathrm{E}b,$$

d'après le § II doit être remplacée par

$$\varphi(N_0) = \mathrm{E}b + 1 - b.$$

Dans ce cas on détermine les plus petits nombres x, y avec lesquelles la différence $y - ax$ donne b à ε près de la manière suivante:

Arrêtons la série

$$\beta_1 D_1 + \frac{1 \pm 1}{2}(D_2 + \beta_2 D_2 + D_3) + \beta_3 D_3 + \dots$$

au premier terme de la forme $\beta_1 D_1$, $\beta_3 D_3, \dots$, *avec lequel on obtient la valeur* $\mathrm{E}b + 1 - b$ *à* ε *près, et dans l'expression de la quantité* $\mathrm{E}b + 1 - b$ *approchons de zéro le dernier coefficient autant qu'il soit possible en le laissant entier et sans augmenter l'erreur de l'expression de* $\mathrm{E}b + 1 - b$ *au delà de* ε. *En remplaçant dans l'expression de* $\mathrm{E}b + 1 - b$ *ainsi obtenue les quantités*

$$D_1, \ D_2, \ D_3, \ D_4, \dots$$

par les nombres

$$+Q_1, \ -Q_2, \ +Q_3, \ -Q_4, \ldots,$$

on obtient x; et en remplaçant les mêmes quantités par

$$+P_1, \ -P_2, \ +P_3, \ -P_4, \ldots.$$

et en ajoutant $\mathrm{E}b+1$ *on trouve* y.

§ VIII.

Au moyen des formules obtenues il est facile de démontrer qu'en déterminant x, y de manière que la différence $y-ax$, en restant inférieure à b, donne b à ε_0 près, on trouve pour x une valeur inférieure à $\frac{2}{D_{2i}}$, si D_{2i} ne surpasse pas ε_0.

En effet, d'après (19) la différence

$$\psi(M_0)-\left[\frac{1\pm1}{2}D_1^{(q_1-\alpha_1-1)}+\alpha_2 D_2+\ldots+\frac{1\pm1}{2}D_{2i-1}^{(q_{2i-1}-\alpha_{2i-1}-1)}+\alpha_{2i}D_{2i}\right]$$

a une valeur positive inférieure à D_{2i} et par conséquent, sous la condition supposée, inférieure à ε_0. En prenant cette différence pour ε et déterminant par la méthode indiquée les moindres valeurs de x et y pour lesquelles la différence $y-ax$, en restant inférieure à ε, représente b à ε près, nous remarquons que la série

$$\frac{1\pm1}{2}D_1^{(q_1-\alpha_1-1)}+\alpha_2 D_2+\frac{1\pm1}{2}D_3^{(q_3-\alpha_3-1)}+\ldots.$$

doit être arrêtée au terme

$$\alpha_{2i}D_{2i};$$

car de cette manière on obtient une quantité dont la différence de $\psi(M_0)$ est égale à ε. En passant à la détermination du nombre l, qui est le plus grand des nombres

$$0,\ 1,\ 2,\ 3,\ldots\ \alpha_{2i},$$

avec lequel l'expression

$$\frac{1\pm1}{2}D_1^{(q_1-\alpha_1-1)}+\alpha_2 D_2+\frac{1\pm1}{2}D_3^{(q_3-\alpha_3-1)}+\ldots+\frac{1\pm1}{2}D_{2i-1}^{(q_{2i-1}-\alpha_{2i-1}-1)}+(\alpha_{2i}-l)D_{2i}$$

donne $\psi(M_0)$ à ε près, on trouve $l=0$; car c'est pour cette valeur de l que $\psi(M_0)$ surpasse cette expression exactement de ε. Par cette raison, d'après les formules du § VII, on trouve dans le cas présent les valeurs suivantes de x et y:

$$(22)\quad \begin{cases} x = \frac{1 \pm 1}{2} Q_1^{(q_1-\alpha_1-1)} + \alpha_2 Q_2 + \frac{1\pm 1}{2} Q_3^{(q_3-\alpha_3-1)} + \dots \\ \qquad + \frac{1\pm 1}{2} Q_{2i-1}^{(q_{2i-1}-\alpha_{2i-1}-1)} + \alpha_{2i} Q \ , \\ y = \mathrm{E}b + \frac{1\pm 1}{2} P_1^{(q_1-\alpha_1-1)} + \alpha_2 P_2 + \frac{1\pm 1}{2} P_3^{(q_3-\alpha_3-1)} + \dots \\ \qquad + \frac{1\pm 1}{2} P_{2i-1}^{(q_{2i-1}-\alpha_{2i-1}-1)} + \alpha_{2i} P_{2i}. \end{cases}$$

Or, d'après ce que nous avons démontré au § VI sur les coefficients de la série

$$\frac{1\pm 1}{2} D_1^{(q_1-\alpha_1-1)} + \alpha_2 D_2 + \frac{1\pm 1}{2} D_3^{(q_3-\alpha_3-1)} + \dots$$
$$+ \frac{1\pm 1}{2} D_{2i-1}^{(q_{2i-1}-\alpha_{2i-1}-1)} + \alpha_{2i} D_{2i} + \dots,$$

on voit que dans l'expression de x la somme des coefficients de $Q_1^{(q_1-\alpha_1-1)}$ et Q_2 ne surpasse pas q_2+1, la somme des coefficients de $Q_3^{(q_3-\alpha_3-1)}$ et Q_4 ne surpasse pas $q_4+1, \dots,$ la somme des coefficients de $Q_{2i-1}^{(q_{2i-1}-\alpha_{2i-1}-1)}$ et Q_{2i} ne surpasse pas $q_{2i}+1$. Mais d'après les formules (13) on trouve que

$$Q_1^{(q_1-\alpha_1-1)} < Q_2,$$
$$Q_3^{(q_3-\alpha_3-1)} < Q_4,$$
$$\dots\dots\dots\dots$$
$$Q_{2i-1}^{(q_{2i-1}-\alpha_{2i-1}-1)} < Q_{2i}.$$

Par conséquent la valeur de x obtenue ci-dessus ne peut pas dépasser la somme

$$(q_2+1)\ Q_2 + (q_4+1)\ Q_4 + \dots + (q_{2i}+1)\ Q_{2i}.$$

Les nombres $q_2, q_4, \dots, q_{2i}$ n'étant pas inférieurs à un, cette somme ne doit pas surpasser

$$2q_2 Q_2 + 2q_4 Q_4 + \dots + 2q_{2i} Q_{2i},$$

donc

$$x \leqq 2\ (q_2 Q_2 + q_4 Q_4 + \dots + q_{2i} Q_{2i}).$$

Or d'après les formules (13) on obtient

$$Q_3 = Q_2\, q_2 + Q_1,$$
$$Q_5 = Q_4\, q_4 + Q_3,$$
$$\dots\dots\dots\dots$$
$$Q_{2i+1} = Q_{2i}\, q_{2i} + Q_{2i-1},$$

L'élimination de Q_3, $Q_5, \ldots, Q_{2i-1}$ nous donne

$$Q_{2i+1} = Q_2 q_2 + Q_4 q_4 + \ldots + Q_{2i} q_{2i} + Q_1.$$

Par conséquent, Q_1 étant égal à un (§ II), on aura

$$Q_{2i+1} > Q_2 q_2 + Q_4 q_4 + \ldots + Q_{2i} q_{2i}.$$

Donc l'inégalité obtenue pour x nous donne

$$x < 2\, Q_{2i+1}.$$

Mais d'après la propriété des réduites

$$\frac{P_0}{Q_0}, \ \frac{P_1}{Q_1}, \ldots \frac{P_{2i}}{Q_{2i}}, \ \frac{P_{2i+1}}{Q_{2i+1}}, \ldots,$$

obtenues (§ II) par le développement de a en fraction continue, la différence

$$P_{2i} - aQ_{2i} = D_{2i},$$

est, comme on sait, inférieure à $\frac{1}{Q_{2i+1}}$, donc

$$Q_{2i+1} < \frac{1}{D_{2i}};$$

par conséquent l'inégalité obtenue nous donne

$$x < \frac{2}{D_{2i}},$$

ce qu'il fallait démontrer.

D'après l'inégalité qu'on vient d'obtenir

$$x < \frac{2}{D_{2i}},$$

où

$$D_{2i} > \varepsilon,$$

et ε étant le degré d'approximation avec lequel la différence

$$y - ax$$

représente b, on voit que pour les valeurs x, y déterminées par les formules (22) la différence

$$y - ax$$

en restant inférieure à b, représente b à

$$\frac{2}{x}$$

près. Mais en remarquant qu'on obtient ces systèmes de valeurs de x et y chaque fois qu'on arrête la série

$$\frac{1 \pm 1}{2} D_1^{(q_1-\alpha_1-1)} + \alpha_2 D_2 + \frac{1 \pm 1}{2} D_3^{(q_3-\alpha_3-1)} + \dots.$$

à un des termes

$$\alpha_2 D_2, \ \alpha_4 D_4, \dots,$$

en posant $l = 0$, nous concluons qu'il y aura une infinité de tels systèmes, si l'on prolonge la série indéfiniment. Or cette série peut évidemment se terminer dans un des deux cas: ou les quantités

$$D_1', \ D_1'', \dots \ D_1^{(q_1-1)}, \ D_2, \ D_3', \dots,$$

déterminées par le développement de a en fraction continue se présentent en nombre fini, ou bien les coefficients de la série

$$\frac{1 \pm 1}{2} D_1^{(q_1-\alpha_1-1)} + \alpha_2 D_2 + \frac{1 \pm 1}{2} D_3^{(q_3-\alpha_3-1)} + \dots,$$

à partir d'un terme quelconque, deviennent nuls. Le premier cas, d'après le § V, a lieu si la fraction continue provenant du développement de la quantité a se termine, c'est à dire, si a est commensurable. Dans le second cas, d'après le § VI, la série

$$\frac{1 \pm 1}{2} D_1^{(q_1-\alpha_1-1)} + \alpha_2 D_2 + \frac{1 \pm 1}{2} D_3^{(q_3-\alpha_3-1)} + \dots,$$

prolongée jusqu'aux termes devenant nuls, donne la valeur

$$\psi(M_0)$$

au dernier des quantités

$$D_1, \ D_2, \ D_3, \dots,$$

près. Par conséquent cette série donne tout à fait exactement la valeur

$\psi(M_0)$, si la fraction continue provenant du développement de a est infinie, les quantités

$$D_1, \; D_2, \; D_3, \ldots$$

ayant pour limite zéro. En déterminant, d'après les formules du § VII, les valeurs de x, y correspondant à cette quantité $\psi(M_0)$ nous trouverons un système des valeurs x, y pour lesquelles la différence $y - ax$ représente b tout à fait exactement.

Il n'est pas difficile de démontrer que dans ce dernier cas, pour a incommensurable, on trouvera une infinité de valeurs x, y pour lesquelles la différence

$$y - ax,$$

en restant inférieure à b, représente b à $\frac{2}{x}$ près.

En effet, soit

$$x = x_1, \; y = y_1$$

un système des valeurs x, y pour lesquelles la différence $y - ax$ est exactement égale à b. Dans la série des réduites de la quantité a

$$\frac{P_0}{Q_0}, \; \frac{P_1}{Q_1}, \; \frac{P_2}{Q_2}, \ldots \frac{P_{2\lambda}}{Q_{2\lambda}}, \; \frac{P_{2\lambda+1}}{Q_{2\lambda+1}}, \ldots,$$

pour a incommensurable, on trouve une infinité de fractions avec le dénominateur supérieur à x_1 et ayant une valeur moindre que a. Une de telles fractions étant

$$\frac{P_{2\lambda+1}}{Q_{2\lambda+1}},$$

il est facile de voir qu'en posant

$$x = x_1 + Q_{2\lambda+1}, \; y = y_1 + P_{2\lambda+1}$$

on obtiendra les valeurs x, y pour lesquelles la différence

$$y - ax,$$

en restant inférieure à b, représente b à $\frac{2}{x}$ près. Pour le démontrer remarquons que l'expression

$$y - ax - b,$$

pour les valeurs indiquées x, y, se réduit à

$$y_1 - ax_1 - b + P_{2\lambda+1} - aQ_{2\lambda+1},$$

où

$$y_1 - ax_1,$$

est, d'après la supposition, égale à b et d'après la propriété des réduites la différence

$$P_{2\lambda+1} - aQ_{2\lambda+1},$$

est inférieure à zéro et en diffère moins que $\frac{1}{Q_{2\lambda+1}}$. Il en résulte que pour les valeurs considérées de x, y la différence $y - ax$, restant inférieure à b, donne b à $\frac{1}{Q_{2\lambda+1}}$ près et par conséquent à $\frac{2}{x}$ près, car pour $x = x_1 + Q_{2\lambda+1}$ et $Q_{2\lambda+1} > x_1$ on a

$$\frac{1}{Q_{2\lambda+1}} < \frac{2}{x}.$$

Nous voyons que dans tous les cas, pour a incommensurable, on trouve une infinité de valeurs x, y pour lesquelles la différence $y - ax$, en restant inférieure à b, donne b à $\frac{2}{x}$ près. En considérant de la même manière les valeurs de x, y pour lesquelles la différence $y - ax$ est supérieure à b, on arrive au même résultat. On peut donc énoncer le théorème suivant:

Théorème.

Si a est une quantité incommensurable, on peut trouver une infinité de nombres entiers x, y pour lesquelles l'expression $y - ax$ différera d'une quantité donnée b par une valeur moindre que $\frac{2}{x}$; pour les unes de ces valeurs on aura $y - ax > b$, pour les autres $y - ax < b$.

En nous bornant au cas $y - ax < b$ et posant

$$y - ax - b = -d,$$

nous aurons

$$ax + b = y + d.$$

D'après cette formule les termes de la progression arithmétique

$$b,\ b + a,\ b + 2a, \ldots.$$

s'expriment par une somme d'un nombre entier y et d'une quantité d désignant la différence entre $y - ax$ et b. Mais d'après ce que nous avons démontré, il existe pour a incommensurable une infinité de valeurs de x, y

pour lesquelles la différence $d = b - (y - ax)$ est supérieure à zéro et inférieure à $\frac{2}{x}$. Donc pour un tel a la progression arithmétique

$$b, \; b + a, \; b + 2a, \ldots .$$

contient une infinité de termes dont la valeur $ax + b$ est égale à un nombre entier y avec une fraction moindre que $\frac{2}{x}$. Il en résulte le théorème suivant:

Théorème.

Si la différence d'une progression arithmétique est un nombre incommensurable, la progression contient une infinité de termes dont la partie fractionnaire est moindre que 2 divisé par le nombre des termes précédents.

En terminant ce mémoire nous ferons voir qu'on peut trouver une infinité de nombres entiers x, y pour lesquels la différence

$$A(lx + my + n)^2 - A_1(l_1x + m_1y + n_1)^2$$

reste comprise entre zéro et $4(lm_1 - l_1m)\sqrt{AA_1}$, le nombre AA_1 n'étant pas un carré parfait et $lm_1 - l_1m$ étant différent de zéro.

L'expression

$$A(lx + my + n)^2 - A_1(l_1x + m_1y + n_1)^2$$

étant décomposée en facteurs linéaires prend la forme

$$S(y - \alpha x - \beta)(y - \alpha_1 x - \beta_1),$$

où

$$S = m^2 A - m_1^2 A_1,$$

$$\alpha = \frac{l_1m_1A_1 - lmA}{m^2A - m_1^2A_1} + \frac{l_1m - lm_1}{m^2A - m_1^2A_1}\sqrt{AA_1},$$

$$\alpha_1 = \frac{l_1m_1A_1 - lmA}{m^2A - m_1^2A_1} - \frac{l_1m - lm_1}{m^2A - m_1^2A_1}\sqrt{AA_1},$$

$$\beta = \frac{n_1m_1A_1 - nmA}{m^2A - m_1^2A_1} + \frac{n_1m - nm_1}{m^2A - m_1^2A_1}\sqrt{AA_1},$$

$$\beta_1 = \frac{n_1m_1A_1 - nmA}{m^2A - m_1^2A_1} - \frac{n_1m - nm_1}{m^2A - m_1^2A_1}\sqrt{AA_1}.$$

Puisque d'après la supposition AA_1 n'est pas un carré parfait et $l_1m - lm_1$ est différent de zéro, la quantité α est incommensurable et dans ce cas, comme nous avons vu, on peut trouver une infinité de nombres entiers x, y pour lesquels la différence

$$(y - \alpha x) - \beta$$

est contenue entre zéro et $\frac{2}{x}$ et pour lesquels, par conséquent, aura lieu l'équation

$$y - \alpha x - \beta = \frac{2\theta}{x},$$

le nombre θ étant positif et inférieur à un.

En portant de là la valeur de y dans l'expression

$$S\,(y - \alpha x - \beta)\,(y - \alpha_1 x - \beta_1),$$

on la réduit à celle-ci

$$\frac{2\theta\, S}{x}\left\{ (\alpha - \alpha_1)\, x + \beta - \beta_1 + \frac{2\theta}{x} \right\},$$

ce qui, d'après les valeurs de S, α, α_1, β, β_1, prend la forme

$$(23)\qquad 4\theta\,(l_1 m - l m_1)\,\sqrt{AA_1}\left\{ 1 + \frac{n_1 m - n m_1}{l_1 m - l m_1}\,\frac{1}{x} + \frac{m^2 A - m_1^2 A_1}{(l_1 m - l m_1)\sqrt{AA_1}}\,\frac{\theta}{x^2} \right\}.$$

En nous fondant sur cette expression de la différence

$$A\,(lx + my + n)^2 - A_1\,(l_1 x + m_1 y + n_1)^2$$

pour les valeurs x, y déterminées de la manière indiquée, nous allons démontrer que parmi ces valeurs il en existe une infinité pour lesquelles la différence considérée est contenue entre 0 et $4\,(lm_1 - l_1 m)\,\sqrt{AA_1}$ et cela a toujours lieu quand x surpasse la valeur $x = x_0$ pour laquelle les expressions

$$\frac{n_1 m - n m_1}{l_1 m - l m_1}\,\frac{1}{x}, \quad \frac{m^2 A - m_1^2 A_1}{(l_1 m - l m_1)\sqrt{AA_1}}\,\frac{1}{x^2}$$

sont contenues entre les limites

$$-\frac{1}{2}, \quad +\infty,$$

et les expressions

$$4\,(n_1 m - n m_1)\,\frac{\sqrt{AA_1}}{x}, \quad 4\,(m^2 A - m_1^2 A_1)\,\frac{1}{x^2}$$

entre les limites

$$-\frac{1}{2}\left\{ 4\,(l_1 m - l m_1)\,\sqrt{AA_1} - \mathrm{E}4\,(l_1 m - l m_1)\sqrt{AA_1} \right\},$$

$$+\frac{1}{2}\left\{ \mathrm{E}4\,(l_1 m - l m_1)\,\sqrt{AA_1} + 1 - 4\,(l_1 m - l m_1)\,\sqrt{AA_1} \right\}.$$

En effet, puisque ces expressions s'approchent de zéro en même temps que x augmente, elles seront contenues entre les mêmes limites pour $x > x_0$; la même chose aura lieu après la multiplication par $\theta < 1$.

Il en résulte que pour $x > x_0$ la somme

$$\frac{n_1 m - n m_1}{l_1 m - l m_1} \frac{1}{x} + \frac{m^2 A - m_1^2 A_1}{(l_1 m - l m_1)\sqrt{A A_1}} \frac{\theta}{x^2}$$

sera contenue entre les limites

$$-1, \quad +\infty,$$

et la somme

$$4(n_1 m - n m_1) \frac{\sqrt{A A_1}}{x} + 4(m^2 A - m_1^2 A_1) \frac{\theta}{x^2}$$

entre les limites

$$-\left\{ 4(l_1 m - l m_1) \sqrt{A A_1} - \mathrm{E}\, 4(l_1 m - l m_1) \sqrt{A A_1} \right\},$$

$$+\left\{ \mathrm{E}\, 4(l_1 m - l m_1) \sqrt{A A_1} + 1 - 4(l_1 m - l m_1) \sqrt{A A_1} \right\}.$$

Le premier système d'inégalités nous indique que dans la formule (23) le facteur de

$$4(l_1 m - l m_1) \sqrt{A A_1},$$

est positif; nous allons maintenant démontrer que le second système indique que ce facteur n'est ni égal à un, ni supérieur à un, et par conséquent l'expression (23) est vraiment contenue entre 0 et $4(l_1 m - l m_1) \sqrt{A A_1}$.

Remarquons pour cela que ce facteur peut être mis sous la forme

$$1 - (1 - \theta) + T,$$

où

$$T = \frac{n_1 m - n m_1}{l_1 m - l m_1} \frac{\theta}{x} + \frac{m^2 A - m_1^2 A_1}{(l_1 m - l m_1)\sqrt{A A_1}} \frac{\theta^2}{x^2}.$$

Puisque le terme $-(1 - \theta)$ est négatif, le facteur considéré

$$1 - (1 - \theta) + T$$

ne peut être égal à 1 ou surpasser 1 que dans le cas où

$$T > 1 - \theta;$$

et dans ce cas après la réduction des deux derniers termes la quantité

$$1 - (1 - \theta) + T$$

se reduirait à

$$1 + \theta_1 T,$$

θ_1 étant > 0 et < 1.

Or cette expression du facteur considéré est impossible. En effet, d'après (23) la différence

$$A(lx + m_1 y + n)^2 - A_1(l_1 x + m_1 y + n_1)^2,$$

aurait la valeur

$$4(l_1 m - l m_1)\sqrt{AA_1}\,(1 + \theta_1 T),$$

ou après l'introduction de T

$$4(l_1 m - l m_1)\sqrt{AA_1} + \theta_1\theta\left[4(n_1 m - n m_1)\frac{\sqrt{AA_1}}{x} + 4\,\frac{m^2 A - m_1{}^2 A_1}{x^2}\,\theta\right].$$

Mais comme $\theta_1\theta > 0$ et < 1, et, d'après ce que nous avons remarqué, l'expression

$$4(n_1 m - n m_1)\frac{\sqrt{AA_1}}{x} + 4\,(m^2 A - m_1{}^2 A_1)\frac{\theta}{x^2}$$

est contenue entre les limites

$$-\left\{4(l_1 m - l m_1)\sqrt{AA_1} - \mathrm{E}4\,(l_1 m - l m_1)\sqrt{AA_1}\right\}$$

$$+\left\{\mathrm{E}4\,(l_1 m - l m_1)\sqrt{AA_1} + 1 - 4\,(l_1 m - l m_1)\sqrt{AA_1}\right\},$$

la valeur de la différence considérée serait contenue entre

$$\mathrm{E}4\,(l_1 m - l m_1)\sqrt{AA_1}$$

et

$$\mathrm{E}4\,(l_1 m - l m_1)\sqrt{AA_1} + 1,$$

ce qui est impossible; car entre ces deux nombres entiers il n'existe aucun nombre entier et la différence considérée est un nombre entier.

Il en résulte que, si dans le système des valeurs x, y déterminées de la manière indiquée la quantité x surpasse x_0, la différence

$$A(lx + my + n)^2 - A_1(l_1 x + m_1 y + n_1)^2$$

pour ce système des valeurs sera contenue entre 0 et $4\,(l_1 m - l m_1)\sqrt{AA_1}$; il existe une infinité de tels systèmes, comme nous avons vu, si AA_1 n'est pas un carré parfait et si la différence $l_1 m - l m_1$ est différente de zéro.

De la même manière en déterminant les valeurs x, y, pour lesquelles la différence $y - \alpha x$, en restant inférieure à β, donne β à $\frac{2}{x}$ près, nous obtiendrons une infinité de valeurs entières x, y pour lesquelles la différence

$$A(lx + my + n)^2 - A_1(l_1x + m_1y + n_1)^2$$

est contenue entre les limites 0 et $-4(l_1m - lm_1)\sqrt{AA_1}$.

28.

DES VALEURS MOYENNES.

(TRADUIT PAR M. N. DE KHANIKOF.)

О средних величинах.

(Математическій Сборникъ, томъ II, 1867 г., стр. 1—9. Liouville. Journal de mathématiques pures et appliquées. 2 série, XII, 1867, p. 177—184.)

(Lu le 17 décembre 1866.)

Des valeurs moyennes.

Si nous convenons d'appeler *espérance mathématique* d'une grandeur quelconque, la somme de toutes les valeurs qu'elle est susceptible de prendre, multipliées par leurs probabilités respectives, il nous sera aisé d'établir un théorème très-simple sur les limites entre lesquelles restera renfermée une somme de grandeurs quelconques.

Théorème.

Si l'on désigne par $a, b, c, \ldots.$ les espérances mathématiques des quantités

$$x,\ y,\ z, \ldots.,$$

et par $a_1,\ b_1,\ c_1, \ldots.$ les espérances mathématiques de leurs carrés

$$x^2,\ y^2,\ z^2, \ldots.,$$

la probabilité que la somme

$$x + y + z + \ldots.$$

est renfermée entre les limites

$$a + b + c \ldots. + \alpha\sqrt{a_1 + b_1 + c_1 + \ldots. - a^2 - b^2 - c^2 - \ldots.},$$

$$a + b + c \ldots. - \alpha\sqrt{a_1 + b_1 + c_1 + \ldots. - a^2 - b^2 - e^2 - \ldots.},$$

sera toujours plus grande que $1 - \frac{1}{\alpha^2}$, quel que soit α.

Démonstration.

Soient

$$\begin{array}{l} x_1,\ x_2,\ x_3, \ldots.\ x_l, \\ y_1,\ y_2,\ y_3, \ldots.\ y_m, \\ z_1,\ z_2,\ z_3, \ldots.\ z_n, \\ \ldots\ldots\ldots\ldots\ldots \end{array}$$

toutes les valeurs imaginables des quantités x, y, z, ... et soient

$$\begin{array}{l} p_1,\ p_2,\ p_3,\dots\ p_l, \\ q_1,\ q_2,\ q_3,\dots\ q_m, \\ r_1,\ r_2,\ r_3,\dots\ r_n, \\ \dots\dots\dots\dots \end{array}$$

les probabilités respectives de ces valeurs, ou bien les probabilités des hypothèses

$$\begin{array}{l} x = x_1,\ x_2,\ x_3,\dots\ x_l, \\ y = y_1,\ y_2,\ y_3,\dots\ y_m, \\ z = z_1,\ z_2,\ z_3,\dots\ z_n, \\ \dots\dots\dots\dots \end{array}$$

Conformément à ces notations, les espérances mathématiques des grandeurs

$$\begin{array}{l} x,\ y,\ z,\ \dots, \\ x^2,\ y^2,\ z^2,\dots \end{array}$$

s'exprimeront ainsi:

$$(1)\qquad \begin{cases} a = p_1 x_1 + p_2 x_2 + p_3 x_3 + \dots + p_l x_l, \\ b = q_1 y_1 + q_2 y_2 + q_3 y_3 + \dots + q_m y_m, \\ c = r_1 z_1 + r_2 z_2 + r_3 z_3 + \dots + r_n z_n, \\ \dots\dots\dots\dots \end{cases}$$

$$(2)\qquad \begin{cases} a_1 = p_1 x_1^2 + p_2 x_2^2 + p_3 x_3^2 + \dots + p_l x_l^2, \\ b_1 = q_1 y_1^2 + q_2 y_2^2 + q_2 y_3^2 + \dots + q_m y_m^2, \\ c_1 = r_1 z_1^2 + r_2 z_2^2 + r_3 z_3^2 + \dots + r_n z_n^2, \\ \dots\dots\dots\dots \end{cases}$$

Or, comme les hypothèses que nous venons de faire sur les quantités x, y, z, ... sont les seules possibles, leurs probabilités satisferont aux équations suivantes:

$$(3)\qquad \begin{cases} p_1 + p_2 + p_3 + \dots + p_l = 1, \\ q_1 + q_2 + q_3 + \dots + q_m = 1, \\ r_1 + r_2 + r_3 + \dots + r_n = 1, \\ \dots\dots\dots\dots \end{cases}$$

Il nous sera facile de trouver, à l'aide des équations (1), (2) et (3), à quoi se réduit la somme de toutes les valeurs de l'expression

$$(x_\lambda + y_\mu + z_\nu + \dots - a - b - c - \dots)^2 p_\lambda q_\mu r_\nu \dots$$

si l'on y fait successivement

$$\lambda = 1,\ 2,\ 3, \ldots .\ l;\ \mu = 1,\ 2,\ 3, \ldots .\ m;\ \nu = 1,\ 2,\ 3, \ldots .\ n; \ldots .$$

En effet, cette expression étant développée nous donne

$$p_\lambda q_\mu r_\nu \ldots . x_\lambda^2 + p_\lambda q_\mu r_\nu \ldots . y_\mu^2 + p_\lambda q_\mu r_\nu \ldots . z_\nu^2 +$$
$$+ 2 p_\lambda q_\mu r_\nu \ldots . x_\lambda y_\mu + 2 p_\lambda q_\mu r_\nu \ldots . x_\lambda z_\nu + 2 p_\lambda q_\mu r_\nu \ldots . y_\mu z_\nu + \ldots .$$
$$- 2(a+b+c+\ldots .) p_\lambda q_\mu r_\nu \ldots . x_\lambda - 2(a+b+c+\ldots .) p_\lambda q_\mu r_\nu \ldots . y_\mu -$$
$$- 2(a+b+c+\ldots .) p_\lambda q_\mu r_\nu \ldots . z_\nu - \ldots . + (a+b+c+\ldots .)^2 p_\lambda q_\mu r_\nu \ldots .$$

En donnant, dans cette expression, à λ toutes les valeurs depuis $\lambda = 1$ jusqu'à $\lambda = l$, et en sommant les résultats de ces substitutions, nous obtenons la somme que voici:

$$q_\mu r_\nu \ldots . (p_1 x_1^2 + p_2 x_2^2 + p_3 x_3^2 + \ldots . + p_l x_l^2)$$
$$+ (p_1 + p_2 + p_3 + \ldots . + p_l) q_\mu r_\nu \ldots y_\mu^2 + (p_1 + p_2 + p_3 + \ldots . + p_l) q_\mu r_\nu \ldots z_\nu^2$$
$$+ \ldots\ldots\ldots\ldots\ldots\ldots\ldots\ldots$$
$$+ 2(p_1x_1 + p_2x_2 + p_3x_3 + \ldots + p_lx_l) q_\mu r_\nu \ldots y_\mu + 2(p_1x_1 + p_2x_2 + p_3x_3 + \ldots + p_lx_l) q_\mu r_\nu \ldots z_\nu$$
$$+ \ldots\ldots\ldots\ldots\ldots\ldots\ldots\ldots$$
$$+ 2(p_1 + p_2 + p_3 + \ldots . + p_l) q_\mu r_\nu \ldots . y_\mu z_\nu \ldots\ldots\ldots$$
$$- 2(a+b+c+\ldots .)(p_1 x_1 + p_2 x_2 + p_3 x_3 + \ldots . + p_l x_l) q_\mu r_\nu \ldots\ldots$$
$$- 2(a+b+c+\ldots .)(p_1 + p_2 + p_3 + \ldots . + p_l) q_\mu r_\nu \ldots . y_\mu$$
$$- 2(a+b+c+\ldots .)(p_1 + p_2 + p_3 + \ldots . + p_l) q_\mu r_\nu \ldots . z_\nu$$
$$- \ldots\ldots\ldots\ldots\ldots\ldots\ldots\ldots$$
$$+ (a+b+c+\ldots .)^2 (p_1 + p_2 + p_3 + \ldots . + p_l) q_\mu r_\nu \ldots\ldots\ldots$$

Si, en vertu des équations (1), (2) et (3), nous mettons à la place des sommes

$$p_1 x_1 + p_2 x_2 + p_3 x_3 + \ldots . + p_l x_l,$$
$$p_1 x_1^2 + p_2 x_2^2 + p_3 x_3^3 + \ldots . + p_l x_l^2,$$
$$p_1 + p_2 + p_3 + \ldots . + p_l$$

leurs valeurs a, a_1 et 1, nous obtiendrons la formule que voici:

$$a_1 q_\mu r_\nu \ldots . + q_\mu r_\nu \ldots .\ y_\mu^2 + q_\mu r_\nu \ldots .\ z_\nu^2 + \ldots .$$
$$+ 2 a q_\mu r_\nu \ldots .\ y_\mu + 2 a q_\mu r_\nu \ldots .\ z_\nu + \ldots . + 2 q_\mu r_\nu \ldots .\ y_\mu z_\nu + \ldots .$$
$$- 2(a+b+c+\ldots .) a q_\mu r_\nu \ldots . - 2(a+b+c+\ldots .) q_\mu r_\nu \ldots .\ y_\mu -$$
$$- 2(a+b+c+\ldots .) q_\mu r_\nu \ldots .\ z_\nu - \ldots . + (a+b+c+\ldots .)^2 q_\mu r_\nu \ldots .$$

Donnons dans cette formule à μ les valeurs

$$\mu = 1,\ 2,\ 3, \ldots\ m,$$

puis sommons les expressions qui résultent de ces substitutions, et remplaçons les sommes

$$q_1 y_1 + q_2 y_2 + q_3 y_3 \ldots + q_m y_m,$$
$$q_1 y_1^2 + q_2 y_2^2 + q_3 y_3^3 \ldots + q_m y_m^2,$$
$$q_1 + q_2 + q_3 + \ldots + q_m,$$

par leurs valeurs b, b_1 et 1 tirées des équations (1), (2) et (3), nous obtiendrons l'expression suivante:

$$a_1 r_\nu \ldots + b_1 r_\nu \ldots + r_\nu \ldots z_\nu^2 + \ldots$$
$$+ 2\,abr_\nu \ldots + 2\,ar_\nu \ldots z_\nu + 2\,br_\nu \ldots z_\nu + \ldots$$
$$- 2\,(a + b + c + \ldots)\,ar_\nu \ldots - 2\,(a + b + c + \ldots)\,br_\nu \ldots$$
$$- 2\,(a + b + c + \ldots)\,r_\nu \ldots z_\nu - \ldots + (a + b + c + \ldots)^2 r_\nu \ldots$$

En traitant de la même manière $\nu, \ldots$ nous verrons que la somme de toutes les valeurs de l'expression

$$(x_\lambda + y_\mu + z_\nu + \ldots - a - b - c - \ldots)^2 p_\lambda q_\mu r_\nu \ldots,$$

qu'on obtient en faisant

$$\lambda = 1,\ 2,\ 3, \ldots\ l;\quad \mu = 1,\ 2,\ 3, \ldots\ m;\quad \nu = 1,\ 2,\ 3, \ldots\ n;$$

sera égale à

$$a_1 + b_1 + c_1 + \ldots$$
$$+ 2\,ab + 2\,ac + 2\,bc + \ldots$$
$$- 2\,(a+b+c+ \ldots)\,a - 2\,(a+b+c+ \ldots)\,b - 2\,(a+b+c+ \ldots)\,c - \ldots$$
$$+ (a + b + c + \ldots)^2,$$

Cette expression étant développée se réduit à

$$a_1 + b_1 + c_1 + \ldots - a^2 - b^2 - c^2 - \ldots$$

D'où nous concluons que la somme des valeurs de l'expression

$$\frac{(x_\lambda + y_\mu + z_\nu + \ldots - a - b - c - \ldots)^2}{\alpha^2\,(a_1 + b_1 + c_1 + \ldots - a^2 - b^2 - c^2 - \ldots)}\, p_\lambda q_\mu r_\nu \ldots,$$

qu'on obtient en faisant

$$\lambda = 1,\ 2,\ 3, \ldots\ l;\quad \mu = 1,\ 2,\ 3, \ldots\ m;\quad \nu = 1,\ 2,\ 3, \ldots\ n; \ldots,$$

sera égale à $\frac{1}{\alpha^2}$. Or, il est évident qu'en rejetant de cette somme tous les termes dans lesquels le facteur

$$\frac{(x_\lambda + y_\mu + z_\nu + \ldots - a - b - c - \ldots)^2}{\alpha^2 (a_1 + b_1 + c_1 + \ldots - a^2 - b^2 - c^2 - \ldots)}$$

est inférieur à 1, et en le remplaçant par l'unité partout où il est plus grand que 1, nous diminuons cette somme, et elle sera moindre que

$$\frac{1}{\alpha^2}.$$

Mais cette somme, ainsi réduite, ne sera formée que des produits

$$p_\lambda \cdot q_\mu \cdot r_\nu \ldots,$$

qui correspondent aux valeurs de x_λ, y_μ, z_ν, ... pour lesquels l'expression

$$\frac{(x_\lambda + y_\mu + z_\nu + \ldots - a - b - c - \ldots)^2}{\alpha^2 (a_1 + b_1 + c_1 + \ldots - a^2 - b^2 - c^2 - \ldots)} > 1,$$

et elle représentera évidemment la probabilité que x, y, z, ... ont des valeurs qui satisfont à la condition

$$(4) \qquad \frac{(x + y + z + \ldots - a - b - c - \ldots)^2}{\alpha^2 (a_1 + b_1 + c_1 + \ldots - a^2 - b^2 - c^2 - \ldots)} > 1.$$

Cette même probabilité peut être remplacée par la différence

$$1 - P,$$

si nous désignons par P la probabilité que les valeurs des x, y, z.... ne satisfont pas à la condition (4), ou bien, ce qui est la même chose, que ces quantités ont des valeurs pour lesquelles le rapport

$$\frac{(x + y + z + \ldots - a - b - c - \ldots)^2}{\alpha^2 (a_1 + b_1 + c_1 + \ldots - a^2 - b^2 - c^2 - \ldots)}$$

n'est pas > 1; et par conséquent, que la somme

$$x + y + z + \ldots$$

reste comprise entre les limites

$$a + b + c + \ldots + \alpha \sqrt{a_1 + b_1 + c_1 + \ldots - a^2 - b^2 - c^2 - \ldots},$$
$$a + b + c + \ldots - \alpha \sqrt{a_1 + b_1 + c_1 + \ldots - a^2 - b^2 - c^2 - \ldots}.$$

D'où il est évident que la probabilité P devra satisfaire à l'inégalité

$$1 - P < \frac{1}{\alpha^2},$$

qui nous donne

$$P > 1 - \frac{1}{\alpha^2},$$

ce qu'il s'agissait de prouver.

Soit N le nombre de quantités $x, y, z, \ldots$; si l'on pose dans le théorème qu'on vient de démontrer

$$\alpha = \frac{\sqrt{N}}{t},$$

et que l'on divise par N la somme

$$x + y + z + \ldots,$$

et ses limites

$$a + b + c + \ldots + \alpha \sqrt{a_1 + b_1 + c_1 + \ldots - a^2 - b^2 - c^2 - \ldots},$$
$$a + b + c + \ldots, - a \sqrt{a_1 + b_1 + c_1 + \ldots - a^2 - b^2 - c^2 - \ldots},$$

on obtient le théorème suivant concernant les valeurs moyennes.

Théorème.

Si les espérances mathématiques des quantités

$$x,\ y,\ z, \ldots\ x^2,\ y^2,\ z^2, \ldots$$

sont respectivement

$$a,\ b,\ c, \ldots\ a_1,\ b_1,\ c_1, \ldots,$$

la probabilité que la différence entre la moyenne arithmétique des N quantités $x, y, z, \ldots$ et la moyenne arithmétique des espérances mathématiques de ces quantités ne surpassera pas

$$\frac{1}{t} \sqrt{\frac{a_1 + b_1 + c_1 + \ldots}{N} - \frac{a^2 + b^2 + c^2 + \ldots}{N}}$$

sera toujours plus grande que

$$1 - \frac{t^2}{N}.$$

quel que soit t.

Comme les fractions

$$\frac{a_1 + b_1 + c_1 + \ldots}{N},$$

$$\frac{a^2 + b^2 + c^2 + \ldots}{N}$$

expriment les moyennes des quantités

$$a_1,\ b_1,\ c_1,\dots$$
$$a^2,\ b^2,\ c^2,\dots,$$

toutes les fois que les espérances mathématiques

$$a,\ b,\ c,\dots$$
$$a_1,\ b_1,\ c_1,\dots$$

ne dépasseront pas une certaine limite finie, l'expression

$$\sqrt{\frac{a_1+b_1+c_1+\dots}{N}-\frac{a^2+b^2+c^2+\dots}{N}}$$

aura aussi une valeur finie, quelque grand que soit le nombre N, et par conséquent il dépend de nous de rendre la valeur de

$$\frac{1}{t}\sqrt{\frac{a_1+b_1+c_1+\dots}{N}-\frac{a^2+b^2+c^2+\dots}{N}}$$

aussi petite que l'on voudra, en attribuant à t une valeur suffisamment grande. Or, comme, quel que soit t, l'accroissement du nombre N jusqu'à l'infini rend nulle la fraction $\frac{t^2}{N}$, nous concluons, en vertu du théorème précédent:

Théorème.

Si les espérances mathématiques des quantités

$$U_1,\ U_2,\ U_3,\dots$$

et de leurs carrés

$$U_1^2,\ U_2^2,\ U_3^2,\dots$$

ne dépassent pas une limite finie quelconque, la probabilité que la différence entre la moyenne arithmétique d'un nombre N de ces quantités et la moyenne arithmétique de leurs espérances mathématiques sera moindre qu'une quantité donnée, se réduit à l'unité, quand N devient infini.

Dans l'hypothèse particulière que les quantités

$$U_1,\ U_2,\ U_3,\dots$$

se réduiront à l'unité ou à zéro, selon qu'un événement E a ou n'a pas lieu dans la 1re, 2e, 3e,.... $N^{ième}$ *épreuve,* nous remarquerons que la somme

$$U_1+U_2+U_3+\dots+U_N$$

donnera le nombre de *répétition* de l'événement E en N épreuves, et la moyenne arithmétique

$$\frac{U_1 + U_2 + U_3 + \ldots + U_N}{N}$$

représentera le rapport du nombre de *répétition* de l'événement E au nombre des *épreuves*. Pour appliquer à ce cas notre dernier théorème, désignons par

$$P_1, \; P_2, \; P_3, \ldots \; P_N$$

les probabilités de l'événement E, dans la 1re, 2e, 3e,.... $N^{ième}$ épreuve; les espérances mathématiques des quantités

$$U_1, \; U_2, \; U_3, \ldots \; U_N$$

et de leurs carrés

$$U_1^2, \; U_2^2, \; U_3^2, \ldots \; U_N^2$$

s'exprimeront, d'après notre notation, par

$$P_1 . 1 + (1 - P_1) . 0; \quad P_2 . 1 + (1 - P_2) . 0; \quad P_3 . 1 + (1 - P_3) . 0; \ldots$$
$$P_1 . 1^2 + (1 - P_1) . 0^2; \quad P_2 . 1^2 + (1 - P_2) . 0^2; \quad P_3 . 1^2 + (1 - P_3) . 0^2; \ldots$$

D'où l'on voit que ces espérances mathématiques sont

$$P_1, \; P_2, \; P_3, \ldots$$

et que la moyenne arithmétique des N premières espérances est

$$\frac{P_1 + P_2 + P_3 + \ldots + P_N}{N},$$

c'est-à-dire la moyenne arithmétique des probabilités P_1, P_2, P_3,.... P_N.

Par suite de cela, et en vertu du théorème précédent, nous arrivons à la conclusion suivante:

Lorsque le nombre des épreuves devient infini, on obtient une probabilité, aussi rapprochée que l'on veut de l'unité, que la différence entre la moyenne arithmétique des probabilités de cet événement, pendant ces épreuves, et le rapport du nombre des répétitions de cet événement au nombre total des épreuves, est moindre que toute quantité donnée.

Dans le cas particulier où la probabilité de l'événement reste la même pendant toutes les épreuves, nous avons le théorème de Bernoulli.

29.

NOTES ET EXTRAIT,

TIRÉS

DU

BULLETIN DE LA CLASSE PHYSICO-MATHÉMATIQUE DE L'ACADÉMIE IMPÉRIALE DES SCIENCES

ANNÉES 1853—1858.

Lettre de M. le professeur Tchébychev à M. Fuss, sur un nouveau théorème relatif aux nombres premiers contenus dans les formes $4n+1$ et $4n+3$.

11 (23) MARS 1853.

(Bull. phys.-mathém., T. XI, p. 208).

La bienveillance, avec laquelle vous avez toujours agréé mes recherches, m'engage à vous présenter un nouveau résultat relatif aux nombres premiers et que je viens de trouver. En cherchant l'expression limitative des fonctions qui déterminent la totalité des nombres premiers de la forme $4n+1$ et de ceux de la forme $4n+3$, pris au-dessous d'une limite très grande, je suis parvenu à reconnaître que ces deux fonctions diffèrent notablement entre elles par leurs seconds termes, dont la valeur, pour les nombres $4n+3$, est plus grande que celle pour les nombres $4n+1$; ainsi, si de la totalité des nombres premiers de la forme $4n+3$, on retranche celle des nombres premiers de la forme $4n+1$, et que l'on divise ensuite cette différence par la quantité $\frac{\sqrt{x}}{\log x}$, on trouvera plusieurs valeurs de x telles, que ce quotient s'approchera de l'unité aussi près qu'on le voudra. Cette différence dans la répartition des nombres premiers de la forme $4n+1$ et $4n+3$, se manifeste clairement dans plusieurs cas. Par exemple, 1) à mesure que c s'approche de zéro, la valeur de la série

$$e^{-3c}-e^{-5c}+e^{-7c}+e^{-11c}-e^{-13c}-e^{-17c}+e^{-19c}+e^{-23c}+\ldots.$$

s'approche de $+\infty$; 2) la série

$$f(3)-f(5)+f(7)+f(11)-f(13)-f(17)+f(19)+f(23)+\ldots.$$

où $f(x)$ est une fonction constamment décroissante, ne peut être convergente, à moins que la limite du produit $x^{\frac{1}{2}} f(x)$, pour $x = \infty$, ne soit zéro.

Je suis parvenu à ces résultats en traitant une certaine équation, relative aux nombres premiers, et qui comprend, comme cas particulier celle que M. A. de Polignac et moi, indépendamment l'un de l'autre, nous avons trouvée dans nos recherches sur les nombres premiers.

Agréez etc.

Signé: P. Tchébychev.

Le 10 mars 1853.

Sur l'intégration des différentielles qui contiennent une racine carrée d'un polynôme du troisième ou du quatrième degré.

20 JANVIER (1 FÉVRIER) 1854.

(Bull. phys. mathém., T. XII, p. 315—316).

Dans ce Mémoire, l'Auteur donne une méthode générale et directe pour cette intégration, en tant qu'elle est possible sous forme finie. D'après ses recherches, publiées, en 1853, dans le *Journal de Mathématiques pures et appliquées*, de M. Liouville, cette intégration se réduit à la détermination des fonctions entières et des nombres qui vérifient certaines conditions. Dans le Mémoire présent il donne une méthode pour trouver ces inconnus, tant qu'il s'agit de l'intégration des différentielles en question, ce qu'il parvient à faire au moyen d'une certaine réduction de ses équations, d'après laquelle leur solution se réduit à un problème résolu par Abel (*Oeuvres complètes, T. I, p. 33*). L'auteur remarque que cette réduction de ses équations est indispensable aussi pour simplifier l'intégration des différentielles plus compliquées, et qu'elle peut être avantageusement employée dans d'autres recherches d'Analyse Transcendante, et dans la Théorie des nombres elle-même, où cette méthode donne un procédé à l'aide duquel on trouvera la représentation des nombres par les formes quadratiques. Quant aux différentielles qui contiennent une racine carrée d'une fonction du quatrième degré, cette méthode de réduction fournit un rapprochement très intéressant de la construction des valeurs irrationnelles, avec la règle et le compas, et l'intégration des différentielles sous forme finie. En terminant son Mémoire, l'auteur fait le résumé des procédés qui, d'après ses recherches, constituent la méthode générale d'intégration des différentielles contenant une racine carrée d'un polynôme du troisième ou du quatrième degré, en tant que cette intégration est possible sous forme finie.

Sur une formule d'Analyse.

20 OCTOBRE (1 NOVEMBRE) 1854.

(Bull. phys.-mathém., T. XIII, p. 210—211).

Si l'on représente par $f(x)$ une fonction entière du degré n, et que l'on connaisse ses $n+1$ valeurs

$$f(x^0),\ f(x'),\ f(x''), \ldots .\ f(x^n),$$

la formule de **Lagrange** donne cette expression de $f(x)$

$$\frac{(x-x')(x-x'')\ldots .}{(x^0-x')(x^0-x'')\ldots .} f(x^0) + \frac{(x-x^0)(x-x'')\ldots .}{(x'-x^0)(x'-x'')\ldots .} f(x') + \ldots .$$

Cette valeur de $f(x)$ peut être représentée sous différentes formes; l'une des plus remarquables est la suivante:

$$A'\sum_{i=0}^{i=n} f(x^i) - A''\psi_1(x)\sum_{i=0}^{i=n}\psi_1(x^i)f(x^i) + A'''\psi_2(x)\sum_{i=0}^{i=n}\psi_2(x^i)f(x^i) - \ldots .;$$

où $A', A'', A''', \ldots .$ désignent les coefficients de x dans les quotients de la fraction continue

$$\cfrac{1}{q_1 + \cfrac{1}{q_2 + \cfrac{1}{q_3 + \ldots}}},$$

résultante du développement de

$$\frac{1}{x-x^0} + \frac{1}{x-x'} + \ldots . + \frac{1}{x-x^{(n)}},$$

et $\psi_1(x)\ \psi_2(x), \ldots .$ les dénominateurs des fractions convergentes qu'on en tire.

Cette formule a l'avantage de donner $f(x)$ sous la forme d'une fonction entière, dont les termes, en général, présentent une série sensiblement décroissante. Dans le cas particulier de

$$x^0 = \frac{n}{n}, \quad x' = \frac{n-2}{n}, \quad x'' = \frac{n-4}{n}, \ldots \quad x^{(n)} = \frac{-n}{n},$$

et n infiniment grand, cette formule fournit le développement de $f(x)$ suivant les valeurs de certaines fonctions, que Legendre a désignées par X^m (Exer. Partie V, § 10), et qui sont déterminées ici par la réduction de l'expression $\log \frac{x+1}{x-1}$ en fraction continue.

Mais la propriété la plus précieuse de cette formule est celle-ci:

Si l'on ne prend dans cette formule que les premiers termes en nombres quelconque m, on trouve une valeur approchée de $f(x)$ sous la forme d'un polynôme du degré $m-1$ et avec les coefficients indiqués par la *méthode des moindres carrés*, dans la supposition que les valeurs données de

$$f(x^0), \ f(x'), \ f(x''), \ldots \ f(x^n)$$

sont affectées d'erreurs de même nature.

Dans peu de temps, j'aurais l'honneur de présenter à l'Académie un Mémoire, où l'on verra, en outre, le parti qu'on peut tirer de cette formule pour l'Analyse.

Extrait d'un Mémoire sur les fractions continues.

12 JANVIER 1855 г.

(Bull. phys.-mathém., T. XIII, p. 287—288).

Dans une Note, lue le 20 octobre de l'année passée, M. Tchébichev a présenté une certaine formule d'interpolation qui a l'avantage de donner l'expression de la fonction cherchée avec les coefficients indiqués par la *méthode des moindres carrès.* Dans le présent Mémoire, il traite ce sujet dans sa forme la plus générale, savoir: en supposant que les valeurs de la fonction cherchée sont affectées d'erreurs dont les lois de probabilité sont différentes, et, dans cette hypothèse, il montre comment, à l'aide du développement d'une certaine expression en fraction continue, on parvient à trouver la valeur approchée de la fonction cherchée avec la moindre erreur à craindre. Pour la détermination de cette valeur il donne trois formules différentes, dont l'une comprend, comme cas particulier, celle qui a été l'objet de sa Note, citée plus haut. En définitive, il montre d'après ces formules les propriétés remarquables des expressions déterminées par le développement de certaines fonctions rationnelles en fraction continue.

Ainsi, en désignant par

$$\psi_0(x),\ \psi_1(x),\ \psi_2(x),\ldots.$$

les dénominateurs des fractions convergentes, résultantes du développement de l'expression

$$\left(\frac{1}{x-x_0}+\frac{1}{x-x_1}+\frac{1}{x-x_2}+\ldots.+\frac{1}{x-x_n}\right)\theta^2(x),$$

en fraction continue, où $x_0, x_1, x_2, \ldots x_n$ sont des valeurs réelles, différentes entre elles, et $\theta(x)$ une fonction entière qui ne s'annule pas pour $x = x_0, x_1, x_2, \ldots x_n$, il montre que les fonctions $\psi_1(x)$, $\psi_2(x), \ldots,$ parmi toutes celles du même degré, qui auraient le même coefficient de la plus haute puissance de x, se distinguent des autres par la moindre valeur des sommes

$$\sum_{i=0}^{i=n} \psi_1^2(x_i)\,\theta^2(x_i), \quad \sum_{i=0}^{i=n} \psi_2^2(x_i)\,\theta^2(x_i), \ldots .$$

D'un autre coté, si l'on dénote par $\varphi_m(x)$ la fonction

$$\frac{\psi_m(x)\,\theta(x)}{\sqrt{\sum_{i=0}^{i=n} \psi_m^2(x_i)\,\theta^2(x_i)}}$$

et qu'en prenant ses valeurs pour

$$x = x_0, x_1, x_2, \ldots, x_n, \quad m = 0, 1, 2, \ldots, n,$$

on figure le carré

$$\begin{array}{l}
\varphi_0(x_0), \ \varphi_0(x_1), \ \varphi_0(x_2), \ldots, \ \varphi_0(x_n), \\
\varphi_1(x_0), \ \varphi_1(x_1), \ \varphi_1(x_2), \ldots, \ \varphi_1(x_n), \\
\varphi_2(x_0), \ \varphi_2(x_1), \ \varphi_2(x_2), \ldots, \ \varphi_2(x_n), \\
\ldots\ldots\ldots\ldots\ldots\ldots \\
\ldots\ldots\ldots\ldots\ldots\ldots \\
\varphi_n(x_0), \ \varphi_n(x_1), \ \varphi_n(x_2), \ldots, \ \varphi_n(x_n),
\end{array}$$

on trouvera que ce carré vérifie les conditions suivantes:

1) la somme des carrés des termes d'une ligne verticale ou horizontale quelconque est égale à 1; 2) la somme des produits des termes correspondants de deux lignes quelconques, soit verticales soit horizontales, est égale à 0.

Donc, cette fonction fournit la solution du problème, qui a été l'objet des recherches d'Euler dans son Mémoire: *Problema algebraicum ad affectiones prorsus singulares memorabile.* N. Comm. T. XV.

Le Mémoire de M. Tchébichev, rédigé en russe, sera imprimé dans les *Ученыя Записки.*

Sur les questions de minima qui se rattachent à la représentation approximative des fonctions.

9 (21) OCTOBRE 1857.

(Bull. phys.-mathém., T. XVI, p. 145—149).

Dans le Mémoire intitulé: *Théorie des mécanismes connus sous le nom de parallélogrammes* (Mémoires des savants étrangers, Tom. VII), nous avons traité la représentation approximative des fonctions sous la forme d'un polynôme, et nous sommes parvenus à la solution de ce problème:

Déterminer les modifications qu'on doit porter dans la valeur approchée de $f(x)$ donnée par son développement suivant les puissances croissantes de $x - a$, quand on cherche à rendre minimum la limite de ses erreurs entre $x = a - h$ et $x = a + h$, h étant une valeur peu considérable.

Dans le présent Mémoire nous donnons le théorème général relatif à la solution des problèmes de cette espèce, problèmes qui peuvent être énoncés ainsi:

Étant donnée une fonction quelconque avec des paramètres arbitraires $p_1, p_2, \ldots p_n$, il s'agit par un choix convenable des valeurs $p_1, p_2, \ldots p_n$, de réduire au minimum la limite de ses écarts de 0 entre $x = -h$ et $x = +h$.

D'après ce théorème on reconnait aisément que dans les recherches des valeurs approximatives des fonctions, soit sous la forme d'un polynôme

$$p_1 x^{n-1} + p_2 x^{n-2} + \ldots + p_{n-1} x + p_n,$$

soit sous la forme d'une fraction

$$\frac{p_1 x^{n-1} + p_2 x^{n-2} + \ldots + p_{n-1} x + p_n}{A_0 x^m + A_1 x^{m-1} + \ldots + A_{m-1} x + A_m}$$

avec un dénominateur donné, les quantités $p_1, p_2, \ldots p_n$ se déterminent par la condition que, dans l'étendue où l'on cherche à réduire au *minimum* la plus grande des erreurs, l'erreur atteint au moins $n + 1$ fois sa valeur limitative.

Tel était notre point de départ dans le Mémoire cité plus haut, Mémoire, où, comme il vient d'être dit, nous avons traité la représentation des fonctions sous la forme d'un polynôme. Mais le même théorème montre que cette condition s'altère dans le cas, où l'on cherche la représentation des fonctions sous la forme d'une fraction, ayant ses deux termes arbitraires, et qu'alors la condition dont il s'agit doit être remplacée par la suivante:

Si

$$\frac{p_1 x^{n-l-1} + p_2 x^{n-l-2} + \ldots + p_{n-l}}{p_{n-l+1} x^l + p_{n-l+2} x^{l-1} + \ldots + p_n x + 1},$$

est la fraction qui, depuis $x = -h$ jusqu'à $x = +h$, s'écarte de la fonction donnée Y moins que toutes les autres fractions de la même forme, le nombre des valeurs réelles et inégales de x, pour lesquelles la différence

$$Y - \frac{p_1 x^{n-l-1} + p_2 x^{n-l-2} + \ldots + p_{n-l}}{p_{n-l+1} x^l + p_{n-l+2} x^{l-1} + \ldots + p_n x + 1}$$

entre $x = -h$ et $x = +h$ atteint ses valeurs limitatives $+L$ et $-L$, ne peut être inférieur à $n+1$ de d unités, à moins qu'on n'ait

$$p_1 = 0,\ p_2 = 0, \ldots\ p_d = 0,$$

$$p_{n-l+1} = 0,\ p_{n-l+2} = 0, \ldots\ p_{n-l+d} = 0.$$

Dans cet énoncé on fait abstraction du cas, où la fonction Y et ses dérivées, pour des valeurs de x comprises entre $x = -h$ et $x = +h$, cessent d'être finies et continues, et on suppose que la fraction

$$\frac{p_1 x^{n-l-1} + p_2 x^{n-l-2} + \ldots + p_{n-l}}{p_{n-l+1} x^l + p_{n-l+2} x^{l-1} + \ldots + p_n x + 1}$$

est réduite à la forme la plus simple.

En passant aux applications, nous cherchons la solution de ces problèmes:

1) Quelle est la fonction entière qui, parmi toutes celles de la forme

$$x^n + p_1 x^{n-1} + p_2 x^{n-2} + \ldots + p_{n-1} x + p_n$$

s'écarte le moins possible de 0 entre les limites $x = -h$ et $x = +h$?

2) Quelle est la fraction qui, parmi toutes celles de la forme

$$\frac{x^n + p' x^{n-1} + p'' x^{n-2} + \ldots + p^{(n-1)} x + p^{(n)}}{A_0 x^{n-l-1} + A_1 x^{n-l-2} + \ldots + A_{n-l-2} x + A_{n-l-1}},$$

et avec le même dénominateur

$$A_0 x^{n-l-1} + A_1 x^{n-l-2} + \ldots + A_{n-l-2} + A_{n-l-1}$$

s'écarte le moins de zéro entre $x = -h$ et $x = +h$?

3) Quelle est la fraction qui, parmi toutes celles de la forme

$$\frac{p' x^{n-l-1} + p'' x^{n-l-2} + \ldots + p^{(n-l)}}{p^{(n-l+1)} x^l + p^{(n-l+2)} x^{l-1} + \ldots + p^{(n)} x + p^{(n+1)}},$$

entre $x = -h$ et $x = +h$, s'écarte le moins possible d'un polynôme donné $x^{n-l} + Ax^{n-l-1} + Bx^{n-l-2} + \ldots$?

Malgré toute la complicité des équations qui déterminent les coefficients inconnus $p_1, p_2, \ldots p_n, p', p'', \ldots p^{(n+1)}$, nous parvenons à la solution définitive de nos problèmes, en les réduisant à des questions de *l'Analyse indéterminée.* La même méthode peut être avantageusement employée dans plusieurs autres cas et entr'autres, dans les recherches générales sur la représentation approximative des fonctions sous la forme rationnelle, où cette méthode fournit la solution de ce problème:

Étant donnée la valeur approchée de $f(x)$, que l'on trouve à l'aide des méthodes ordinaires, soit sous la forme d'un polynôme, soit sous la forme d'une fraction, trouver les modifications que l'on doit faire subir aux coefficients de ces expressions de $f(x)$, quand on cherche à réduire au minimum la limite de leurs erreurs entre $x = a - h$ et $x = a + h$, h étant une valeur assez petite.

C'est ce que nous nous proposons de faire dans un autre Mémoire, où l'on verra combien la solution des problèmes particuliers, que nous donnons à présent, est importante pour les recherches générales sur la représentation approximative des fonctions sous la forme rationnelle. Pour cette fois nous nous bornons à montrer le parti qu'on peut tirer de notre méthode en ce qui concerne les propriétés des fonctions entières et fractionnaires. Ainsi nous parvenons à établir des théorèmes d'une espèce tout-à-fait nouvelle, tels que:

Théorème.

La valeur numérique de la fonction

$$x^{n-l} + Ax^{n-l-1} + Bx^{n-l-2} + \ldots$$

entre $x = -h$ et $x = +h$, ne peut rester inférieure à $2\left(\frac{h}{2}\right)^n$.

Théorème.

Dans les limites $x = -h$ et $x = +h$ où la fraction

$$\frac{x^n + p' x^{n-1} + \ldots + p^{(n-1)} x + p^{(n)}}{A_0 x^{n-l-1} + A_1 x^{n-l-2} + \ldots + A_{n-l-2} x + 1}$$

ne devient $\frac{0}{0}$, *sa valeur numérique ne peut rester au dessous de*

$$2\left(\frac{h}{2}\right)^n\left(\frac{2\rho}{2\rho+h}\right)^\mu,$$

μ *étant le nombre des racines imaginaires de l'équation*

$$A_0x^{n-l-1}+A_1x^{n-l-2}+\ldots\ldots+A_{n-l-1}x+1=0$$

et ρ *la limite inférieure de leurs modules.*

Théorème.

La fonction

$$x^n+Ax^{n-1}+Bx^{n-2}+\ldots\ldots+\frac{H}{x-a},$$

depuis $x=-h$ *jusqu'à* $x=+h$, *ne peut rester numériquement au dessous de*

$$\left[A\pm\sqrt{A^2+h^2}\right]\left(\frac{h}{2}\right)^{n-1},$$

où l'on prend le radical avec le signe contraire à celui de A.

Théorème.

La fonction

$$x^n+Bx^{n-2}+\ldots\ldots+\frac{H}{x-\alpha}+\frac{I}{x-\beta},$$

depuis $x=-h$ *jusqu'à* $x=+h$, *ne peut rester numériquement au dessous de*

$$\left[B+\frac{n}{4}h^2\pm\sqrt{\left(B+\frac{n}{4}h^2\right)^2+\frac{h^4}{4}}\right]\left(\frac{h}{2}\right)^{n-2},$$

où l'on prend le radical avec le signe contraire à celui de la quantité $B+\frac{n}{4}h^2$.

D'après ces théorèmes on démontre plusieurs propositions très simples par rapport à la résolution des équations. En voici quelques unes:

Si l'équation

$$x^{2l+1}+Ax^{2l-1}+\ldots\ldots+Ix+K=0$$

ne contient que des puissances impaires de x, *on trouvera, entre les limites*

$$-2\sqrt[2l+1]{\tfrac{1}{2}K},\quad +2\sqrt[2l+1]{\tfrac{1}{2}K},$$

au moins l'une de ses racines.

Si l'équation

$$f(x) = x^n + Ax^{n-1} + Bx^{n-2} + \ldots + K = 0$$

n'a que des racines réelles, quelle que soit la valeur l, on trouvera toujours au moins l'une de ses racines entre

$$x = t \quad u \quad x = t \pm 4\sqrt{\frac{f^2(t)}{16}},$$

en prenant le radical avec le signe contraire à celui de $\frac{f(t)}{f'(t)}$.

Si la valeur numérique de l'intégrale

$$\int_{H_0}^{H} (x^n + Ax^{n-1} + Bx^{n-2} + \ldots + K)\,dx$$

est inférieure à $\frac{4}{n+1}\left(\frac{H - H_0}{4}\right)^{n+1}$, *on trouvera au moins une racine de l'équation*

$$x^n + Ax^{n-1} + Bx^{n-2} + \ldots + K = 0.$$

entre $x = H$ *et* $x = H_0$.

On trouvera toujours au moins une racine de l'équation

$$x^{2\lambda+1} + Ax^{2\lambda} + Bx^{2\lambda-1} + Cx^{2\lambda-2} + \ldots + Hx^2 + Ix + K = 0$$

entre les limites

$$x = -2\sqrt[2\lambda+1]{\frac{1}{2}K}\left[1 + \frac{1}{\rho}\sqrt[4\lambda+2]{\frac{1}{4}K^2}\right]^{\frac{\mu}{2\lambda+1-\mu}},$$

$$x = +2\sqrt[2\lambda+1]{\frac{1}{2}K}\left[1 + \frac{1}{\rho}\sqrt[4\lambda+2]{\frac{1}{4}K^2}\right]^{\frac{\mu}{2\lambda+1-\mu}};$$

où μ *est le nombre des racines imaginaires de l'équation*

$$Ax^{2\lambda} + Cx^{2\lambda-2} + \ldots + Hx^2 + K = 0,$$

et ρ *la limite inférieure de leurs modules.*

Si l'équation

$$x^{2\lambda+1} + Ax^{2\lambda-1} + \ldots \pm K_0 x^{2\lambda_0} + \ldots + Ix \pm K = 0$$

ne contient qu'un terme $K_0 x^{2\lambda_0}$ *avec la puissance paire de* x *et que son expo-*

sant $2\lambda_0$ *ne surpasse pas* λ, *cette équation a au moins une racine comprise entre les limites*

$$x = -2\sqrt[2\lambda+1]{\frac{1}{2}K} - 2\sqrt[2(\lambda-\lambda_0)+1]{\frac{1}{2}K_0};$$

$$x = +2\sqrt[2\lambda+1]{\frac{1}{2}K} + 2\sqrt[2(\lambda-\lambda_0)+1]{\frac{1}{2}K_0}.$$

Outre ces théorèmes et certains autres de la même espèce, nous montrons le parti que l'on peut tirer de nos recherches par rapport à l'*interpolation.*

28 septembre 1857.

Sur l'interpolation des valeurs fournies par les observations.

18 (30) MARS 1858.

(Bull. phys.-mathém., T. XVI, p. 353—358).

Si le nombre des valeurs interpolées surpasse celui des termes que l'on conserve dans leur expression, l'interpolation peut être exécutée par diverses méthodes. Mais ces méthodes, dans chaque cas particulier, sont loin d'être également bonnes; elles diffèrent entre elles, soit par la prolixité plus ou moins grande des calculs, soit par la grandeur de l'erreur moyenne à craindre, tant qu'il s'agit d'interpolation des valeurs fournies par les observations, et conséquemment affectées d'erreurs. Comme on ne peut gagner au delà d'une certaine limite, sous un de ces rapports, sans perdre sous l'autre, il est impossible de donner une méthode d'interpolation qui soit en général préférable à toutes les autres; car, suivant le cas, on tient plus ou à la simplification des calculs, ou à la précision des résultats. C'est ainsi que le choix de la méthode d'interpolation dépend du nombre des valeurs à interpoler. Si ce nombre est assez petit, les données d'interpolation n'offrent que bien peu de ressources pour atténuer l'influence de leurs erreurs sur celle du résultat cherché, et alors il est important d'en tirer tout le parti possible pour diminuer l'erreur moyenne à craindre, ce qu'on ne peut faire qu'à l'aide de *la méthode des moindres carrés*. Dans le cas contraire, le nombre considérable des données qu'on a à sa disposition, nous dispense de recourir à *la méthode des moindres carrés* qui exige des calculs trop longs. Dans ce cas, à la simplification des opérations numériques, on peut bien sacrifier une partie plus ou moins considérable de ce que les valeurs interpolées offrent pour apprécier le résultat cherché. Dans le Mémoire *sur les fractions continues*, présenté à l'Académie en 1854, nous avons traité l'interpolation d'après *la méthode des moindres carrés*, et nous sommes parvenu à une série qui donne directement les résultats d'une telle interpolation, indispensable, comme nous venons de le voir, si le nombre des valeurs à interpoler est assez petit. Dans le présent Mémoire nous montrons comment, d'après nos méthodes, on parvient à d'autres formules d'interpolation qui peuvent remplacer avec avantage celle dont nous venons de parler, tant que son application, à cause du grand nombre des valeurs interpolées, d'une part, cesse d'être importante, et de l'autre, devient peu praticable.

Nous ne traitons pas les différents cas particuliers que peut présenter l'interpolation suivant le nombre, plus ou moins grand, des valeurs interpolées; nous nous bornons à considérer celui qui est la limite de tous les autres, où le nombre des valeurs interpolées est infini. Quoique, en réalité, ce nombre ne soit jamais infini, les formules qu'on trouve dans cette supposition, peuvent être cependant d'une application utile; car elles présentent la limite vers laquelle convergent très rapidement les résultats d'interpolation, à mesure que ce nombre augmente, et il ne sera pas difficile de voir, dans chaque particulier, de quel degré d'approximation ces formules sont susceptibles d'après les valeurs interpolées.

Ainsi, entre autres formules, nous parvenons à celle-ci:

$$f(X) = \frac{1}{2a}\int_{-a}^{a} f(x)\,dx + \left[\int_{0}^{a} f(x)\,dx - \int_{-a}^{0} f(x)\,dx\right]\frac{X}{a^2} + \left[\int_{\frac{a}{2}}^{a} f(x)\,dx - \int_{-\frac{a}{2}}^{\frac{a}{2}} f(x)\,dx + \int_{-a}^{-\frac{a}{2}} f(x)\,dx\right]\frac{2X^2 - \frac{2}{3}a^2}{a^3}$$

$$+ \left[\int_{\frac{a}{\sqrt{2}}}^{a} f(x)\,dx - \int_{0}^{\frac{a}{\sqrt{2}}} f(x)\,dx + \int_{-\frac{a}{\sqrt{2}}}^{0} f(x)\,dx - \int_{-a}^{-\frac{a}{\sqrt{2}}} f(x)\,dx\right]\frac{4X^3 - 2a^2X}{a^4}$$

$$+ \left[\int_{\frac{\sqrt{5}+1}{4}a}^{a} f(x)\,dx - \int_{\frac{\sqrt{5}-1}{4}a}^{\frac{\sqrt{5}+1}{4}a} f(x)\,dx + \int_{-\frac{\sqrt{5}-1}{4}a}^{\frac{\sqrt{5}-1}{4}a} f(x)\,dx - \int_{-\frac{\sqrt{5}+1}{4}a}^{-\frac{\sqrt{5}-1}{4}a} f(x)\,dx + \int_{-a}^{-\frac{\sqrt{5}+1}{4}a} f(x)\,dx\right]\frac{8X^4 - 6a^2X^2 + \frac{2}{5}a^4}{a^5}$$

$$+ \left[\int_{\frac{\sqrt{3}}{2}a}^{a} f(x)\,dx - \int_{\frac{a}{2}}^{\frac{\sqrt{3}}{2}a} f(x)\,dx + \int_{0}^{\frac{a}{2}} f(x)\,dx - \int_{-\frac{a}{2}}^{0} f(x)\,dx + \int_{-\frac{\sqrt{3}}{2}a}^{-\frac{a}{2}} f(x)\,dx - \int_{-a}^{-\frac{\sqrt{3}}{2}a} f(x)\,dx\right]\frac{16X^5 - 16a^2X^3 + \frac{8}{3}a^4X}{a^6}$$

$+$ etc.

Bien que cette formule contienne des intégrales, pour évaluer ses termes avec une approximation suffisante et au delà de celle que les erreurs des données elles mêmes comportent, on n'a besoin ordinairement que d'un nombre très limité de valeurs de $f(x)$ entre $x = -a$ et $x = +a$. Mais tant qu'on a un nombre suffisant de valeurs de $f(x)$, cette formule peut être avantageusement employée pour l'interpolation; car ici, d'une part, les opérations numériques, eu egard à la complication du problème, sont assez courtes, et de l'autre, l'influence des erreurs des valeurs interpolées sur celles du résultat cherché est notablement atténuée.

Pour s'en assurer remarquons que toute la difficulté de l'interpolation, d'après cette formule, se réduit à l'évaluation des intégrales

$$\int_{-a}^{a} f(x)\,dx, \quad \int_{0}^{a} f(x)\,dx, \quad \int_{-a}^{0} f(x)\,dx, \quad \text{etc.}$$

d'après les valeurs connues de $f(x)$. Or, quoique le nombre des différentes opérations arithmétiques que cela exige croisse à l'infini avec celui des valeurs interpolées de $f(x)$, ces deux nombres ne sont que du même ordre de grandeur, tandis que dans la *méthode des moindres carrés* le premier est d'un ordre supérieur relativement au second. D'autre part, la composition de cette formule montre que l'erreur moyenne du résultat, provenant de celles des valeurs interpolées, est en général du même ordre de grandeur que l'unité divisée par la racine carrée de leur nombre, comme cela a lieu dans la *méthode des moindres carrés.*

Quant à la détermination des intégrales

$$\int_{-a}^{a} f(x)\,dx, \quad \int_{0}^{a} f(x)\,dx, \quad \int_{-a}^{0} f(x)\,dx, \quad \text{etc.}$$

qui entrent dans notre formule, elles peuvent être évaluées d'après les valeurs connues de $f(x)$, avec une approximation plus ou moins grande. Mais si ces valeurs sont assez rapprochées, on pourra souvent, dans leur évaluation approximative, se contenter de cette formule très simple:

$$\int_{h}^{H} f(x)\,dx = \tfrac{1}{2}\big[(x_\lambda + x_{\lambda+1} - 2h)\, f(x_\lambda) + (x_{\lambda+2} - x_\lambda)\, f(x_{\lambda+1}) + (x_{\lambda+3} - x_{\lambda+1})\, f(x_{\lambda+2})$$
$$+ \ldots + (x_\mu - x_{\mu-2})\, f(x_{\mu-1}) + (2H - x_\mu - x_{\mu-1})\, f(x_\mu)\big].$$

où

$$f(x_1),\ f(x_2), \ldots\ f(x_\lambda),\ f(x_{\lambda+1}), \ldots\ f(x_{\mu-2}),\ f(x_{\mu-1}),\ f(x_\mu)$$

étant les valeurs connues de $f(x)$, et

$$x_\lambda,\ x_{\lambda+1}, \ldots\ x_{\mu-1},\ x_\mu$$

celles de x, comprises entre $x = h$ et $x = H$. — L'erreur de cette expression de l'intégrale $\int_h^H f(x)\,dx$, comme il est aisé de le reconnaître, sera toujours inférieure à

$$\left(A + \frac{(H-h)\,B}{24}\right)\Delta^2,$$

où A, B désignent les plus grandes valeurs de $f'(x)$, $f''(x)$ entre $x = h$ et $x = H$, et Δ la plus grande des différences

$$x_\lambda - h,\ x_{\lambda+1} - x_\lambda, \ldots\ x_\mu - x_{\mu-1},\ H - x_\mu.$$

De plus, on pourra trouver les intégrales

$$\int_{-a}^{a} f(x)\,dx,\quad \int_{0}^{a} f(x)\,dx,\quad \int_{-a}^{0} f(x)\,dx \quad \text{etc.}$$

à peu près sans calcul, si l'on a une représentation graphique de la fonction $f(x)$, construite d'après ses valeurs connues; car alors, pour évaluer toutes ces intégrales, on n'aura qu'à déterminer les aires de la courbe

$$y = f(x),$$

entre $x = -a$ et $x = +a$, entre $x = 0$ et $x = a$, etc., ce qui se fera très aisément à l'aide du *planimètre.*

Remarquons encore qu'en faisant dans cette formule

$$\int_{0}^{x} f(x)\,dx = F(x),$$

on trouve

$$F'(X) = \frac{F(a) - F(-a)}{2a} + \frac{F(a) - 2F(o) + F(-a)}{a^2} X + \frac{F(a) - 2F\left(\frac{a}{2}\right) + 2F\left(-\frac{a}{2}\right) - F(-a)}{a^3}\left(2X^2 - \tfrac{2}{3}a^2\right)$$

$$+ \frac{F(a) - 2F\left(\frac{a}{\sqrt{2}}\right) + 2F(o) - 2F\left(-\frac{a}{\sqrt{2}}\right) + F(-a)}{a^4}\left(4X^3 - 2a^2X\right)$$

$$+ \frac{F(a) - 2F\left(\frac{\sqrt{5}+1}{4}a\right) + 2F\left(\frac{\sqrt{5}-1}{4}a\right) - 2F\left(-\frac{\sqrt{5}-1}{4}a\right) + 2F\left(-\frac{\sqrt{5}+1}{4}a\right) - F(-a)}{a^5}\left(8X^4 - 6a^2X^2 + \tfrac{2}{5}a^4\right)$$

$$+ \frac{F(a) - 2F\left(\frac{\sqrt{3}}{2}a\right) + 2F\left(\frac{a}{2}\right) - 2F(o) + 2F\left(-\frac{a}{2}\right) - 2F\left(-\frac{\sqrt{3}}{2}a\right) + F(-a)}{a^6}\left(16X^5 - 16a^2X^3 + \tfrac{8}{3}a^4X\right)$$

$$+ \text{etc.},$$

formule qui peut être avantageusement employée pour la détermination de la première dérivée $F'(x)$, d'après les valeurs données de $F(x)$, si toutefois ces valeurs sont assez proches entre elles, pour qu'on puisse évaluer d'après elles, avec une approximation suffisante, toutes les valeurs de $F(x)$ qui figurent dans la formule

On reconnaît aisément l'avantage de cette formule sur celle que l'on trouve d'après le calcul *des différences finies*, en remarquant qu'ici les diviseurs sont comparativement plus grands, et par conséquent les erreurs des valeurs connues de $F(x)$ ont moins d'influence sur celle de $F'(X)$ qu'on cherche, ce qui est très important dans plusieurs cas.

www.ingramcontent.com/pod-product-compliance
Lightning Source LLC
LaVergne TN
LVHW091636100826
845152LV00005B/67

* 9 7 8 1 4 1 8 1 7 0 5 8 5 *